施澄钟／编著

精通Dreamweaver 8网站建设 ASP.NET篇

U0117692

前　　言

由于科技的不断进步，网络世界的出现为人们的工作与生活提供了非常多的便利，几乎已经融入今天与后人的生活之中，不管是求知、交易、传递信息，还是娱乐、交友、技术交流等，均可快速上网查询或处理，而提供这些便利的正是一页页的网页，因此如何能快速有效地设计出易用、好管理、互动性强的网站，实在是对网页设计师们提出的重要挑战。Adobe公司推出的Dreamweaver 8是目前最通用的网页设计软件，本书就是以Dreamweaver为工具，结合ASP.NET与数据库的应用，逐步导引读者设计出具有专业水准的Web动态网页。

本书由台湾资深网页设计及教学专家倾力编著，针对网页设计与网站建设过程中遇到的各种疑难问题，从实用、便捷的角度出发，通过大量的实例介绍具体的处理技巧，并提供解决实际问题的方案，旨在引导读者迅速成为动态网页制作高手，具体体现在以下几个方面。

理论与实践结合：Dreamweaver基础讲解、环境设置、数据库等理论知识与丰富的综合实例相结合，使读者达到学以致用的目的。

案例引领式教学：详细剖析实例，引领读者在具体的制作环境中学会相关技术内容和应用于实际工作的各种技巧、方法。

多媒体辅助教学：在环境设置、数据库链接、重点实例部分增加多媒体教学讲解，让所有的技术难点均被逐一破解。

全书共分12章，由入门初体验到进阶的实例应用，详尽地介绍了网页的基本概念、网页设计的基本方法，奠定网页设计的基础；接着介绍了网页数据库的连接、数据库的建立及数据增加、删除、修改等相关的处理方法，让网页提供与用户互动的能力；并且导入ASP.NET服务器控件，扩展网页的功能；列举HTTP类别控件来处理如网页链接、跨网页的数据运用等，将不同的网页贯穿起来；最后给出许多应用实例，使读者通过实例达到融会贯通、学以致用的学习目的。

本书不仅适合网页设计与网站建设的初、中级用户学习使用。还可以作为普通大专院校的教材，在台湾已实际应用于课堂教学。

由于编者水平有限，且限于时间与精力，本书在编写中难免会出现疏漏之处，敬请广大读者批评指正，并提出宝贵意见。

作　者

2007年8月

目 录

1 Dreamweaver基础

1.1 Dreamweaver简介

由于科技的不断发展，相应地提供给人们许多便利，如今网络已成为人们生活中不可缺少的工具，例如教学、交易、通讯及娱乐等一些活动，均可通过上网查询或进行处理，而提供这些功能的正是一页页的网页（Web Page），因此如何能快速有效地设计出易用、易管理、互动及人性化的网页，是当今网页设计者面临的重要挑战与任务。

什么是网页呢？简单来说就是我们上网后所看到的图文并茂的画面（第一个画面称为首页 Home Page），不同的网页由超链接（Hyper Link）连接起来，就构成了一个网站（Web Site）。用什么来编辑网页呢？能用来编辑网页的软件很多，如记事本、Word、FrontPage、VS.Net 等。目前较流行的是 Adobe 公司推出的 Dreamweaver，该软件不但具备网页编辑的所有功能，而且含有简单易用的、所见即所得的可视化操作界面，在其中能插入各种组件、引用互动的行为指令等，另外，还具备处理数据库、定义网站及管理网站等功能，任何人都能通过学习该软件在极短的时间内创建出具有专业水准的网站。

这是一个网页

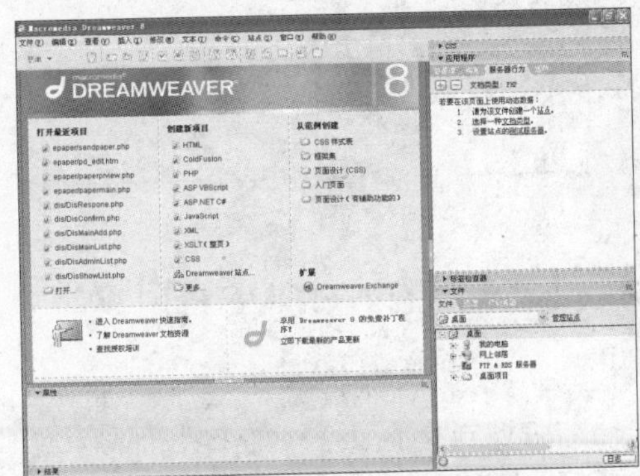

这是 Dreamweaver 8 的初始界面

1.2 Dreamweaver的安装

安装 Dreamweaver 的具体操作步骤如下。

步骤 1 双击 Dreamweaver 的安装文件图标，在弹出的安装向导对话框的“欢迎使用 Dreamweaver 8”界面中单击“下一步”按钮。

步骤 2 在弹出的“许可证协议”界面中选中“我接受该许可证协议中的条款”单选按钮，之后单击“下一步”按钮。

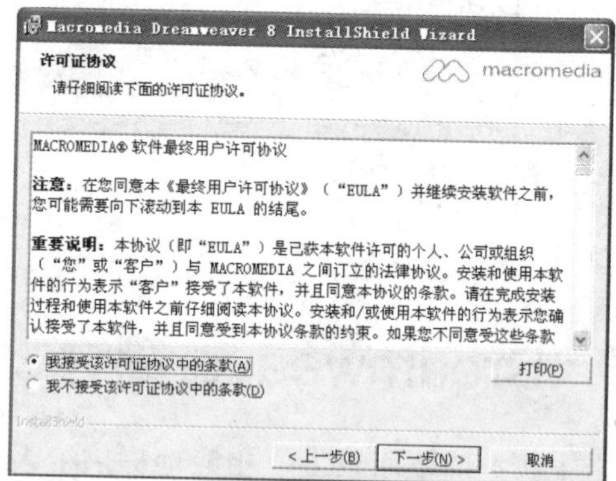

步骤 3 在弹出的“目标文件夹和快捷方式”界面中，可改变文件的安装路径，也可以选择在快速启动栏或桌面上建立快捷方式。之后单击“下一步”按钮，按照界面中的提示进行操作。

步骤 4 在 Dreamweaver 8 安装完成界面中，单击“完成”按钮结束安装。

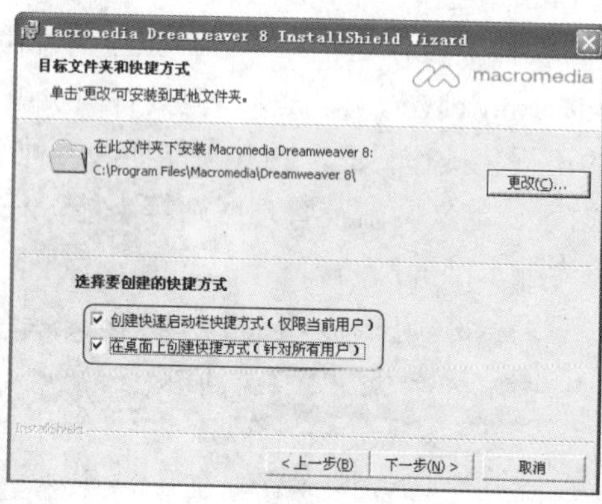

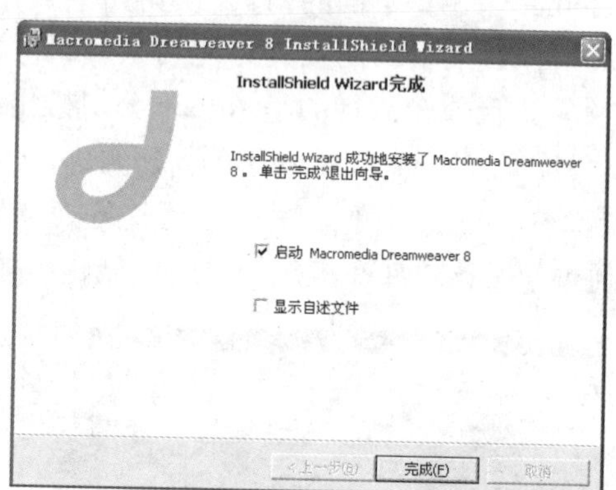

1.3 Dreamweaver的运行

安装完 Dreamweaver 后，双击桌面上 Dreamweaver 的快捷方式图标，或者单击桌面左下角的“开始”按钮，在弹出的菜单中选择“所有程序 >Macromedia>Macromedia Dreamweaver 8”命令，均可启动 Dreamweaver。在弹出的“Macromedia 产品激活”对话框的“欢迎使用 Dreamweaver”中，若是试用版，则选中“我想试用 Dreamweaver”单选按钮，可以试用该软件 30 天；若已购买，则选中“我有一个序列号，我希望激活 Macromedia

Dreamweaver”单选按钮，之后单击“继续”按钮，即可通过输入序列号的方式来启动 Dreamweaver 8。

双击桌面快捷方式图标

或按

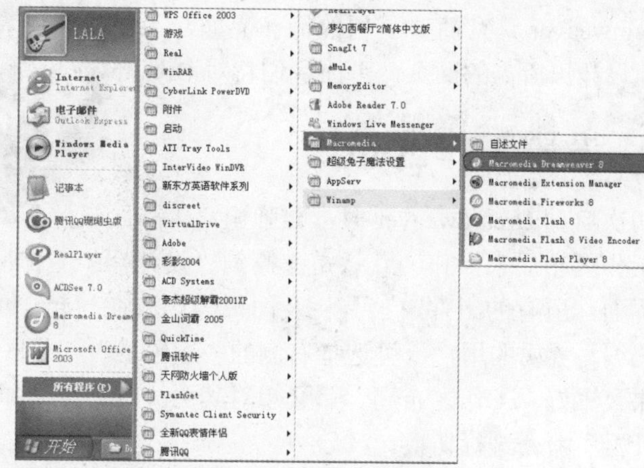

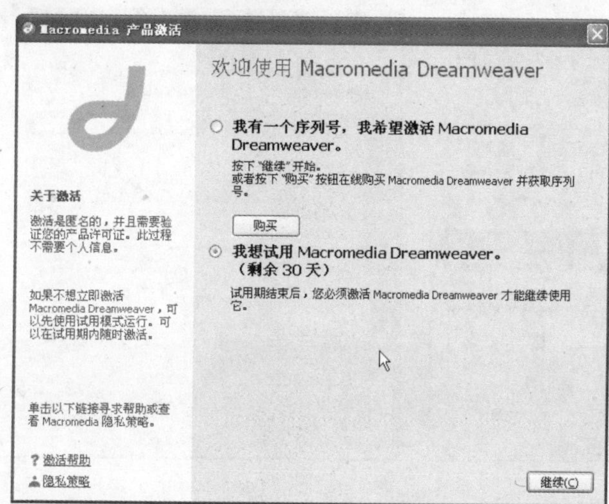

当编辑好网页并存盘后，选择“文件 > 退出”命令，或者直接单击窗口右上角的“关闭”按钮，均可退出 Dreamweaver。

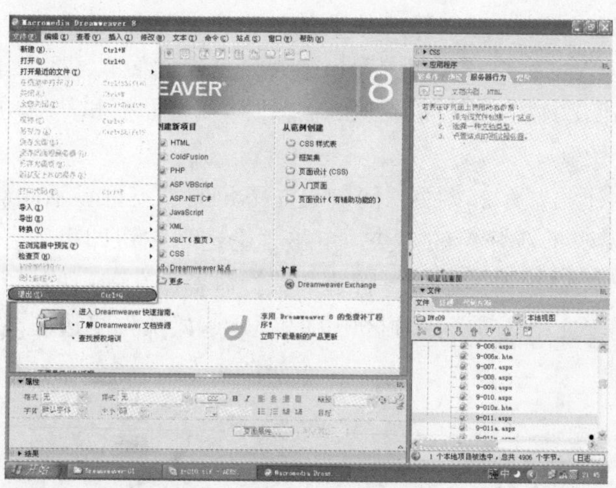

1.4 Dreamweaver工作环境介绍

Dreamweaver 具有简单易用的操作界面，为了能让读者熟悉其中的各种工作环境，快速有效地设计出所需的网页，下面我们将对 Dreamweaver 的工作环境作详细介绍。

1.4.1 设置工作区布局

在初次启动 Dreamweaver 时，会弹出“工作区设置”对话框，目的是让用户选择自己习惯的工作区布局来操作。默认是左侧的“设计器”工作区布局，这是一个全新的整合型工作区界面，所有的组件、工具栏及面板等均放在一起，可依需要随时切换。如果是习惯程序代码编写界面的用户，可选择右侧的“编码器”工作区布局。

如果设置好“工作区布局”后又想对其更改时，可选择“窗口 > 工作区布局 > 编码器”或“设计器”命令进行切换。

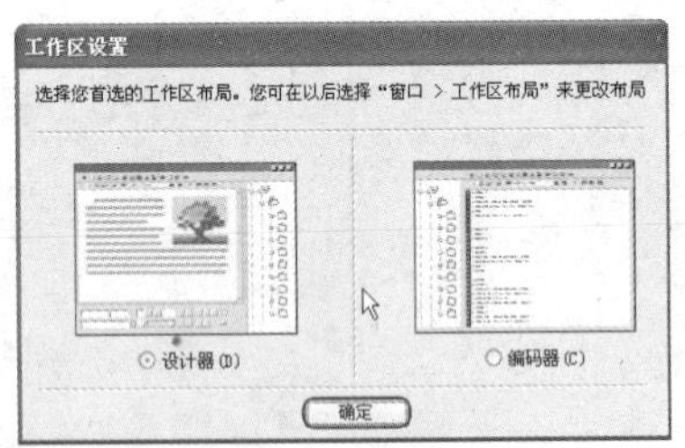

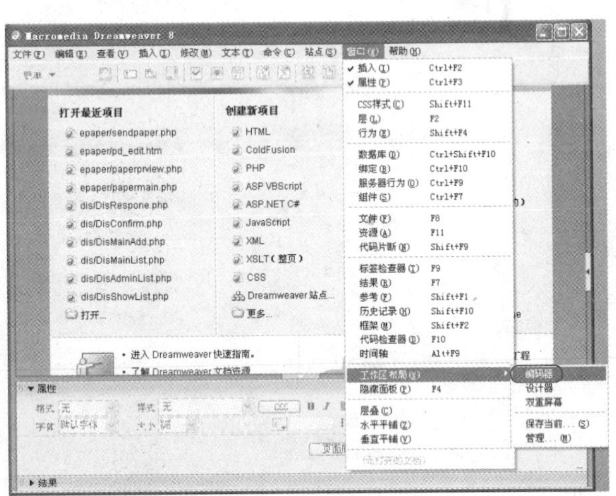

1.4.2 窗口工作面板

在启动 Dreamweaver 8 后，弹出的起始页中包含“打开最近项目”、“创建新项目”和“从范例创建”等部分，例如想创建一个新的 HTML 网页，可单击“创建新项目”中的“HTML”选项即可进入主窗口。文件主窗口中大致包含主菜单、插入工具栏、文件切换标签、文档工具栏、标准工具栏、文档编辑区、状态栏、属性面板和其他功能面板组等几部分，主要功能将在下节介绍。

若想下次启动时不再显示起始页，可勾选左下角的“不再显示此对话框”复选框，会在弹出的对话框中说明重新开启的方法，单击“确定”按钮即可。若想恢复启动 Dreamweaver 时显示起始页，则选择“编辑 > 首选参数”命令，在弹出的“首选参数”对话框中勾选“常规”界面的“文档选项”选项区中的“显示起始页”复选框即可。

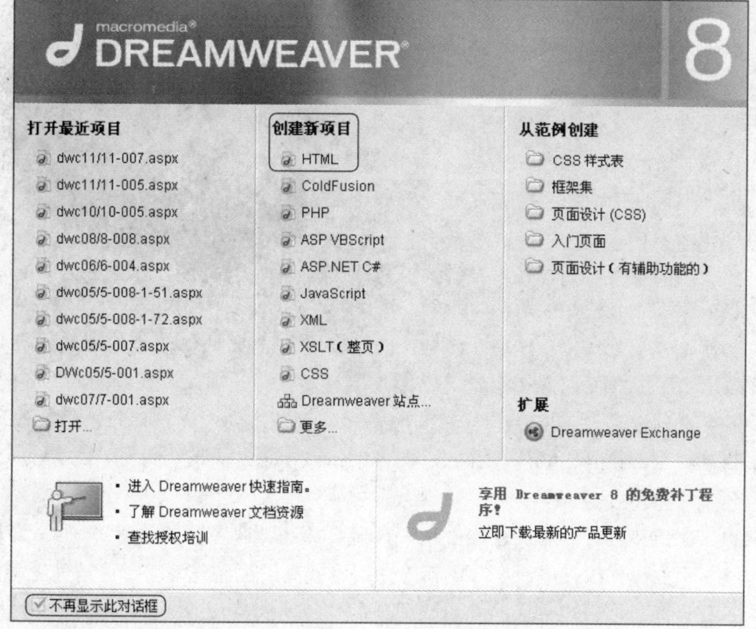

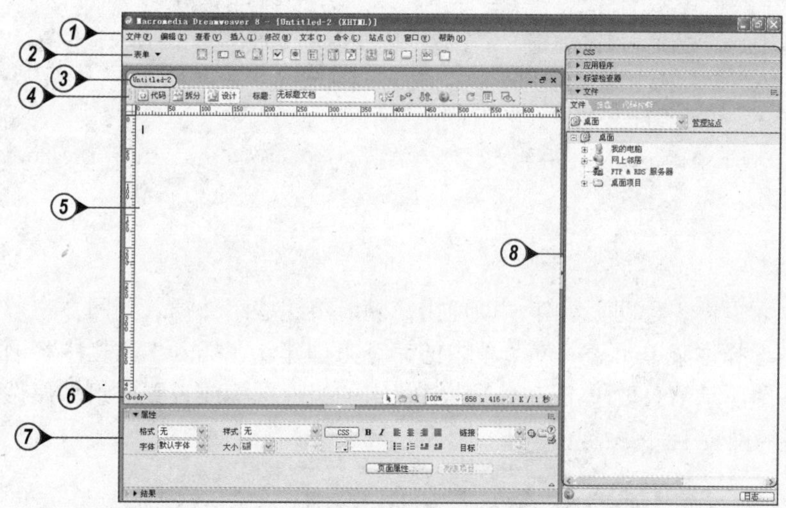

①主菜单
②插入工具栏
③文件切换标签
④文档工具栏
⑤文档编辑区
⑥状态栏
⑦属性面板
⑧面板组

Dreamweaver 8 的窗口工作面板

1.4.3 窗口面板主要功能

1．主菜单

在主菜单中包含了 Dreamweaver 所有的处理功能，有 10 个主要的功能菜单，其作用如表 1-1 所示。

Macromedia Dreamweaver 8 - [Untitled-2 (XHTML)]
文件(F) 编辑(E) 查看(V) 插入(I) 修改(M) 文本(T) 命令(C) 站点(S) 窗口(W) 帮助(H)

表 1-1 主菜单功能

菜 单	主要作用
文件	用来处理网页文件的新建、打开、关闭、保存、另存为、打印、导入、导出及网页预览等操作
编辑	网页编辑操作的撤消、重做，文字的剪切、复制、粘贴、清除、查找、替换，代码的编排及界面参数设置等
查看	网页代码与设计模式切换，编辑区辅助标尺、辅助线的使用，各面板的隐藏、显示及插入，文档或标准工具栏切换等
插入	各种网页元素如标签、图像、媒体、表格、布局元素、表单、超链接、日期、注释、各 HTML 元素、模板对象、自定义常用收藏夹对象等的插入，或者插入更多的对象
修改	修改各种对象属性，HTML 标签的编辑，网页链接的建立、移除、打开或目标窗口选定，表格列、行的插入、删除、合并，图像的修改，框架页的再拆分，对象的上下排列顺序调整对齐，表格图文转换，库、模板的使用等
文本	网页文字的排列、对齐，文本字体、样式、大小、颜色等的设置
命令	可将常用的操作保存成命令，供下次使用，提高网页制作效率；可清理无用的空 HTML 标签，让页面更简洁；可建立站点相册存放相片或图片，随时随地取用；网页页面配色等
站点	站点的新建、编辑、复制、移除、另存为、导入；网页内容的上传、下载；同一个文件在同一时间只能由一人取出编辑，编辑后存储，其他人才能修改；设计备注及提供最近修改的项目，以通知成员注意且协调成员工作；整个站点链接的检查等
窗口	可显示或隐藏各面板，在不同网页窗口间切换显示等
帮助	所有有关 Dreamweaver 的使用帮助，以及教学课程、功能扩充、交流、链接 Dreamweaver 站点支持中心、在线注册等

2．插入工具栏

插入工具栏中主要提供各种网页组件，以便用户随时将这些组件插入到网页中，当然这些组件也可以通过选择主菜单"插入"菜单中的命令来创建。在插入工具栏中将网页组件分成 8 大类，如下图所示，只要单击各插入工具栏上的组件图标或设置好组件属性即可将其插入到当前编辑的网页中。

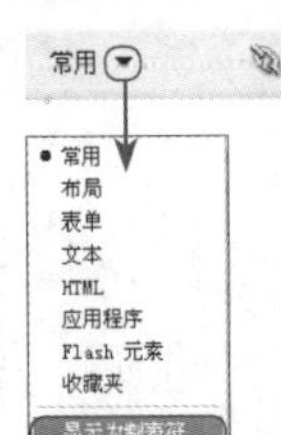

单击插入工具栏中的下拉三角按钮，在弹出的菜单中选择所需的代表插入工具栏名称的命令，即可显示该插入工具栏。之后在其中单击所需组件的图标即可。也可以在弹出的菜单中选择"显示为制表符"命令，插入工具栏将显示为如下图所示的旧版形式。

插入工具栏菜单

▼插入 常用 布局 表单 文本 HTML 应用程序 Flash 元素 收藏夹

在旧版显示方式下的插入工具栏中单击最右边的按钮，在弹出的菜单中选择"显示为菜单"命令，即可将插入工具栏还原为上面的菜单显示方式。

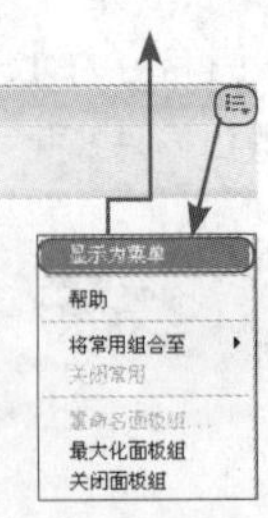

插入工具栏标签

表 1-2 插入工具栏功能

插入工具栏	主要功能
常用	可插入最常用的网页元素：如超链接、电子邮件链接、命名锚点、表格、图像（图像占位符、鼠标经过图像、导航条）、Fireworks 文件、Flash 元素、日期、表格式数据、网页注释、模板制作、标签选择器（可选择各式网页标签或插件）
布局	可插入表格，切换标准、扩展表格或布局查看模式，在布局模式下手工绘制表格或单元格，在表格中插入新列或行、框架页或表格式数据等
表单	可用来插入表单，以及文本字段、隐藏域、文本区域、复选框、单选按钮、单选按钮组、列表、跳转菜单、图像域、文件域、按钮、标签和字段集等
文本	可用来设置网页文本及段落的样式等
HTML	可插入水平线、文件头标签（关键字、说明、链接、刷新）、Script 特效代码等
应用程序	可用来插入记录集、重复区域、动态表格、动态文本、插入记录表单、更新记录表单对象等
Flash 元素	可用来打开 Flash 图像进行查看
收藏夹	可在面板上单击鼠标右键，在弹出的快捷菜单中选择将经常要用到的各种插件或功能加到此处，会以图标形式列在面板上，直接单击图标即可插入使用，有简化操作、提高效率的优点

3．文件切换标签

当在网站中已建立了数个网页文件时，每个文件上会出现一个标签，可单击这个标签切换到不同的网页中，就如同在“窗口”菜单中选择命令一样，但更简便。

文件切换标签

4．文档工具栏与标准工具栏

除了上面所介绍的插入工具栏外，一般的工具栏还有“文档工具栏”、“标准工具栏”及“样式呈现工具栏”3 种，可通过选择主菜单“查看 > 工具栏”命令，或者在工具栏上单击鼠标右键，在弹出的快捷菜单中进行选择。

文档工具栏、标准工具栏及样式呈现工具栏

表 1-3 文档、标准及样式呈现工具栏功能

种　类	主要功能
文档工具栏	提供代码、拆分和设计 3 种视图方式，标题输入，检查浏览器错误，文件下载、上传，浏览器预览调试，重新整理，以及视觉辅助、文件头内容、标尺、辅助线等选项功能
标准工具栏	提供网页新建、网页文件打开、保存、全部保存，文字的剪切、复制、粘贴及动作撤消或重做功能
样式呈现工具栏	可切换 CSS 样式或屏幕、打印等媒体类型样式

5．文档编辑区

文档编辑区是用来编辑网页的部分，每个文档编辑区代表一份网页文件，可依需要在上面插入各控件、文字及图片等，从而创建网页。浏览网页时会在窗口最上一行的标题上，显示网页文件的标题及文件名称，网页文件标题可在文档工具栏的“标题”文本框中输入，文件如有修改过但尚未存盘时，会在文件名称后面加上一个“*”号提醒用户。

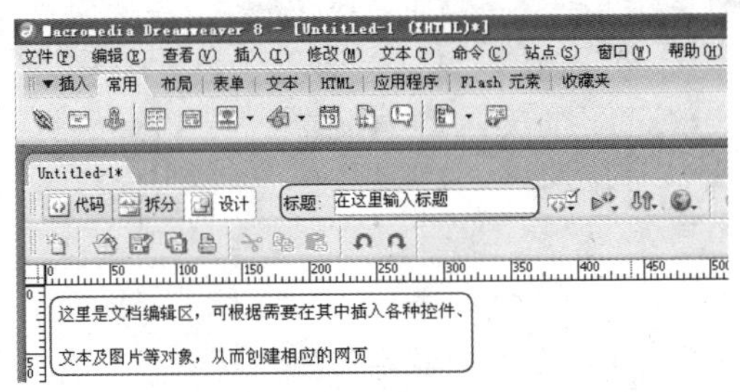

文档编辑区

6．状态栏

在状态栏中可以显示当前网页文件中使用的 HTML 标签，也可以编辑、移动和缩放标签整体及局部内容，还可以在其中查看当前的网页大小、可编辑网页大小及网页文件下载速度等信息。

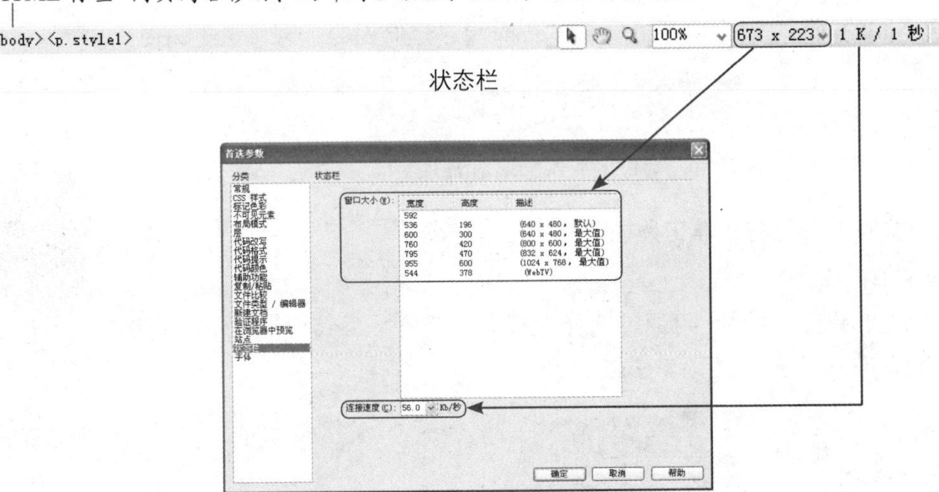

状态栏

网页大小、网页下载速度编辑

7．属性面板

在属性面板中可以设置各控件的属性，使它们具有不同的外观及性质特征。如果“属性”面板被隐藏了，可选择主菜单中的“窗口 > 属性”命令，即可使其重新显现。

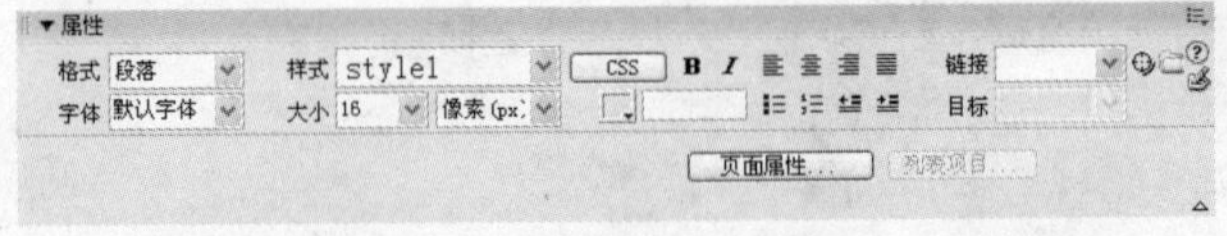

属性面板

8. 面板组

Dreamweaver 的面板中包含了编辑网页的各种功能命令，除了前面介绍过的“属性”面板外，还有“CSS 样式、层、行为、文件、资源、代码片断、数据库和绑定”等面板，以群组方式停驻在窗口右侧。如果面板隐藏，可在主菜单的“窗口”菜单中进行选择，即可重新显现；反之若要隐藏面板，则取消选择。另外若要关闭所有面板，可按 F4 键或选择“窗口 > 隐藏面板”命令，若再按一次 F4 键或选择“窗口 > 显示面板”命令则会重新显示面板。

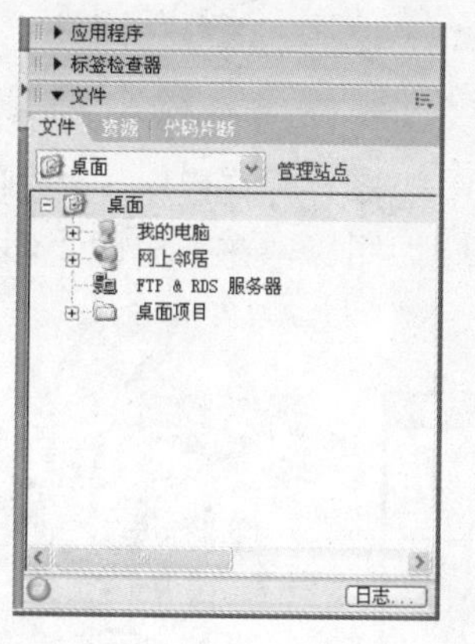

- 设计面板：含有 CSS 样式、层和行为面板，可用来编辑网页或管理图层等。
- 程序面板：含有参考和代码片断面板，可用来快速设置各元件属性、编辑程序代码等。
- 应用程序面板：含有数据库、绑定、服务器行为、组件面板，可用来存取数据库中的数据建立动态网页。
- 标签检查器面板：含有属性和行为等面板，可用来设置各元件的属性、事件行为。
- 文件面板：含有文件和资源面板，可用来建立、编辑网站，以及管理文件、网站内的元件、媒体和图片等。
- 其他面板：含有框架和历史记录面板等，可用来管理框架、重复使用步骤命令等。

Dreamweaver 8 的面板组

1.5 认识动态网页

用 Dreamweaver 制作好网页后，要存放在服务器端 Web Server 网站中，当 Client（客户端）的用户要求读取网页时，服务器会将网页文件、程序取出，编译成标准的 HTML 格式文件，然后连同所存的数据，在操作系统 Windows XP Professional 或 Windows 2000 Server 下，通过 IIS（Internet Information Server），以 WWW 标准通讯协议 HTTP（Hyper Text Transport Protocol）传送至客户端的浏览器中进行显示。如果网页只是由图片、文字等对象组成（纯 HTML 标签文件），这样的网页称为静态网页；如果在服务器端会执行某功能程序，如存取数据库数据，或者与客户端用户进行互动操作时，这样的网页称为动态网页。

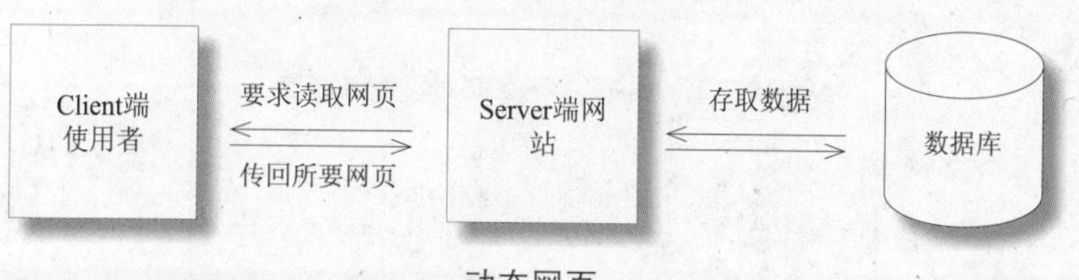

动态网页

由于动态网页需要在服务器端执行程序和存取数据库，因此必须先安装 IIS，建立网站服务器来传送网页，然后再选择合适的网页程序语言编写程序从而完成预期的功能。因为本书将采用功能强大的 ASP.NET 来编写程序，所以还要安装 .NET Framework，以便支持及执行 Web 网站服务。另外还要使用 Access 或 SQL Server 等数据库来保存重要的网页数据，下面将先说明 IIS 及 .Net Framework 的安装方法。

1.6 IIS的安装与设置

IIS是安装在Windows 2000, 2003 Server或Windows NT.XP等操作系统下的Internet服务管理组件，可用来建立及管理网站，功能非常强大。一般来说IIS不是Windows Server默认的安装组件，需要在安装时选择装入才行。如果在安装时没有选择安装，则可参照下面的步骤完成安装。

1.6.1 IIS安装方法

安装IIS的具体操作步骤如下。

步骤 1 单击桌面任务栏中的“开始”按钮，在弹出的菜单中选择“所有程序 > 控制面板”命令，在弹出的“控制面板”窗口中双击“添加或删除程序”图标，在弹出的“添加或删除程序”窗口中单击“添加 / 删除 Windows 组件”按钮。

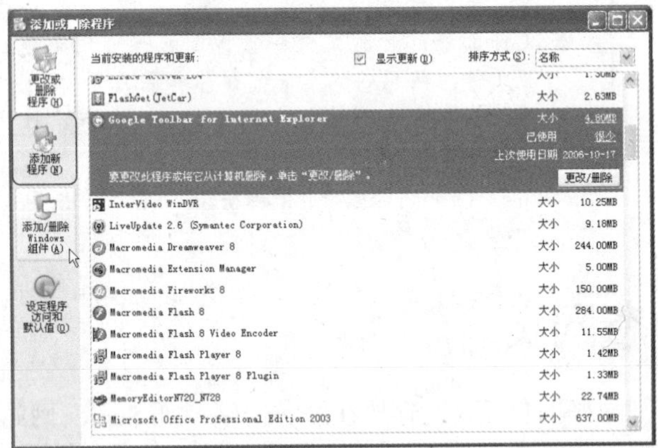

步骤 2 在弹出的“Windows组件向导”对话框中勾选“Internet信息服务（IIS）”复选框，并单击右下方的“详细信息”按钮。

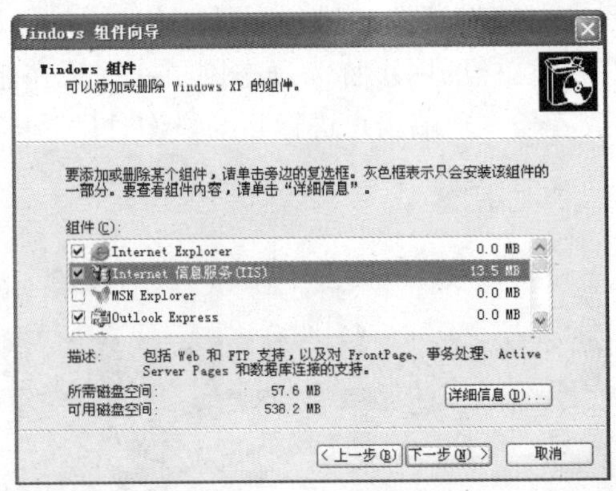

步骤 3 在弹出的“Internet信息服务（IIS）”对话框中勾选“文件传输协议（FTP）服务”复选框，之后单击“确定”按钮。

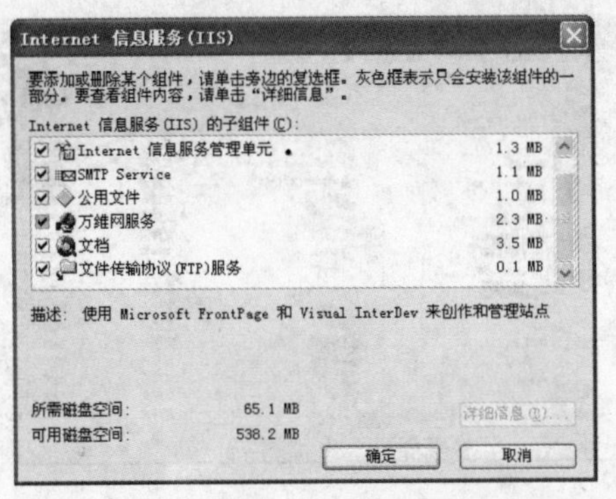

步骤 4 按照提示一步步开始安装 IIS 组件。安装完成后单击“完成”按钮即可。

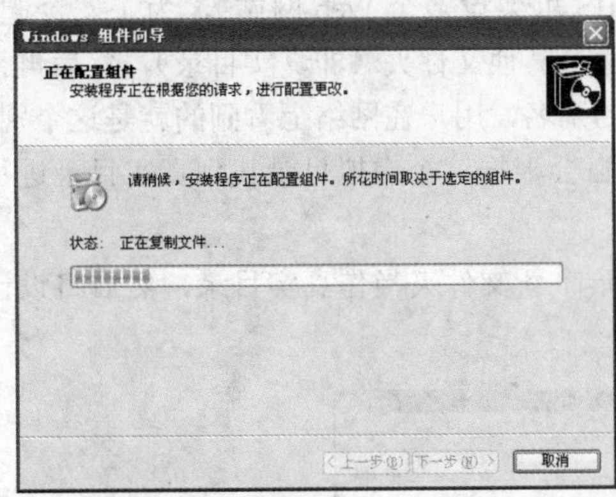

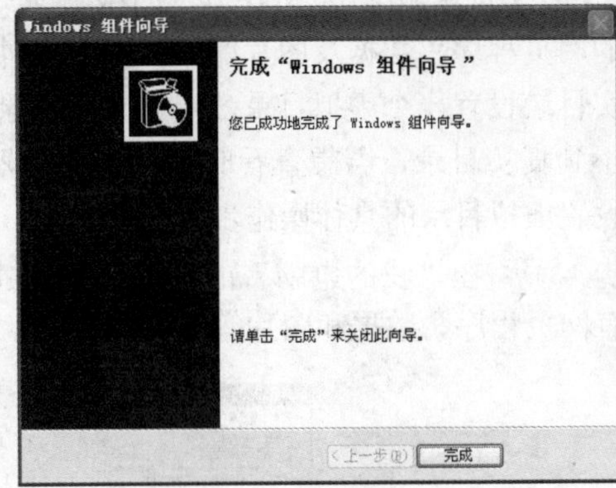

1.6.2 IIS的目录

当安装好 IIS 后，会在“我的电脑”的 C 盘中（若 Server 是装在 C 盘）新建一个“C:\Inetpub”文件夹，在此文件夹下的 wwwroot 子文件夹，就是 IIS 的 Web 网站的主目录。本例是装在 E 盘。

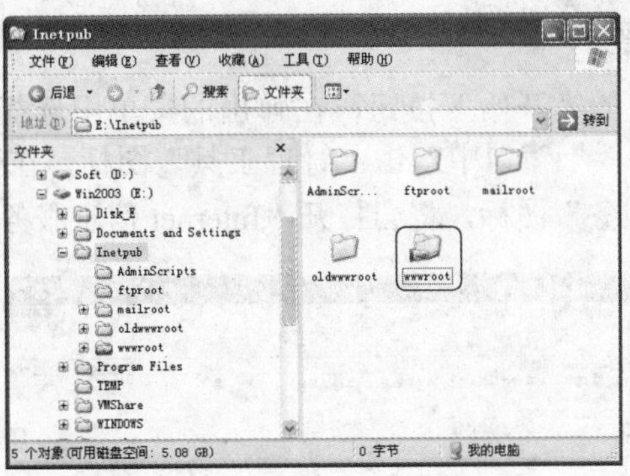

1. IIS 的主目录

由上面的介绍可知 IIS 的主目录就是“C:\Inetpub\wwwroot”文件夹，如果将网页程序、图片等存至此目录下（纯 HTML 文件扩展名为 .htm，ASP.NET 文件扩展名为 .aspx），那么如果在 IE 浏览器的地址栏中输入“http://localhost/ 用户网页程序完整文件名称”或“http://127.0.0.1/ 用户网页程序完整文件名称”时，即可浏览到该网页。

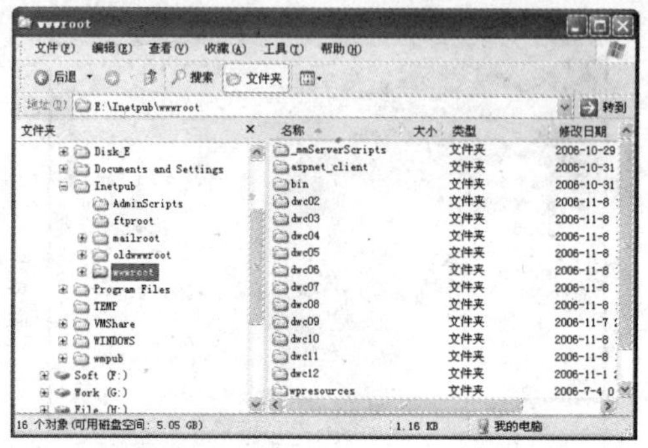

2. IIS 的真实目录与虚拟目录

IIS 的主目录就是其 Web 站点的根目录（IIS 可架设多个 Web 网站），为了安全起见，一般的网页程序、数据及图片等文件，会另外存至其他文件夹（即真实目录），然后再替这个真实目录设置一个虚拟目录，当作真实目录的别名，用户在网络上看到的就是这个别名，而看不到真实目录，若想查看时，Web 服务器自会根据这个虚拟目录找到真实目录进行处理。设置虚拟目录的具体操作步骤如下。

步骤 1　在“我的电脑”的任意位置中建一个新文件夹当作真实目录，然后将设计好的所有网页程序、数据和图片等存放到此处。

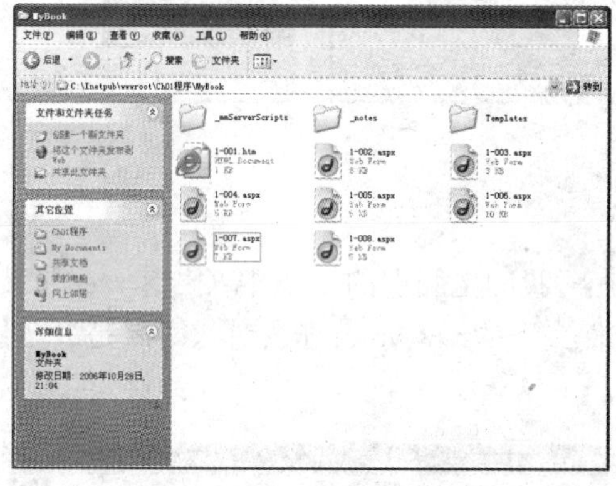

步骤 2　单击桌面中的“开始”按钮，在弹出的菜单中选择“所有程序 > 控制面板”命令，在弹出的“控制面板”窗口中双击“管理工具”图标，在弹出的“管理工具”对话框中双击“Internet 信息服务”图标，将会打开“Internet 信息服务”对话框。

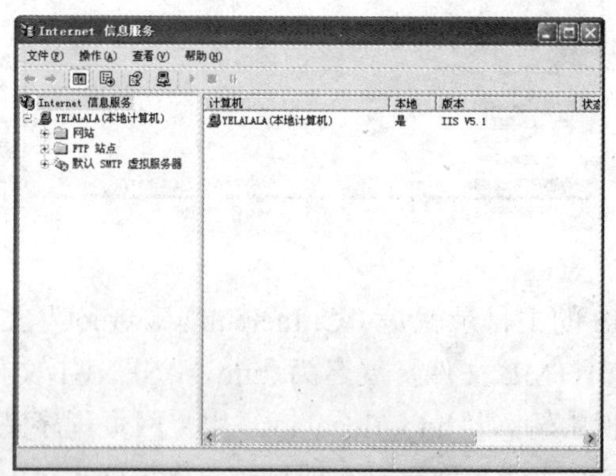

步骤 3 在“默认网站”目录上单击鼠标右键，在弹出的快捷菜单中选择“新建 > 虚拟目录”命令。

步骤 4 在弹出的“虚拟目录创建向导”对话框中单击“下一步”按钮。

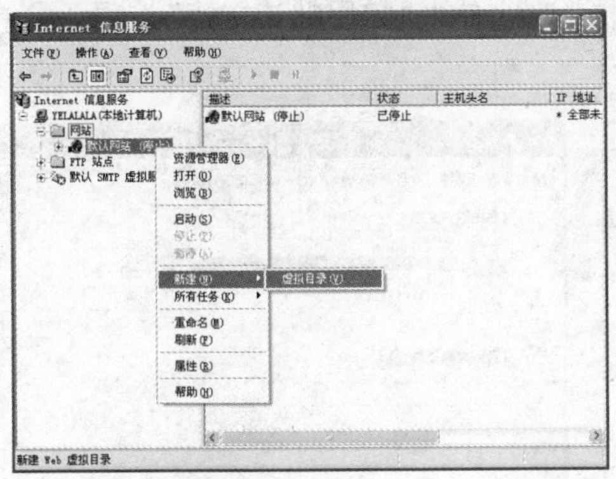

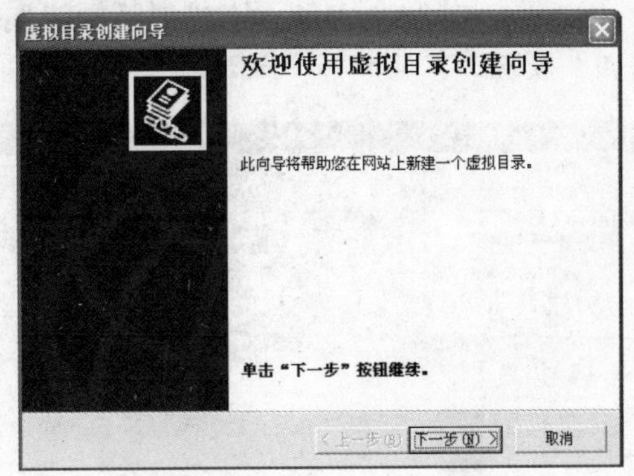

步骤 5 在“虚拟目录别名”界面的“别名”文本框中输入虚拟目录的名称（如 new Web），之后单击“下一步”按钮。

步骤 6 在“网站内容目录”界面的“目录”文本框中输入（或浏览）真实目录的路径（如 D:\MyWeb），之后单击“下一步”按钮。

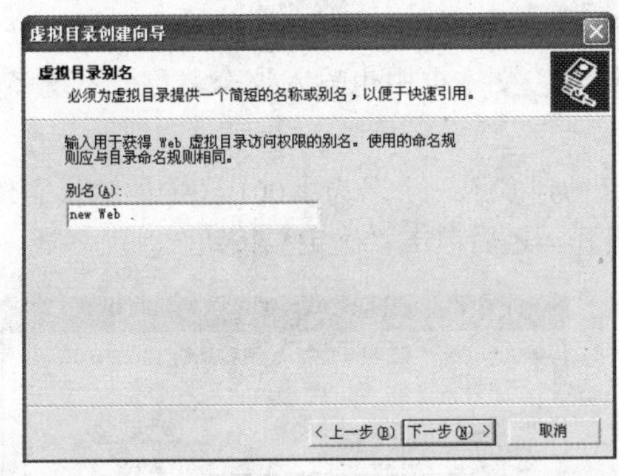

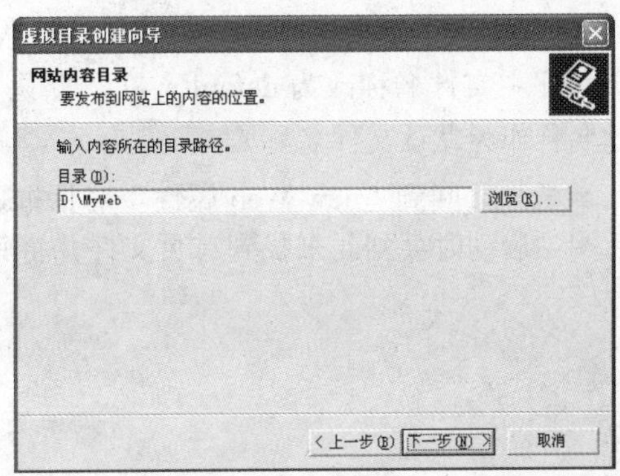

步骤 7 在“访问权限”界面中勾选“读取”和“运行脚本”复选框，之后单击“下一步”按钮。

步骤 8 在“已成功完成虚拟目录创建向导”界面中单击“完成”按钮结束安装。

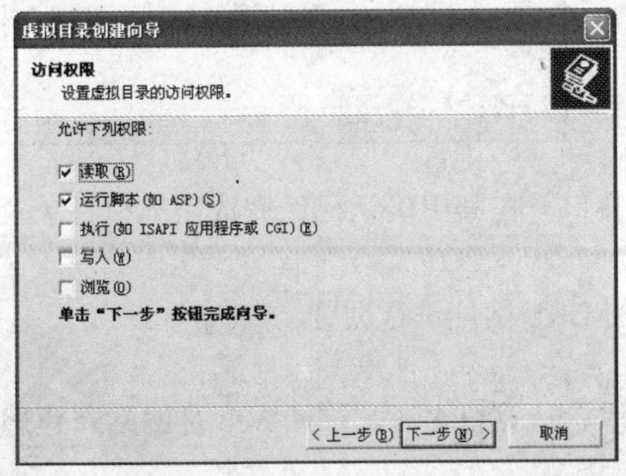

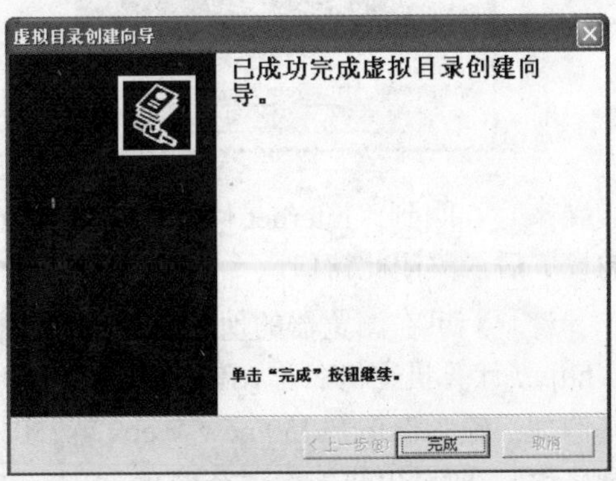

步骤 9　在“Internet 信息服务”窗口中单击“默认网站”选项，在展开的新建虚拟目录 new Web 中单击鼠标右键，在弹出的快捷菜单中选择“属性”命令，将会弹出“new Web 属性”对话框。

步骤 10　在“new Web 属性”对话框的“文档”选项卡的“启用默认文档”选项区中单击“添加”按钮。

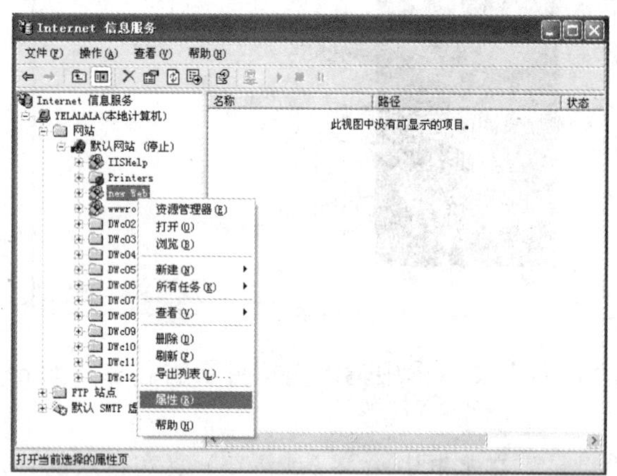

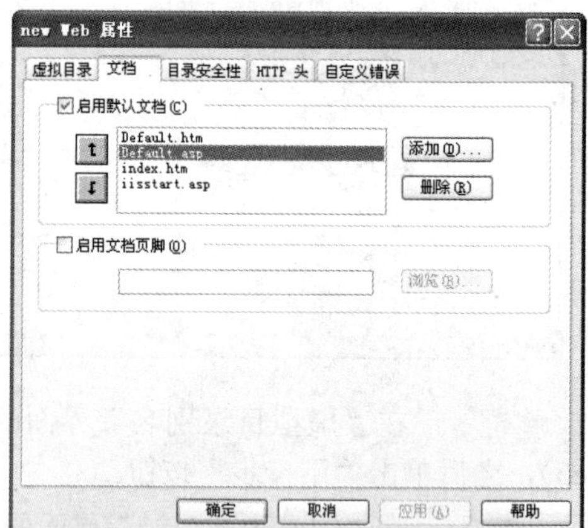

步骤 11　在弹出的“添加默认文档”对话框的“默认文档名”文本框中，输入文档名（如 1-001.aspx），以便网站启动时能显示默认的首页，之后单击“确定”按钮（一般最好将首页程序主文件名称改为 default，在“默认文档名”文本框中也输入这个名称，系统多是以此名称作为默认文件名称）。

步骤 12　回到“new Web 属性”对话框，可见到多了一个名为 1-001.aspx 的默认文件，以后网站启动时会到此来找到首页文件并将其展开，之后单击“确定”按钮。

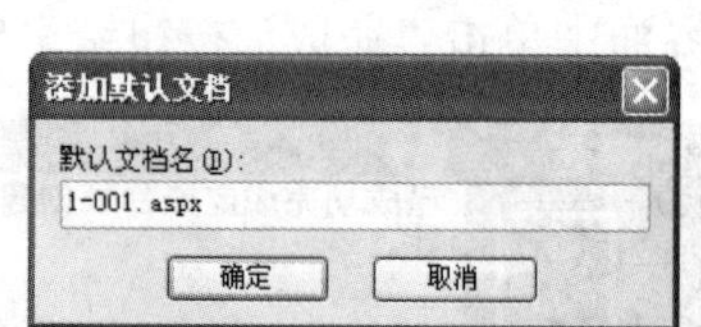

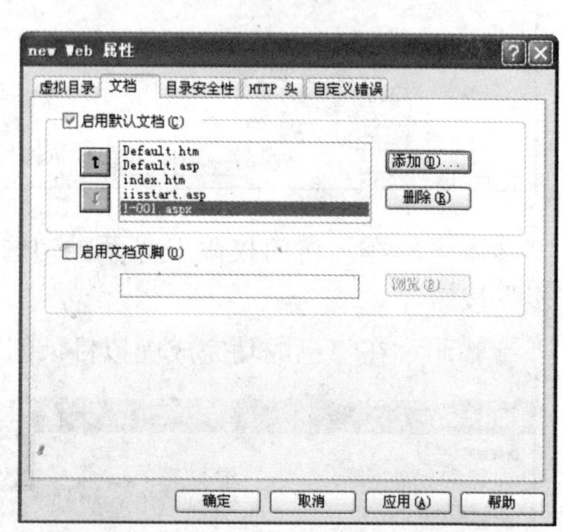

步骤 13　回到“Internet 信息服务（IIS）”窗口，在其中确认已经完成新虚拟目录及首页的设置后，关闭此窗口。

步骤 14　可在浏览器的地址栏中输入下面的 URL 网址进行浏览。

http:// 计算机主机名称 / 虚拟目录名称 /

例如：输入 http://s250/new Web/（s250 是作者计算机名称，new Web 是网站新建虚拟目录名称），即可出现下面这个网页。

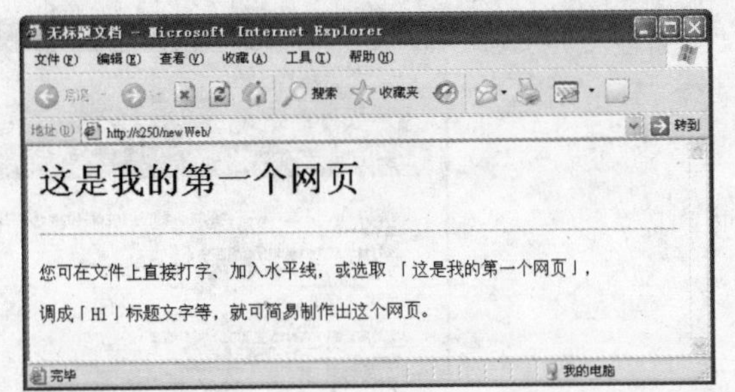

1.7 .NET Framework的安装

由于执行 ASP.NET 程序需处于 .NET Framework 环境中，因此要安装 .NET Framework，读者可以在随书光盘的"DW8 数据 \ 范例程序 \dotNetFramework"文件夹下执行程序的安装文件进行安装，或者在微软网站中下载".NET Framework SDK"，网址为 http://www.asp.net/downloads。

下载后通过执行 setup.exe 文件进行安装即可。

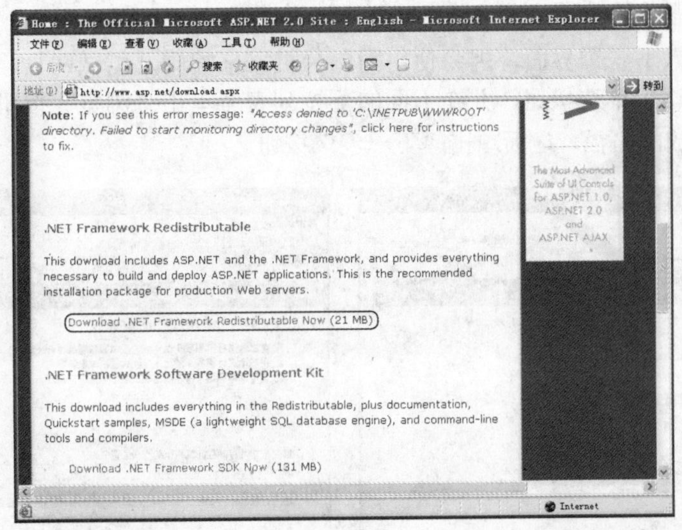

1.8 定义新站点

安装好 IIS 及 .NET Framework 后，要想在 Dreamweaver 中新建、编辑或浏览网页，还必须先定义一个站点，例如我们现在要建立一个名为 MyBook 的新站点，具体操作步骤如下。

步骤 1 在 Dreamweaver 窗口右侧的面板组中进入"文件"面板，在其左侧下拉列表中选择"管理站点"选项，将会弹出"管理站点"对话框。接着单击"新建"按钮，在弹出的菜单中选择"站点"命令，将会弹出"站点定义"对话框，在其中输入网站名称（如 MyBook），之后单击"下一步"按钮。

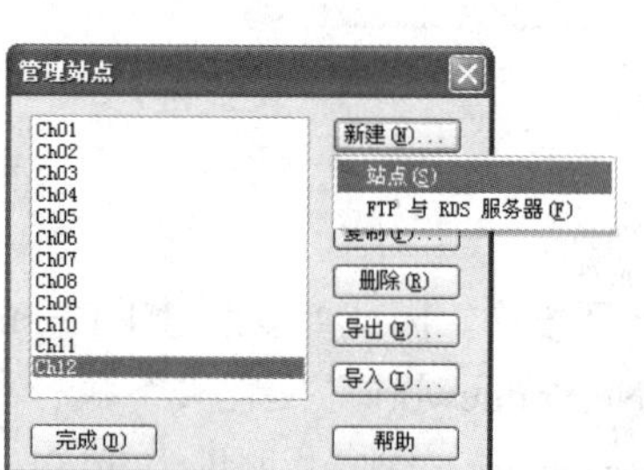

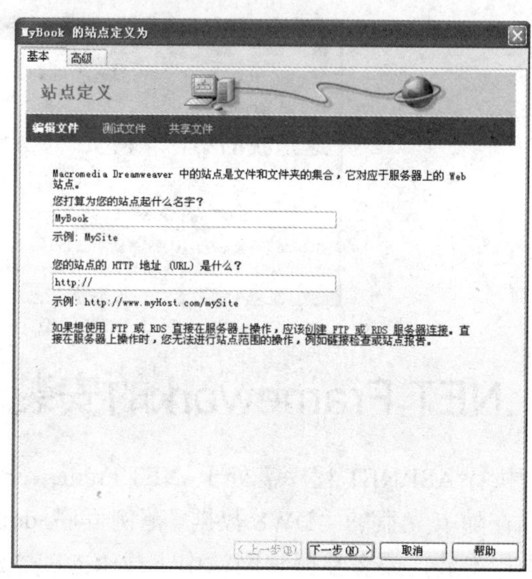

步骤 2 进入“是否使用服务器技术”界面，因为将来要制作动态网页，所以选中“是”单选按钮，而且由于要使用 ASP.NET 技术来编辑网页，因此在下面的下拉列表中选择 ASP.NET VB 服务器技术，之后单击“下一步”按钮。

步骤 3 进入下一个界面，因为使用同一台机器来编辑及测试网页，所以选中“在本地进行编辑和测试”单选按钮，并在下面的下拉列表旁单击“浏览”按钮，在弹出的对话框中选择文件存放的路径，之后单击“下一步”按钮。

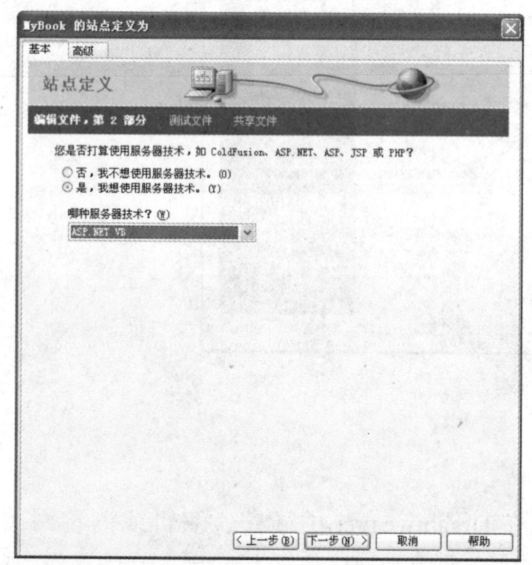

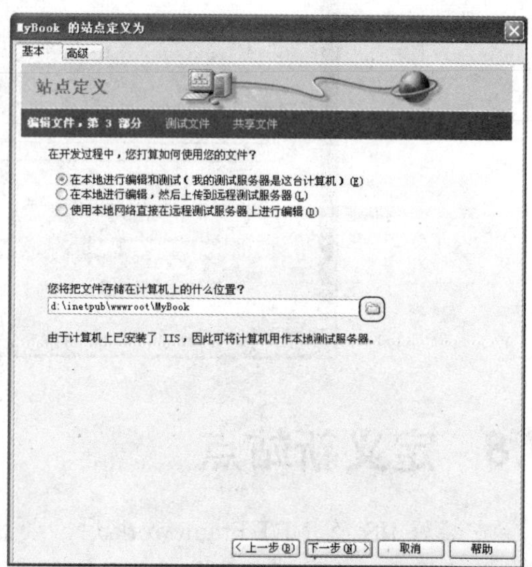

步骤 4 进入测试文件界面，如使用刚才所设置的本机网址来浏览“http://localhost/mybook/”，可单击“测试 URL”按钮测试是否成功，若弹出显示“URL 前缀测试已成功”信息的对话框，表示正确无误，则单击“下一步”按钮即可。如不成功，可能是因为目前处于离线状态，请在浏览器的“文件”菜单中取消勾选“脱机工作”命令即可。

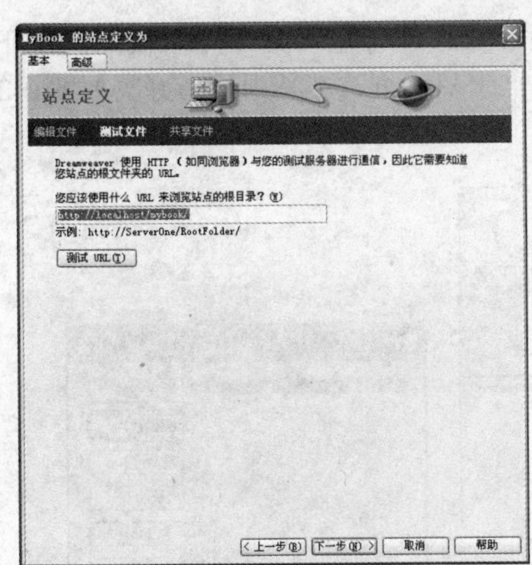

步骤 5 进入下一界面，因为只在本机测试，所以选中“否”单选按钮并单击“下一步”按钮。

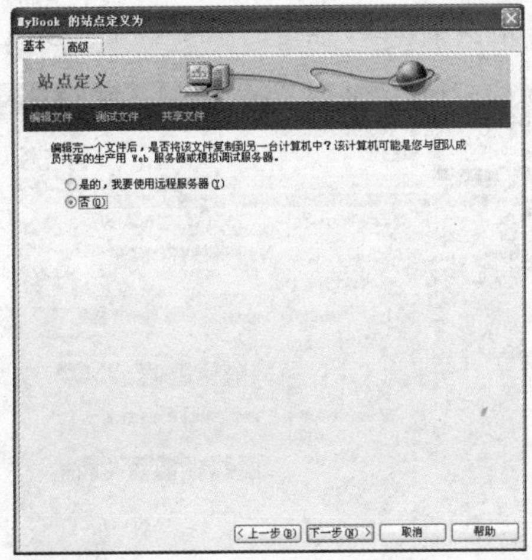

步骤 6 在完成界面中显示已成功完成了站点建立工作，单击“完成”按钮退出该对话框，再单击“完成”按钮回到“文件”面板，此时可看到多了一个名为 MyBook 的站点。

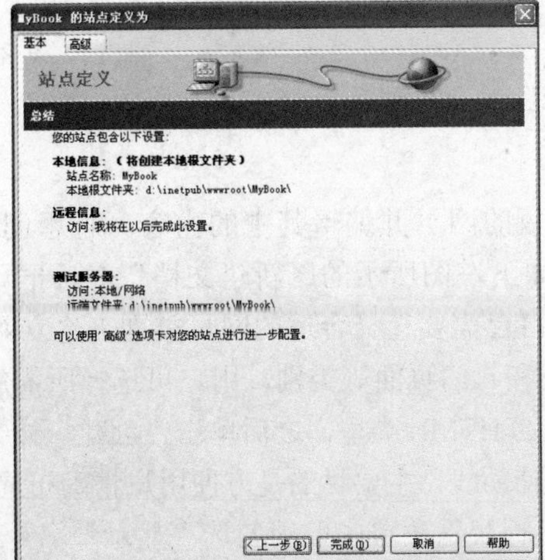

步骤 7 站点建好后若想对其进行修改，可在“文件”面板的左侧下拉列表中选择“管理站点”选项，将会弹出“管理站点”对话框，在其中选择好需要编辑的站点后再单击“编辑”按钮。

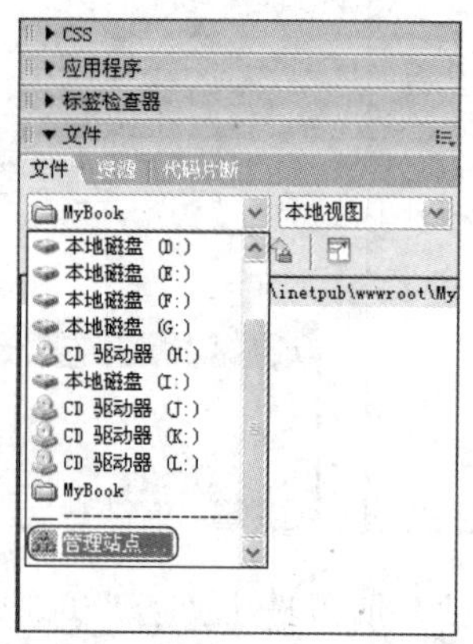

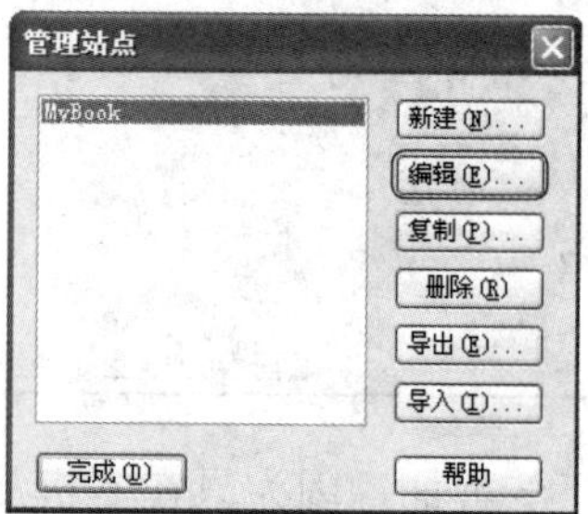

步骤 8 在弹出的“MyBook 的站点定义为”对话框中切换至“高级”选项卡，在“分类”列表框中选择修改各种错误，修改完毕后单击“确定”按钮，回到“文件”面板。

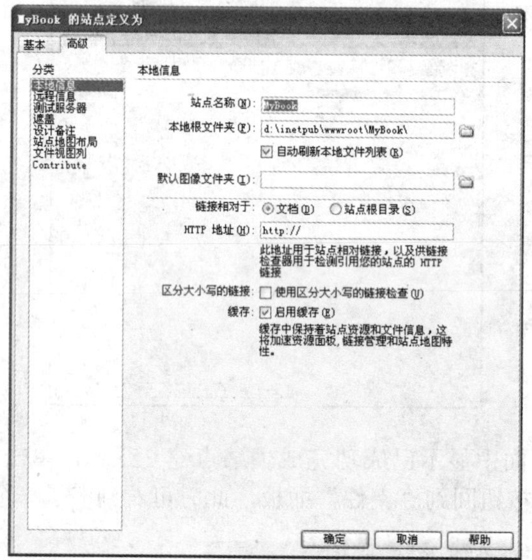

1.9 建立新网页

定义完新站点后，接着可创建一个新的网页并编辑其中的内容。若想创建新的网页，可选择“文件 > 新建”命令，将会出现如下左图所示的“新建文档”对话框。用户可以在“常规”选项卡的“类别”列表框中，依自己需要选择合适的网页类别来建立网页。

在其中包含基本页、动态页、框架集和入门页面等类别，用户可选择所需的类别，然后设计该类型的网页。例如选择“基本页”的 HTML 类型，之后单击“创建”按钮，则出现空白网页。在空白网页上最初会显示标尺及辅助线，主要目的是方便用户精确布局页面的版式。如果不想显示标尺及辅助线，在“查看 > 标尺”菜单中取消勾选“显示”命令即可。

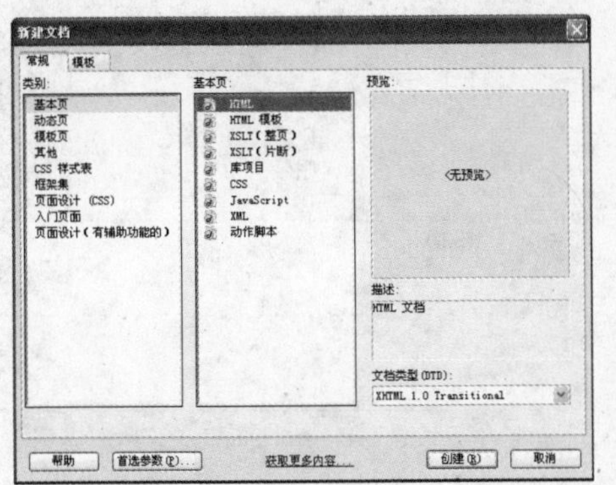

新建空白网页

如果新网页已经创建完毕，就可在网页文档中直接输入文字，或者在插入工具栏中选择插入水平线等对象，以及选择某段文字内容并改变文字大小等。这样一来，就能很简单地设计出所需网页，然后可以单击“文档”工具栏中的“在浏览器中预览 / 调试”按钮来运行并检查该网页。也可以单击“代码”按钮或“拆分”按钮来查看 HTML 程序代码。创建好的网页可通过选择“文件 > 保存”命令将其保存到站点中，以便下次运行或重新编辑修改。如果想删除该网页，则在“文件”面板中选择该文件，之后选择“文件 > 删除”命令即可将其删除。网页的其他制作方法我们将会在后面各章节中进行一一介绍。

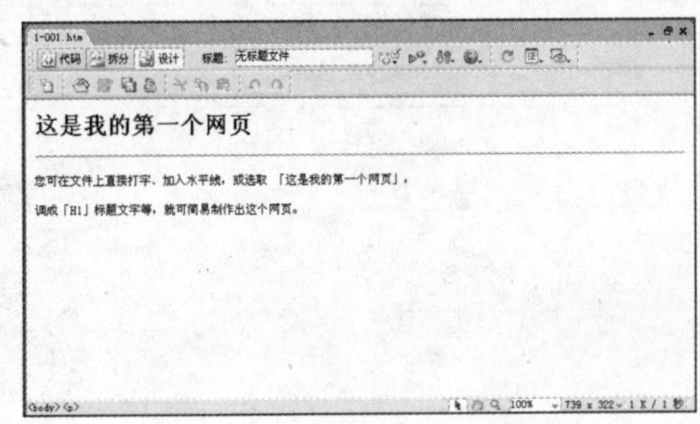

新建网页

在浏览器浏览这个网页

注意：上图地址栏中有时会显示如 TMP4lx9ru8pw3.aspx 等杂乱的文件名，这些是 Dreamweaver 系统自动产生的暂时网页文件名。如果已将网页进行存盘，可改成所保存的名称执行，如 http://localhost/mybook/ 所保存的文件名 .aspx。

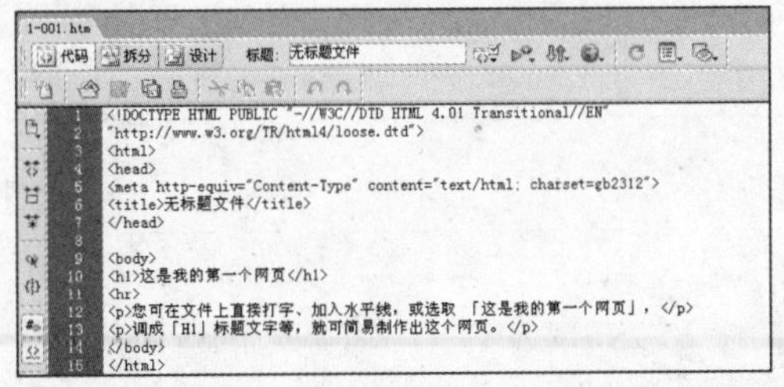

查看自动产生的 HTML 程序代码

另外，当转成“代码”视图时，在最左侧会显示“编码”工具栏，在其中可以进行缩放程序代码段，加注行号、批注，以及程序段落缩凸排版等操作，如果不想显示该工具栏，在“查看 > 工具栏”菜单中取消勾选“编码”命令即可。

读书笔记

网页文字、图片、表格

2.1　网页文字

网页最基本的组成要素就是文字，不论是网页的标题、正文的语句、商品的说明、信息的交流等，都是用文字来表达的，因此如何输入文字，如何对文字进行对齐排列、分段分行，以及如何调整文字的字体、大小、颜色和样式等，都是网页建构的基础内容，下面我们将介绍网页文字的各种编辑方法。

2.1.1　文字的输入

在网页上输入文字的方式如同对一般的文字编辑软件（如 Word）进行操作一样，只要先移动光标至适当位置输入文字即可，或者先输入后再选择输入的文字，设置其对齐属性，调整其位置。文字的输入方向是由左至右，若到达右边界时会自动折到下一行继续输入，如下图所示的 2-001.htm 网页。

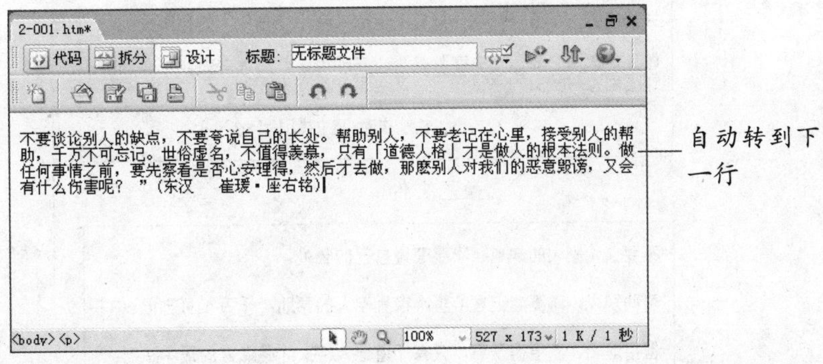

2.1.2　文字的换行

为了让文章容易阅读，通常会在文章的适当位置进行分段或换行。例如在上图的文章中，若要分段，可按 Enter 键，则会先空一行再开始一个新段落；若要换行，可同时按 Shift+Enter 键，则不会空一行，文字直接折到下一行；若要将文字分开，可加入空格，文字的换行方法如表 2-1 所示。

表 2-1 文字的换行

按 键	结 果	相同的 HTML 语法
Enter	先空一行，再转到下一行	<P> 段落 </P> 标签
Shift+Enter	不空一行，直接转到下一行	 换行标签

文字的换行（2-002.htm）

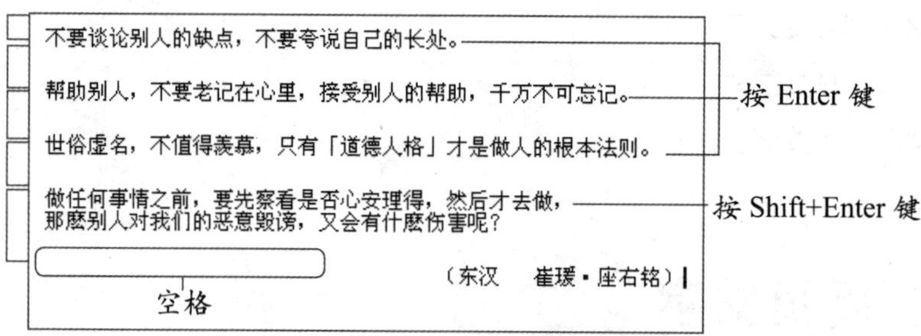

2.1.3 文本的剪切、复制与粘贴

在编辑网页的时候，有时为了节省输入的时间，可将内容相似的网页文本直接进行复制，再粘贴到网页文件的适当位置，之后稍加修改即可。如果文件中含有多余的文字，可将其剪切移除，或者直接按 Delete 键将其删除。当文件中的文字位置有错误时，可将其选择出来进行剪切，再粘贴到新位置，或者直接利用鼠标将其拖曳到正确位置亦可。

复制甲文件文字粘贴至乙文件的结果（2-003-1.htm~2-003-3.htm）

甲文件

不要谈论别人的缺点，不要夸说自己的长处。

帮助别人，不要老记在心里，接受别人的帮助，千万不可忘记。

世俗虚名，不值得羡慕，只有「道德人格」才是做人的根本法则。

做任何事情之前，要先察看是否心安理得，然后才去做，
那麽别人对我们的恶意毁谤，又会有什么伤害呢？

（东汉 崔瑗・座右铭）

①在甲文件中选择“编辑 > 拷贝”命令

乙文件

不要谈论别人的缺点，不要夸说自己的长处。

帮助别人，不要老记在心里，接受别人的帮助，千万不可忘记。

世俗虚名，不值得羡慕，只有「道德人格」才是做人的根本法则。

做任何事情之前，要先察看是否心安理得，然后才去做，
那麽别人对我们的恶意毁谤，又会有什么伤害呢？

③结果无背景色 （东汉 崔瑗・座右铭）

②在乙文件中选择“编辑 > 粘贴”或“编辑 > 选择性粘贴”命令

2.1.4 设置文本属性

在网页中输入完文本后，为了美观需要或强调其重要性，应该进一步格式化文本，包

括改变文本的大小、颜色及样式等，设置可利用文本的“属性”面板来完成。

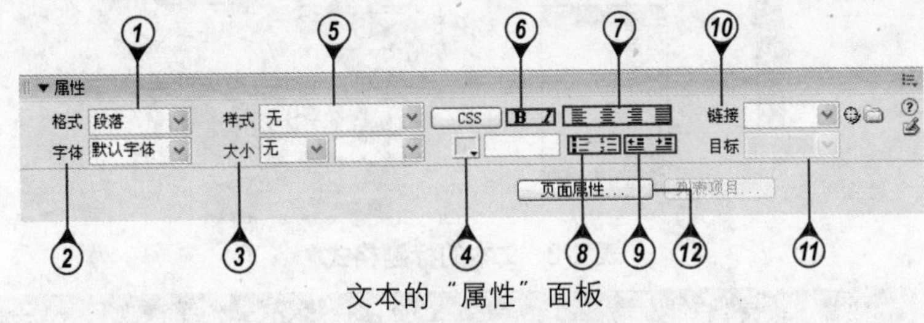

文本的“属性”面板

表 2-2 文本的属性设置

项 目	属 性	功 能
1	格式	设置文本的标题大小或默认格式
2	字体	设置文本的字体种类或组合
3	大小	设置文本的大小
4	文本颜色	设置文本的颜色
5	样式	为选择的文本选用已有的样式或增删编辑样式
6	粗体、斜体	设置文本为粗体或斜体，来强调其特殊和重要性
7	对齐方式	设置文字为左对齐、右对齐、居中对齐或两端对齐
8	列表项目	将文本设成项目列表或编号列表
9	文本凸出、文本缩进	设置段落文本为文本凸出或文本缩进
10	链接	设置文本为超链接文本，可链接到其他网页
11	目标	设置所链接的网页要在哪个框架页或窗口显示
12	页面属性	对网页页面外观、标题、文字及链接等各属性进行设置

1．文本格式

如果要将文件中的某段文本当作标题时，可先选择该文本，再在“属性”面板的“格式”下拉列表中选择所需的“标题”格式，即可将文本改成所需的标题级别。将文本设成标题后，会自动以粗体字呈现，标题编号由 1~6，字号则由大到小。若在其中选择“段落”选项，则表示会将所选择的文本设成一个新段。若在其中选择“预先格式化的”选项，则表示将保留所选文本的原来格式，即在 HTML 文件中的 <Pre></Pre> 标签内，文本格式原来怎么设置，就怎么显示出来。

文本的标题格式设置（2-005.htm）

①选择各行文字

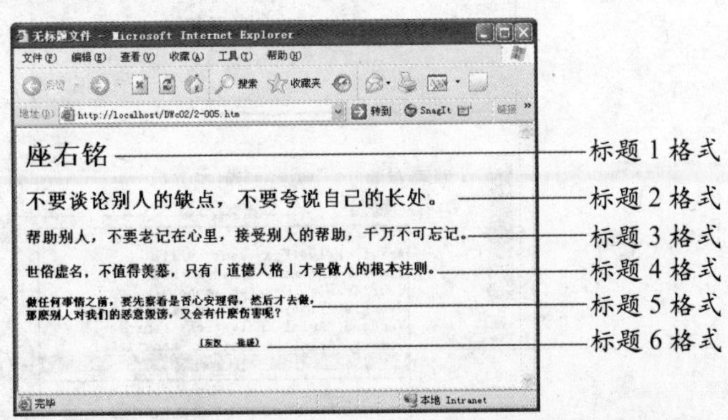

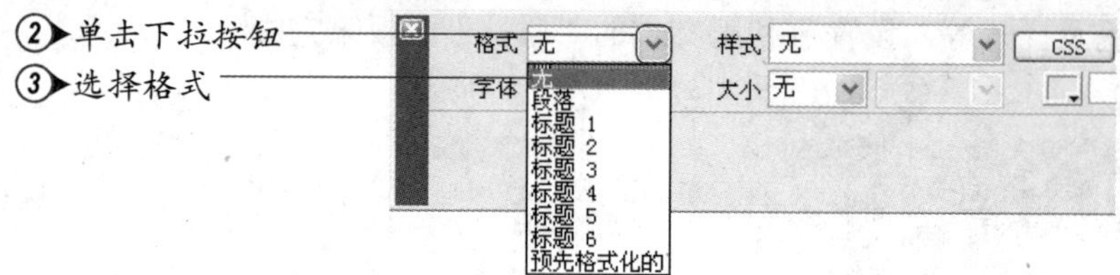

表 2-3　文本的标题格式

格　式	结　果	相同的 HTML 语法
段 落	先空一行，再产生新段	<P> 段落 </P> 标签
标题 1~ 标题 6	粗体字，标题编号小的字体较大，编号大的字体较小	<H1> 标题文本 </H1>~ <H6> 标题文本 </H6> 标签
预先格式化的	文字格式原来怎么设置，网页上就怎么显示出来	<Pre> 文本 </Pre> 原始格式标签

2．文本字体

网页中的字体一般默认有宋体、新宋体及楷体等，如果想要改变为其他的字体，则当前的计算机中必须已装有该字体。设置字体的方法是首先要选择该文本，其次再在“属性”面板的“字体”下拉列表中选择“编辑字体列表”选项，将会弹出“编辑字体列表”对话框。在其中的“可用字体”列表框中选择所需的字体名称，单击«（添加）按钮，可看到所选的字体已加入“选择的字体”及“字体列表”列表框中，单击“确定”按钮回到文件页面，在“字体”下拉列表中即可选择新建的字体，将所选的文字修改为该字体。

设置文本的字体（2-006.htm）

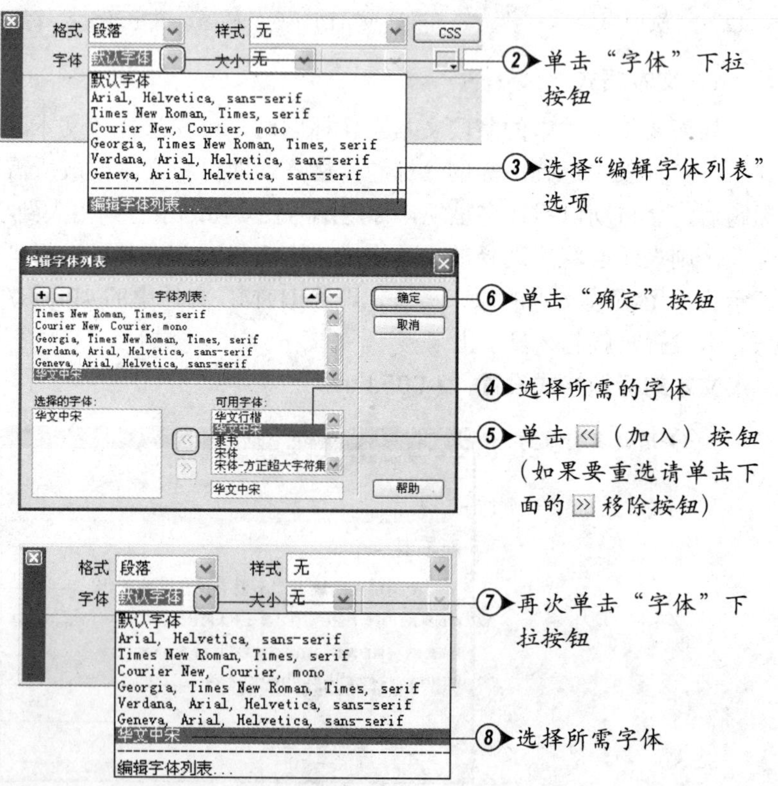

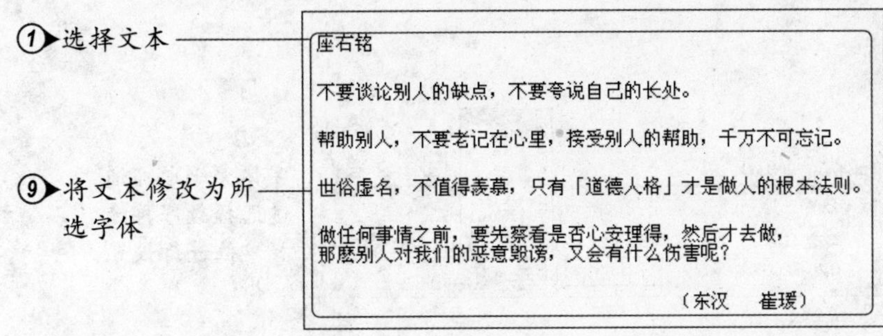

当然系统中也要有这种字体才能浏览到，否则看到的还是系统默认的字体。如果用户坚持要显示这种字体，那只好在绘图软件中输入文字，将设置的文字图片默认存盘，再插入到网页中（文本字体相当于 HTML 语法的 <Font Face=" 字体 ">...</Font>）。

3．文字大小

网页中的文字可依其格式或特殊性来设置字体大小。设置字体大小的方法是首先要选择该文字，其次再在“属性”面板的“大小”下拉列表中选择默认大小的字体（如特大或特小等），或者选择数字（如 36 或 18 等），再在旁边的下拉列表中选择单位，选好后即可看到所选的字体已变为所需的大小了（文字大小相当于 HTML 语法的 <Font Size=" 大小 ">...</Font>）。

设置文字的大小 (2-007.htm)

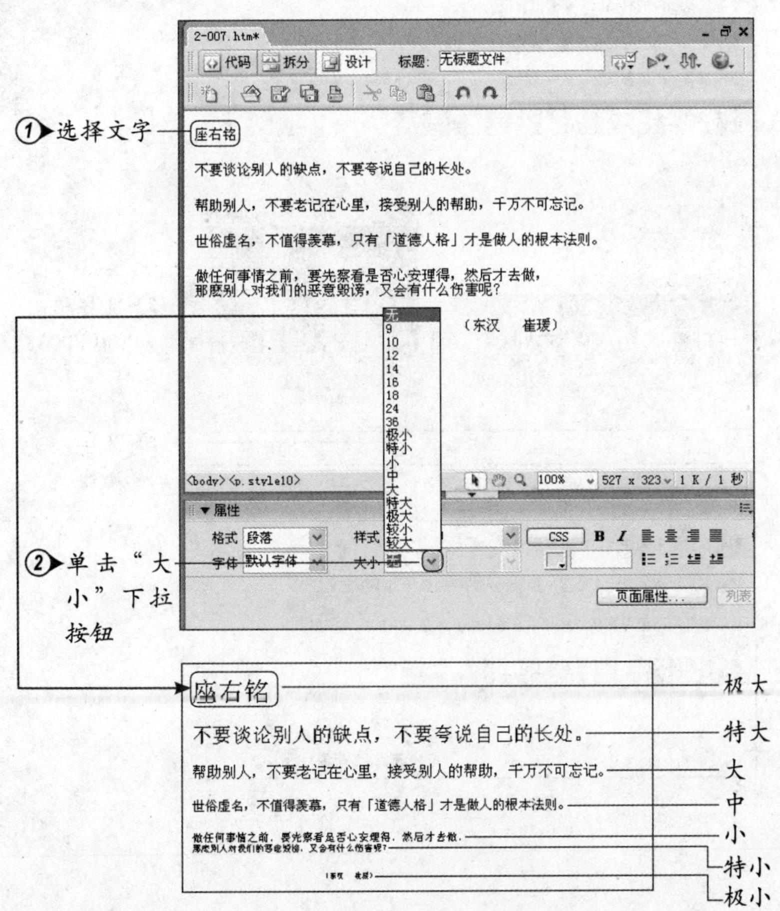

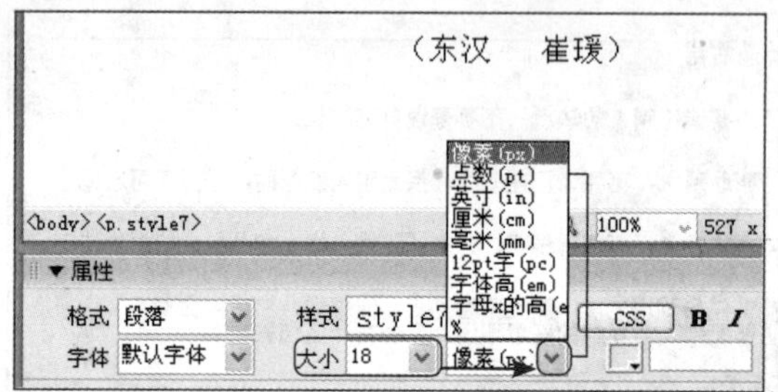

4．文本颜色

同上面一样，网页文本也可依其美观性或重要性来设置颜色。设置颜色的方法是首先要选择该文本，其次再在“属性”面板中单击颜色按钮，在调色盘中选择所需的颜色，或者单击“系统颜色拾取器”按钮，进入“颜色”对话框，在其中选择所需颜色，之后单击“确定”按钮，即可将所选的文本变为所需的颜色（文本颜色相当于HTML语法的<Font Color= 颜色名 >...</Font>）。

设置文本的颜色 (2-008.htm)

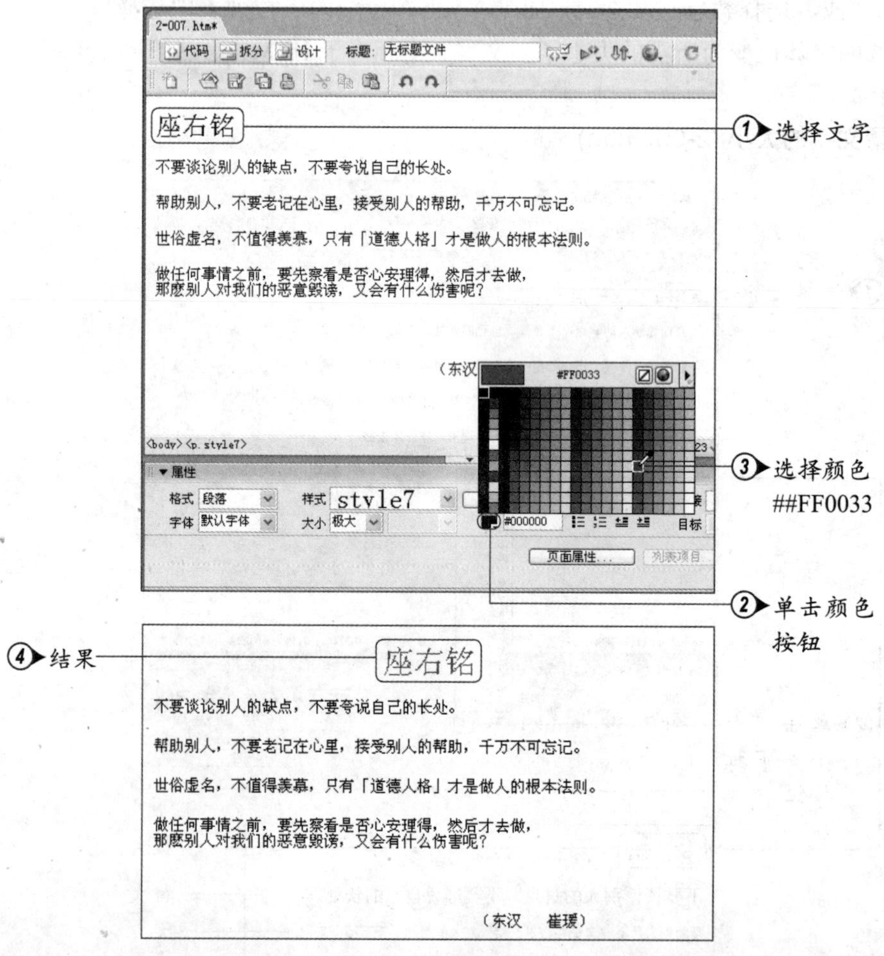

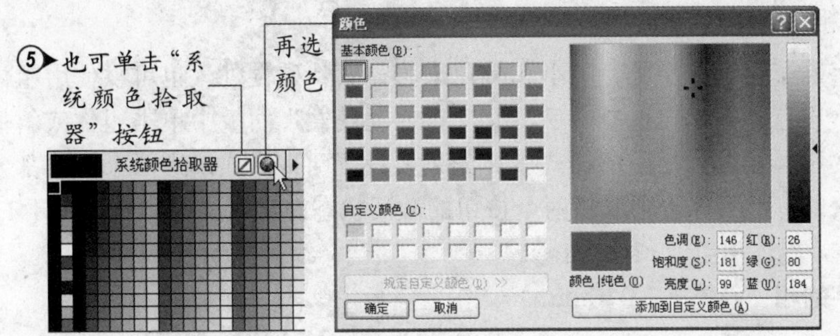

5．文字样式

当设置完网页文字所需的字体、大小及颜色之后，系统会自动将这些设置保存为 CSS（Cascading Style Sheets，层叠样式表），作为设置其他文字格式时的备用，这样一来，不但省时省力，而且网站中网页的外观格式可以统一（网页的层叠样式表样式可导出至后缀为 .css 的文件中，供其他网页使用，也可对其进行新建、编辑或移除等操作）。层叠样式表样式的引用如下：首先选择前节文章的"世俗虚名 ... 做人的根本法则"这个句子，再对其引用"座右铭"的 Style13 样式，则会立即变成与其同样的外观和颜色。

设置文字的样式（2-009.htm）

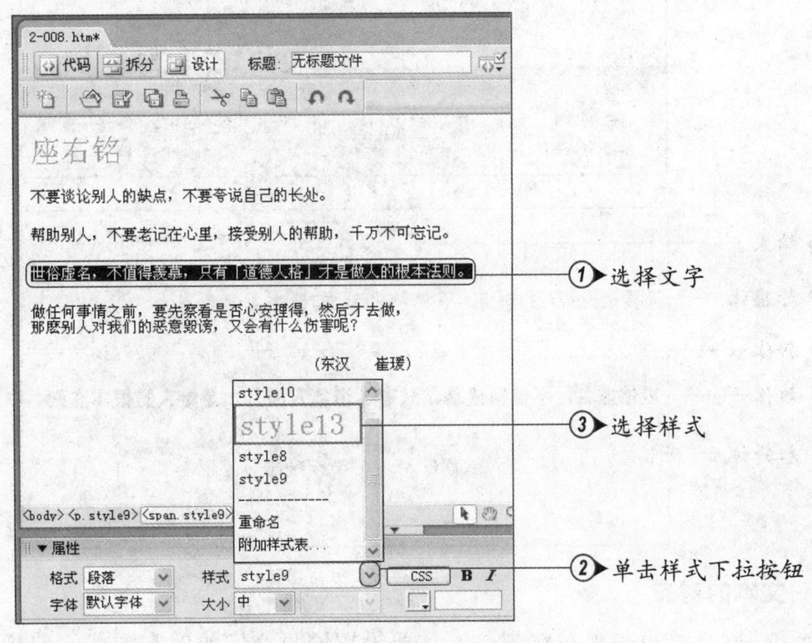

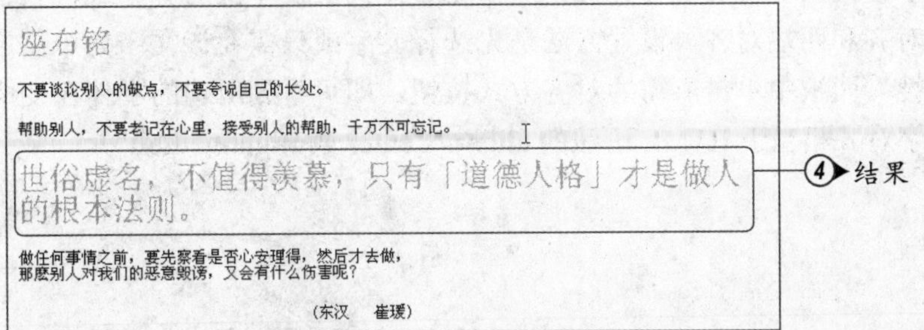

6．文字粗、斜体

网页文字除了可运用字体、大小和颜色来强调其特殊性外，也可以使用粗体字或斜体字进行显示。设置方法是先选择文字，其次再在“属性”面板中单击粗体或斜体按钮，即可看到所选的字体已变为相应的样式了。如果要设置两种样式，则两个按钮都要激活；如果要恢复原来的标准字体，则取消两个按钮的激活状态即可（文字粗体相当于 HTML 语法的 <B>...</B>，斜体相当于 <I>...</I>）。

设置文字的粗、斜体（2-010.htm）

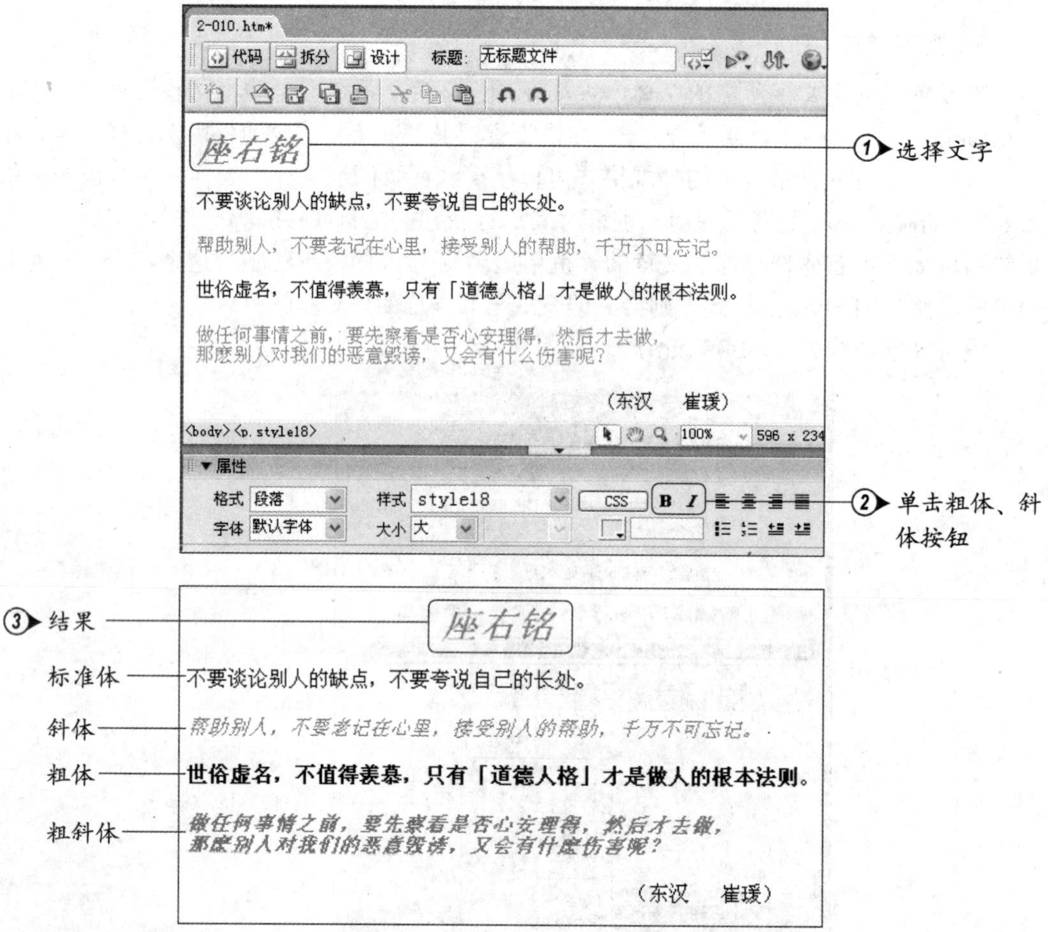

2-010.htm*

代码 拆分 设计 标题：无标题文件

座右铭 ——①选择文字

不要谈论别人的缺点，不要夸说自己的长处。

帮助别人，不要老记在心里，接受别人的帮助，千万不可忘记。

世俗虚名，不值得羡慕，只有「道德人格」才是做人的根本法则。

做任何事情之前，要先察看是否心安理得，然后才去做，
那麽别人对我们的恶意毁谤，又会有什么伤害呢？

（东汉　崔瑗）

<body> <p.style18>　100%　596 x 234

▼属性

格式 段落　样式 style18　CSS　B　I ——②单击粗体、斜体按钮

字体 默认字体　大小 大

③结果 —— 座右铭

标准体 —— 不要谈论别人的缺点，不要夸说自己的长处。

斜体 —— *帮助别人，不要老记在心里，接受别人的帮助，千万不可忘记。*

粗体 —— **世俗虚名，不值得羡慕，只有「道德人格」才是做人的根本法则。**

粗斜体 —— ***做任何事情之前，要先察看是否心安理得，然后才去做，***
那麽别人对我们的恶意毁谤，又会有什麽伤害呢？

（东汉　崔瑗）

7．文本的对齐

为了使网页显得美观与整齐，通常要设置网页文字的对齐方式，包括左对齐、居中对齐、右对齐和两端对齐。设置方法是先选择文字或只需在该文字处单击鼠标左键，其次再在“属性”面板中单击所需的对齐方式按钮，即可看到所选的字体已变成所需的对齐方式了（文字对齐相当于 HTML 语法的 align="Center 或 Right 或 Left"）。

设置文本的对齐方式（2-011-1.htm~2-011-2.htm）

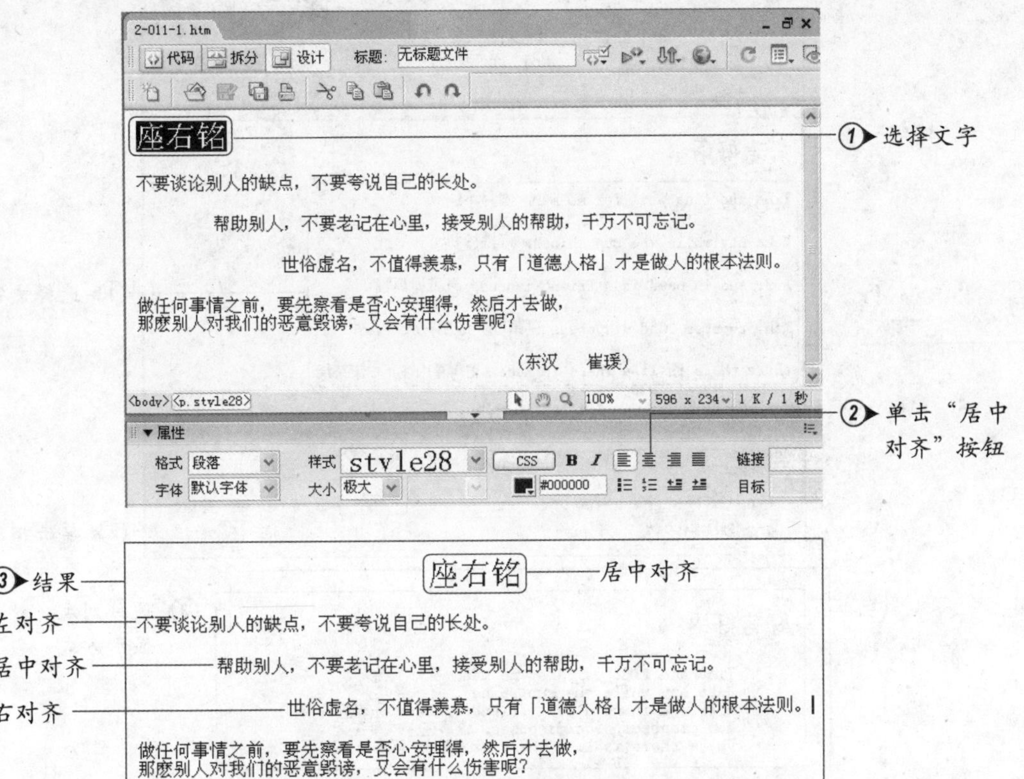

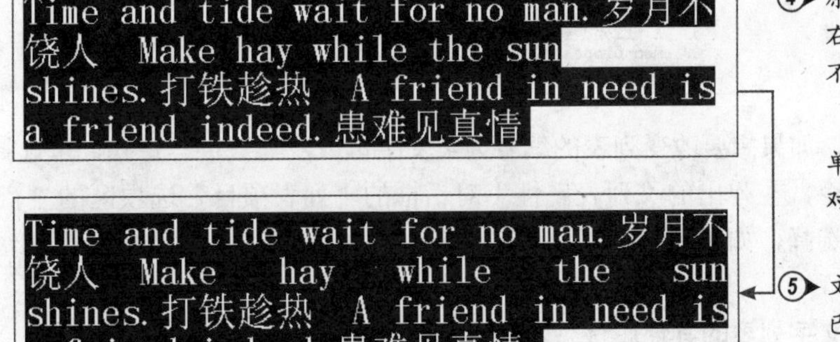

8．文字的列表

如果网页文件中有一条一条显示的信息内容时，为了提高该条信息的阅读性，通常需要将其设成列表方式，有“项目列表”及“编号列表”两种，前者是在条文前加上黑点，而后者是加上自动编号。设置方法是先选择文字，其次再在“属性”面板中单击所要的列表按钮，即可看到所选的信息内容已变成列表了（文字列表相当于 HTML 语法的 <UL>...</UL> 或 <OL>...</OL>）。

设置文字列表（2-012-1.htm~2-012-2.htm）

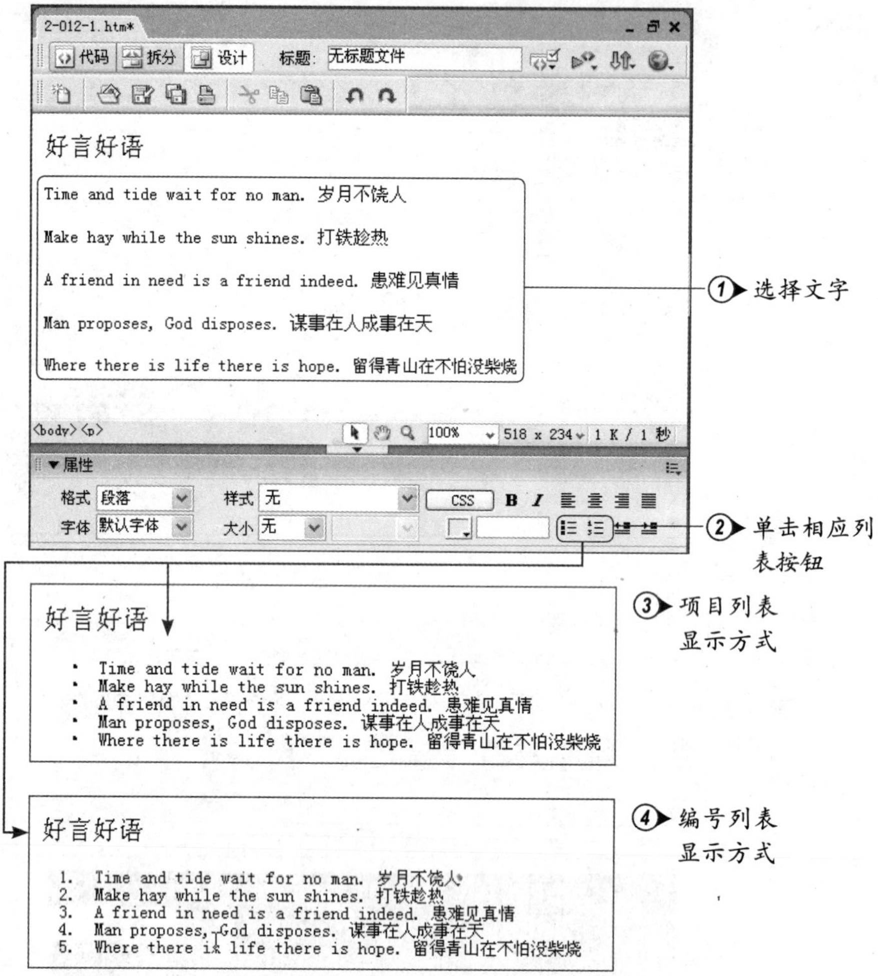

2-012-1.htm*

代码 拆分 设计 标题: 无标题文件

好言好语

Time and tide wait for no man. 岁月不饶人

Make hay while the sun shines. 打铁趁热

A friend in need is a friend indeed. 患难见真情

Man proposes, God disposes. 谋事在人成事在天

Where there is life there is hope. 留得青山在不怕没柴烧

①选择文字

<body> <p> 100% 518 x 234 1 K / 1 秒

属性

格式 段落 样式 无 CSS B I

字体 默认字体 大小 无

②单击相应列表按钮

好言好语

- Time and tide wait for no man. 岁月不饶人
- Make hay while the sun shines. 打铁趁热
- A friend in need is a friend indeed. 患难见真情
- Man proposes, God disposes. 谋事在人成事在天
- Where there is life there is hope. 留得青山在不怕没柴烧

③项目列表显示方式

好言好语

1. Time and tide wait for no man. 岁月不饶人
2. Make hay while the sun shines. 打铁趁热
3. A friend in need is a friend indeed. 患难见真情
4. Man proposes, God disposes. 谋事在人成事在天
5. Where there is life there is hope. 留得青山在不怕没柴烧

④编号列表显示方式

另外，如果想要改变列表的编号为英文字母或罗马数字等形式，可选择“文本 > 列表 > 属性”命令，在弹出的“列表属性”对话框的“列表项目”选项区的“新建样式”下拉列表中进行选择，如选择“小写字母”选项，则可看到信息内容的编号已改为小写英文字母形式了。

设置文字列表的其他属性（2-012-3.htm）

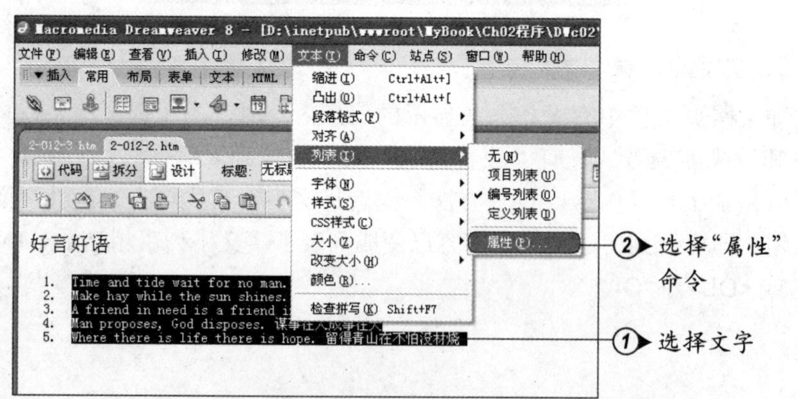

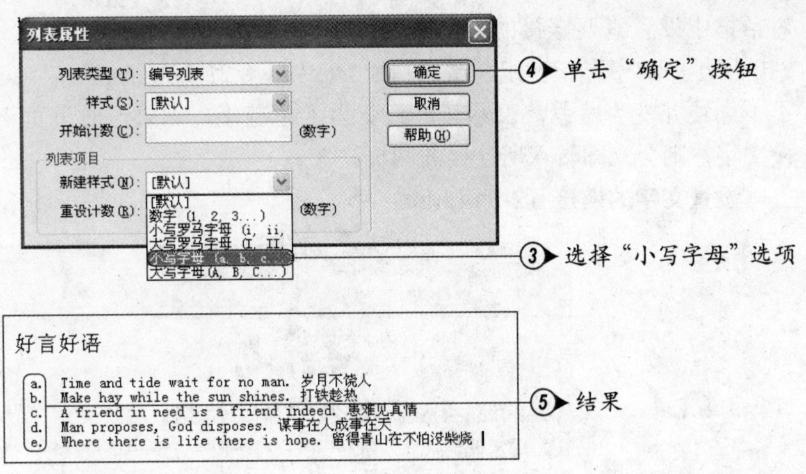

9．文字的缩排

出于为了网页的美观与强调特殊性考虑，可将网页文字设置成整段缩进或凸出。设置方法是先选择文字，或者在该文字段内单击鼠标左键，其次再在"属性"面板中单击"文本缩进"或"文本凸出"按钮，可看到所选的段落左右两侧立即会缩进或凸出。一般每单击缩进按钮一次，文字段落则向内缩一次；同理每单击凸出按钮一次，文字段落则向外凸出一次。

设置文字缩进或凸出（2-013.htm）

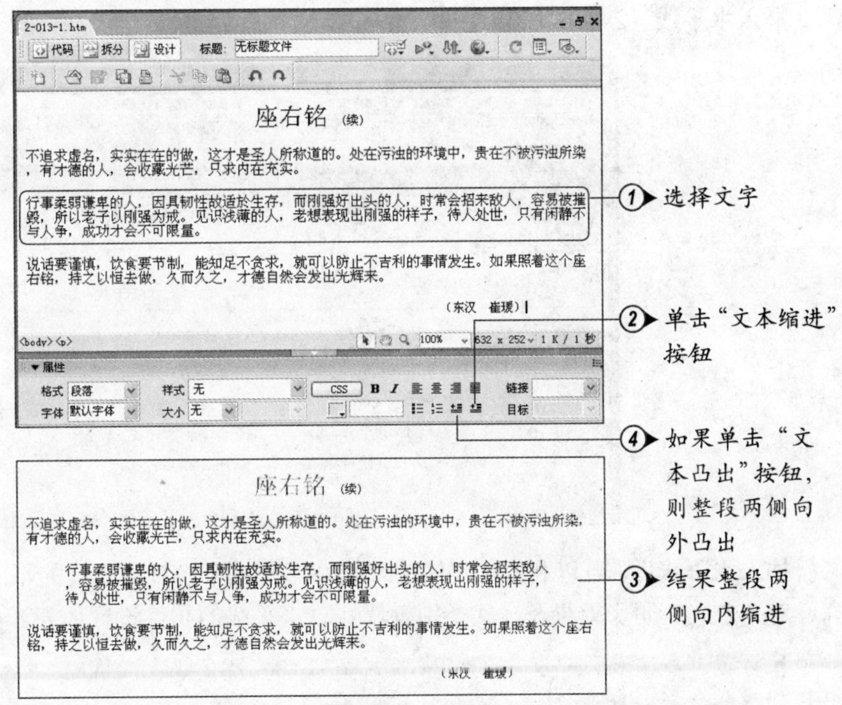

10．文字的链接

如果想要通过单击网页上的文字，就能直接跳转到另外一个网页上，可先选择文字，再在"属性"面板中单击"链接"文本框旁的"浏览文件"按钮，在弹出的"选择文件"

对话框中设置需要链接的文件路径和名称，或者直接在“链接”文本框中输入需要连接网站的网址（如中青新世纪公司的网址 http://www.21books.com），则可看到所选的文字已加上了下划线并变为蓝色，表示其已经变为了超链接。如果这时浏览该网页，并单击这个超链接文字，则会立即转入所连接的网页。

设置文字的链接（2-014.htm）

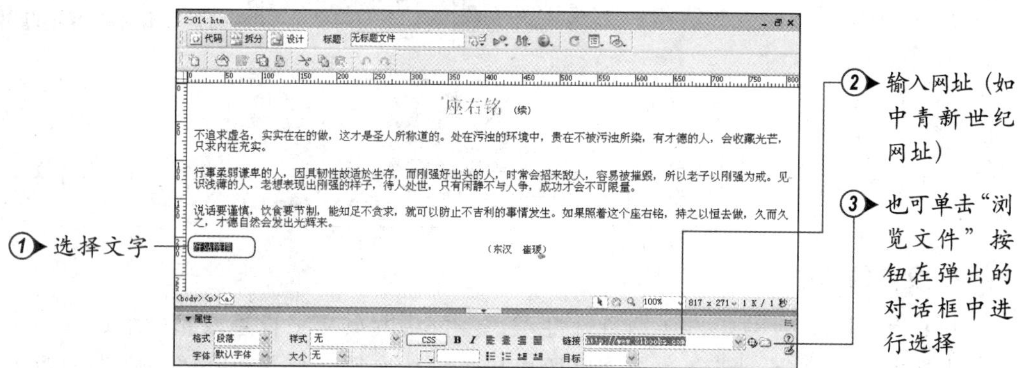

2.1.5 插入水平线

为了提高网页中信息内容的可读性，通常使用水平线来分隔不同的网页部分。插入的方法是先在插入处单击鼠标左键，然后在 HTML 插入栏中单击“水平线”按钮。

插入水平线（2-016-1.htm）

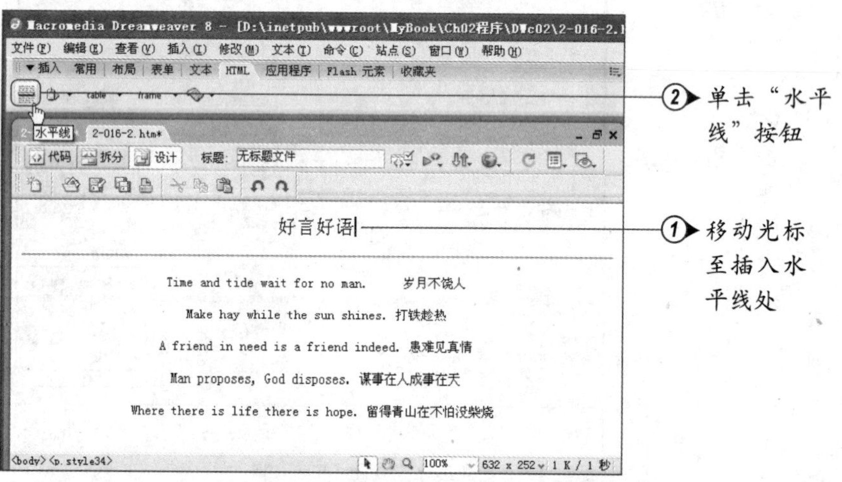

插入水平线后，可以利用水平线的“属性”面板来设置水平线的不同外观，其中包括宽高、对齐方式、阴影效果及样式类别等属性。水平线的属性设置如表 2-4 所示。

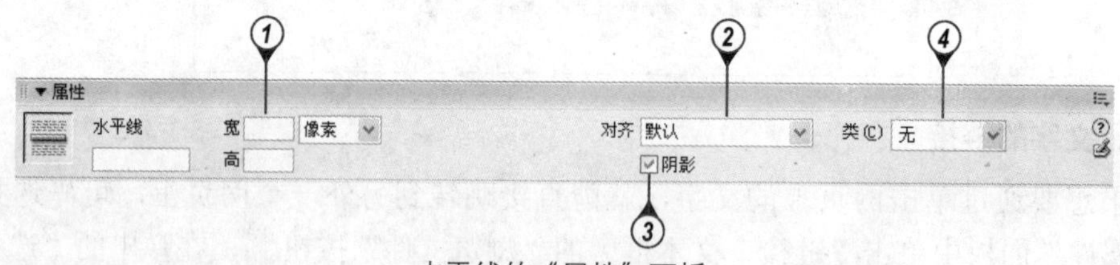

水平线的“属性”面板

表 2-4 水平线的属性设置

项 目	属 性	功 能
1	宽、高	设置水平线的宽度与高度
2	对齐方式	设置水平线的左对齐、居中对齐、右对齐
3	阴影	勾选"阴影"复选框可使水平线具有阴影效果
4	样式类别	为选择的水平线选用已有的样式或增删编辑样式

2.2 网页图片

网页最基本的组成要素除了文字之外还有图片。试想一个网页如果都是文字而没有图片，会让网页中的内容显得单调无趣，恐怕就无法吸引浏览者的目光了，因此如何插入适合的图片，如何调整图片大小、样式和对齐方式，以及如何设置图片的超链接等，也是网页建构的重要组成部分。下面我们将逐一介绍网页图片的各种编辑方法。

2.2.1 图片的种类

为了使网页显得更活泼和生动，一般在网页中均会插入精美的图片，但是不能插入太多图片，否则会造成网页载入速度缓慢，让浏览者失去耐心而离开，因此对网页图片的使用数量要特别注意，网页上常用的图片包括 gif, jpg, png 三种格式。

1．GIF（Graphics Interchange Format）格式

GIF 格式的图片最多可显示 256 色，多用在线条或色块等色彩简单的图片中。优点是文件小，可制作透明背景、交错式及动态图片。透明背景就是让图形四周边缘的背景不会遮盖网页和破坏网页整体美感；交错式是先以马赛克方式显示，再渐渐显出完整图形，让浏览者不会有久等的感觉；动态图片是让图片以不同的变化方式连续显示，使图片的显示变得活泼有趣。

2．JPG（Joint Photographic experts Group）格式

JPG 格式的图片支持全彩，多用在相片或需要以较高质量显示的复杂图片方面。优点是支持图片压缩、渐进式显示及保留照片原貌。支持图片压缩可以使图片能快速在网络中显示，缩短传输时间；渐进式显示可分段逐渐显示图片，不必等到图片全部下载，即可看到部分图形；而照片、图片等复杂的图像，均可保留原来的效果及色彩。

3．PNG（Portable Network Graphic）格式

PNG 格式的图片是结合上述两种格式的优点而形成的文件格式，可支持全彩、灰阶色彩。优点是支持图片压缩、渐进式显示、保留照片原貌，以及可制作出透明背景、交错式显示、最优化图片等功能，但这种格式的图片必须在较新版的浏览器（如 IE 4.0 版或以上版本）上才能显示。

2.2.2 图片的插入

若想在网页上插入图片，可在"常用"插入栏中单击"图像"按钮，在弹出的"选择图像源文件”对话框中进行选择。

插入图片（2-018.htm）

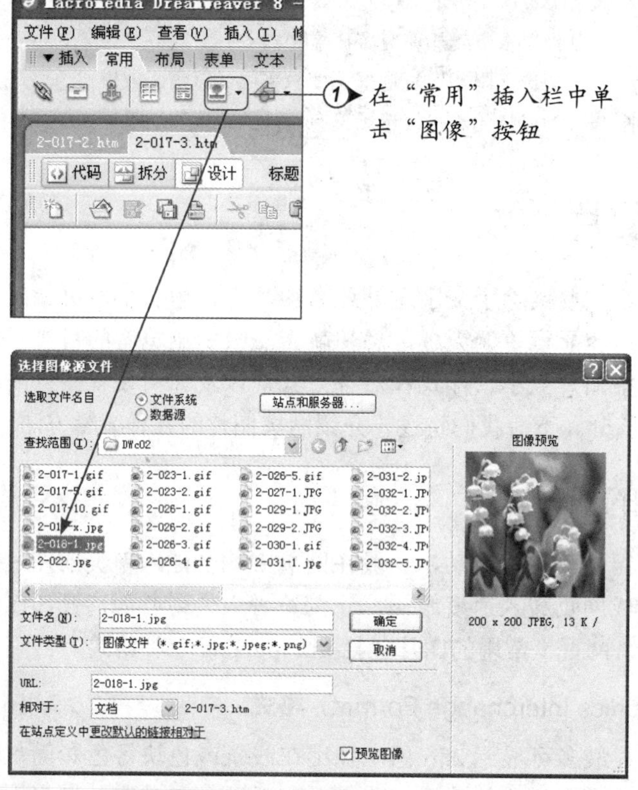

①在“常用”插入栏中单击“图像”按钮

②在“选择图像源文件”对话框中选择所要插入的图片，之后单击“确定”按钮

③在弹出的对话框中单击“是”按钮，即可将图片复制到根文件夹中

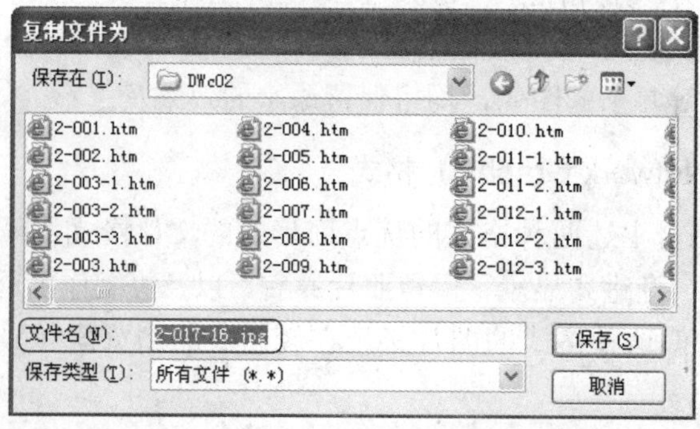

④在“复制文件为”对话框中单击“保存”按钮

⑤ 在 Dreamweaver 中即可浏览到该图片

2.2.3 图片的属性

在将图片插入网页后，常常会因不同的需求，将其摆放在不同的位置或调整其形状，这就要修改图片的属性了，可利用图片的“属性”面板来完成，而各属性的功能如下图及表 2-5 所示。

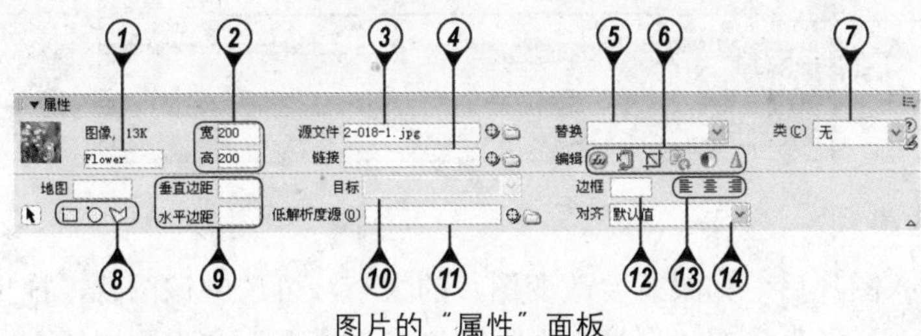

图片的“属性”面板

表 2-5 图片的属性设置

项 目	属 性	功 能
1	名称	设置图片的 id 标识名称，以供程序调用和处理时使用
2	宽高	设置图片的大小
3	源文件	设置图片文件的路径，即图片的来源
4	链接	设置将图片连接到哪一个网页
5	替换	设置图片的替换说明文字
6	编辑	选择图片的编辑工具，从而直接编辑修改图片
7	类	为选择的图片选用已有的层叠样式表样式或增删编辑其样式
8	热点工具	将图片拆分成图像热区
9	垂直、水平边距	设置图片上下、左右的边距
10	目标	设置所连接的网页要在哪个框架页或窗口显示
11	低解析度源	设置低解析度图片文件的路径，目的是当原图未下载完前先显示品质较差的低解析度图，以免浏览者等待时间过久
12	边框	设置图片的四周边框线宽度
13	图片位置	设置图片左对齐、居中、右对齐等位置
14	对齐	设置文字环绕图片的对齐方式

1. 图片名称

在网页中插入图片后，可给这个图片定义一个名称，以便以后程序调用和处理时使用。方法是选中该图片，然后依下面的步骤输入图片名称即可（等同于 Img 图片对象的 id=" 图片名称 " 属性设置）。

输入图片的名称（2-018.htm）

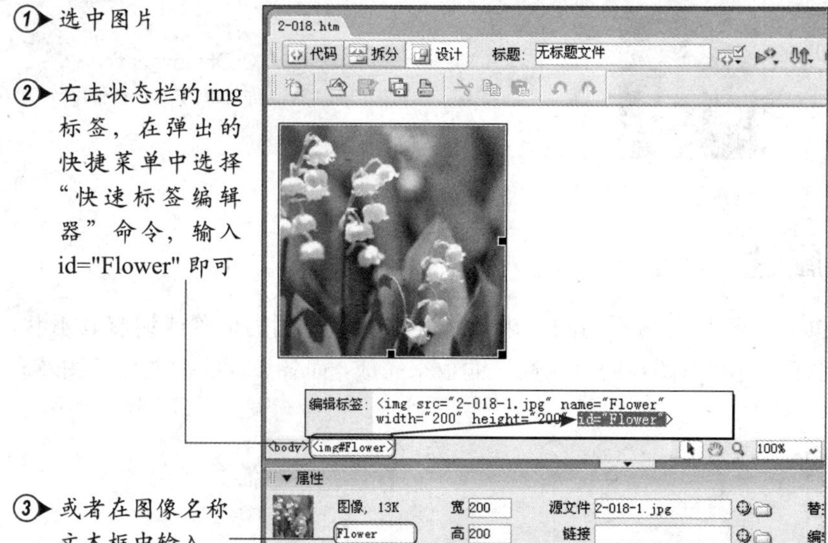

2. 图片的大小

在网页中插入图片后，如果想要改变图片的大小，可选中该图片，拖曳其中一个控制点，调整其大小，或者直接在“属性”面板的“宽”、“高”文本框中输入数值即可（等同于 img 图片对象的 width=" 图片宽度 "、height=" 图片高度 " 属性设置）。

设置图片的宽度和高度（2-018.htm）

3. 图片的来源

插入图片后如果想再换成其他图片，可选中该图片，再单击“属性”面板中的“源文件”文本框右侧的“浏览文件”按钮，在弹出的“选择图像源文件”对话框中选择替换的图片，或者直接在“源文件”文本框中输入文件路径（等同于 img 图片对象的 src=" 图片文件路径 " 属性设置）。

更改图片（2-022.htm）

①选中图片

②单击“属性”面板中的“源文件”文本框右侧的“浏览文件”按钮

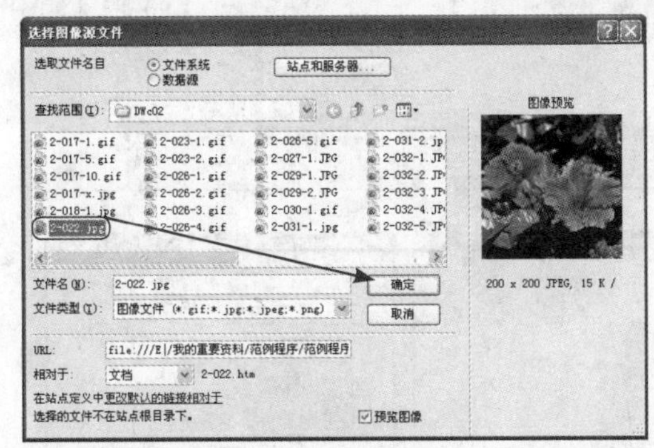

③在“选择图像源文件”对话框中选择新的图片，之后单击“确定”按钮即可改成所选的图片

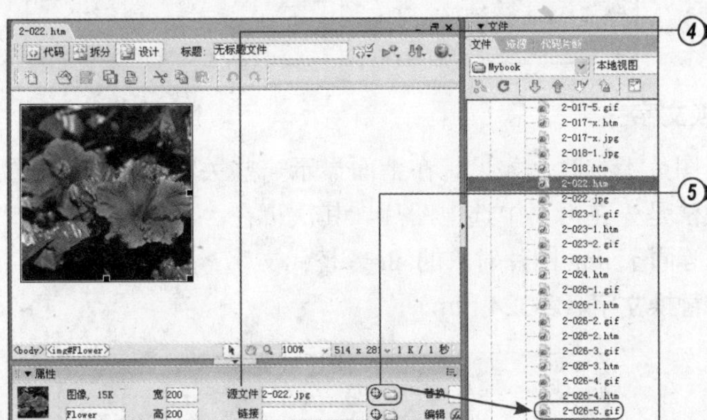

④或者直接在“源文件”文本框中输入图片路径

⑤或者按住“指向文件”按钮将其拖曳至右侧“文件”面板内的图片名称处释放鼠标左键即可

4．图片超链接

如果想在网页中单击图片后，就转到另外一个网页上，可先选中该图片，其次再在“属性”面板中单击“链接”文本框右侧的“浏览文件”按钮，在弹出的“选择文件”对话框中选择想要连接的文件路径；或者直接在“链接”文本框中输入想连接网站的网址；或者按住“指向文件”按钮将其拖曳至右侧“文件”面板内需要连接的网页处释放鼠标左键，均可完成超链接的设置（等同于 <a href=" 想要连接的网址或文件路径名称 "><img ...></a> 设置）。

设置图片的链接（2-023.htm、2-023-1.htm）

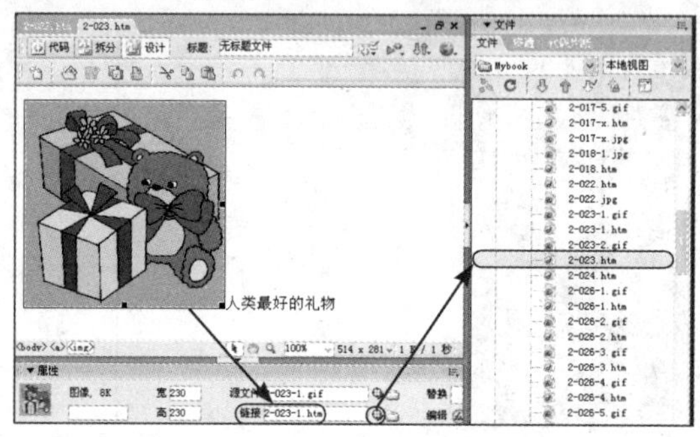

① 选择图片

② 输入想要连接的网址，或者按住"指向文件"按钮，将其拖曳至右侧"文件"面板内想要连接的网页处释放，即可完成超链接设置

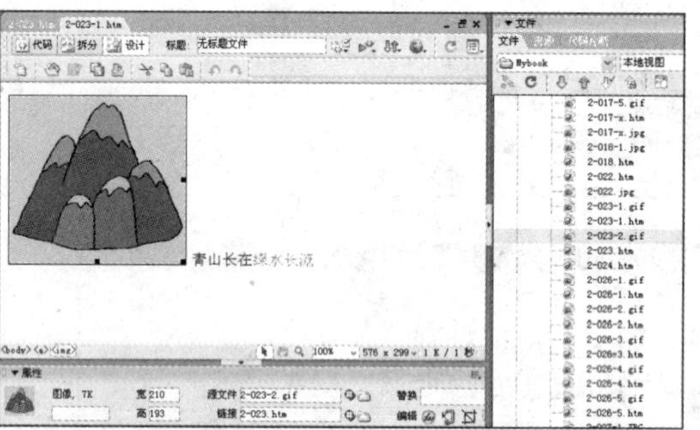

③ 用相同的方法设置另一超链接

④ 结果：浏览网页时若单击"礼物"图片即可转到右侧"青山"图片的网页中

⑤ 反之亦然

5．图片替换文字

当光标移至图片上方时，如果想在上面显示一些关于图片的说明文字，可以设置其替换文字属性，做法是先在网页中选中图片，其次再在"属性"面板的"替换"文本框中输入该说明文字（等同于 img 图片对象的 alt=" 替代文字 " 设置）。

设置图片的替换文字（2-024.htm）

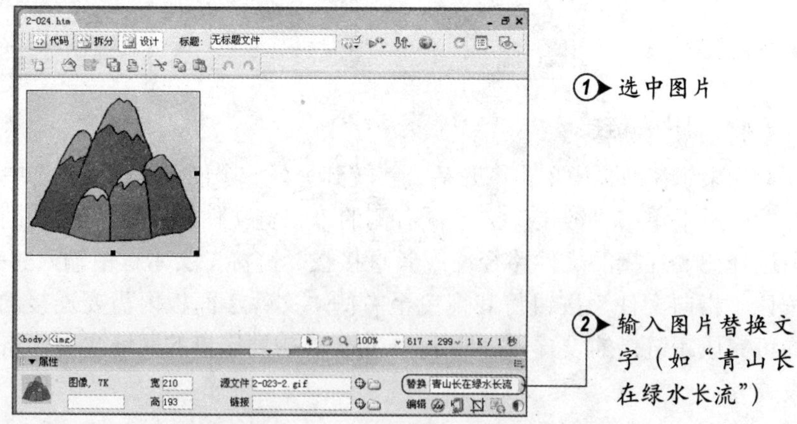

① 选中图片

② 输入图片替换文字（如"青山长在绿水长流"）

6．图片编辑

当图片进行修改时，可以先选中网页上的图片，其次再在“属性”面板的“编辑”选项区中选择相应的工具按钮，不必退出 Dreamweaver 即可直接修改图片。“编辑”选项区中包括 Fireworks 编辑、最优化、剪裁、重新取样、亮度和对比度及锐化等工具。

图片的编辑（2-024.htm）

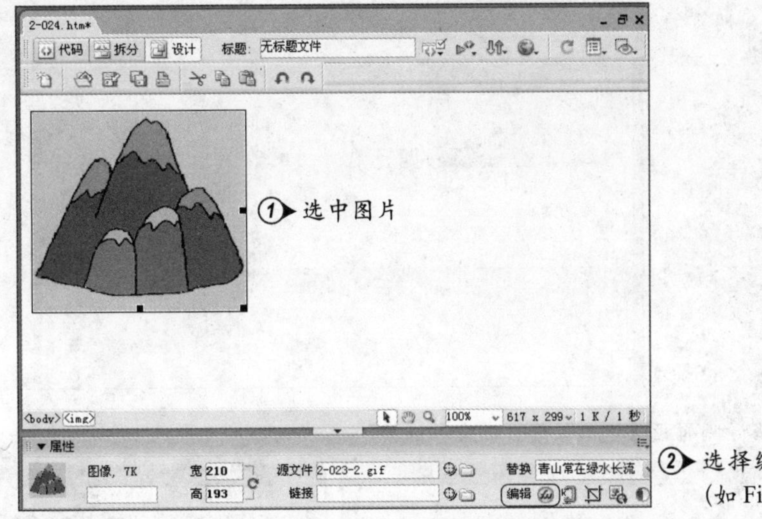

7．图片热区

当一张图片需要连接到不同的网页中时，就必须先在图片上划分区域，让不同的区域能连接到不同的网页，浏览图片时可在图片上单击不同的区域，即可转换到对应的网页，这些所划分的区域被称为“热区”。设置方法为先在父网页上圈出各单击区域，在各区域中再设置指向需要连接的子网页（等同于 img 图片对象的 usemap 属性及 <map...></map> 标签对象设置）。

设置图片热区（2-026-1.htm~2-026-5.htm）

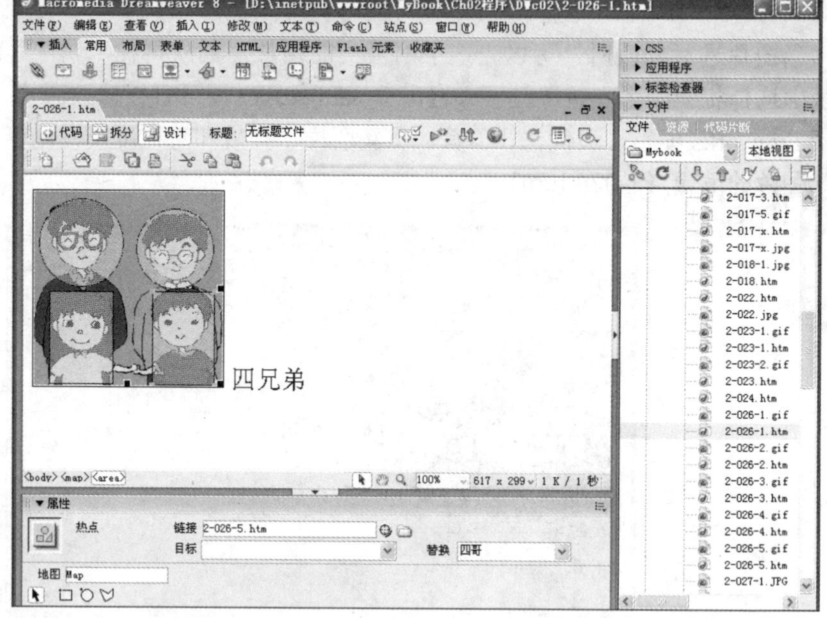

⑤ 依上面方法绘制完父网页的所有热点

⑥ 在各子网页设置返回父网页的文字链接

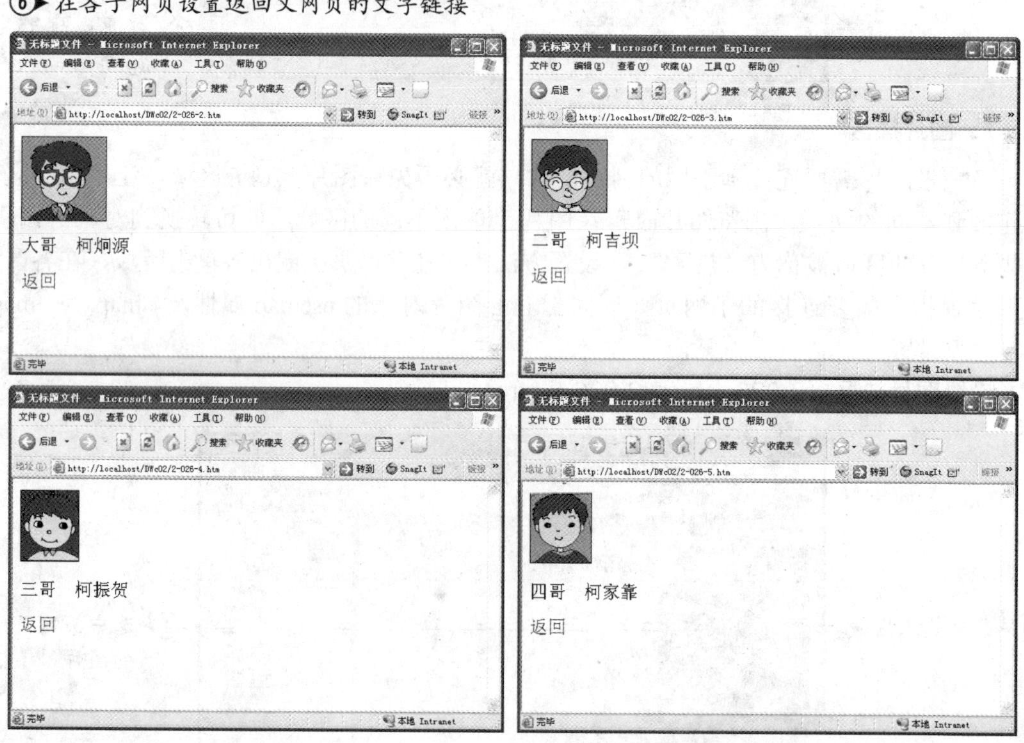

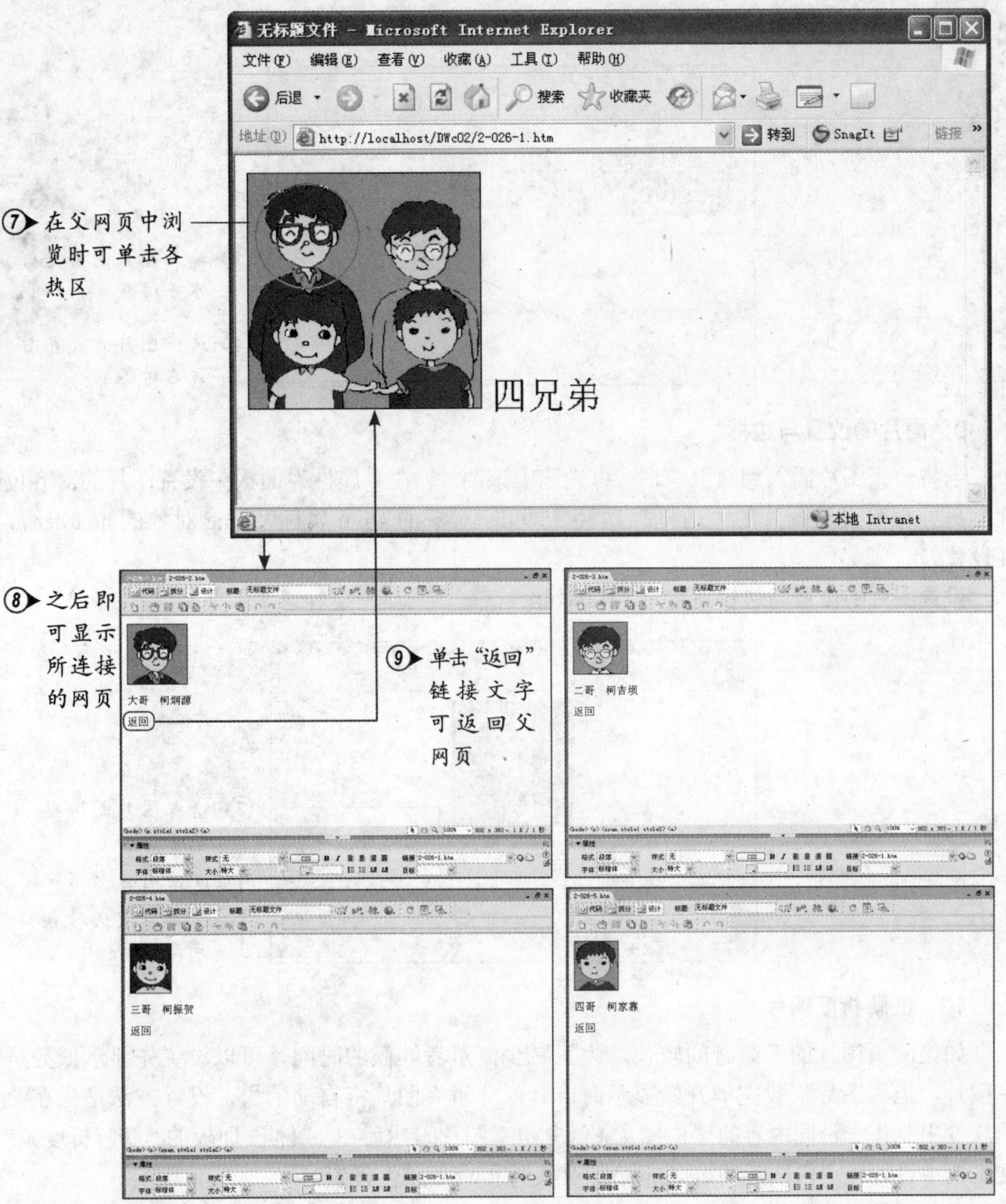

8. 图片的对齐方式与间距

当将一张图片插入文字中时，会先决定文字环绕图片的对齐方式，可先选中该图片，在“属性”面板的“对齐”下拉列表中选择相应的对齐方式。另外为了美观起见经常会在图片与文字间预留一些空隙，可通过设置图片的“垂直与水平边距”来实现这一效果（等同于 img 图片对象的 align 属性及 vspace, hspace 属性设置）。

设置图片的对齐方式与间距（2-027.htm）

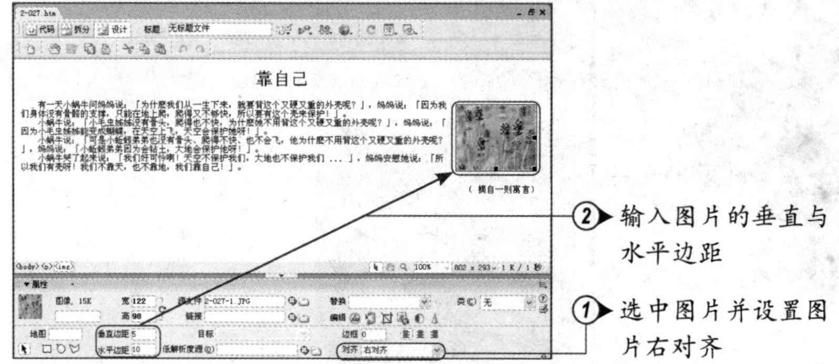

9．图片的位置与边框

当将一张图片插入到网页中后，可先选中该图片，在“属性”面板中设置图片的对齐位置，另外也可设置图片的“边框”属性（即 div 对象的 align 属性及 img 对象的 boarder 属性设置）。

设置图片的位置与边框宽度（2-028.htm）

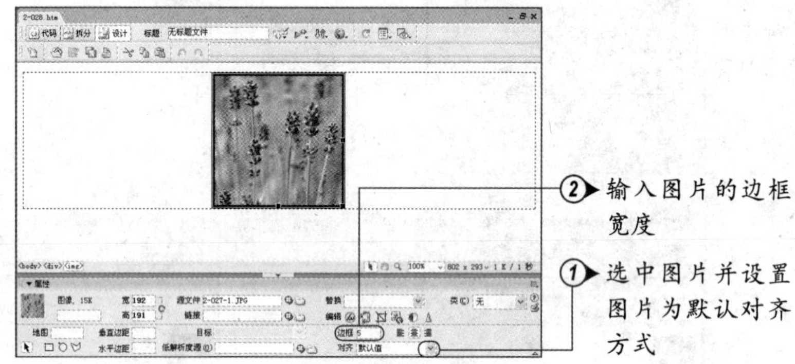

10．低解析度图片

如果网页图片的下载时间较长，为了减少浏览者等候的时间，可以设置先显示低分辨率图片，当原图片下载完毕开始显示时，其低分辨率图片将自动消失，设置方法是先在绘图软件中制作一份同内容的黑白图片（低分辨率图片），然后在“属性”面板的“低解析度源”文本框中设置该黑白图片即可（即 img 对象的 lowsrc 属性设置）。

显示低解析度图片（2-029.htm）

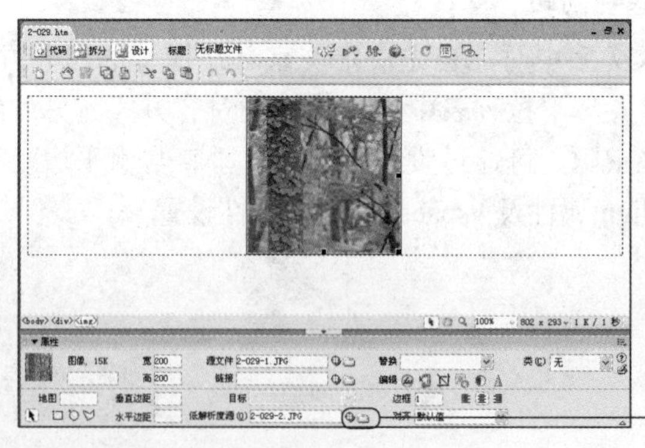

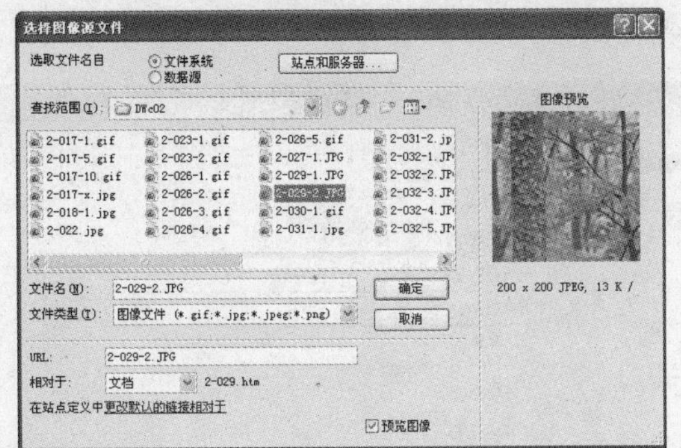

2.2.4 网页背景颜色及背景图片

为了避免网页画面显得过于单调，可以在其中设置背景色或插入背景图片。设置方法是单击“属性”面板中的“页面属性”按钮，再在弹出的“页面属性”对话框中选择所需的背景色或背景图片即可（即 <body ...></body> 的 bgcolor 及 background 属性设置。另外，若背景图片尺寸超过一页页面，可设置为 bgproperties="fixed"，固定背景图片）。

设置网页背景颜色（2-030-1.htm）

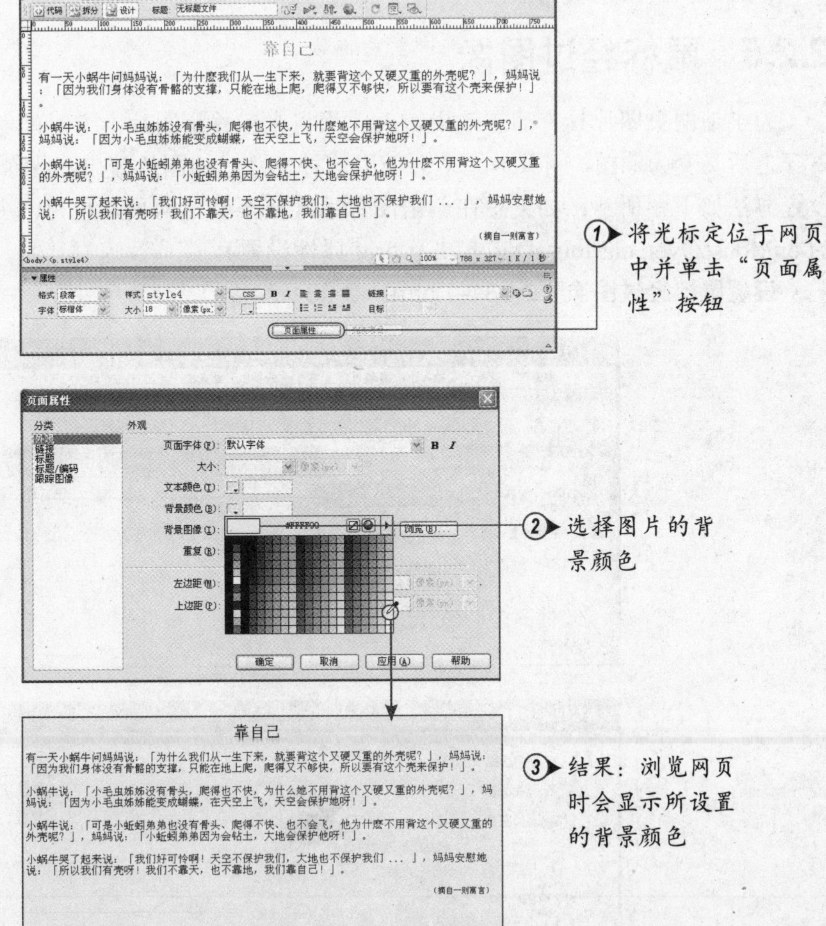

设置网页背景图片（2-030-2.htm）

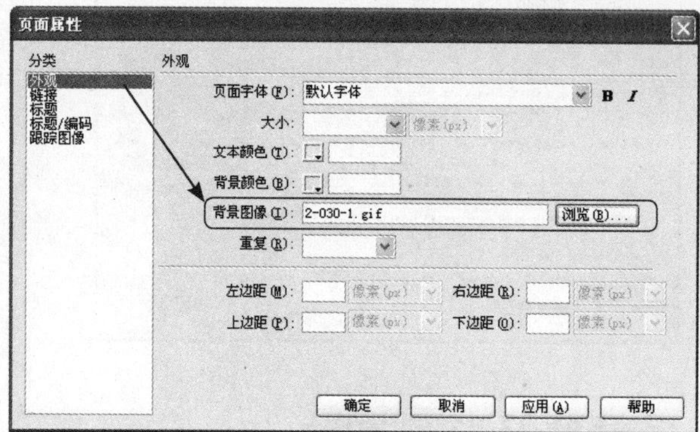

④ 单击“页面属性”按钮，之后在“页面属性”对话框中单击“浏览”按钮，在“选择图像源文件”对话框中选择背景图片

靠自己

有一天小蜗牛问妈妈说：「为什么我们从一生下来，就要背这个又硬又重的外壳呢？」，妈妈说：「因为我们身体没有骨骼的支撑，只能在地上爬，爬得又不够快，所以要有这个壳来保护！」。

小蜗牛说：「小毛虫姊姊没有骨头，爬得也不快，为什么她不用背这个又硬又重的外壳呢？」，妈妈说：「因为小毛虫姊姊能变成蝴蝶，在天空上飞，天空会保护她呀！」。

小蜗牛说：「可是小蚯蚓弟弟也没有骨头、爬得不快、也不会飞，他为什麽不用背这个又硬又重的外壳呢？」，妈妈说：「小蚯蚓弟弟因为会钻土，大地会保护他呀！」。

小蜗牛哭了起来说：「我们好可怜啊！天空不保护我们，大地也不保护我们 ... 」，妈妈安慰她说：「所以我们有壳呀！我们不靠天，也不靠地，我们靠自己！」。

（摘自一则寓言）

⑤ 结果：浏览网页时显示所选择的背景图片

2.2.5 鼠标经过图像

为了使网页图片具有动态效果，表现为将光标移至图片上方时能够变换成另一张图片，离开之后又变为原图，网页中经常会使用这种交互式的图片效果，被称为“鼠标经过图像”。设置方法如下图所示，如果想在单击图片后连接至其他网页，也可一并设置（即 <a...></a> 的 onMouseOver, onMouseOut 方法及 href 属性设置）。

设置鼠标经过图像（2-031-1.htm ~ 2-031-2.htm）

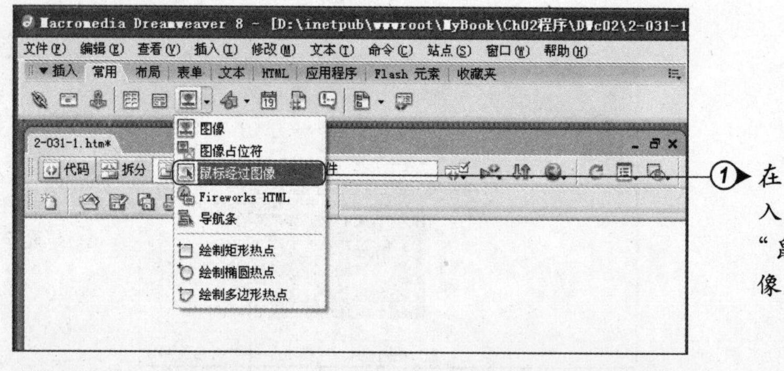

① 在“常用”插入栏中选择“鼠标经过图像”命令

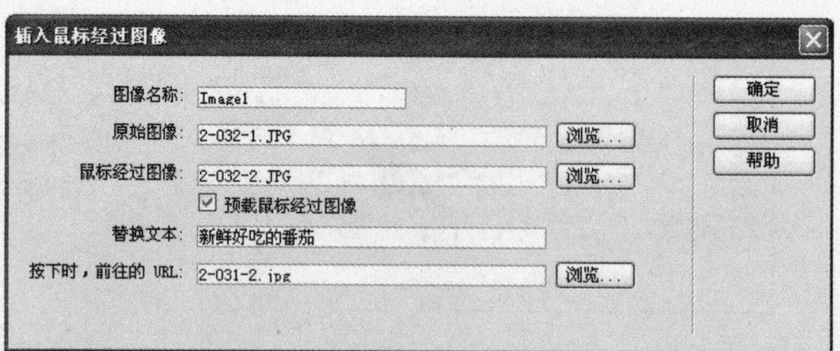

② 单击相应的“浏览”按钮设置图片的原始图像、鼠标经过图像、替换文本和链接网址

③ 结果：浏览网页时光标移至原图上会显示所设置的图片

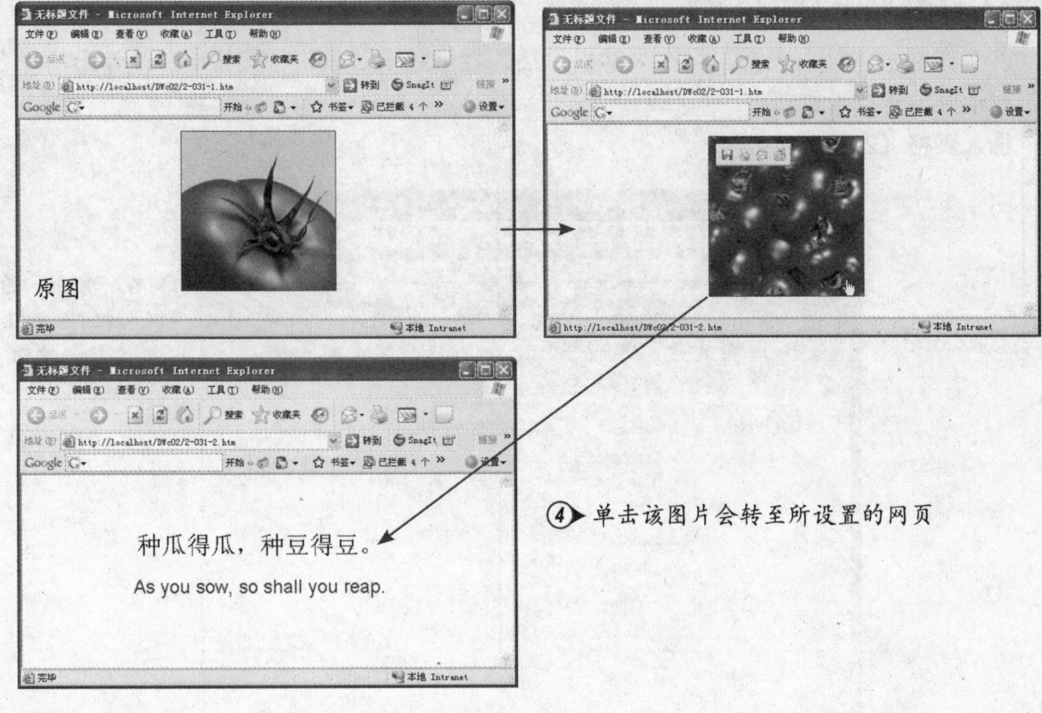

2.3 网页表格

除了文字和图片外，表格也是网页重要的组成要素之一。表格除了可制作如商品目录、订单、收据和销售排行榜等表单之外，也可以当作网页排版时的版面配置工具，使网页组件可摆放在合适的地方，此外还可以加入各种各样的背景色和背景图等，使网页版式显得更加丰富。下面我们将逐一介绍网页表格的各种编辑方法。

表格的例子（2-032.htm）

新鲜水果价目表

编号	名称	图片	单位	价格
f001	苹果		个	6
f002	蜜枣		斤	8
f003	草莓		盒	5
f004	甜柿		斤	10
f005	葡萄		斤	7

2.3.1 表格的插入

若想在网页中插入表格，可在“常用”插入栏中单击“表格”按钮，在弹出的“表格”对话框中进行设置即可。

插入表格（2-033.htm）

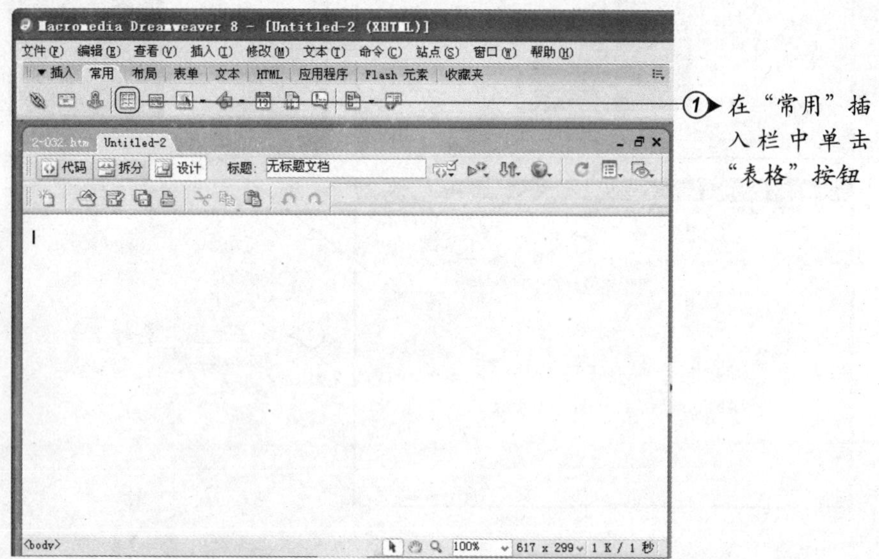

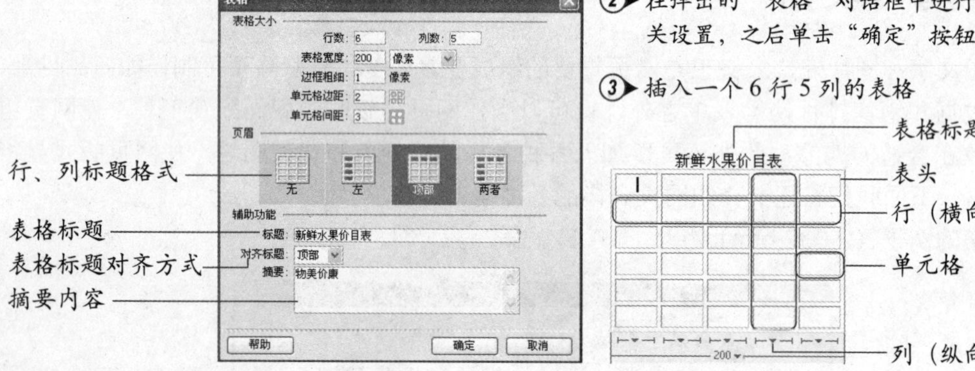

2.3.2 表格的属性

将表格插入网页后，为了使表格形式更加多样化，可进一步修改其样式，也就是要修改表格的属性，可利用表格的“属性”面板来完成，各属性的功能如下图所示。

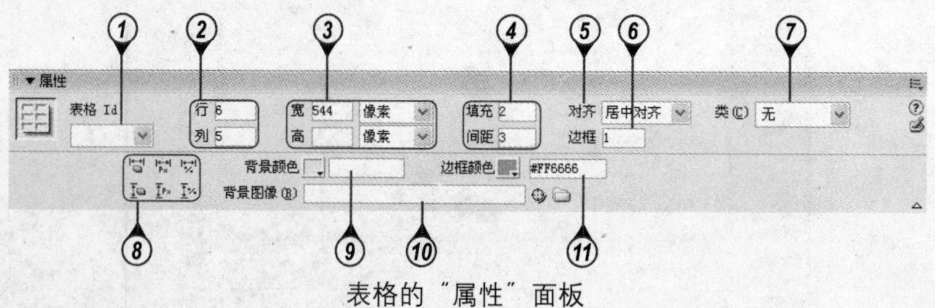

表格的“属性”面板

表 2-6　表格的属性设置

项　目	属　性	功　能
1	名称	设置表格的 ID，以供程序调用和处理使用
2	行数、列数	设置表格的行数（横向）及列数（纵向）
3	宽度、高度	设置表格的大小
4	填充、间距	设置单元格内容到单元格边界的距离（即填充）及单元格间的距离（即间距）
5	对齐	设置表格在网页中的位置，如左对齐、居中对齐和右对齐
6	边框	设置表格的边框宽度
7	类别	为选择的表格选用已有的层叠样式表或增删编辑其样式
8	列宽和行高单位转换	包括清除列宽、清除行高、将表格宽度转换成像素，将表格高度转换为像素、将表格宽度转换成百分比，以及将表格高度转换为百分比
9	背景颜色	设置表格的背景颜色
10	背景图像	设置表格的背景图片
11	边框颜色	设置表格边框框线的颜色

2.3.3　单元格的属性

表格的属性可以用来设置表格的大致外观特性，如果要进一步设置每个单元格或数个单元格，就要用到单元格的属性。设置方法是先选中单元格或选择多个单元格，然后在单元格的“属性”面板中来完成设置。一般的文字、对齐方式和链接等相关属性已在前面大致介绍过，下面只介绍一些其他的属性功能。

复选数个单元格的多种方法（2-038.htm）

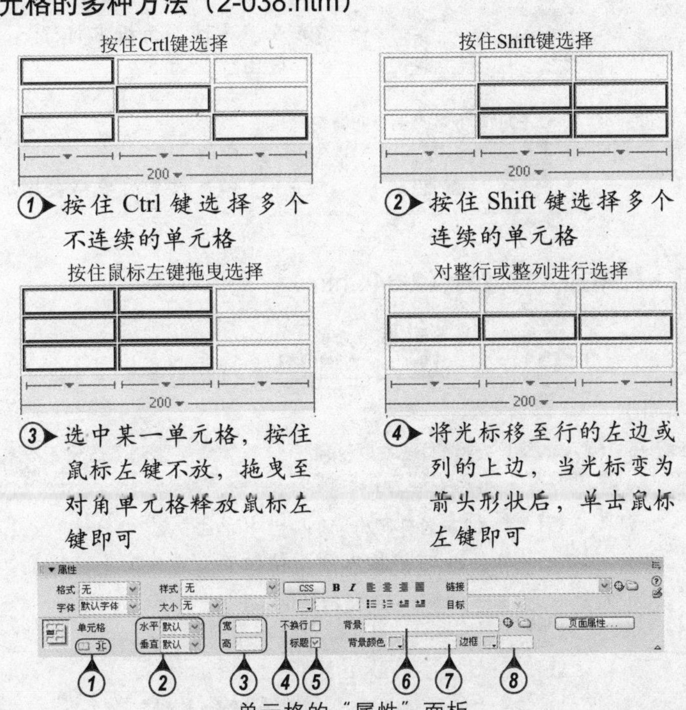

单元格的“属性”面板

表 2-7　单元格的其他属性设置

项　目	属　性	功　能
1	合并、拆分	选择单元格后单击 按钮，则合并相邻单元格；单击 按钮后，单个单元格会被拆分成数个单元格
2	水平、垂直	设置单元格内的数据在水平方向左对齐、居中对齐、右对齐，或者在垂直方向顶端、底部、居中对齐
3	宽度、高度	设置单元格的尺寸
4	不换行	勾选该复选框时，单元格内容到单元格边界时不折绕至下行
5	标题	勾选该复选框时，单元格内容会自动变为粗体且居中对齐
6	背景颜色	设置单元格的背景颜色
7	背景图像	设置单元格的背景图片
8	边框颜色	设置单元格边框框线的颜色

2.3.4　表格行列数的增减

若一个表格的列数、行数太多或不够时，可以有下面几种方法进行调整，如在表格的“属性”面板中修改行列数，或者在“布局”插入栏中进行设置等；如果要删除某列或某行，则直接选择该列或行，按 Delete 键即可，请参阅下面的讲解内容。

直接调整表格行列数（2-044.htm）

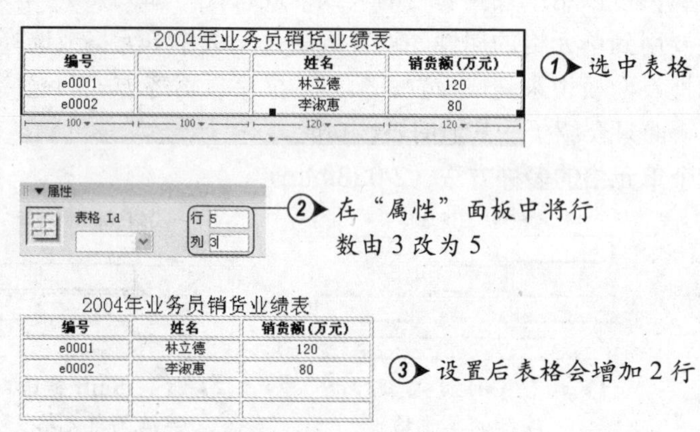

在“布局”插入栏中插入行或列（2-044.htm）

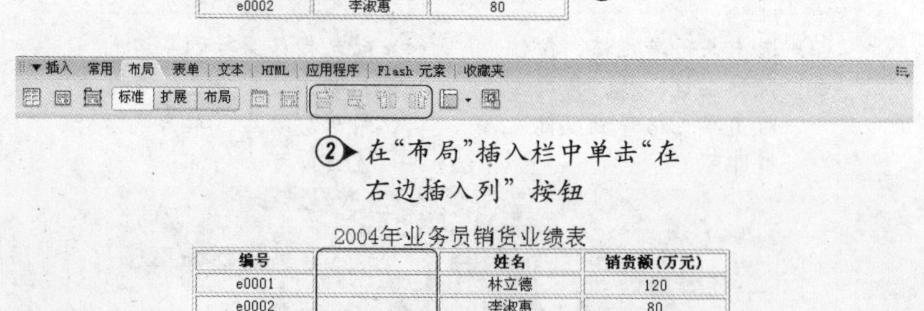

单击表格宽度按钮插入列（2-044.htm）

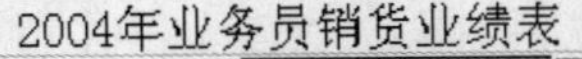

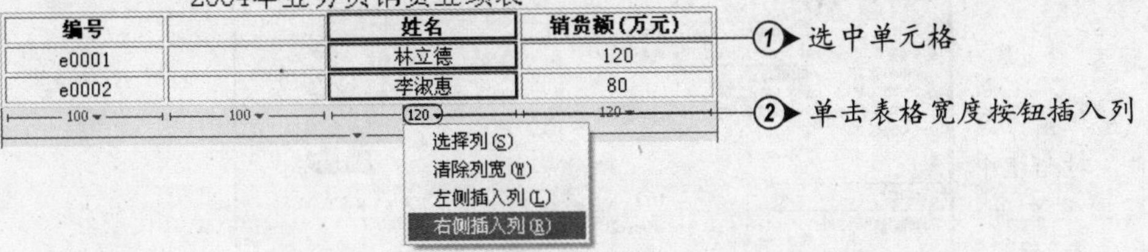

2004年业务员销货业绩表

编号		姓名		销货额(万元)
e0001		林立德		120
e0002		李淑惠		80
100	100	120	120	120

③ 设置后表格会增加1列

删除列或行（2-044.htm）

2004年业务员销货业绩表

编号		姓名		销货额(万元)
e0001		林立德		120
e0002		李淑惠		80
100	100	120	120	120

① 选中行或列

② 在键盘上按Delete键

2004年业务员销货业绩表

编号		姓名	销货额(万元)
e0001		林立德	120
e0002		李淑惠	80
100	100	120	120

③ 设置后表格的列已被删除

2.3.5 在表格中插入对象

在一个表格中常需要插入图片或其他对象，可以先选中某单元格，然后单击“常用”插入栏中的“图像”按钮，在弹出的“选择图源文件”对话框中进行设置即可，请参阅下面的讲解内容。

单元格中插入图片对象（2-045.htm）

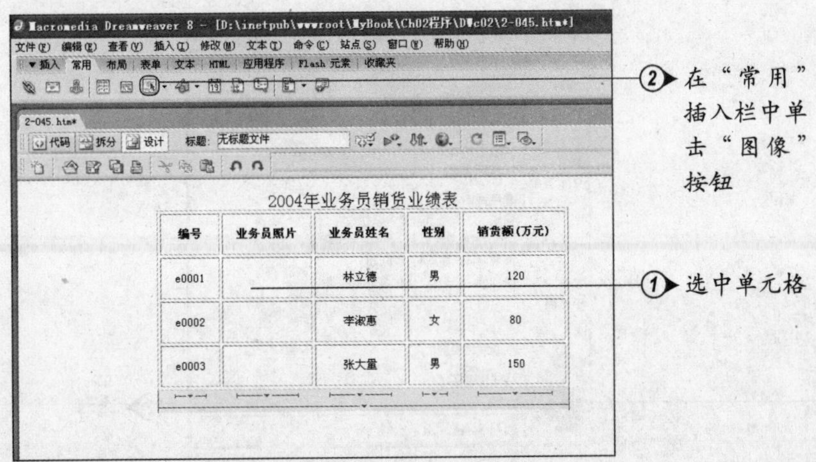

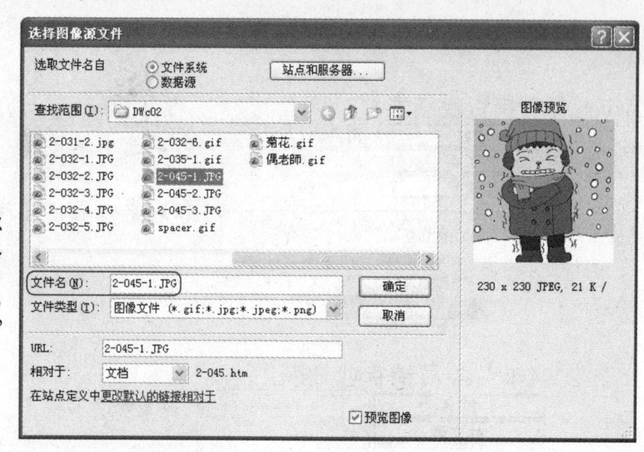

③在“选择图像源文件”对话框中选择图片文件，之后单击“确定”按钮

2.3.6 排序表格中的数据

若想对表格内的数据进行排序，可以先选择相应的列或行，然后选择“命令 > 排序表格”命令，在弹出的“排序表格”对话框中进行相应设置，之后单击“确定”按钮即可，请参阅下面的讲解内容。

排序表格中的数据（2-046.htm）

2004年业务员销货业绩表

编号	业务员照片	业务员姓名	性别	销货额(万元)
e0001		林立德	男	120
e0002		李淑惠	女	80
e0003		张大量	男	150

①选中需排序的列

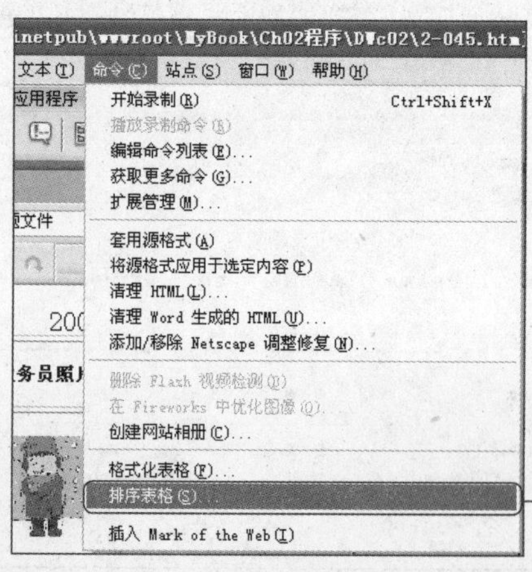

②选择“命令 > 排序表格”命令

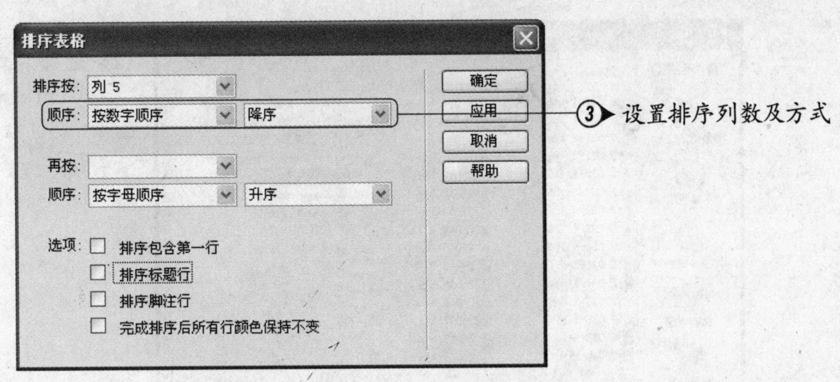

③ 设置排序列数及方式

2004年业务员销货业绩表

编号	业务员照片	业务员姓名	性别	销货额(万元)
e0003		张大量	男	150
e0001		林立德	男	120
e0002		李淑惠	女	80

④ 网页中的信息即可按设置的方式进行排列

2.3.7 导入表格中的数据

若想将表格中的数据导入网页时，可以选择“文件 > 导入 > 表格式数据或 Word 文档”等命令，即可导入数据并以表格方式显示。

导入 Word 文件中的数据（2-047.htm）

员工通讯数据

姓名	现任职称	部门代号	县市	地址	邮政编码
方重围	顾问工程师	A01	新竹市	科学园区工业东四路 7 号 2 楼	300
何茂宗	业务专员	B01	台北市	中山区松江路 301 号 9 楼	104
黄慧萍	特别助理	B01	台北县	新店市宝兴路 45 巷 5 号 3 楼	231
林建兴	研发副总	A01	屏东市	中正路 688 巷 46 弄 59 号	900
萧豪钧	业务副总	D01	桃园县	杨梅镇高荣里新荣路 330 号	326

① 原 Word 文件（如员工通讯数据 employee.doc）

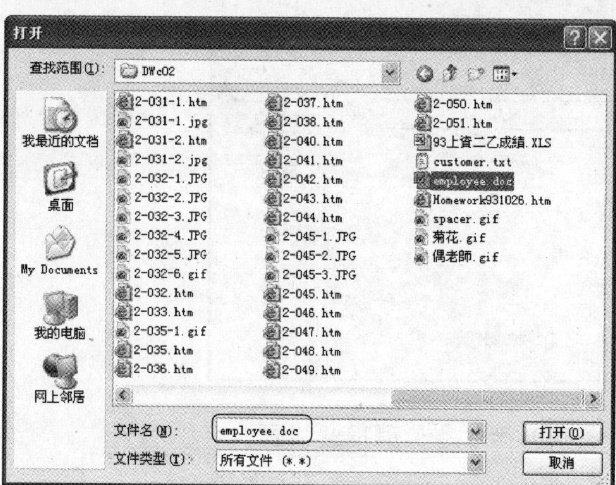

②选择"文件>导入>Word文档"命令

③设置Word文件路径

员工通讯资料

姓名	现任职称	部门代号	县市	地址	邮递区号
方重围	顾问工程师	A01	新竹市	科学园区工业东四路 7号2楼	300
何茂宗	业务专员	B01	台北市	中山区松江路 301号9楼	104
黄慧萍	特别助理	B01	台北县	新店市宝兴路 45巷5号3楼	231
林建兴	研发副总	A01	屏东市	中正路 688巷46弄59号	900
蔡豪钧	业务副总	B01	桃园县	杨梅镇高荣里新荣路 339号	326

④此时数据即可导入网页中，之后再调整表格宽度、高度及边距等属性

导入表格式数据（2-047.htm）

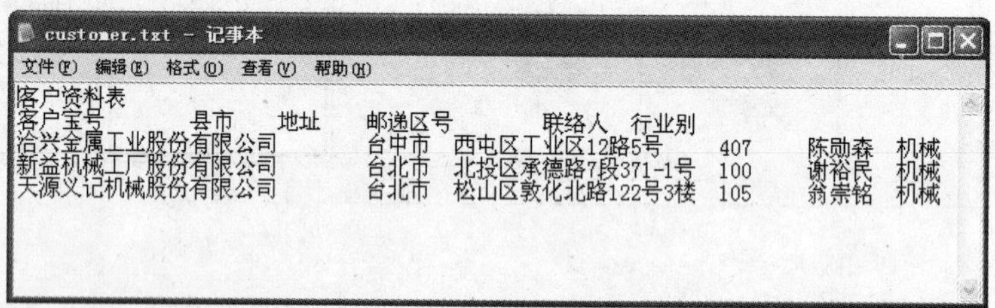

①表格式数据（如客户数据表customer.txt）

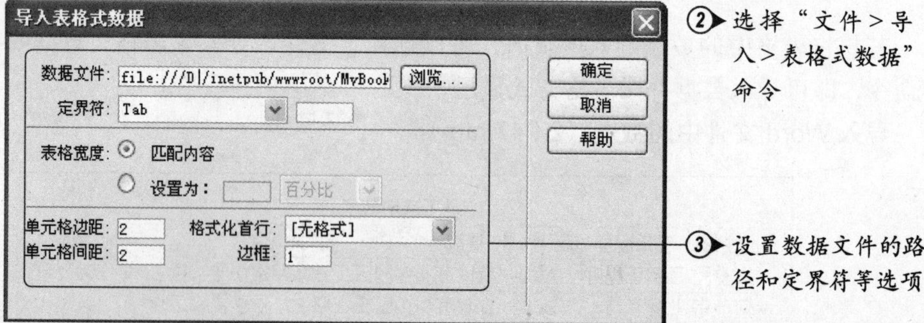

②选择"文件>导入>表格式数据"命令

③设置数据文件的路径和定界符等选项

客户资料表

客户宝号	县市	地址	邮递区号	联络人	行业别
治兴金属工业股份有限公司	台中市	西屯区工业区12路5号	407	陈勋森	机械
新益机械工厂股份有限公司	台北市	北投区承德路7段371-1号	100	谢裕民	机械
天源义记机械股份有限公司	台北市	松山区敦化北路122号3楼	105	翁崇铭	机械

④此时数据即可导入网页中，之后再调整表格标题、宽度等属性

2.3.8 套用表格格式

若想美化表格中的数据但又不想花太多时间，可以选择“命令 > 格式化表格”命令，在弹出的“格式化表格”对话框中选择自己喜爱的表格格式进行套用，例如导入一个“93上资二乙成绩.xls”Excel文件，并且要为这文件套用表格格式时，设置方法请参阅下面的讲解内容。

套用表格格式（2-048.htm）

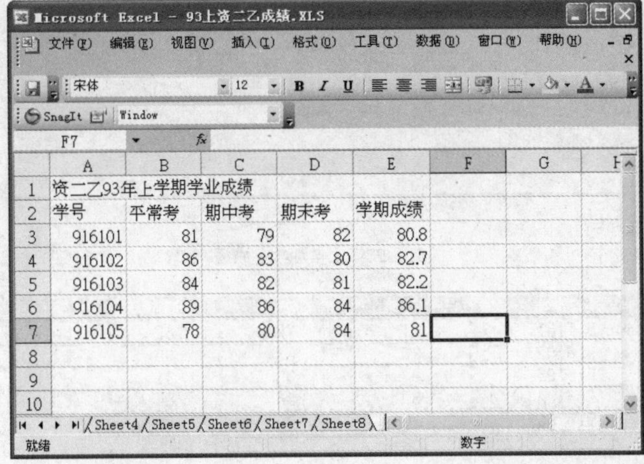

① 原Excel文件（如93上资二乙成绩.xls）

资二乙93年上学期学业成绩

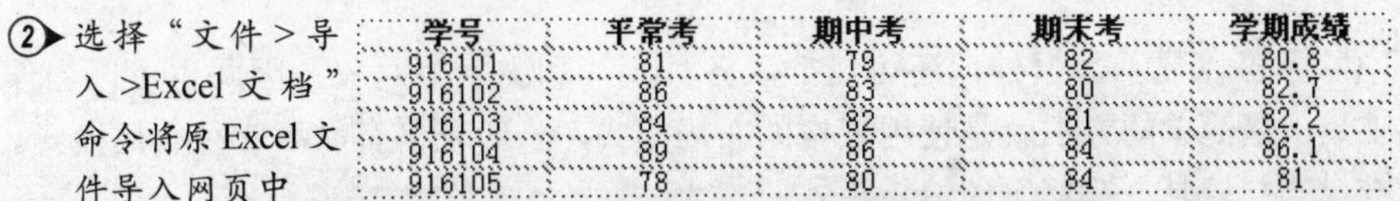

学号	平常考	期中考	期末考	学期成绩
916101	81	79	82	80.8
916102	86	83	80	82.7
916103	84	82	81	82.2
916104	89	86	84	86.1
916105	78	80	84	81

② 选择“文件 > 导入 >Excel文档”命令将原Excel文件导入网页中

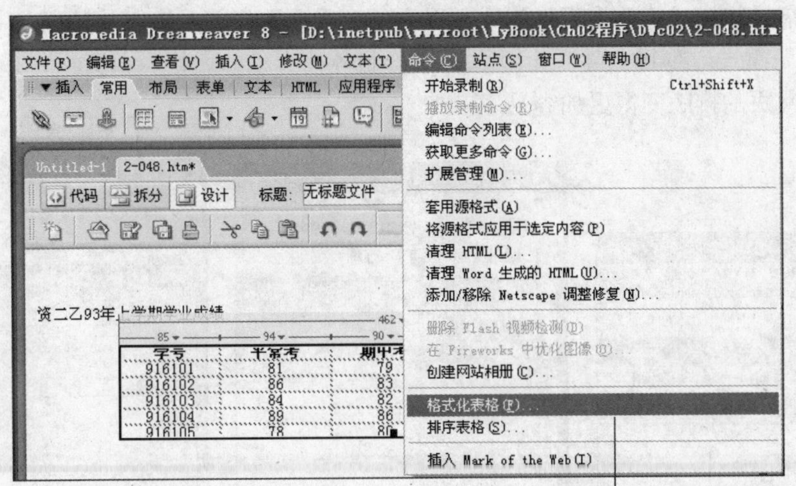

③ 选中导入的表格后，选择“命令 > 格式化表格”命令

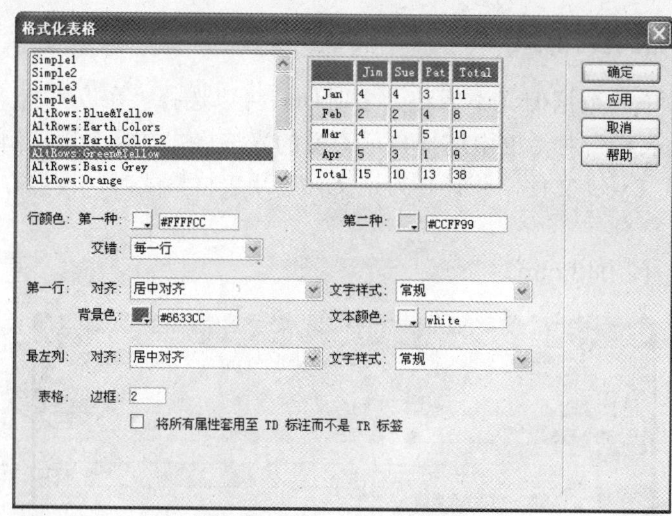

④在"格式化表格"对话框中设置所需套用的格式

资二乙93年上学期学业成绩

学号	平常考	期中考	期末考	学期成绩
916101	81	79	82	80.8
916102	86	83	80	82.7
916103	84	82	81	82.2
916104	89	86	84	86.1
916105	78	80	84	81

⑤稍做调整后网页中的表格已变化为另一种格式

2.3.9 表格的布局模式

在表格中除了可以显示数据外，还可以插入各种图片和文字等对象，因此也可以当作网页排版的工具，最简单的方法就是使用表格的布局模式，一般表格有如下 3 种布局模式。

（1）标准模式：就是一般网页的编辑模式。

（2）扩展表格模式：会将表格放大，以方便查看或选择单元格中的数据。

（3）布局模式：在其中可以让用户随意绘制各种大小的表格、单元格，或者随意改变其位置，让网页的排版变得更加容易。

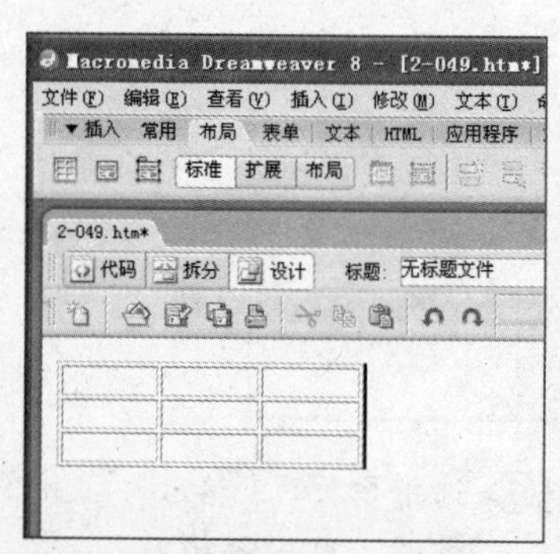

①标准模式

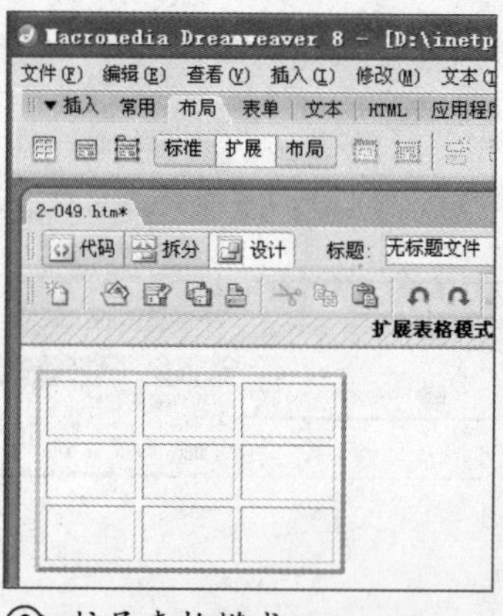

②扩展表格模式

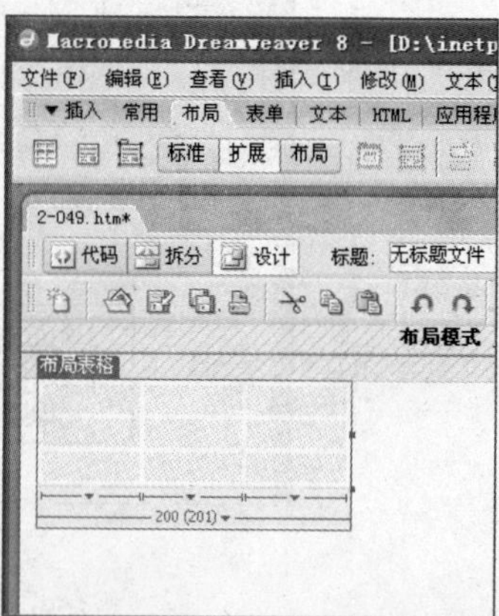

③布局模式

表格的布局模式

1. 布局表格的插入

若想插入布局表格时，在“布局”插入栏中单击“布局”按钮进入布局模式，然后在编辑区通过拖曳鼠标绘制出一个表格即可。布局表格不可同在一行，如果需绘制另一个表格时，只能插入在原表格的上方或下方。有的时候需要在原表格内再插入一表格，称为嵌套布局表格，其内部的子布局表格可随意移动，只要先选择表格，按住鼠标左键拖曳即可。布局表格可插入在“属性”面板中选中“自动伸展”单选按钮，将表格宽度设成随网页的大小调整。在布局表格中可设置背景色，但不可插入网页组件，如果要插入，必须在表格内插入相应的单元格才可以。

布局表格的插入及特性（2-049.htm）

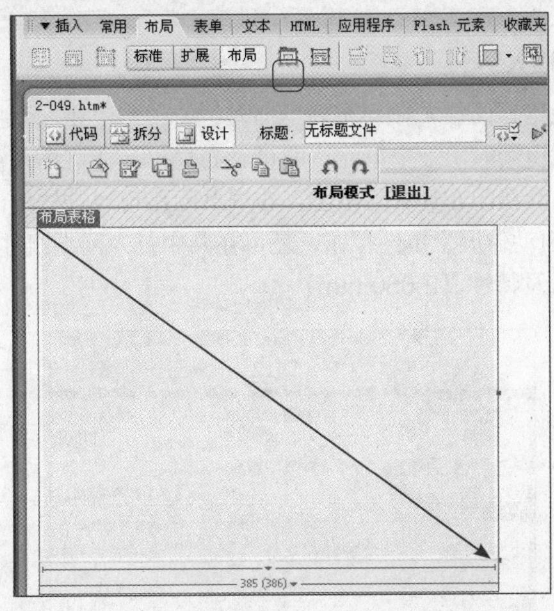

① 在“布局”模式中单击“布局表格”按钮，以对角线方式拖曳出布局表格

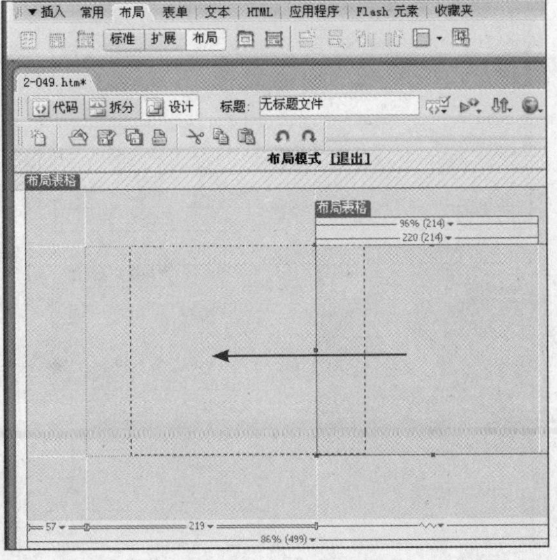

② 在布局表格中可插入子布局表格（嵌套表格）

③ 可在父布局表格中拖曳移动子布局表格

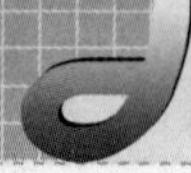

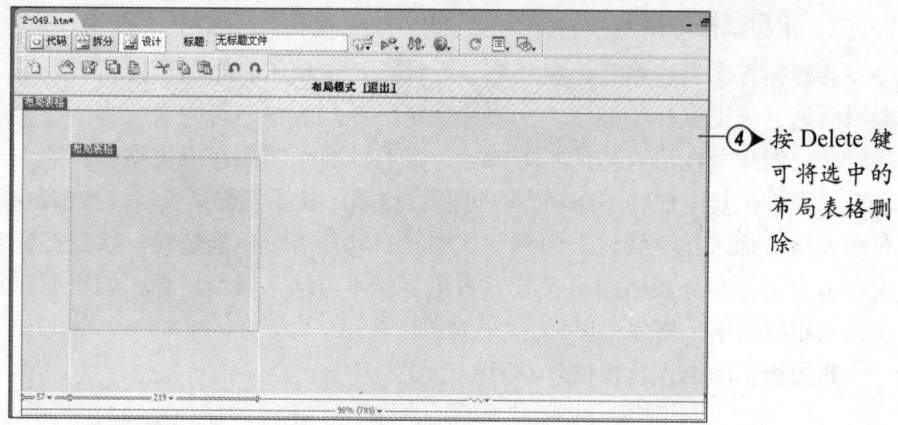

2．布局单元格的插入

若想插入布局单元格，同样先在“布局”插入栏中单击“布局”按钮进入布局模式，然后在布局表格中通过拖曳绘制出一个单元格即可。布局单元格可插入在布局表格内任何空白位置，但不能插入在已存在的布局单元格上。布局单元格可通过按住框线随意移动，也可在“属性”面板中选中“自动伸展”单选按钮，还可在其中插入网页组件或设置背景色。

布局单元格的插入及特性（2-050.htm）

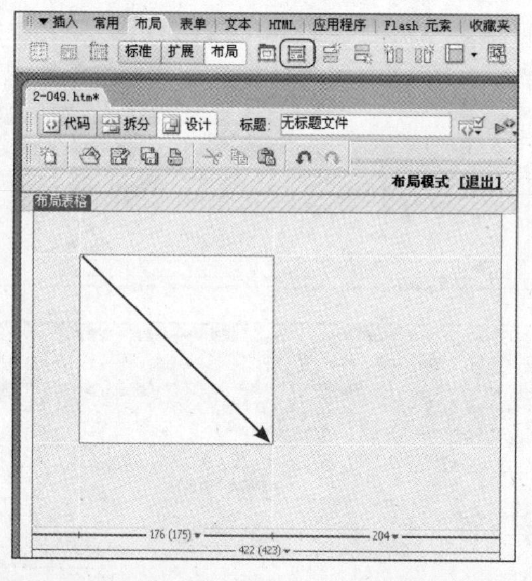

①在“布局”模式中单击“绘制布局单元格”按钮▤，以对角线方式拖曳出布局单元格

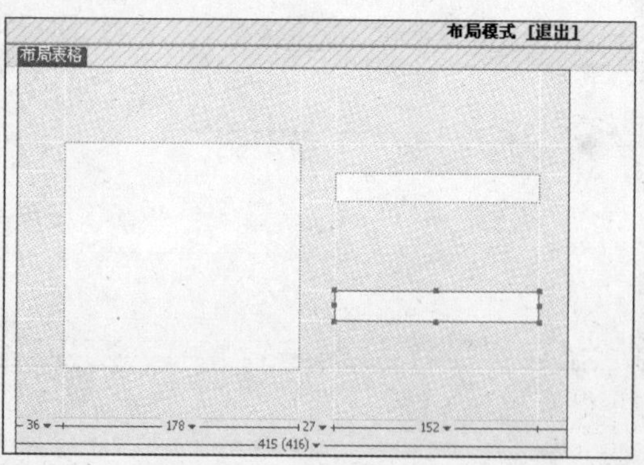

②在布局表格内可插入多个布局单元格，也可按住框线移动布局单元格

③不可重叠插入布局单元格

④按Delete键可将选中的布局单元格删除

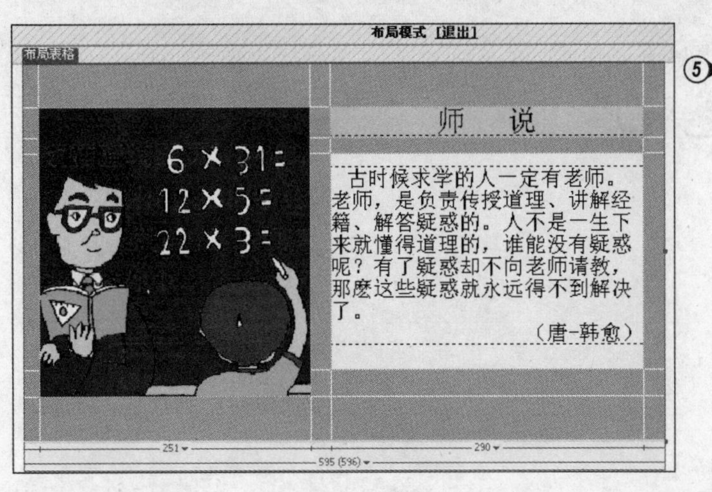

⑤ 在布局单元格中可设置背景色或插入图片等网页组件

如果布局表格内有嵌布局表格，会使网页文件增大，因此一般应该去除那些无用的嵌套布局表格，方法是选中布局表格，在“属性”面板中单击“删除嵌套”按钮即可将其删除，这样将仅剩下布局单元格。

读书笔记

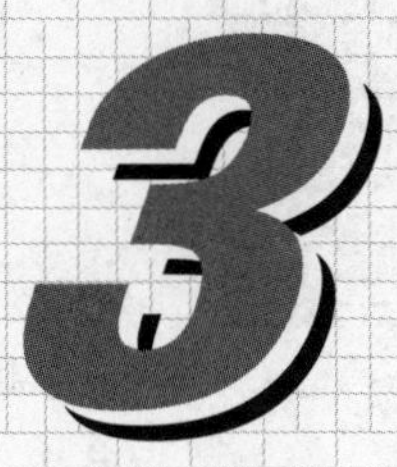

网页结构与多媒体

3.1 网页超链接

网页最重要的功能就是超链接（HyperLink）功能，由于有了这种功能，才能使网页互相连接，将不同网页串接起来。网页超链接的方式一般有下面几种：命名锚记超链接、内部网页超链接、外部网页超链接、电子邮箱超链接，以及文件下载超链接等，在前面已经介绍了文字、图片和热区的超链接用法，下面将进一步介绍其余的超链接。

3.1.1 命名锚记超链接

命名锚记超链接是指在同一网页内的链接（如书签功能），通常是由于网页内容太长，超过了一个屏幕画面，为了快速前往某一段落进行浏览所设置的超链接。做法是先到段落目标处设立锚记，设置锚记名称，再到链接文字处，以“# 锚记名称”设置连接到该锚记即可，如下图所示（等同于 <a name=" 锚记名称 "></a> 标签，以及 <a href="# 锚记名称 "> 超链接文本 </a>，请注意锚记不可用在图层中）。

制作命名锚记超链接 (3-001.htm)

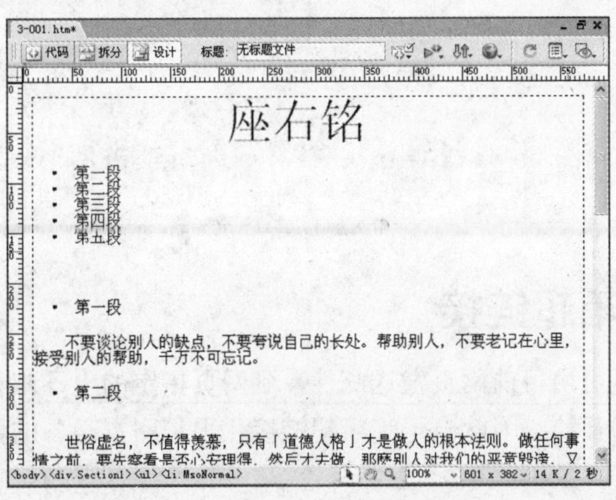

① 在网页上输入想要链接的文字

③单击"命名锚记"按钮

②将光标定位于加入锚记的位置

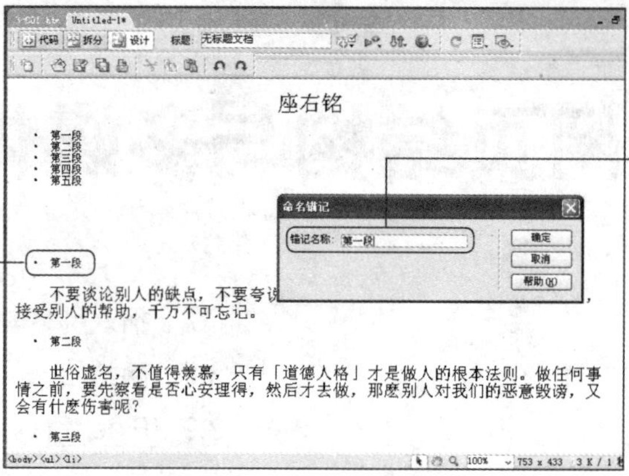

④在"命名锚记"对话框中输入锚记名称（如第一段），之后单击"确定"按钮

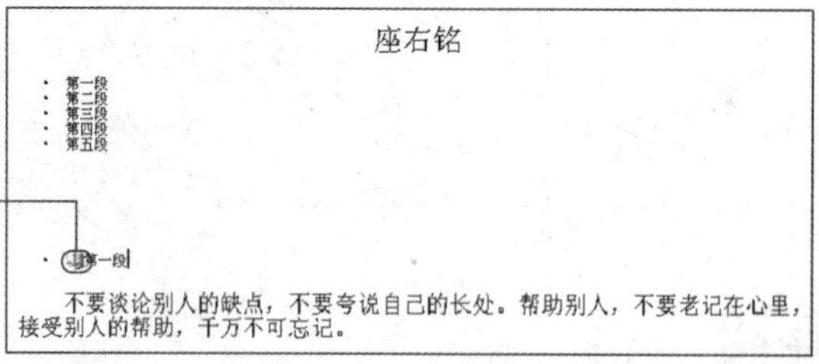

⑤在目标处已加入锚记

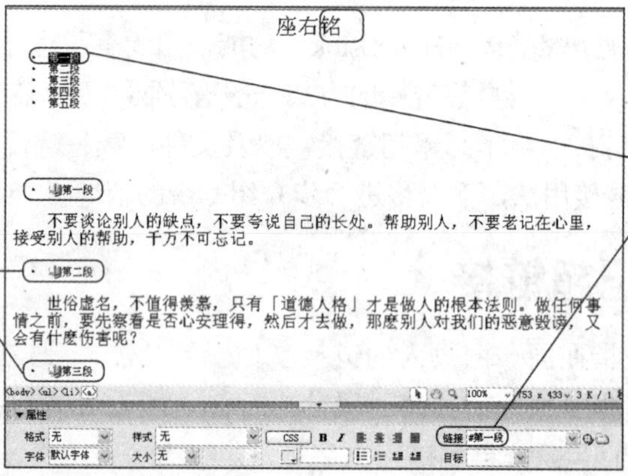

⑥依此类推在其余各段及章前加入各锚记

⑦选择链接文字，在"链接"文本框中输入"#锚记名称"

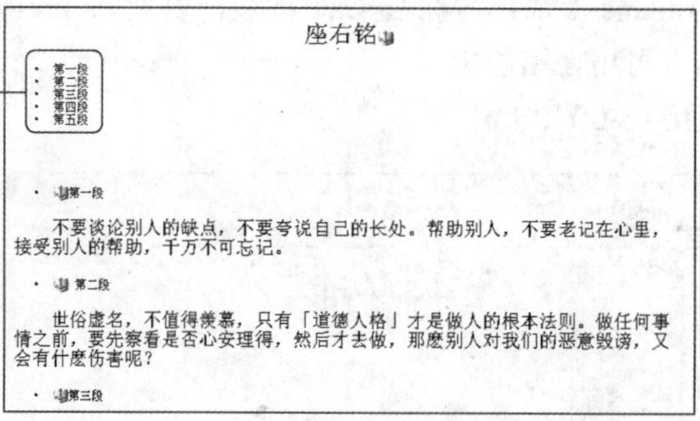

⑧依此类推设置其余各链接文字

3.1.2 电子邮箱超链接

电子邮箱超链接是可由目前网页发送邮件，到网页指定的电子邮箱的超链接。一般的网站都很重视和浏览者的互动，因此电子邮箱超链接几乎是网页必备的要素，其设置方法请参

阅下面的内容讲解（等同于 <a href="mailto: 电子邮箱地址 "> 超链接文字或图片 </a> 标签）。

电子邮箱超链接（3-003.htm）

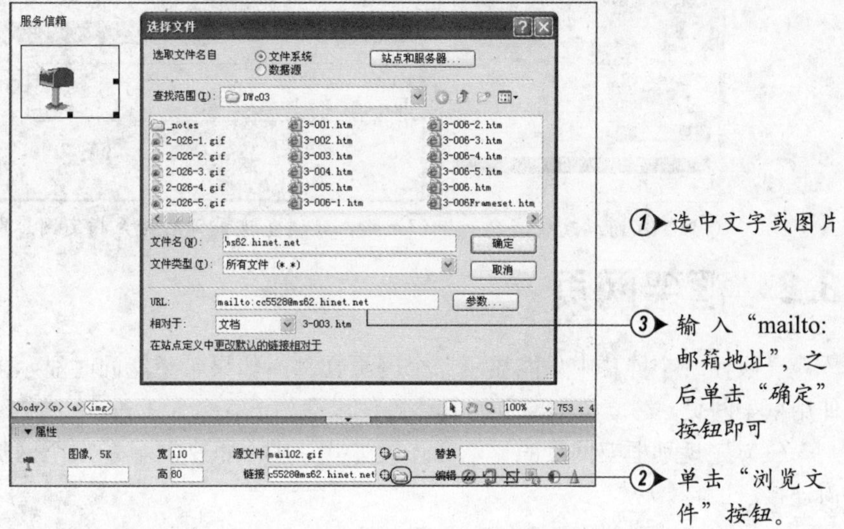

3.1.3 文件下载超链接

有时网站为了提供传送数据的服务，在网页上可插入文件下载（DownLoad）的超链接功能。做法是先将需要下载的文件准备好，如果文件太大可先进行压缩保存，然后在网页上输入链接文字或图片，在“属性”面板的链接文本框右侧单击“浏览文件”按钮，在弹出的“选择文件”对话框中选择下载文件，之后单击“确定”按钮即可。

文件下载超链接（3-004.htm）

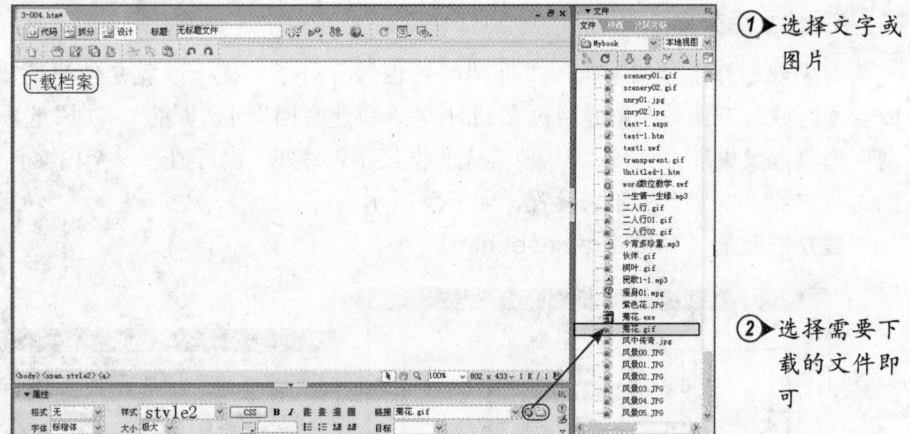

3.1.4 动态超链接

如果网站正处于维护、改版或改址状态时，为了避免网友找不到网站的情况，可以设置稍候几秒钟自动转移到临时网站的功能。做法是先输入网站改版消息，在 HTML 插入栏中选择“刷新”命令，在弹出的“刷新”对话框中设置延迟多少秒钟后（如 8 秒）转往临时网站即可（等同于 <meta http-equiv="refresh" content="8;URL=http://www.21books.com"> 标签）。

动态超链接（3-005.htm）

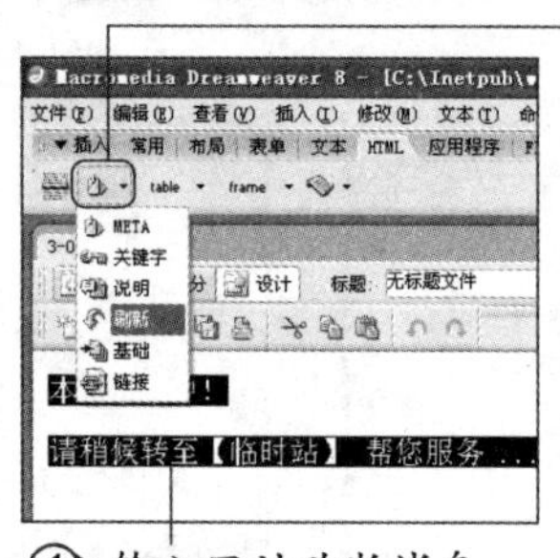

②在 HTML 插入栏中选择“刷新”命令

①输入网站改版消息

③输入延迟多少秒钟后转至指定网址即可

3.2 框架网页

一般在一个屏幕中只能显示一个网页文件，如果希望能同时显示多个网页文件，就要使用框架网页，建立框架网页的具体操作步骤如下。

（1）先规划框架网页的显示和连接方式，哪个框架要显示哪个网页，以及它们之间如何连接。

（2）将各网页制作好，保存至真实目录。

（3）建立框架集，编辑框架版面、大小、框数等，保存文件。

（4）设置链接框架内容，插入超链接文字或图片。

（5）在链接框架选取超链接文字或图片，设置连接至哪个网页文件，在哪个框架中显示。

（6）为方便检查网站的链接状态，可建立网站地图。

3.2.1 建立框架架构

1. 建立框架集

如果规划好了框架架构，主框架网页也保存好了，接下来就是依事前规划将网页分割成若干区域。方法是在新建网页文档时，在“新建文档”对话框的“常规”选项卡中，设置“类别”为“框架集”，之后选择某种格式的框架集；另外，也可以在一空白文件中单击“布局”插入栏中的“框架”按钮来设置，如下图所示。

建立框架集（3-006Frameset.htm）

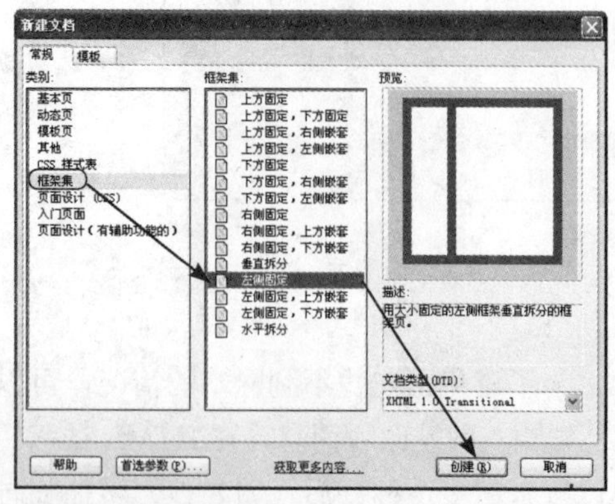

①在“新建文档”对话框的“常规”选项卡中选择“类别”为“框架集”

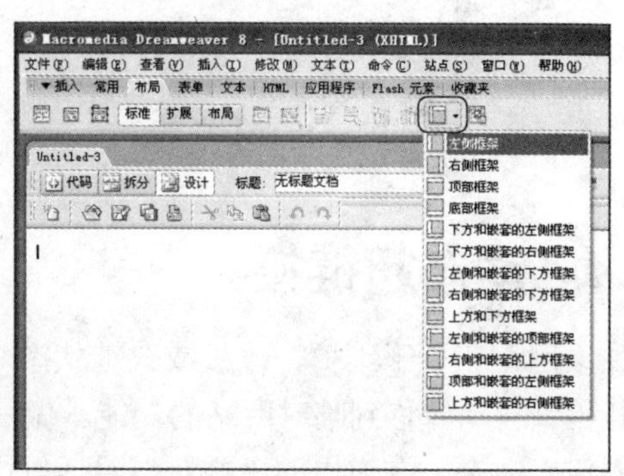

②或者单击“布局”插入栏中的“框架”按钮，在弹出的下拉菜单中进行选择

③ 即可建立框架集

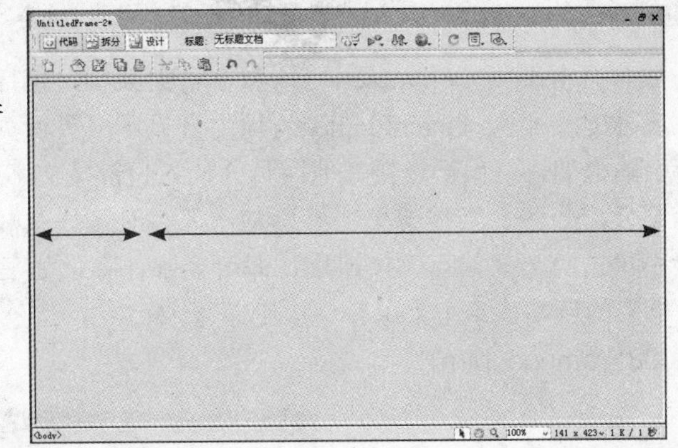

2. 编辑框架集

建好框架集后，可依需要增减框架或调整框架的大小。例如要增减框架时，可先选中该框架，再依上面建立框架集的方法新建或删除框架。也可以选择“窗口 > 框架”命令，调出“框架”面板，只要从边框拖曳框线即可新建框架，或者按住框架线将其拖曳至边框即可减少一框架。另外若要调整框架大小，只要拖曳框架线至所需大小即可，如下图所示。

编辑框架集（3-007Frameset.htm）

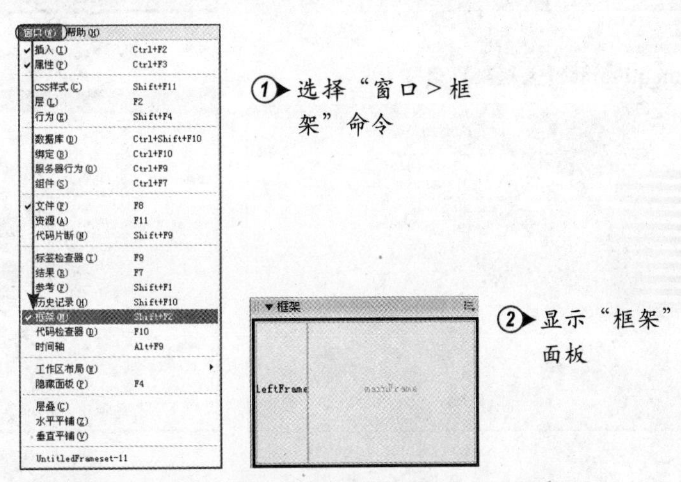

① 选择“窗口 > 框架”命令

② 显示“框架”面板

③ 在“框架”面板中单击 mainFrame 框架，然后按住 mainFrame 框架的上边框向下拖动即可新增一个框架

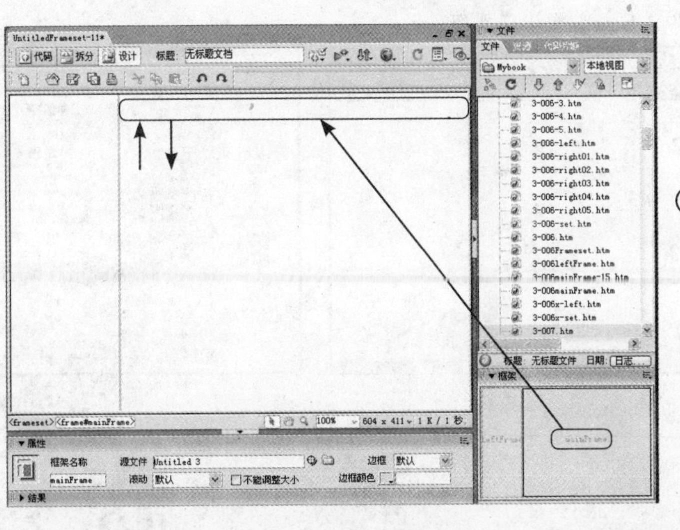

④ 或按住框边向外拖动即可删除增加的框架

3．保存框架集

框架集的组成一般含有框架集（Frameset），即整个框架架构，包括框架的分割方式及相关的属性设置等；其次是主框架（mainFrame），是用来显示网页首页的地方，也是内容变换最多的地方；其余的框架，可用于连接其他网页（插入超链接文字或图片），或者是显示网站标题名称、信息及广告等。当框架集建好后初次保存时（如左框架格式的框架集），可在“标准”工具栏中单击“全部保存”按钮，即可全部保存，如下图所示；如果不是初次保存，则根据对框架的调整，单击“保存”按钮即可。

保存框架集（3-008Frameset.htm）

①外框变成粗斜线框

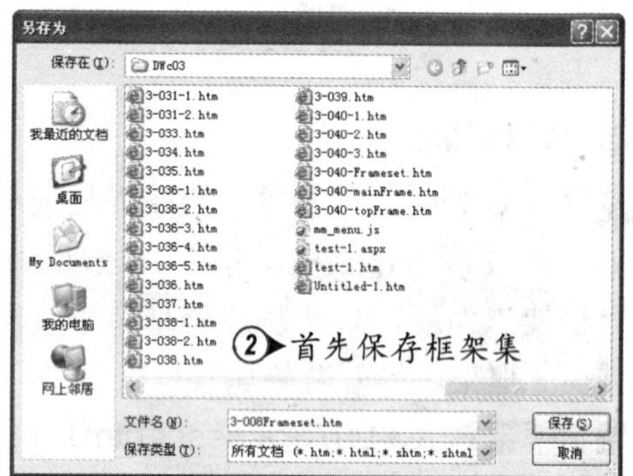

③mainFrame（主框架）线变粗

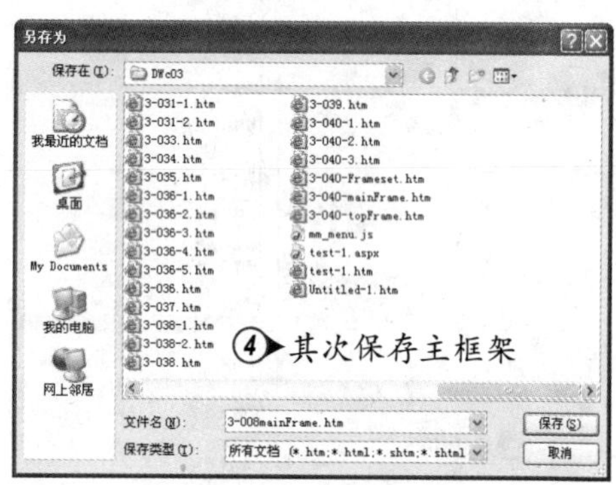

⑤leftFrame（左侧框架）线变粗

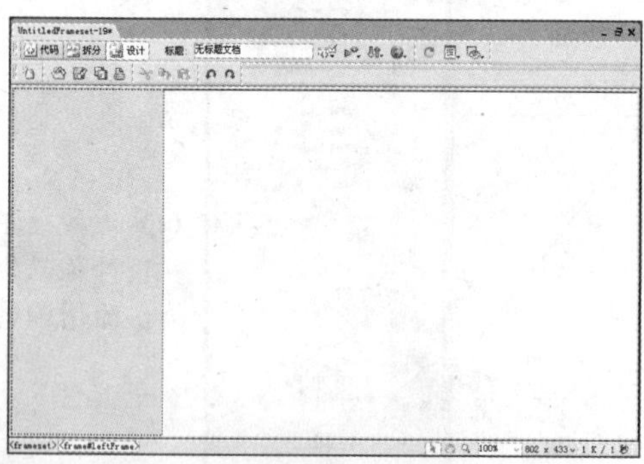

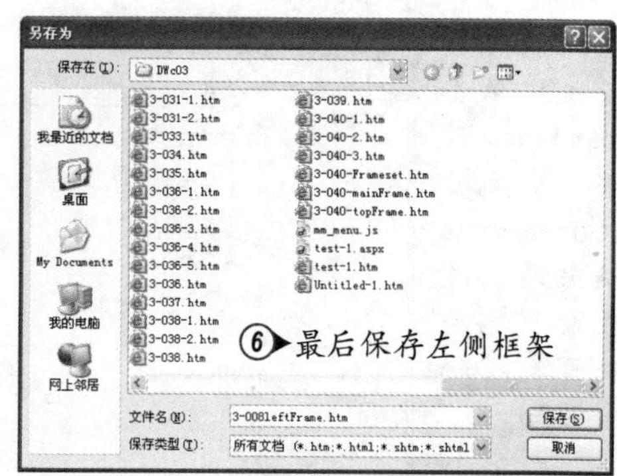

3.2.2 制作链接框架

框架集建立并保存后，就要开始设置链接框架内容，例如要显示一个介绍“四兄弟”的网页，希望以左侧框架来放置超链接文字，以便浏览时能通过单击超链接文字，在右侧主框架中显示每一个兄弟的个人介绍网页（请参阅 3-009Frameset.htm 等网页），具体制作步骤如下。

（1）先移动光标到左框架，在“页面属性”对话框中设置背景色为淡粉红色（#FFCCFF），输入相应文字并将其居中对齐。

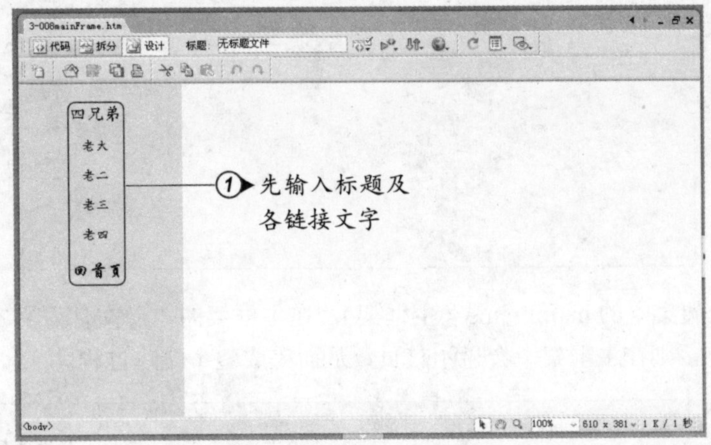

（2）选中“老大”文字，在“属性”面板的“链接”文本框中将其连接至 3-009-2.htm 网页文件，并设该网页的显示“目标”在 mainFrame（主框架）。另外，在“页面属性”对话框中设置链接文字无下划线。

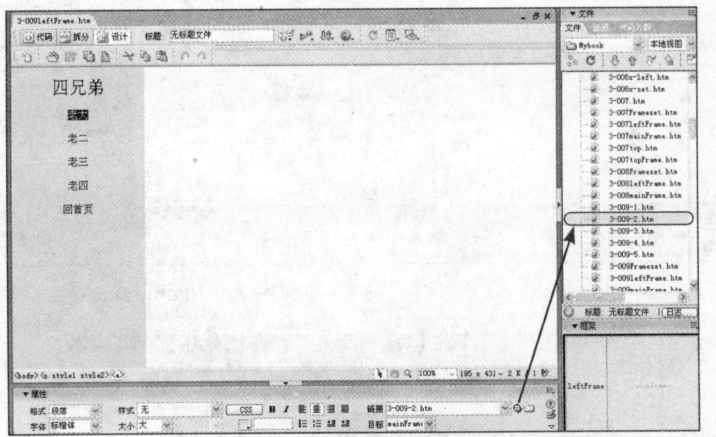

②指定连接的网页

③在“目标”下拉列表中选择 mainFrame 选项

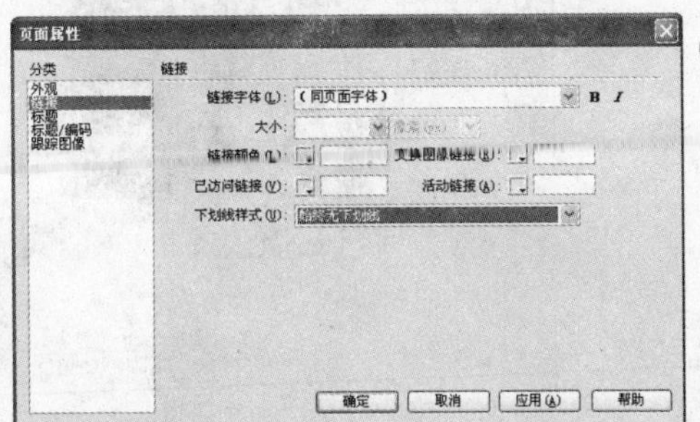

④设置链接文字无下划线

（3）依此类推，依序设置完各链接文字所指向的网页文件，以及各网页的显示“目标”均在 mainFrame（主框架）。

（4）选中框架集中的 mainFrame（主框架），在主框架的“源文件”文本框中输入指向首页 3-009-1.htm，则在主框架中会显示首页，从而完成整个制作过程。

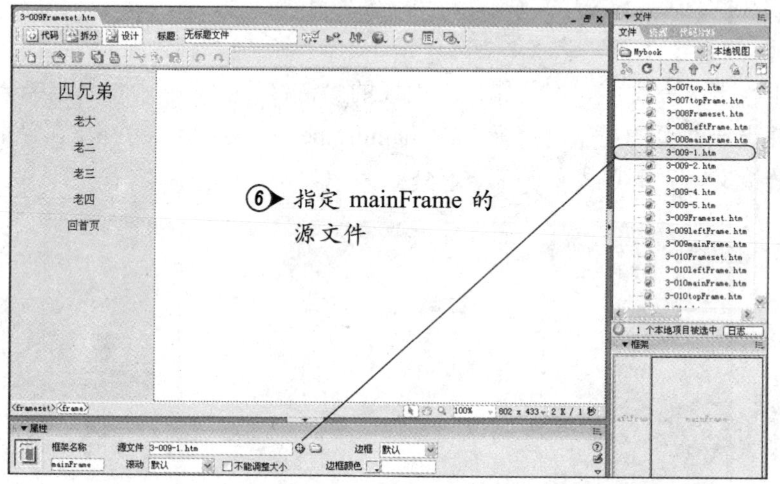

⑤ 选中 mainFrame（主框架）

⑦ 框架首页

（5）浏览网页时，在首页上单击各超链接文字，会在主框架中显示所连接的网页。

3.2.3 建立站点地图

当网站中的网页较多且彼此互相连接时，为了容易维护及管理这些网页，可建立一个站点地图，以展示网站内网页连接的树状结构关系。现在以前面第 3.2.2 节的框架网页（四兄弟）为例，新建一个名为 WebMap 的站点，存入该框架集的全部程序、数据内容，并说明如何建立一个站点地图（请参阅 WebMap 站点中的网页）。

（1）选择“窗口 > 文件”命令调出“文件”面板。

（2）在“文件”面板中单击扩展收合按钮，展开整个“文件”窗口，单击“站点地图”按钮，在弹出的下拉菜单中选择“地图和文件”命令。

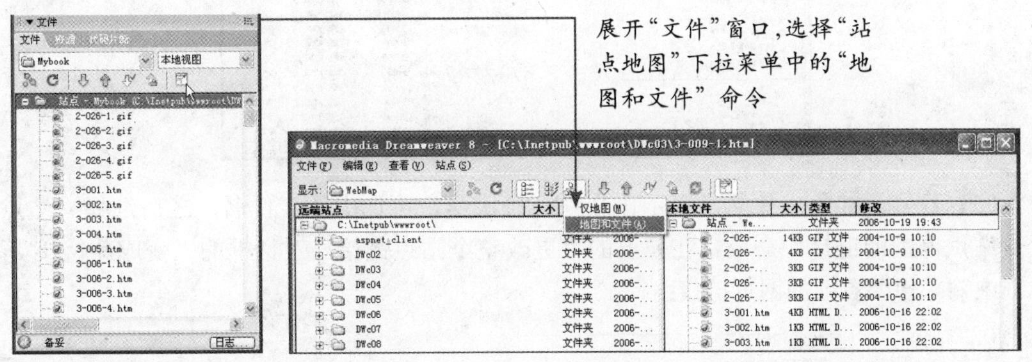

（3）由于尚未设置首页，因此在弹出的对话框中单击“管理站点”按钮，在弹出的“管理站点”对话框中单击“编辑”按钮，将会弹出“站点定义”对话框。

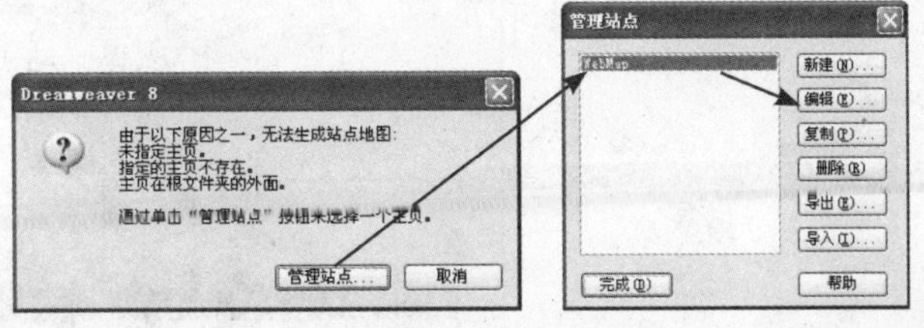

（4）在“站点定义”对话框中切换至“高级”选项卡的“站点地图布局”界面，单击“主页”文本框右侧的按钮，在弹出的“选择首页”对话框中选择网站的首页，之后单击“确定”按钮。

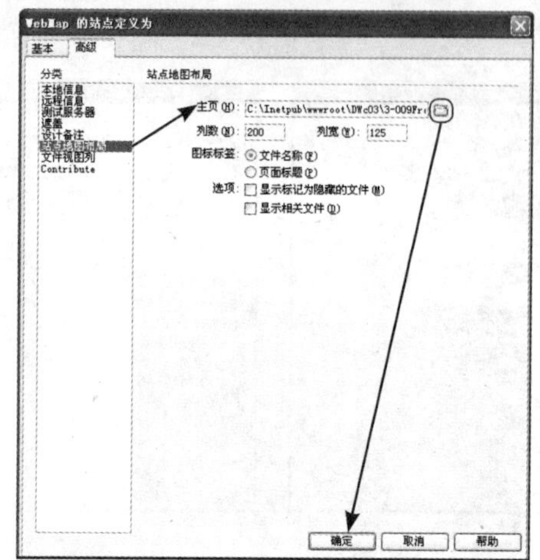

（5）回到“管理站点”对话框，单击“完成”按钮，即可完成站点地图的创建。单击十号按钮可展开所链接的子网页，单击一号按钮则可合并子网页文件。

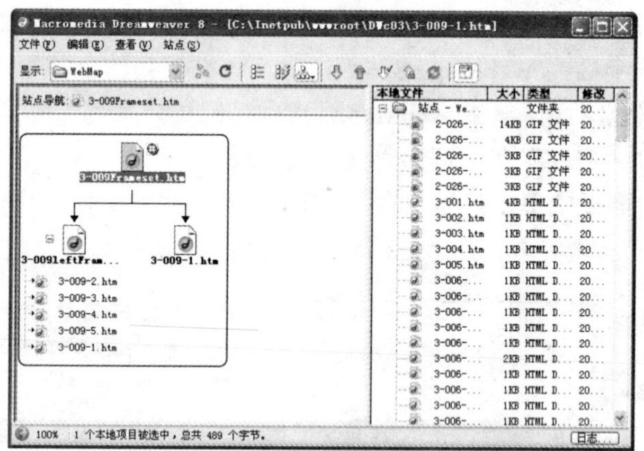

（6）若显示红色文件名，表示该文件链接错误，可选中该文件名，之后选择“站点>改变站点范围的链接”命令，在弹出的“更改整个站点链接”对话框的“变成新链接”文本框中输入想要更改的网页链接路径。

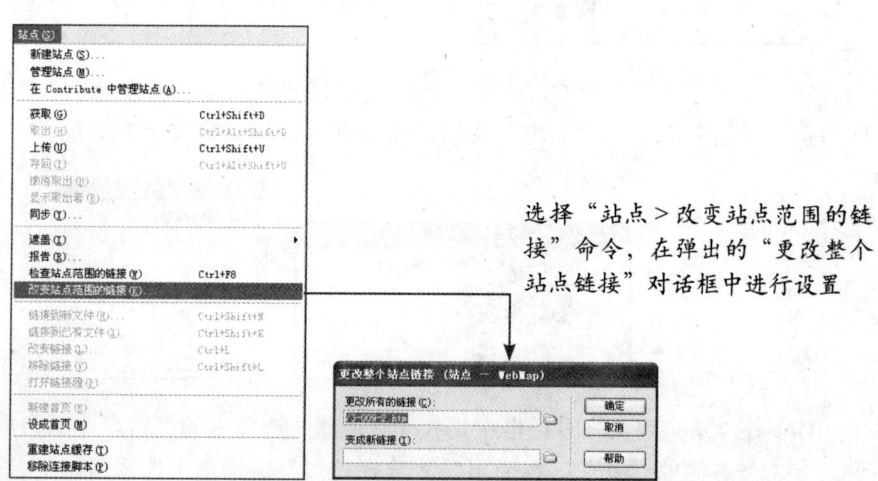

3.3 网页图层

一般在布局网页过程中，常会发现文字、图片等组件并不能依照我们的意思放置，而是摆放得很凌乱，但是有了图层（Layer）之后就不同了，图层像是网页上的一块浮板，不但可以在上面放置任何组件，而且重要的是可以对其随意进行移动、叠放、显示及隐藏操作，使网页的排版变得更加容易，下面我们将介绍图层的各种用法。

3.3.1 图层的插入

如果要在网页上插入图层，可单击“布局”插入栏中的“绘制层”按钮，此时光标呈＋型，在网页上按住鼠标左键拖曳，即可绘制出一个图层。若要绘制出多个图层，只要重复刚才的步骤（或用复制方法），一般先绘制出的图层会排在底层，后绘制出的图层则排在上层，图层可设为重叠或不重叠。另外，如果插入的图层包含元素，可选择“编辑 > 首选参数”命令，在弹出的“首选参数”对话框的“不可见元素”分类中将其消除（图层以 CSS 格式显示在 <div .../> 标签内）。

图层的插入（3-014.htm）

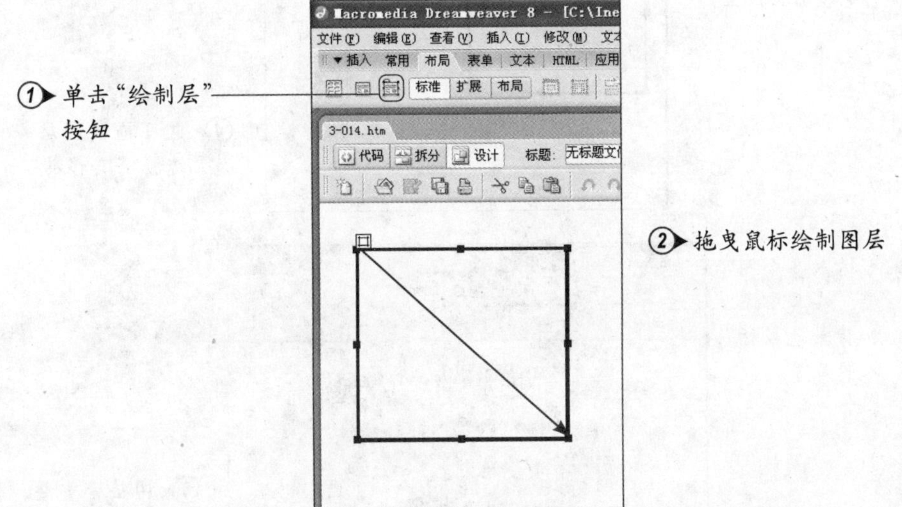

3.3.2 图层的编辑

若需要修改图层大小时，可先选中该图层，之后在其边框线上会出现 8 个黑色控制点，通过按住鼠标拖曳控制点即可改变图层大小。要想移动图层，只需按住左上角的方形按钮或按住框线拖曳即可。也可在图层内插入图片或设置背景颜色等，方法同前。

图层的编辑（3-015.htm）

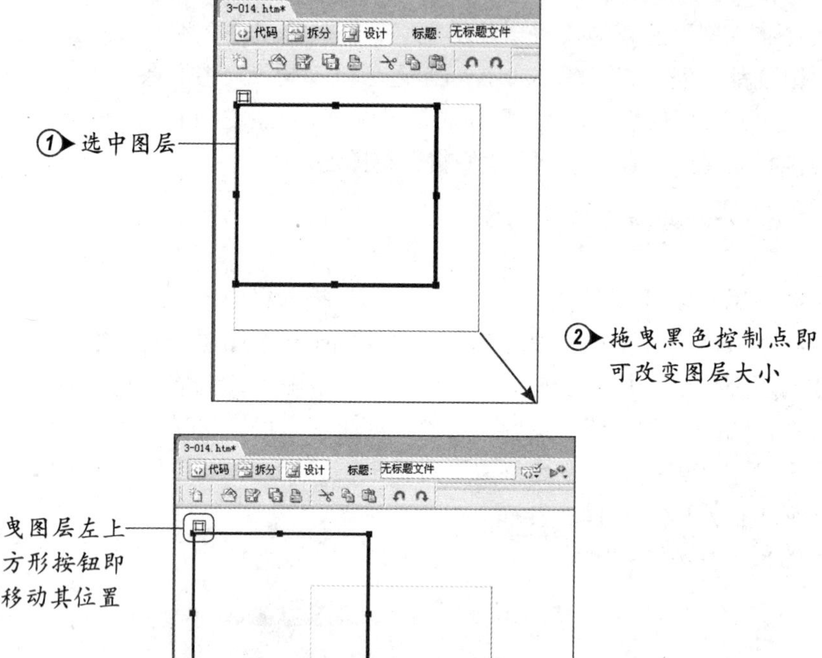

③拖曳图层左上角方形按钮即可移动其位置

④也可拖曳图层边框将其移动

⑤可插入多个图层，在其中添加背景色或插入图片等

⑥图层可重叠，并且先插入的图层位于下层，后插入的图层位于在上层

3.3.3 图层面板的使用

选取图层也可以利用“层”面板来操作，只要选择“窗口 > 层”命令，即可打开“层”面板，可在其中进行其下操作。

（1）在“层”面板的“名称”栏内单击相应图层名称，即可选择该图层。

（2）在 Z 栏内改顺序值，可改变图层的上下排列位置，1 表示最底层、2 表示倒数第二层，其值越大则图层位置越靠上层，依此类推。也可通过拖曳图层名称，改变上下层位置。

（3）单击“眼睛”栏中显示的区域，会出现“闭眼”图标，则该图层会隐藏起来；若再单击，会出现“睁眼”的图标，则该图层会显现出来；再单击，则图标会消失，这是默认设置，图层也会显现。

“层”面板的使用（3-015.htm）

① 选择“窗口 > 层”命令打开“层”面板

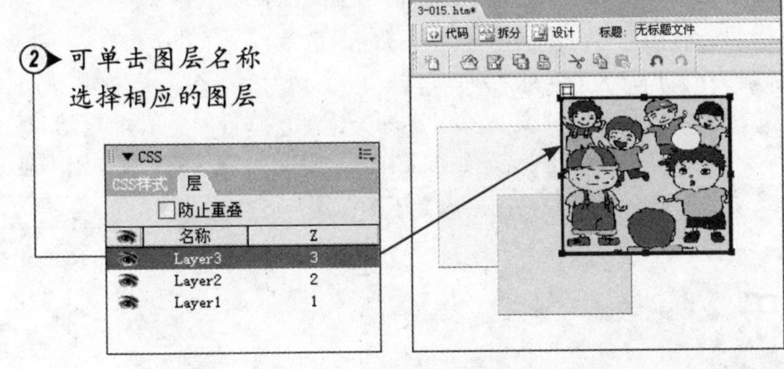

② 可单击图层名称选择相应的图层

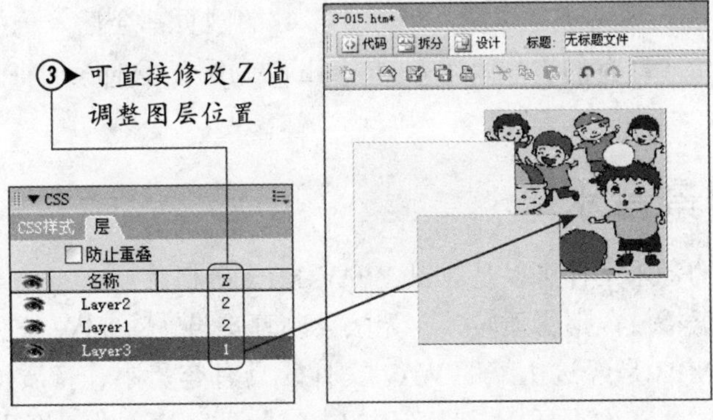

③ 可直接修改 Z 值调整图层位置

④ 可拖曳图层名称，改变图层的位置，如拖曳 Layer3 至下层

⑤ 结果将 Layer3 图层移至最下层，即第一层

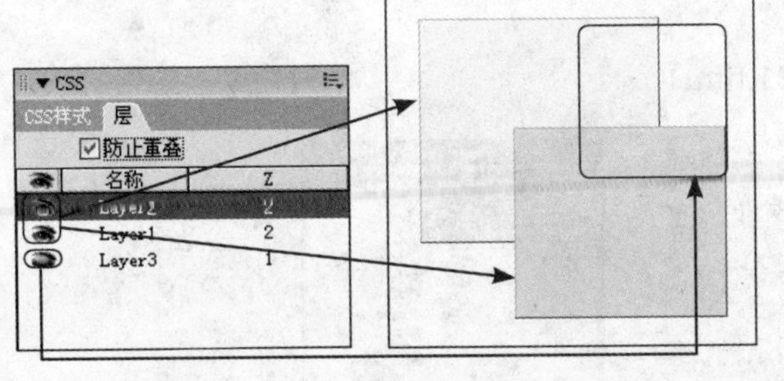

⑥ 睁眼及空白表示显示图层，闭眼则表示隐藏图层

3.3.4 图层的属性

当想要设置图层的属性时，可先选中该图层，之后在下面的“属性”面板中即可设置图层的属性。除了前面已介绍过的一些属性外，图层的常用属性还有如下一些。

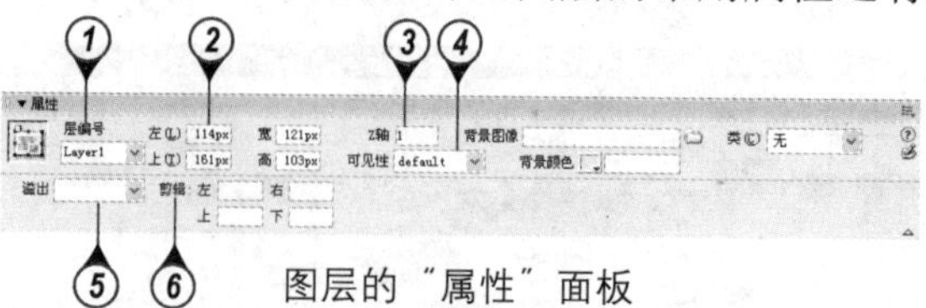

图层的“属性”面板

表 3-1　图层的其他属性

项　目	属　性	功　能
1	图层编号	设置图层的名称
2	图层坐标	设置图层的左上角距网页左边界及上边界的距离（单位是像素）
3	Z轴	设置图层的上下排列顺序，值越小则越靠近下层
4	可见性	设置图层为visible（显示）、hidden（隐藏）、default（默认）、Inherit（继承）
5	溢出	图层内插入的对象超过图层大小时，超出部分会visible（显示），hidden（隐藏），scroll（有滚动条），即无论图层是否能显示插入的对象，均会显示滚动条，auto自动显示（但若图层能够显示插入的对象，则不显示滚动条）
6	剪辑	设置插入的对象在图层内显示的范围

3.4 网页音乐

为了吸引浏览者进入网站进行浏览，现今大多数的网页都会插入一些多媒体元素，例如添加动听的背景音乐，好看的影片或迷人的Flash 动画等，下面我们将介绍如何在网页中添加背景音乐的方法。

3.4.1 插入背景音乐

可在网页中插入的音乐文件可以是 Midi, WAV, MP3 等格式。Midi 音乐文件的优点是容量小、可在任何浏览器播放，但音质较差、无法录制真实声音；WAV 文件优点是可录制真实声音，但容量大；MP3 是经过压缩的 WAV 文件，具有容量小、音质佳等优点，是目前最常见的音乐文件格式。在网页插入背景音乐的方法如下（插入背景音乐等同于 HTML 格式的 <embed src=.../> 标签）。

插入背景音乐（3-021.htm）

① 在“常用”插入栏的“媒体”下拉菜单中选择“插件”命令。

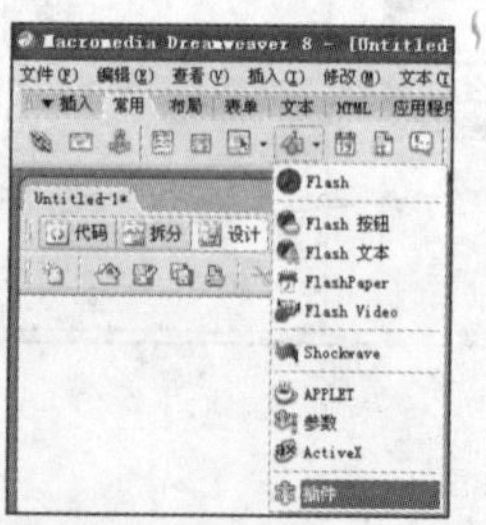

②在弹出的“选择文件”对话框中选择音乐文件

③对于插入的音乐文件，可根据需要调整其宽度和高度

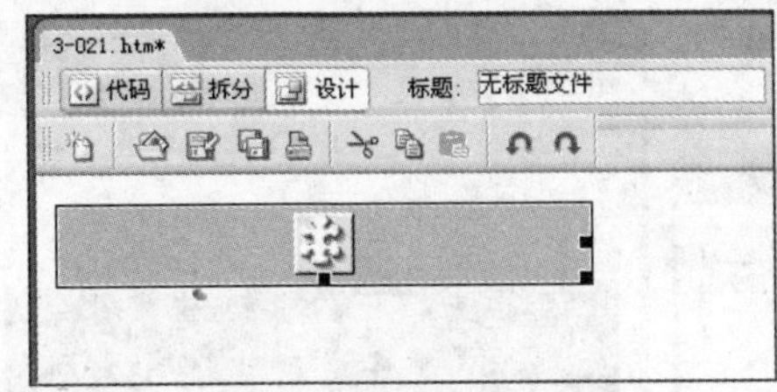

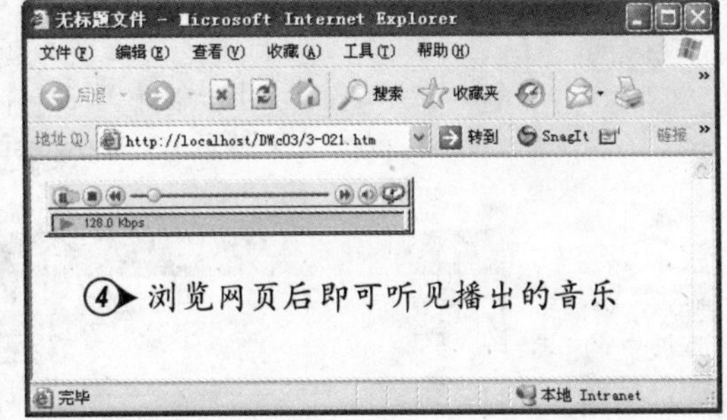

3.4.2 背景音乐属性

网页背景音乐的其他属性（如播放、插件 URL 和参数等）如表 3-2 所示。另外，参数属性可依需求设置各种不同的值，如表 3-3 及下图所示。

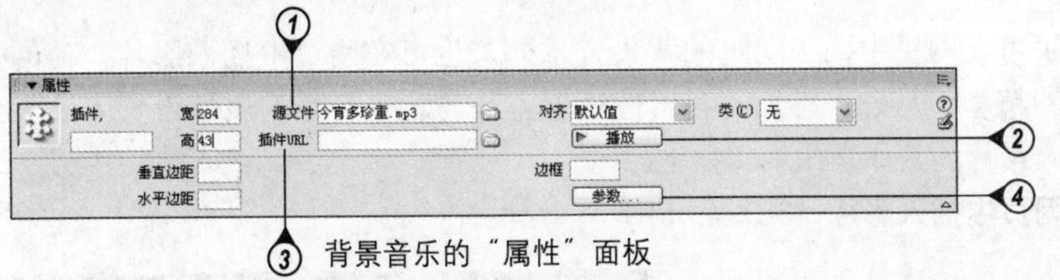

背景音乐的“属性”面板

表 3-2　背景音乐的其他属性

项　目	属　性	功　能
1	源文件	设置所选用的音乐文件路径
2	播放	单击“播放”按钮即可播放音乐（但必须安装Netscape）
3	插件URL	设置支持此音乐文件播放的程序网址，如无法正常播放时，会转到该网址下载其播放的程序
4	参数	设置背景音乐的功能参数值（如表3-3所示）

表 3-3 背景音乐的参数值

参 数	默认值	功 能
AutoStart	true	设置是否自动播放
Hidden	false	设置插件是否隐藏
Loop	false	设置是否重复播放
PlayCount	1	设置播放的次数
ShowControls	true	设置是否显示播放控制栏
ShowDisplay	false	设置是否显示音乐文件的相关信息
ShowPositionControls	true	设置是否显示播放控制按钮
ShowTracker	true	设置是否显示播放进度栏

背景音乐的参数（3-021.htm）

①单击“属性”面板中的“参数”按钮

②在“参数”对话框中单击 + 按钮新建 loop（重复播放）及 showdisplay（显示信息）两个参数

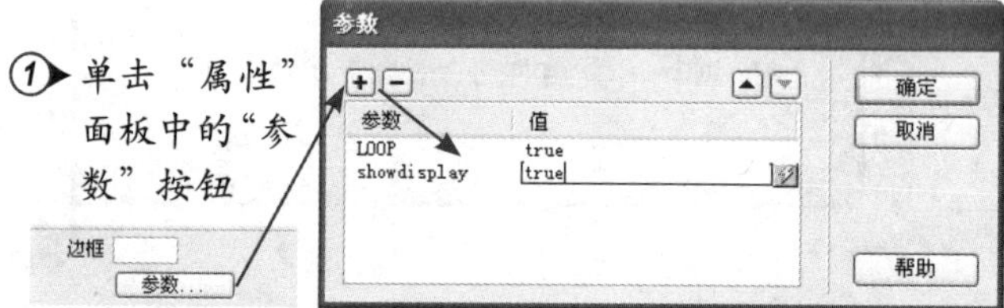

③浏览网页后即可播出音乐并显示音乐文件的相关信息

3.5 网页影片

除了可在网页中插入动听的背景音乐外，也可在网页中插入影片，使网页的内容显得更活泼和精彩。另外，影片的各属性设置方法与背景音乐的属性设置方法大致相同。在网页中插入影片的具体操作步骤如下。

在网页中插入影片（3-024.htm）

①在“常用”插入栏的“媒体”下拉菜单中选择“插件”命令

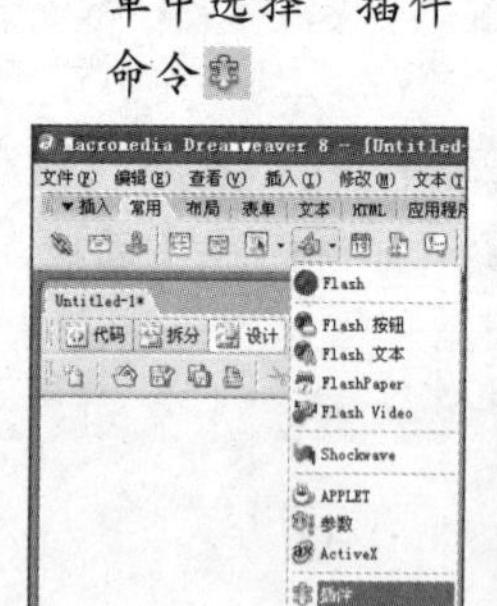

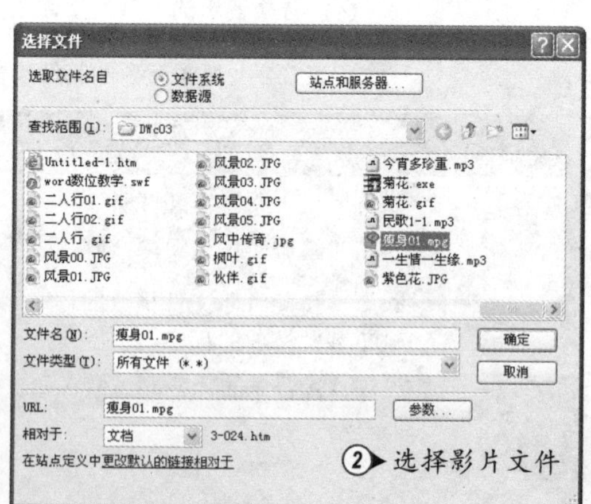

②选择影片文件

④浏览网页后即可播放影片

③对于插入的影片文件，可依需要调整其宽度和高度

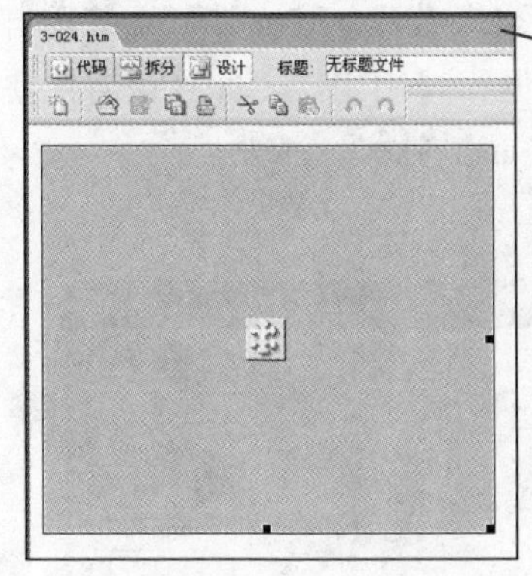

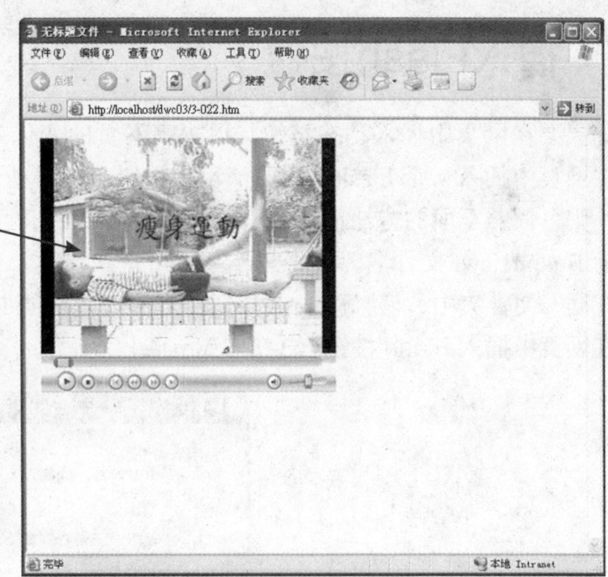

3.6 插入Flash文本

如果要在网页中插入动态文本，以提高网页的变化效果，最简单的方法就是插入 Flash 文本。例如，希望在网页中插入黄底黑色的 Flash 文本，使移动光标至该文本上方时，文本会由黑色变换成蓝色，则可依照下面介绍的方法进行设置。所创建的 Flash 文本会自动存成 swf 文件（系统会自动将其设为 text1.swf 文件名，若不喜欢可更改名称，但不可用中文，并且该文件要与网页存在同一文件夹中）。建好 Flash 文本后，如果还要修改，则先选中该文本，单击“属性”面板中的“编辑”按钮，可以开启 Flash 软件修改相应的文本。

在网页中插入 Flash 文本（3-025.htm）

①在“常用”插入栏的“媒体”下拉菜单中选择“Flash 文本”命令

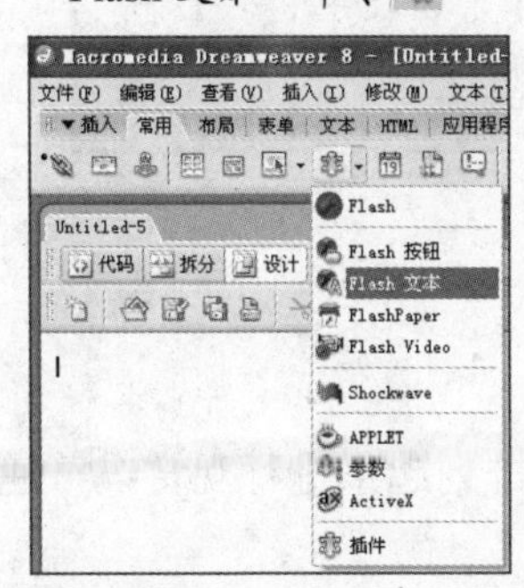

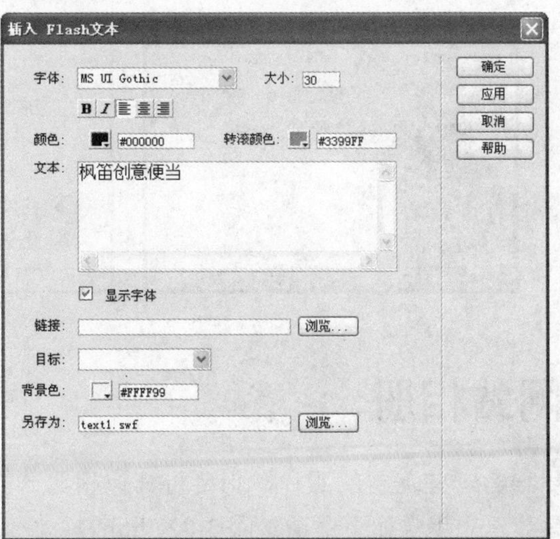

②在“插入 Flash 文本”对话框中输入要显示的文字，并设置其字体、大小和颜色等属性，之后单击“确定”按钮

3.7 插入Flash按钮

如果要在网页中插入动态按钮，以提高网页的变化效果，可以插入 Flash 按钮。例如，希望在网页中插入一个 Flash“服务信箱”按钮，使移动光标至该按钮上方时，按钮会变换颜色，则可依照下面的方法创建。所创建的 Flash 按钮会自动存成 swf 文件（系统会自动将其设为 Button1.swf 文件名，同样若不喜欢可更改名称，但不可用中文，并且该文件要与网页存在同一文件夹中）。建好 Flash 按钮后，修改方法同 Flash 文本的方法。

在网页中插入 Flash 按钮（3-026.htm）

①在“常用”插入栏的“媒体”下拉菜单中选择“Flash 按钮”命令

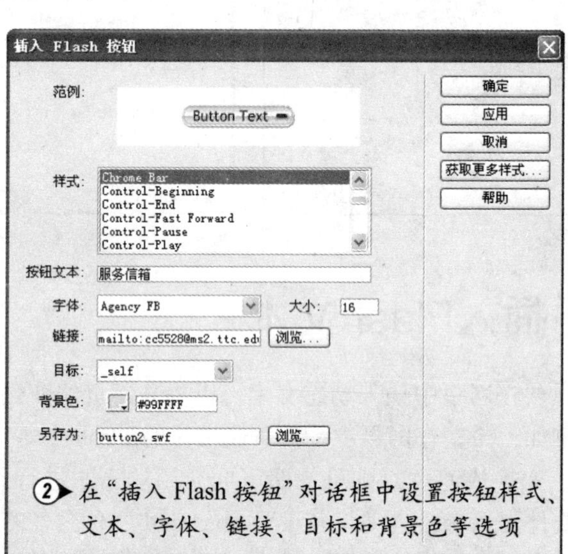

②在“插入 Flash 按钮”对话框中设置按钮样式、文本、字体、链接、目标和背景色等选项

③浏览后若移动光标至 Flash 按钮上，则该按钮会变色，单击该按钮会开启电子信箱软件

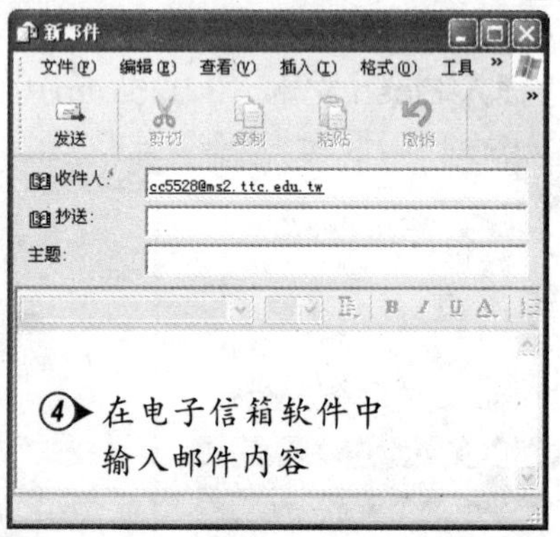

④在电子信箱软件中输入邮件内容

3.8 网站相册

如果用户有一些美丽的照片，想要将其像相册一样排列起来进行观赏，可建立一个网站相册，具体建立步骤如下（请参阅 3-027.htm）。

（1）新建一个文件夹（如 Album/Flowers），将所有的照片以英文文件名编号，存至该文件夹内。

（2）选择“命令 > 创建网站相册”命令，将会弹出“创建网站相册”对话框。

（3）在该对话框中设置相册标题、副标信息、其他信息以及相片格式等选项，之后单击“确定”按钮。

（4）等候几秒钟，会自动启动 Fireworks 软件，可在其中编排图片和建立相册，建好后在弹出的对话框中单击“确定”按钮（此时系统会自动在文件夹内产生 images 子文件夹用于存放相片放大文件，pages 子文件夹用于存放相片放大显示网页，thumbnails 子文件夹用于存放相片缩小文件及 index.htm 相册首页）。

（5）在相册首页中，可进一步编辑界面，美化相册。

（6）如果相片顺序要调整，请修改文件名编号即可。

（7）如果要观赏单独相片，可在首页单击该相片，即可切换至该张相片的浏览页面，也可单击页面的操作按钮切换到其他相片页面或返回首页。

网页相册（Album/Flowers/index.htm）

①选择“命令 > 创建网站相册”命令

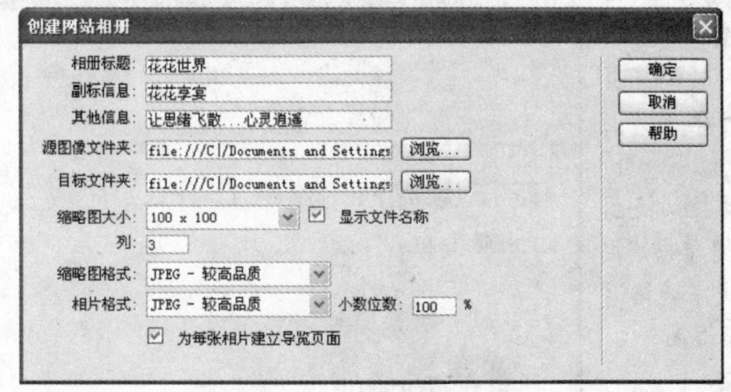

②在“创建网站相册”对话框中进行设置

③转至 Fireworks 软件中编排图片从而建立相册，之后单击“确定”按钮

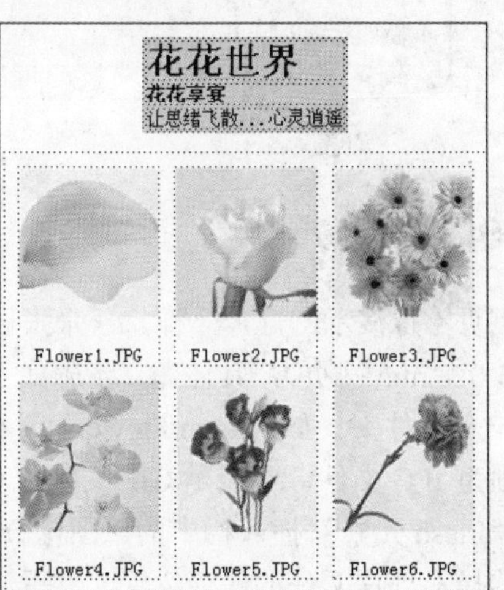

④显示相册首页

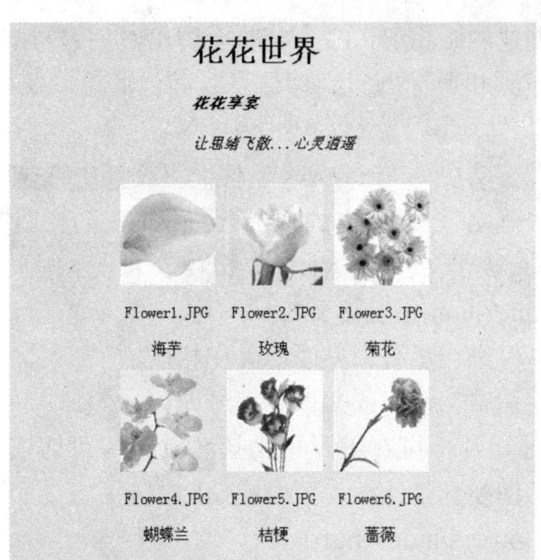

⑤ 设置标题居中对齐，在相片表格中插入中文说明，隐藏边框框线，设置统一的背景色，单击图片时为其加边框线，然后保存并浏览该页面

⑥ 在上图中单击相应图片可显示该图片的浏览页面，可单击“上一页”或“下一页”文字链接切换图片，或者单击“首页”文字链接返回首页页面

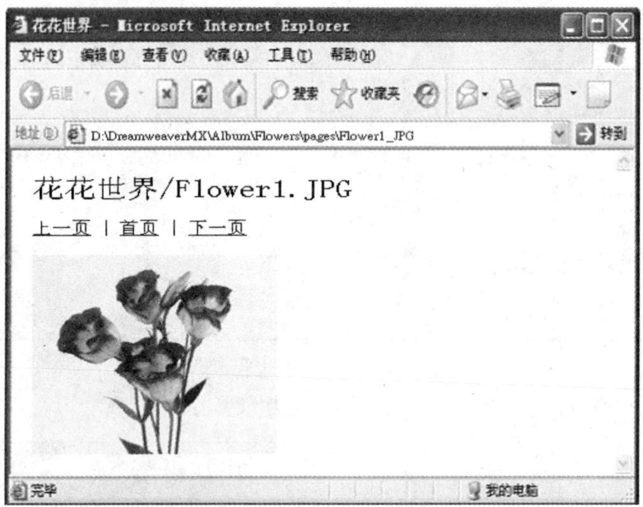

3.9 Flash幻灯片

如果想在网页上像演示幻灯片一样，一张张显示图片，可以在网页上插入 Flash 图像查看器（请参阅 3-028.htm 网页），具体建立步骤如下。

（1）新建一个文件夹（如 Album/Flowers），将所有的照片以英文文件名编号，存至该文件夹内（必须为 JPG 文件，不能是 GIF 文件）。

（2）单击“Flash 元素”插入栏中的“图像查看器”按钮，在弹出的“保存 Flash 元素”对话框中选择幻灯片文件的保存位置，然后输入英文文件名，最后单击“保存”按钮，则在网页上会插入一个 Flash 幻灯片组件。

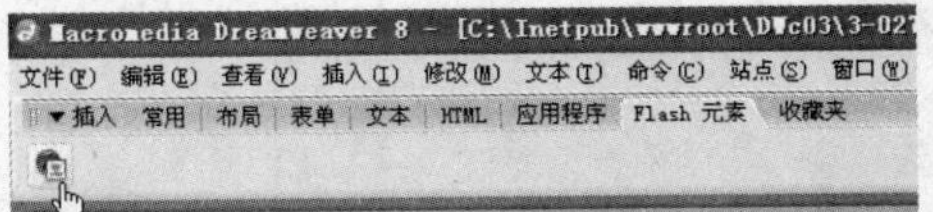

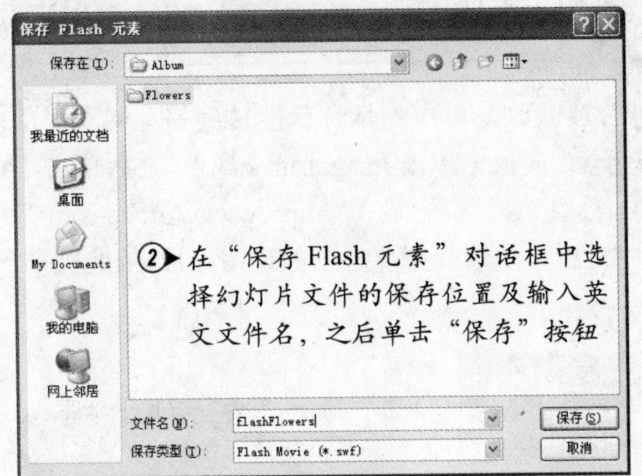

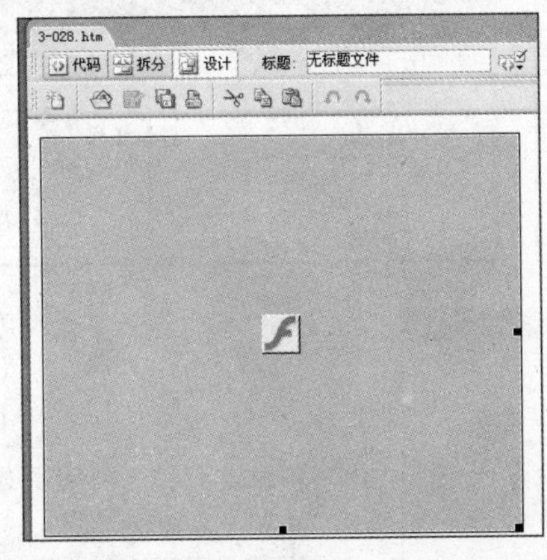

（3）在“Flash 元素”面板中单击 imageURLs 属性，之后单击“编辑数组值”按钮，在弹出的“编辑 imageURLs 数组”对话框中单击列表框中的第一行空白区域，再单击“浏览”按钮，在弹出的“选择文件”对话框中选择需要显示的相片，依此类推一一加入幻灯片相片后，最后单击“确定”按钮，即可建立幻灯片（+按钮是增加相片，−按钮是删除相片）。

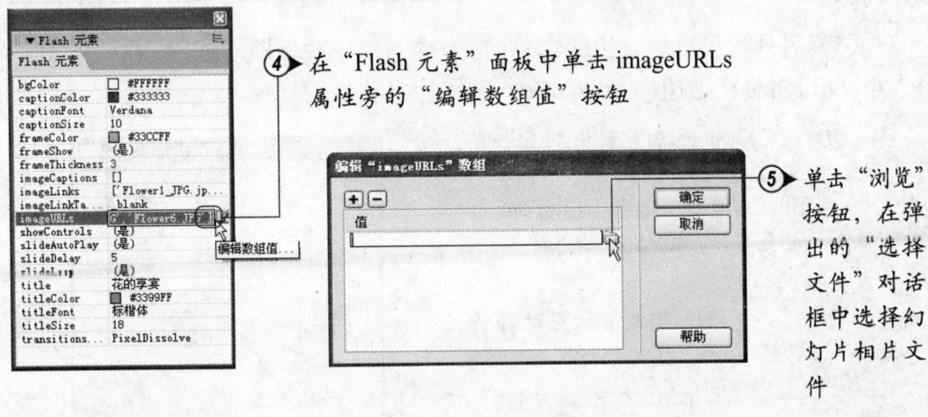

⑥ 依此类推插入所有要显示的相片

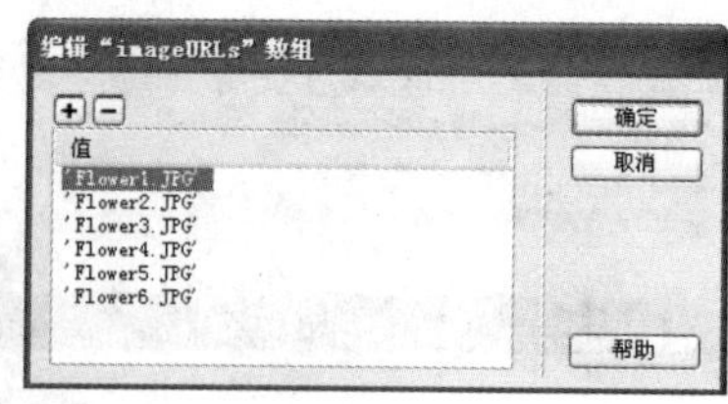

（4）如果希望在幻灯片放映时，单击幻灯片就能转到另一网页，从而作该图片的进一步说明，同样可在“Flash 元素”面板中单击 imageLinks 属性，之后单击“编辑数组值”按钮，在弹出的“编辑 imageLinks 数组”对话框中输入“http://www.Adobe.com/”，单击右侧的“浏览”按钮，在弹出的“选择文件”对话框中选择想要显示的说明相片，依此类推一一插入说明相片，最后单击“确定”按钮。

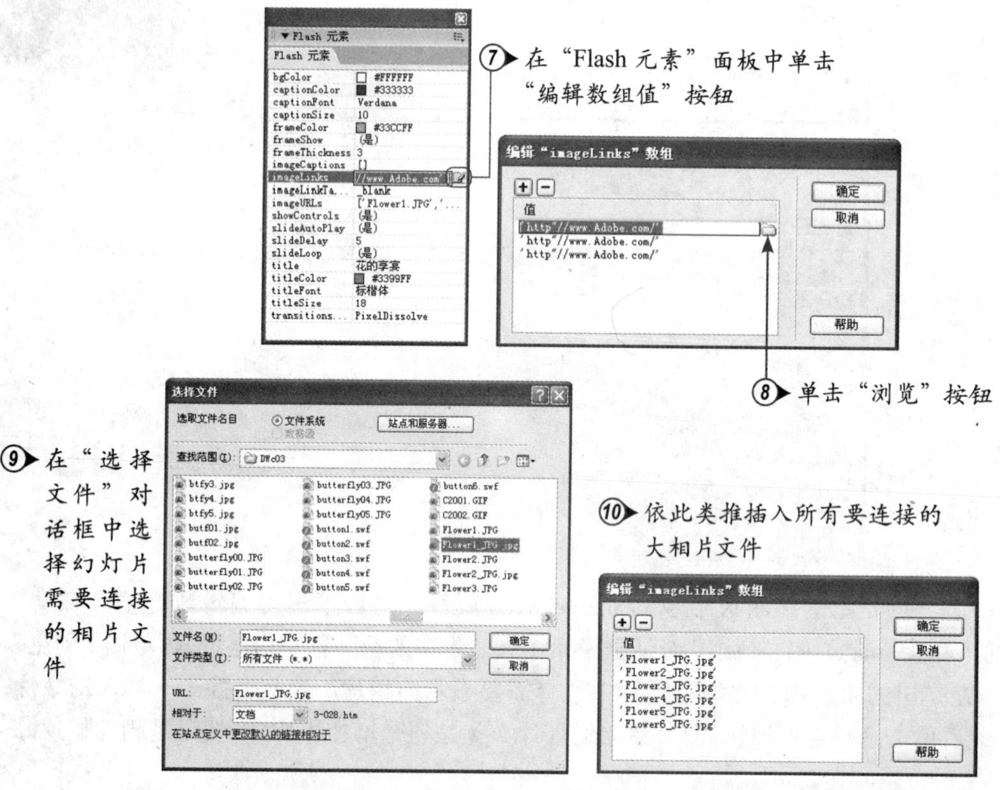

（5）另外也可以进一步编辑界面，如插入幻灯片标题（title），并设置其字体（titleFont）、大小（titleSize）、颜色（titleColor）等属性来美化幻灯片。

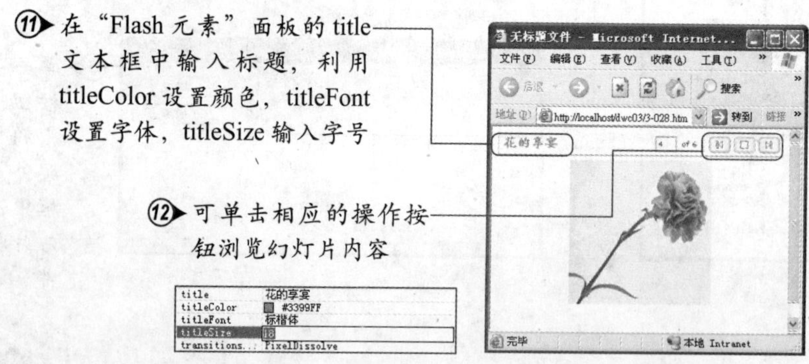

（6）幻灯片浏览显示如下。如果要观赏单独一张幻灯片，可单击该幻灯片，即可切换至幻灯片的浏览页面，浏览完后可单击工具栏中的“上一页”按钮返回（请参阅 3-028.htm）。

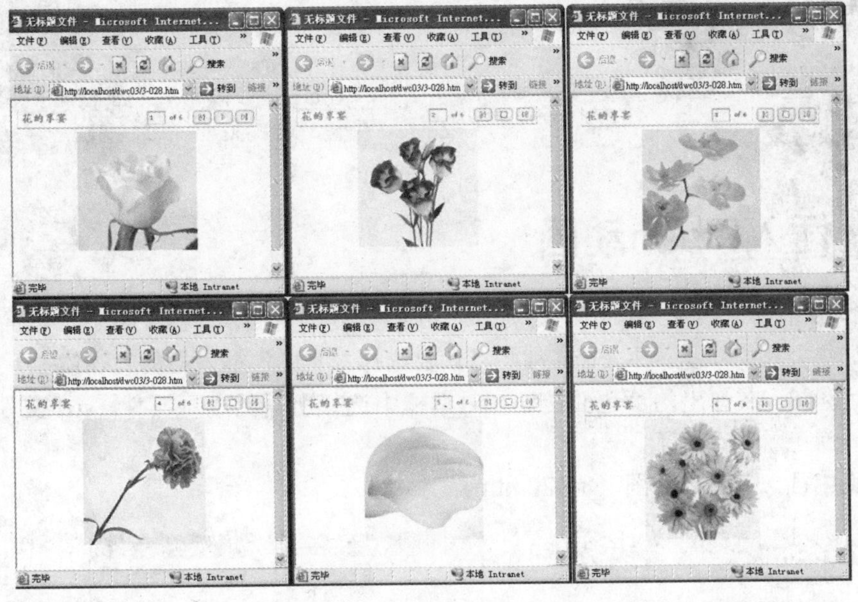

表 3-4　幻灯片的常用属性

项　目	属　性	功　能
1	bgColor	设置图像查看器背景色
2	captionColor	设置幻灯片标题文字颜色
3	captionFont	设置幻灯片标题文字字体
4	captionSize	设置幻灯片标题文字大小
5	frameColor	设置图像查看器边框颜色
6	frameShow	设置是否显示图像查看器边框
7	frameThickness	设置图像查看器边框粗细
8	imageCaption	设置各幻灯片标题
9	imageLinks	设置将各幻灯片连接到相应的说明网页
10	imageLinkTarget	设置幻灯片组的显示目标
11	imageURLs	设置幻灯片组能够显示哪些相片内容
12	showControls	设置是否显示图像控制按钮
13	slideAutoplay	设置是否自动播放
14	slideDelay	设置幻灯灯片换片时间
15	slideLoop	设置幻灯片是否重复播放
16	title	设置幻灯片组标题
17	titleColor	设置幻灯片组标题颜色
18	titleFont	设置幻灯片组标题文字字体

（续表）

项　目	属　性	功　能
19	titleSize	设置幻灯片组标题文字大小
20	transitionsType	设置幻灯片的换片模式，包括None（无变化）、Blinds（百叶窗式）、Fade（淡化式）、Fly（飞入式）、Iris（缩张式）、Photo（照相式）、PixelDissolve（分解式）、Rotate（旋转式）、Squeeze（压缩式）、Wipe（擦去式）、Zoom（变焦式）和Random（随机式）

3.10　插入Flash动画

当创作者想吸引网友来网站浏览时，通常会在网页中插入一些Flash动画。在Dreamweaver中如果要在网页里插入Flash动画，只要选择“常用”插入栏的“媒体”下拉菜单中的Flash命令，在弹出的“选择文件”对话框中选择所需的动画文件（swf文件），然后浏览网页时就可看到动画了。

在网页中插入Flash动画（3-029.htm）

①选择“常用”插入栏的“媒体”下拉菜单中的Flash命令

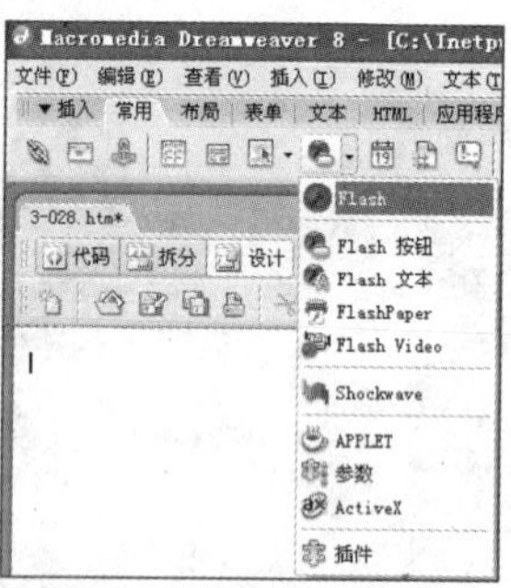

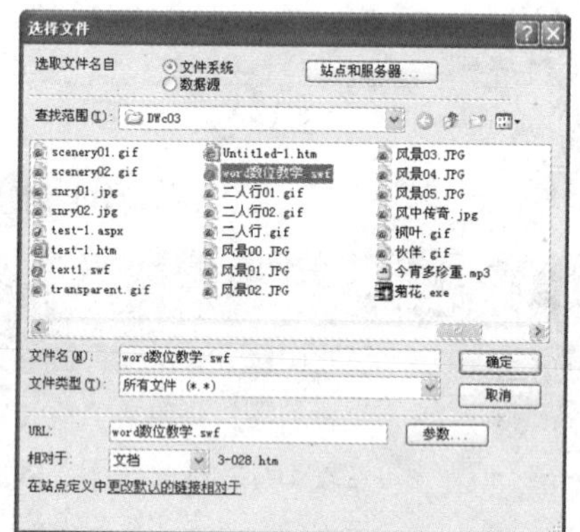

②在“选择文件”对话框中选择所需的动画文件

③即可插入Flash动画文件

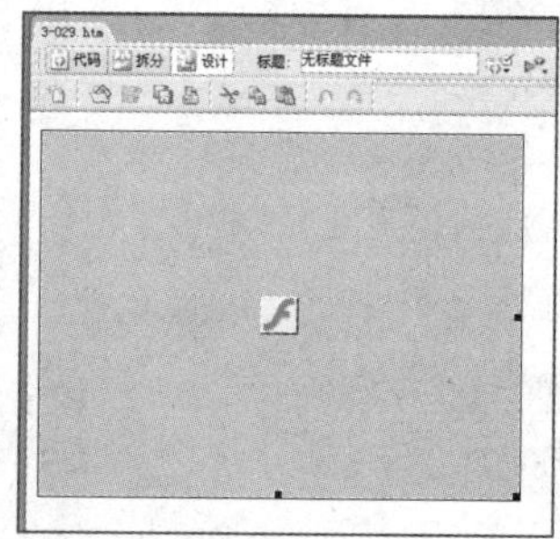

④浏览时显示动画

3.11　网页行为特效

如果希望在网页上配备一些特殊的功能，首先必须在网页中插入合适的组件（即对象），然后预先设置触发这些组件的操作，如单击、双击该组件，移动光标到组件上或从组件上移开光标等，而且触发后所期望获得的“反应”是什么？如弹出信息、前往 URL、交换图片或开启浏览器窗口等，触发组件的形式称为组件的事件（Event），期望获得什么“反应”，通常要通过编写程序代码来完成，称为事件的程序（Procedure），而“事件（动作）”加上“程序（反应）”就称为组件的行为（Behaviors）。其中事件的程序在 Dreamweaver 中会帮用户自动产生，因此编写程序的过程就可省略了，只要选择即可。

3.11.1 行为的事件及程序

Dreamweaver 提供的行为“事件”大致如表 3-5 所示，而“事件”所触发的行为“程序”则如表 3-6 所示，每个“事件”都有自己所属的“程序”，只要熟悉这些特性，即可设计出易用的动态网页，在后面将举例说明几个常见的行为用法。

表 3-5　行为的常用事件

项　目	属　性	功　能
1	onBlur	当特定元素停止作为用户交互的焦点时触发相应程序
2	onClick	当在元素上单击时会触发相应程序
3	onChange	改变页面中数值时将触发相应程序
4	onDblClick	当在元素上双击时会触发相应程序
5	onFocus	当焦点移到元素上时会触发相应程序
6	onKeyDown	当元素处于焦点状态，按住键盘按键时会触发相应程序
7	onKeyPress	当元素处于焦点状态，按一下键盘按键时会触发相应程序
8	onKeyUp	当元素处于焦点状态，放开键盘按键时会触发相应程序
9	onMouseDown	当在元素上按住鼠标按键时会触发相应程序
10	onMouseOver	当光标从元素上移过时会触发相应程序
11	onMouseOut	当光标从元素上移出时会触发相应程序
12	onMouseUp	当在元素上放开鼠标按键时会触发相应程序
13	onResize	当窗口大小改变时会触发相应程序
14	onScroll	当移动滚动条时会触发相应程序
15	onLoad	当载入网页时会触发相应程序
16	onUnload	当开闭网页时会触发相应程序

表 3-6　行为的事件程序

项　目	属　性	功　能
1	转到URL	会在当前窗口或指定页面中显示URL网址的网页
2	调用JavaScript	当事件触发时会执行某个JavaScript程序
3	弹出信息	用来向网友提供执行时的信息
4	恢复交换图像	会将刚交换的图像还原为原来的图像
5	拖动层	设置让浏览者可以拖曳图层
6	控制Shockwave或Flash	用来控制Shockwave或Flash文件的播放、停止、后退或前进
7	播放声音	用来控制当光标滑过或网页载入时播放音乐

（续表）

项 目	属 性	功 能
8	改变属性	当事件触发时改变元素的其中一个属性值
9	检查插件	根据浏览者是否已插入指定的插件而开启不同的网页
10	检查浏览器	根据浏览者浏览器种类及版本的不同而开启不同的网页
11	检查表单	会检查表单的文本框中是否已输入正确的数据类型及内容
12	设置窗口位置	设置浏览器窗口的对齐方式或自定义窗口位置
13	设置导航栏图像	设置导航栏中的图像
14	设置文本	以指定的内容取代网页元素的内容或在状态栏中显示信息
15	交换图像	变更img标签的src属性来实现交换图像功能，从而产生动态效果
16	跳转菜单	在表单中插入选项后，系统会为各选项设置相应行为
17	跳转菜单开始	单击相应按钮后启动所连接的网页
18	打开浏览器窗口	在新窗口中打开网页
19	隐藏弹出式菜单	隐藏Dreamweaver或Fireworks的弹出式菜单
20	预先载入图像	预先将图像载入浏览器，从而减少载入图像时的延迟
21	显示弹出式菜单	显示Dreamweaver或Fireworks的弹出式菜单
22	显示-隐藏层	显示、隐藏或恢复一个或多个图层的默认显示格式
23	显示事件	选择哪个事件出现在事件弹出式菜单中
24	获得更多事件	连线下载更多的事件

3.11.2 弹出信息

如果想单击网页图片，就能弹出一个带有“说明信息”的对话框，可依下面的方法操作。另外，如果要修改行为，可双击该行为进行修改；如果要删除行为，可在行为上按Delete键即可。注意，如果对象的事件处于不可选择状态，可在“行为”面板中单击+按钮，在弹出菜单的“显示事件”子菜单中选择“NetScape 6.0”等命令。

“弹出信息”行为的使用（3-030.htm）

①选中“图层”内的图片

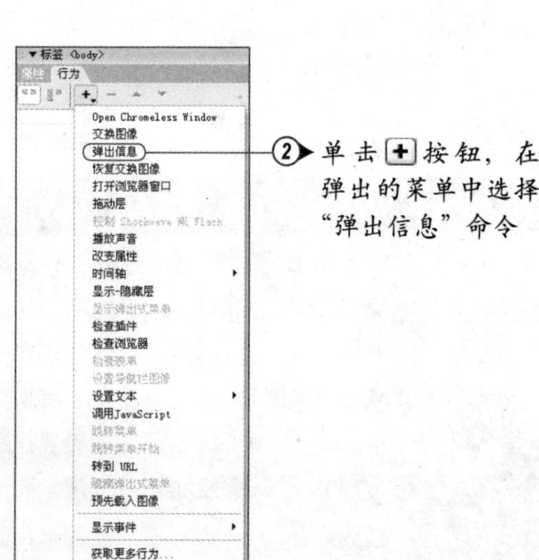

②单击+按钮，在弹出的菜单中选择“弹出信息”命令

③ 在“弹出信息”对话框中输入信息内容

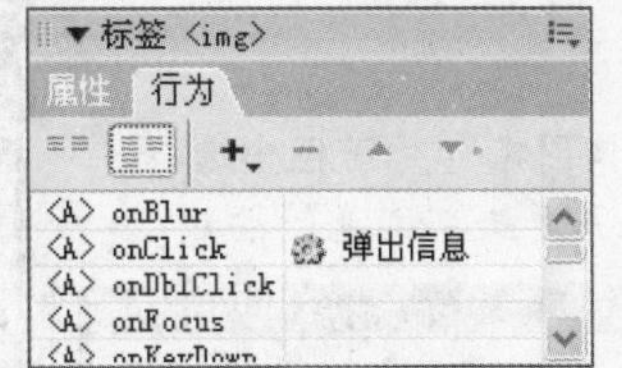

④ 会在“显示所有事件”界面的 onClick 中插入“弹出信息”行为

⑤ 或者在“显示设置事件”界面的onClick中看到已插入“弹出信息”行为

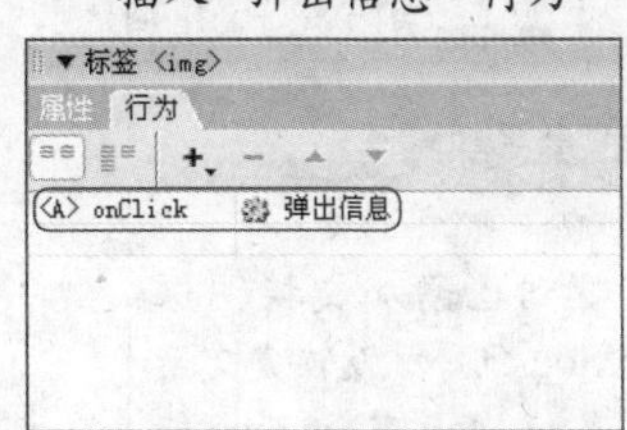

⑥ 浏览后单击图片即可弹出显示信息的对话框

3.11.3 交换图像

如果想像光标经过超链接时改变自身形状那样，将光标移至图片上也会改变图片，可使用“交换图像”行为，可依下面的方法进行设置。

“交换图像”行为的使用 1（3-034.htm）

① 选中图片，并在“属性”面板的“图像”文本框中输入 scenery01

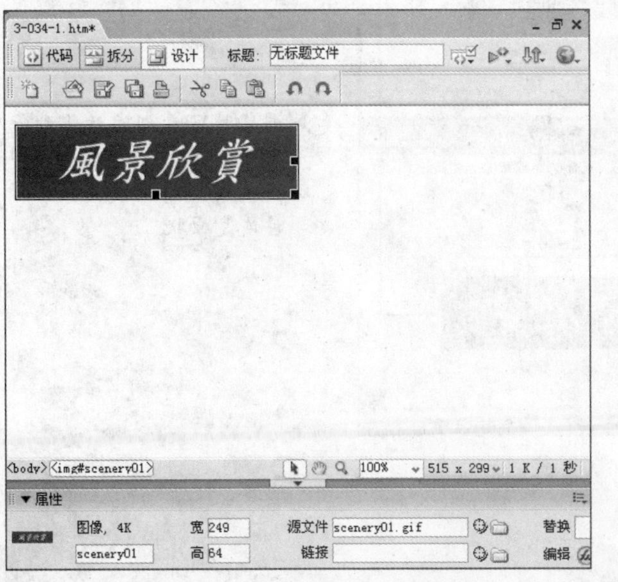

② 单击 + 按钮，在弹出的菜单中选择“交换图像”命令

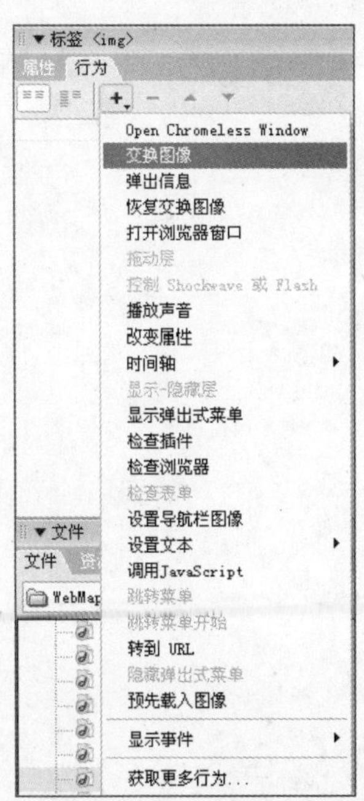

Chapter 3
Chapter 4
Chapter 5
Chapter 6

③ 在弹出的“交换图像”对话框中选择scenery01 图像并单击“浏览”按钮

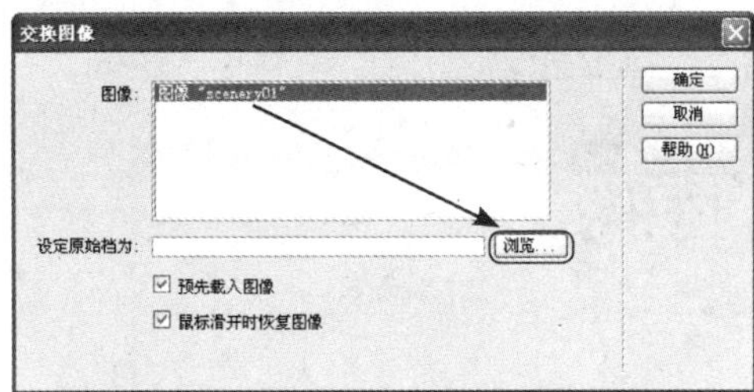

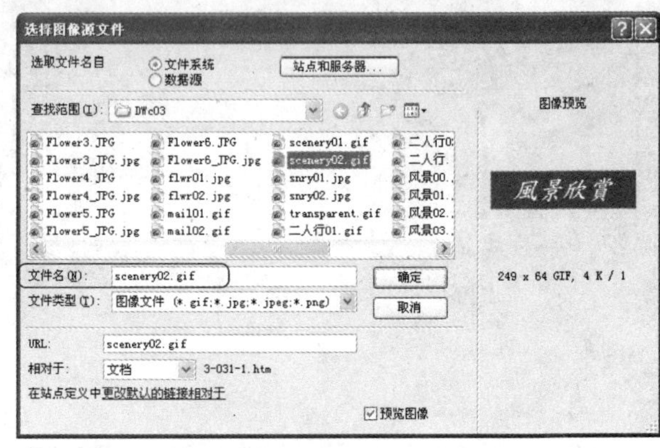

④ 选择交换的scenery02.gif 图像，之后单击“确定”按钮

⑤ 在“设定原始档为”文本框中会显示交换的图像，之后单击“确定”按钮

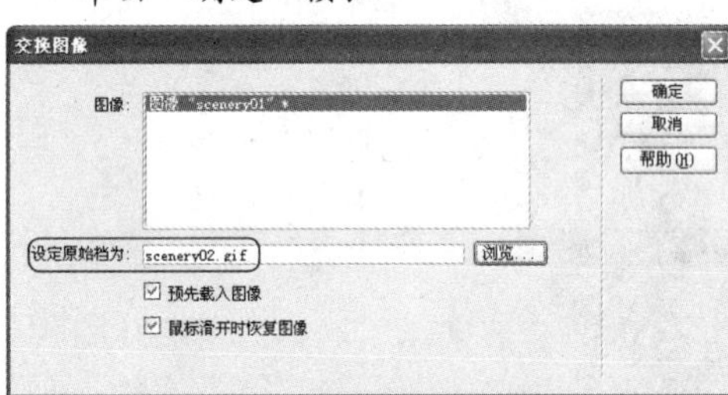

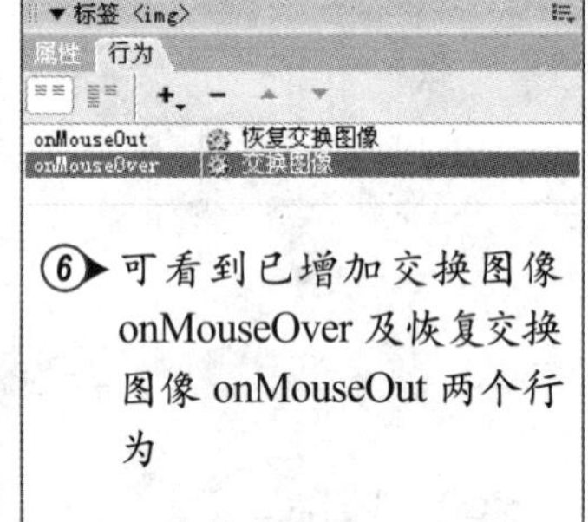

⑥ 可看到已增加交换图像onMouseOver 及恢复交换图像 onMouseOut 两个行为

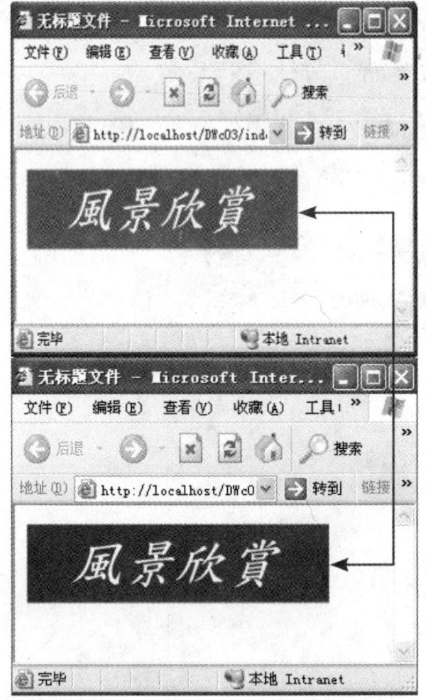

⑦ 浏览时可看到光标移到红色图片上时，该图片立即变换成粉红色图片，移开时恢复原状

“交换图像”行为除了上面的用法外，还可以产生移动光标至甲图片而控制交换乙图片的效果，具体效果展示如下。

“交换图像”行为的效果（3-035.htm）

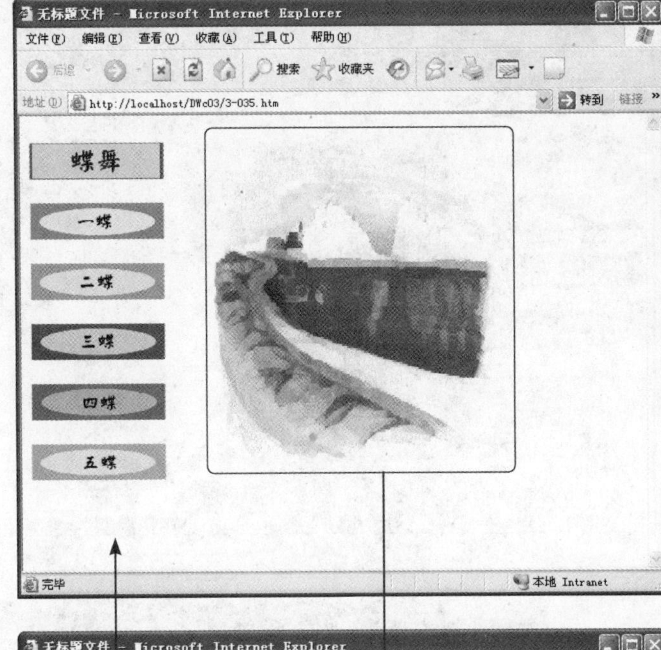

①将光标移至“蝶舞”图片上

②会使另一张“风景”图片立即变换为“蝴蝶飞舞”图片

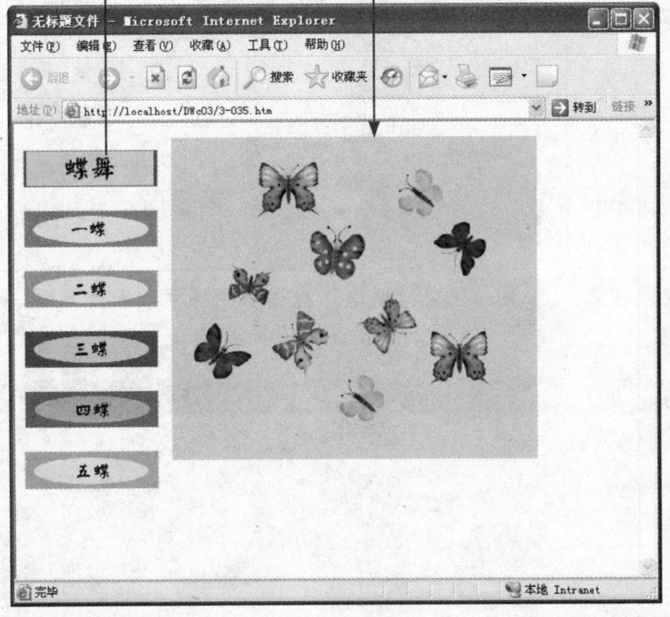

③将光标从“蝶舞”图片移开后，“蝴蝶飞舞”图片立即还原为“风景”图片

同理，继续移动光标至“一蝶”图片上，也会使“风景”图片立即变为 butterfly01.jpg 蝴蝶图片，而移开光标后 butterfly01.jpg 蝴蝶图片会还原为“风景”图片，依此类推，如果希望产生像这个例子一样的效果，具体设置过程如下。

"交换图片"行为的使用 2（3-035.htm）

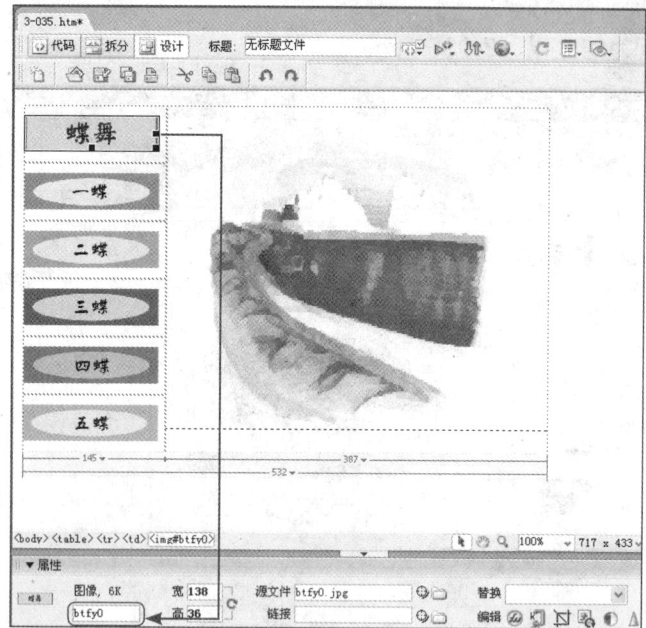

①选中"蝶舞"图片，并在"属性"面板的"图像"文本框中输入名称 btfy0

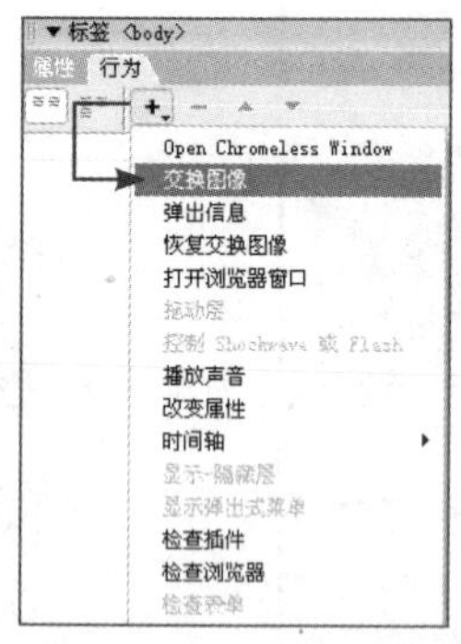

②选择"交换图像"行为

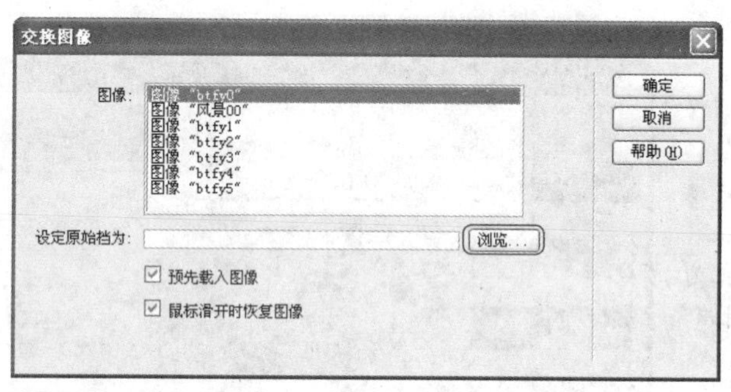

③在"交换图像"对话框中选中"图像 btfy0"，之后单击"浏览"按钮

④因为没有交换此图片，所以仍选择 btfy0.jpg，之后单击按"确定"按钮

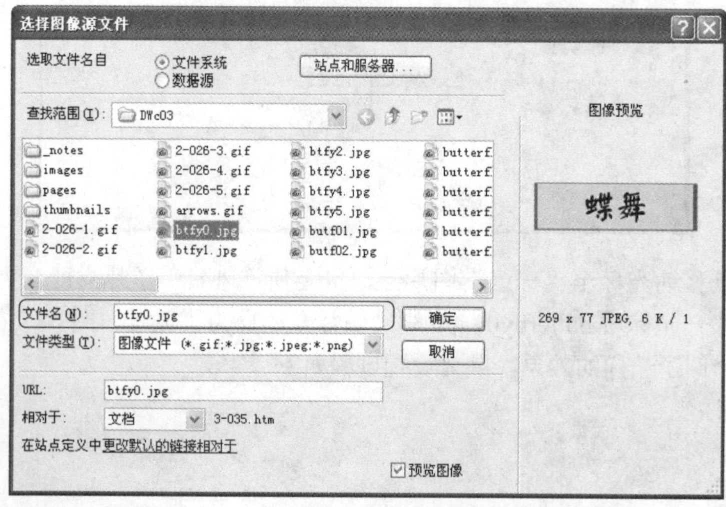

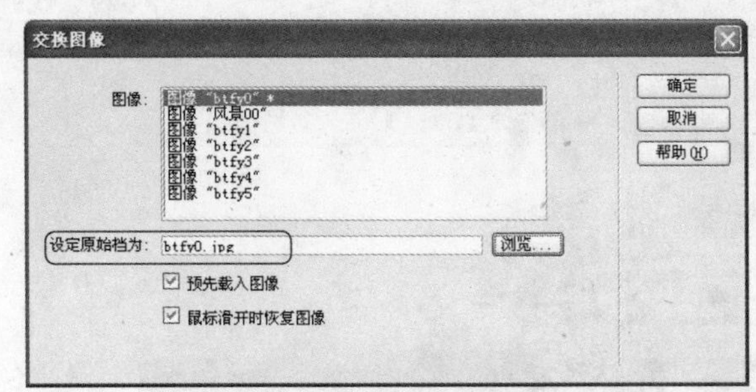

⑤ 可看到已加入btfy0.jpg图像文件

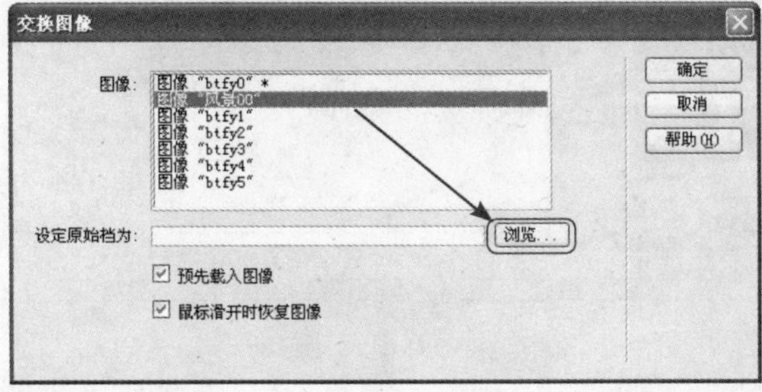

⑥ 因为要被交换的是风景图像，所以继续选择“图像风景”之后单击“浏览”按钮

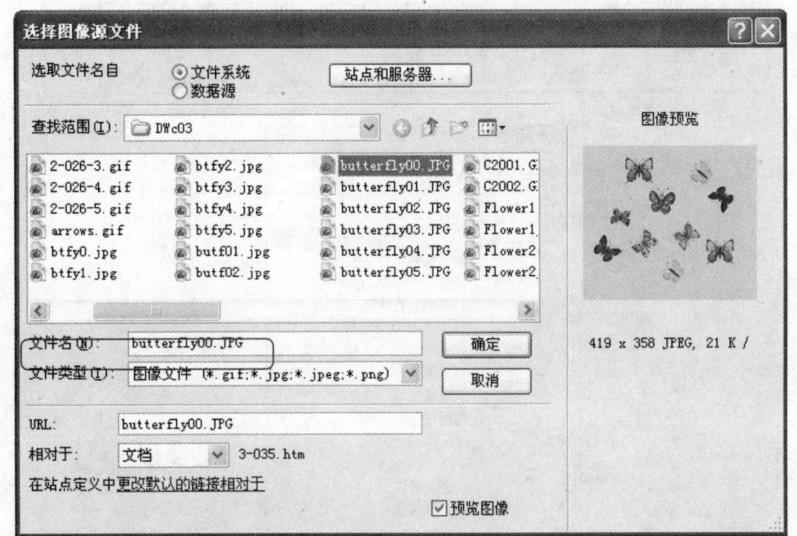

⑦ 选择蝴蝶飞舞 butter-fly00.jpg 图片来交换风景图片，之后单击“确定”按钮

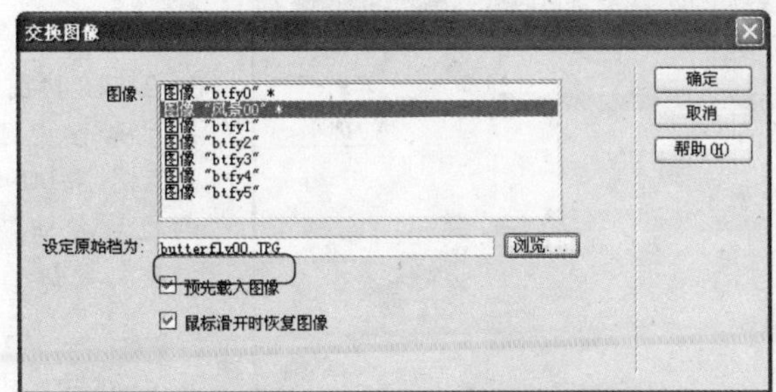

⑧ 可看到已加入 butter-fly00.jpg 图像文件，之后单击“确定”按钮

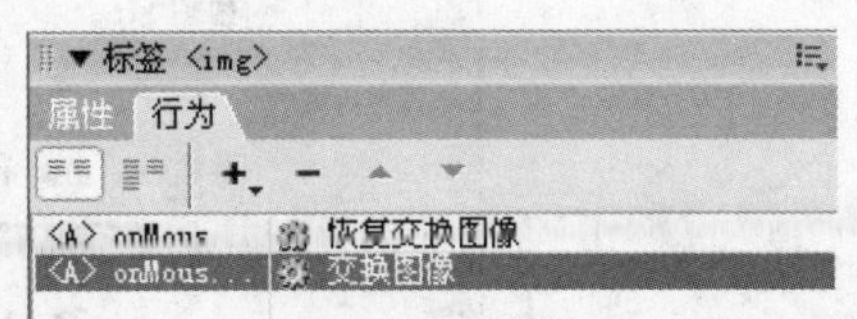

⑨ 可看到已增加交换图像 onMouseOver 及恢复交换图像 onMouseOut 两个行为，此时即可完成第一部分单击蝶舞图片交换风景图片的设置

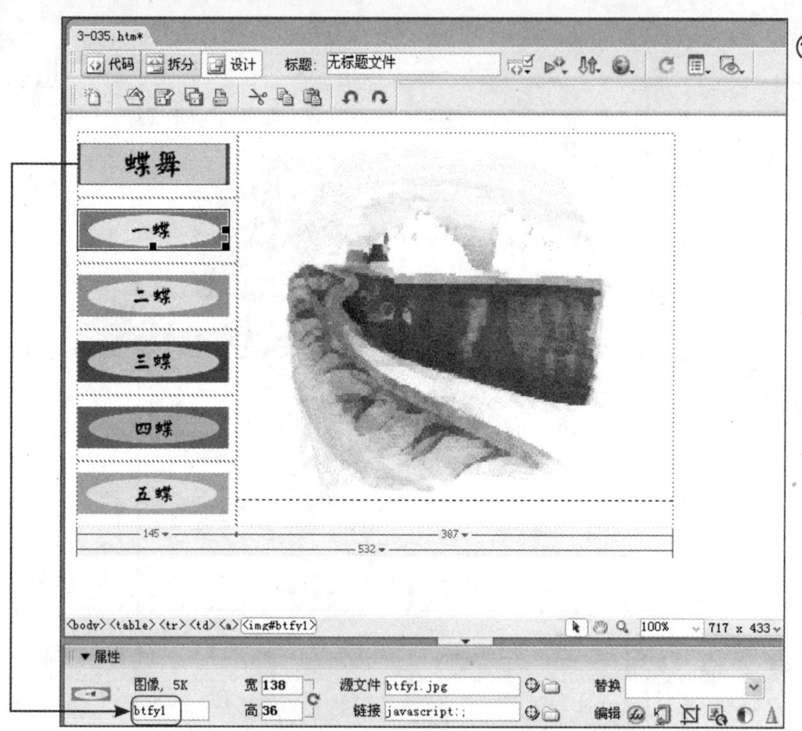

⑩ 选中“一蝶”图片，并在“属性”面板的“图像”文本框中输入名称 btfy1

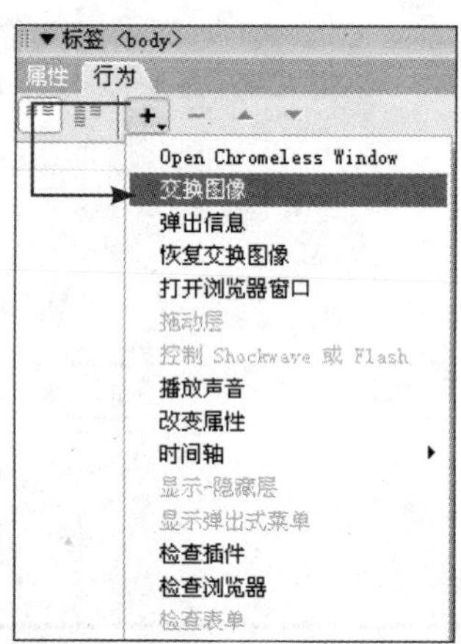

⑪ 选择“交换图像”行为

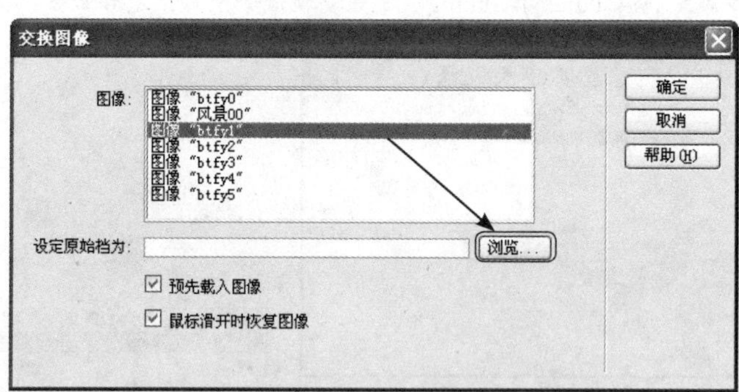

⑫ 在“交换图像”对话框中选择“图像 btfy1”，之后单击“浏览”按钮

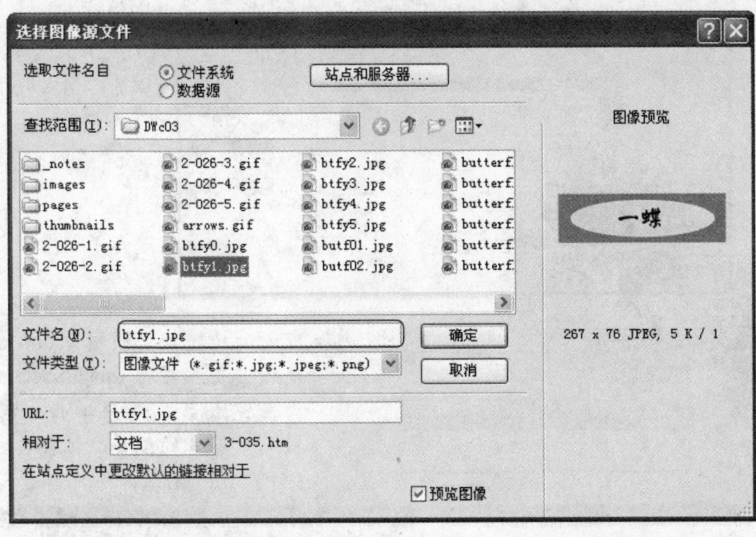

⑬ 因为没有交换此图片，所以仍选择 btfy1.jpg，之后单击“确定”按钮

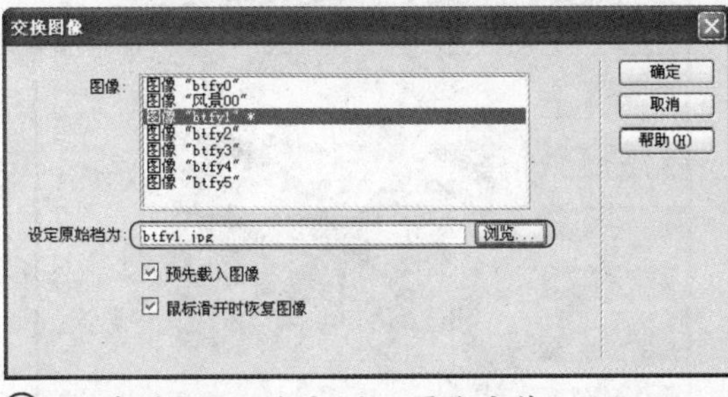

⑭ 可看到已加入 btfy1.jpg 图像文件

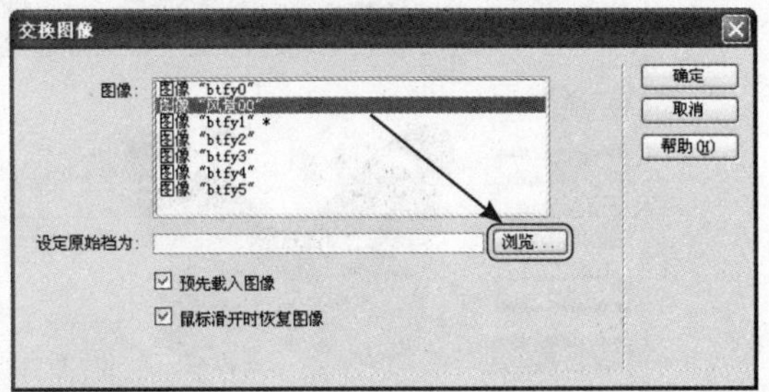

⑮ 因为要被交换的是风景图片，所以继续选择“图像风景”并单击“浏览”按钮

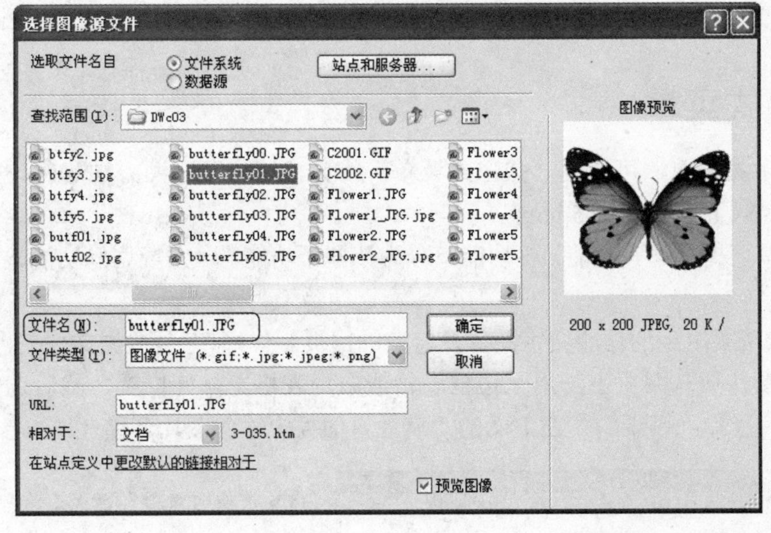

⑯ 选择蝴蝶一butterfly01.jpg 图片文件来交换风景图片，之后单击“确定”按钮

⑰ 可看到已加入butterfly01.jpg图像文件，之后单击“确定”按钮

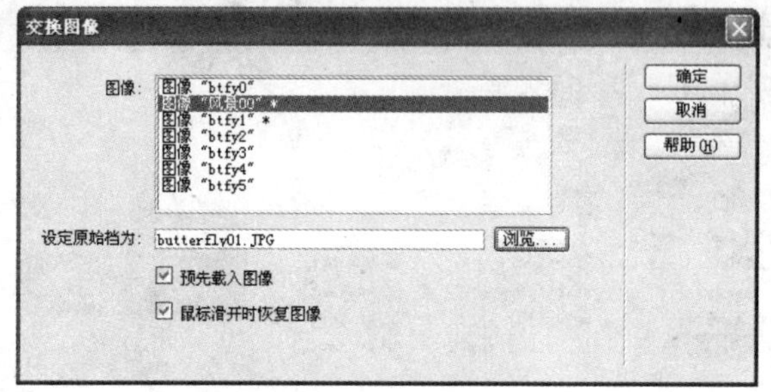

⑱ 可看到已增加交换图像onMouseOver及恢复交换图像onMouseOut两个行为，完成第二部分单击一蝶图片交换风景图片的设置，依此类推

3.11.4 弹出式菜单

如果想要建立下拉菜单，可使用“弹出式菜单”行为，请依照下面方法进行设置（请参阅 3-036.htm, 3-036-1.htm ~3-036-5.htm）。

（1）先规划菜单要提供哪些功能，各功能下分为哪些子功能，即先规划好功能架构（请简化功能）。

（2）将功能架构所要用到的功能文字图片及链接的网页制作好，存至数据文件夹内待用。

（3）将各文字图片插入网页中，用无边框表格或布局表格等排好位置，然后选中需要设置功能的文字图片（如“风景”），在下面的“属性”面板中输入图片名称（如 snry01）。

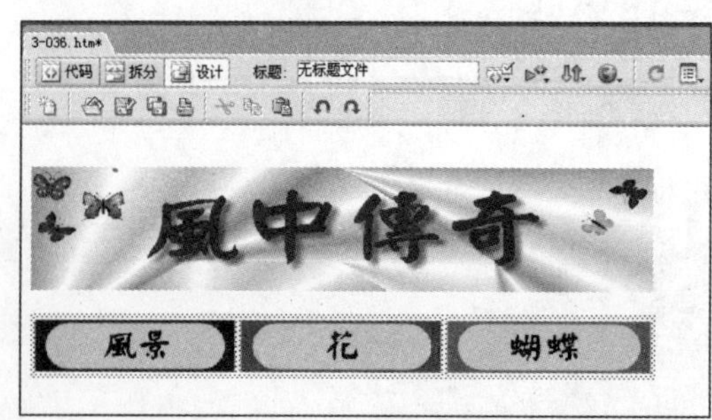

① 选中“风景”图片

② 输入“风景”图片名称

（4）选择“行为”面板中的“显示弹出式菜单”行为，在弹出的“显示弹出式菜单”对话框的“内容”选项卡中，设置父层功能项目文字，如“山景”。然后单击+按钮输入新建项目“海景”和“其他”。接着选择父层项目（如“山景”），单击+按钮输入子层新建项目“绿牧场”，之后单击“缩进项”按钮，再单击+按钮输入子层新建项目“山之湖”，依此类推。如果位置错误，可通过单击上移项▲、下移项▼按钮进行调整，如果子层要上移父层可单击“左缩进项”按钮。如果要将各子功能项连接到各网页，可单击“链接”文本框右侧的“浏览”按钮，选择想要连接的网页文件或输入网址，并设置以哪种目标方式显示。

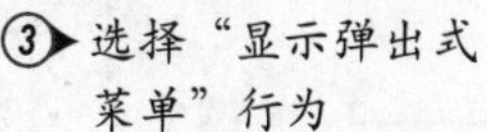
③选择“显示弹出式菜单”行为

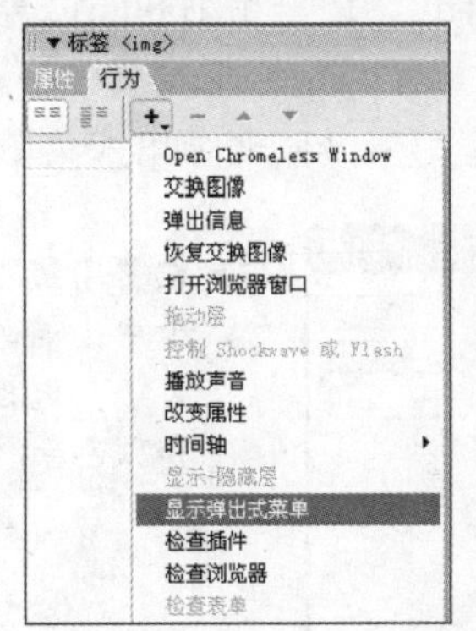

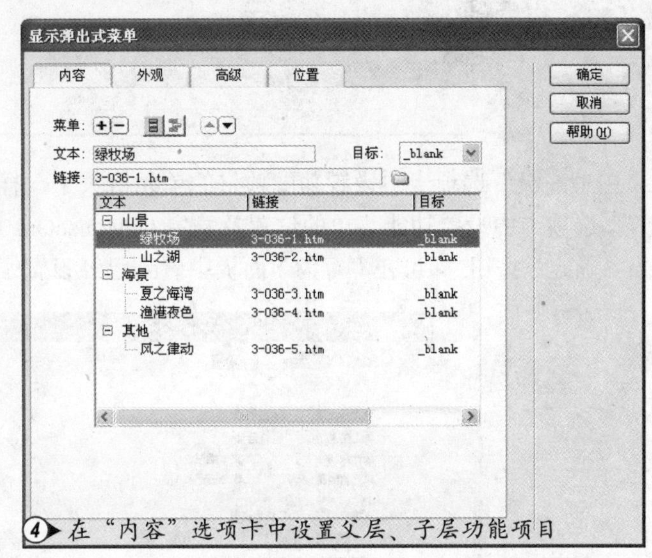

④在“内容”选项卡中设置父层、子层功能项目

⑤选择子层项目设置想要连接的网页及以哪种目标方式进行显示

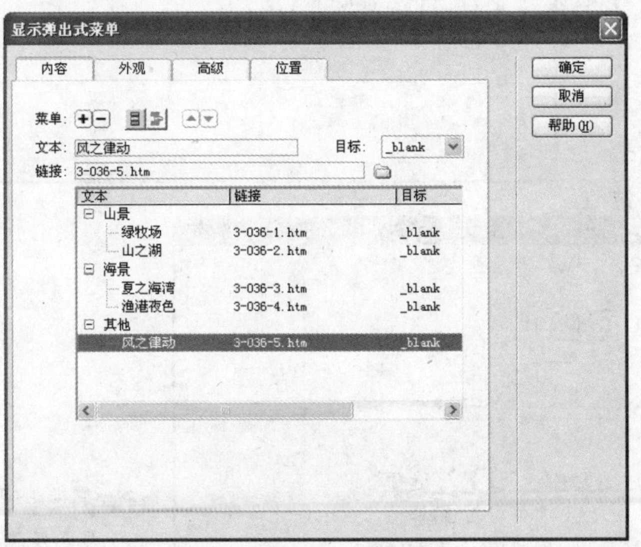

（5）在“显示弹出式菜单”对话框的“外观”选项卡中，设置菜单方式为垂直或水平，并且设置项目文本的字体、大小、状态和颜色等。

⑥ 在“外观”选项卡中设置是垂直或水平菜单，以及项目文本的字体、大小、状态和颜色等

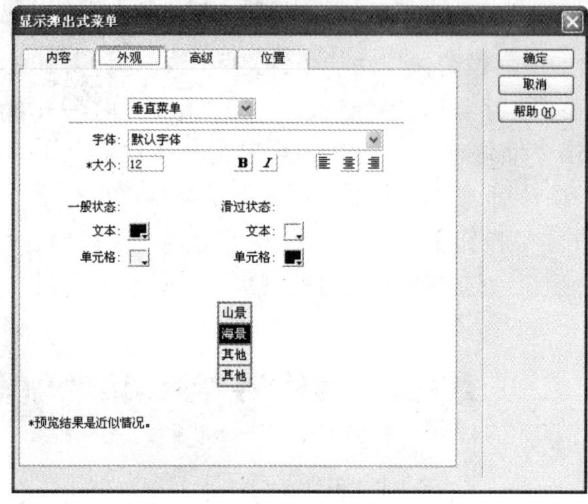

（6）在“高级”选项卡中设置功能项目的单元格大小、样式、边框粗细和颜色等选项。在“位置”选项卡中设置功能菜单的位置及发生 onMouseOut 事件时是否隐藏菜单等。设置好后单击“确定”按钮，即可在“行为”面板中看到已经设置了显示及隐藏弹出式菜单行为。

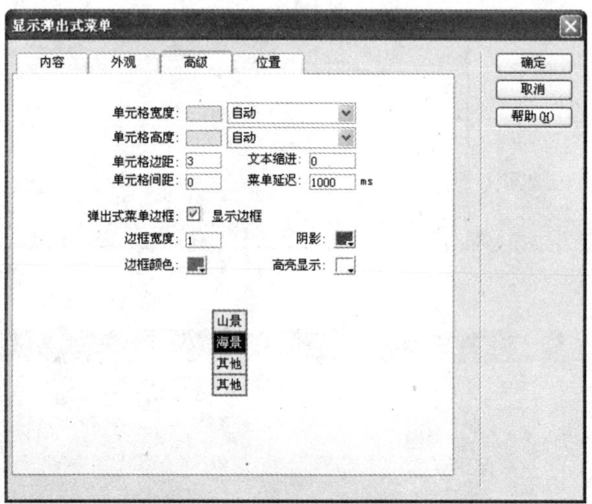

⑦ 在“高级”选项卡中设置单元格大小、边框样式和颜色等

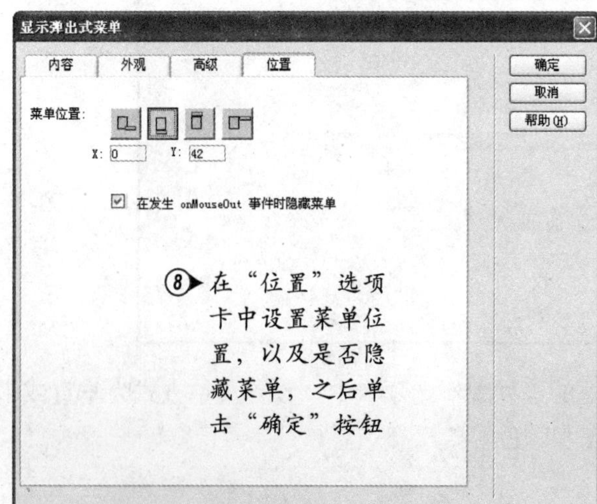

⑧ 在“位置”选项卡中设置菜单位置，以及是否隐藏菜单，之后单击“确定”按钮

⑨ 在“行为”面板已可以看到显示及隐藏弹出式菜单行为

▼标签 <img>
属性 行为
<A> onMous... 隐藏弹出式菜单
<A> onMous... 显示弹出式菜单

（7）浏览网页，当移动光标至“风景”图片后，可看到会弹出刚才设置的功能菜单，选择相应的命令会在新窗口显示所连接的网页。

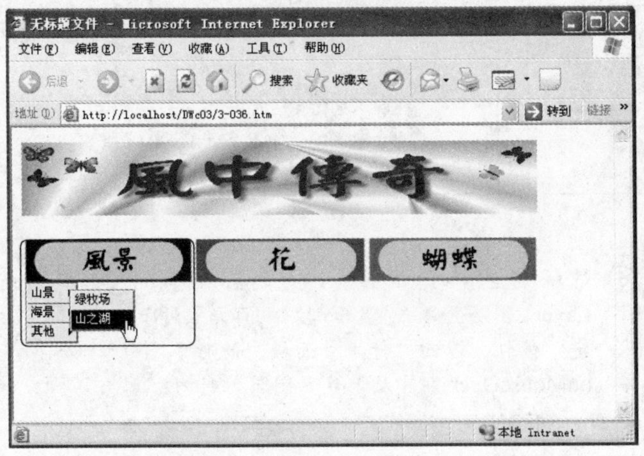

⑩ 移动光标到“风景”图片，在弹出的菜单中选择“山之湖”命令，在新窗口中会显示所连接的网页

3.11.5 显示或隐藏图层

如果想要控制显示或隐藏图层，可使用“显示 - 隐藏层”行为，这种功能常用于地图或游乐区路线以及商品的导购，将光标移至地图某地点就会显示一个说明的图层，移开光标后图层就会隐藏，要实现这种功能，请依下面方法进行设置（请参阅 3-037.htm）。

（1）规划要提供哪些区域来作说明，将各说明用图层做好且在区域位置上放置好。

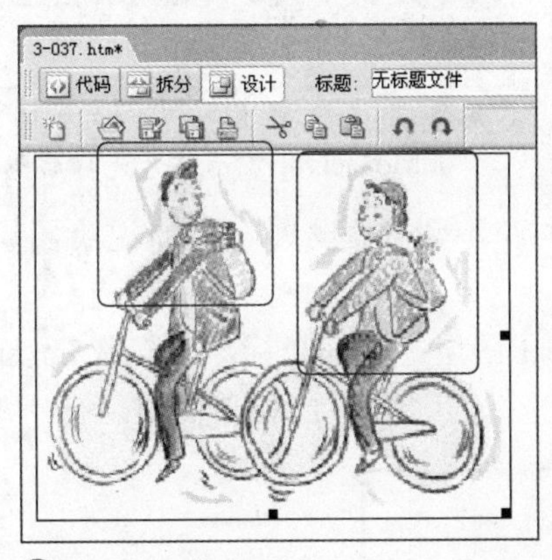

① 划分用作说明的区域

② 插入两图层以便当光标移至各区域时会显示出来

（2）调出“层”面板，将两图层先隐藏。

（3）在图片上分割这两个区域，以便将来当光标移至各区域会显示所对应的图层。

（4）选中“男”区域，在“行为”面板中选择“显示 - 隐藏层”行为，设置男生的说明图层 Layer1 为“显示”出来，之后单击“确定”按钮，返回“行为”面板，此时可见其中多了 onMouseOver、“显示图层”行为。

（5）再选择“显示 - 隐藏层”行为，设置男生的说明图层 Layer1 为“隐藏”，之后单击“确定”按钮，返回“行为”面板，此时可见其中多了 onMouseOver、“隐藏图层”行为，单击 onMouseOver 行为，将其改为 onMouseOut 行为。

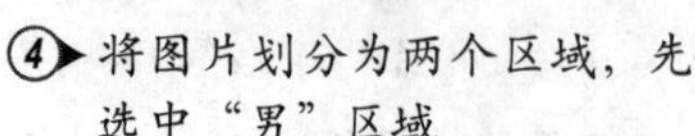

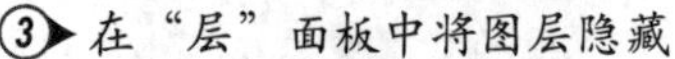

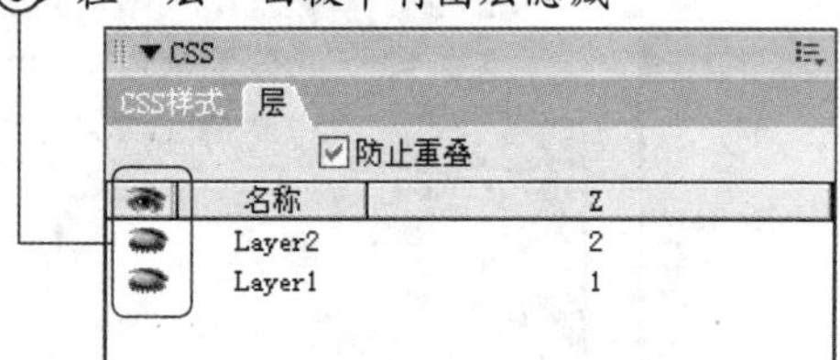

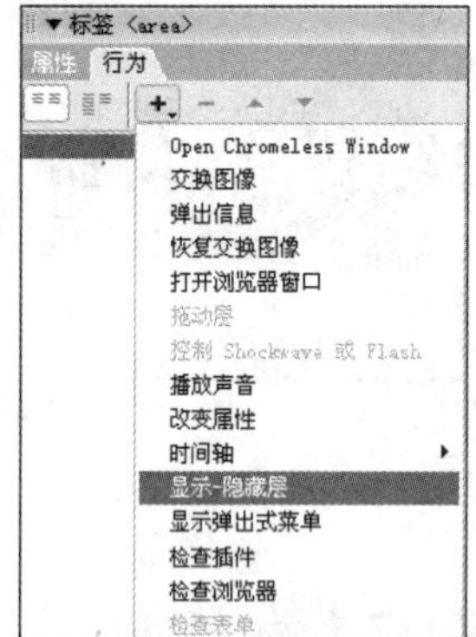

⑤ 选择“显示-隐藏层”行为之后，选择 Layer1 图层并单击“显示”按钮，再单击“确定”按钮，返回“行为”面板，此时多了 onMouseOver 事件及“显示图层”行为

⑥ 选择“显示-隐藏层”行为之后，选择 Layer1 图层并单击“隐藏”按钮，再单击“确定”按钮

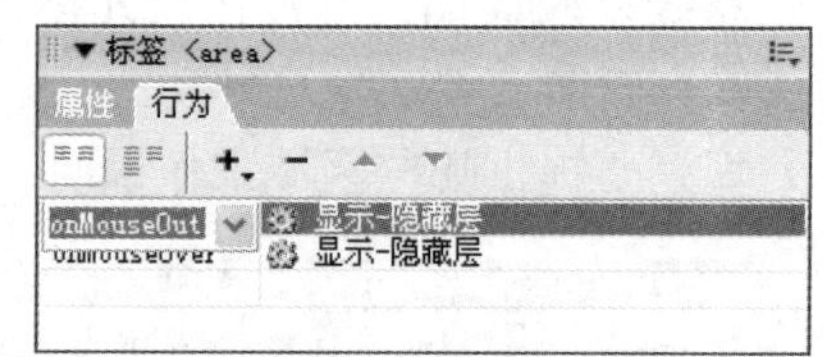

⑦ 修改“隐藏图层”行为的事件为 onMouseOut 表示移开光标后隐藏图层

（6）同理，选中“女”区域，再重复步骤 4 和步骤 5，设置女生的说明图层 Layer2 onMouseOver 显示及 onMouseOut 隐藏行为。

（7）浏览时，移动光标至男区，会显示 Layer1 图层；移开光标，则隐藏 Layer1 图层。同样移动光标至女区，会显示 Layer2 图层；移开光标，则隐藏 Layer2 图层。

3.11.6 设置导航栏图像

如果想在网页上插入具有导航链接功能且能动态变换图片的导航栏，来连接并显示不同的网页，可先创建框架集，再直接选择“常用”插入栏的“图像”下拉菜单中的“导航条”

命令进行设置。例如要在网页上面插入具有 3 幅图片的导航栏，当光标移到导航栏中的图片上会动态更换图片，并且单击不同图片会激活链接显示相应的网页，实现这一效果的具体操作步骤如下。

（1）规划框架结构（如 3-040-Frameset.htm），即要分割几个框架（如上、下框架），要提供哪个框架来放置导航栏（如上框架 3-040-topFrame.htm），哪个框架要显示连接的网页（如主框架 3-040-mainFrame.htm）。

（2）准备好导航栏中插入的图片（比如原始图片、鼠标经过图片和单击时图片等），以及需要显示的网页、图片等。

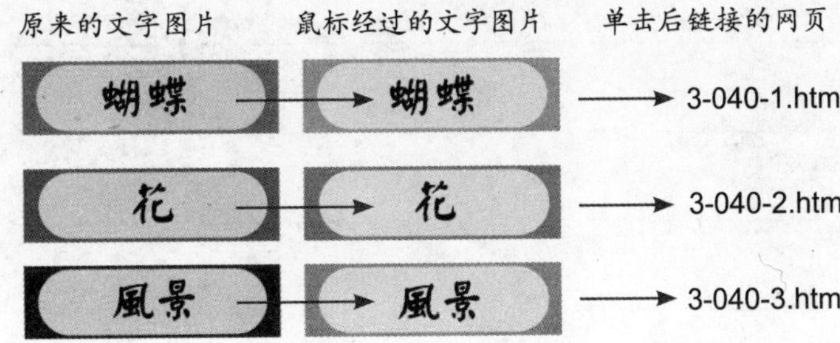

（3）开始在上框架中插入放置导航栏图片的表格（无边框线），选中文字图片，然后选择“常用”插入栏的“图像”下拉菜单中的“导航条”命令，在弹出的“插入导航条”对话框中进行相应设置，之后单击“确定”按钮。

（4）依此类推，重复上面步骤将所有文字图片进行设置。

（5）浏览时移动光标至文字图片上，即可看到图片会发生变化，单击不同的图片会接到相应的网页。

①选择“导航条”命令

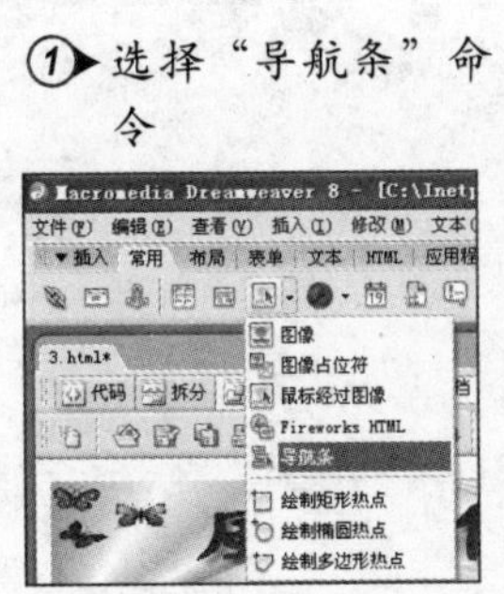

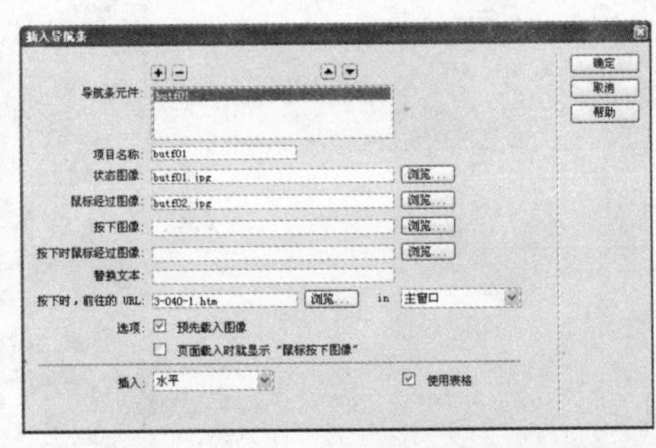

②在“插入导航条”对话框中进行相应设置

③浏览结果

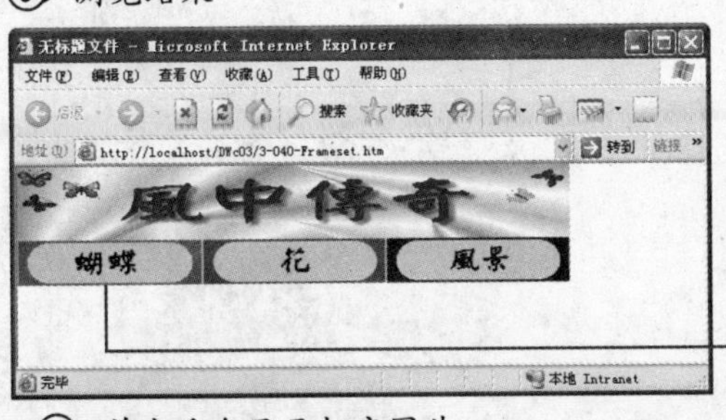

④单击后会显示相应图片

读书笔记

网页模板、CSS样式

4.1 网页模板

如果网站内有许多的网页含有相同的部分，我们可以将这些相同的部分制成网页模板，然后对其套用，这样不但可以缩短网页制作的时间，而且还可以统一网页的版式，让用户的网站具有特殊的风格，下面将进一步举例说明网页模板的使用方法。

4.1.1 网页模板的建立

例如我们要将下面的网页 4-001.htm 做成模板 special.dwt（模板扩展名是 .dwt），希望每个连接的网页 4-001-1.htm~4-001-3.htm 都套用这个模板，那么首先要将这些网页做好。

（1）在 4-001.htm 网页中先插入无边框表格进行排版，再插入各图片，将“风景、花、蝴蝶”等文字图片设置为“交换图像”行为，相应连接至 4-001-1.htm~4-001-3.htm 各网页，如果想保留原网页，可复制为 4-001-1x.htm~4-001-3x.htm 进行保存。

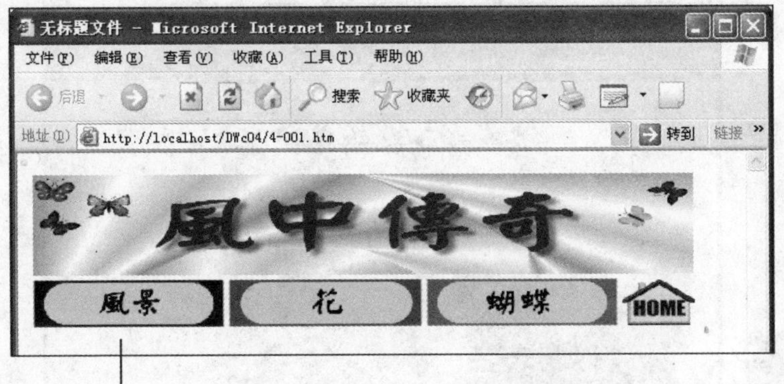

①对 4-001.htm 网页中的图片设置“交换图像”行为并连接至相应网页

②单击“风景”图片可转至 4-001-1.htm 网页

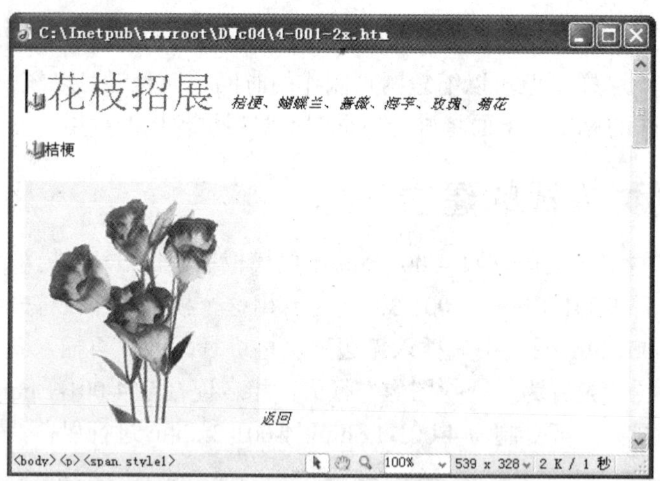

③单击“花”图片可转至 4-001-2.htm 网页

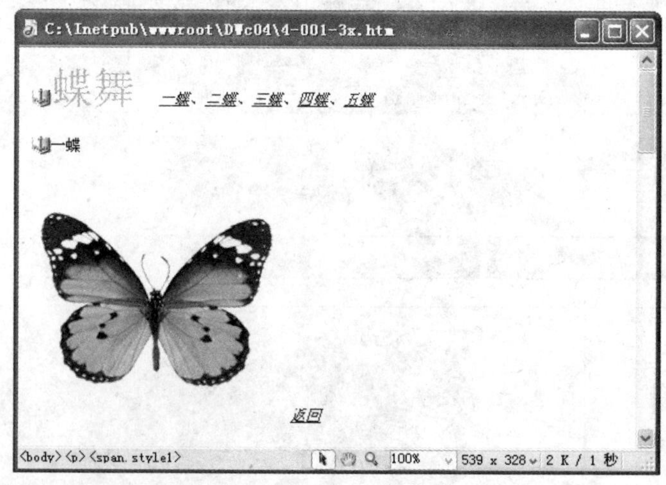

④单击“蝴蝶”图片可转至 4-001-3.htm 网页

（2）在 4-001.htm 网页中选择“常用”插入栏的“模板”下拉菜单中的“创建模板”命令，将会弹出“另存为模板”对话框，将其中以 special 名称进行保存，之后单击“保存”按钮，更新设置，结果在“资源”面板中已出现了 special 模板。

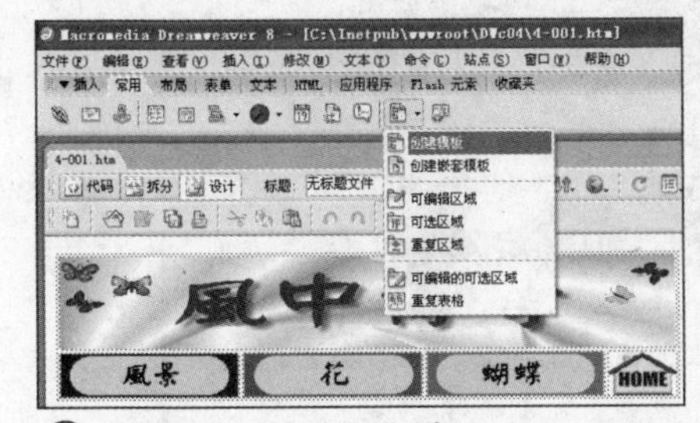

⑤ 选择“创建模板”命令

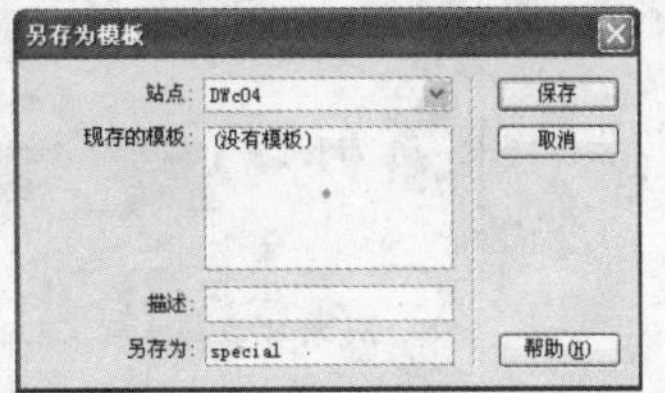

⑥ 在“另存为模板”对话框中输入模板名称special，之后单击“保存”按钮

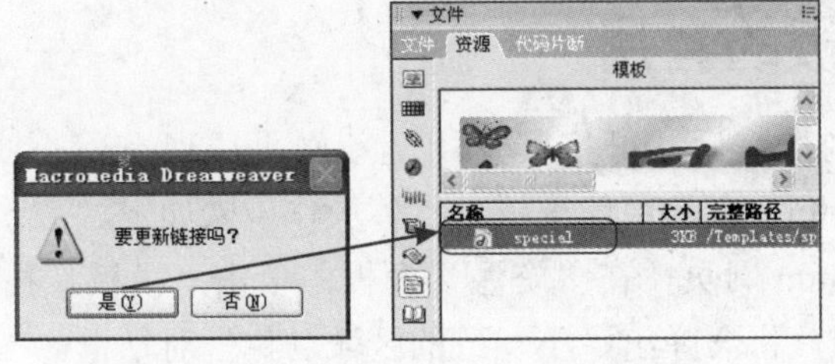

⑦ 更新各链结，结果产生了special模板，系统会自动将其存至template文件夹下

（3）在模板中单击“风景”文字图片会连接4-001.htm网页，同理单击“花”文字图片会连接4-002.htm网页，单击“蝴蝶”文字图片会连接4-003.htm网页。

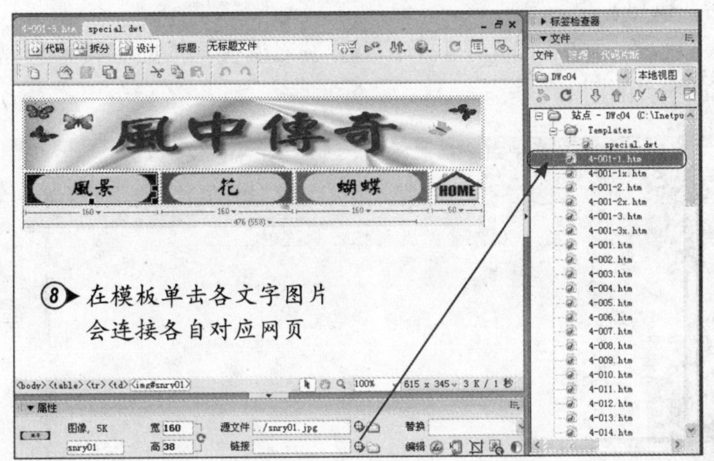

⑧ 在模板单击各文字图片会连接各自对应网页

（4）选择模板图片的编辑区域，设置输入点，然后选择“常用”插入栏的“模板”下拉菜单中的“可编辑区域”命令，将会弹出“新建可编辑区域”对话框。在其中输入编辑区名称（如“编辑区”），之后单击“确定”按钮，则模板图片下会出现绿色“编辑区”字样，表示该区域中的内容可改变，而上面的图片部分为模板部分，不可变动其中的内容。

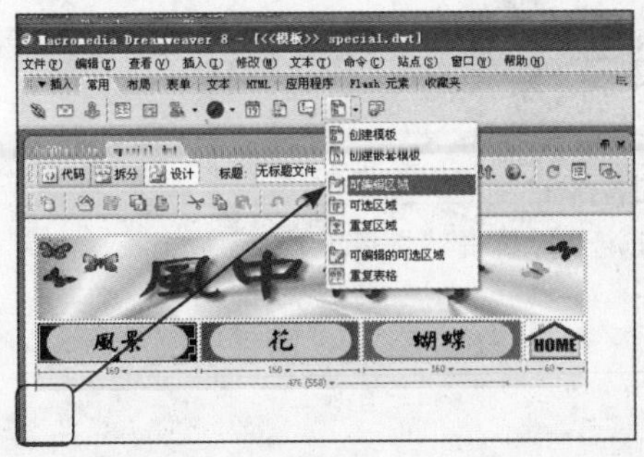

⑨ 在模板中设置输入点，选择“可编辑区域”命令

⑩ 输入编辑区名称（如“编辑区”）

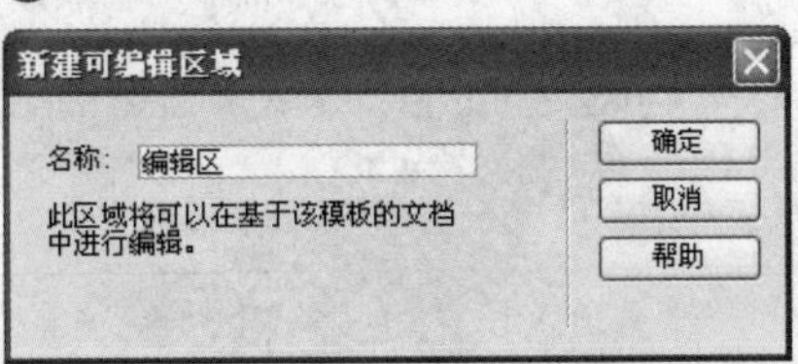

⑪ 出现蓝色“编辑区”字样，完成模板创建

4.1.2 网页模板的套用

模板 special.dwt 制作完后，可将其套用至新网页或现有网页中，下面将在现有网页（4-001-1.htm~4-001-3.htm）上套用该模板，具体操作步骤如下。

（1）打开 4-001-1.htm 网页，在“资源”面板中单击“模板”按钮并选择 special 模板，之后单击“应用”按钮，将会弹出“不一致的区域名称”对话框。

（2）选择 Document head 选项，然后在“将内容移到新区域”下拉列表中选择 head 选项，同理选择 Document body 选项，然后在“将内容移到新区域”下拉列表中选择“编辑”选项，之后单击“确定”按钮。

（3）此时模板已在 4-001-1.htm 网页中套用了该模板，依此类推，分别在 4-001-2.htm, 4-001-3.htm 网页中套用模板。

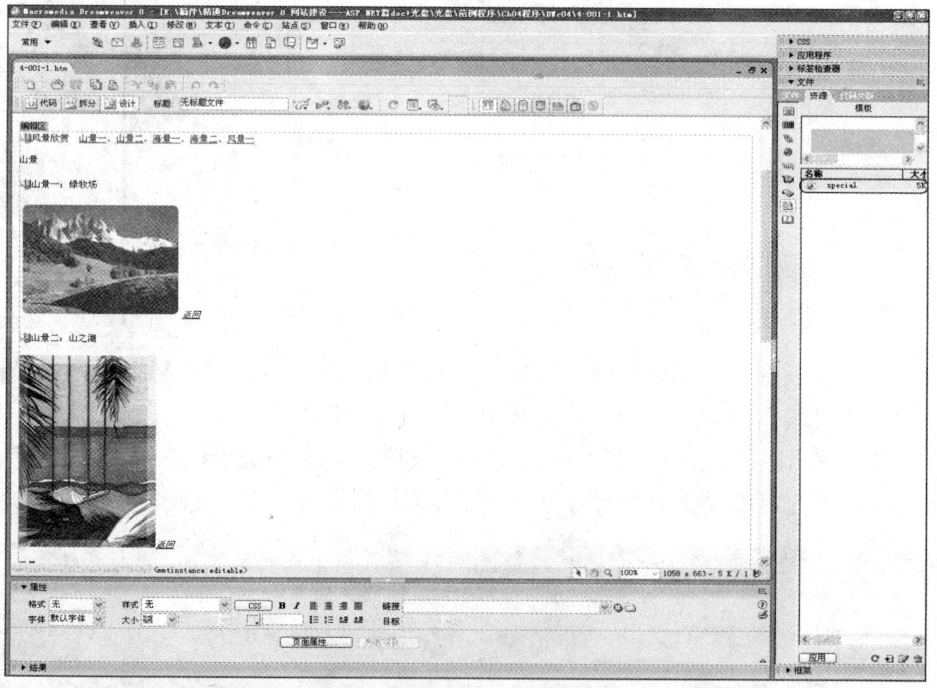

① 打开 4-001-1.htm 网页，选择 special 模板，之后单击“应用”按钮

②在“不一致的区域名称”对话框中选择 Document head 选项，之后在“将内容移到新区域”下拉列表中选择 head 选项，同理选择 Document boby 选项，之后在“将内容移到新区域”下拉列表中选择“编辑”选项

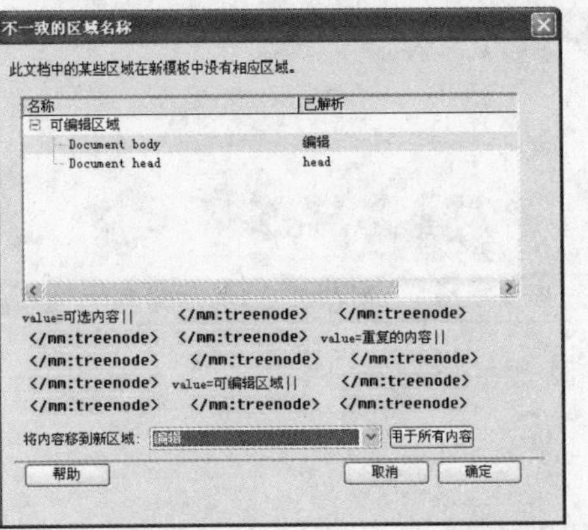

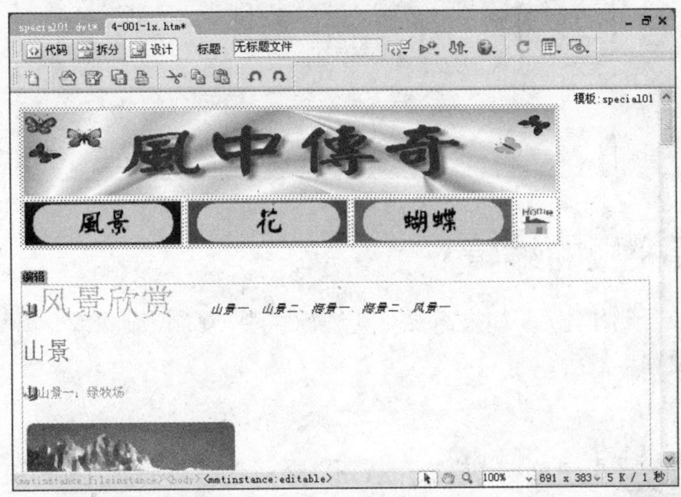

③此时模板已插入 4-001-1.htm 网页中了

（4）浏览后若移动光标至各文字图片上，图片会变色，单击后即可连接至对应的网页，并且可看到各网页已套用了模板。

④浏览首页 4-001-1.htm

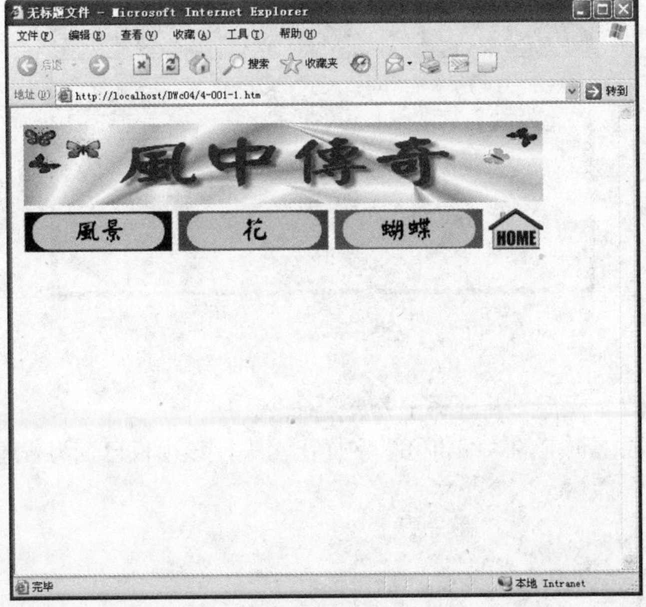

⑤ 移动光标至图片文字上，图片会变色。单击不同的图片文字会接至相应的已经套好模板的网页中

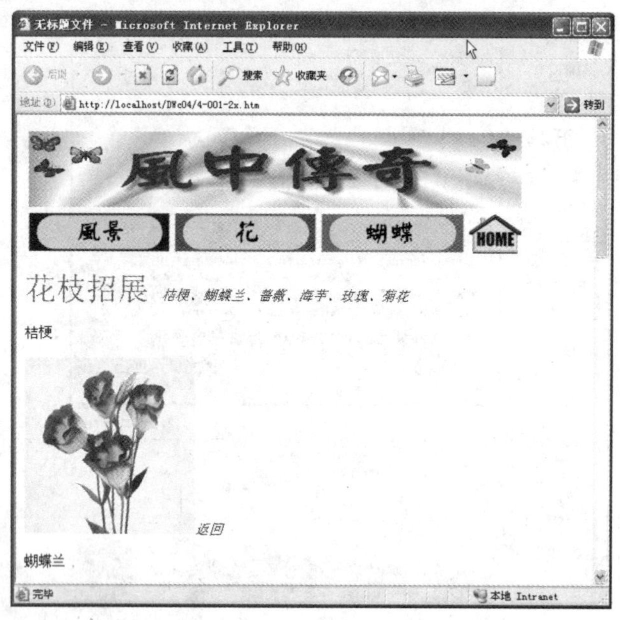

4.1.3 网页模板的编辑

模板 special.dwt 制作完后，如果需要对其进行修改、复制、删除或分离等操作，可在“资源”面板中进行设置。

1. 修改模板

（1）在“资源”面板中单击“模板”按钮，之后选择需要修改的模板名称，双击或单击右下角的“编辑”按钮，即可进入该模板文件进行修改。

（2）改好后选择“文件 > 保存”命令，在弹出的“更新模板文件”对话框中单击“更新”按钮即可。

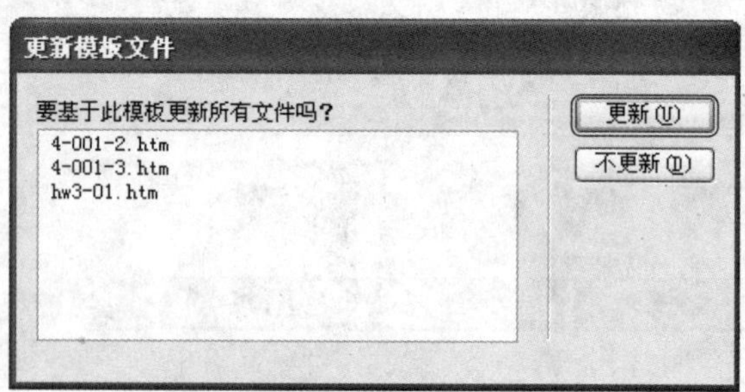

2. 分离模板

（1）选择“修改 > 模板 > 从模板中分离”命令。

（2）此时可见原网页上的“编辑区”字样已消失，该模板已变为普通的网页。

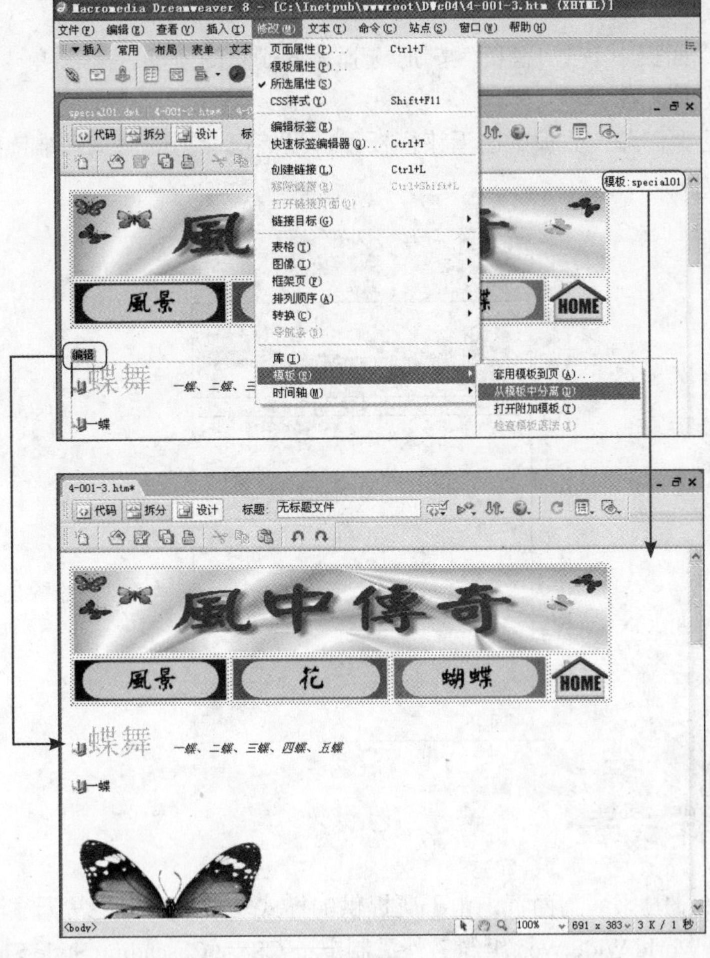

3. 复制模板

（1）右击“资源”面板的 special 模板名称，在弹出的快捷菜单中选择“拷贝到站点”子菜单中的相应站点名称（这里选择 MyWeb 站点），即可将 special.dwt 模板复制到该站点。

（2）此时可见 MyWeb 站点中已多了一个 special.dwt 模板文件，可在其中重新插入图片并设置链接。

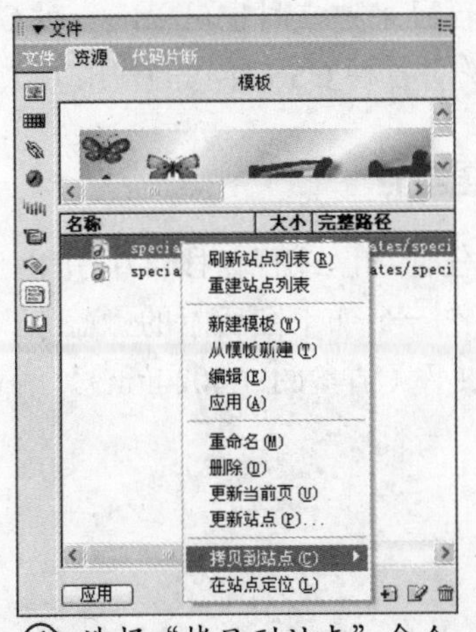

①选择“拷贝到站点”命令

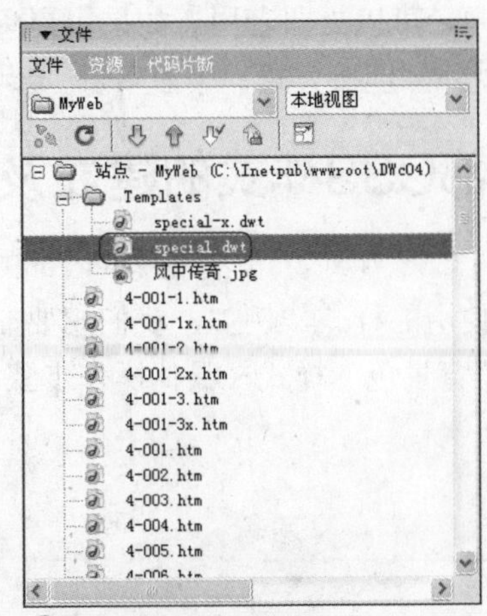

②将模板复制到其他站点

4. 删除模板

（1）在“资源”面板中单击“模板”按钮，选择需要删除的模板名称，再单击右下角的“删除”按钮即可将模板删除。

（2）此时可见“资源”面板中已无该模板了，当然已套用的网页仍维持原状，不会因为模板的删除而改变。

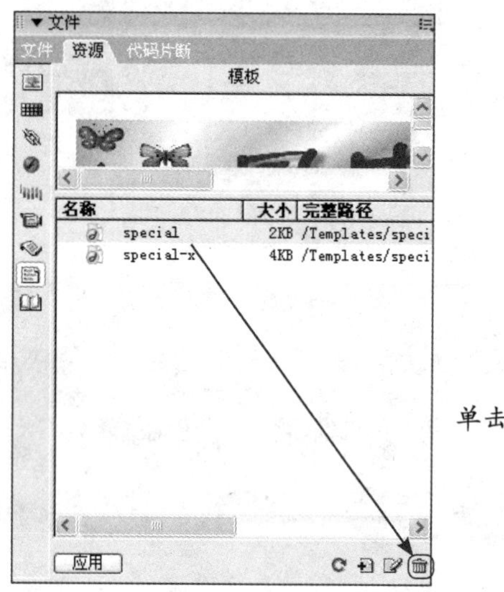

单击“删除”按钮

4.2 CSS样式表

利用传统的 HTML 来编写网页，由于所提供的样式功能不足，经常无法满足现代网页的复杂要求，因此 World Wide Web 组织另外又制定了 CSS（Cascading Style Sheet）样式表，来支持并强化对 HTML 网页样式的编排功能。例如，网页文字的大小不再受浏览器设置的影响而变大或变小，网页组件可依需要置放在所需的位置，超链接文字可去除下划线等。此外，所设置的样式可保存起来供不同的段落引用，也可套用连接或套用其他网页的模板，这样不但提高了样式设置的效率，而且可统一整个网站中不同网页的风格，使网页的制作变得更加容易。当用户在 Dreamweaver 中编辑各组件时，其实系统已自动将设置的格式存入 CSS 样式表中，可以立即套用。如果用户想自己来建立时也可以，一般 CSS 样式有网页内部建立、网页外部连接方式，下面将进一步说明各种 CSS 样式的使用方法。

4.2.1 内部CSS样式的建立及套用

网页内部的 CSS 样式，可以在网页内部的任何选区或任何段落中引用，也可以是单独的 HTML 标签使用的样式。例如，我们想要制作一个如下图所示的“蓝色、12Pt 大小的楷体字，配以淡蓝背景色”样式，具体操作步骤如下（请参阅 4-002.htm）。

人生的瓶子

时间管理专家为一群商学院的学生讲课。他现场做了演示，给学生们留下了一生都难以磨灭的印象。
站在那些高智商高学历的学生前面，他说：「我们来做个小测验」，拿出一个一加仑的广口瓶放在他面前的桌上。
随后，他取出一堆拳头大小的石块，仔细地一块放进玻璃瓶。
直到石块高出瓶口，再也放不下了，他问道：「瓶子满了？」所有学生应道：「满了！」。

时间管理专家反问：「真的？」
他伸手从桌下拿出一桶砾石，倒了一些进去，并敲击玻璃瓶壁使砾石填满下面石块的间隙。

「现在瓶子满了吗？」他第二次问道。
但这一次学生有些明白了，「可能还没有」，一位学生应道。

「很好！」专家说。他伸手从桌下拿出一桶沙子，开始慢慢倒进玻璃瓶。沙子填满了石块和砾石的所有间隙。

他又一次问学生：「瓶子满了吗？」「没满！」学生们大声说。
他再一次说：「很好！」然后他拿过一壶水倒进玻璃瓶直到水面与瓶口平。

（1）在想要设置样式的段落内单击确定输入点，选择“文本 >CSS 样式 > 新建”命令，在弹出的“新建 CSS 规则”对话框中输入样式名称（如 .style01），选择“类”和“仅对该文档”选项，之后单击“确定”按钮。

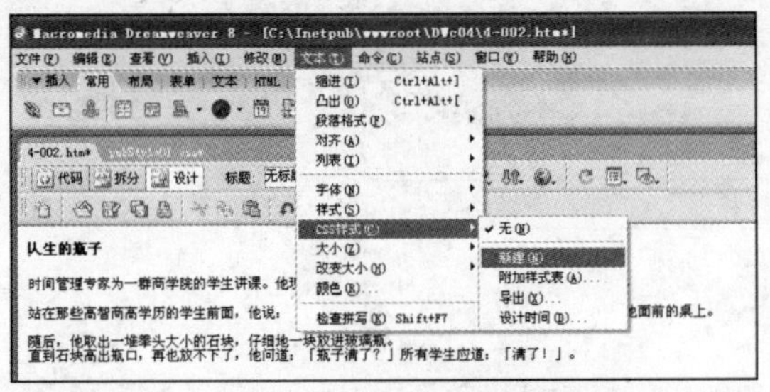

①选择“文本 >CSS 样式 > 新建”命令

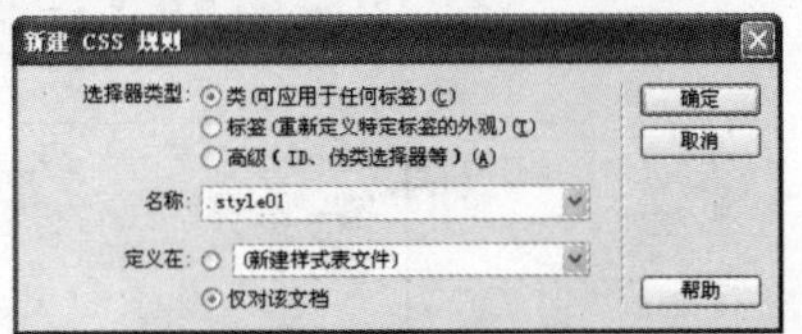

②输入样式名称，选择“类”和“仅对该文档”选项

（2）在“CSS 规则定义”对话框的“类型”界面中设置字体种类、大小和颜色等，在“背景”界面中设置背景色等，之后单击“确定”按钮。

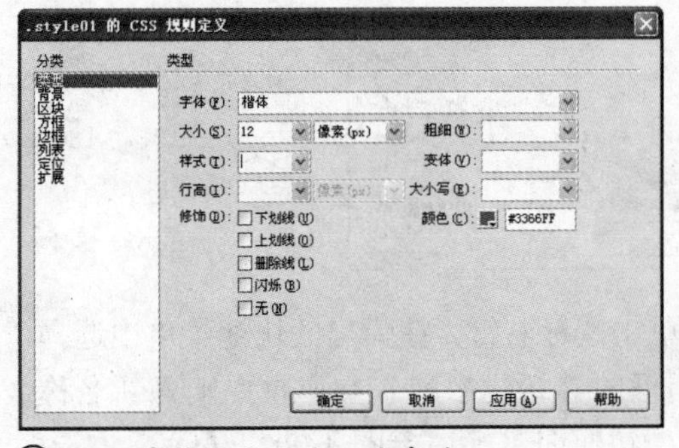

③设置字体种类、大小和颜色

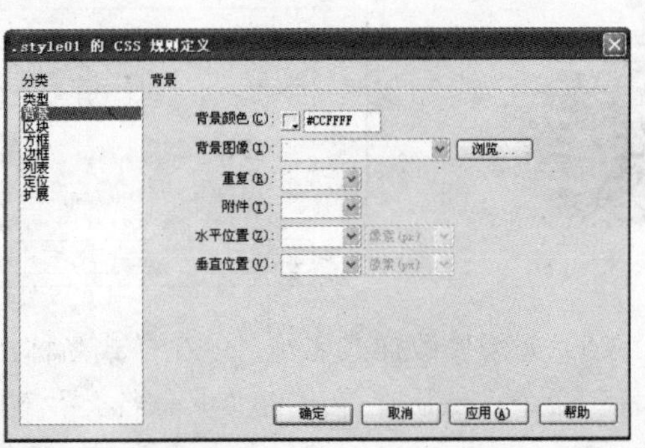

④设置背景色

（3）在“CSS 样式”面板中已产生了“.style01”样式，接着在样式名称上单击鼠标右键，在弹出的快捷菜单中选择“套用”命令，则输入点所在段落整个变成了蓝底蓝字。

（4）如果其他区域也要套用这个“.style01”样式，可先选择该区域，再右击“CSS 样式”面板的“.style01”样式，在弹出的快捷菜单中选择“套用”命令即可。

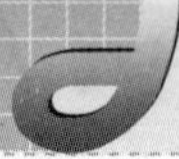

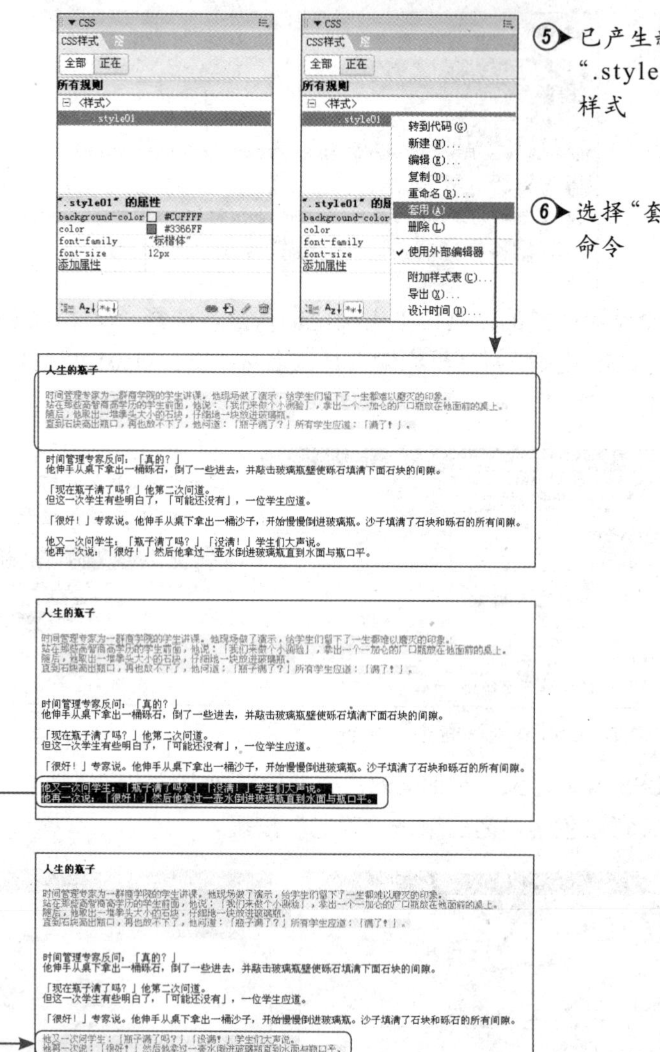

（5）如想修改样式名称，可在样式名称上单击鼠标右键，在弹出的快捷菜单中选择“重命名”命令，然后在弹出的“重命名类”对话框的“新建名称”文本框中输入新名称（如将 .style01 改为 .myStyle01），之后单击“确定”按钮即可（请参阅 4-002.htm）。

（6）如想修改样式内容，可在“CSS 样式”面板右下角单击“编辑样式”按钮，在弹出的“CSS 规则定义”对话框中重新进行设置，如改为 12 点斜体、红底红字，之后单击“确定”按钮，则原来的蓝底蓝字会立即更换为新的红底红字样式。

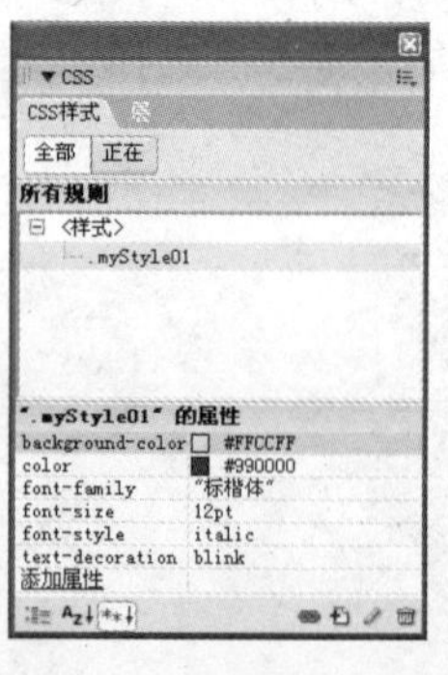

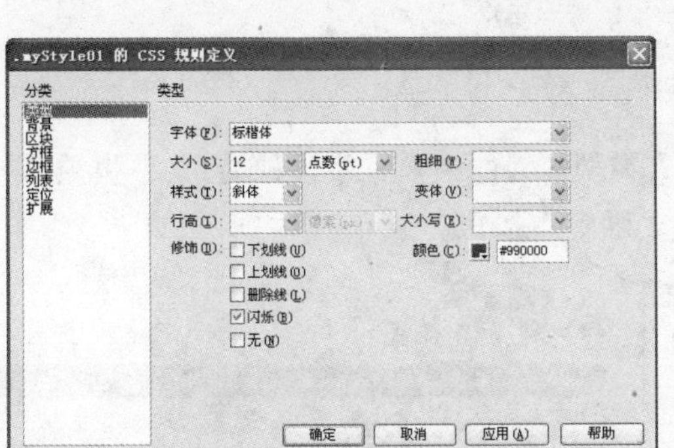

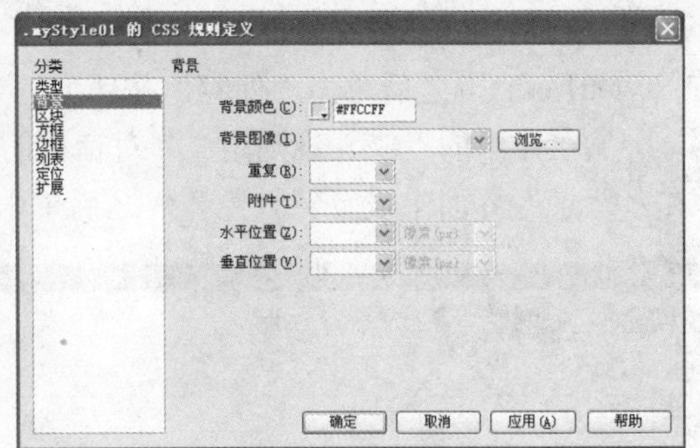

人生的瓶子

时间管理专家为一群商学院的学生讲课。他现场做了演示，给学生们留下了一生都难以磨灭的印象。

站在那些高智商高学历的学生前面，他说：「我们来做个小测验」，拿出一个一加仑的广口瓶放在他面前的桌上。

随后，他取出一堆拳头大小的石块，仔细地一块块放进玻璃瓶。
直到石块高出瓶口，再也放不下了，他问道：「瓶子满了？」所有学生应道：「满了！」。

时间管理专家反问：「真的？」
他伸手从桌下拿出一桶砾石，倒了一些进去，并敲击玻璃瓶壁使砾石填满下面石块的间隙。

「现在瓶子满了吗？」他第二次问道。
但这一次学生有些明白了，「可能还没有」，一位学生应道。

「很好！」专家说。他伸手从桌下拿出一桶沙子，开始慢慢倒进玻璃瓶。沙子填满了石块和砾石的所有间隙。

他又一次问学生：「瓶子满了吗？」「没满！」学生们大声说。
他再一次说：「很好！」然后他拿过一壶水倒进玻璃瓶直到水面与瓶口平。

（7）如想取消所套用的样式，可选择已套用样式的区域，在“属性”面板的“样式”下拉列表中选择“无”选项，即可去除该样式并还原成原来的样子。

（8）如想删除样式表中的样式，可在“CSS 样式”面板中想删除的样式名称上单击鼠标右键，在弹出的快捷菜单中选择“删除”命令，或者单击“CSS 面板”右下角的“删除 CSS 规则”按钮也可。

4.2.2 外部CSS样式的建立及套用

网页外部的 CSS 样式，就是可以先在记事本或其他的文本编辑软件中设计好样式，保存为 .css 样式文件，以后任何网页要引用这个样式，只要加以套用或导入即可，可依照下面方法建立外部样式（请参阅 4-003.htm）。

（1）单击“CSS 样式”面板右下角的“新建 CSS 规则”按钮，在弹出的 “新建 CSS 规则”对话框中输入外部样式名称（如 pubStyle01），选择“类”和“新建样式表文件”选项，之后单击“确定”按钮。

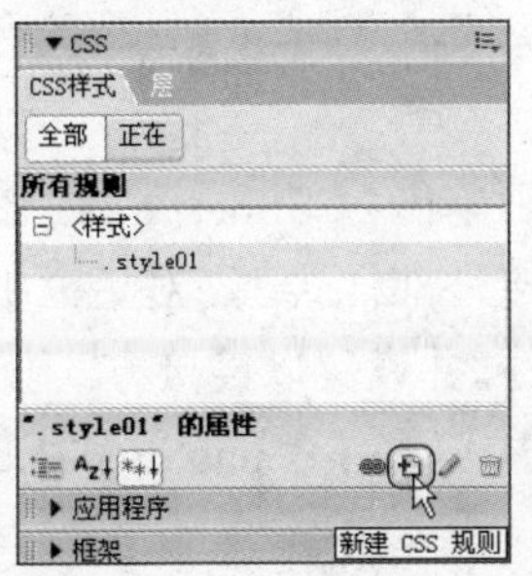

① 单击“新建 CSS 规则”按钮

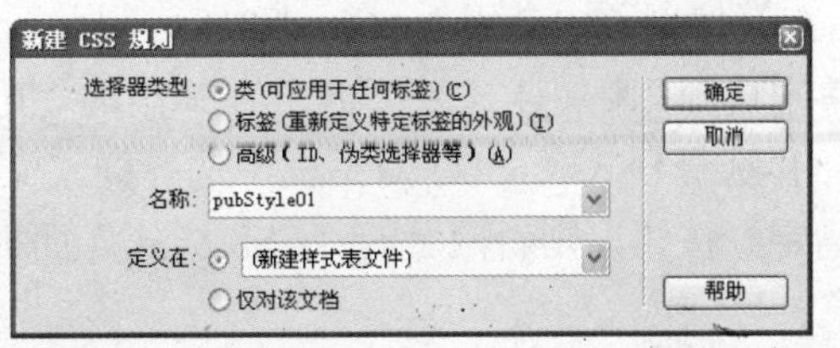

② 输入样式名称，选择“类”和“新建样式表文件”选项

（2）在弹出的“保存样式表文件为”对话框中选择保存位置并输入文件名（如 pubStyle01.css），之后单击“保存”按钮。

（3）在弹出的“CSS 规则定义”对话框的“类型”界面中设置字体种类、大小和颜色等，并在“背景”界面中设置背景色等，之后单击“确定”按钮。

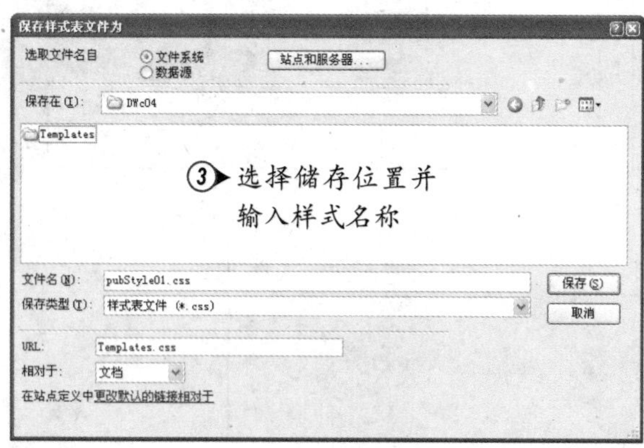

④ 设置各样式

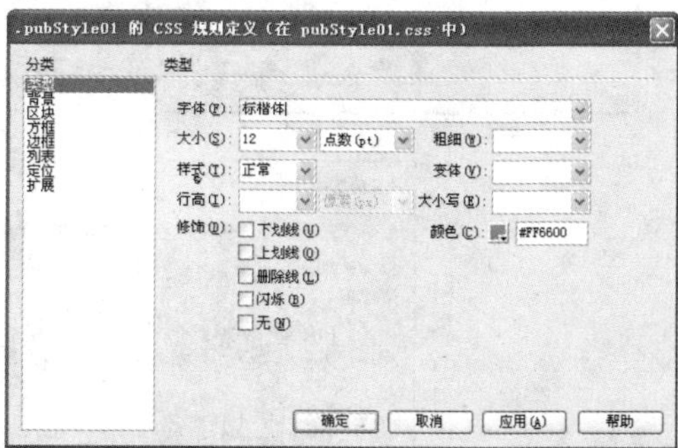

（4）此时可见“CSS 样式”面板上已产生了“.pubStyle01”样式，接着选择文字区域，在样式名称上单击鼠标右键，在弹出的快捷菜单中选择“套用”命令，则所选的段落整个变成黄底黄字。

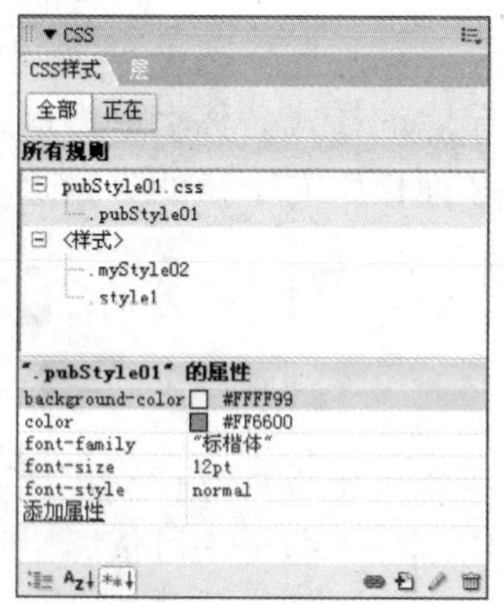

⑤ 此时“CSS 样式”面板上已产生了“.pubStyle01”的样式，选择文字套用该样式

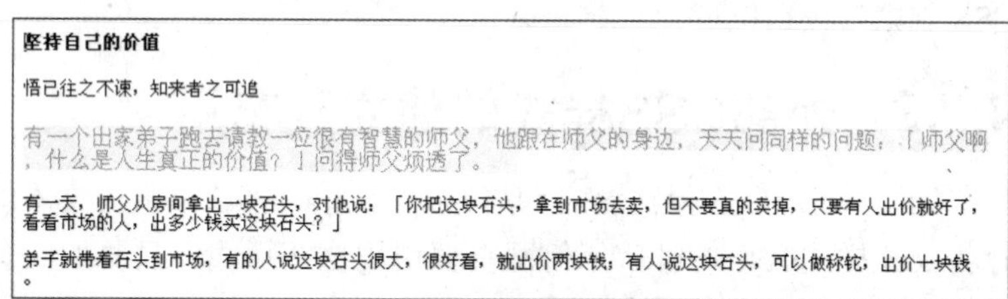

（5）除了产生“.pubStyle01”样式外，还增加了“pubStyle01.css”样式文件，内容如下。

（6）若想在其他网页中套用“pubStyle01.css”样式，则单击“CSS 面板”右上角的按钮，在弹出的菜单中选择“附加样式表”命令，在弹出的“链接外部样式表”对话框中单击“浏览”按钮，在弹出的“选择样式表文件”对话框中选择样式文件，并设置以链接方式套用样式文件，最后单击“确定”按钮，则新网页的“CSS 样式”面板中已多了“pubStyle01.css”样式。

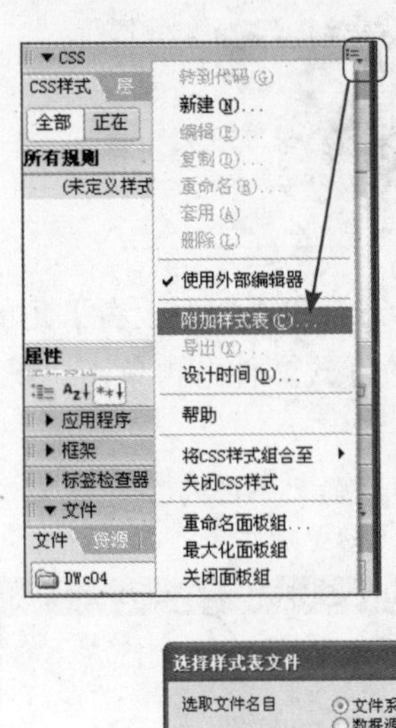

⑥ 在其他网页中想套用样式，选择“附加样式表”命令，在弹出的对话框中单击“浏览”按钮，选择样式文件

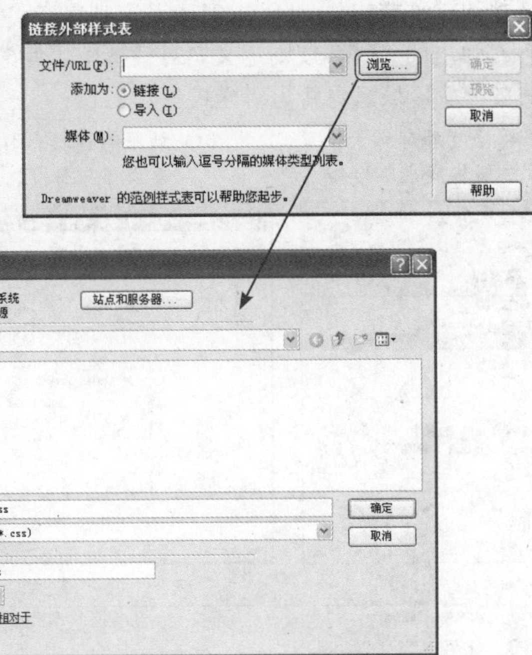

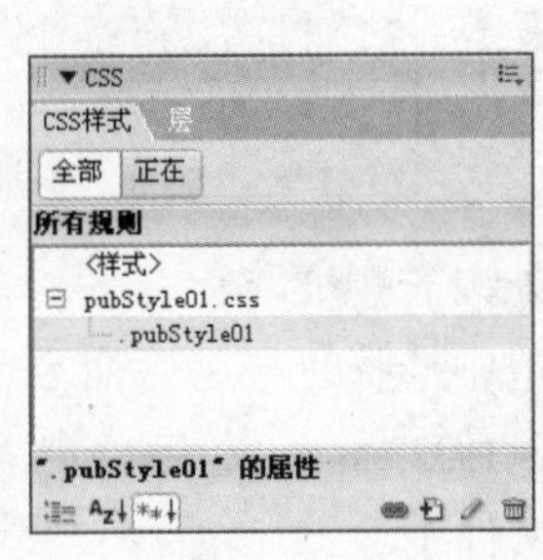

⑦ 新网页已加入了外部样式文件

（7）选择新网页中的文字区域，套用“pubStyle01.css”样式后会立即变成黄底黄字的文字了。

⑧ 如果其他的文字区域要套用外部样式，同样先选择该区域，选中“pubStyle01.css”样式并选择“套用”命令

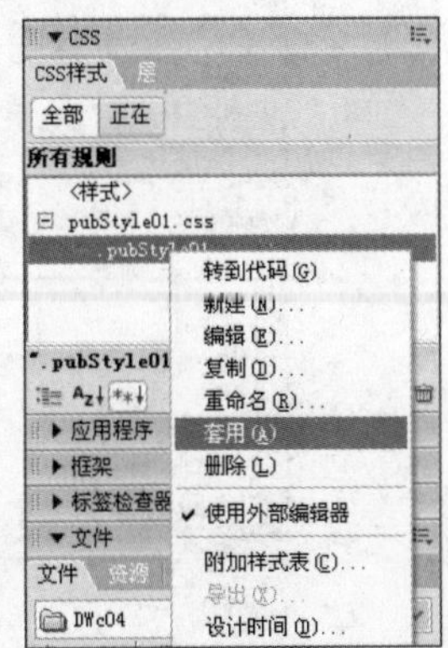

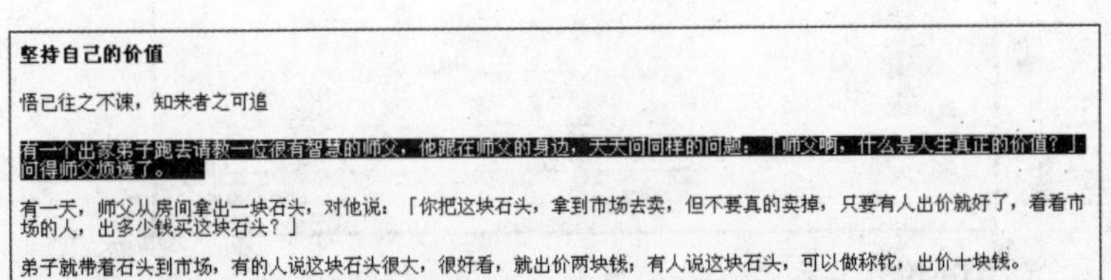

坚持自己的价值

悟已往之不谏，知来者之可追

有一个出家弟子跑去请教一位很有智慧的师父，他跟在师父的身边，天天问同样的问题：「师父啊，什么是人生真正的价值？」问得师父烦透了。

有一天，师父从房间拿出一块石头，对他说：「你把这块石头，拿到市场去卖，但不要真的卖掉，只要有人出价就好了，看看市场的人，出多少钱买这块石头？」

弟子就带着石头到市场，有的人说这块石头很大，很好看，就出价两块钱；有人说这块石头，可以做称砣，出价十块钱。

⑨ 结果该文字区域已变成了黄底黄字

坚持自己的价值

悟已往之不谏，知来者之可追

有一个出家弟子跑去请教一位很有智慧的师父，他跟在师父的身边，天天问同样的问题：「师父啊，什麽是人生真正的价值？」问得师父烦透了。

有一天，师父从房间拿出一块石头，对他说：「你把这块石头，拿到市场去卖，但不要真的卖掉，只要有人出价就好了，看看市场的人，出多少钱买这块石头？」

弟子就带着石头到市场，有的人说这块石头很大，很好看，就出价两块钱；有人说这块石头，可以做秤砣，出价十块钱。

（8）若要修改外部样式“pubStyle01.css”，则单击“CSS 样式”面板右下角的“编辑样式表”按钮，在弹出的“CSS 规则定义”对话框中可修改样式文件，再单击“确定”按钮，则连接该样式的文字区域已更新为新样式了。

⑩ 如果要修改外部样式，单击“编辑样式表”按钮

⑪ 结果有连接该样式的文字区域已变成了宋体 12 点的黄底文字

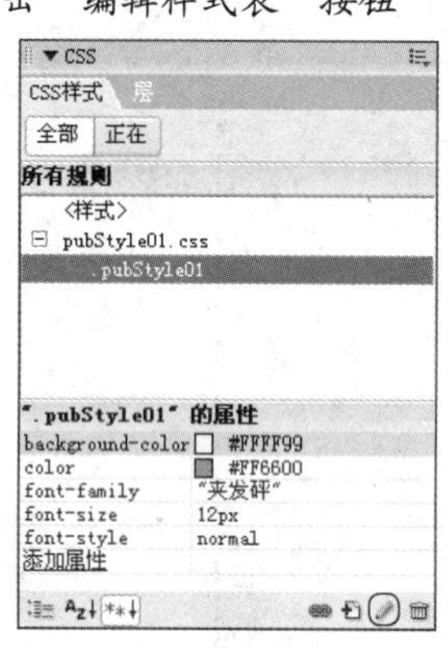

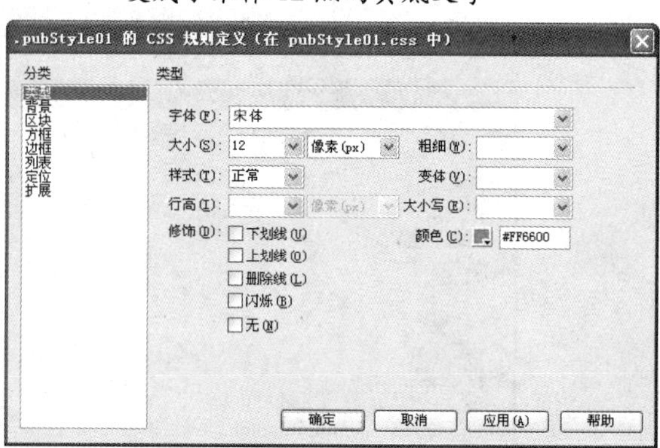

坚持自己的价值

悟已往之不谏，知来者之可追

有一个出家弟子跑去请教一位很有智慧的师父，他跟在师父的身边，天天问同样的问题：「师父啊，什么是人生真正的价值？」问得师父烦透了。

有一天，师父从房间拿出一块石头，对他说：「你把这块石头，拿到市场去卖，但不要真的卖掉，只要有人出价就好了，看看市场的人，出多少钱买这块石头？」

弟子就带着石头到市场，有的人说这块石头很大，很好看，就出价两块钱；有人说这块石头，可以做秤砣，出价十块钱。

（9）另外，若想要将已有的内部样式导出成为外部样式文件时，可右击该样式，在弹出的快捷菜单中选择“导出”命令，在弹出的“导出样式为 CSS 文件”对话框中输入样式名（如 pubStyle02.css），之后单击“保存”按钮，则原来的内部样式（mystyle02）已导出为外部样式文件了。

⑫ 如果要将已有的内部样式导出为外部样式文件，则需选择“导出”命令

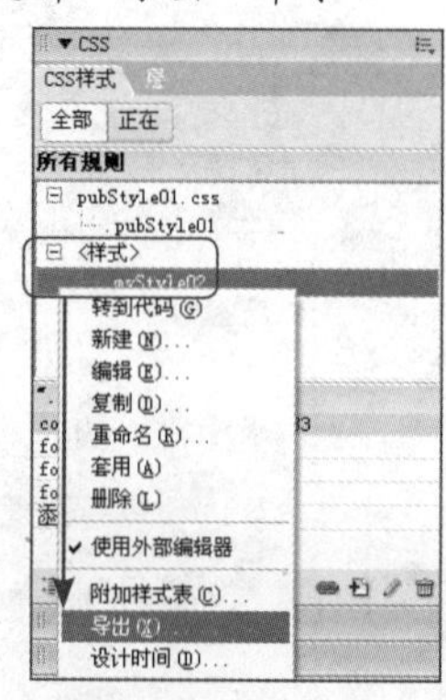

⑬ 输入样式名，之后单击“保存”按钮

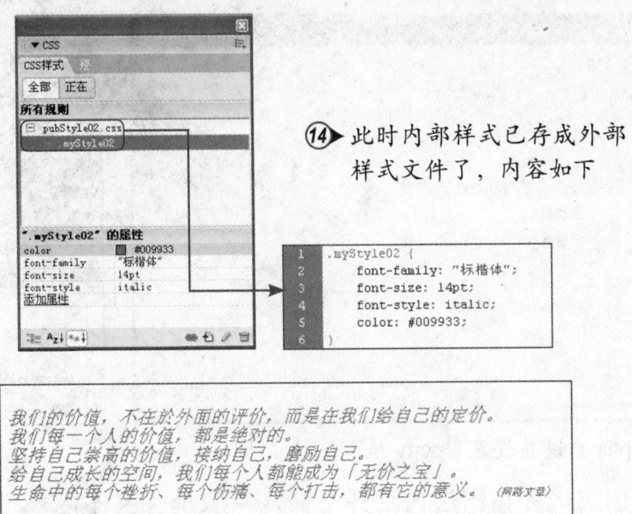

4.2.3 半透明样式的套用

CSS 样式除了可改变文字的大小、颜色和粗细，也可以改变网页中的其他元素，以产生特殊的效果。例如，想在含有图片的网页上面插入一段文本区域，这里希望该文本区域能呈成半透明状，而微微看到下面的图片，实现该效果的具体操作步骤如下（请参阅 4-004.htm）。

（1）在“CSS 样式”面板右下角单击“新建 CSS 规则”按钮，在弹出的“新建 CSS 规则”对话框中输入内部样式名称（如 .sceneryStyle01），选择“类”和“仅对该文档”选项，之后单击“确定”按钮。

（2）在弹出的“CSS 规则定义”对话框的“扩展”界面的“滤镜”下拉列表中选择 Alpha 选项并设 Opcity 参数值为 66（值越小越透明，其他参数不用需先删除），之后单击“确定”按钮，完成半透明样式“.sceneryStyle01”的设置。

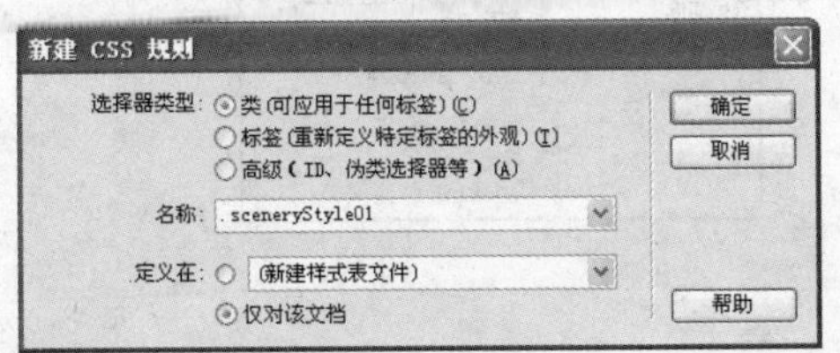

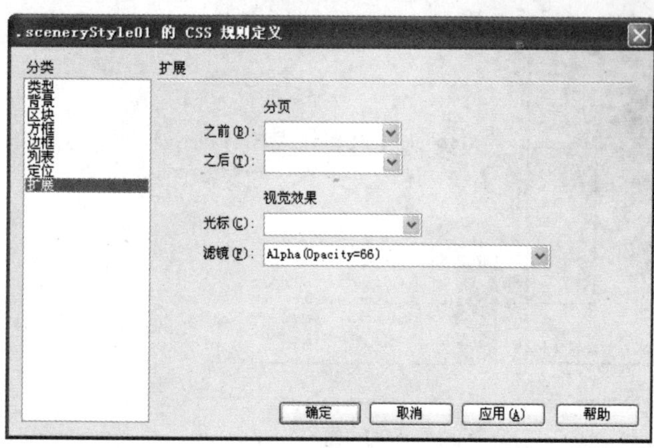

②选择 Alpha 滤镜并设置 Opcity 值

③完成半透明样式“.sceneryStyle01”的设置

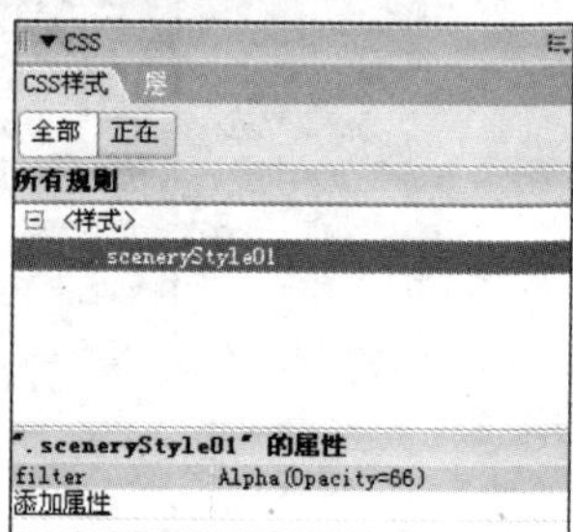

（3）插入一图层，并在图层内选择“插入 > 表单 > 文本区域”命令，用于插入一文本区域。

（4）选中插入的文本区域，并右击“CSS 样式”面板中的“半透明样式”(sceneryStyle01)，在弹出的快捷菜单中选择“套用”命令，浏览后即可看到文本区域已呈半透明效果，可在其中输入文字。

④插入图层，并在图层中插入一文本区域，之后选中该文本区域

⑤选中“样式”，单击鼠标右键，在弹出的快捷菜单中选择“套用”命令

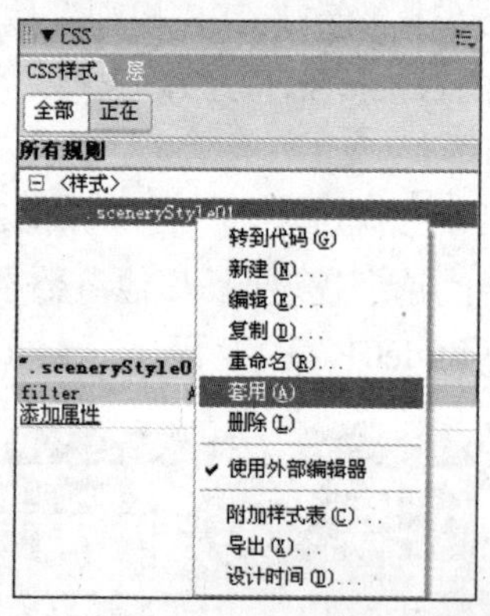

⑥ 浏览后可看到文本区域呈半透明效果

4.2.4 超链接文字样式的套用

对于超链接文字的字体、大小和颜色等变化，也可使用CSS样式来完成。例如，对于下面各花名的超链接文字，希望在光标移过时变成橘黄色，单击鼠标时变成青绿色，移开光标后又还原成原来的蓝色，实现该效果的具体操作步骤如下（请参阅4-005.htm）。

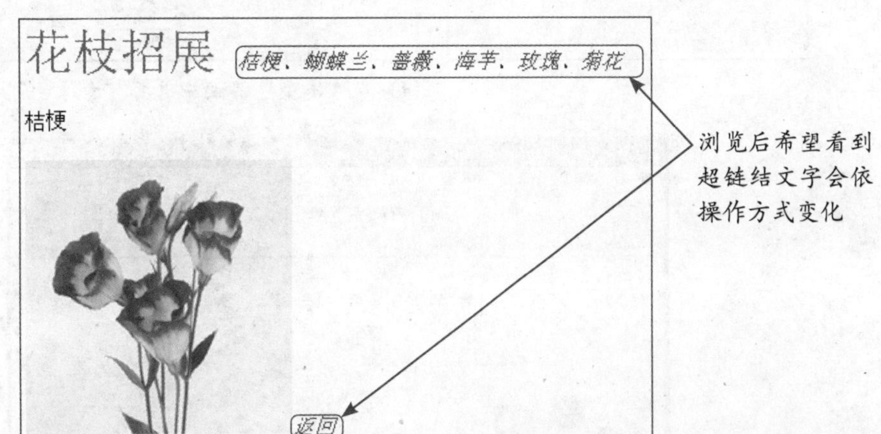

浏览后希望看到超链结文字会依操作方式变化

（1）单击“CSS样式”面板右下角的“新建CSS规则”按钮，在弹出的“新建CSS规则”对话框中选择“高级”选择器类型，在“选择器”下拉列表中选择“a:hover”选项（其中包括“a:hover”表示鼠标经过时的变化，“a:active”表示单击鼠标时的变化，“a:visited”表示超链接文字已被激活后的变化，“a:link”表示文字被设成超链接后且尚未被单击时的变化），同时选择“仅对该文档”选项，之后单击“确定”按钮。

（2）在弹出的“CSS规则定义”对话框的“类型”界面中选择“橘黄色”、“无”修饰，之后单击“确定”按钮，完成样式“a:hover”设置。

（3）按照步骤1和步骤2介绍的方法再新建一个“a:active”样式，颜色选择“青绿色”。

（4）浏览时移动光标到超链接文字上，可看到文字变成橘黄色，当单击鼠标左键时文字会变成青绿色，移开光标后又还原成原来的蓝色。

① 在“新建CSS规则”对话框中选择“高级”和“仅对该文档”选项，并设置为“a:hover”选择器

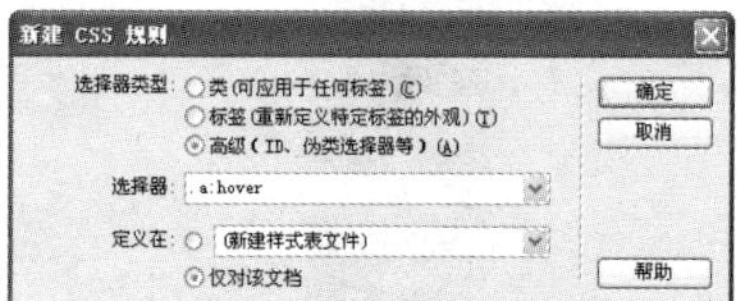

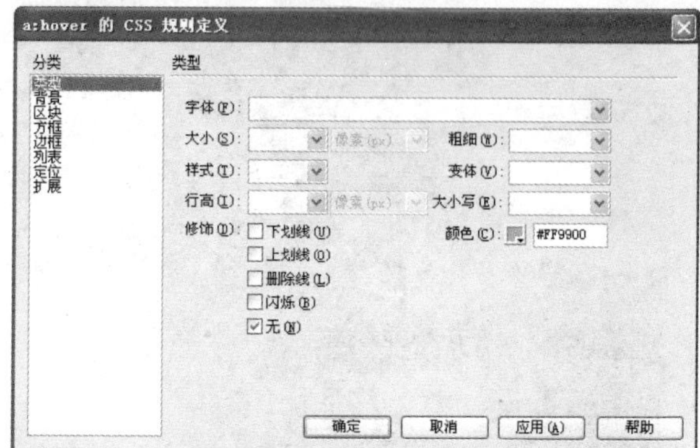

② 在“类型”界面中选择“橘黄色”和“无”修饰

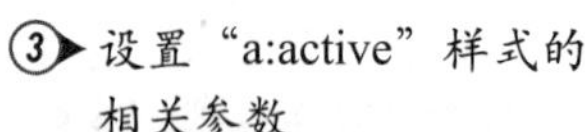
③ 设置“a:active”样式的相关参数

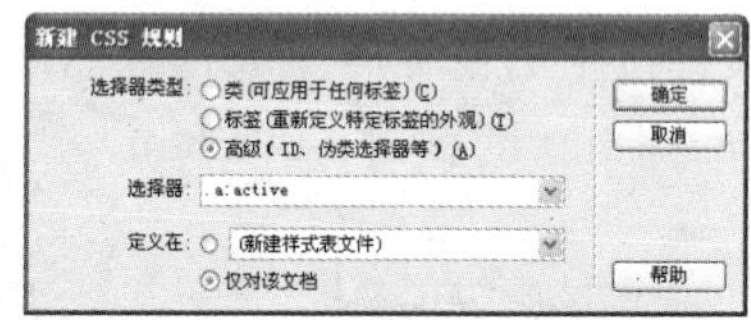

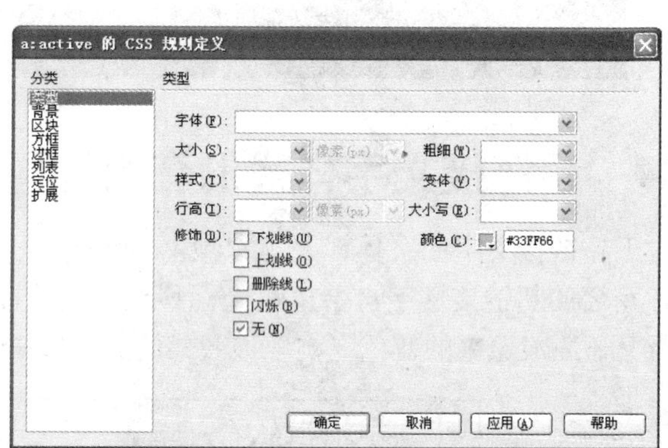

④ 在“类型”界面中选择“青绿色”和“无”修饰

⑤ 浏览网页

花枝招展 桔梗、蝴蝶兰、蔷薇、海芋、玫瑰、菊花

桔梗

⑥ 浏览时可见移动光标至超链接文字后，超链接文字会变为橘黄色

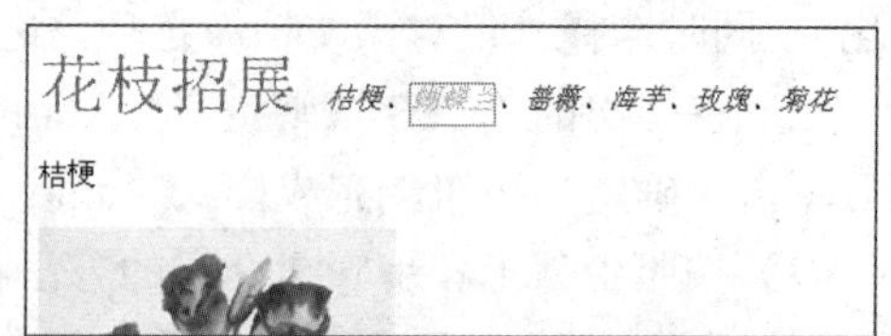

⑦ 激活超链接文字后，会变为青绿色

4.3 网页特效

除了利用前面的行为、CSS 样式来设计一些网页特效，也可以引用 HTML 标签、JavaScript 或 JavaApplet 等来制作这些特效。下面将举出几个常用的例子，如滚动字幕、图片变清晰以及将网站加入收藏夹等，来强化网页的变化效果。

4.3.1 滚动字幕

为了要提高浏览者对网站消息或网页广告的关注度，通常可在网页中加入移动的消息正文，称为滚动字幕。如果希望在网页中加入滚动字幕，可在 HTML 正文中使用 Marquee 标签，其格式如下所示（请参阅 4-006.htm）。

风中传奇 !! ..... 让思绪飞散 ..... 心灵逍遥 ..... 风中传奇 !! ..... 让思绪飞散 ..... 心灵逍遥 .....

风中传奇 !! ..... 让思绪飞散 ..... 心灵逍遥 .....
风中传奇 !! ..... 让思绪飞散 ..... 心灵逍遥 .....

```
格式：  <marquee  id="名称"                     direction="移动方向"
              scrollamount="移动距离"            scrolldelay="移动速率"
              behavior="移动方式"                loop="重复次数"
              height=高度                        width=宽度
              align="对齐性"                     bgcolor="背景色"
              onMouseOver=名称.stop()            onMouseOut=名称.start()  >
            滚动字幕信息内容
        </me>
```

【格式说明】

（1）Id 表示滚动字幕标签的名称，一般设英文名称。

（2）Direction 表示文字的移动方向，包括 left（向左）、right（向右）、up（向上）、down（向下）。

（3）ScrollAmount 表示文字移动的距离（pixcels），值一般设为 2 左右，设太大文字会显得很跳动。

（4） ScrollDelay 表示文字移动的时间延迟（1/1000 秒），值一般设为 80 左右，设太大文字会显得很慢。

（5）Behavior 表示文字移动的方式，包括 scroll（同方向移动）、alternate（正反向交替移动）、slide（滑动）。注意当文字滚动完后就停止了，除非设成循环。

（6）Loop 表示文字重复显示的次数，如设 3 会滚动 3 次，设 -1 或 infinite 表示循环。

（7）Height 表示滚动字幕的高度（pixcels），Width 表示滚动字幕的宽度（pixcels）。

（8）Align 表示网页中滚动字幕的对齐方式，包括 top（靠上）、middle（靠中）、bottom（靠下对齐）。

（9）Bgcolor 表示滚动字幕的背景颜色，可用 16 进制数（如红色为 #FF0000）、英文颜色名（如 red 为红色）或 RGB 函数［如 RGB(255, 0, 0) 为红色］设置。

（10）onMouseOver 表示光标移到滚动字幕上面时所触发的事件。

（11）onMouseOut 表示光标从滚动字幕移开时所触发的事件。

（12）滚动字幕信息内容就是要显示的文字或图片等。

滚动字幕的制作方法就是在 HTML 部分的 <Body> ... </Body> 标签内，加入 < Marquee > ... </ Marquee > 标签。下图所示有两个 Marquee 标签：一个是 msg01，文字设为由右向左移动，当鼠标经过时文字会暂停不动，当鼠标移开后会回复移动；另一个是 msg02，文字设为由下向上移动，其他同 msg01。信息正文加在 < Marquee > ... </ Marquee > 标签中间，可设成不同的颜色或样式，移动方向也可改变，也可以改用图片代替文本。

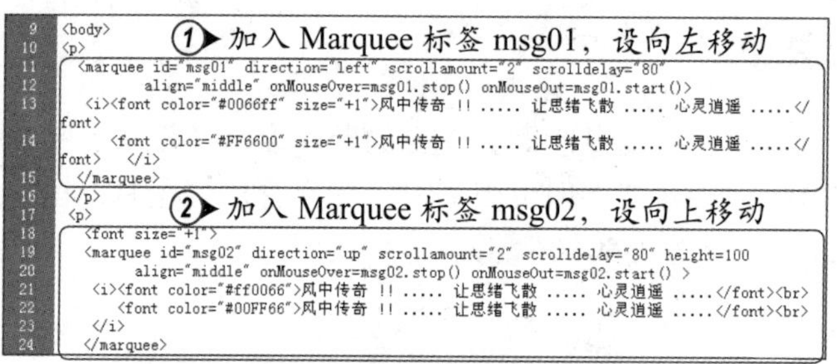

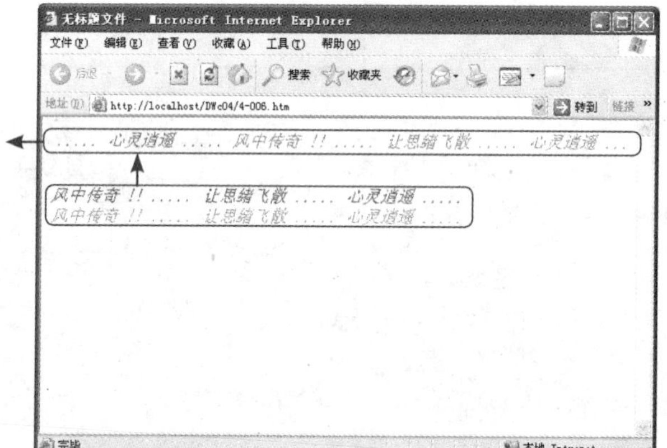

③浏览后的滚动字幕效果

4.3.2 图片变清晰

实现将模糊图片变化为清晰图片效果的具体操作步骤如下。（请参阅 4-007.htm）。

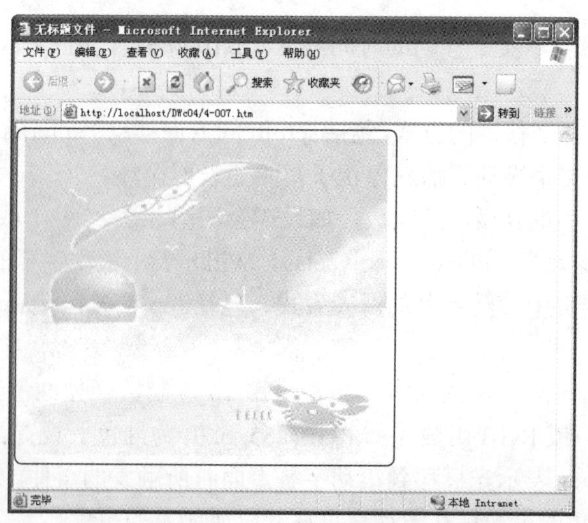

当光标移到模糊的图片上会变为清晰显示，移开光标后图片又还原成模糊效果

（1）在 HTML 部分的 <Head> ... </Head> 标签内，加入 <Script > ... </ Script > 程序代码。

（2）在 Img 标签中，加入 Style 模糊样式，onMouseOver 当鼠标经过时图片会变清晰，以及 onMouseOut 当鼠标移开后图片会恢复模糊的程序代码。

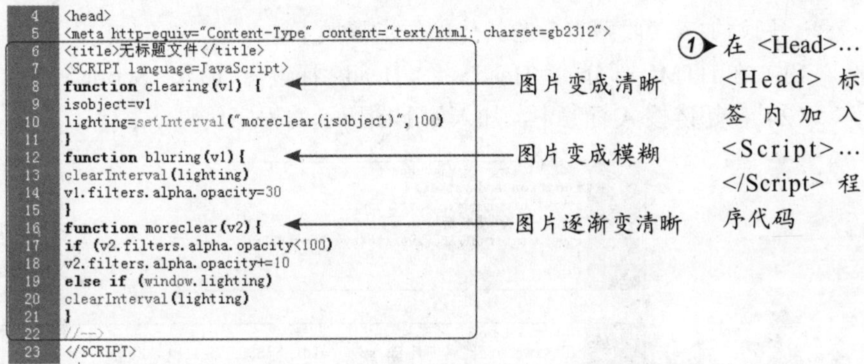

```
<head>
<meta http-equiv="Content-Type" content="text/html; charset=gb2312">
<title>无标题文件</title>
<SCRIPT language=JavaScript>
function clearing(v1) {
isobject=v1
lighting=setInterval("moreclear(isobject)",100)
}
function bluring(v1){
clearInterval(lighting)
v1.filters.alpha.opacity=30
}
function moreclear(v2){
if (v2.filters.alpha.opacity<100)
v2.filters.alpha.opacity+=10
else if (window.lighting)
clearInterval(lighting)
}
//-->
</SCRIPT>
```


② 在 Img 标签内加入 CSS 模糊样式及 onMouseOver、onMouseOut 事件

```
<body>
<img src="scenery-06.JPG" width="405" height="344" style="FILTER: alpha(opacity=30)"
 onMouseOver=clearing(this) onMouseOut=bluring(this)>
</body>
```

4.3.3 将网站加入收藏夹

如果希望让浏览者能在浏览网站后，将网站加入“收藏夹”，以方便他下次再登录网站，单击站名即可进入，实现方法是在 HTML 的 <Head> ... </Head> 内加入 JavaScript 程序，其格式如下（请参阅 4-008.htm）。

①单击超链接文字

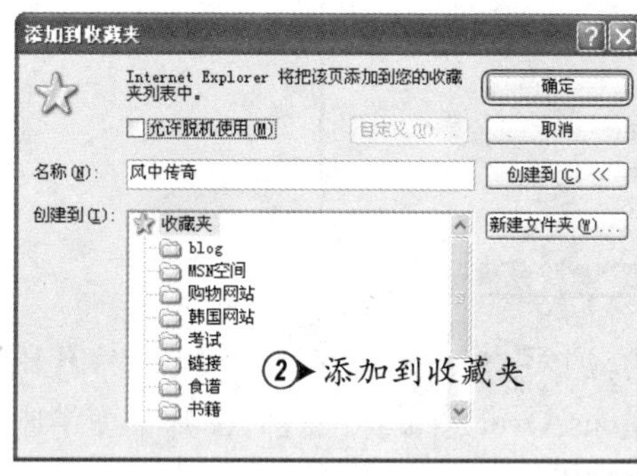

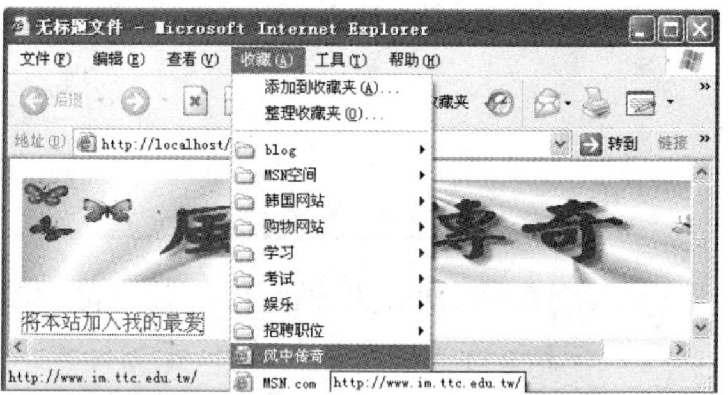

③结果在“收藏”菜单中可看到网站名称

将网站加入“收藏夹”的具体操作步骤如下。

(1) 在 HTML 部分的 <Head> ... </Head> 标签内,加入 <Script > ... </ Script > 程序代码。

(2) 在超链接 A 标签中，加入如下图所示的程序代码。

```
<SCRIPT language=javascript>
function Addmysite(){
myurl="http://www.im.ttc.edu.tw/";
mytitle= "风中传奇";
window.external.AddFavorite(myurl,mytitle);
}
</SCRIPT>
```

```
<body>
<P><img src="风中传奇.jpg" width="580" height="80">

<P><A href="javascript:Addmysite()">将本站加入我的最爱</A>
</body>
```

4.4 表单对象

如果希望浏览者可以在网页中输入数据（例如会员、购物、留言、投票或问卷等数据），并能将这些数据保存起来，以便将来需要时进一步去查询，从而获得有用的信息，那么就必须先要在网页上插入表单（Form），然后才能在表单中再插入其他的各种数据输入对象（例如文本域、文本区域、按钮、复选框、列表和菜单等）。表单对象如下图及表 4-1 所示，下面将介绍常用的表单对象的使用方法。

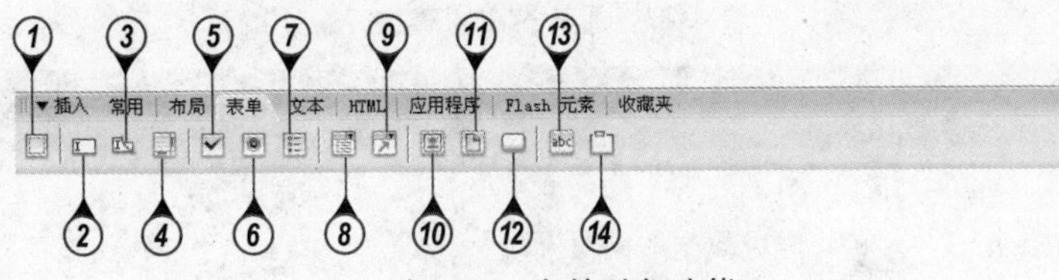

表 4-1　表单对象功能

项　目	物　件	功 能 说 明
1	表单	用来布置各表单对象，设置输入的数据以什么方式传送到哪个地方
2	文本字段	输入单行、多行数据和密码数据
3	隐藏域	传输隐藏数据至指定网页
4	文本区域	同文本字段对象。可设置输入单行、多行数据和密码数据
5	复选框	用于数据的复选
6	单选按钮	用于数据的单选
7	单选按钮组	多个单选按钮的集合
8	列表/菜单	列表不占用版面、菜单开放易选，均用于以选择方式输入数据
9	跳转菜单	超链接文字列表或菜单，单击后连接至指定网页
10	图像域	可将图片设置为按钮，传送输入的数据
11	文件域	可用来浏览文件，选择需要上传的文件以备传输
12	按钮	可设成提交、重置或一般按钮
13	标签	即Label标签，可显示文本信息
14	字段集	即数据库的Recordset数据集组件

4.4.1 表单

表单（Form）主要是用来放置各输入对象，以便能在网页上输入数据，并设置输入的数据以什么方式传送到哪个地方。如果在同一网页中要传送不同的数据，那就要插入不同的表单，分别放置自己的组件。如要在网页中插入表单，只要单击“表单”插入栏中的“表单”按钮即可，表单的常用属性如表 4-2 所示。

① 红色虚线表示表单范围，可在其中插入其他对象

② 表单的“属性”面板

表 4-2 表单的常用属性

项 目	属 性 名 称	功 能 说 明
1	表单名称（name）	用来区别不同的表单
2	动作（action）	传送数据的网页网址
3	方法（method）	Get表示以问号（?）附加在网址后传送，适合容量较小的数据（<=512bytes）；Post表示以封包方式传送，适合容量较大的数据
4	目标（target）	显示新网页的方式，如_blank表示在新窗口中显示网页
5	MIME类型（enctype）	有默认的“application/x-www-form-utlencoded”方式，即空白以+号表示，非英文、数字以%加其ASCLL十六进制数值表示；有“text/plain”方式，以纯文本方式传送数据至电子邮箱；有“multipart/form-data”方式，用于上传文件方面

4.4.2 文本域

文本域（文本字段）主要用来输入数据，如姓名、地址、电话，账号及密码等，以便浏览者能在网页上输入数据。如要在网页中插入文本域，只要单击“表单”插入栏中的“文本字段”按钮即可，插入后可依需求设置其属性（请参阅 4-009.htm），文本域的常用属性如下图及表 4-3 所示。

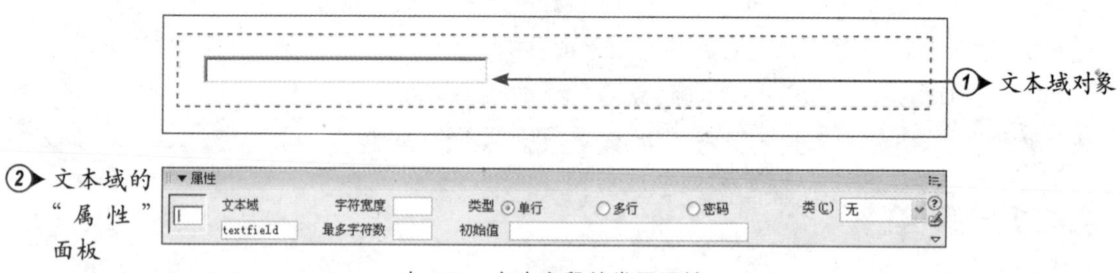

表 4-3 文本字段的常用属性

项 目	属性名称	功能说明
1	文本域名称（name）	用来区别不同的文本域
2	字符宽度（size）	字符的宽度
3	最多字符数（maxlength）	最多输入多少个字符
4	类型（type）	“单行”代表单行文本框，可在其中输入单行文本；“多行”代表多行文本框，可在其中输入多行文本；“密码”代表密码文本框，可在其中输入密码信息，均以*号显示
5	初始值（Value）	默认显示的内容

例如在表单中插入 3 个文本域对象，当作账号、密码和留言的数据输入使用，其中账号是“单行文本字段”，密码是“密码文本字段”，留言是“多行文本字段”，浏览时在其中输入数据，效果如下图所示。

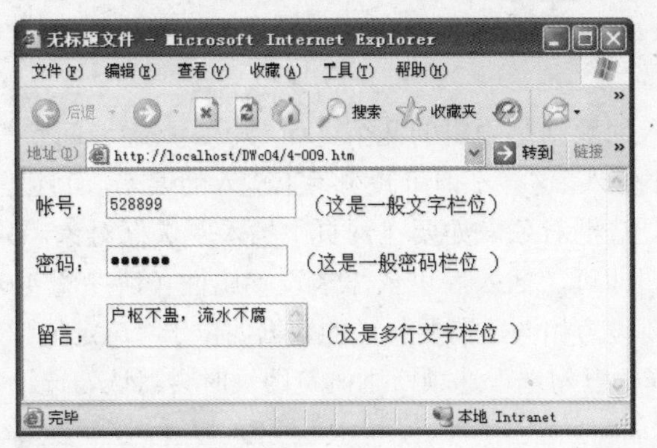

4.4.3 隐藏域

隐藏域主要是用来输入并传递用于保密用途的数值或字符串，如题目的答案、重要的数据等。如要在网页中插入隐藏域，只要单击“表单”插入栏中的“隐藏域”按钮即可，插入后可依需求设置需要传输的 Value 数据值（请参阅 4-010.htm）。

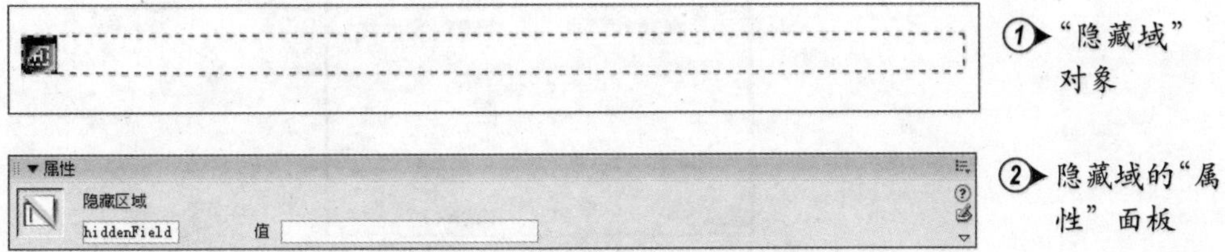

4.4.4 文本区域

文本区域功能类似于文本域，主要是用来输入多行数据，如留言、自传等。如要在网页中插入文本区域对象，只要单击“表单”插入栏中的“文本区域”按钮即可，插入后可依需求设置其属性（请参阅 4-011.htm），文本区域的常用属性类似于文本域。

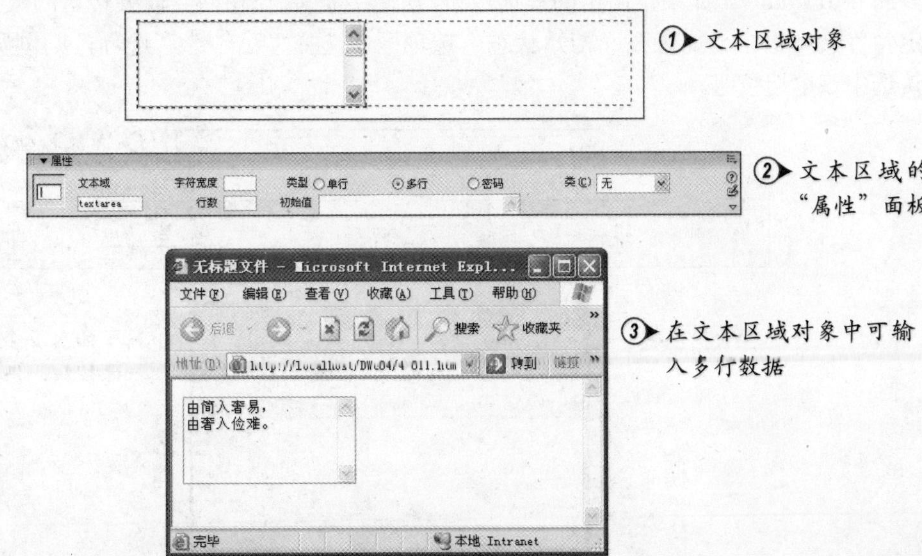

4.4.5 复选框

如果在网页中输入的数据是固定的几个，如专长、兴趣、问卷等数据，我们可以利用勾选的方式来代替手工输入，这样不但可减少手工输入的误差，而且还可以节省时间和精力，这个时候就需要用到复选框对象。如要在网页中插入复选框对象，只要单击“表单”插入栏中的“复选框”按钮即可，插入后可依需求设置属性（请参阅4-012.htm）。如果是同组的复选框，则“名称”要设为相同。需要传送的数据要位于“选定值”文本框中。如果在“初始状态”选项区中选择“已勾选”选项，则浏览网页时会默认勾选该复选框。

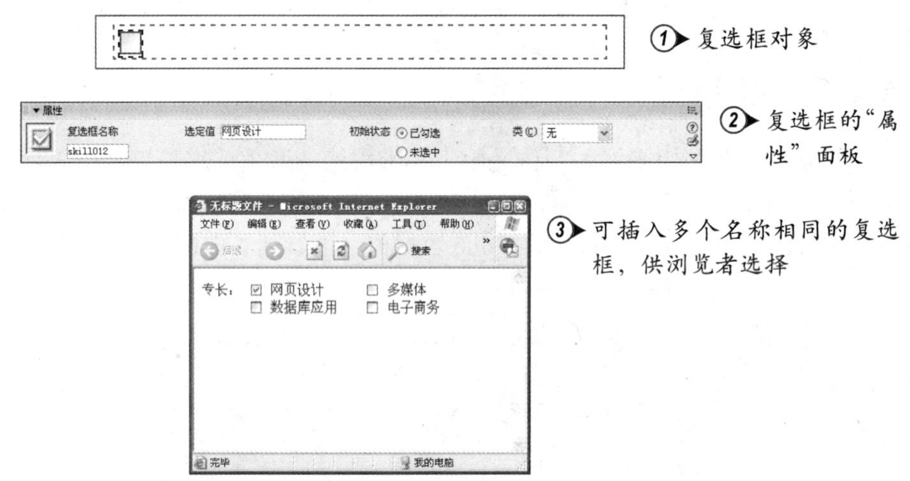

4.4.6 单选按钮

单选按钮的作用类似于复选框，都是利用选择方式来代替人工输入数据的，只不过复选框是“多选多（复选）”，而单选按钮是“多选一（单选）”。如要在网页中插入单选按钮对象，只要单击“表单”插入栏中的“单选按钮”按钮即可，插入后可依需求设置属性（请参阅4-013.htm）。如果是同组的单选按钮，则“名称”要设相同。需要传送的数据要位于“选定值”文本框中。如果在“初始状态”选项区中选择“已勾选”选项，则浏览网页时会默认选中该单选按钮。

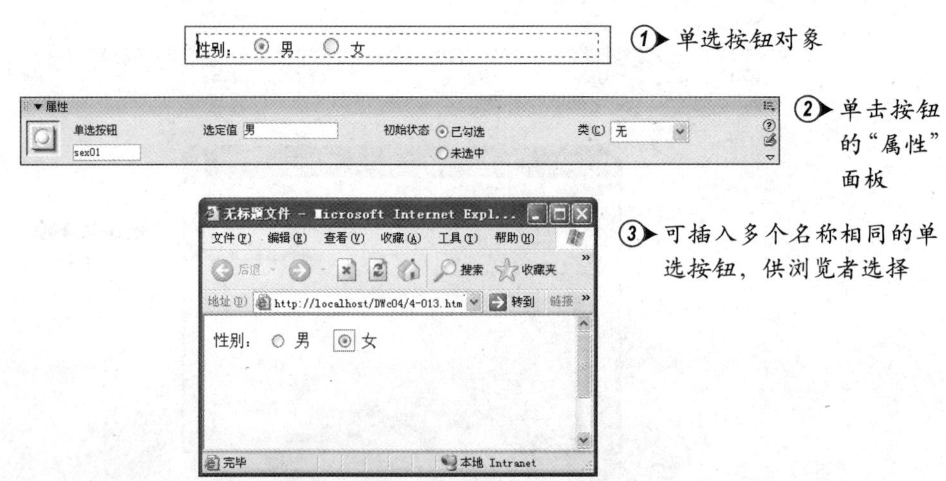

4.4.7 单选按钮组

单选按钮组的作用同单选按钮，只是一次可产生多个单选按钮对象而已，功能还是“多选一（单选）”。如要在网页中插入单选按钮组对象，只要单击“表单”插入栏中的“单选按钮组”按钮即可。之后在弹出的“单选按钮组”对话框中输入组名称，设置标签文字（可单击+按钮新建）、传送值以及何种显示方式（请参阅 4-014.htm），之后单击“确定”按钮。如在“属性”面板的“初始状态”选项区中选择“已勾选”选项，则浏览网页时会默认选中该单选按钮。

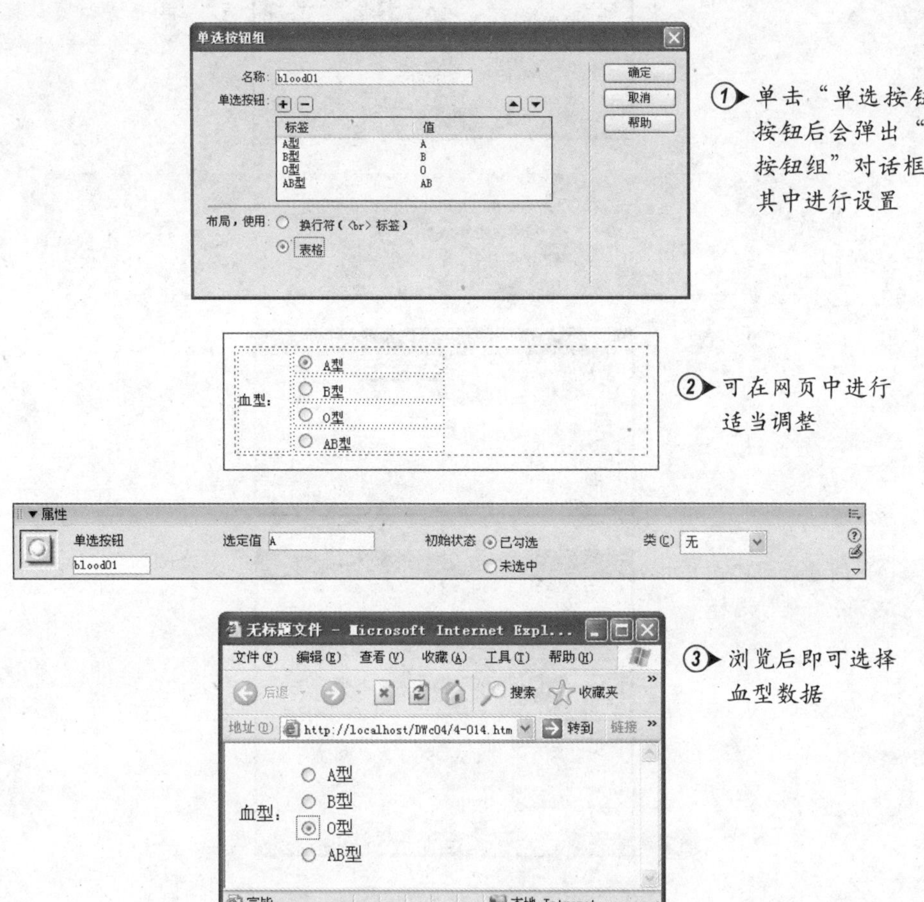

4.4.8 列表/菜单

列表/菜单的作用类似于复选框或单选按钮，也都是利用选择方式来代替人工输入数据的。如要在网页中插入列表/菜单对象，只要单击“表单”插入栏中的“列表/菜单”按钮即可。插入后选中该对象，依需求在“属性”面板的“类型”选项区中设置“列表”或“菜单”，然后单击“列表值”按钮设置选项标签及值。“列表”中的选项都会一一显示出来（当然也可在“高度”文本框中设置显示列数），优点是选择容易，但较占用网页版面；“菜单”中的选项平时隐藏起来，要单击下拉按钮才显示出来，优点是节省网页空间（请参阅 4-015.htm）。一般来说，“菜单”被称为“列表框”，“列表”被称为“下拉列表”。

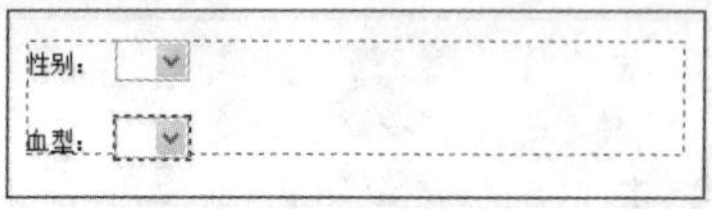

①插入“列表 / 菜单”对象，并单击“列表值”按钮

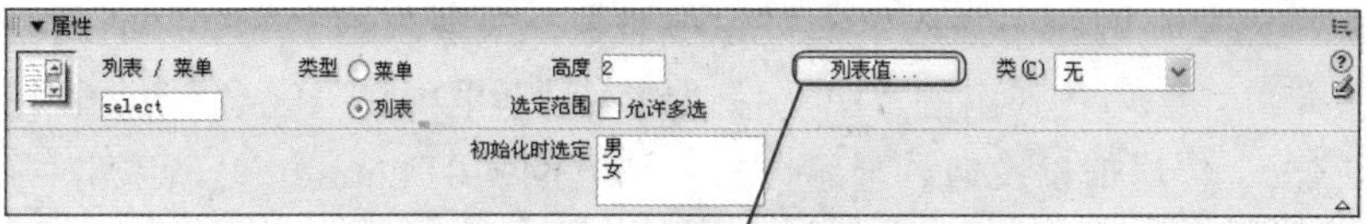

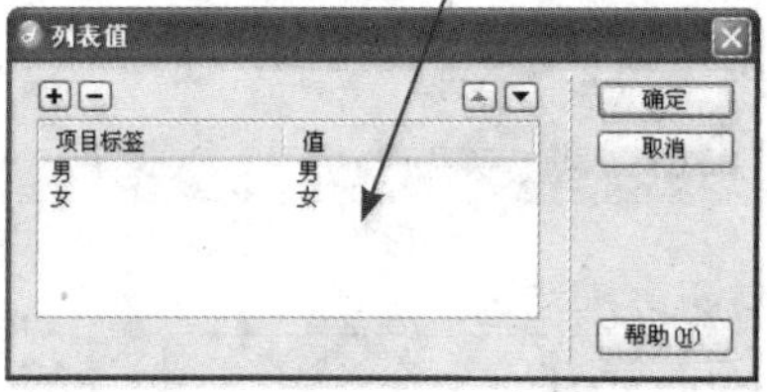

②在弹出的“列表值”对话框中增加项目标签和值，之后单击“确定”按钮

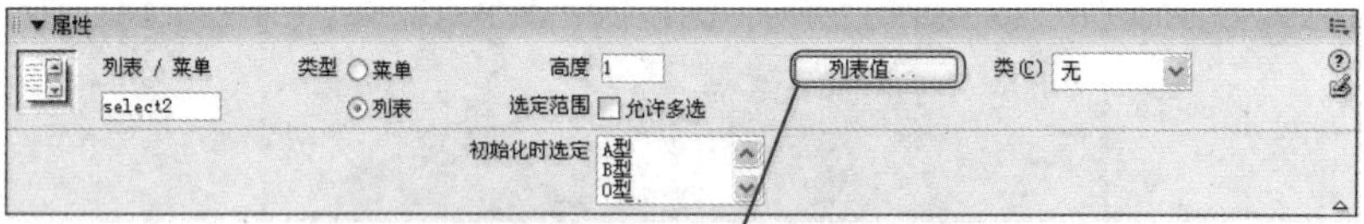

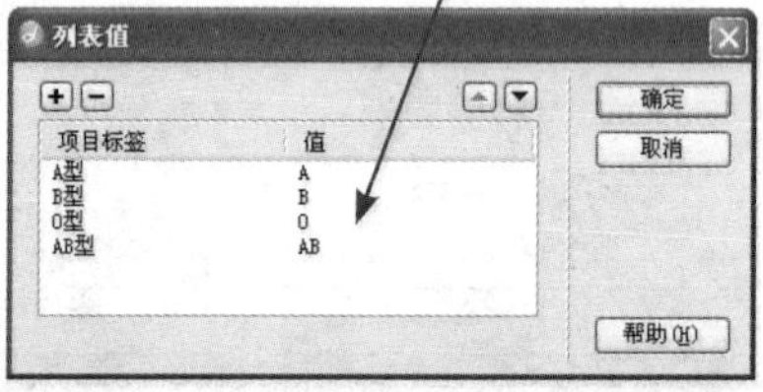

③浏览后即可在其中分别进行选择

这是开放式“菜单”

这是下拉式“列表”

4.4.9 跳转菜单

跳转菜单功能类似于列表/菜单，不同的是跳转菜单的选项具有“超链接”功能，单击后即可转至指定的网页。如要在网页中插入跳转菜单对象，只要单击“表单”插入栏中的“跳转菜单”按钮，即可打开“插入跳转菜单”对话框，在“文本”文本框中输入“网站名称”，并且在“选择时，转到 URL”文本框中输入或浏览选择该“网站网址”（可单击+按钮新建选项），设置完后单击“确定”按钮。插入后可选中该对象，依需求在“属性”面板中修改跳转菜单的“类型”，或者单击“列表值”按钮，在弹出的“列表值”对话框中重设置选项内容（请参阅 4-016.htm）。

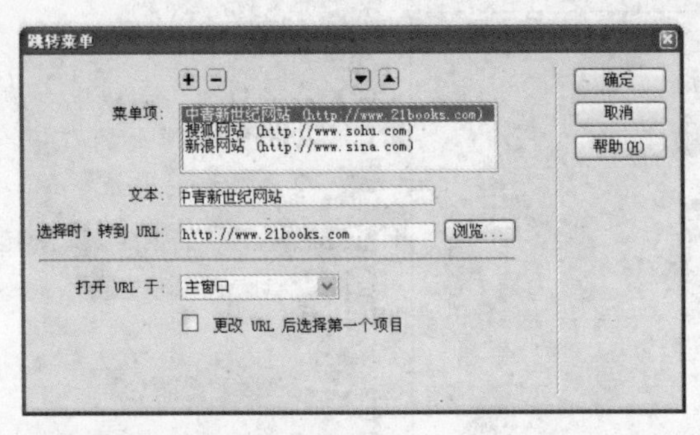

①在“插入跳转菜单”对话框中输入网站名称和网址等信息，之后单击“确定”按钮

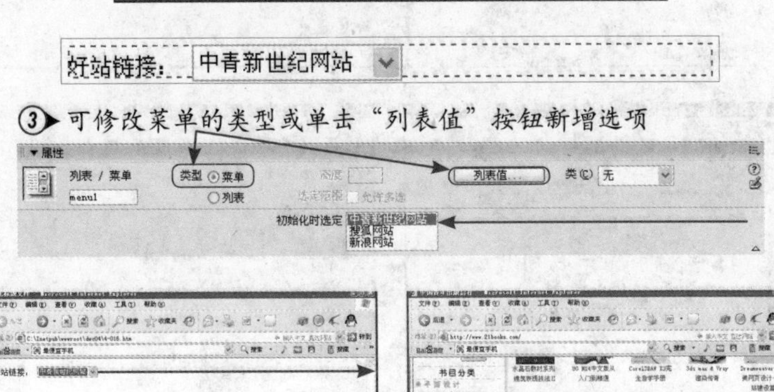

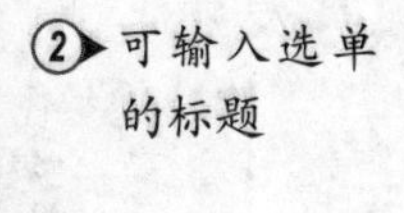

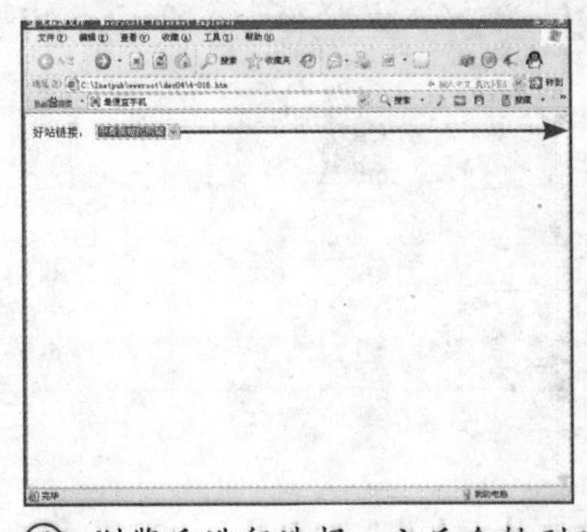

④浏览后进行选择，之后会转到对应的网站

4.4.10 图像域

图像域可将图片设置成具有按钮的功能，单击该图片后可转至指定的网页。如要在网页中插入图像域对象，只要单击“表单”插入栏中的“图像域”按钮，即可打开“选择图像源文件”对话框，在其中选择相应图片文件，之后单击“确定”按钮。为了要在浏览时单击图片转至指定网页，可在“行为”面板中使用“转到URL”行为，在弹出的“转到URL”对话框中设置链接网页网址（请参阅4-017.htm）。

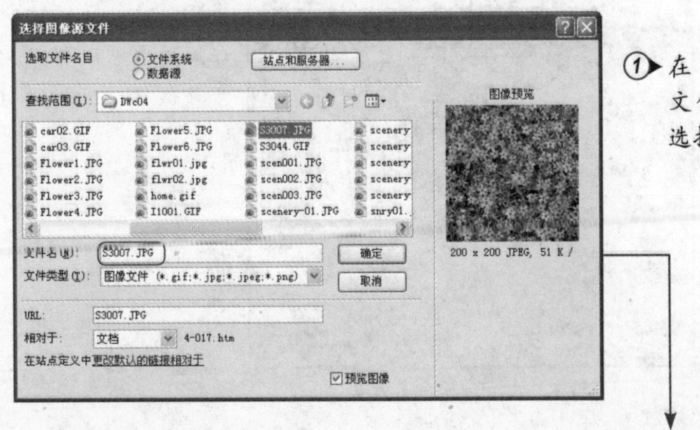

①在“选择图像源文件”对话框中选择所需图片

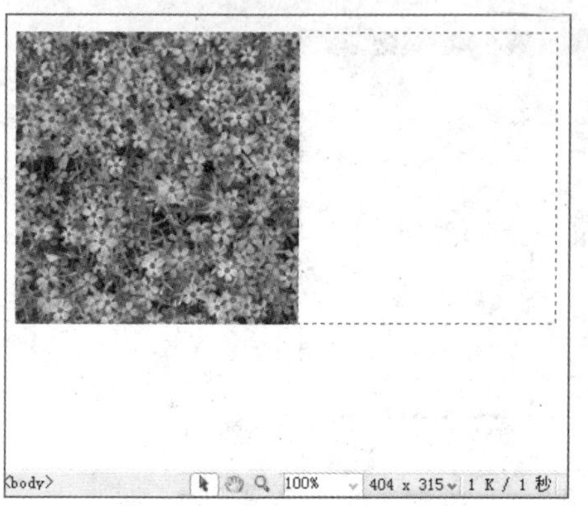

②在“行为”面板中为该图片添加“转到 URL”行为，在弹出的“转到 URL”对话框中输入想要链接的网址

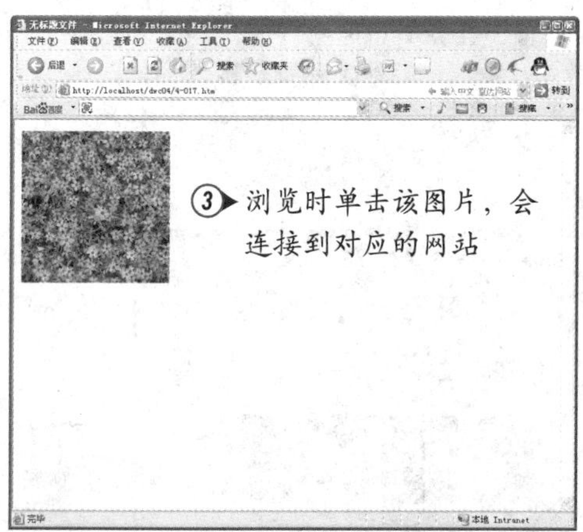

③浏览时单击该图片，会连接到对应的网站

4.4.11 文件域

文件域多于在上传文件时，方便浏览者选择所要传送的文件所用。如要在网页中插入文件域对象，只要单击“表单”插入栏中的“文件域”按钮即可。插入后可选中该对象，依需求在“属性”面板中设置或修改宽度等（请参阅 4-018.htm）。

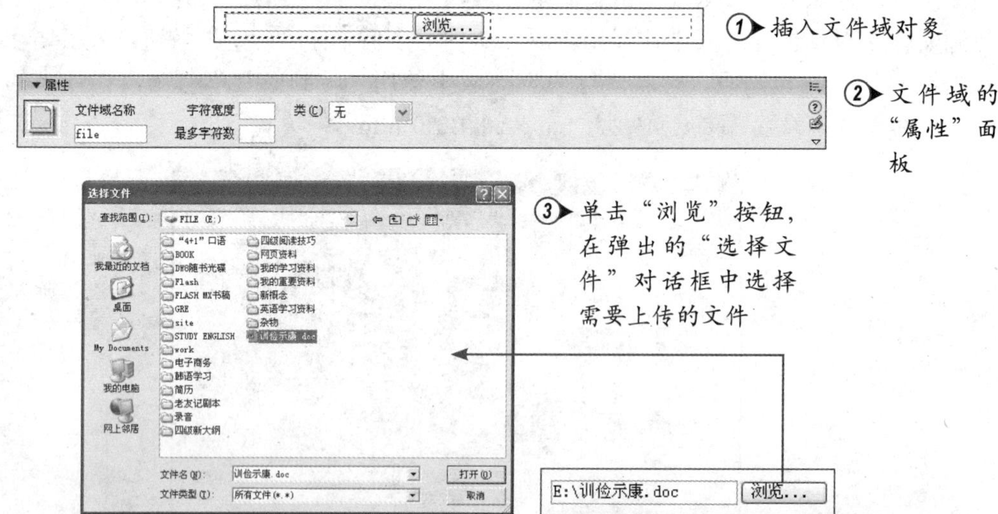

4.4.12 按钮

按钮对象多用在执行“单击”动作方面，例如，单击后可传送网页数据，或者取消刚打印的网页数据并重新输入，以及处理某项工作等。如要在网页中插入按钮对象，只要单击“表单”插入栏中的“按钮”按钮即可。插入后可选中该对象，依需求在“属性”面板中设置或修改标签文字、动作（如“提交表单”为“提交”按钮、“重设表单”为“重置”按钮、“无”为一般按钮）等。

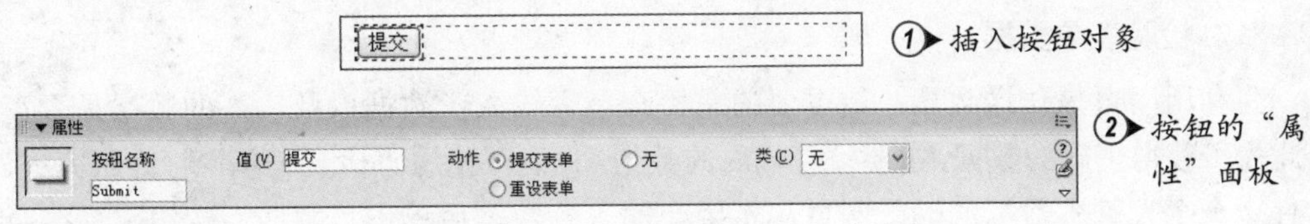

1. 发送表单数据

例如，有一个包含账号、密码输入的网页，现在希望在输入账号及密码后，单击“发送”按钮，会将这些数据传送到指定的邮箱（请参阅 4-019.htm），具体创建步骤如下。

（1）插入一个 Form 表单，输入文字“账号:”，再插入一个文本域，按 Enter+Shift 键换行。

（2）同样输入文字“密码：”，插入一个密码文本字段，按 Enter+Shift 键换行。

（3）插入“发送”按钮和“重置”按钮。

（4）选中表单，在“属性”面板的“动作”文本框中输入一个 URL 地址，这里输入 mailto:vc@51vc.com，表示把表单中的内容发送到一个电子邮箱里。在“MIME 类型”下拉列表中选择 text/plain 选项，表示以纯文本方式发送数据。浏览时在网页中输入账号、密码，单击“发送”按钮，即可传送数据至指定的电子邮箱。

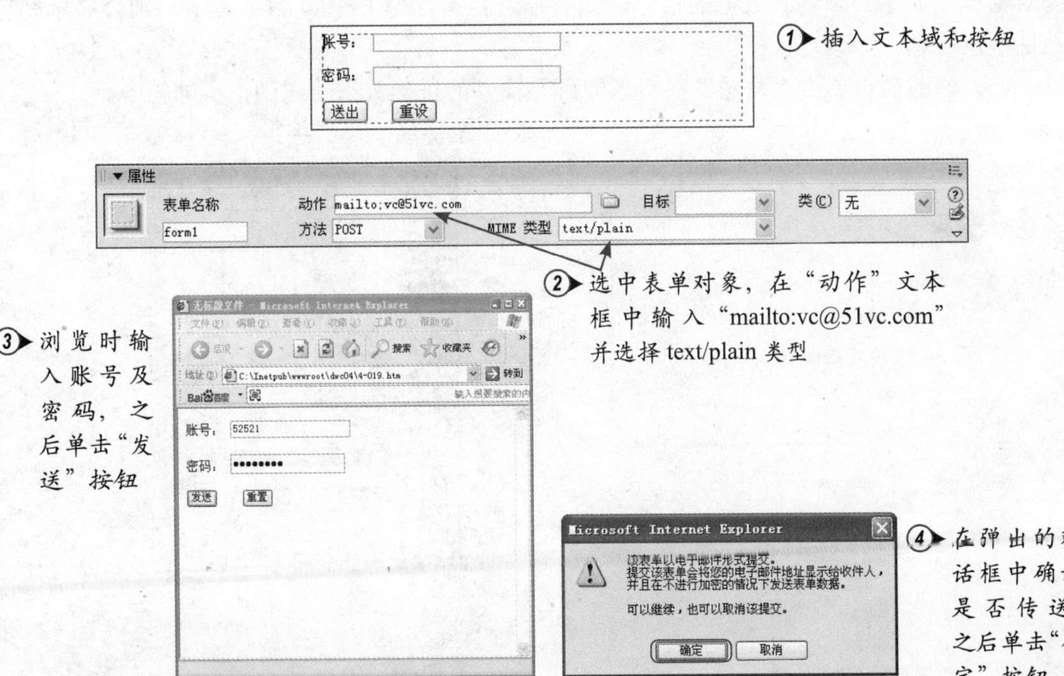

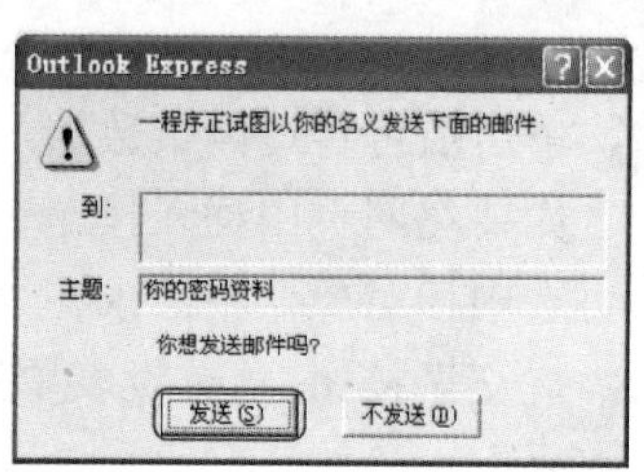

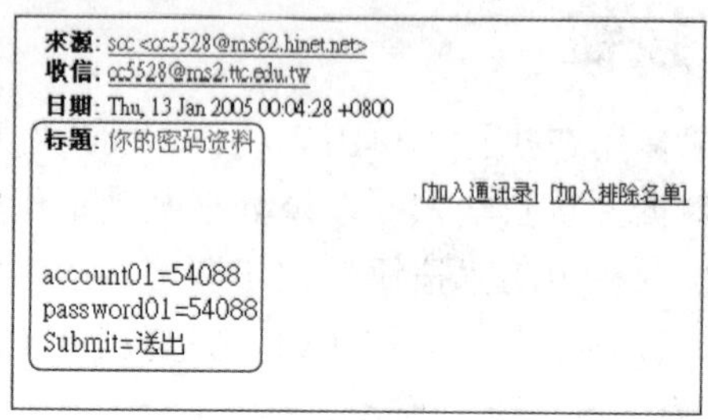

2. 检验表单数据

利用网页来传送数据，最重要的是检查是否输入了数据以及输入的数据是否正确。因此为了获得正确的数据，常要检查输入的数据，我们可使用“检查表单”行为来完成。例如，有一个个人基本数据的输入网页，希望在输入各数据后单击“发送”按钮，系统会检查这些数据是否正确，如果正确才传送到指定的邮箱（请参阅 4-020.htm），如果有错误会弹出对话框进行说明，实现这一效果的具体操作步骤如下。

（1）插入一个 Form 表单，输入标题“请输入基本资料：”，再插入“姓名”文本域 names、“电话”文本域 telephone、“地址”文本域 address、“E-Mail”文本域 mails，以及“发送”按钮和“重置”按钮。

（2）同前面一样选中表单虚线，在“属性”面板的“动作”文本框中输入邮箱地址，在“MIME 类型”下拉列表中选择 text/plain 选项，表示以纯文本方式传送数据。

（3）在“行为”面板中选择“检查表单”行为，设置各字段的“值”为“必需的”，并根据实际情况设置各字段的“可接受”内容，之后单击“确定”按钮。

（4）浏览后如未输入任何数据，直接单击“发送”按钮，即可检查出错误，并在弹出的对话框中显示必须输入数据的信息。如有输入数据，但 E-Mail 数据错了，则会显示邮箱地址错误信息。

（5）修改后再单击“发送”按钮，即可将输入的正确数据传送到指定邮箱中。

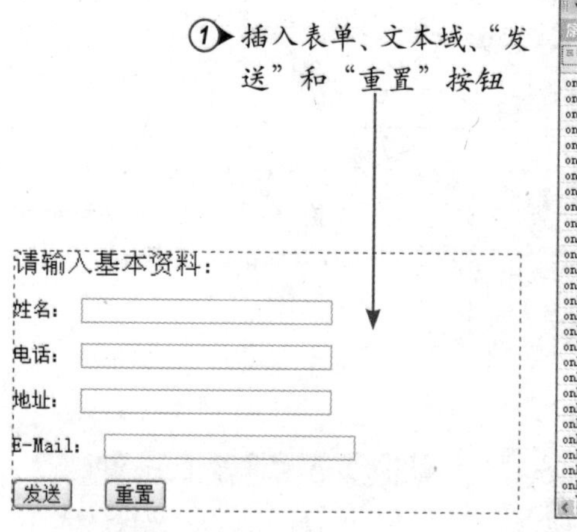

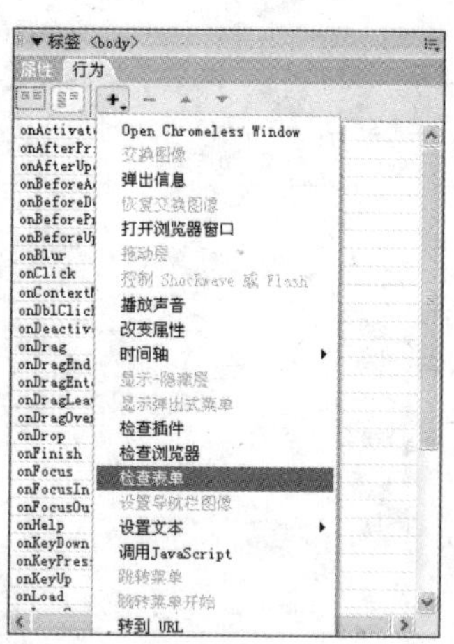

②选择“检查表单”行为，在“检查表单”对话框中设置各栏位值及可接受的内容

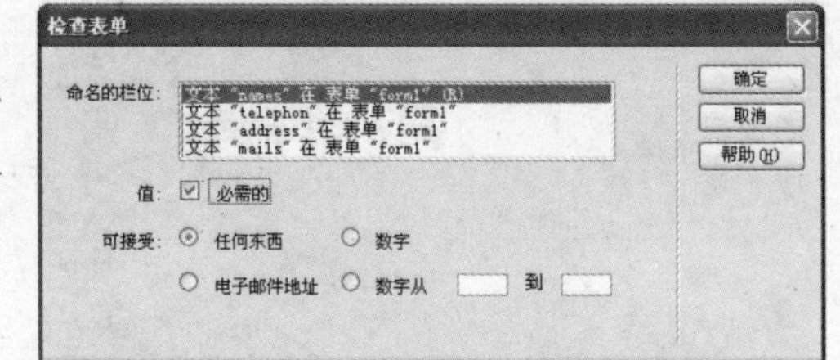

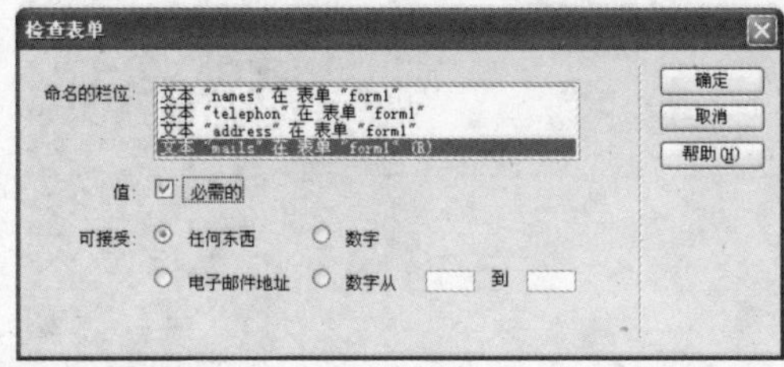

③在“行为”面板中会出现 onSubmit“检验表单”行为

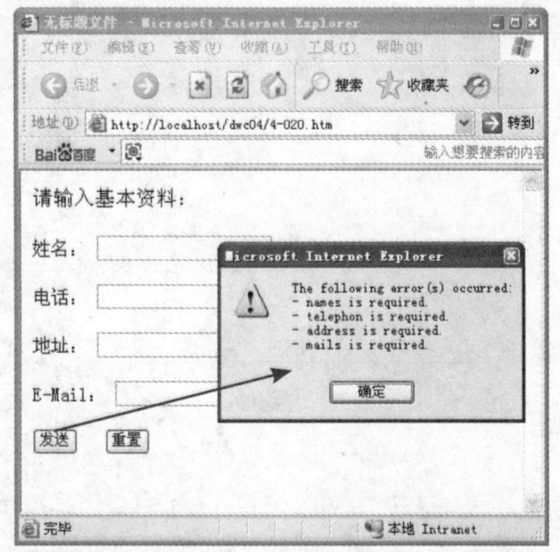

④浏览时如果未输入数据或数据输入有误则会显示提示信息

⑤如果数据检查后完全正确才能传送至指定邮箱

读书笔记

网页数据库的建立与处理

5.1 数据库的建立

在前面几章中已经介绍了一些利用 Dreamweaver 设计网页的基本方法与技巧，在所举的网页例子中，对于网页文字、图片等对象的处理，都仅限于网页表面的布局与显示，换句话说是静态、不变的，其中输入的数据并未真正的保存起来，如果要让数据真的保存起来，就必须要建一个数据库（或数据文件），以便下次能再次读取使用。下面开始将逐步介绍网页数据库如何建立、连接，以及如何读取数据库中的数据来进行处理的方法。

首先要根据网站的功能，规划需要提供哪些数据（例如商品目录），或者要输入哪些数据（例如会员数据）等。如果是商品目录数据，那就必须要有如商品编号、商品名称、定价、库存量、安全存量、图片和商品说明等数据项，这些数据项称为数据域（Field）；数据域集合起来就称为数据记录（Record）；全部商品数据记录的集合，就称为商品数据表（Table）；而多个相关的数据表的集合，如商品数据表、会员数据表等，就称为数据库(DataBase)。例如，有一个枫笛中点数据库 Funde.mdb，含有如图所示的商品数据表 goods，共有 8 条商品数据记录。

goods : 表

name	price	stock	safe	picture	content
凤梨酥	200	22	10	凤梨酥.jpg	特制凤梨馅，独特酥松外皮，每盒12入。
芋香酥	300	23	10	芋香酥.jpg	特製蛋黃芋泥餡，独特千层酥皮，每盒12入。
蛋黄酥	300	25	10	蛋黄酥.jpg	特制鸟豆沙馅，1/2个蛋黄，每盒12入。
咖啡酥	300	30	10	咖啡酥.jpg	特制蛋黄咖啡馅，独特千层酥皮，每盒12入。
甜绿豆凸	300	30	10	甜绿豆.jpg	特制绿豆馅，每盒12入。
卤绿豆凸	360	30	10	卤绿豆.jpg	精心烘制梅花肉燥馅，每盒12入。
广式月饼	360	30	10	广式.jpg	特制鸟豆沙馅，1/2个蛋黄，每盒12入。
养生月饼	400	30	10	养生.jpg	核桃、桂圆、山药粉、松子、枣泥豆沙，每盒12入。

记录: 8 共有记录数: 8

商品数据表 goods

每条记录含有商品编号、商品名称、定价、库存量、安全存量、图片名称和商品说明 7 个字段，可利用这个数据表编写程序来控制商品的库存量，以确保不会缺货。同理，其他的数据表（如会员数据表，进销数据表等）均可依其需要及目的来建立，以达到相应管理功能。

利用Access建立数据库

在 Access 数据库系统中建立一个如前面介绍的商品数据表（Goods）的具体操作步骤如下。

步骤 1　启动 Access 2003 软件进入 Access 系统。在窗口右侧的“开始工作”任务窗格中单击“新建文件”链接，在弹出的“新建文件”任务窗格中单击“空数据库”链接。

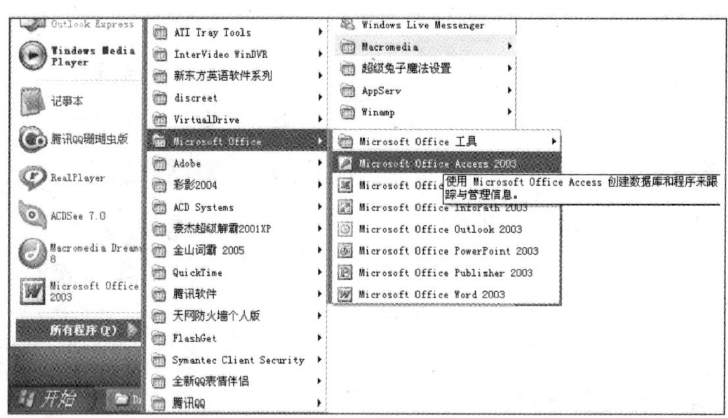

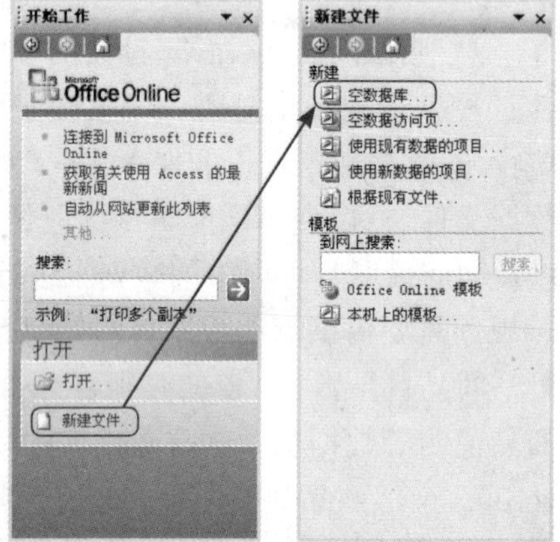

步骤 2　在弹出的“文件新建数据库”对话框中设置数据库的保存位置，并输入新数据库的名称（如 Funde.mdb），之后单击“创建”按钮。

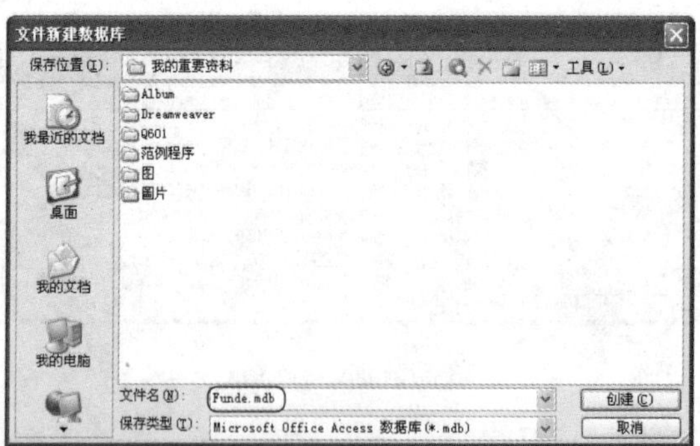

步骤 3　在弹出的“Funde 数据库”对话框中选择“使用设计器创建表”选项，并单击“设计”按钮。

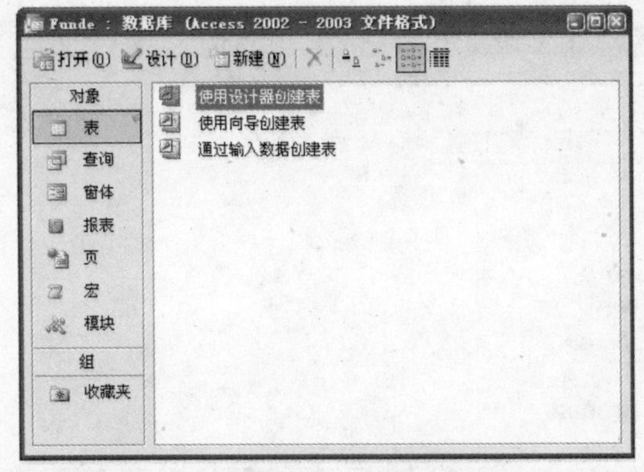

步骤 4 在弹出的数据表窗口中输入商品数据表的字段名称、数据类型及数据长度。如果想设置商品编号（pno）为主键（主键栏的数值需惟一），可右击该字段，在弹出的快捷菜单中选择“主键”命令即可。

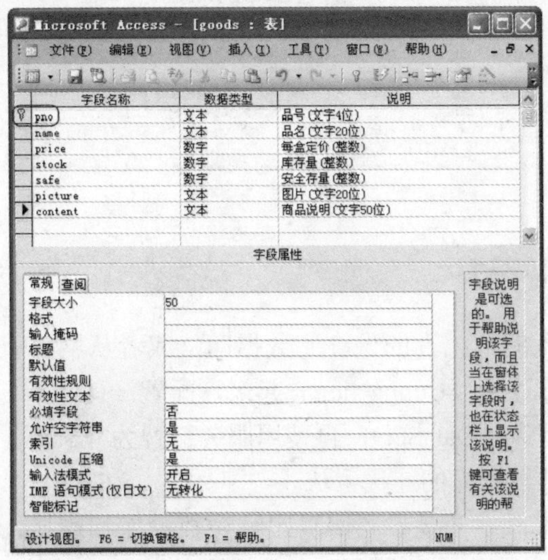

步骤 5 退出数据表对话框，在弹出的 Microsoft Office Access 对话框中单击“是”按钮保存数据表的结构。

步骤 6 在弹出的“另存为”对话框中输入数据表的名称（如 goods），之后单击“确定”按钮。至此已建好数据表的数据结构，如想输入数据表的数据，可继续下面的步骤；如想下次才输入数据，则可立即离开。

步骤 7 在上面已建好的数据表中，若要继续输入数据，可在“Funde 数据库”窗口中选择“表”对象，并在右边窗格中选择 goods 数据表，之后单击“打开”按钮。

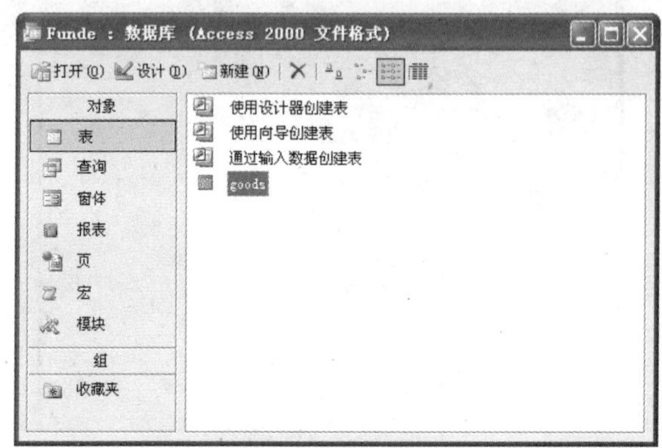

步骤 8 在弹出的数据表中逐一输入数据，输入完后存盘退出，完成建表工作。

goods : 表

name	price	stock	safe	picture	content
凤梨酥	200	22	10	凤梨酥.jpg	特制凤梨馅，独特酥松外皮，每盒12入。
芋香酥	300	23	10	芋香酥.jpg	特製蛋黃芋泥餡，独特千层酥皮，每盒12入。
蛋黄酥	300	25	10	蛋黄酥.jpg	特制乌豆沙馅，1/2个蛋黄，每盒12入。
咖啡酥	300	30	10	咖啡酥.jpg	特制蛋黄咖啡馅，独特千层酥皮，每盒12入。
甜绿豆凸	300	30	10	甜绿豆.jpg	特制绿豆馅，每盒12入。
卤绿豆凸	360	30	10	卤绿豆.jpg	精心烘制梅花肉燥馅，每盒12入。
广式月饼	360	30	10	广式.jpg	特制乌豆沙馅，1/2个蛋黄，每盒12入。
养生月饼	400	30	10	养生.jpg	核桃、桂圆、山药粉、松子、枣泥豆沙，每盒12入。

记录: 8 共有记录数: 8

5.2 数据库的连接

如果要将网页中输入的数据真的保存到数据库，或者从网页查询数据库内的信息，就必须要先让网页与数据库连接（Connection）起来，配置（Deploy）相关的文件，然后建立一个符合需求条件的数据集（DataSet），再使用服务器行为（Server Behaviors）来显示或处理数据，下面将介绍网页数据库的连接方法。

在网页中连接数据库，主要是设置网页跟哪种数据库相连接，以及这个数据库位于何处、叫什么名字？在 Dreamweaver 中提供两种建立连接的方法，一种是 OLE DB（Object Linking & Embedding Database）连接；另一种是 SQL Server 连接。前者可用来存取一般数据库及非数据库形式的数据（如 Proxy Data Source 及 Data Mining Services 等文件）；后者则专门用来连接 SQL Server 数据库（7.0 或 2000 版以上）。

连接Access数据库

下面是以 Access 数据库（如 Funde.mdb）为例，说明连接方法，具体操作步骤如下。

步骤 1 在 Dreamweaver 中建立网站（如 dwc05），选择网页文件类型（如 ASP.NET VB），设置网站的测试服务器（如本地\网络）。

步骤 2 在“数据库”面板中单击加号（+）按钮，在弹出的菜单中选择“OLE DB 连接”命令，在弹出的“OLE DB 连接”对话框中输入连接名称（如 Funde01，注意名称不可重复），然后单击“建立”按钮。

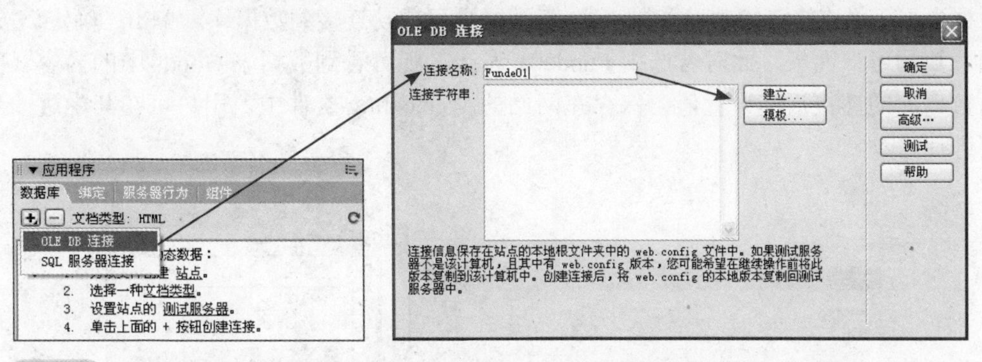

步骤 3 在弹出的“数据链接属性”对话框中，根据所要连接的数据库选择合适的选项。因为是要连 Access 数据库，所以选择 Microsoft Jet 4.0 OLE DB Provider 选项，之后单击“下一步”按钮。

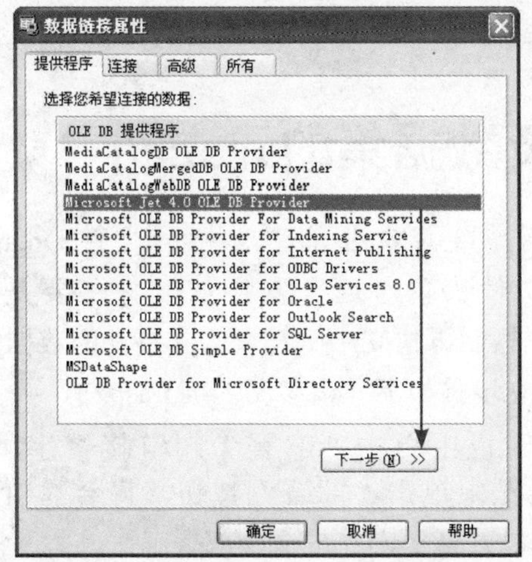

步骤 4 切换至“连接”选项卡，在其中选择要连接的数据库 Funde. mdb。然后单击“测试连接”按钮，测试数据库连接的设置是否正确，若正确则会在弹出的对话框中显示“测试连接成功”信息，之后单击“确定”按钮。

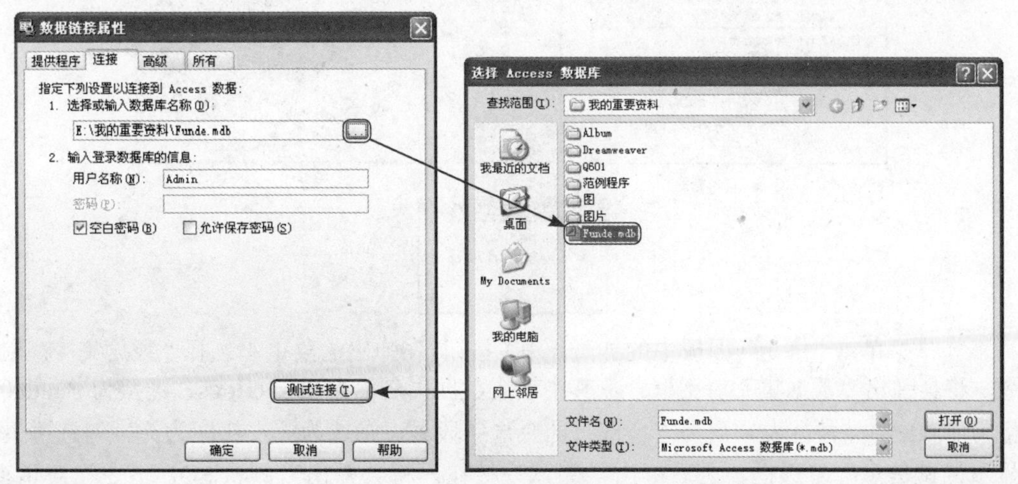

步骤 5 在弹出的“OLE DB 连接”对话框中可见“连接字符串”列表框中已设置了相应的代码，此时单击“测试”按钮，可测试数据库是否连接成功，若成功则会在弹出的

对话框中显示“连接已成功设置”信息,表示网页已成功连接到数据库。单击“确定”按钮,返回“数据库”面板,此时若选中 Funde01 连接,则可看到数据表 Goods 中的内容(完成上面数据库的连接后其设置值会保存在网站的 Web.config 文件中,用户可在其中进一步对连接进行修改)。

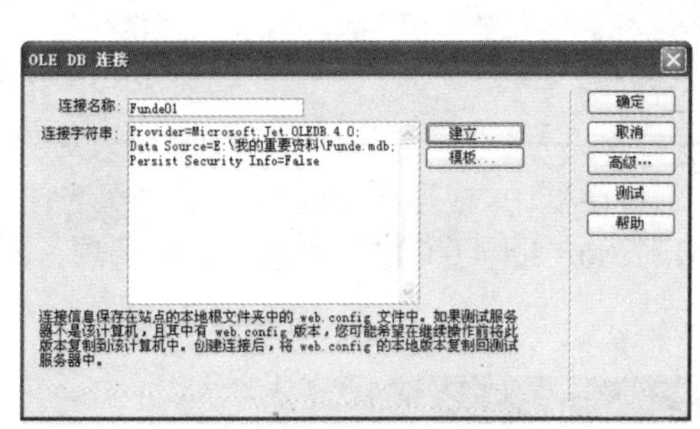

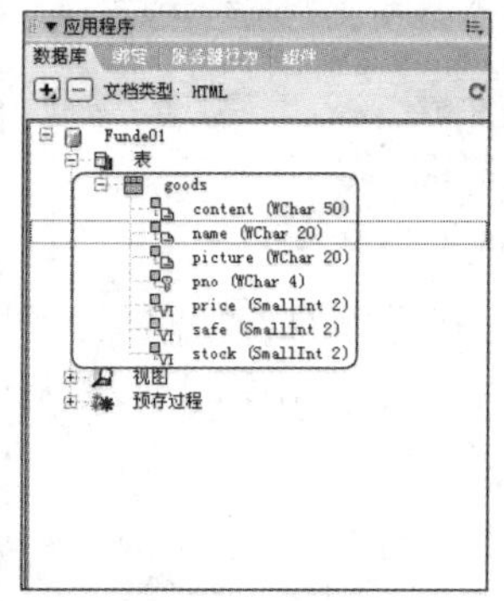

5.3 文件部署及数据集的建立

网页与数据库连接后,接着就要部署支持的文件 DreamweaverCtrls.dll 到服务器 C:\Inetpub\wwwroot\bin 的文件夹内,这个支持的文件主要是确保服务器行为(Server Behaviors)能被正确执行,然后再建立一个符合需求条件的数据集(DataSet),如商品目录数据集 dsCatalogs,具体建立步骤如下(请参阅 5-001.aspx)。

步骤 1 在“绑定”面板中单击“部署”超链接文字,在弹出的“将支持文件部署到测试服务器”对话框中单击“部署”按钮,将会弹出显示“已部署下列文件:DreamweaverCtrls.dll”信息的对话框,完成文件部署工作。

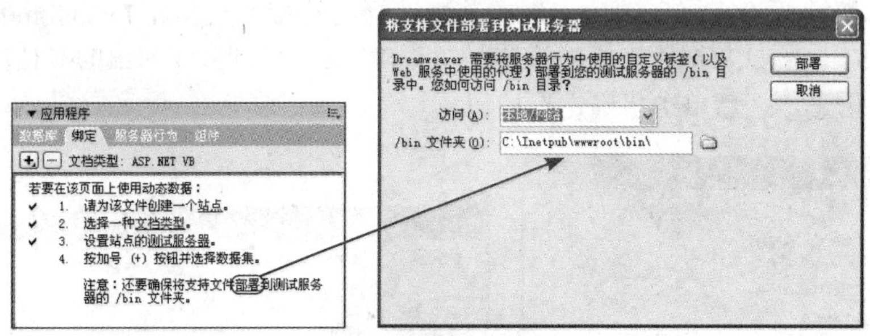

步骤 2 单击“绑定”面板中的加号(+)按钮,在弹出的菜单中选择“数据集(查询)”命令,将会弹出“数据集”对话框。在其中设置数据集名称为 dsCatalogs,连接为 Funde01,表格为 goods 商品数据表,列为“全部(即全选字段)”,筛选为无,排序为无,勾选“失败时显示调试信息”复选框,之后单击“测试”按钮,将会弹出“测试 SQL 指令”对话框,在其中显示了当前连接的数据表数据集,单击“确定”按钮即可完成数据集的建立。

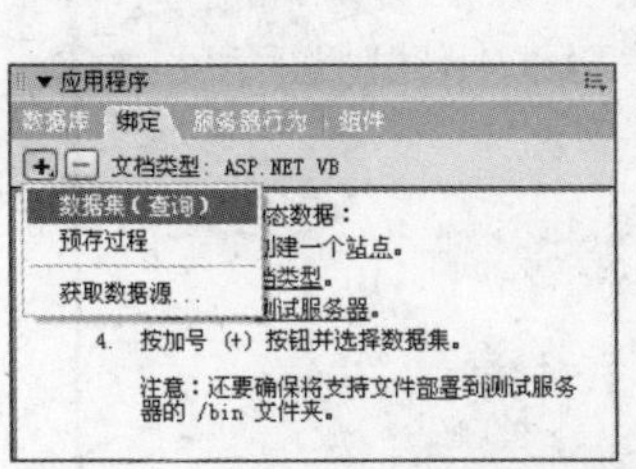

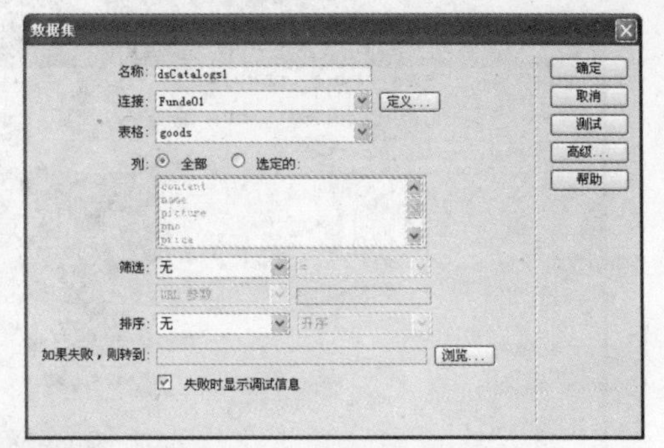

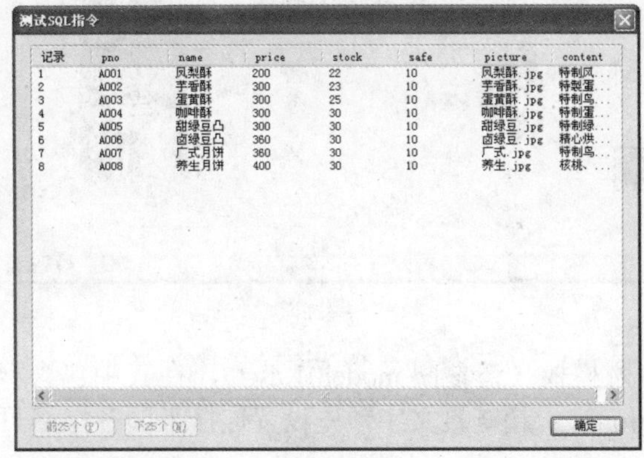
测试SQL指令

记录	pno	name	price	stock	safe	picture	content
1	A001	凤梨酥	200	22	10	凤梨酥.jpg	特制凤...
2	A002	芋香酥	300	23	10	芋香酥.jpg	特製蛋...
3	A003	蛋黄酥	300	25	10	蛋黄酥.jpg	特制乌...
4	A004	咖啡酥	300	30	10	咖啡酥.jpg	特制蛋...
5	A005	甜绿豆凸	300	30	10	甜绿豆.jpg	特制绿...
6	A006	卤绿豆凸	360	30	10	卤绿豆.jpg	精心烘...
7	A007	广式月饼	360	30	10	广式.jpg	特制乌...
8	A008	养生月饼	400	30	10	养生.jpg	核桃、...

前25个 下25个 确定

步骤 3 在上一步骤的“数据集”对话框中，通常会取消勾选最下面的“失败时显示调试信息”复选框，并先设计一个无法建立数据集时的道歉网页（请参阅 5-001.htm），以便将来无法顺利建立数据集时，先显示该道歉网页再检查原因，进行修改。数据集建好后，在“绑定”面板中会显示该数据集名称，选中后即可看到该数据集结构。

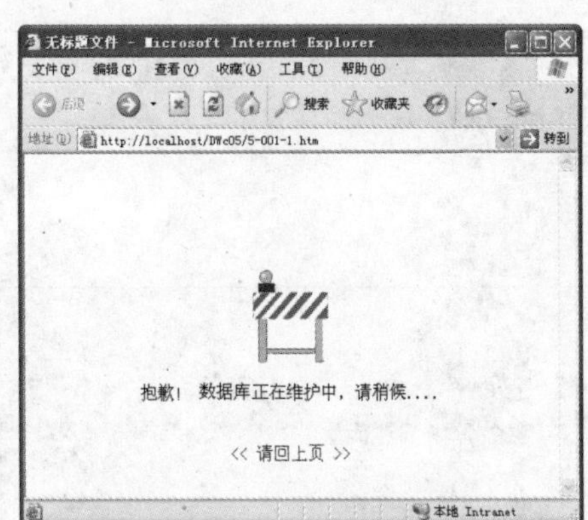

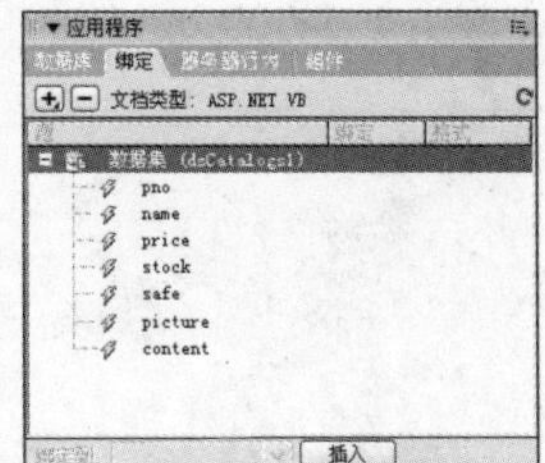

5.4 设置服务器行为

数据集建好后，接着就要处理或显示数据集内的数据，以满足网友的需求，也就是说要设置数据集的服务器行为（Server Behaviors）。例如，要将枫笛中点的商品目录（dsCatalogs 数据集）以如下图所示的方式显示出来（请参阅 5-001.aspx），其中不但有导航栏，具备单击即可换页浏览的功能，而且还要在无法打开数据集时，能显示错误信息，具体创建步骤如下。

步骤 1 制作枫笛网模板（请参阅 model01.dwt），在其中包含枫笛网图片、超链接文字及可编辑区（editRegion3）。超链接文字预先设置连接下面各空网页。

（1）商品目录 5-001.aspx

（2）最新消息 5-002.aspx

（3）购物车 5-003.aspx

（4）会员专区 5-004.aspx

（5）留言板 5-005.aspx

（6）讨论区 5-006.aspx

（7）服务信箱 mailto:cc5528@ms62. hinet.net

（8）管理专区 5-007.aspx

（9）Home（首页）5-000.htm

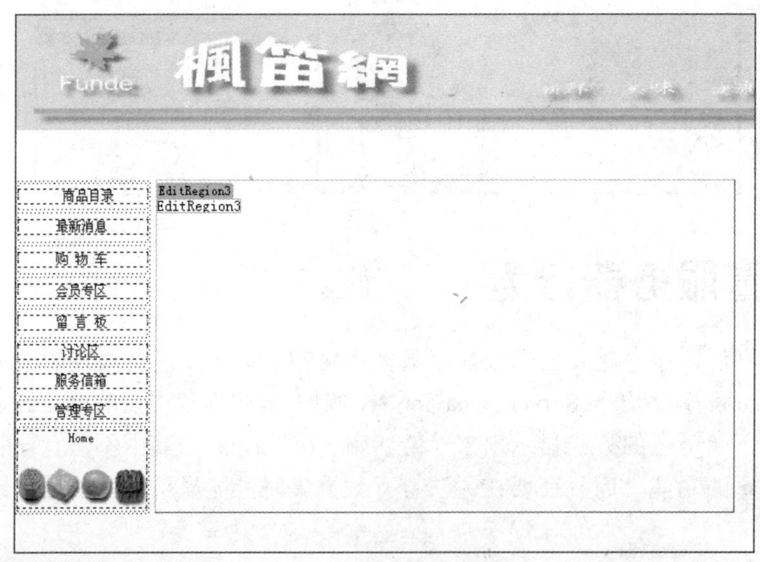

步骤 2 将商品目录网页（5-001.aspx）套用枫笛网模板，然后在可编辑区插入“商品目录”表格，在其中输入各标题，并在表格下方输入未能打开数据集时的出错信息。

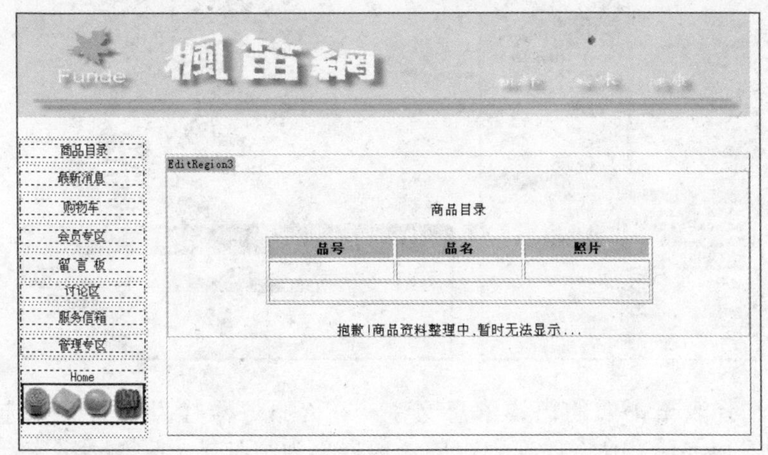

步骤 3 在“绑定”面板中将dsCatalogs数据集内的品号（pno）、品名（name）字段一一拖曳至表格内。然后在照片单元格中插入一个“图像”控件，然后再拖曳picture字段至该单元格，可看到会出现一个图片图标，然后在“属性”面板中设置宽度（width）为100像素、高度（height）为75像素。

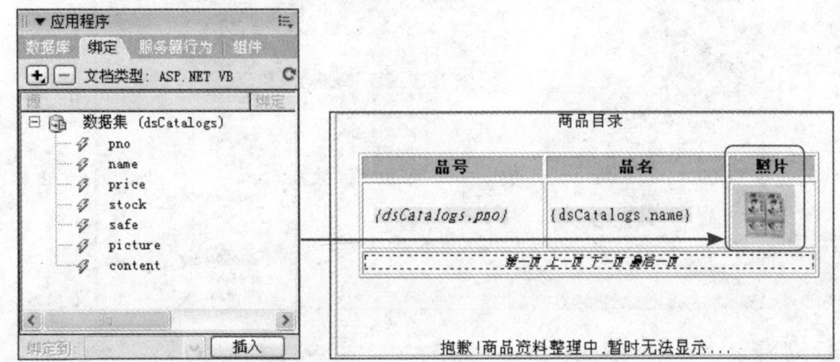

步骤 4 选择表格第二行，在“服务器行为”面板中选择“重复区域”命令，在弹出的“重复区域”对话框中设置数据集为dgCatalogs，输入一次显示多少条商品记录（这里设置为3条），之后单击“确定”按钮。

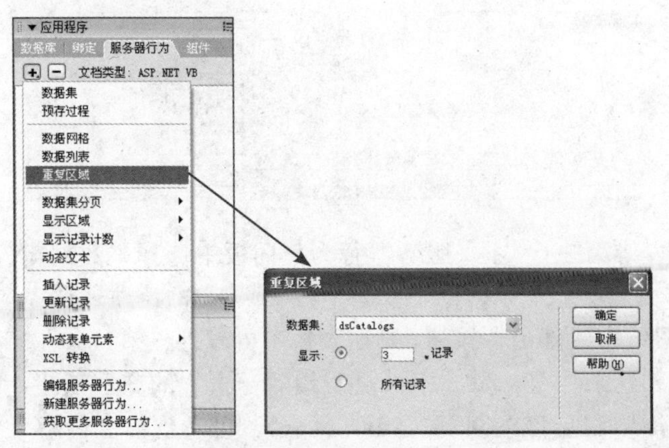

步骤 5 在“服务器行为”面板中选择“显示区域 > 数据集不为空显示”命令，在弹出的“数据集不为空显示”对话框中选择数据集为 dgCatalogs，之后单击“确定”按钮。

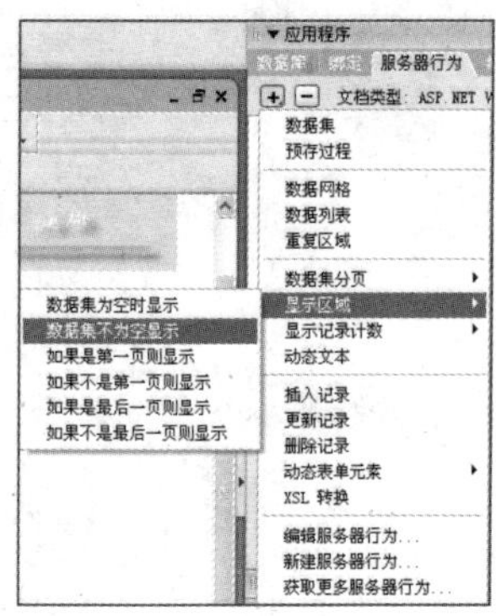

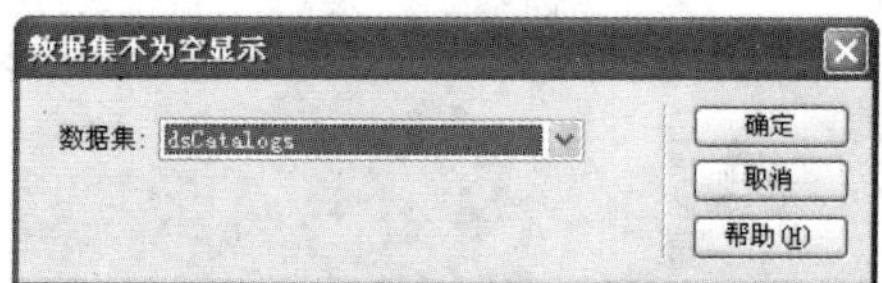

步骤 6 选择表格下面的出错信息文字，在“服务器行为”面板中选择“显示区域 > 数据集为空时显示”命令，在弹出的“数据集为空时显示”对话框中选择数据集为 dgCatalogs，之后单击“确定”按钮。

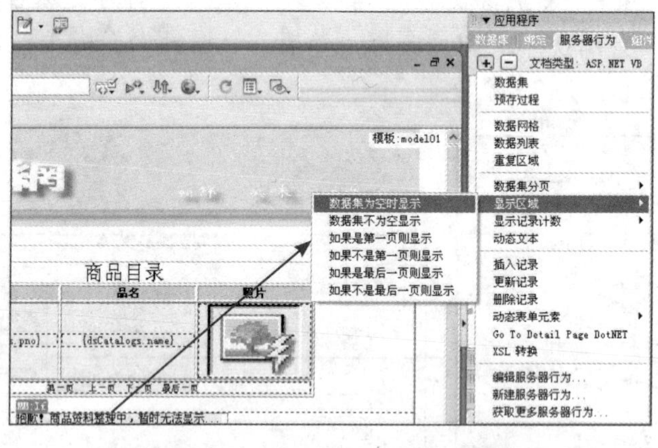

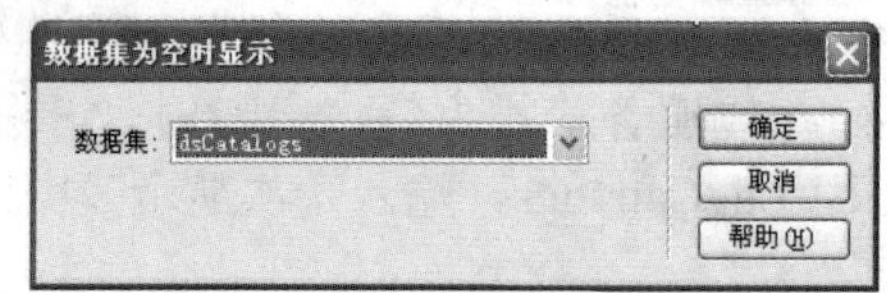

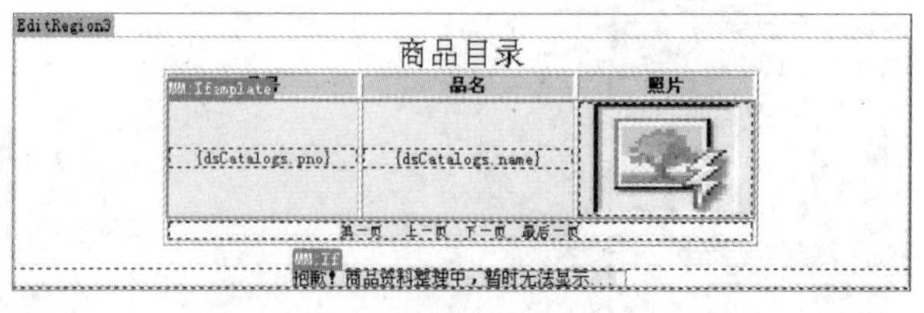

步骤 7 选择表格第 3 行，在“服务器行为”面板中选择“数据集分页 > 移至第一页”命令，在弹出的“移至第一页”对话框中设置“链接”为“创建新链接：‘第一页’”，“数据集”为 dgCatalogs，之后单击“确定”按钮，则在表格中可看到“第一页”文字链接，依此类推，重复刚才的步骤加入其余“上一页、下一页及最后一页”的文字链接，完成整个商品目录网页的创建。接着浏览商品目录网页（5-001.aspx），可看到商品内容，并且可通过单击各页码的文字链接换页浏览商品数据。

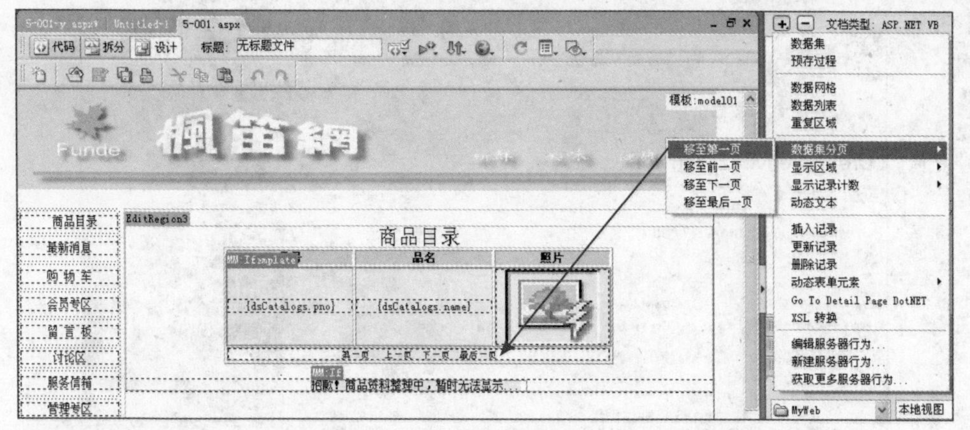

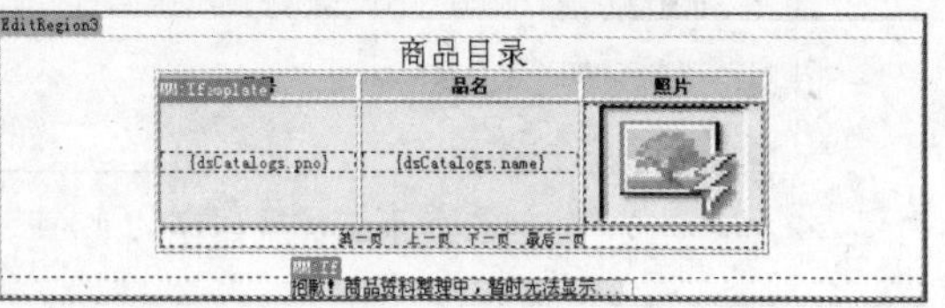

5.5 Dreamweaver扩展程序的安装

在当今有许多官方或非官方的关于 Dreamweaver 的扩展程序（即插件）可供用户下载使用，这些程序可以在安装后加强或扩展 Dreamweaver 的相应功能，使用“扩展管理器”即可安装并管理这些扩展程序。默认情况下，“扩展管理器”程序是随 Dreamweaver 软件的安装过程一并安装的。后面有些章节，要在 Dreamweaver 中开始使用 ASP.NET 的“前往详细信息页”等功能，因此必须到 Adobe 网站下载 Go To Detail Page for DotNet 扩展程序。另外，为了要使用 Application, Session 等 HTTP 类别变量，因此也要下载 WebXel Server Objects 扩展程序。注意，这两个扩展程序已在本光盘中提供。

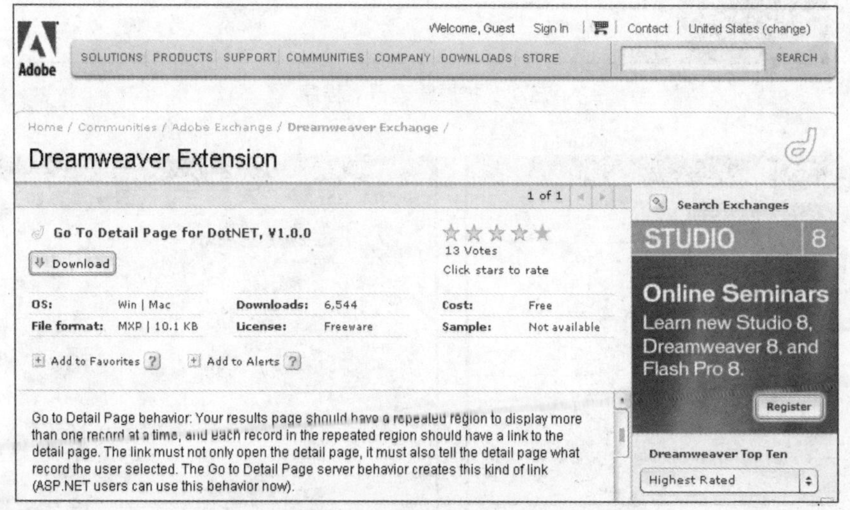

下载扩展程序 GoTo Detail Page for DotNet

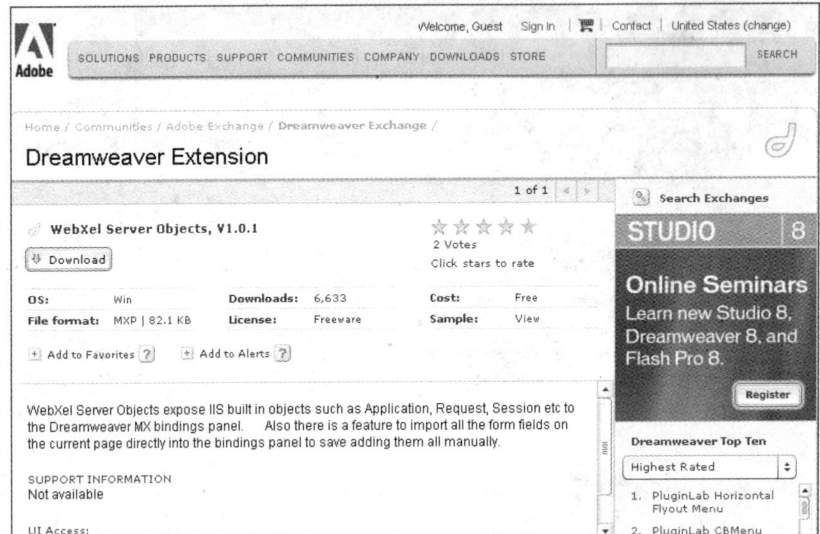

下载扩展程序 WebXel Server Objects

下载完后，即可启动“扩展管理器”软件安装这些扩展程序。

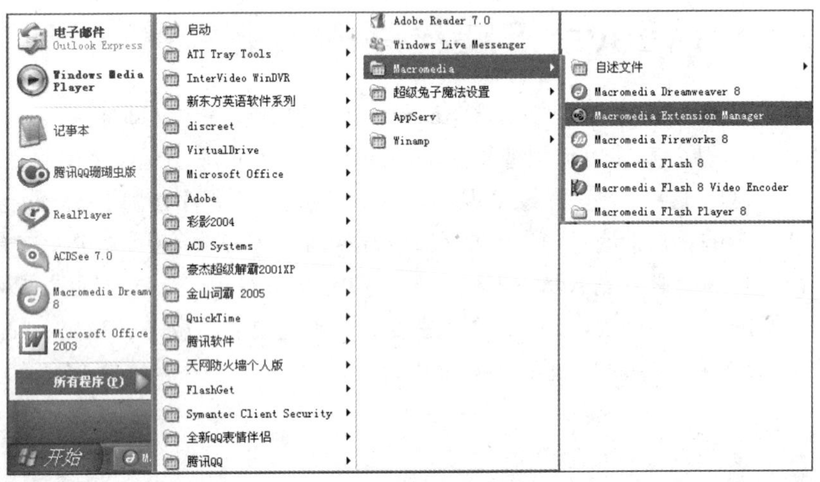

启动“扩展管理器”程序

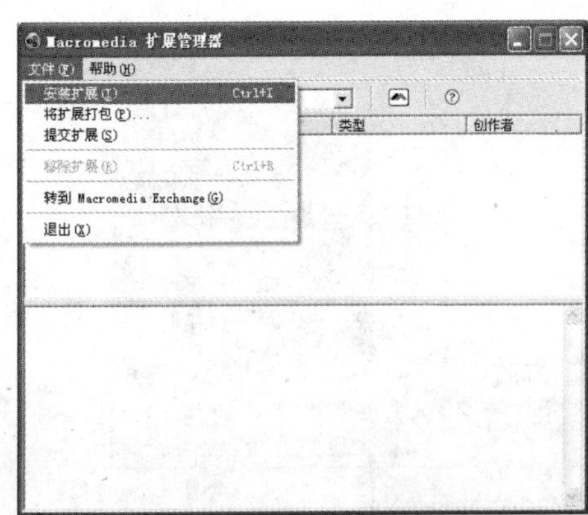

选择“文件 > 安装扩展”命令

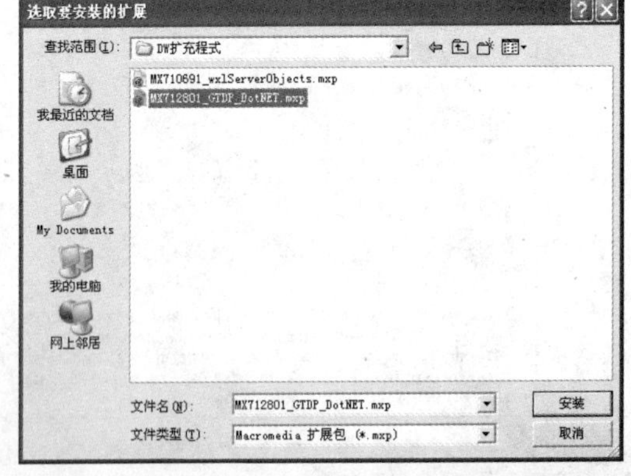

选择需要安装的扩展程序，单击“安装”按钮逐步安装

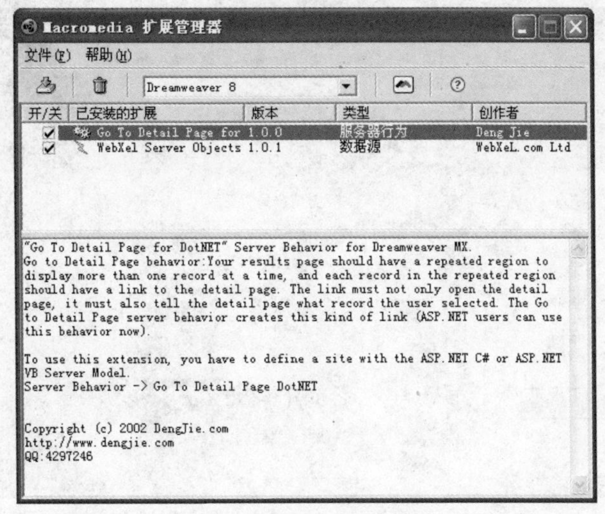
Macromedia 扩展管理器
文件(F) 帮助(H)
Dreamweaver 8
开/关	已安装的扩展	版本	类型	创作者
✔	Go To Detail Page for	1.0.0	服务器行为	Deng Jie
✔	WebXel Server Objects	1.0.1	数据源	WebXeL.com Ltd

"Go To Detail Page for DotNET" Server Behavior for Dreamweaver MX.
Go to Detail Page behavior:Your results page should have a repeated region to display more than one record at a time, and each record in the repeated region should have a link to the detail page. The link must not only open the detail page, it must also tell the detail page what record the user selected. The Go to Detail Page server behavior creates this kind of link (ASP.NET users can use this behavior now).

To use this extension, you have to define a site with the ASP.NET C# or ASP.NET VB Server Model.
Server Behavior -> Go To Detail Page DotNET

Copyright (c) 2002 DengJie.com
http://www.dengjie.com
QQ:4297246

扩展程序 Go To Detail Page for DotNet 的功能说明

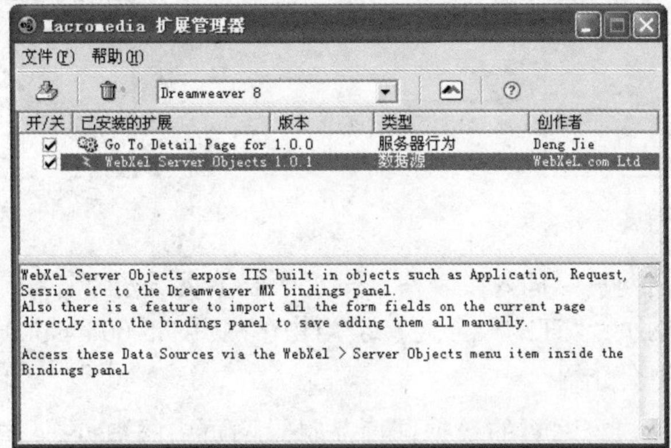
Macromedia 扩展管理器
文件(F) 帮助(H)
Dreamweaver 8
开/关	已安装的扩展	版本	类型	创作者
✔	Go To Detail Page for	1.0.0	服务器行为	Deng Jie
✔	WebXel Server Objects	1.0.1	数据源	WebXeL.com Ltd

WebXel Server Objects expose IIS built in objects such as Application, Request, Session etc to the Dreamweaver MX bindings panel.
Also there is a feature to import all the form fields on the current page directly into the bindings panel to save adding them all manually.

Access these Data Sources via the WebXel > Server Objects menu item inside the Bindings panel

扩展程序 WebXel Server Objects 的功能说明

5.6 设置前往细节页面

如果网页与网页之间要传递数据，以便利用传来的数据，查得该数据所关联的记录，进一步处理或浏览其详细内容时，可使用前面安装的前往详细信息页（Go To Detail Page for DotNet）扩展程序的服务器行为。例如，要在枫笛中点的商品目录网页（5-001.aspx）中单击品号为 A003 的商品，会连接至商品内容网页（5-001-y.aspx），并根据传来的品号，显示该商品数据；浏览后可单击“回上页”超链接文字，返回商品目录网页，实现该效果的具体操作步骤如下。

在商品目录网页单击“品号”，会转到商品内容网页，打开该品号的显示内容

商品目录网页 5-001.aspx

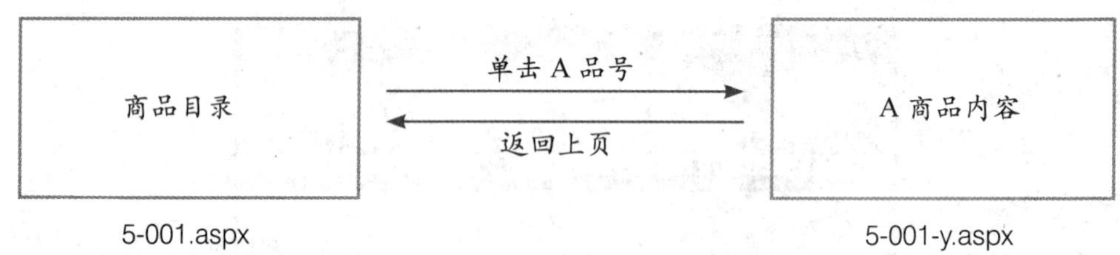

步骤 1 在一空白网页中插入空表格，设置“回上页”及“订购”超链接文字。“回上页”是返回商品目录网页；“订购”会连接至购物车网页（5-003.aspx）。购物车网页中的功能在后面购物车章节中会介绍。

步骤 2 因为商品内容网页的数据同商品目录网页中的数据是一样的，所以在商品目录网页的“绑定”面板中复制数据集 dsCatalogs，将其粘贴至商品内容网页的“绑定”面板中。然后拖曳各字段至相应的表格中。按照 5.4 节步骤 3 介绍的方法，图片也是通过先插入“图像”对象再绑定 picture 照片字段而得，图片宽度设为 160 像素，高度设为 120 像素。

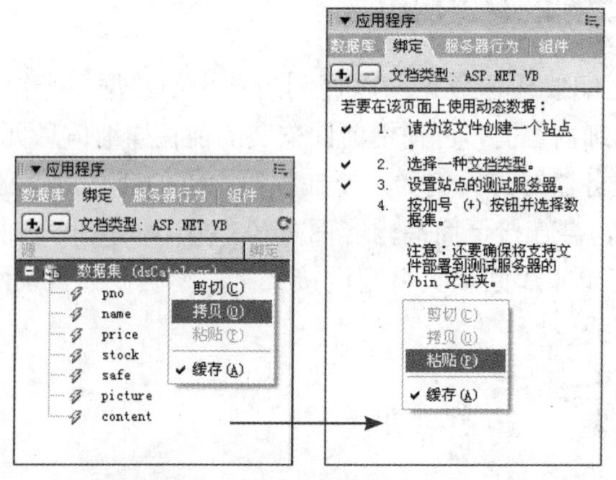

从商品目录网页复制数据集到商品内容网页

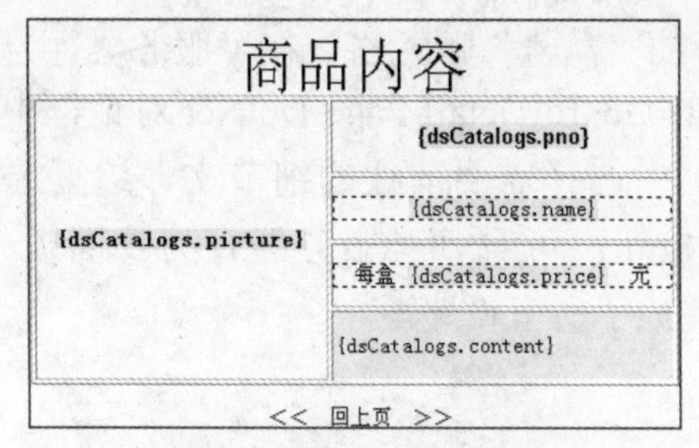

拖曳数据集各字段至表格中

步骤 3 双击商品内容网页的数据集 dsCatalogs，会在弹出的“数据集”对话框中设置筛选为 pno，URL 参数为 pno，这样一来能够将商品内容网页的同品号数据筛选出来，以便进一步显示。

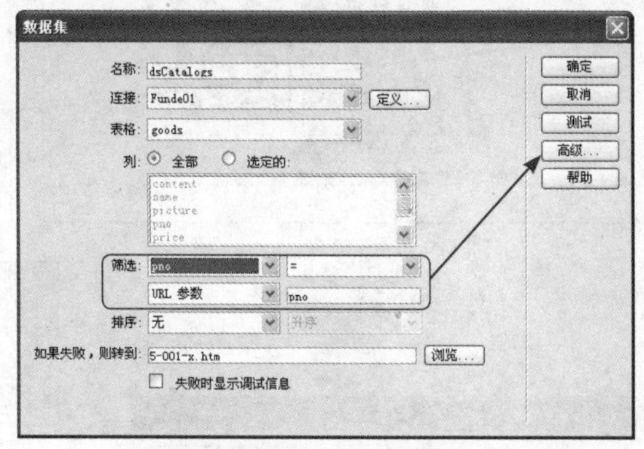

设置筛选商品数据

步骤 4 如果在上一步骤中单击“高级”按钮，会看到系统已经自动输入了 SQL 语句，即“Select * From goods Where pno=?”，在“Where pno=?”条件语句中，将会引用下面的参数 @pno 从网址读取并传来品号值 Request.QueryString("pno")，然后筛选出符合条件的商品数据进行显示，之后单击“确定”按钮。

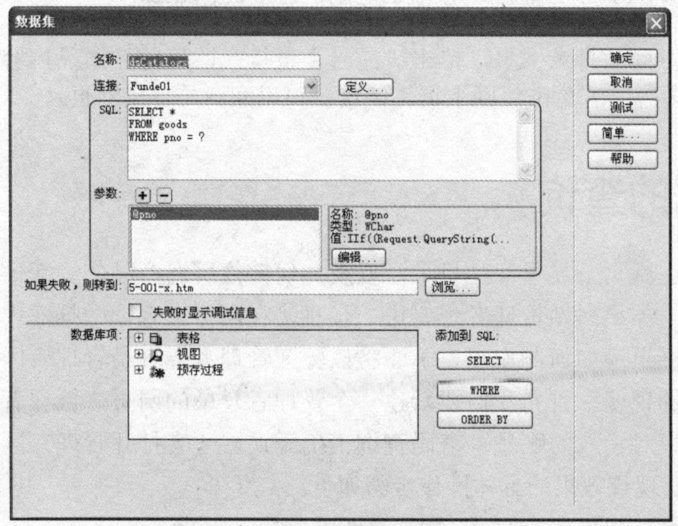

筛选数据的 SQL 语句及参数 @pno

步骤 5 选择商品目录的“品号”单元格，在“服务器行为”面板中选择 Go To Detail Page DotNet 行为，在弹出的 Go To Detail Page DotNet 对话框中单击“Browser”按钮，在弹出的“选择文件”对话框中选择需要前往的细节文件这里选择商品内容网页（5-001-y.aspx），之后单击“确定”按钮，可看到“服务器行为”面板中已新建一个 Go To Detail Page DotNet 行为，此时即完成了所有设置。

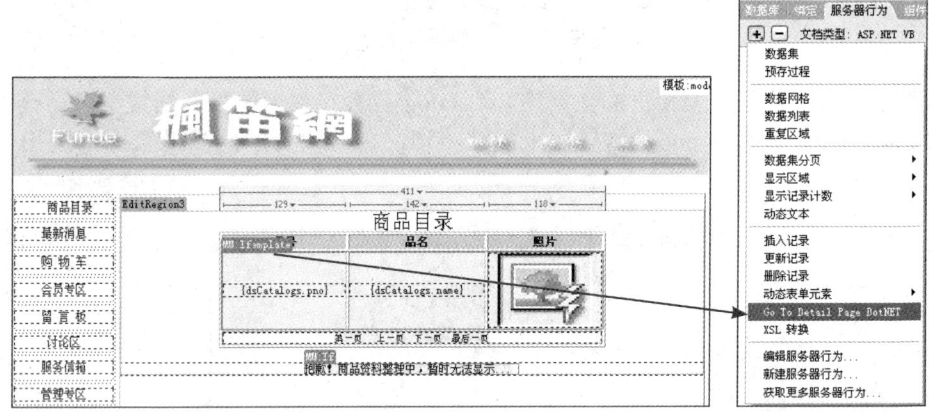

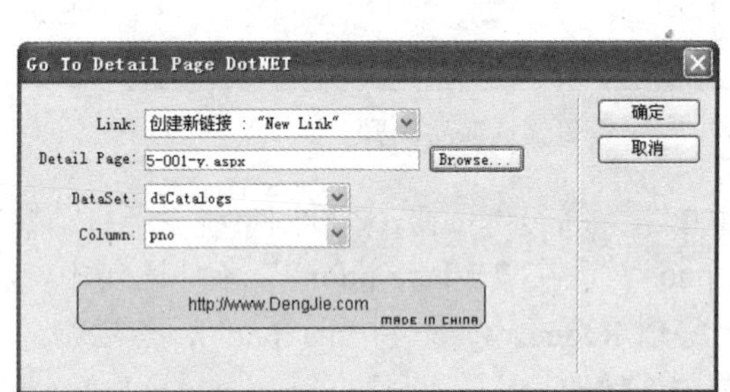

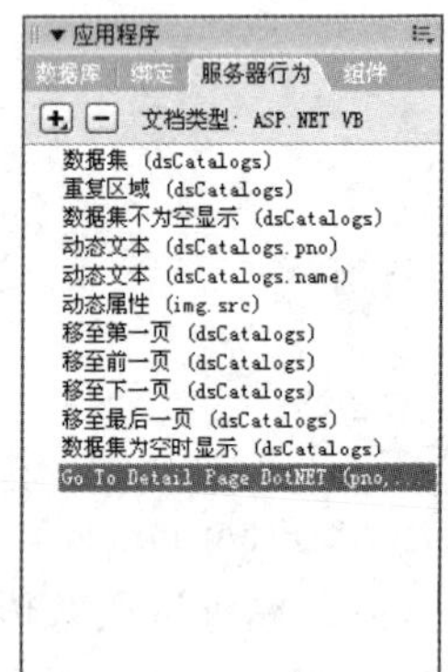

设置转往的〝详细信息页〞为商品内容网页（5-001-y.aspx）

步骤 6 浏览商品目录网页，单击“品号”链接，即可前往商品内容网页，显示该品号所对应的商品内容。若单击“回上页”链接，可返回商品目录网页。

5.7 数据的查询

介绍完如何在网页上显示商品目录，以及如何前往所选商品的详细信息页，在详细浏览了商品数据后，如果网站管理者想要进一步直接在网页上查询数据库内的各种数据，那么查询数据库的网页应如何制作呢？下面将以验证管理者要登录管理专区时输入的账号密码实例作进一步的说明。首先我们要新建一个管理者登录的网页，管理者要先输入自己的账号、密码，如果对输入的账号、密码查询正确无误，才会打开管理专区网页，再在其中作进一步处理，实现该效果的具体操作步骤如下。

在首页单击“管理专区”链接文字，会进入管理者登录网页，在其中输入账号和密码后，单击“登录”按钮

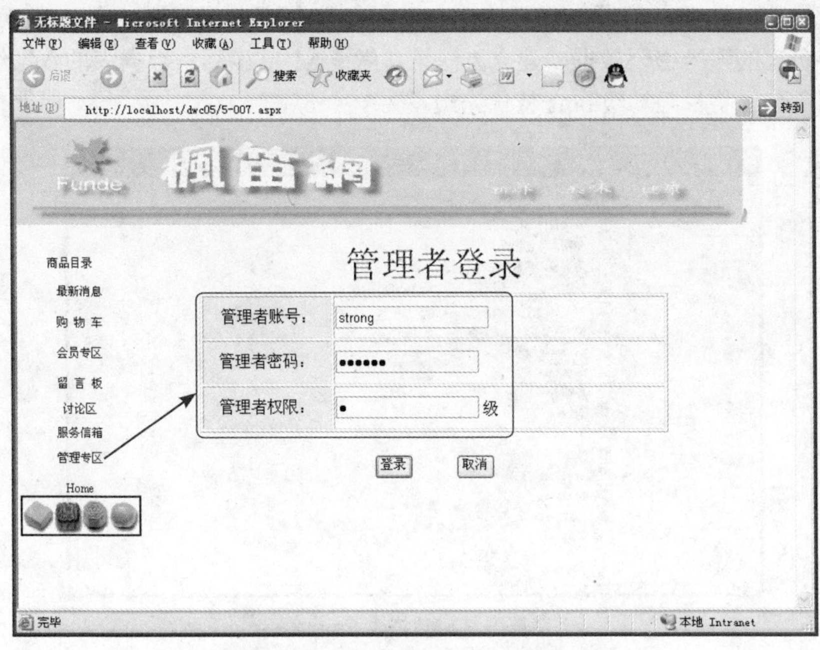

管理专区管理者登录网页（5-007.aspx）

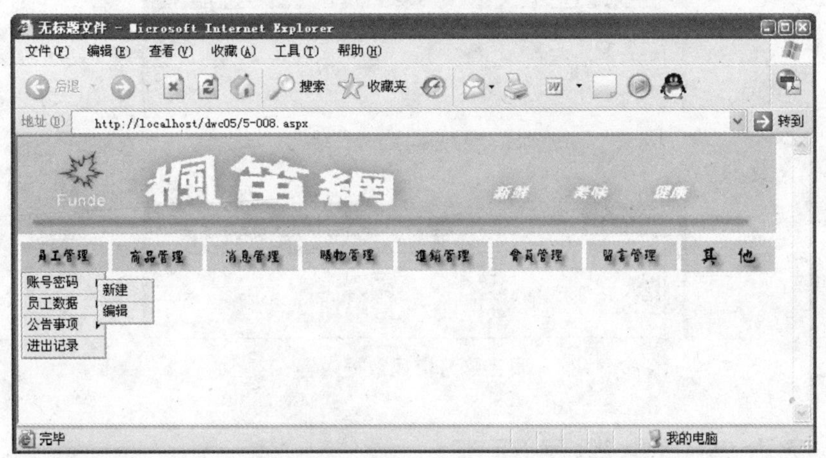

在首页单击“管理专区”链接文字，会进入管理者登录网页，在其中输入账号和密码后，单击“登录”按钮

管理专区网页（5-008.aspx）

管理者登录	输入账号和密码，单击“登录”按钮，检查信息的正确性 → ← 单击“登出”按钮返回	管理专区
5-007.aspx		5-008.aspx

5.7.1 建立账号密码数据表

如果现在有 3 个员工，此时需要在 Funde.mdb 数据库内，新建一个 safeT 账号密码数据表来保存员工的账号密码数据，建立方法请参考 5.1.1 节步骤，数据表的数据结构及数据内容如下图所示（将权限等级 pms 依优先级设为 s>a>b>c 级）。

员工账号密码数据表 Employee

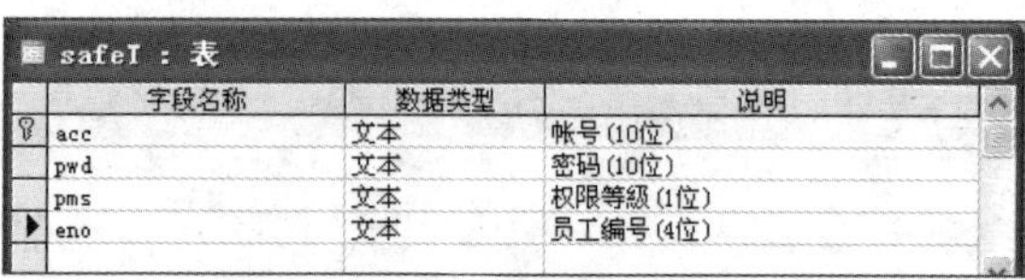

safeT : 表

字段名称	数据类型	说明
acc	文本	帐号 (10位)
pwd	文本	密码 (10位)
pms	文本	权限等級 (1位)
eno	文本	员工编号 (4位)

员工账号密码数据表结构

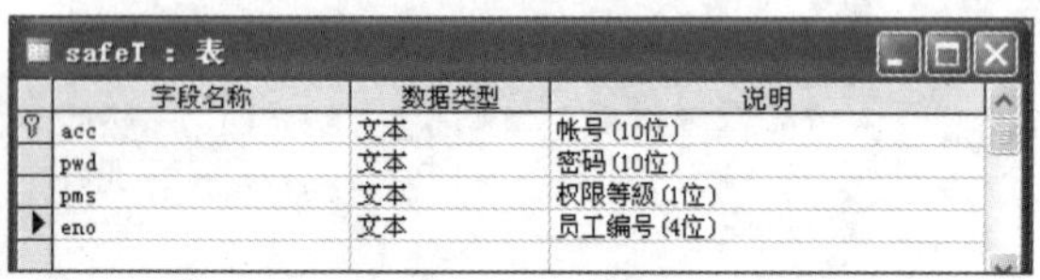

safeT : 表

字段名称	数据类型	说明
acc	文本	帐号 (10位)
pwd	文本	密码 (10位)
pms	文本	权限等級 (1位)
eno	文本	员工编号 (4位)

员工账号密码数据内容

5.7.2 建立管理者登录网页

safeT 员工账号密码数据表建好后，要建立管理者登录网页，以便能划分进入“管理专区”的人群类型。创建过程是单击“表单”插入栏中的“表单”按钮插入一个表单对象，之后在表单中插入一个 3 行 2 列的表格来放置账号文本字段 acc、密码文本字段 pwd 以及权限文本字段 pms。在下面再新建一个无框线的表格，插入“提交”按钮（改名为“登录”按钮）和“重置”按钮（改名为“取消”按钮），并套用前面的 model01.dwt 模板。

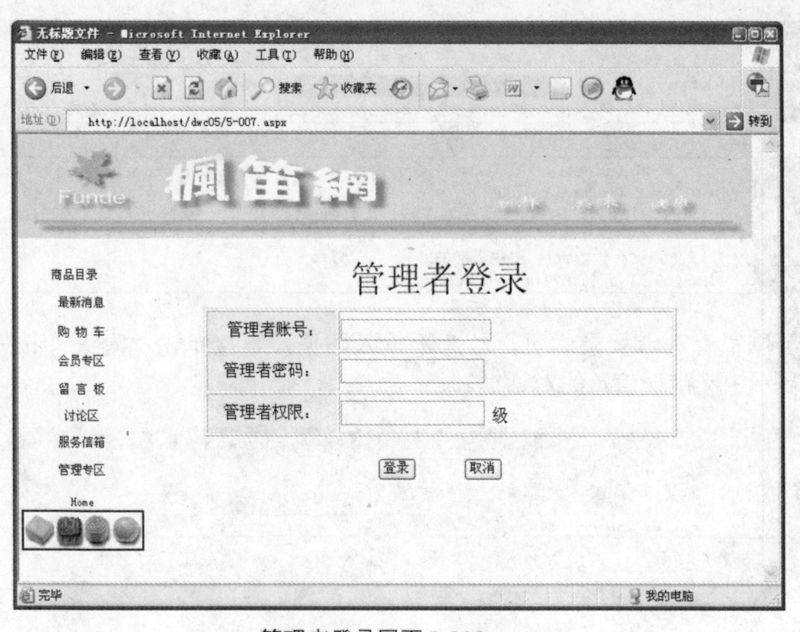

管理者登录网页 5-008.aspx

5.7.3 检查输入的账号和密码数据

管理者登录网页建好后，为了防止某些人没有输入账号和密码数据就单击“登录”按钮而造成的错误，必须加入“检查表单”服务器行为来进行检查，具体操作步骤如下。

步骤 1 选中整个表单，在“行为”面板中选择“检查表单”行为，在弹出的“检查表单”对话框的“命名的栏位”列表框中选择相应的命名字段，若勾选“必需的”复选框则表示各字段一定要有输入值，否则会显示错误信息，之后单击“确定”按钮。

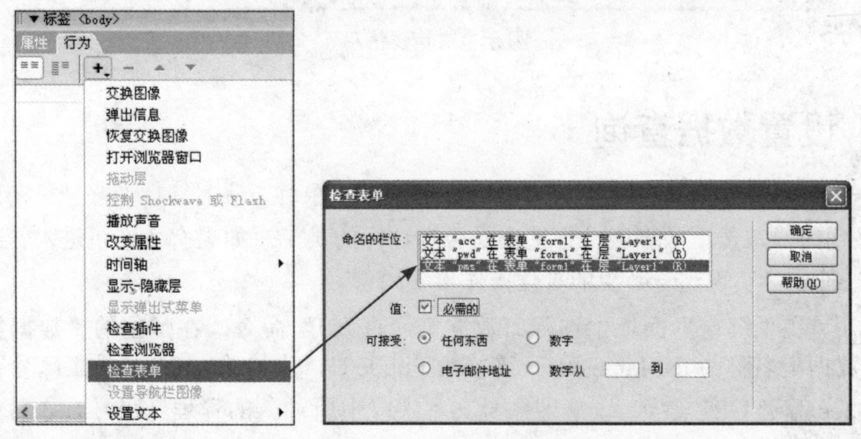

步骤 2 切换至“代码”视图，在“function MM_validateForm() {\}”代码段中，找出“is required”代码，将其改为“资料是必须的”，再找出“The following error(s) occurred”代码，将其改为“发生下面的错误”。这样可以在未输入数据而单击“登录”按钮时，以中文显示错误信息。

```
        if (num<min || max<num) errors+='- '+nm+' must contain a number between '+min+'
  } } } else if (test.charAt(0) == 'R') errors += '- '+nm+' is required.\n'; }
} if (errors) alert('The following error(s) occurred:\n'+errors);
document.MM_returnValue = (errors == '');
```

改为

```
        if (num<min || max<num) errors+='- '+nm+' must contain a number between
 '+min+' and '+max+'.\n';
   } } } else if (test.charAt(0) == 'R') errors += '- '+nm+' 资料是必须的.\n';
}
  } if (errors) alert('发生下面的错误:\n'+errors);
  document.MM_returnValue = (errors == '');
```

步骤 3 浏览管理者登录网页，故意不输入数据，直接单击“登录”按钮进行测试，此时会弹出显示中文错误信息的对话框。

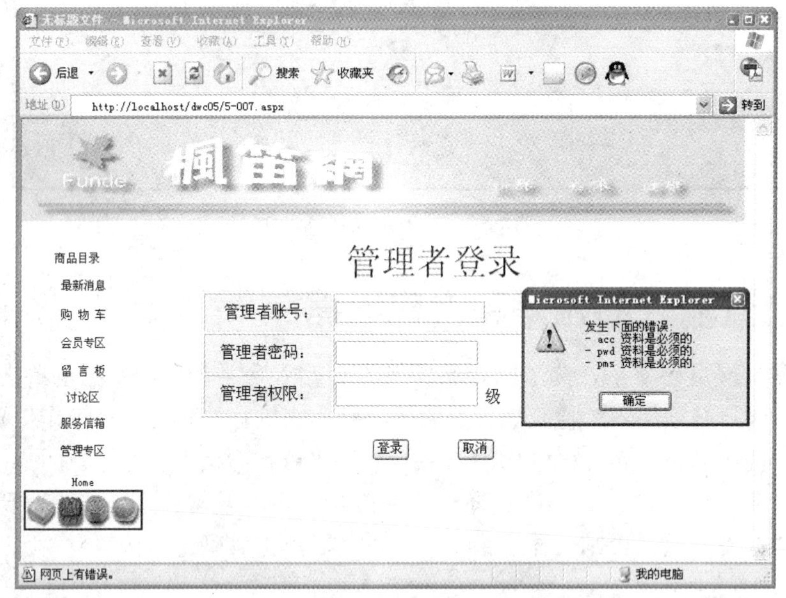

显示中文错误信息

5.7.4 设置数据查询

新建一个名为 dsManage01 的管理者数据集，以便在员工输入管理者账号、密码后单击“登录”按钮时，从员工数据表中筛选出是否有这样的员工，如果有才准予进入管理专区网页（5-008.aspx），实现这一效果的具体操作步骤如下。

步骤 1 在“绑定”面板中选择“数据集（查询）”命令，在弹出的“数据集”对话框中设置数据集名称为 dsManage01，连接为 Funde01，表格为 safeT（员工账号密码数据表），筛选 acc 等于 URL 参数 acc（即账号文本字段中所输入的管理者账号），之后单击“高级”按钮。

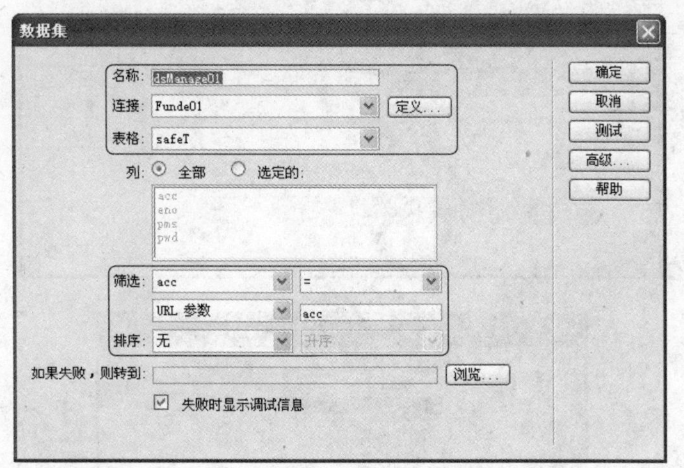

步骤 2 在 SQL 列表框中显示的 SQL 语句后加入“and pwd = ? and pms = ?”，表示以管理者输入的账号及密码数据（会存在参数 @acc、@pwd 及 @pms 中），来筛选员工数据表内是否有相符合的员工数据，若有则允许其进入“管理专区”。

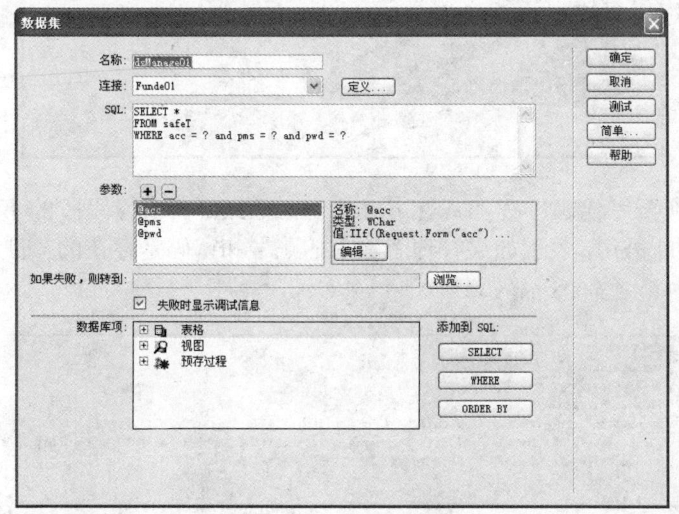

步骤 3 若想新建参数可单击 ⊞ 按钮，在弹出的“添加参数”对话框中输入参数名称（如 @pwd）、设置类型为 Wchar，之后单击“确定”按钮。

步骤 4 在弹出的“生成值”对话框中设置“名称”为 pwd，“源”为表单变量，之后单击“确定”按钮。

步骤 5 返回“添加参数”对话框，可看到“值”列表框中显示“IIf((Request.Form ("pwd") <> Nothing), Request.Form("pwd "), "")”，表示如果表单的文本域中有输入数据，则会将其读取当作参数值，之后单击“确定”按钮（关于 Request 请参阅后面章节内容）。

步骤 6 依此类推，添加参数 @pms。

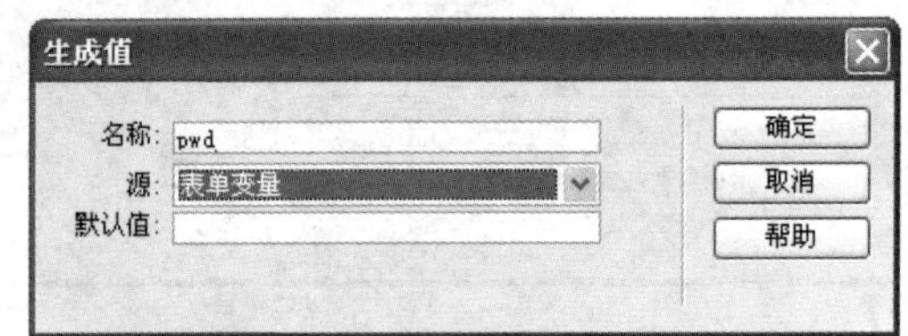

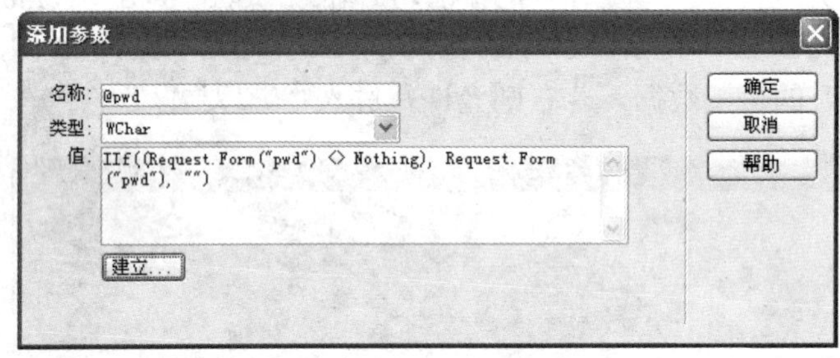

步骤 7 切换至“代码”视图，在 <MM：PageBind…/> 代码段的下一行输入下面的 <% If \ End If> 判断语句，表示如果管理者输入的账号和密码是存在的，即为合法的管理者，则进入管理专区网页（5-008.aspx）。

```
<MM:DataSet
id="dsManage01"
runat="Server"
IsStoredProcedure="false"
ConnectionString='<%# System.Configuration.ConfigurationSettings.AppSettings("MM_CONNECTION_S
DatabaseType='<%# System.Configuration.ConfigurationSettings.AppSettings("MM_CONNECTION_DATAB
CommandText='<%# "SELECT * FROM safeT WHERE acc = ? and pwd = ?" %>'
Debug="true"
><Parameters>
  <Parameter Name="@acc" Value='<%# IIf((Request.Form("acc") <> Nothing), Request.Form("acc
  <Parameter Name="@pwd" Value='<%# IIf((Request.Form("pwd") <> Nothing), Request.Form("pwd
</Parameters></MM:DataSet>
<MM:PageBind runat="server" PostBackBind="true" />
<%
if dsManage01.recordcount > 0 then
  response.Redirect("5-008.aspx")
end if
%>
```

如果管理者输入的账号和密码检查后是正确的，则进入管理专区网页

5.7.5 管理专区网页

做好管理者登录网页后，下一步就是要建立管理专区网页，以便浏览者在其中能选择所需的功能，从而新建或编辑各网页产生的数据，具体操作步骤如下。

步骤 1 建立 Model02.dwt 模板，供管理专区各管理网页套用。模板中含有 Funde02.jpg 图片，并在图片下插入无边框表格，在其中插入员工管理、商品管理等文字图片。使用

“显示弹出式菜单”行为，设置各文字图片的菜单主功能，下设新建、编辑等子菜单，以及选择各子菜单中的命令后连接至指定网页。另外，使用“交换图片”行为，让光标位于子菜单的命令上时会变换成另一组文字图片，以增加动态效果。

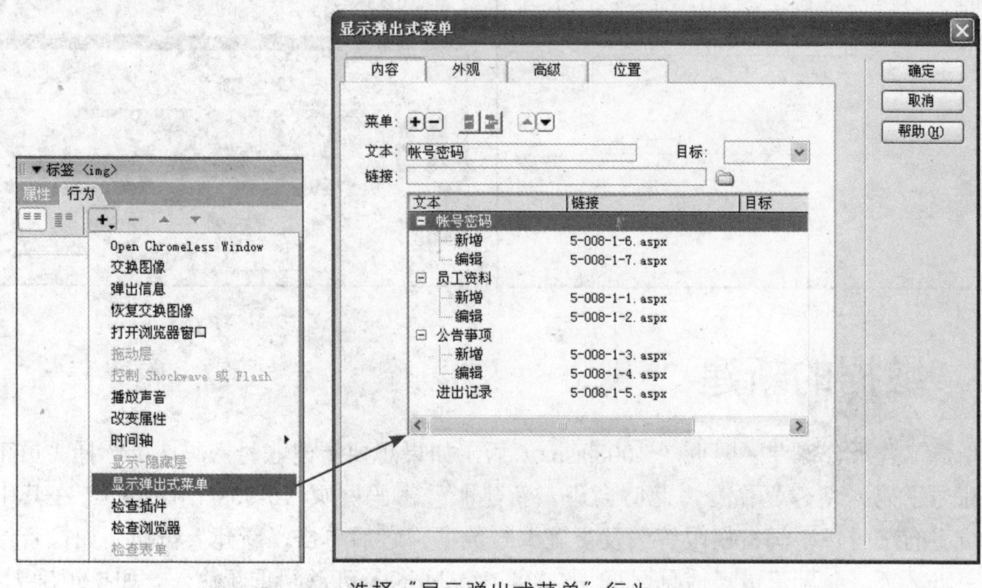

选择“显示弹出式菜单”行为

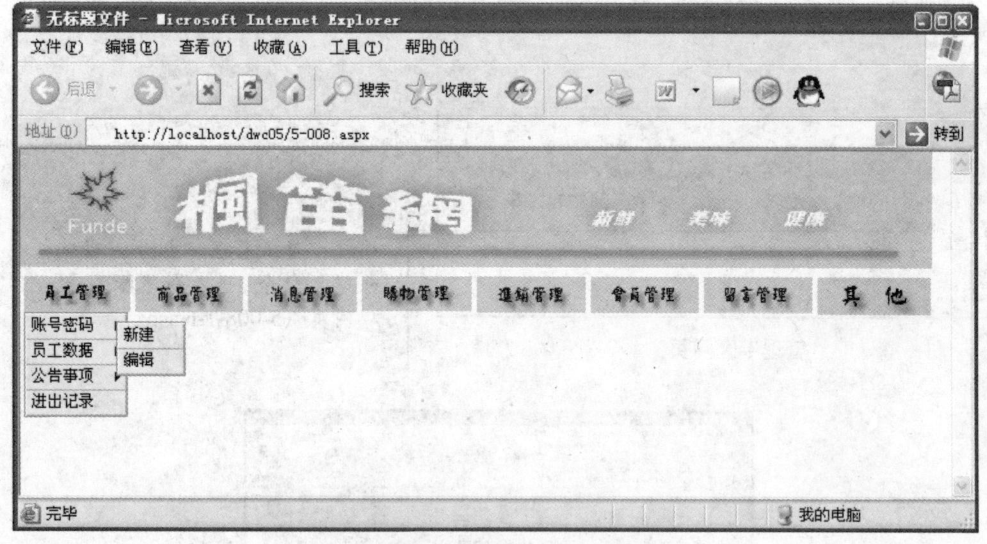

管理专区网页（5-008.aspx）

步骤 2 制作好管理专区网页后，在管理者登录网页中输入账号及密码，再单击“登录”按钮，如果检查结果正确无误，即可进入管理专区网页，进一步在菜单中选择相应命令，或者单击“退出”按钮返回管理者登录网页，完成数据输入工作。

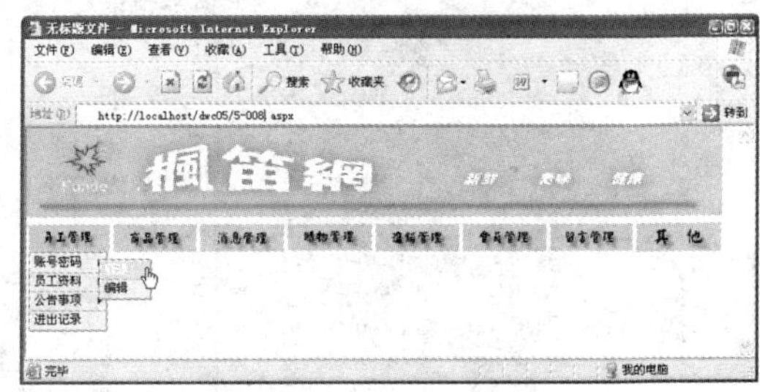

5.8 数据的新建

当员工登录管理专区网页（5-008.aspx）后，如果想要新建账号密码，可选择“员工管理 > 账号密码 > 新建”命令，此时会进入新建账号密码网页（5-008-1-6.aspx），在其中可输入员工的账号、密码、权限等级及员工编号数据，之后单击“新建”按钮。如检查结果账号密码重复，会显示错误信息网页（5-008-1-6x.htm），可返回重新输入。如果正确无误，数据会存入数据库并显示新建成功信息网页（5-008-1-6y.htm），并重新返回管理专区网页。

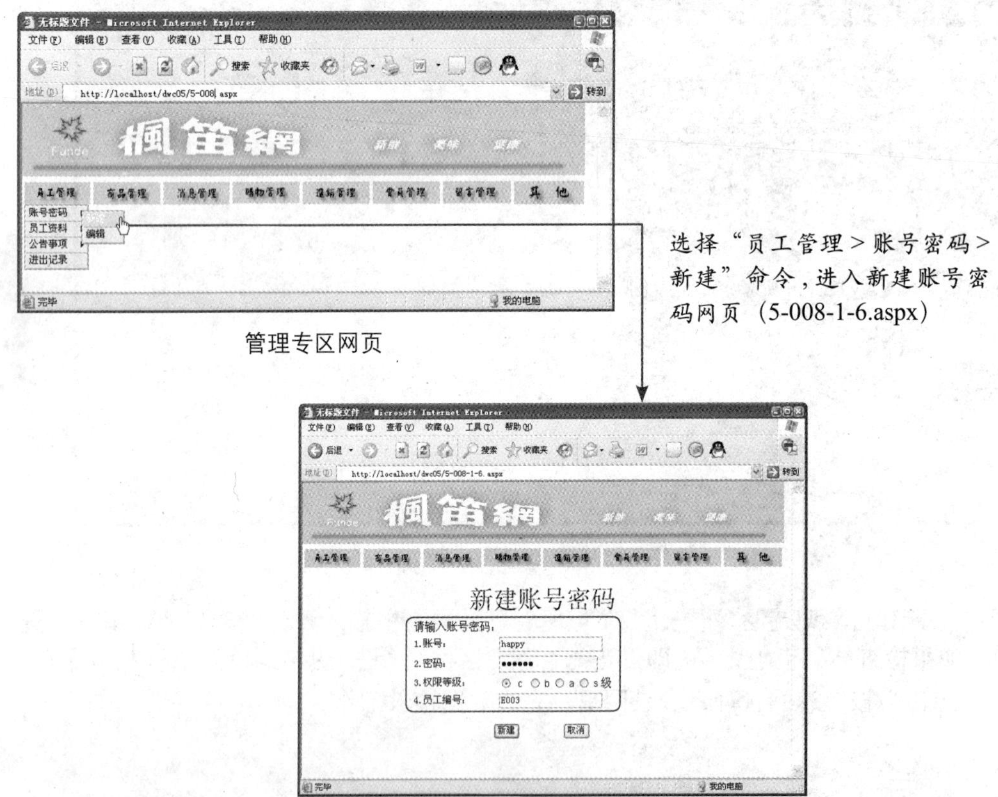

管理专区网页

新建账号密码网页

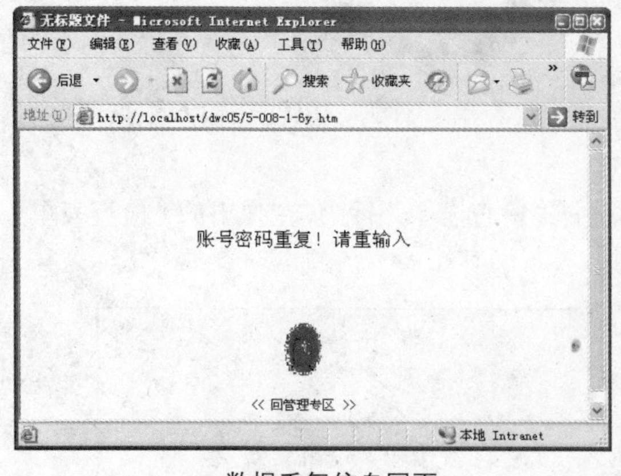

数据重复信息网页

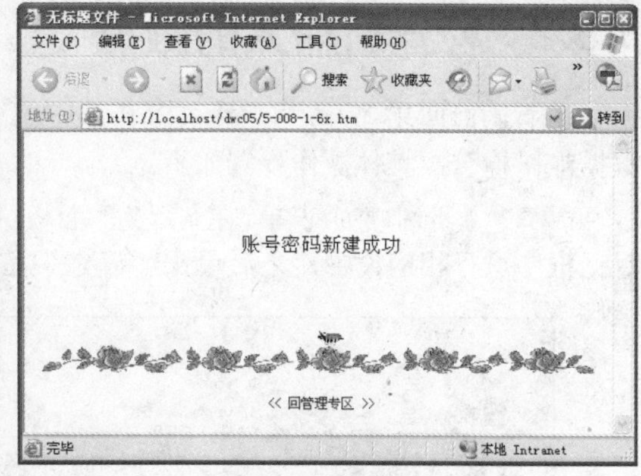

成功新建网页

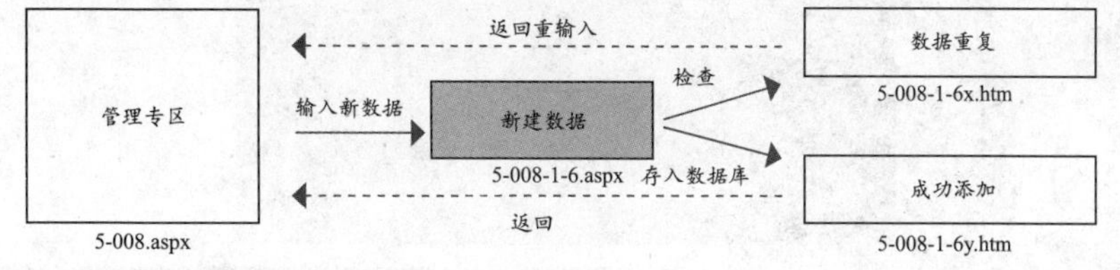

5.8.1 新建账号密码网页

要新建员工账号密码数据，必须建一个新建账号密码数据网页，在其中输入相应数据后单击“新建”按钮即可。做法是先插入一个5行2列的无边框空表格来放置账号字段acc、密码字段pwd、权限等级单选按钮pmt及员工编号字段Eno。在下面插入“提交”按钮（改名为“新建”按钮）和“重置”按钮（改名为“取消”按钮），并套用前面的model02.dwt模板，从而即可完成如下图所示的网页。

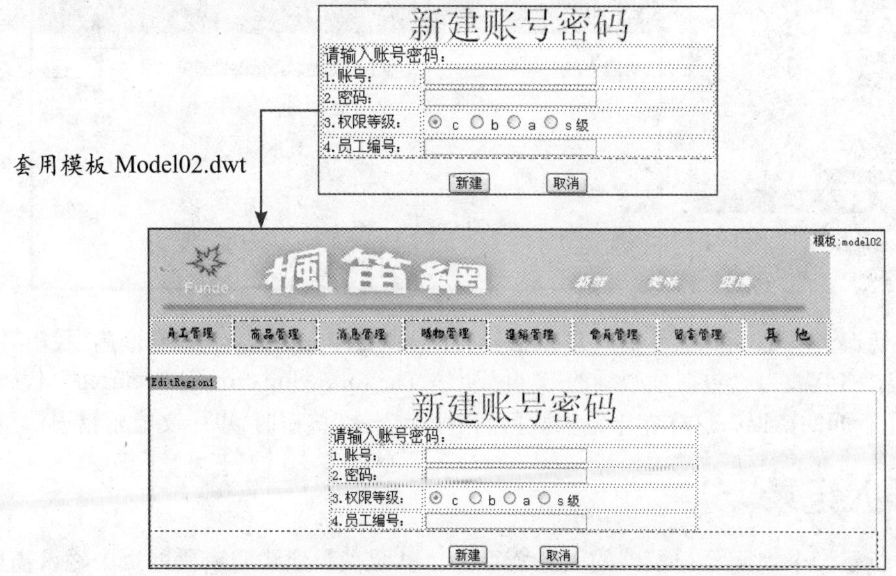

新建账号密码网页（5-008-1-6.aspx）

5.8.2 检查新输入的数据

接着同前面第 5.7.3 节一样，要在其中设置“检查表单”行为，以便在输入数据时能对数据加以检查，具体操作步骤如下。

步骤 1 选中整个表单，在“行为”面板中选择“检查表单”行为，在弹出的“检查表单”对话框中进行相应设置，之后单击“确定”按钮。

选中表单

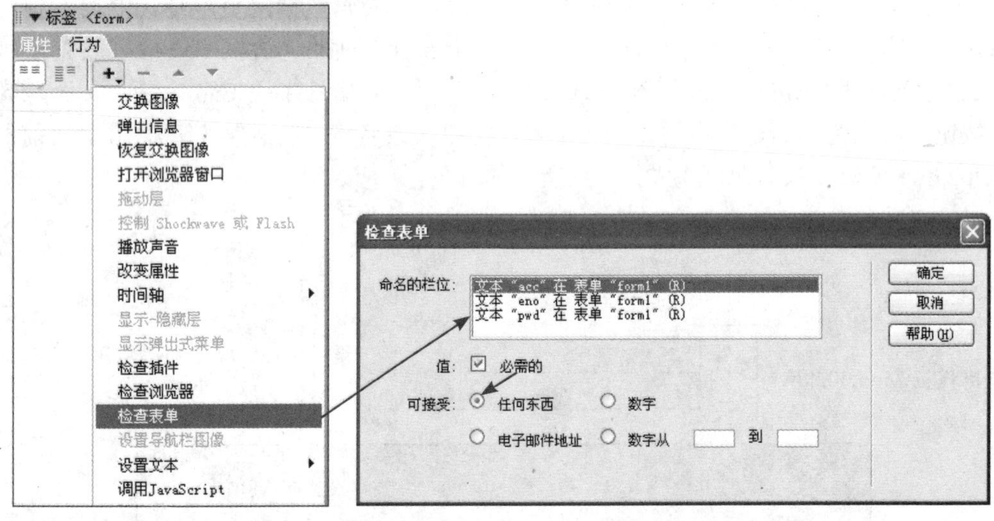

步骤 2 切换至“代码”视图，在“function MM_validateForm() {\}”代码段内，找出“is required”代码，将其改为“数据是必须的”，再找出“The following error(s) occurred”代码，将其改为“发生下面的错误”，这样在未输入数据而单击“登录”按钮时，以中文显示错误信息。

5.8.3 插入记录

接下来要新建一个“插入记录”的服务器行为，以便在新建账号密码网页中输入需要新建的账号、密码、等级和员工编号等信息后单击“新建”按钮时，会真的增加一条数据，具体操作步骤如下。

在“服务器行为”面板中选择“插入记录”命令，在弹出的“插入记录”对话框中设置连接为 Funde01，插入到表格 safeT 中，单击“浏览”按钮，选择如果插入记录成功，则前往 5-008-1-6x.htm 网页显示新建成功信息，之后单击“确定”按钮完成设置。此时系统会自动在网页上插入一个名为 MM_insert、传送值为 form1 的 hidden 隐藏字段，只有在单击“新建”按钮后才会传送，可用来检查是否单击了“新建”按钮。

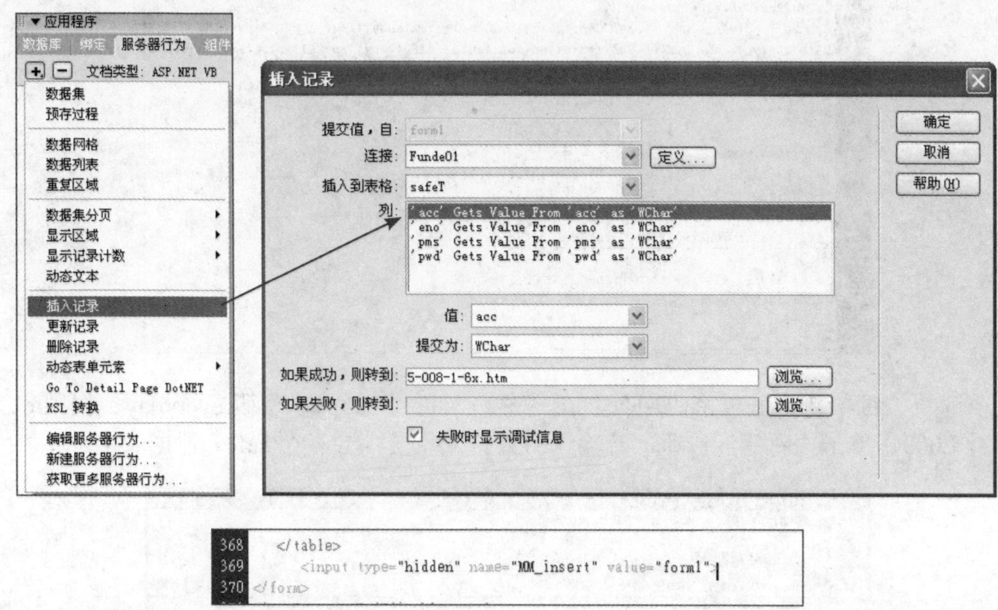

```
</table>
  <input type="hidden" name="MM_insert" value="form1">
</form>
```

5.8.4 查询数据集

此时要新建一个检查新记录是否已存在的数据集，也就是说在将新数据保存到数据库前，先检查新账号是否已存在，不存在才保存，具体操作步骤如下。

步骤 1 在“绑定”面板中选择“数据集（查询）”命令，在弹出的“数据集”对话框中设置名称为 DataSet1，连接为 Funde01，表格为 safeT，以筛选为 acc，来筛选账号密码数据表内是否已有与表单输入的账号相同的数据，之后单击“确定”按钮。

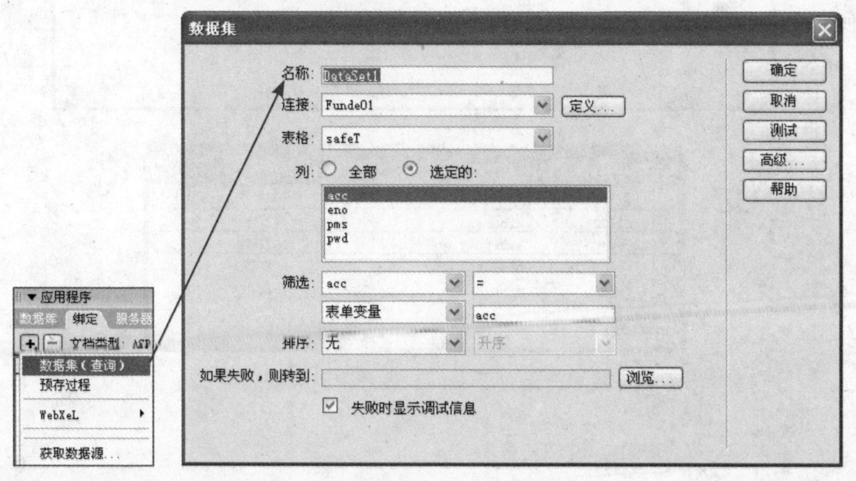

步骤 2 切换至“代码视图”，在<MM：PageBind.../>代码段的下一行，输入判断是否有重复账号数据的代码，如果已有重复的数据，则转向 5-008-1-6y.htm 网页，显示数据有重复的信息，单击“回管理专区”链接文字，则可以重新输入其他数据。

```
<MM:DataSet
id="DataSet1"
runat="Server"
IsStoredProcedure="false"
ConnectionString='<%# System.Configuration.ConfigurationSettings.AppSettings("MM_CONNEC
DatabaseType='<%# System.Configuration.ConfigurationSettings.AppSettings("MM_CONNECTION
CommandText='<%# "SELECT acc  FROM safeT  WHERE acc = ?" %>'
Expression='<%# request.form("MM_insert")="form1"      %>'
Debug="true"
>
  <Parameters>
    <Parameter  Name="@acc"  Value='<%# IIf((Request.Form("acc") <> Nothing), Request.F
  </Parameters>
</MM:DataSet>
<MM:PageBind runat="server" PostBackBind="true" />
<%
if dataset1.recordcount > 0 then
response.Redirect("5-008-1-6y.htm")
end if
%>
```

步骤 3 浏览新建账号密码网页，在其中输入账号 happy、密码 everyday、权限 c、员工编号 E003，单击“新建”按钮，若输入的数据无重复，会存至 safeT 数据表中。

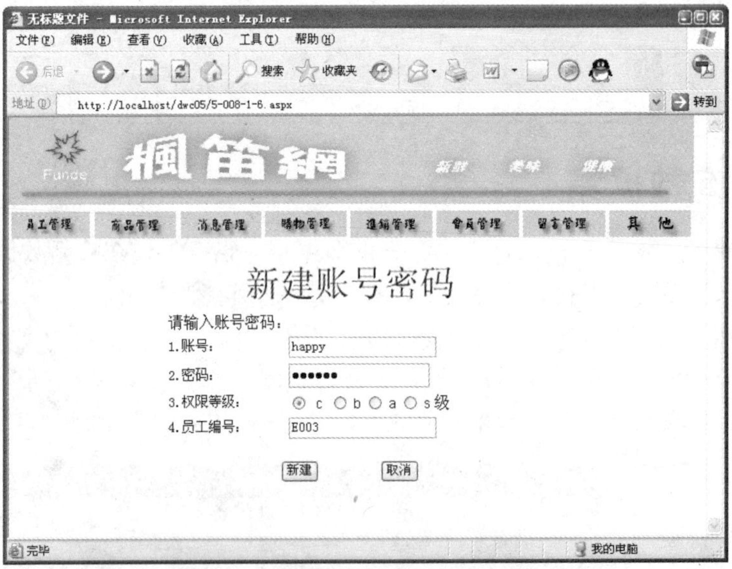

无标题文件 - Microsoft Internet Explorer

地址 http://localhost/dwc05/5-008-1-6.aspx

新建账号密码

请输入账号密码：

1.账号： happy

2.密码： ●●●●●●

3.权限等级： ⊙ c ○ b ○ a ○ s级

4.员工编号： E003

[新建] [取消]

safeT ：表

acc	pwd	pms	eno
gentle	kindness	b	E003
happy	everyday	c	E003
stream	h2odown	a	E002
strong	monnew	s	E001

记录：2 共有记录数：4

数据已新建至 safeT 账号密码数据表中

5.9 数据的修改

当员工登录管理专区网页（5-008.aspx）后，如果想修改账号密码，可选择“员工管理 > 账号密码 > 编辑”命令，此时会转至编辑账号密码数据网页（5-008-1-7.aspx），然后先找出要修改的员工数据，单击“修改”超链接文字，则会转往修改账号密码数据网页（5-008-1-71.aspx），在其中可以开始修改数据，修改完后单击“修改”按钮，即可将正确数据保存至数据库中，并显示账号密码更新成功信息网页（5-008-1-7x.htm），从而完成整个修改过程。实现这一功能的具体操作步骤如下。

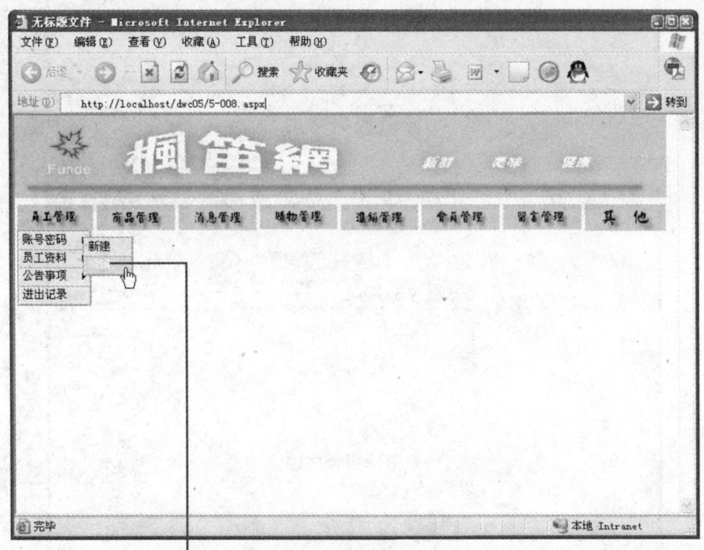

选择“员工管理>账号密码>编辑”命令，进入编辑账号密码网页(5-008-1-7.aspx)

管理专区网页

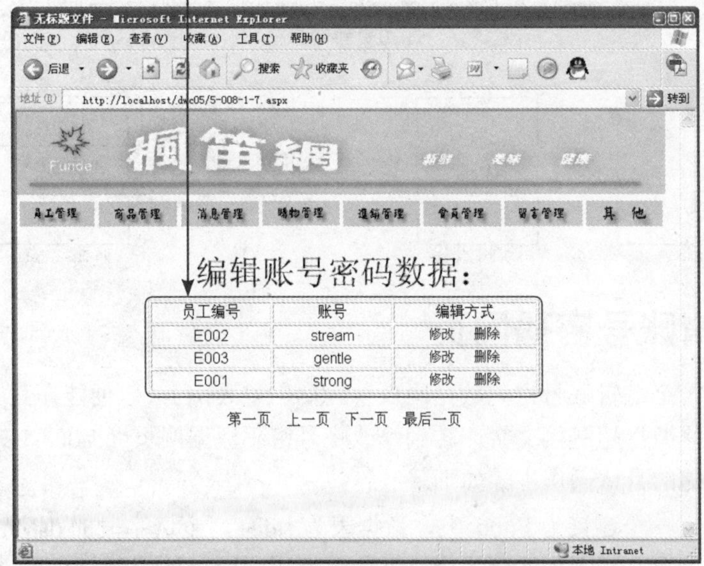

员工编号	账号	编辑方式
E002	stream	修改 删除
E003	gentle	修改 删除
E001	strong	修改 删除

编辑数据网页

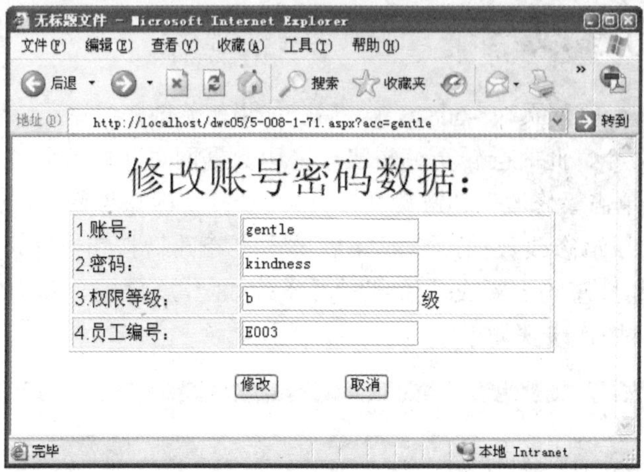

修改数据网页

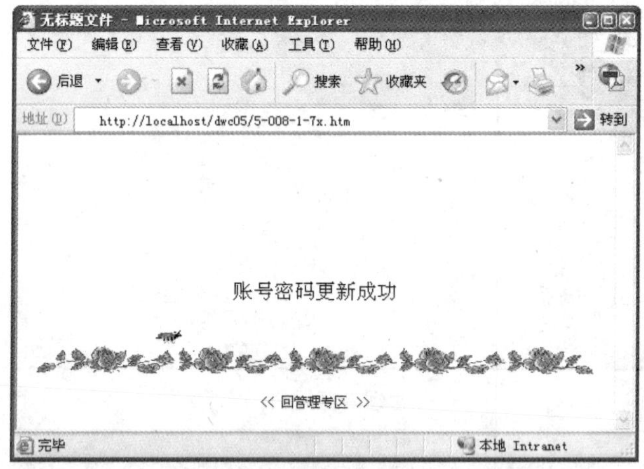

成功更新网页

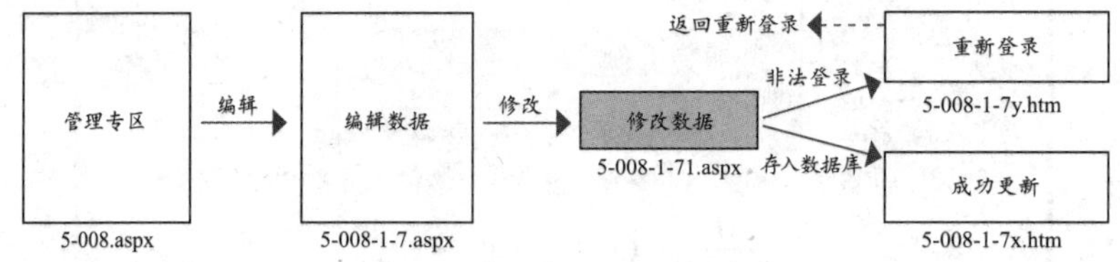

5.9.1 编辑账号密码网页

首先要制作一个编辑账号密码数据网页（5-008-1-7.aspx），以便能在其中选择需要修改的数据，单击“修改”超链接文字，转到修改账号密码数据网页（5-008-1-71.aspx）进行修改，实现这一功能的具体操作步骤如下。

步骤 1 建立一个连接为 Funde01，数据表为 safeT，全选字段的 dsMod01 数据集，然后在网页中插入一个 2 行 3 列的空表格。展开数据集，拖曳员工编号 eno、账号 acc 至相应的单元格中，并输入“修改”和“删除”文字代表两种编辑方式。相应为这两段文字设置连接至修改页面（5-008-1-71.aspx）和删除页面（5-008-1-72.aspx）。

步骤 2 选中第二行，在“服务器行为”面板中选择“重复区域”命令和“数据集不为空显示”服务器行为。接着选择“抱歉！数据库维护中请稍候...”文字，为其添加“数据集为空时“显示”服务器行为。然后在表格下面添加“移至第一页”服务器行为，依此类推添加“上一页”、“下一页”和“最后一页”链接文字。

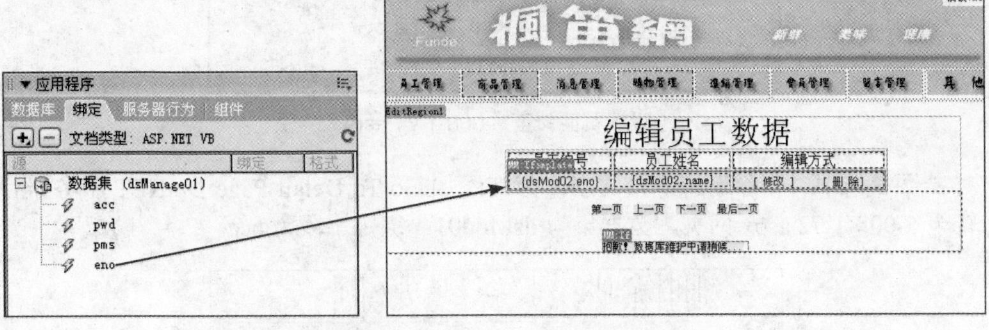

拖曳数据集中的 eno、acc 字段至单元格

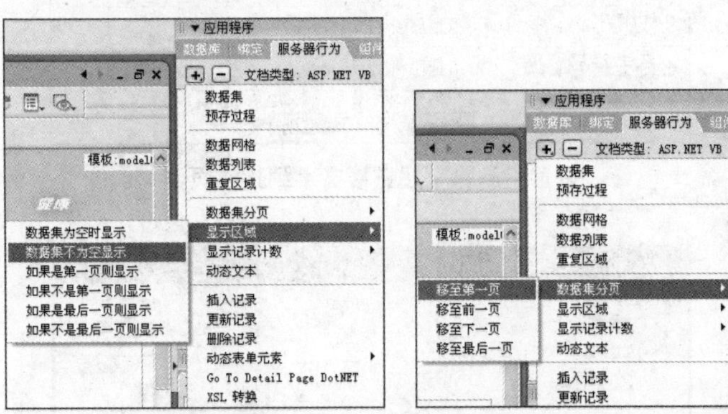

设置显示区域、数据集分页等服务器行为

5.9.2 修改账号密码网页

接着要制作一个修改账号密码数据网页（5-008-1-71.aspx），以便网友可以在错误字段处输入正确的数据，具体操作步骤如下。

步骤 1 选择“修改”超链接文字，为其添加 Go To Detail Page DotNET 服务器行为，设为转至 5-008-1-71.aspx 网页，数据集为 dsMod01，绑定字段为 acc。

设置“修改”超链接文字到指定页面

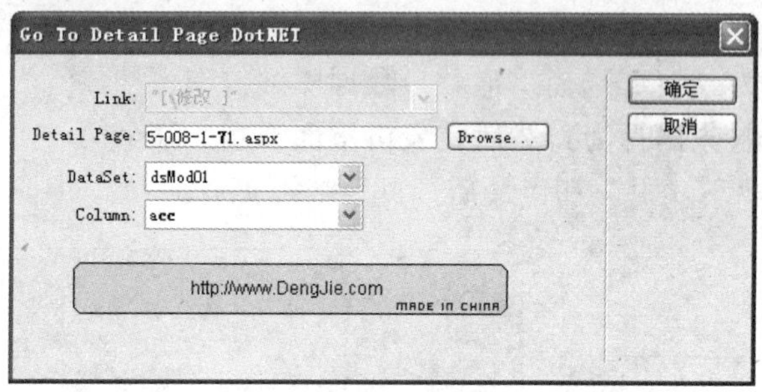

设置页面转至 5-008-1-71.aspx

步骤 2 选中“删除”超链接文字，为其添加 Go To Detail Page DotNET 服务器行为，设为转至 5-008-1-72.aspx 网页，数据集为 dsMod01，绑定字段为 acc。

删除账号密码数据：

1.账号：	{dsDel01.acc}
2.密码：	{dsDel01.pwd}
3.权限等级：	{dsDel01.pms}级
4.员工编号：	{dsDel01.eno}

删除　取消

设置“删除”超链接文字到指定页面

Go To Detail Page DotNET
Link: "[删除]"
Detail Page: 5-008-1-72.aspx　Browse...
DataSet: dsMod01
Column: acc
http://www.DengJie.com
MADE IN CHINA
确定
取消

绑定页面至删除页面 5-008-1-72.aspx

步骤 3 制作修改账号密码网页（5-008-1-71.aspx）。先在网页中插入 4 行 2 列的表格，并建一个连接为 Funde01，数据表为 safeT，全选数据，筛选 acc 账号字段等于上面网页所传来的需修改的 acc 账号的 dsMod01 数据集。展开数据集，拖曳员工编号 eno、账号 acc、权限 pms、员工编号字段至表格，并插入“修改”和“取消”按钮。

步骤 4 选中表单，在“服务器行为”面板中选择“更新记录”命令，在“更新记录”对话框中设置连接为 Funde01，更新表格为 safeT，各列对应至各修改值，以及如果更新成功请前往 5-008-1-7x.htm 页面，单击“确定”按钮，此时系统会自动加入一个名为 MM_update 且传送值为 form1 的隐藏控件，目的是用来确认只有单击“修改”按钮时，才会真正更新 safeT 数据表内的数据，完成数据的修改。

修改账号密码数据：

1.账号：	{dsMod01.acc}
2.密码：	{dsMod01.pwd}
3.权限等级：	{dsMod01.pms} 级
4.员工编号：	{dsMod01.eno}

修改 取消

制作修改数据的网页，并拖曳数据集各字段至表格，插入“修改”和“取消”按钮

选择“更新记录”服务器行为

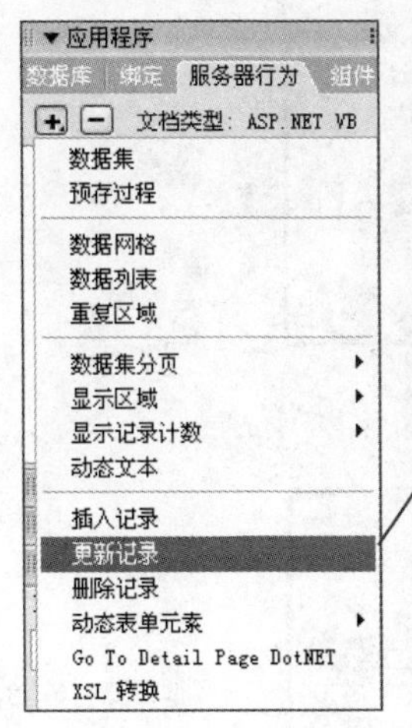

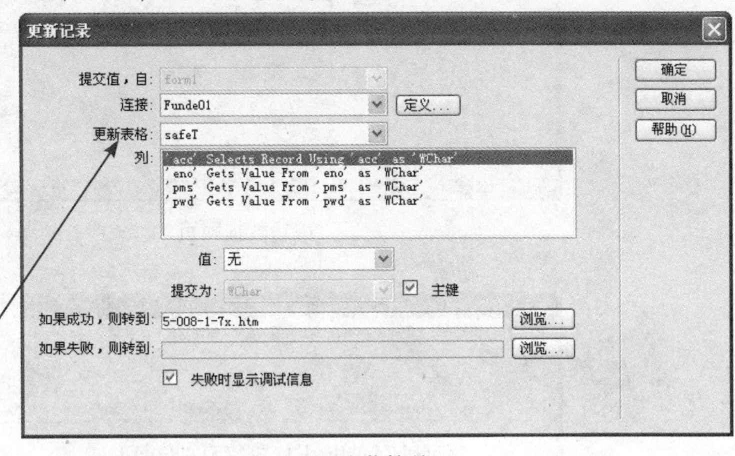

系统自动加入 MM_update 隐藏控件

5.10 数据的删除

当员工登录管理专区网页（5-008.aspx）后，如果想删除不要的账号密码数据，可选择“员工管理 > 账号密码 > 编辑”命令，此时会转至编辑账号密码数据网页（5-008-1-7.aspx），然后先找出要删除的员工数据，单击“删除”超链接文字，则会转到删除账号密码数据网页（5-008-1-72.aspx），确认无误后，单击“删除”按钮，即可将该条数据由数据库中删除，并显示账号密码更新成功信息网页（5-008-1-7x.htm），完成整个删除处理。做法为：

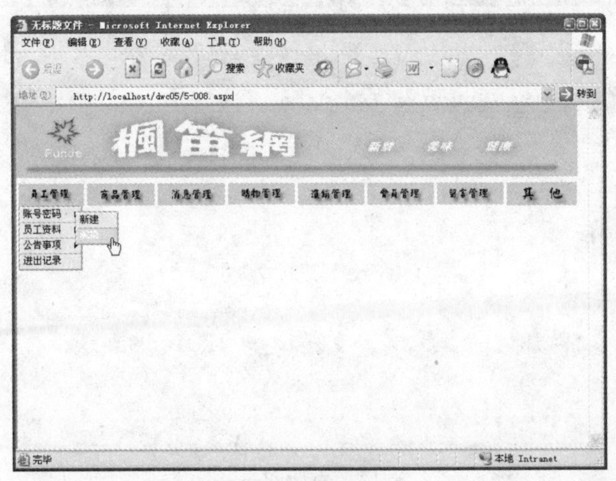

选择“员工管理 > 账号密码 > 编辑”命令，进入编辑账号密码网页（5-008-1-7.aspx）

管理专区网页

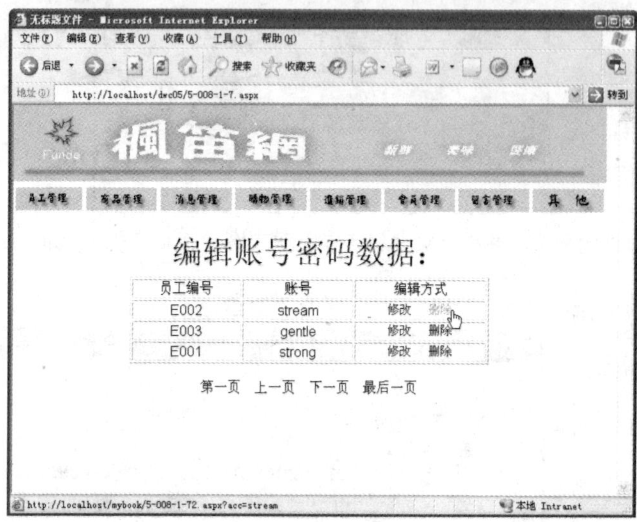

编辑数据网页

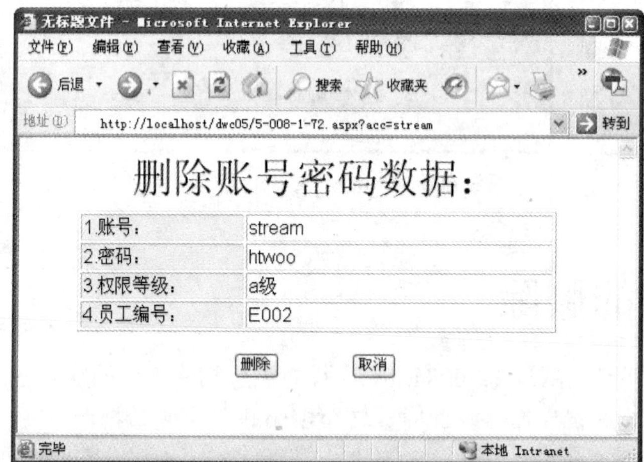

删除数据网页

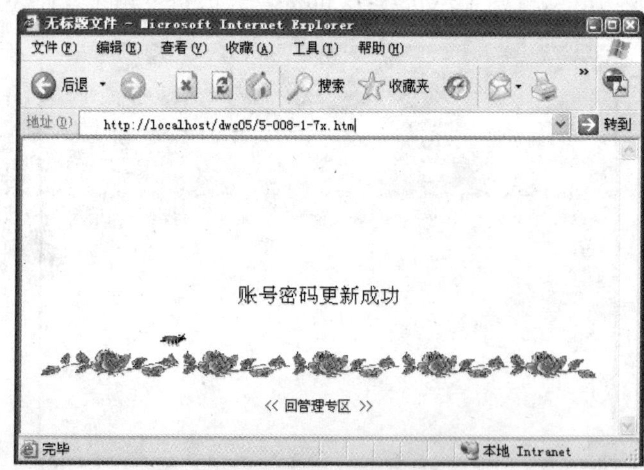

成功更新网页

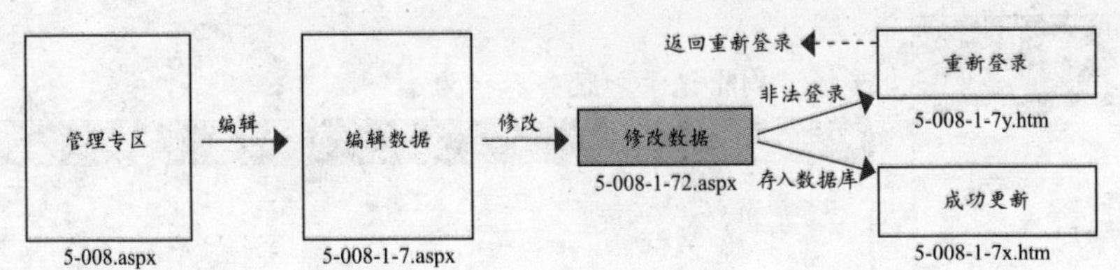

删除账号密码网页

若想达到上面的要求，就要制作一个删除账号密码数据网页（5-008-1-72.aspx），以便在确认是真正无用的数据后，将其删除，具体创建步骤如下。

步骤 1 在网页中插入 4 行 2 列的表格，并建一个连接为 Funde01，数据表为 safeT，全选数据，筛选账号字段 acc 等于上面网页所传来的需删除的 acc 账号的 dsDel01 数据集。展开数据集，拖曳员工编号 eno、账号 acc、权限 pms、员工编号字段至表格，并插入“删除”和“取消”按钮。

步骤 2 在表单内再插入一个名为 acc 且传送值为 acc 列的隐藏控件，目的是用来确认当单击“删除”按钮时，才会真正删除 safeT 数据表内的数据。

步骤 3 选中表单，在“服务器行为”面板中选择“删除记录”命令，在“删除记录”对话框设置连接为 Funde01，表格为 safeT，主键列为 acc，主键值等于 acc 账号表单变量，以及如果更新成功请前往 5-008-1-7x.htm 页面，单击“确定”按钮，完成数据删除设置。

制作删除数据的网页，并拖曳数据集各字段到表格中，安装“删除”和“取消”按钮

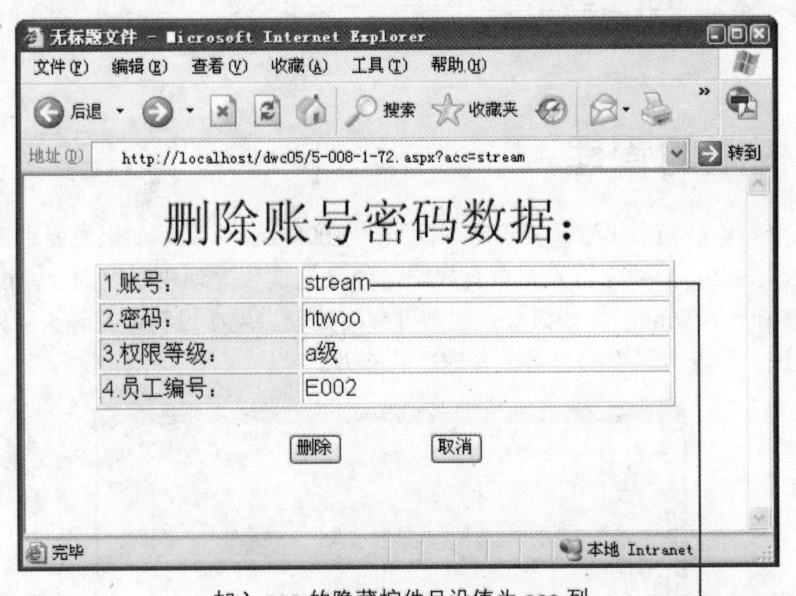

加入 acc 的隐藏控件且设值为 acc 列

```
58  <input name="inTime" type="hidden" id="inTime" value='<%# dsDel02.FieldValue("inTime", Container) %>'>
```

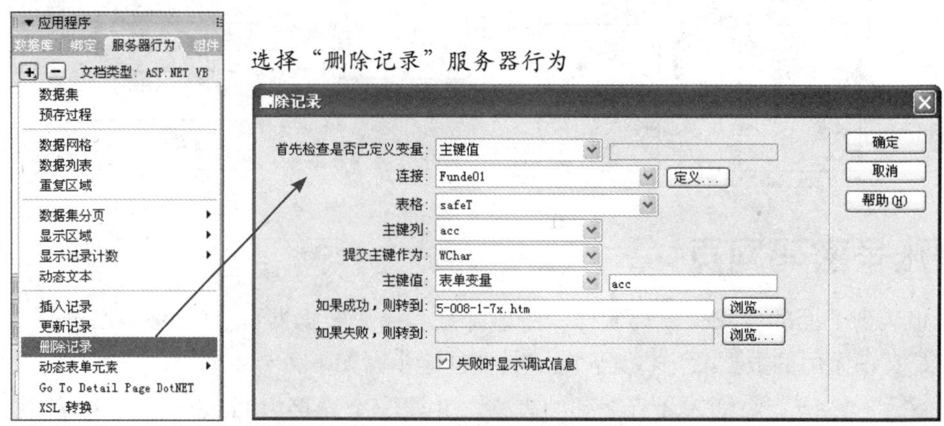

选择“删除记录”服务器行为

另外，为了防止未经管理者登录过程就直接进行修改或删除操作，在各网页的 <MM:PageBind ...> 代码段的下一行，同样要加入下面的 If 程序，以便浏览网页时能判断是否在 Session("acc") 变量内有账号值，如果没有，表示尚未登录，就会转到 5-008-1-7y.htm 网页，显示先要登录的信息。

```
<MM:PageBind runat="server" PostBackBind="true" />
<%
If session("acc")="" then
   response.Redirect("5-008-1-7y.htm")
end If
%>
```

判断是否正常登录

5.11 权限的管理

出于安全考虑，当员工登录管理专区网页（5-008.aspx）后，如果想要进一步选择其中的命令去处理数据，必须先检查是否有权限，如果无该项处理权限，则会弹出显示无权限信息网页（5-008-1-7z.htm），如果有权限则可继续处理。现在设为最高等级（如 s 级）的管理者才有处理“管理专区”的“员工管理”的能力。

输入账号（如 stream）、密码（如 v2odown）、权限（如 a），单击“登录”按钮，如为合法管理者，则登录到管理专区网页

管理者登录网页

若员工管理的权限为S级，则当选择“员工管理>编辑”命令时，可进入编辑网页，此处的管理者stream为a级，故会弹出显示无权限信息的网页

管理专区网页

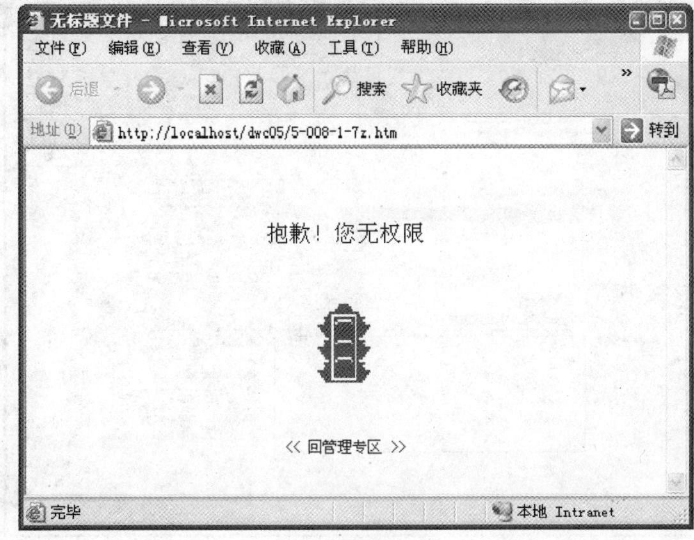

提示信息网页

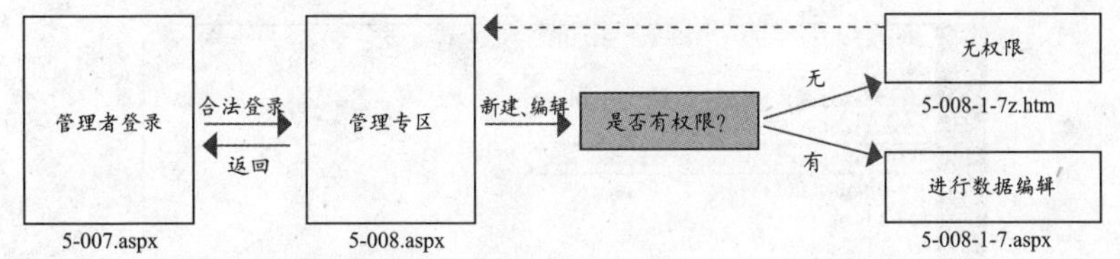

5.11.1 修改管理者登录网页

此处要修改管理者登录网页 5-007.aspx，多插入一个密码文本域来输入权限数据，并将权限存成 session 变量，具体操作步骤如下。

步骤 1 在表格中再插入一行，并插入名为 pms 的密码文本域。

步骤 2 双击 dsManage01 数据集，在弹出的“数据集”对话框的 SQL 语句中加入“and pms = ? ”代码，并新建一个表单变量 @pms 参数，目的是筛选数据时多一项权限检查，只有账号 acc、权限 pms 和密码 pwd 都正确时，才能合法登录管理专区网页。

步骤 3 在程序 <MM：PageBind ...> 代码段下一行的 <% ... %> 程序代码中，多加入 Session 变量“Session("pms") =Request. Form("pms")”，目的是将这个管理者的权限先存起来，以便在进入管理专区进行各项处理前，先检查是否有权限进入。

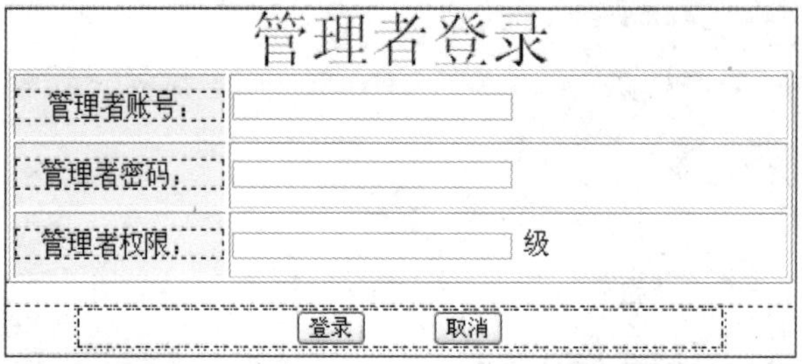

在管理者登录网页中插入一个用作权限输入的密码文本域

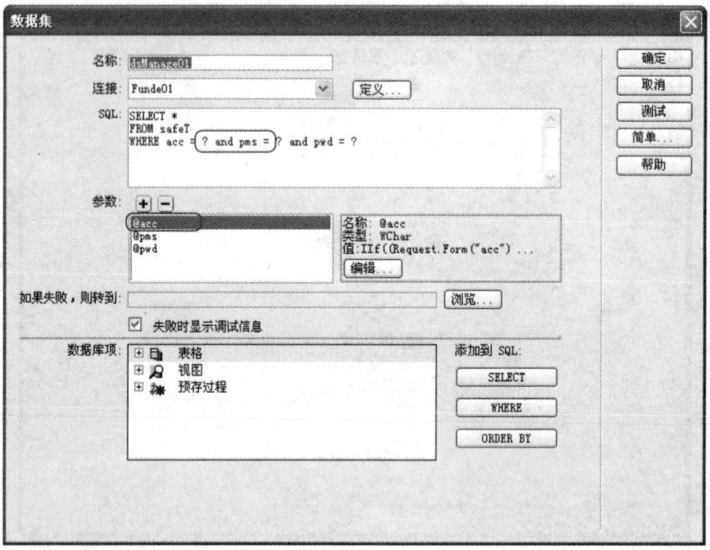

在 SQL 语句中输入“and pms = ?”代码，并新建一个 @pms 参数

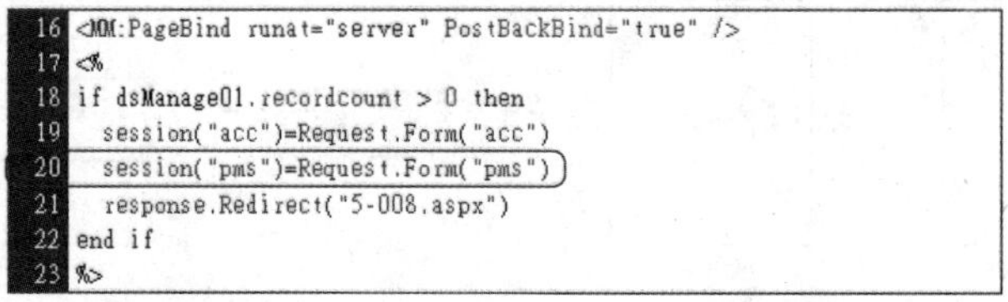

```
<MM:PageBind runat="server" PostBackBind="true" />
<%
if dsManage01.recordcount > 0 then
  session("acc")=Request.Form("acc")
  session("pms")=Request.Form("pms")
  response.Redirect("5-008.aspx")
end if
%>
```

修改程序代码，添加 session 变量用作保存权限值

5.11.2 修改管理专区网页

接着修改管理专区网页 5-008.aspx，先建一个数据集来显示是哪个“管理者”进入管理专区，并插入一个“退出”按钮，具体操作步骤如下。

步骤 1 在“绑定”面板中新建一个连接为 Funde01，数据表为 safeT，全选字段，筛选 acc 账号列等于 session("acc") 登录账号的 dsManage02 数据集，目的是找出这个合法登录者的数据，将其显示在网页上，让管理者知道已成功进入管理专区了。

步骤 2 拖曳数据集 acc 账号列至网页，为其添加“数据集不为空显示”服务器行为，来显示合法登录的管理者账号。另外，输入“您的资料已被删除”文字，为其添加“数据集为空时显示”服务器行为，来显示万一账号数据被删除了的信息。

步骤 3 插入一个“提交”按钮，改名为“退出”，并在该按钮的 HTML 模式中，加入单击事件程序“onServerClick= "Smt1Click"”及“Runat="Server"”。之后在程序 <MM:PageBind...> 段下面加入 <Script>...</Script> 的单击事件程序“Sub Smt1Click…End Sub”内容，目的是当管理者退出时，能以 Abandon 释放 Session 变量所占用的内存，结束管理者的处理工作。

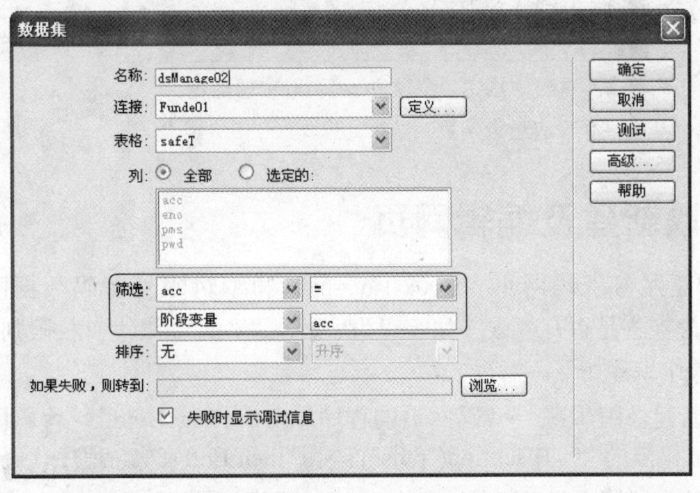

找出管理者数据让其显示在网页上，以便管理者知道自己已成功登录

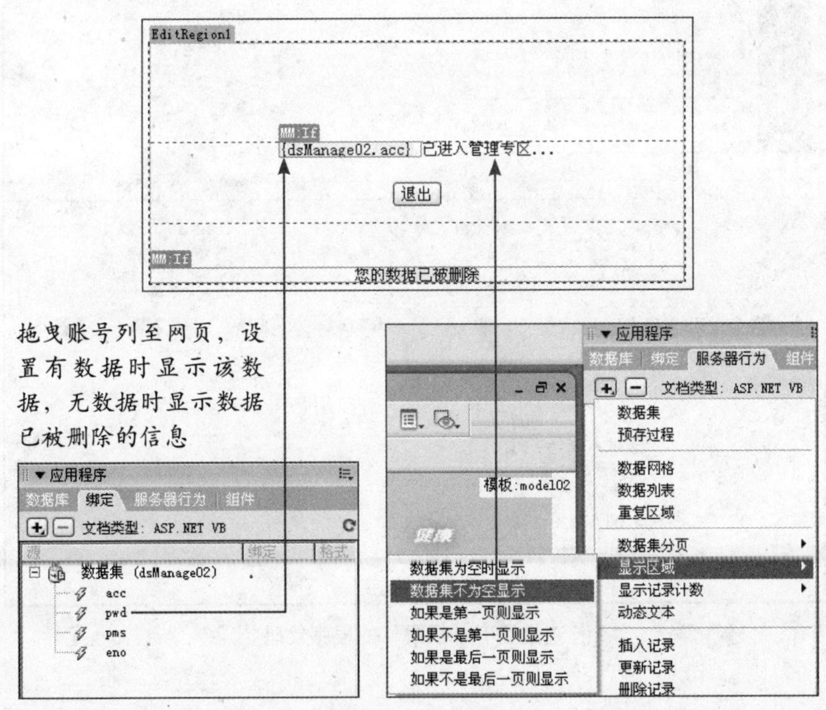

```
  <p>
    <input type="submit" name="Submit" value="登出" onserverclick="SmtlClick" runat="Server">
  </p>
</form>
```

```
<MM:PageBind runat="server" PostBackBind="true" />
<%
If session("acc")="" then
   response.Redirect("5-008-1-7y.htm")
end If
%>
<script  language="vb" runat="server">
Sub SmtlClick(Sender As Object, E As EventArgs)
  session.Abandon()
  response.Redirect("5-007.aspx")
End Sub
</script>
```

单击“退出”按钮，会释放 session 变量数据，转往管理者登录网页，结束处理

5.11.3 修改新建及编辑网页

最后修改新建账号密码网页（5-008-1-6.aspx）和编辑账号密码数据网页（5-008-1-7.aspx），这样可以先检查是否有权限（如等级为 s 级）进入，如果没有权限则显示 5-008-1-7z.htm 网页，具体操作步骤如下。

步骤 1 在新建及编辑账号密码网页的程序 <MM：PageBind...> 代码段下面要多加入一段判断是否有 s 权限的 <% If session("pms") <>"s" then\End If %> 程序代码。

步骤 2 浏览到该网页时，如有权限则进入，如无权限则显示信息，然后返回管理专区。

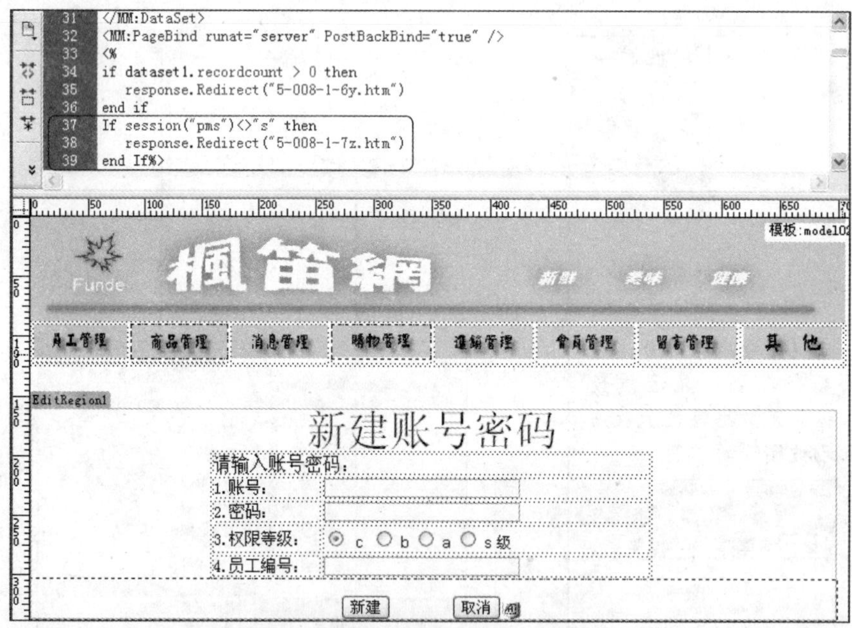

检查是否有“权限”的程序代码

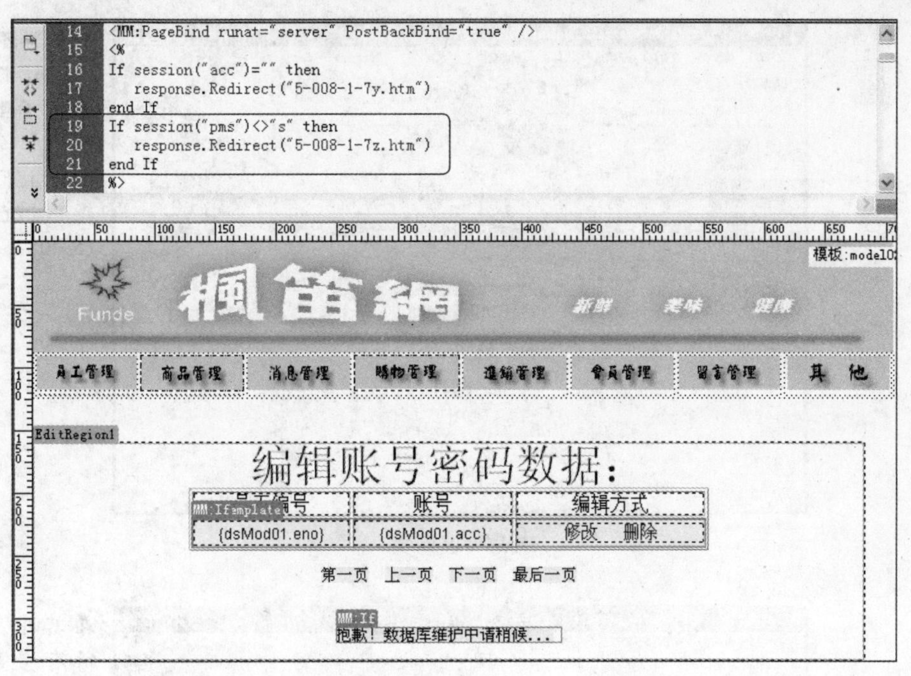

5.12 进出记录管理

除了上面的权限管理外，还必须进一步设计进出管理专区的记录管理功能，也就是说当员工登录管理专区网页（5-008.aspx）后，即开始记录什么日期、什么时间、什么权限的管理者进入，直到这个管理者退出管理专区，记录完离开的日期时间为止。若高权限的管理者（如 s 级）可查阅任何管理者进出，也可删除无用的记录。若可成功删除记录，会弹出显示已删除信息的网页（5-008-1-5x.htm）。

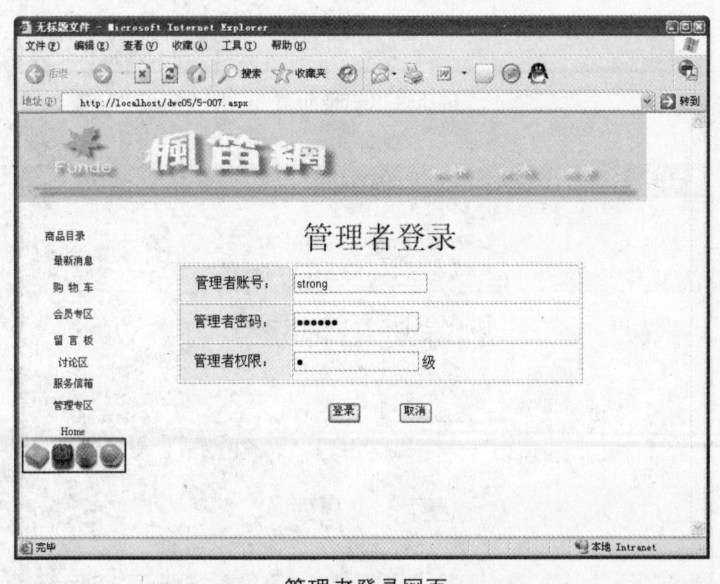

输入账号（如 strong）、密码（如 monnew）、权限（如 s），单击“登录”按钮，如为合法管理者，则登录到下面管理专区网页（5-008.aspx）

管理者登录网页

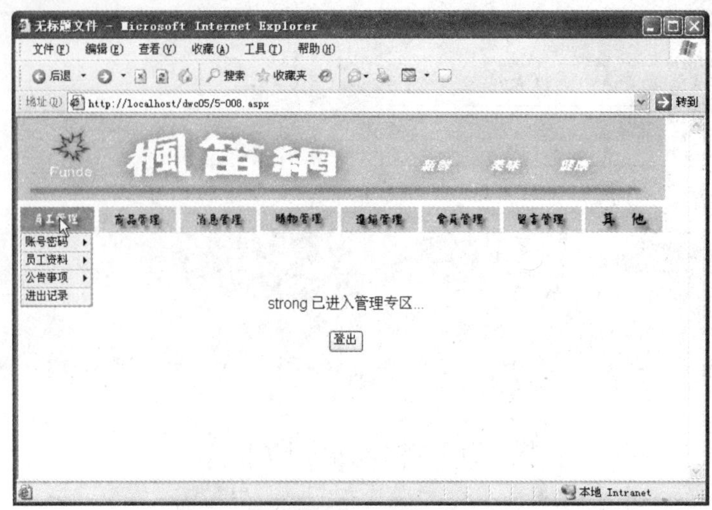

管理专区网页

若管理者的权限为s级，则当选择“员工管理>进出记录”命令时，会转往下面的编辑进出记录网页(5-008-1-5.aspx)

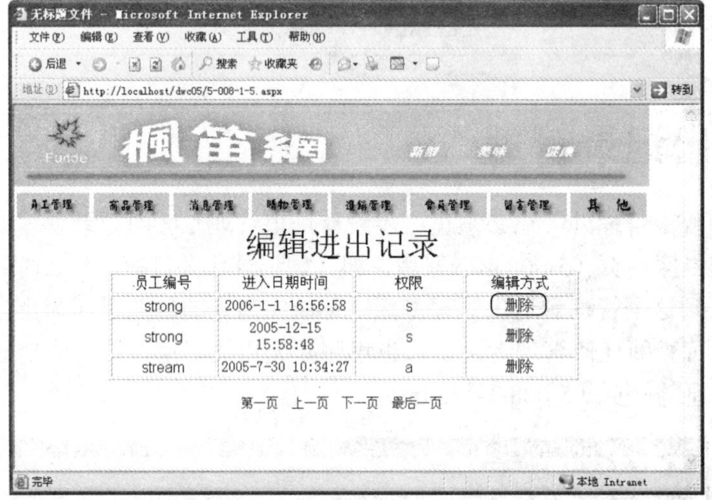

编辑进出记录网页

在其中可看到所有管理者的进出记录，若要删除某条记录则单击“删除”链接文字转至下面（5-008-1-51.aspx）

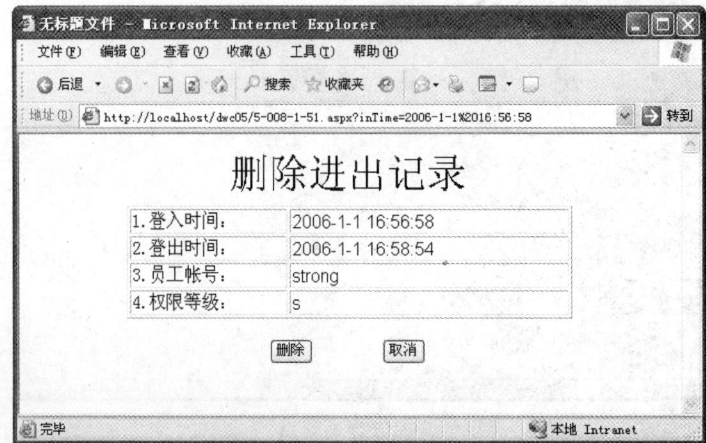

若确定要删除则单击“删除”按钮，会弹出显示删除成功信息的网页（5-008-1-5x.htm）

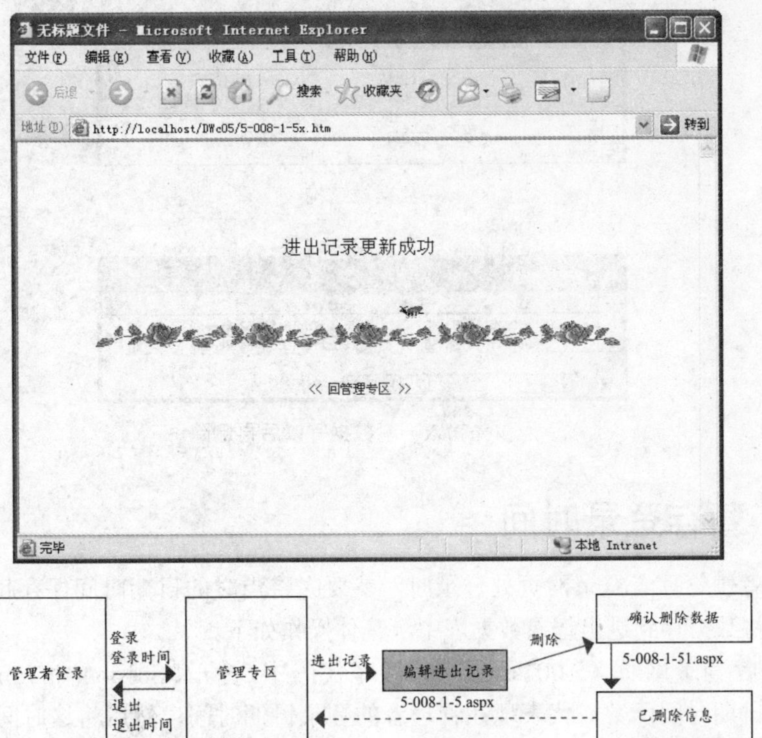

5.12.1 建立进出记录数据表

要达到上面的要求，就要先建立一个能记录管理者进出信息的数据表，这里将其命名为 InOut 数据表，其中含有登录日期时间 inTime（主键）、退出日期时间 outTime、账号 acc、权限等级 pms 等字段。因为主键数据不能为白，所以至少先暂时输入一条数据，等实际测试时再将其删除。

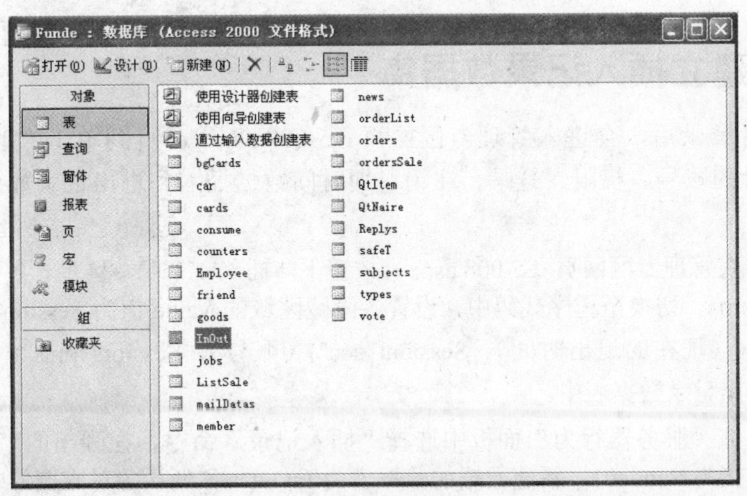

管理者进出管理专区记录数据表 InOut

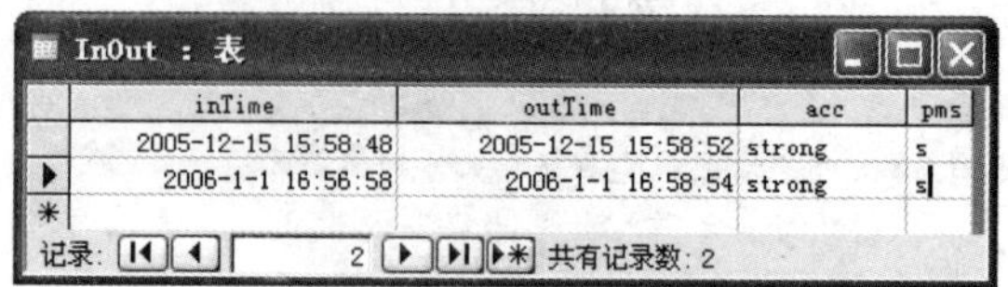

InOut : 表

字段名称	数据类型	说明
inTime	日期/时间	LogIn时间（日期时间）
outTime	日期/时间	LogOut时间（日期时间）
acc	文本	账号
pms	文本	权限等级

数据表结构

InOut : 表

inTime	outTime	acc	pms
2005-12-15 15:58:48	2005-12-15 15:58:52	strong	s
2006-1-1 16:56:58	2006-1-1 16:58:54	strong	s

记录: 2 共有记录数: 2

至少先输入一笔数据等以后再删除

5.12.2 暂存登录时间

当管理者由管理者登录网页处登录时，就要先将当时的日期时间保存起来，以便将来退出时一并将数据存到进出记录数据表中，具体操作如下。

在管理者登录网页（5-007.aspx）的程序代码中，插入 Session("inTime")=now 代码，now 是系统日期时间函数，代表现在管理者的登录日期时间，然后将这时间暂存于 session 变量。

```
<MM:PageBind runat="server" PostBackBind="true" />
<%
if dsManage01.recordcount > 0 then
  session("acc")=Request.Form("acc")
  session("pms")=Request.Form("pms")
  session("inTime")=now
  response.Redirect("5-008.aspx")
end if
%>
```

将现在日期时间暂存 session 变量中

5.12.3 建立插入记录数据集

当管理者登录后，会进入管理专区网页（5-008.aspx），直到单击“退出”按钮时，就要将管理者的账号、权限、登录、注销日期时间数据插入到进出记录数据表 InOut 中，做法是：

步骤 1 在管理专区网页（5-008.aspx）按钮下，插入 4 个隐藏区域，各命名为 inTime, outTime, acc, pms。切换至程序代码中，设置各隐藏区域的 Value 值为 Session("inTime")（登录时间）、now（现在的退出时间）、Session("acc")（账号）、Session("pms")（权限），以便退出时存入进出记录数据表中。

步骤 2 在“服务器行为”面板中选择“插入记录”命令，在弹出的“插入记录”对话框中设置连接为 Funde01，新建数据的数据表为 InOut，各列从各对应控件中取得字段值，之后单击“确定”按钮。

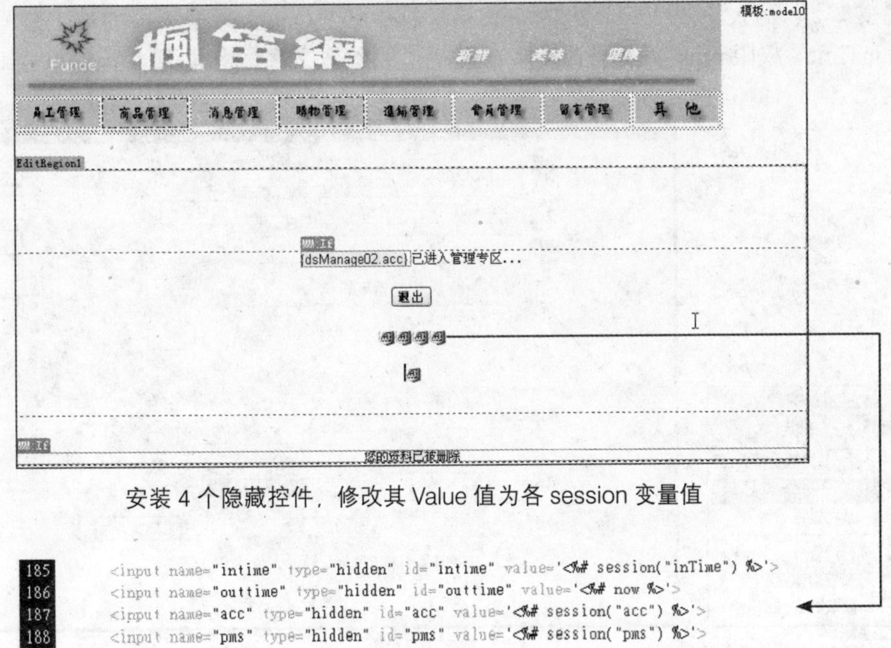

安装 4 个隐藏控件，修改其 Value 值为各 session 变量值

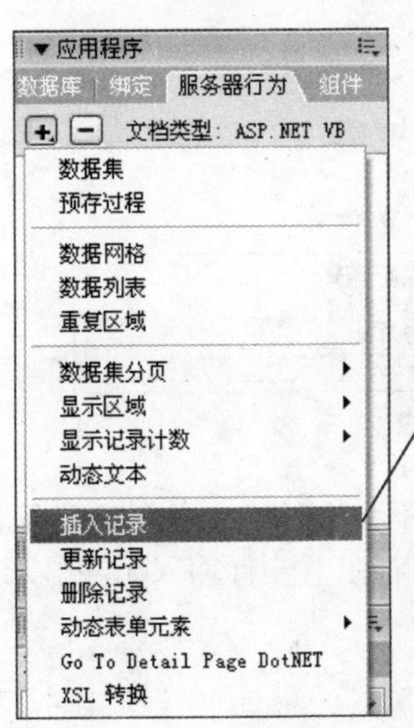

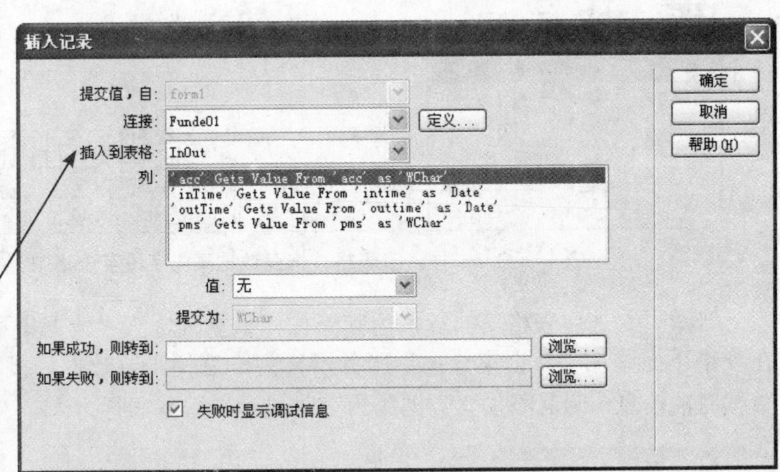

选择“插入记录”服务器行为

5.12.4 编辑进出记录

上面已完成退出时新建一条进出记录的设置，现在接着说明如何删除进出记录的方法。当管理者在管理专区网页（5-008.aspx）中选择“员工管理＞进出记录”命令时，会进入到编辑进出记录网页（5-008-1-5.aspx），可选择要删除哪条记录，具体操作步骤如下。

步骤 1 在编辑进出记录网页（5-008-1-5.aspx）中选择“绑定”面板中的“数据集（查询）”命令，新建一个名为 dsInOut02，连接为 Funde01，表格为 InOut，全选数据表数据，依登录日期时间降序排序的数据集，之后单击“确定”按钮。

步骤 2 插入一个2行4列的空表格，拖曳dsInOut02数据集内的员工账号acc、登录时间inTime、权限pms字段至表格中。选择“删除”文字，将其连接至5-008-51.aspx网页。

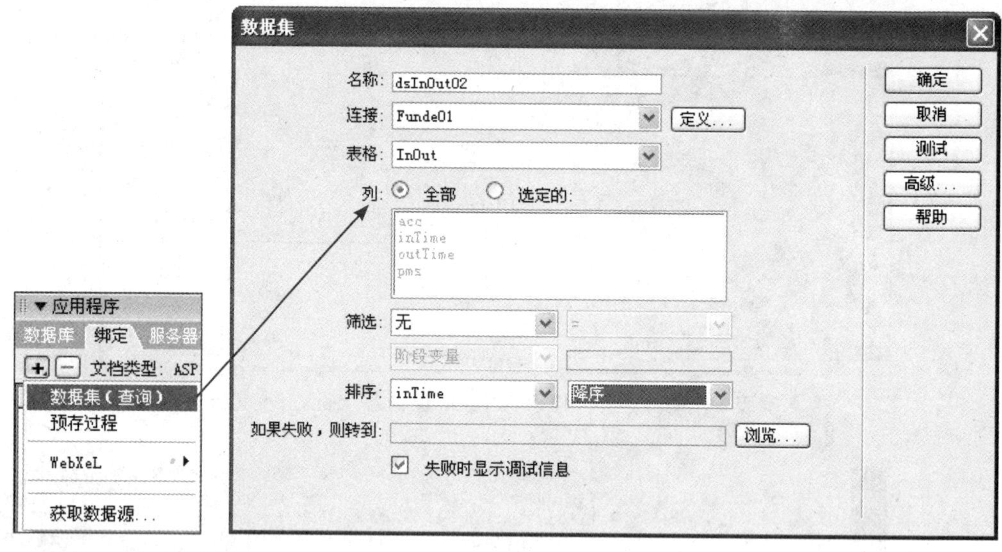

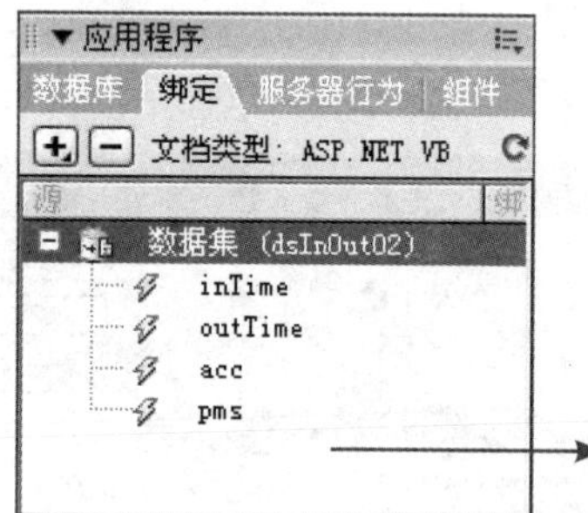

插入空表格，拖曳数据集内字段至表格中

步骤 3 选中表格第二行，为其添加“重复区域”、“数据集不为空显示”服务器行为。在表格下面添加“数据集分页”服务器行为，方便浏览数据。接着在下一行输入无法显示数据时的信息，为其添加“数据集为空时显示”服务器行为。

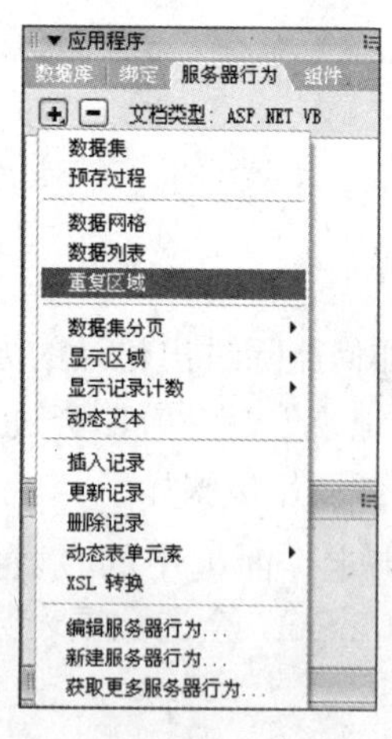

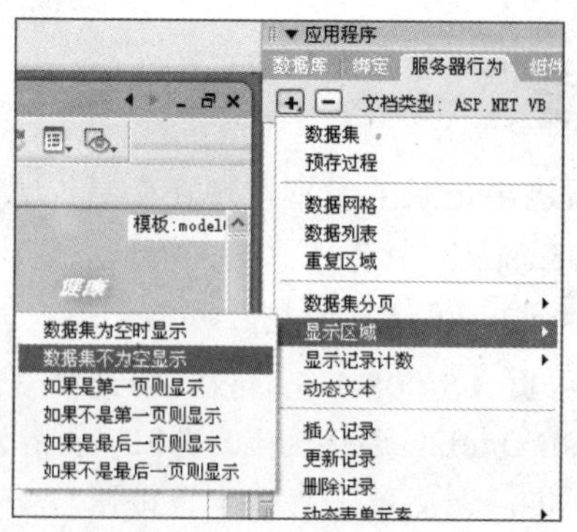

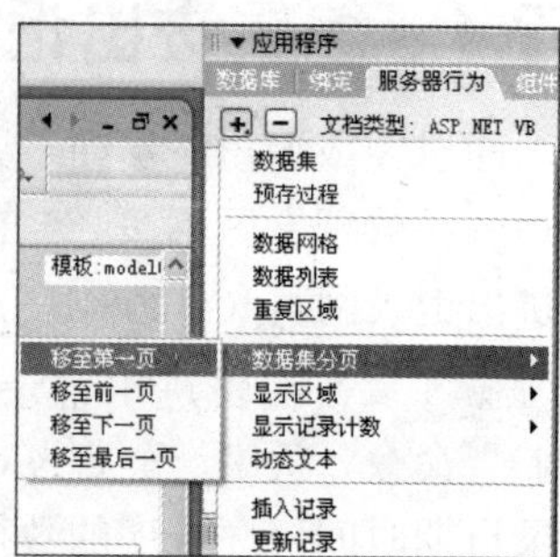

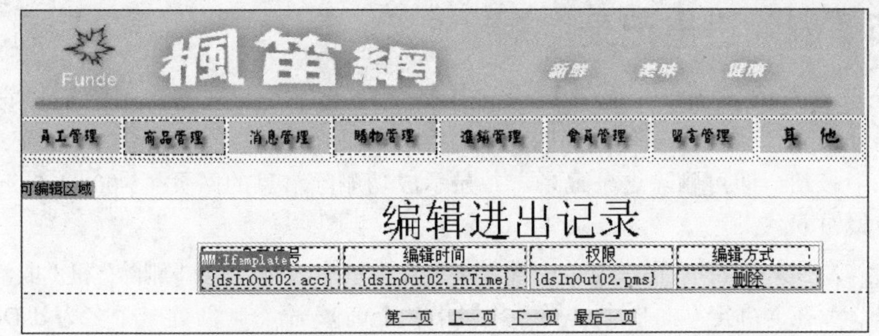

添加"重复区域"、"数据集不为空显示"和"数据集分页"服务器行为

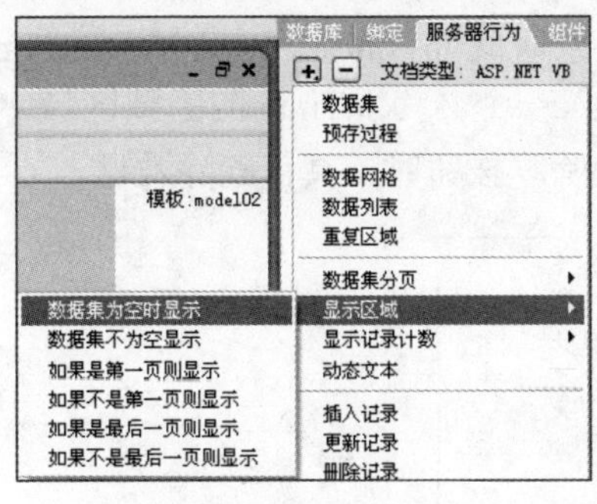

添加"数据集为空时显示"服务器行为，以便在无法显示数据时显示信息

步骤 4 选择"删除"文字，为其添加前往详细信息页（Go To Detail Page DotNET）服务器行为，这样当单击"删除"超链接文字时，会前往删除进出记录网页（5-008-1-51.aspx），作删除确认。

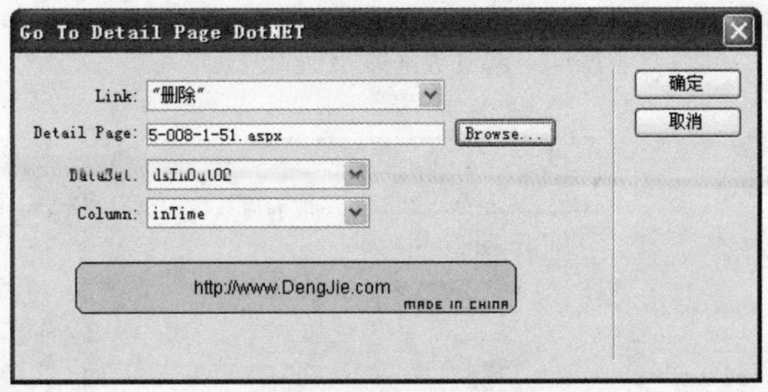

设置前往删除详细信息页

5.12.5 删除进出记录

当管理者在编辑进出记录网页中选择删除记录后，会进入到删除进出记录网页（5-008-1-51.aspx），显示这条将删除的记录内容，如果确认是真的要删除的进出记录时，单击“删除”按钮，即可删除这条记录，并显示成功删除信息的网页（5-008-1-5x.htm），具体创建步骤如下。

步骤 1 插入一表单，再在表单中插入 4 行 2 列的空表格，以及“删除”和“取消”按钮。

步骤 2 在“绑定”面板中选择“数据集（查询）”命令，新建一个名为 dsDel02，连接为 Funde01，数据表为 InOut，全选字段，筛选 inTime 列数据等于上面网页传来的需要删除的 inTime 登录时间，之后单击“确定”按钮。

步骤 3 展开 dsDel02 数据集，拖曳数据集内的登录时间 inTime、注销时间 outTime、员工账号 acc、权限 pms 字段至表格内，并在表单中插入一个名为 inTime 的隐藏区域，并且将其绑定到 inTime 登录时间字段，以便将来单击“删除”按钮时，真正删除数据。

在表单中插入空表格和相应按钮

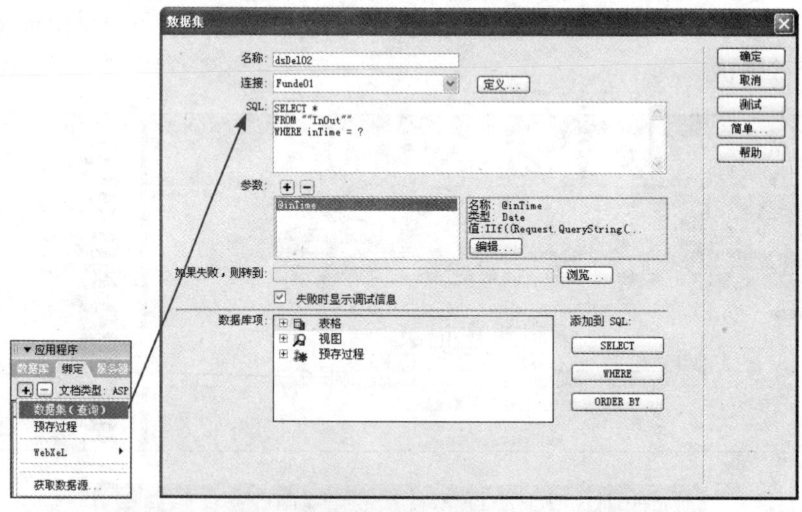

建立数据集 dsDel02

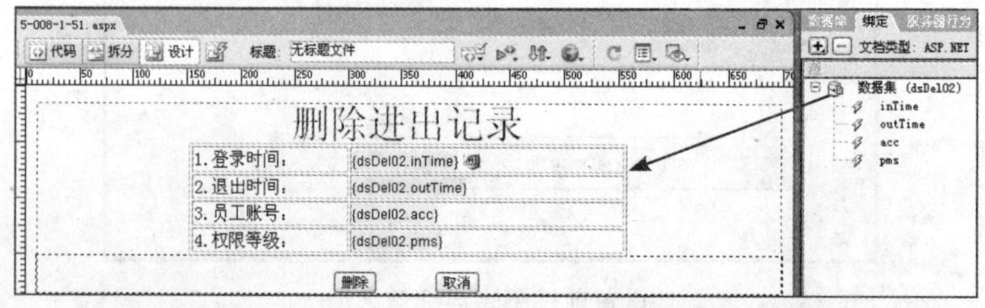

拖曳数据集内字段至表格，并插入一隐藏区域将其绑定登录时间字段

步骤 4 选中表单，之后选择“服务器行为”面板中的“删除记录”命令，在“删除记录”对话框中设置连接为 Funde01，表格为 InOut，主键列为 inTime，主键值等于 inTime 登录时间的表单变量，以及如果更新成功请前往 5-008-1-5x.htm 页面，最后单击“确定”按钮，到此有关数据删除的内容已全部设置完成。

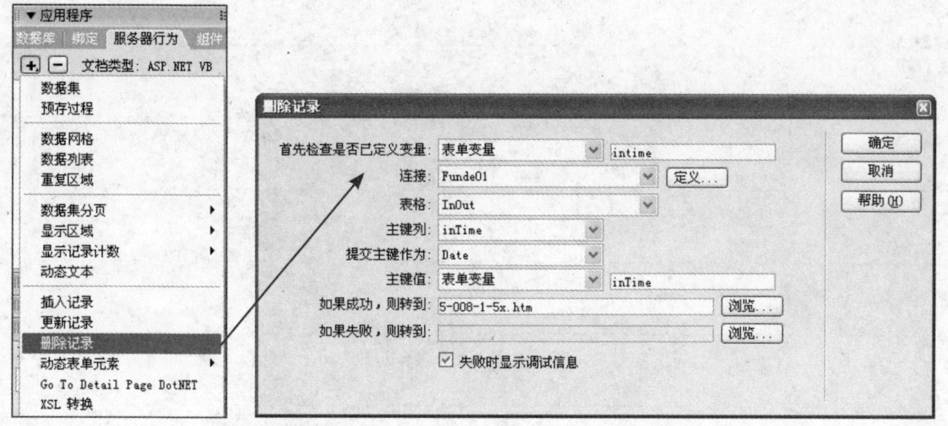

步骤 5 为了防止没经管理者登录过程，就直接浏览编辑进出记录或删除进出记录网页，在各网页的 <MM：PageBind...> 代码段的下一行，同样要加入下面 If 程序，以便网页浏览时能判断是否在 Session("acc") 变量内有账号值，如果没有，表示尚未登录，就会转到 5-008-1-7y.htm 网页，显示先要登录的信息。另外，编辑进出记录网页，也要作权限判断的设置，以便有权限才能进入。

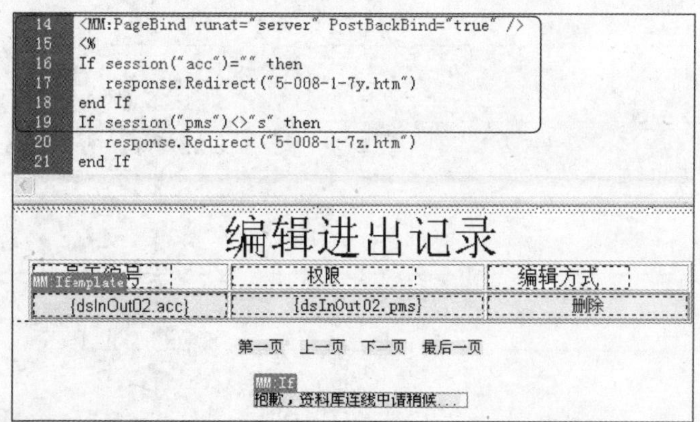

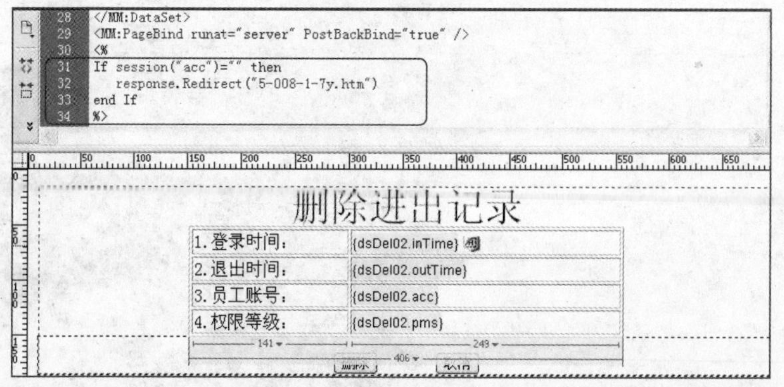

读书笔记

6 ASP.NET服务器控件

6.1 服务器控件的种类

介绍了数据库的连接，数据集的绑定，服务器行为的应用，以及数据库的基本设置方法后，我们将进一步来介绍 ASP.NET 服务器控件的使用方法。在前面第 4.4 节表单对象中，我们曾介绍过要让用户与网页产生互动时，必须在网页上先插入表单 Form，然后才能在表单中再插入各种对象，以便用户在网页上输入或选择数据时，单击“提交”按钮 Submit 后，将数据传送到指定的网页处理或保存。

但是要将数据存入数据库或从数据库中取出处理，必须编写程序代码，在早期多使用 ASP 来编写动态网页程序，但由于程序代码与 HTML 标签混杂在一起，并且无真实控件，以及无法在不同的系统平台使用，导致缺点很多、除错困难、维护不易，后来微软公司推出新的 ASP.NET 动态服务器网页技术，改善了这些缺点。尤其在网页控件方面，除了保留传统的 HTML 标签外，ASP.NET 加入了新的服务器控件（Server Controls）组件，可直接使用这些组件的属性（Properties）、事件（Events）、方法（Methods）来编写程序代码，这样一来，不但简化了程序内容，而且使程序执行更有效率。服务器控件有以下两种不同的类型。

1. HTML 服务器控件

HTML 服务器控件主要是由前面第 4 章介绍的 HTML 标签改良而成，将传统的 HTML 标签能以对象方式使用，而应用其属性来处理有关的网页数据。HTML 服务器控件在语法上与 HTML 标签的差别在于，前者必须指定“Id = " 控件名称 "”，以及设置“Runat = "Server"”这种格式，以使对象能在服务器端执行。

2. Web 服务器控件

Wed 服务器控件主要是针对 HTML 控件的不足功能而新增的服务器控件，其中每个控件也都有自己的属性、事件及方法，从而可以改变控件的外观、特征，提供网页需要的各种功能。HTML 与 Web 这两种控件虽然功能很相似，但基本上是两种不同的控件，差别如表 6-1 所示。

表 6-1　服务器的控件比较

项　目	HTML 服务器控件	Web 服务器控件
语法	是在传统的 HTML 标签中，加入 id=" 控件名称 "，及 Runat="Server" 代码后改良而成。	为完整的 Server 端组件，以 <asp: 服务器控件名称 > 格式来使用
浏览	是标准的 HTML 代码，可直接在浏览器中浏览	非标准 HTML 代码，需经 .NETFame-work 解释才可
特性	能在 Client 端与网页间快速传输信息	能网页与 Server 间的数据存储处理
功能	功能较少，可搭配 JavaScript 语言来加强	有特定属性、事件及方法可使用，功能较强大

6.2　HTML服务器控件

HTML 服务器控件是在传统的 HTML 标签中，添加 id=" 控件名称 " 和 Runat="Server" 代码改良而成，一般有以下几种。

表 6-2　常用的 HTML 服务器控件

控件名称	对应的传统 HTML 标签	功　能
HTMLAnchor	<A>	超链接
HTMLButton	<Button>	按钮，单击后执行
HTMLForm	<Form>	表单，可在其中插入各控件
HTMLGenericControl	<Body>，<Font>，<Span>，<Div> 等	网页文本、字型、显示等功能
HTMLImage	<Img>	在网页中插入图像
HTMLInputButton	<Input Type="Button">	按钮，单击后执行
HTMLInputCheckBox	<Input Type="Check Box">	复选框，可用作多选一
HTMLInputFile	<Input Type="File">	以浏览方式选择文件准备上传
HTMLInputHidden	<Input Type="Hidden">	以隐藏方式传送文件
HTMLInputImage	<Input Tye="Image">	图像按钮，可传送文件
HTMLInputRadioButton	<Input Type="Radio">	单选按钮，可用作单选一
HTMLInputText	<Input Type="Text">	文本框，可输入信息
HTMLSelect	<Select>	以菜单方式选择信息
HTMLTable	<Table>	以表格方式显示信息
HTMLTableCell	<Td>	行单元格
HTMLTaleRow	<Tr>	列单元格
HTMLTextArea	<TextArea>	多行文本框可在其中输入多行

HTML 服务器控件有自己专有的属性（请参阅第 4.4 节或各控件的“属性”面板中列出的属性），通过这些可设置其外观、特性。同时这些控件还包括如下一些常用的公共属性，格式如表 6-3 所示。

表 6-3 常用的 HTML 控件公共属性

属性格式	说 明
控件 .Attributes（“属性”）= 设置值	用来设置 HTML 控件的属性值
控件 .Disabled=True 或 False	设置 HTML 控件功能无效（False）或有效（True）
控件 .InnerHTML=” HTML 标签”	可将属性值中所含的 HTML 标签提取出来
控件 .InnerText= “字符串”	可将属性值中所含的字符串内容显示出来
控制值 .InnerText= “字符串”	设置控件的文字字型（Font-Family）、大小（Font-Size）、样式（Font-Style）、颜色（Color）以及控件的宽（Width）、高（Height）、背景色（BackGtroud-Color）等属性
控件 .ValueI 获取各控件的信息	
控件 .Visible=True 或 False	使 HTML 控件隐藏 False、或显现 True。

至于前面提到的 runat 属性，由于传统的 HTML 标签没有，因此可自行输入，或者在 ASP.NET 插入栏中单击“Runat 服务器”按钮进行添加，或者在“标签库编辑器”对话框中去设置，现在就以菜单或列表组件为例，说明如何在“标签库编辑器”对话框中加入 runat 属性，具体操作步骤如下。

步骤 1 选择“编辑 > 标签库”命令，在弹出的“标签库编辑器”对话框中选择列表标签 select，之后单击最上列的 + 按钮。

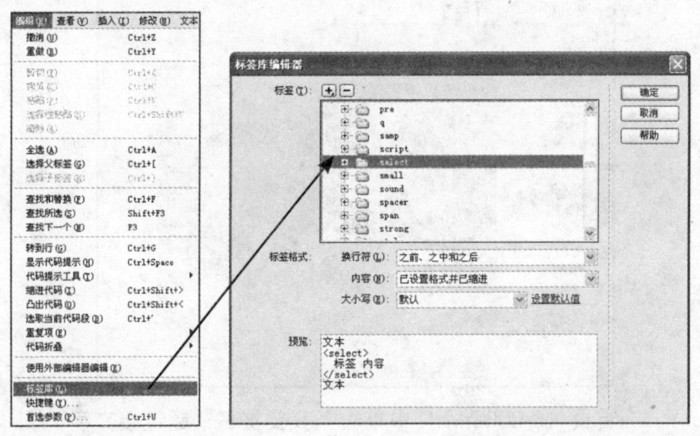

步骤 2 在弹出的菜单中选择“新建属性”命令，进入“新建属性”对话框。在“属性名称”文本框中输入 runat，之后单击“确定”按钮返回“标签库编辑器”对话框。因为属性值只是固定的 server 值，所以在“属性类型”下拉列表中选择“已枚举”选项，在“值”文本框中输入 server，之后单击“确定”按钮，即可新建该属性。将来可在列表或菜单的 HTML 标签内容中，空一格即会出现其属性快捷菜单，可对其选择进行应用。

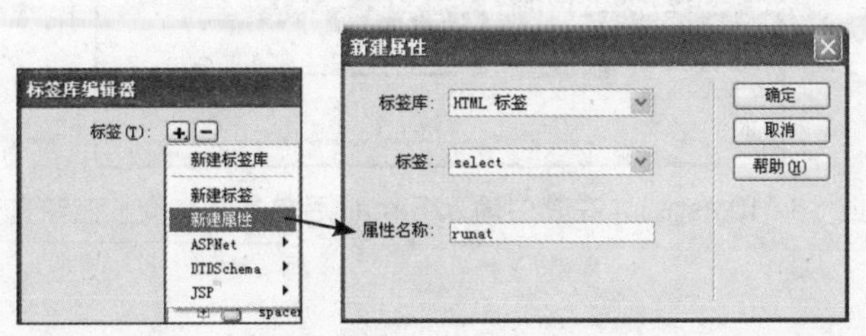

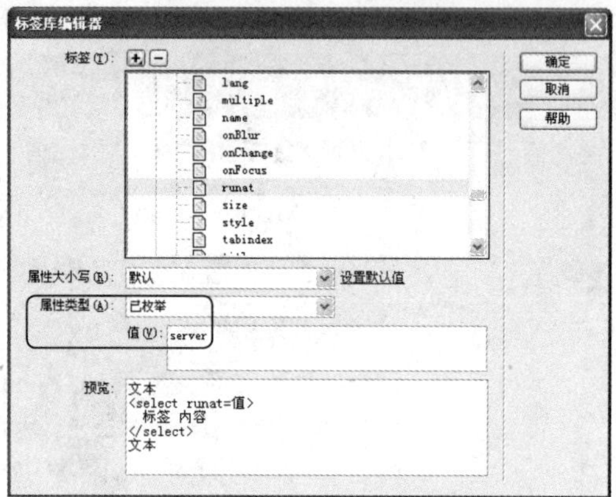

6.3 网络报名系统

下面展示一个“网络报名系统”的例子，目的是让在线的网友能报名参加点心制作培训班，网友可在其中输入报名信息，选择喜爱的课程，这些数据会保存到学员数据表及缴费数据表中，以作为新课程通知、数据查询、优待及收费之用，处理流程如下。

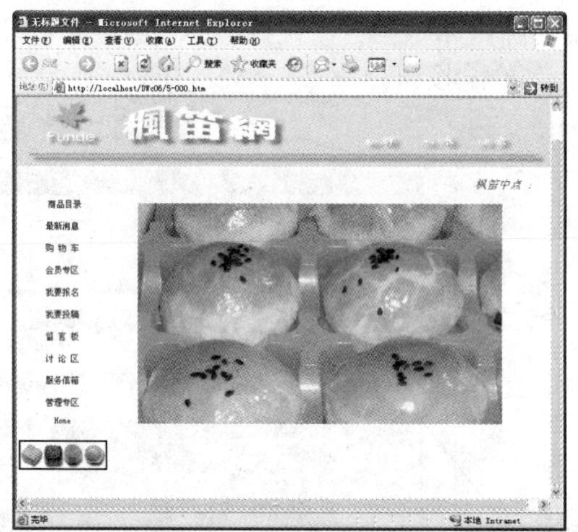

在首页（5-000.htm）中单击“我要报名”超链接文字

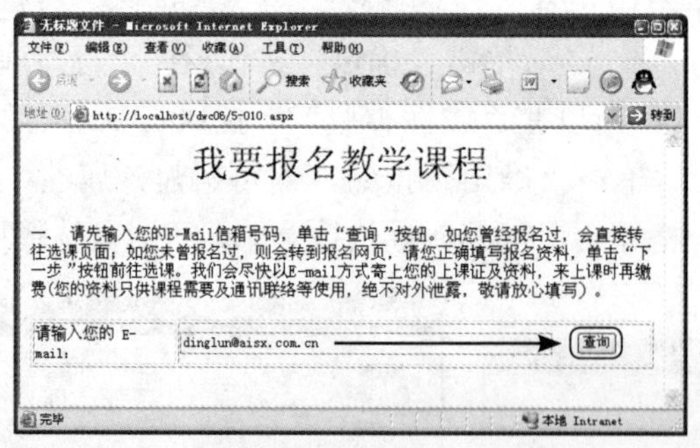

显示我要报名网页（5-010.aspx），在其中输入 E-mail 后单击“查询”按钮查询是否为旧学员

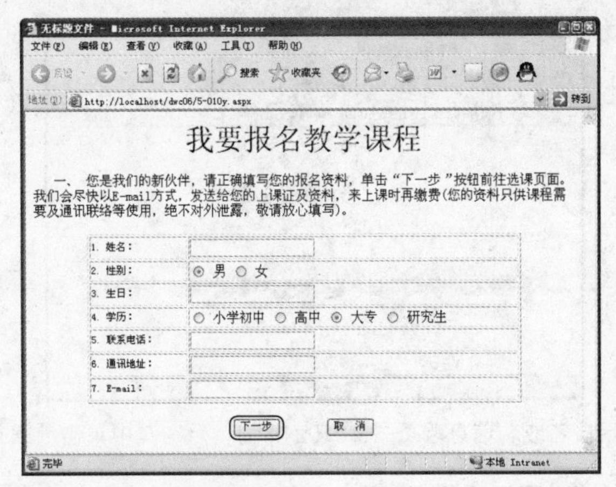

如果是新学员则显示输入报名数据网页（5-010y.aspx），在其中输入各数据后单击“下一步”按钮，存储报名数据

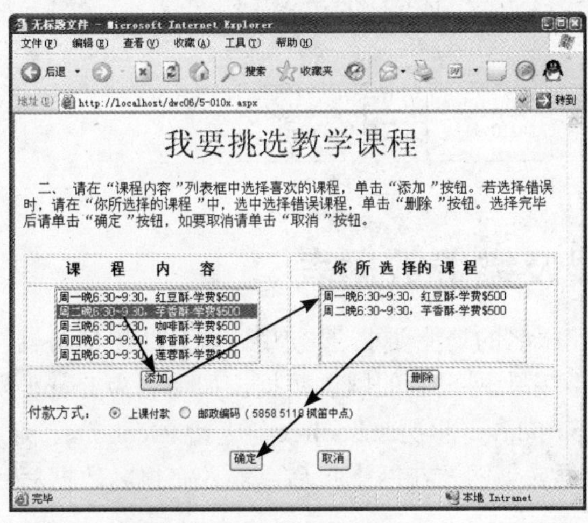

如选错则选择右侧该课程名称单击“删除”按钮，会在“你所选的课程”列表框中将“错选课程删除

如果是旧会员则直接到挑选课程网页（5-010x.aspx），在其中单击“添加”按钮，会将该信息储存到“你所选的课程”列表中

选择完课程和付款方式后，单击“确定”按钮，会显示您的课程数据网页（5-010z.aspx），可单击“保存”按钮存入缴费数据表

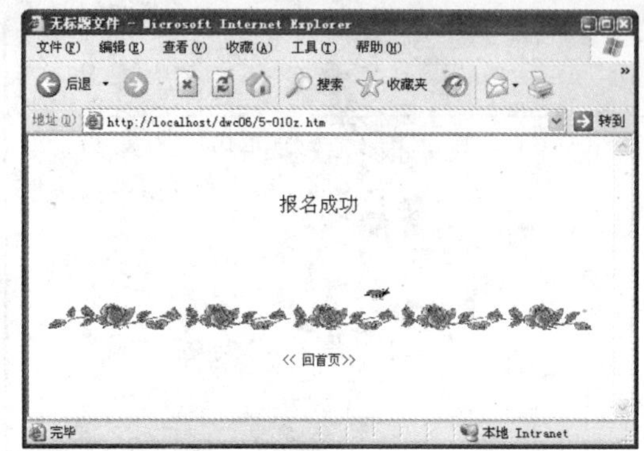

保存缴费数据后，会显示报名成功信息网页（5-010z.htm），可在其中单击“回首页”超链接文字返回

我要报名系统的简易流程示意图如下。

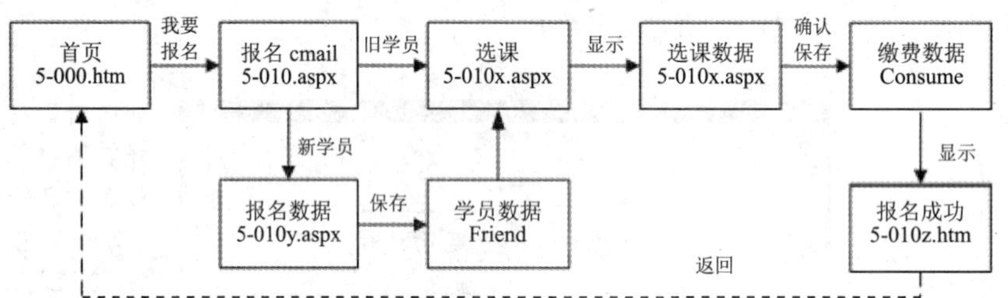

6.3.1 建立学员及缴费数据表

如果要达成上面网络报名的功能要求，要使用一些HTML服务器控件来设计，方法如下。先建一个学员数据表以保存上网报名的网友数据，如命名为 friend 数据表，含有学员姓名 name、性别 sex、生日 birthday、学历 schoolrec、电话 telephone、通讯处（address），以及电子邮箱（email）等数据。当网友在网上报名，输入完报名数据后，会将数据保存到这个 friend 数据表。

学员数据表 friend

friend : 表

字段名称	数据类型	说明
name	文本	1. 学员姓名 (10位)
sex	文本	2. 性别 (6位)
birthday	文本	3. 生日 (10位)
schoolrec	文本	4. 学历 (10位)
telephone	文本	5. 电话 (15位)
address	文本	6. 通讯处 (50位)
email	文本	7. E-Mail (50位)

name	sex	birthday	schoolrec	telephone	address	email
吴意珊	女	1985/05/10	大专	0988111001	嘉义市林森路111号	cc5528@ms62.hinet.net
庄汉民	男	1988/07/11	大专	0988111002	台中市民主路112号	cchihs@citymail.com.tw

其次，再建立一个缴费数据表以保存网友的缴费数据，如命名为 consume 数据表，含有学员邮箱 email、报名日期 csdate、报名课程 cscontent、付款方式 paytype，以及付款日期等 paydate 数据。当网友报名完成后，除了将数据存至 friend 学员数据表外，同时也会将缴费数据存到 consume 缴费数据表，可作为日后查询是否缴费或结账时的依据。

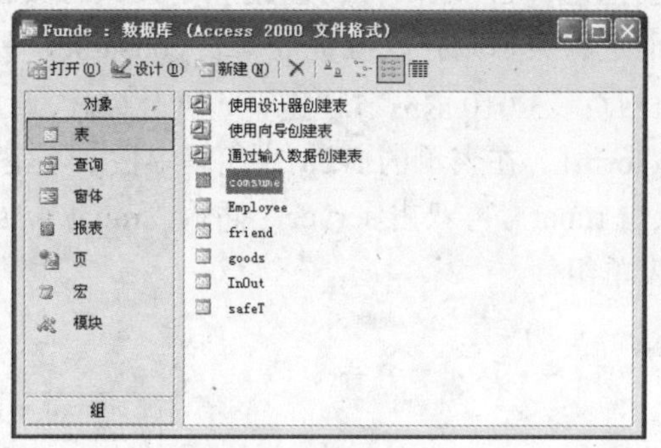

缴费数据表 consume

字段名称	数据类型	说明
email	文本	1.学员email(50位)
csDate	日期/时间	2.报名日期(日期)
csContent	备注	3.报名课程(多位)
paytype	文本	4.付款方式(10位)
payDate	日期/时间	5.付款日期(日期)真正缴费时再存入

email	csDate	csContent	paytype	payDate
cc5528@ms2.ttc.edu.tw	2005-5-28 16:39:35	周五晚6:30~9:30，蓮蓉酥-学费$500	上课付款	2005-5-20
cc5528@ms62.hinet.net	2005-6-21 15:33:41	周三晚6:30~9:30，咖啡酥-学费$500	邮政汇款	2005-5-20

6.3.2 插入报名超链接文字

修改 Model01 模板，插入"我要报名"超链接文字，然后更新各相关网页，当单击"我要报名"超链接文字时，会打开我要报名教学课程网页（5-010.aspx）。

在模板 Model01 中插入"我要报名"超链接文字并连接至 5-010.aspx 网页

6.3.3 建立报名网页

建立我要报名教学课程网页（5-010.aspx），在其中插入文本域、按钮等组件，让网友查询曾报名过的报名数据，以及尚未报名时输入自己的数据，输入完后如正确无误，单击“下一步”按钮，转到我要挑选教学课程网页，挑选喜爱的科目上课，然后将这些数据保存起来，作为日后处理的依据。“课程内容”及“所选的课程”拟以列表设计，在“课程内容”列表框中选择所需课程，单击“添加”按钮，会加到“你所选的课程”列表框中。如选错，在“你所选的课程”列表框中选择该课程，之后单击“删除”按钮将其删除。另外，将报名数据存入学员数据表 friend，而选课数据则存入缴费数据表 consume，具体操作步骤如下。

步骤 1　新建一空白网页（5-010.aspx），切换至“拆分模式，单击表单”插入栏中的“表单”按钮，插入一表单 form1。在表单的 HTML 代码中按一下空格键，输入 r，会出现表单事件属性快捷菜单，双击 runat，再双击 server，插入“runat = "server"”语句，即可将其改为 HTMLForm 服务器表单组件。

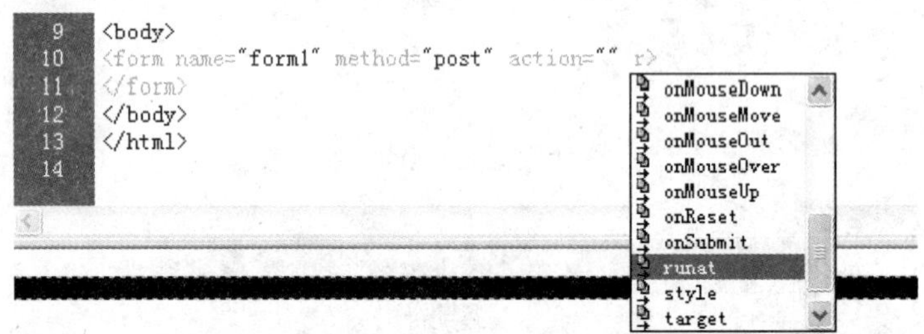

新建 5-010.aspx 网页，插入表单，并在其中添加“runat="server"”语句

```
<body>
<form name="form1" method="post" action="" runat="">
</form>
</body>
```

server

步骤 2　在表单内插入空表格，在空表格内再插入文本域、按钮组件及输入标题文字。文本域名称为 email，并且在各组件的 HTML 标签内加入 id 及“runat="server"”语句，使其成为 HTML 服务器控件。

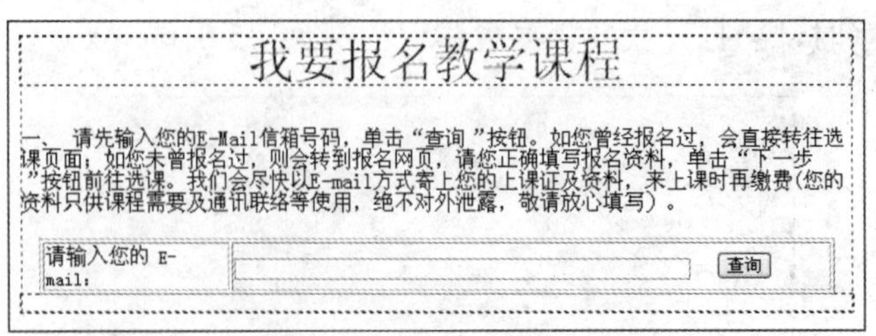

输入报名方法及各标题文字，并插入各组件

步骤 3　在“绑定”面板中选择“数据集（查询）”命令，在弹出的“数据集”对话框中设置数据集名称为 dsMemb01，连接为 Funde01，表格为 friend，全选字段（即在“列”选项区中选择“全部”选项）筛选 email 列等于表单变量 email 输入的邮箱号码，以查询是否为旧学员，若是则直接转到挑选课程网页进行处理。

建立查询用数据集 dsMamb01

步骤 4　将“查询”按钮 button03 改为 HtmlInputButton，并加入 onServerClick 事件且设名称为 bt3click。然后在<MM:PageBind…>代码中加入<script…>…</script>的单击“查询”按钮事件 Bt3Click，以查询是否为旧学员。若是则直接转到挑选课程网页（5-010x.aspx）进行处理；若不是则必须转到 5-010y.aspx 网页，输入新学员数据，再单击“下一步”按钮到挑选课程网页。

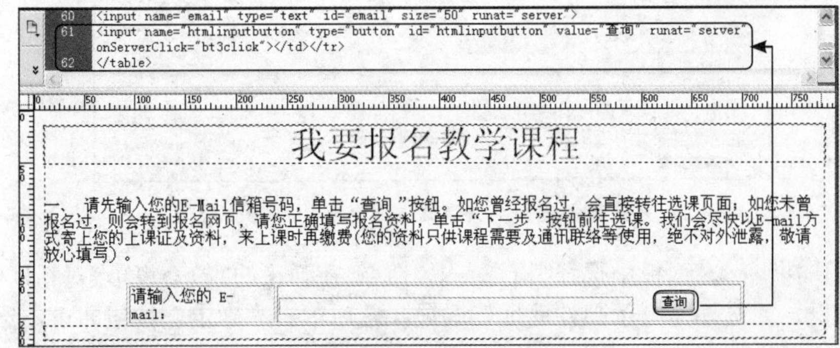

加入单击“查询”按钮事件 Bt3Click

```
<MM:PageBind runat="server" PostBackBind="true" />
<script language="vb" runat="server">
'---------- 输入email后单击“查询”按钮查询是否为旧学员 ----------
Sub Bt3Click(sender as Object, e as Eventargs)
 If dsMemb01.recordcount < 0 then
  session("email") = Request.Form("email")
  session("csDate") = now
  response.Redirect("5-010x.aspx")
 else
  session("email") = email.value
  response.Redirect("5-010y.aspx")
 End If
End Sub
</script>
```

加入单击“查询”按钮事件程序的代码

步骤 5　新建一新网页（5-010y.aspx），在其中添中各说明、标题文字、文本域组件，并插入“下一步”按钮和“取消”按钮，以当作新学员的报名网页。在其中可输入新学员数据，再单击“下一步”按钮到挑选课程网页。

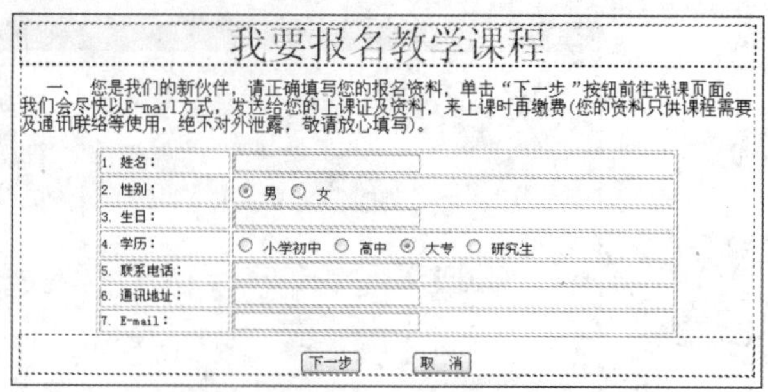
我要报名教学课程

一、 您是我们的新伙伴，请正确填写您的报名资料，单击"下一步"按钮前往选课页面。我们会尽快以E-mail方式，发送给您的上课证及资料，来上课时再缴费(您的资料只供课程需要及通讯联络等使用，绝不对外泄露，敬请放心填写)。

1. 姓名：	
2. 性别：	⊙ 男 ○ 女
3. 生日：	
4. 学历：	○ 小学初中 ○ 高中 ⊙ 大专 ○ 研究生
5. 联系电话：	
6. 通讯地址：	
7. E-mail：	

下一步　取 消

新学员报名网页（5-010y.aspx）

步骤 6　在"绑定"面板中选择"数据集（查询）"命令，在弹出的"数据集"对话框中设置数据集名称为 dsMemb02，连接为 Funde01，表格为 friend，全选字段，之后单击"确定"按钮，建立新学员数据集。

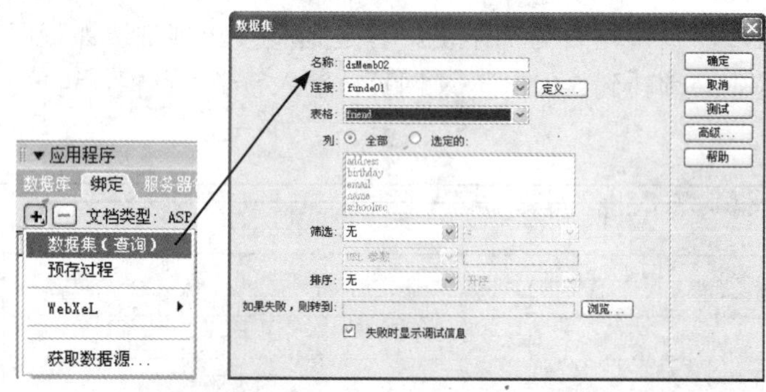

建立欲新建新学员数据之数据集 dsMemb02

步骤 7　在"行为"面板中选择"检查表单"命令，在弹出的"检查表单"对话框中勾选"必需的"复选框，并选择"电子邮件地址"选项，之后单击"确定"按钮即可，然后在程序代码的错误信息处改用中文信息。

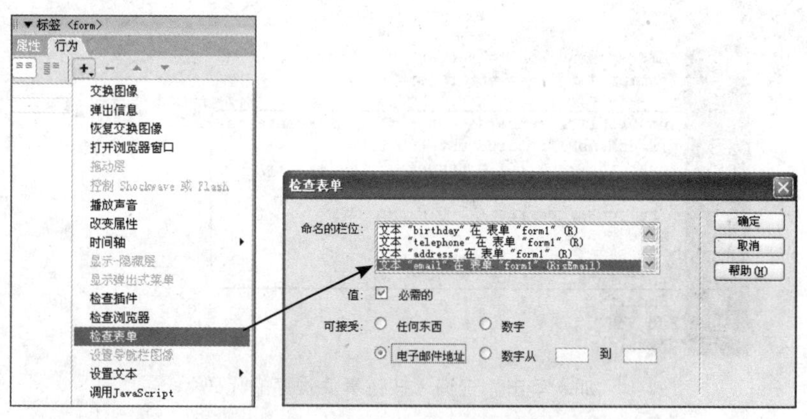

在报名表中加入"检查表单"行为预防漏打数据

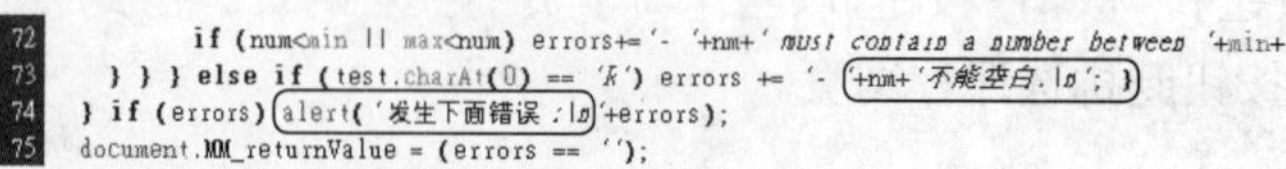

```
      if (num<min || max<num) errors+='- '+nm+' must contain a number between '+min+'
  } } } else if (test.charAt(0) == 'R') errors += '- '+nm+'不能空白.\n'; }
} if (errors) alert('发生下面错误:\n'+errors);
document.MM_returnValue = (errors == '');
```

将错误信息改为中文

步骤 8 在“服务器行为”面板中选择“插入记录”命令，在弹出的“插入记录”对话框中设置数据值来源为 Form1，连接为 funde01，插入到表格为 friend，各列值取自各对应同名的组件，若插入新学员记录成功，则前往 5-010x.aspx 网页挑选所要参加的上课课程。另外，在 <MM:PageBind …> 代码中，将输入的 email 存入 Session 变量。

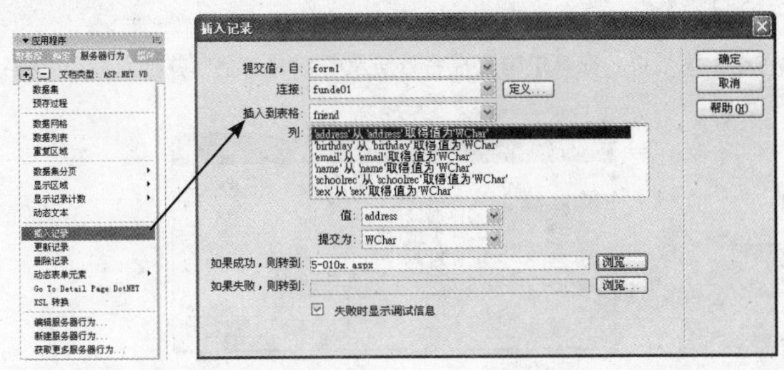

设置“插入记录”服务器行为，将新学员数据存入数据表

```
<MM:PageBind runat="server" PostBackBind="true" />
<script language="vb" runat="server">
sub page_load(sender as Object, e as Eventargs)
'-------- 预存选课所需的资料 ---------------------
 session("email")=email.value               '存下新学员的email信箱号码
 session("csDate")=now                      '存下新学员的报名日期
end sub
</script>
```

将学员 email 邮箱号码先存至 session 变量

6.3.4 建立选课网页

建立一个我要挑选教学课程网页（5-010x.aspx），挑选喜爱的课程上课，再将这些数据保存起来，作为日后缴费处理的依据。“课程内容”及“你所选的课程”拟以列表设计，当在“课程内容”列表框中选择所要课程，单击“添加”按钮，会加到“你所选的课程”列表框中。如选错，在“你所选的课程”列表框中选择该课程单击“删除”按钮即可。选完课再选付款方式，之后单击“确定”按钮，则转到您的选课数据网页（5-010z.aspx），再确认数据，然后存入缴费数据表 consume；或者单击“取消”按钮放弃选课，回到最初报名网页处，具体操作步骤如下。

步骤 1 新建一空白网页（5-010x.aspx），再插入一表单 fome1，在表单的 HTML 代码中插入“runat = "server"”语句，改为 HTMLForm 服务器表单组件。

步骤 2 在表单内插入挑选课程空表格，在空表格内插入列表、按钮、单选按钮等组件，并输入各说明、标题文字。列表插入后设置名称为 Select01、Select02l，高度为 5 行、宽度为 300 像素（即 style="width:300 "），并加入 id 名称及 runat="server"，使其成为 HTML 服务器控件。

步骤 3 选择“课程内容”列表 Select01，在“属性”面板中单击“列表值”按钮，在弹出的“列表值”对话框中单击+按钮新建并输入课程时间、名称、学费的项目标签及值，之后单击“确定”按钮，可看到“课程内容”列表框中已加入了课程选项。

我要挑选教学课程

二、请在“课程内容”列表框中选择喜欢的课程，单击“添加”按钮。若选择错误时，请在“你所选择的课程”中，选中选择错误课程，单击“删除”按钮。选择完毕后请单击“确定”按钮，如要取消请单击“取消”按钮。

课　程　内　容	你 所 选 的 课 程

新建 5-010x.aspx 网页，在其中输入报名方法及各标题文字，并插入列表、按钮等组件

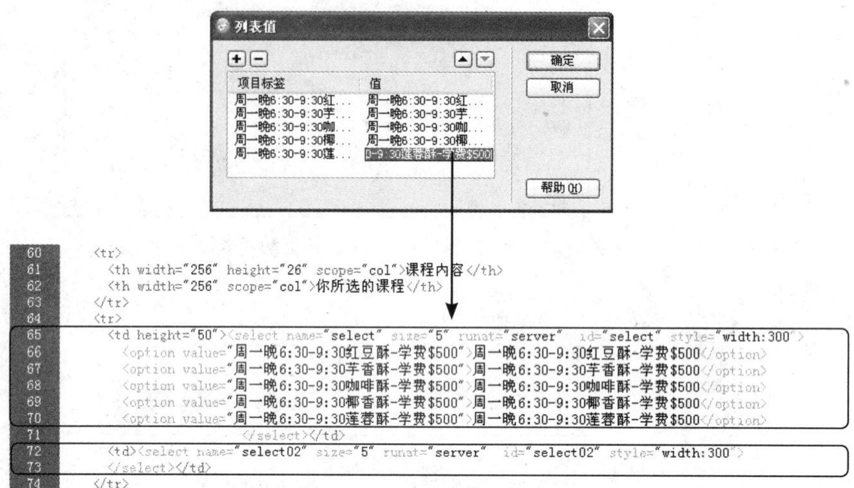


```
<tr>
  <th width="256" height="26" scope="col">课程内容</th>
  <th width="256" scope="col">你所选的课程</th>
</tr>
<tr>
  <td height="50"><select name="select" size="5" runat="server"  id="select" style="width:300">
    <option value="周一晚6:30-9:30红豆酥-学费$500">周一晚6:30-9:30红豆酥-学费$500</option>
    <option value="周一晚6:30-9:30芋香酥-学费$500">周一晚6:30-9:30芋香酥-学费$500</option>
    <option value="周一晚6:30-9:30咖啡酥-学费$500">周一晚6:30-9:30咖啡酥-学费$500</option>
    <option value="周一晚6:30-9:30椰香酥-学费$500">周一晚6:30-9:30椰香酥-学费$500</option>
    <option value="周一晚6:30-9:30莲蓉酥-学费$500">周一晚6:30-9:30莲蓉酥-学费$500</option>
            </select></td>
  <td><select name="select02" size="5" runat="server"  id="select02" style="width:300">
    </select></td>
</tr>
```

我要挑选教学课程

二、请在“课程内容”列表框中选择喜欢的课程，单击“添加”按钮。若选择错误时，请在“你所选择的课程”中，选中选择错误课程，单击“删除”按钮。选择完毕后请单击“确定”按钮，如要取消请单击“取消”按钮。

课　程　内　容	你 所 选 的 课 程
周一晚6:30~9:30，红豆酥-学费$500 周二晚6:30~9:30，芋香酥-学费$500 周三晚6:30~9:30，咖啡酥-学费$500 周四晚6:30~9:30，椰香酥-学费$500 周五晚6:30~9:30，莲蓉酥-学费$500	
添加	删除
付款方式：◎ 上课付款 ○ 邮政编码（5858 5118 枫笛中点）	

确定　取消

步骤 4　插入“添加”、“删除”、“确定”和“取消”4 个按钮 Button01~Button04，以及一组付款方式的单选按钮（Paytype），并将其设成 HTML 服务器控件。每个按钮均加入单击事件 Button01Click~Button04Click，用来作选课处理。

```
    <td><div align="center">
      <input name="button01" type="button" id="button01" runat="server" value="添加"
      style="width:100" onserverclick="button01Click">
</div></td>
    <td><div align="center">
      <input name="button02" type="button" id="button02" runat="server" value="删除"
      style="width:100" onserverclick="button02Click">
</div></td>
  </tr>
  <tr>
    <td height="35" colspan="2"><div align="left"><span class="style11 style3">付款方式：</span> <span class="style4">
        <label>
        <input name="paytype" type="radio" value="上课付款" runat="server" checked>
        上课付款</label>
        <label>
      <input type="radio" name="paytype" value="邮政编码" runat="server">
      邮政编码 (<span class="style5"> 5858 5118</span> 枫笛中点)</label>
        </span><br>
    </div></td>
  </tr>
</table>
<div align="center"><br>
  <input type="button" name="button03" id="button03" runat="server" value="确定" style="width:100"
        onserverclick="button03Click">

  <input type="button" name="button04" id="button04" runat="server" value="取消" style="width:100"
        onserverclick="button04Click">
```

步骤 5　在 <%Page …%> 代码段中输入 <Script …>…</Script> 程序代码，与两个事件程序 (即 <Sub Button01Click（…）>…</End Sub> 单击加入按钮事件程序)，以及 <Sub Button02Click（…）>…</End Sub> 单击删除按钮事件程序。前者在单击时会将“课程选项”加入到“你所选的课程”列表框中，后者在单击时会将错选的课程从“你所选的课程”列表框中移除。

```
<%@ Page Language="VB" ContentType="text/html" ResponseEncoding="utf-8"  debug=true%>
<script language="vb" runat="server">
'-------- 单击“添加”按钮添加所选课程 ----------------------------------------
Sub button01Click(sender as Object, e as Eventargs)
 dim t as String
 t=trim(select01.value)
 select02.items.add(t)
 session("amount") += int(Microsoft.VisualBasic.Right(t,2))
 session("csContent") &= t & " "
End Sub
'--------- 单击“删除”按钮删除不要的课程 ------------------------------------
Sub button02Click(sender as object, e as eventargs)
 dim s, t
 t=trim(select02.value)
 select02.items.remove(t)
 session("amount") -= int(Microsoft.VisualBasic.Right(t,2))
 s=session("csContent")
 t=t & " "
 session("csContent") = Replace(s,t,"")
End Sub
'--------- 选完后单击“确定”按钮转至「显示」网页 ----------------------------
Sub button03Click(sender as object, e as eventargs)
 session("csContent") &= "合计：$" & session("amount") & "元"  '存合计
 session("paytype") = request.Form("paytype")              '存付款方式
 select02.items.clear                                      '清空右侧选单内容
 response.Redirect("5-010z.aspx")                          '转「显示」网页显示
End Sub
'--------- 选完后单击“取消”按钮取消选课 ------------------------------------
Sub button04Click(sender as object, e as eventargs)
 session.Abandon()                   '清除所有的session变量
 response.Redirect("5-000.htm")      '返回首页
End Sub
```

单击“添加”按钮会将所选的课程加到右侧的“你所选的课程”列表中

单击“删除”按钮会将错选的课程从右侧的“你所选的课程”列表框中删除

单击“确定”按钮会计算合计并转往显示选课内容

单击“放弃”按钮会返回首页并清除 session 变量中的信息

步骤 6　现在先浏览一下看执行结果如何。如先选择左侧“课程内容”列表框中的选项，单击“添加”按钮，则发现该选项会插入到右侧列表中。若选择“你所选的课程”列表框中的错误选项，并单击“删除”按钮，则该课程会从“你所选的课程”列表框中清除。

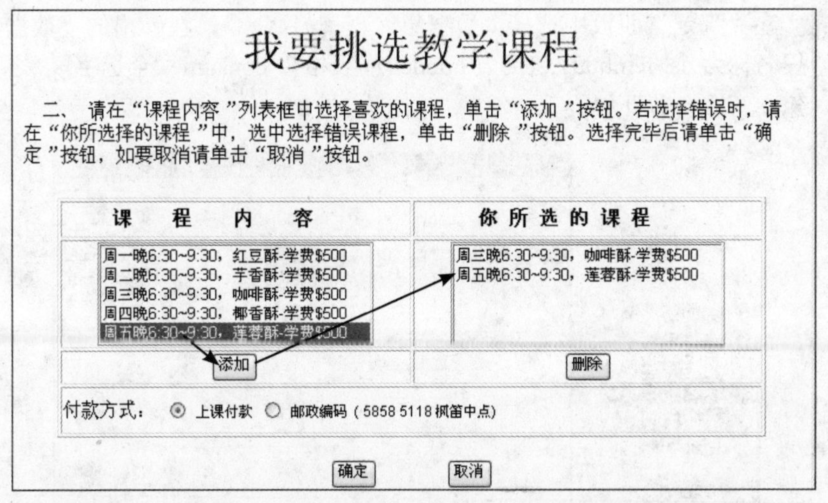

选择课程，之后单击“添加”按钮，会插入到“你所选的课程”列表框中

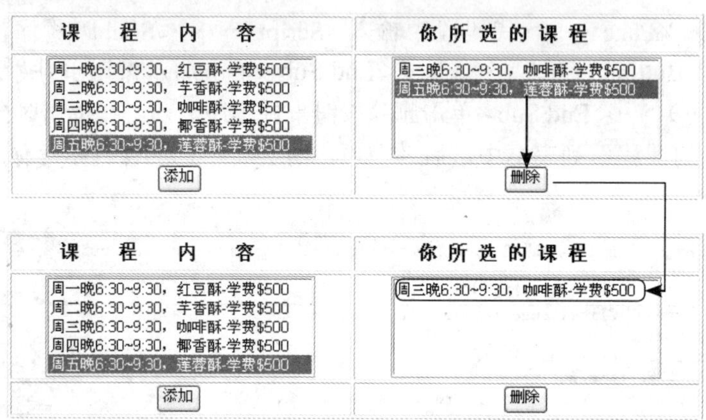

选择错选课程，之后单击“删除”按钮，会从“你所选的课程”列表框中删除该数据

6.3.5 建立保存选课数据网页

建立保存选择数据网页（5-010z.aspx）的具体操作步骤如下。

步骤 1 新建一空白网页（5-010z.aspx），插入一表单 fome1，在表单的 HTML 代码中插入“runat = "server"”语句，将其改为 HTMLForm 服务器表单组件。

步骤 2 在表单中插入相关组件，设计成如下图所示的界面。

您的选课资料是

E-Mail信箱：	
报名日期：	
选课内容：	
缴费方式：	

储存

新建网页（5-010z.aspx）在其中输入各标题文字，并插入文本域、按钮等组件

步骤 3 在“绑定”面板中选择“数据集（查询）”命令，在弹出的“数据集”对话框中设置数据集名称为 dsMemb03，连接为 Funde01，表格为 consume，全选字段，之后单击“确定”按钮，建立新缴费数据集。

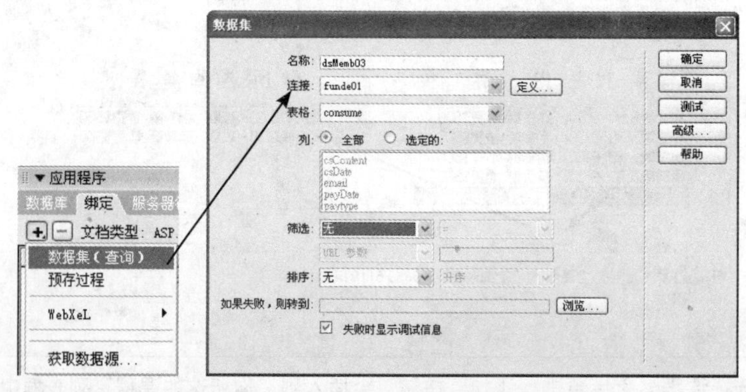

建立新建新学员数据的数据集 dsMemb03

步骤 4 在 <MM:PageBind…> 代码中输入 Page_Load 网页加载事件程序，将各 Session 变量预存的选课、缴费数据，保存到对应的文本框中并将其显示出来，同时将合计及选课内容归零。

```
<MM:PageBind runat="server" PostBackBind="true" />
<script language="vb" runat="server">
'---------- 显示刚才所选的课程资料参考------------------
sub page_load(sender as object, e as eventargs)
 dim s as string
 email.value = session("email")              '显示email
 csDate.value = session("csDate")            '显示报名日期
 csContent.value=session("csContent")        '分列显示课程资料
 payType.value=session("paytype")            '显示缴费方式
 session("amount")=0                         '将合计归零
 session("csContent")=""                     '将选课内容清空
end sub
</script>
```

将各 session 预存的值在文本框中显示，然后将合计及选课内容归零

步骤 5 在“服务器行为”面板中选择“插入记录”命令，在弹出的“插入记录”对话框中设置数据值来源为 Form1，连接为 funde01，插入到表格为 consume，各列值取自各对应同名的组件，并且会自动插入一个名为 MM_insert 的隐藏区域，以便在单击“保存”按钮时可将数据确实存入缴费数据表。其次设置若插入新缴费记录成功，则会前往 5-010z.htm 网页显示报名成功。

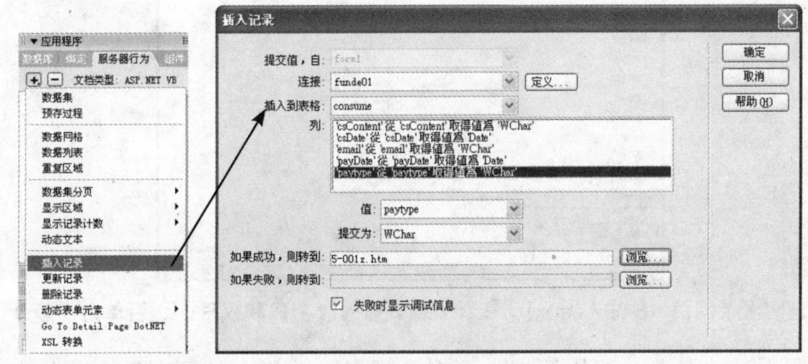

设置“插入记录”服务器行为，将新缴费数据存入数据表

6.4 网络缴费系统

当完成网上报名后，接着就是要缴费，由于前面设置是在学员上课时缴费或邮寄缴费，故不是学员自行处理的，而是由管理者来操作，因此管理者必须先登录管理专区，再进一步完成缴费手续。处理流程如下。

（1）由首页单击“管理专区”超链接文字，到管理者登录网页，在其中输入账号、密码和权限数据，进入管理专区网页。

在首页（5-000.htm）单击“管理专区”超链接

显示管理者登录网页（5-007.aspx），在其中输入账号、密码和权限，之后单击“登录”按钮

（2）设置学员的缴费及编辑管理，要在管理专区的“会员管理”主菜单中进行，因此登录管理专区后，要选择“会员管理 > 学员数据 > 缴费”命令。

（3）此时会显示缴费数据查询网页，然后输入学员的 E-Mail、之后单击“查询”按钮，则会开启学员的缴费数据表查询。

（4）如该学员未曾报名过，或者已完成缴费，再或者无缴费数据，则显示您无缴费数据网页；否则，会显示该学员的“缴费数据表”。

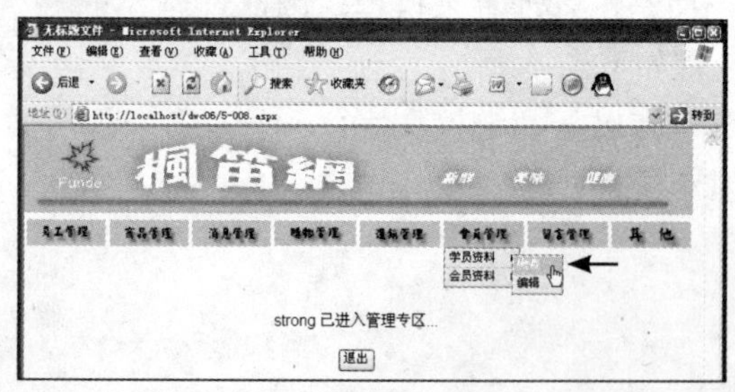

进入管理专区（5-008.aspx），选择“会员管理 > 学员数据 > 缴费”命令

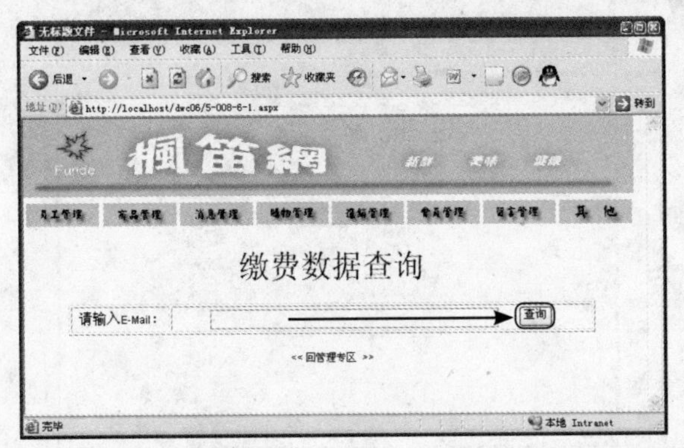

显示“缴费数据查询”网页（5-008-6-1.aspx），在其中输入 E-Mail 后单击“查询”按钮

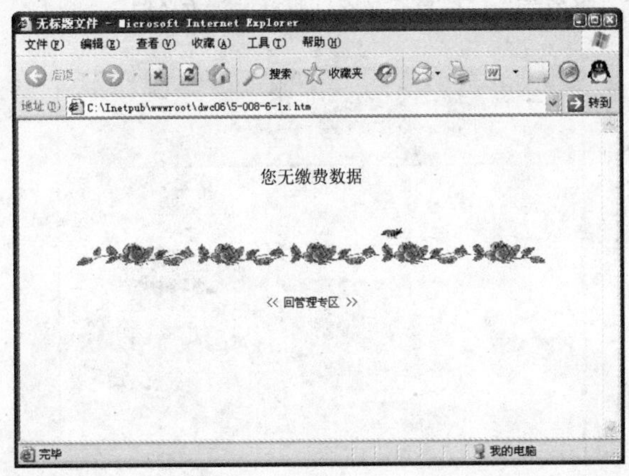

若已无缴费数据，则显示您无缴费数据网页（5-008-6-1x.htm），可单击“回管理专区”链接文字返回

（5）在“缴费数据表”中，若“缴费日”栏无数据，表示尚未缴费，可单击“缴费”超链接文字，在展开的该学员的缴费明细表网页中进行确认，再单击“确定缴费”按钮，此时系统会自动加入当时的缴费日期并将数据存起来。

（6）此时会显示您已缴费成功信息网页，单击“回管理专区”超链接文字，完成缴费手续。

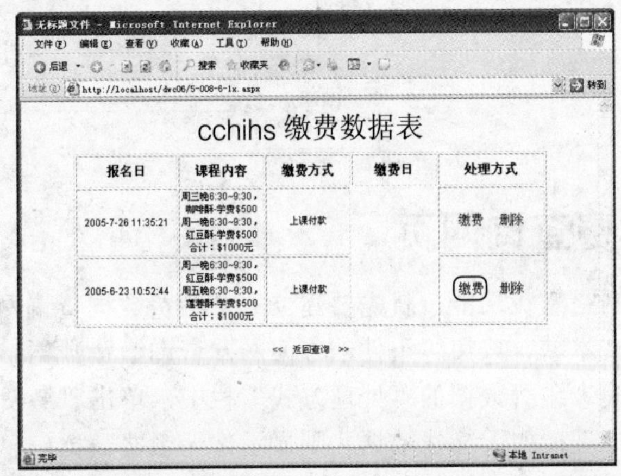

若有缴费数据，则显示 XXX 缴费数据表网页（5-008-6-1x.aspx），可单击“缴费”超链接文字

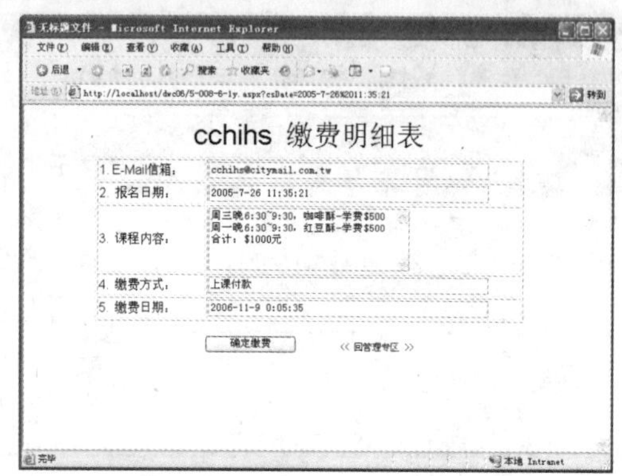

此时会显示XXX缴费明细表网页（5-008-6-1y.aspx），可单击"确定缴费"按钮，保存缴费数据，或者单击"回管理专区"超链接文字返回

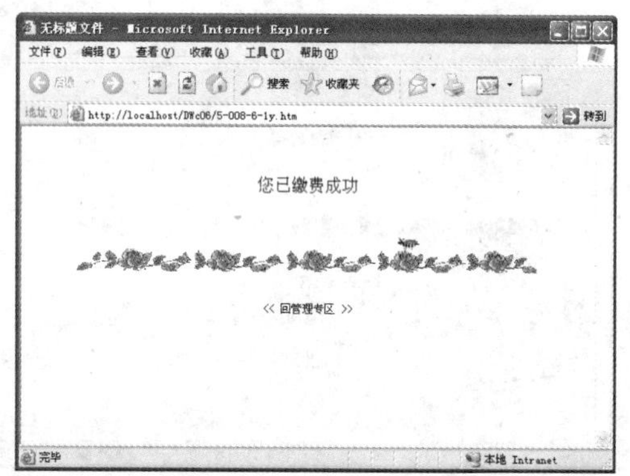

缴费后，则显示您已缴费成功网页（5-008-6-1y.htm），可单击"回管理专区"超链接文字返回

"学员缴费"系统的简易流程示意图如下。

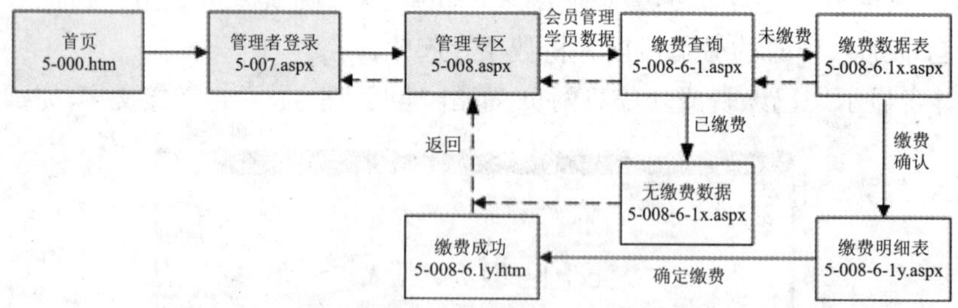

6.4.1 建立缴费查询网页

如果要达成上面网络缴费功能，就先要建立一个缴费数据查询网页（5-008-6-1.aspx），同样在该网页中插入文本域、按钮等组件，方便网友查询缴费数据。执行缴费查询后，若有未缴费数据，则在尚未缴费数据的"处理方式"栏中，单击"缴费"超链接文字，转到缴费明细表网页继续处理；如无缴费数据，则显示你无缴费数据信息网页，单击"回管理专区"超链接文字作其他处理。缴费数据查询网页的具体创建步骤如下。

步骤 1 管理专区模板 Model03.dwt 的会员管理功能菜单中增加"学员数据"命令，使其具有"缴费"（5-008-6-1.aspx）与"编辑"（5-008-6-2.aspx）功能，然后保存起来。

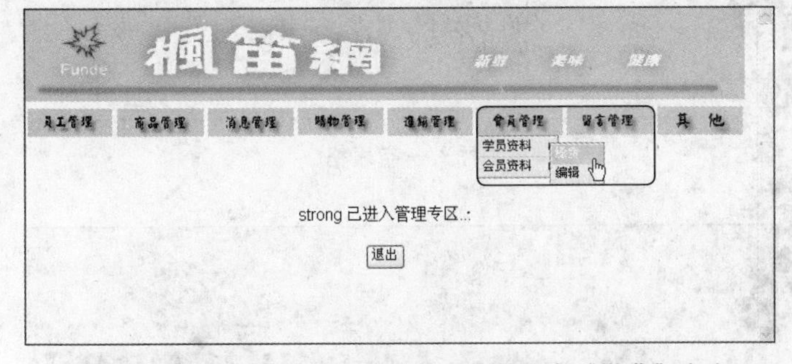

修改管理专区模板的弹出式菜单，使其具有“缴费”命令

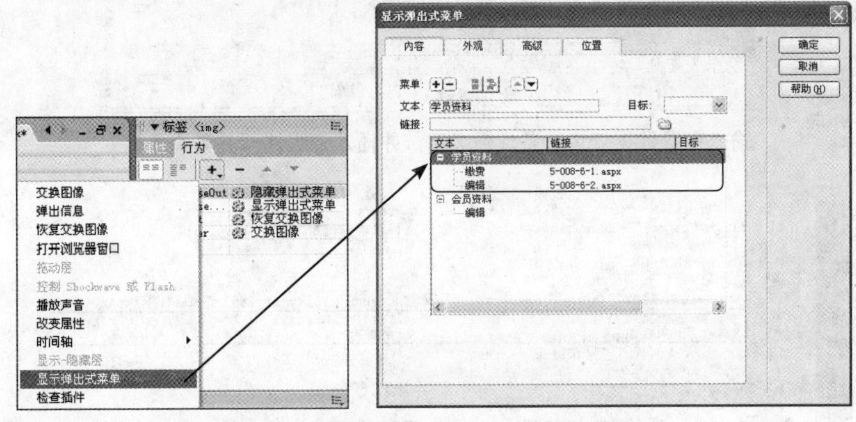

修改“会员管理”菜单中的功能选项

步骤 2 新建一空白网页（5-008-6-1.aspx），切换至“拆分”视图，单击“表单”插入栏中的“表单”按钮，插入一表单 form1，在表单的 HTML 代码中按一下空格键，输入 r 后会出现表单事件属性快捷菜单，双击 runat，再双击 server，插入“runat = "server"”语句，将其改为 HTMLForm 服务器表单组件。

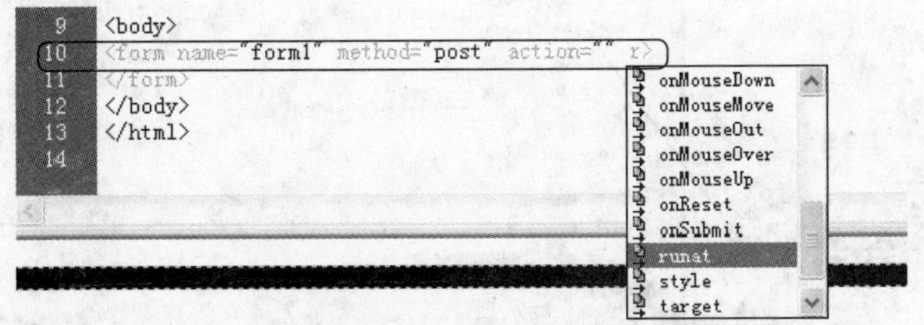

新建 5-008-6-1.aspx 网页，插入表单，并在表单内加入 id 及“runat=“server””语句

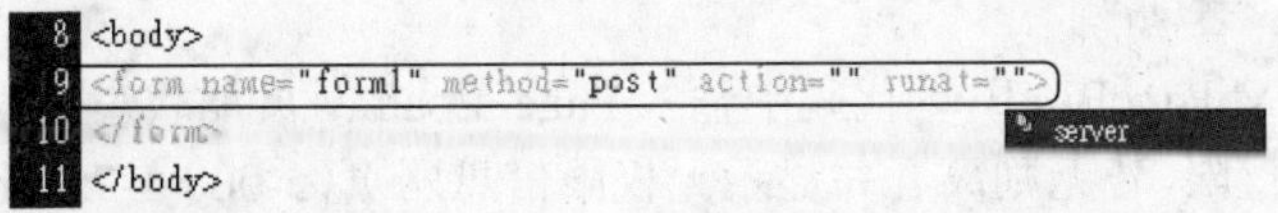

步骤 3 在表单内插入缴费数据查询空表格，在空表格内再插入文本域、按钮组件及输入标题文字。文本域名称为 email，并且在各组件的 HTML 标签内加入“runat="server"”语句及 id，使其成为 HTML 服务器控件，并套用模板 model03。

缴费数据查询

请输入E-Mail: 查询

插入一空表格

输入缴费数据查询及各标题文字，并插入各组件，并套用模板

```
<form name="form1" method="post" action="" runat="server">
  <div align="center"><span class="style1">缴费资料查询</span><br>
    <br>
    <table width="609" border="1">
      <tr>
        <td width="127"><span class="style4">请输入<span class="style5">E-Mail: </span></span></td>
        <td width="518"><input name="email" type="text" id="email" size="50" runat="server">
        <input type="button" name="button01" value="查询" id="button01" runat="server"
          onserverclick="Bt1Click"></td>
      </tr>
    </table>
```

查询按钮要加入单击事件 onServerClick

步骤 4 在“绑定”面板中选择“数据集（查询）”命令，在弹出的“数据集”文本框中设置数据集名称为 dsPay01，连接为 Funde01，表格为 consume，全选字段，筛选 email 列等于表单变量 email 输入的邮箱号码，以查询是否有缴费数据。

建立查询用数据集 dsPay01

步骤 5 在 <MM:PageBind…> 代码中输入 Page_Load 网页加载事件程序，检查管理者 pms 是否有 s 或 a 级权限，若无则离开并显示无权限信息网页（5-008-1-7z.htm）。另外设置“查询”按钮 BT1Click 的单击事件程序，查询是否有缴费数据，若有则显示该学员的缴费数据表网页（5-008-6-1x.aspx），若无则显示您无缴费数据网页（5-008-6-1x.htm）。

```
<MM:PageBind runat="server" PostBackBind="true" />
<script language="vb" runat="server">
'-------- 网页载入时检查权限 ----------------------------------------
Sub Page_Load(sender as object, e as eventargs)
 If session("pms")<>"s" and session("pms")<>"a" then    '若权限非s或a级
    response.Redirect("5-008-1-7z.htm")                   '则显示无权限讯息网页
 end If
End Sub
'-------- 按查询钮查询信箱资料 --------------------------------------
Sub Bt1Click(sender as object, e as eventargs)
 dim x as integer
 if dsPay01.recordcount > 0 Then                    '如有查到资料
   session("email")=request.form("email")             '先将email存在session变数
   x=instr(session("email"),"@")                      '找到email的@符号位置
   session("ename")=mid(session("email"),1,x-1)       '先将email的所有人名字也存起来
   session("payDate")=now                             '将缴费日也存在session变数
   response.Redirect("5-008-6-1x.aspx")               '然后转到此人的缴费资料网页
 else                                               '如查不到资料
   response.Redirect("5-008-6-1x.htm")                '显示此人无缴费资料
 end if
End Sub
</script>
```

检查是否有处理权限

检查是否有缴费数据

6.4.2 建立缴费数据表网页

当执行缴费查询后，若某学员有未缴费数据，则会转到×××缴费数据表网页（6-008-6-1x.aspx），在其中将该学员的缴费数据全部列出来。在该学员未缴费数据的“处理方式”栏中单击“缴费”超链接文字，则会转到缴费明细表网页（5-008-6-1y.aspx）中继续做缴费处理；或者单击“删除”超链接文字，转到缴费明细表删除网页（5-008-6-1z.aspx）删除缴费数据。缴费数据表网页的具体创建步骤如下。

步骤 1 新建一空白网页（5-008-6-1x.aspx），插入一表单 form1，转换至“代码”视图，在表单的 HTML 代码中按一下空格键，输入 r 后会出现表单事件属性快捷菜单，双击 runat 后再双击 server，插入“runat = "server"”语句，将其改为 HTMLForm 服务器表单组件。

步骤 2 在 form1 表单内插入缴费数据表空表格，在空表格内输入各标题文字。

缴费数据表

报名日	课程内容	缴费方式	缴费日	处理方式

<< 返回查询 >>

插入一空表格，在其中输入各标题文字

步骤 3 在“绑定”面板中选择“数据集（查询）”命令，在弹出的“数据集”对话框中设置数据集名称为 dsPay02，连接为 Funde01，表格为 consume，全选字段，以电子邮箱号码筛选缴费者的缴费数据，并以报名日期由近至远（降序）方式列出，最后单击“确定”按钮。

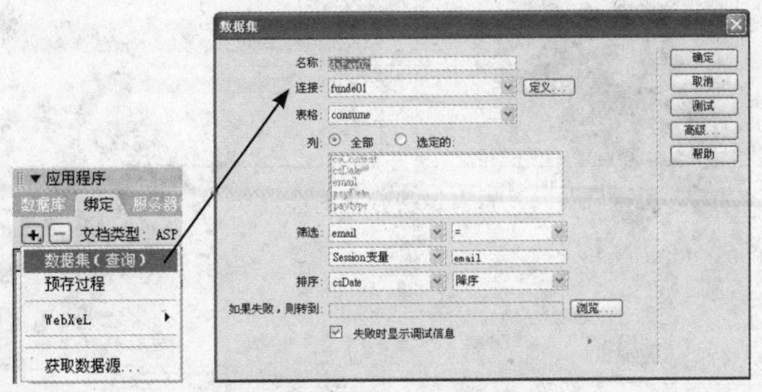

建立缴费数据的数据集 dsPay02

步骤 4 在标题“缴费数据表”的前面，插入一个 Label 标签组件，并在组件内加入代表缴费者名称 <%# session("ename") %> 的代码，以显示该学员的缴费数据表。然后展开 dsPay02 数据集，拖曳各字段到表格。

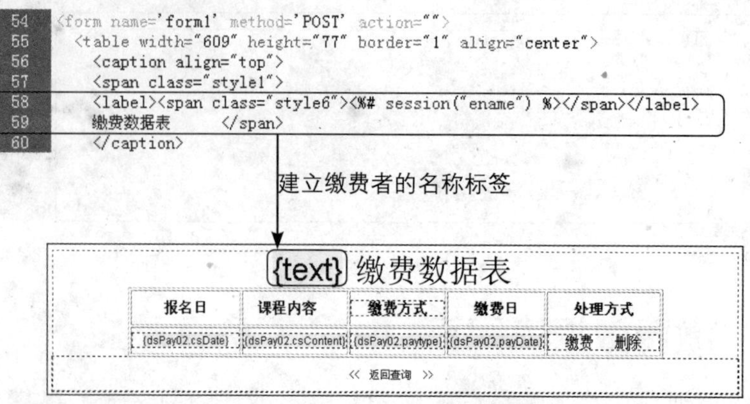

步骤 5 选择表格第二行，在“服务器行为”面板中，选择“重复区域”命令以显示该学员的所有缴费数据。接着选择“显示区域 > 数据集不为空显示”命令以显示所有数据。另外，设置“返回查询”超链接文字，以便查错了可返回缴费数据查询网页（5-008-6-1.aspx）重新查询。

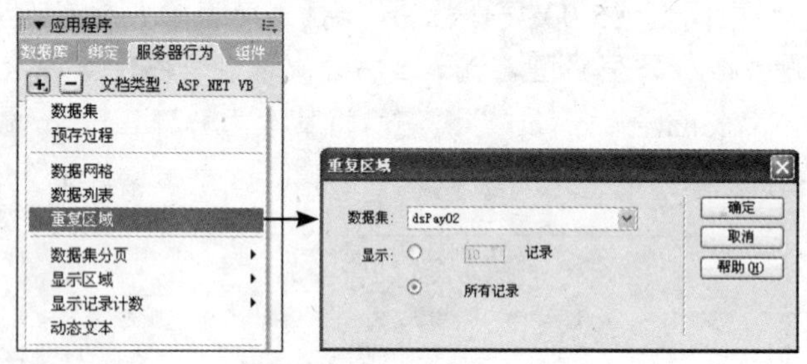

设置缴费数据可逐一显示

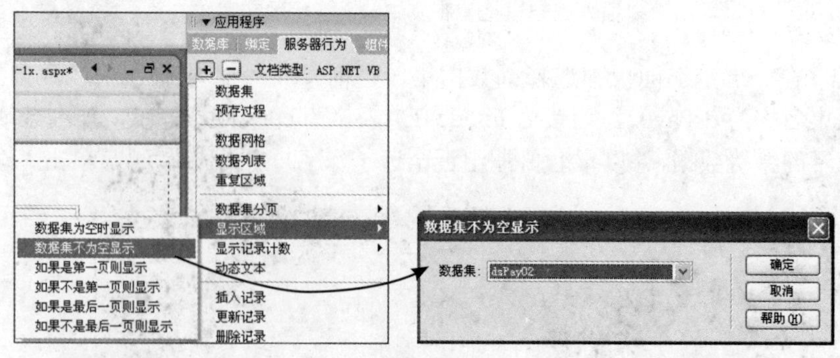

设置有缴费数据时会显示

{text} 缴费数据表

报名日	课程内容	缴费方式	缴费日	处理方式
{dsPay02.csDate}	{dsPay02.csContent}	{dsPay02.paytype}	{dsPay02.payDate}	缴费 删除

<< 返回查询 >>

步骤 6　选择“缴费”文字，在“服务器行为”面板中选择 Go to Detail Page DotNET 命令，设连接的详细信息页为缴费明细表网页（5-008-6-1y.aspx），数据集为 dsPay02，主键栏为报名日期 csDate。目的是实际执行缴费时，会连接至缴费明细表网页，列出缴费明细供确认。

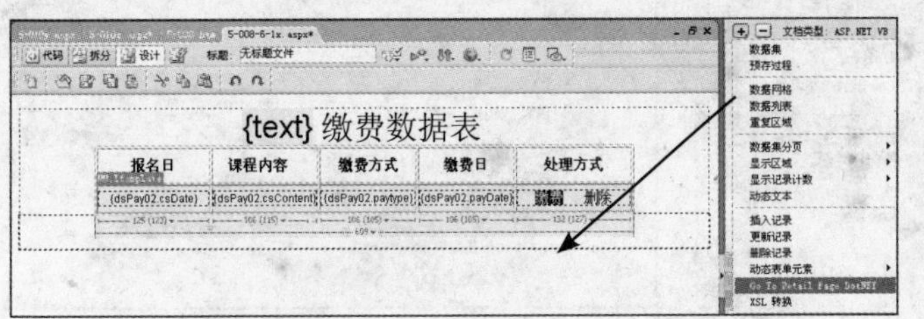

设置缴费的“连接详细信息页”服务器行为

Go To Detail Page DotNET

Link: “缴费”

Detail Page: 5-008-6-1y.aspx　Browse...

DataSet: dsPay02

Column: csDate

确定　取消

http://www.DengJie.com

6.4.3 建立缴费明细表网页

若某学员有未缴费数据，当执行缴费后，则会转到缴费明细表网页（5-008-6-1y.aspx），继续作缴费确认及处理，具体操作步骤如下。

步骤 1　新建一空白网页（5-008-6-1y.aspx），插入一表单 form1，在表单的 HTML 代码中插入“runat = "server"”语句，将其改为 HTMForm 服务器表单组件。

步骤 2　在 form1 表单内插入缴费明细表空表格，在空表格内输入各标题文字、插入各组件并以对应的字段名称命名。

缴费明细表

1. E-Mail信箱	
2. 报名日期	
3. 课程内容	
4. 缴费方式	
5. 缴费日期	

确定缴费　《回管理专区》

插入一空表格，输入各标题文字

步骤 3　在“绑定”面板中选择“数据集（查询）”命令，在弹出的“数据集”对话框中设置数据集名称为 dsPay03，连接为 Funde01，表格为 consume，全选字段，以报名日期筛选该缴费者的缴费明细数据，之后单击“确定”按钮。

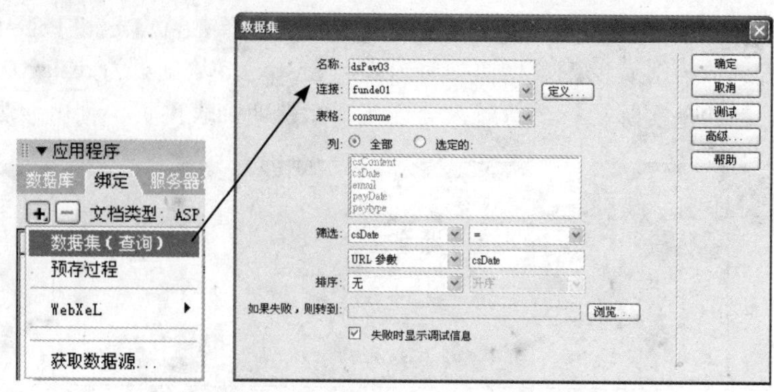

建立缴费明细数据之数据集 dsPay03

步骤 4 在标题“缴费明细表”的前面，插入一个 Label 标签组件，并在组件内加入缴费者的名称 <%# session("ename") %> 代码，以显示该学员的缴费明细数据。然后展开 dsPay03 数据集，拖曳各字段到表格。另外，将缴费日期文本域 payDate2 的值设为付款日 session ("payDate")，并且插入一个隐藏域组件 payDate，将其与缴费数据集 dsPay03 的缴费日列 payDate 绑定，以便缴完费后能跟其他字段数据一起存至缴费数据表 consume 中。

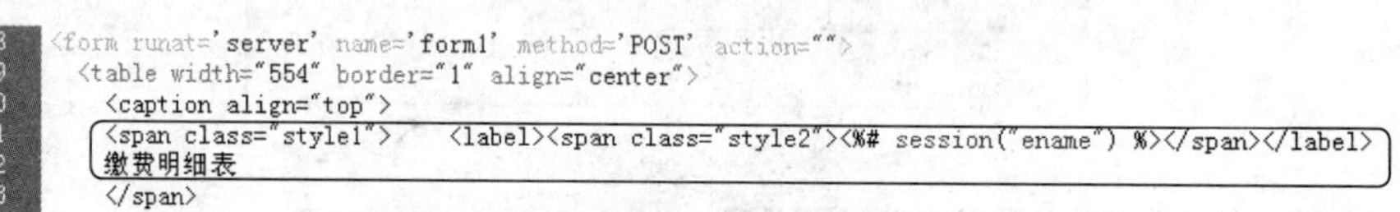

```
<form runat='server' name='form1' method='POST' action="">
  <table width="554" border="1" align="center">
    <caption align="top">
    <span class="style1">     <label><span class="style2"><%# session("ename") %></span></label>
    缴费明细表
    </span>
```

建立缴费者的名称标签

插入隐藏域组件绑定缴费日期

```
<td><span class="style3"><span class="style2">5.</span> 缴费日期</span></td>
<td><input name="payDate2" type="text" id="payDate2"
      value='<%# session("paydate") %>' size="50">
  <input name="payDate" type="hidden" id="payDate"
   value='<%# dsPay03.FieldValue("payDate", Container) %>'></td>
```

将缴费文本域的值设为付款日 session(“payDate”)

步骤 5 选中表单，在“服务器行为”面板中选择“更新记录”命令，在“更新记录”对话框中设置连接 Funde01，更新表格为 consume，各列对应至各修改值，以及如果更新成功则转到 5-008-6-1y.htm 页面，之后单击“确定”按钮。此时系统会自动加入一个名为 MM_update 且传送值为 form1 的隐藏区域，目的是用来确认只有单击“确定缴费”按钮时，才会真正更新 consume 数据表内的数据，完成学员缴费的设置。

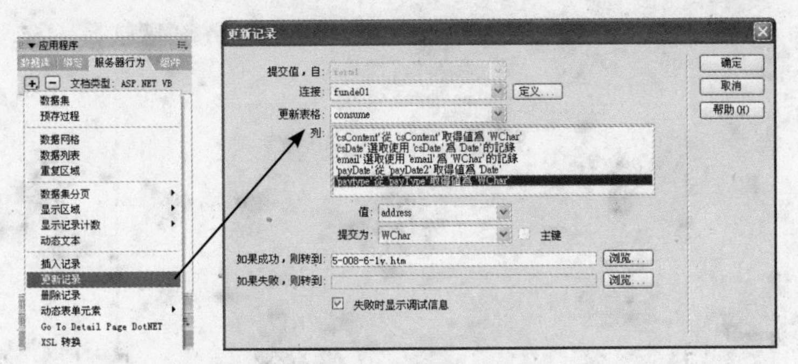

设置“更新记录”的服务器行为

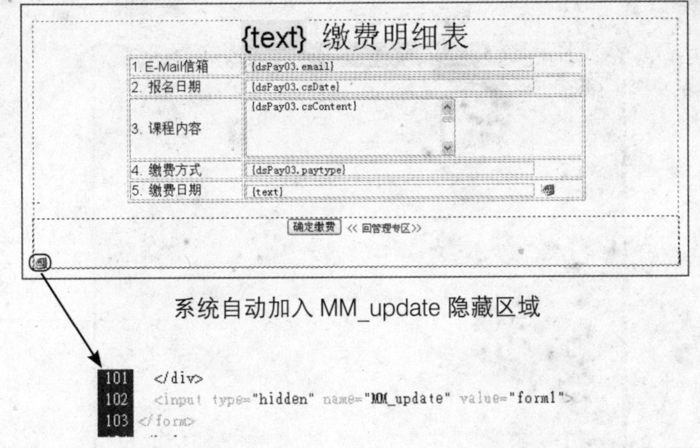

系统自动加入 MM_update 隐藏区域

```
</div>
<input type="hidden" name="MM_update" value="form1">
</form>
```

6.4.4 缴费明细删除网页

若想删除某学员缴费数据，可在该学员的 ××× 缴费数据表网页（5-008-6-1x.aspx）中单击“删除”超链接文字，会显示 ××× 缴费明细删除网页（5-008-6-1z.aspx），以便确认后删除，否则返回管理专区网页（5-008.aspx）。当执行删除后，会显示删除成功信息网页（5-008-6-1z.htm）。

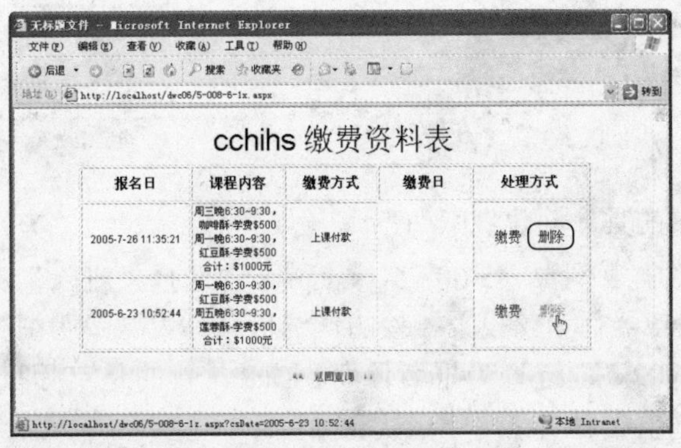

若有缴费数据，则显示 XXX 缴费数据表网页（5-008-6-1x.aspx），可单击“删除”超链接文字

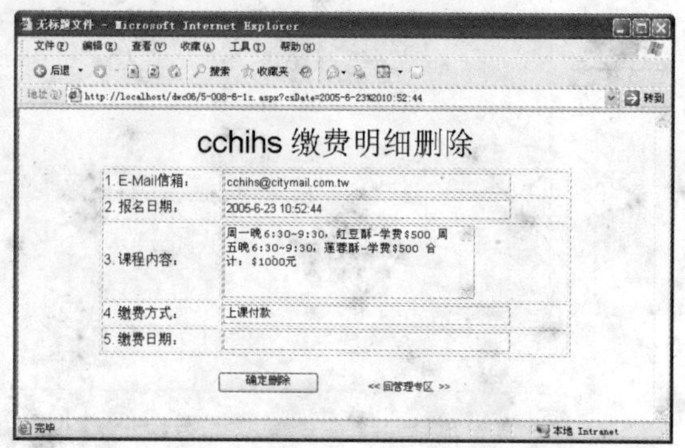

会显示 XXX 缴费明细删除网页（5-008-6-1z.aspx），可单击“确定删除”按钮，删除缴费数据

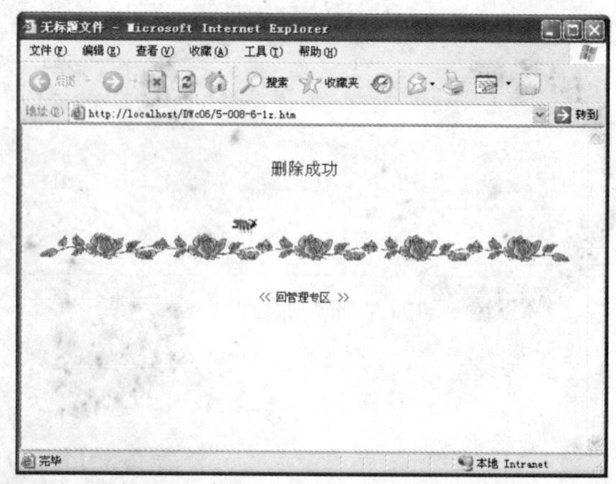

删除后，则显示删除成功信息网页（5-008-6-1z.htm），可单击“回管理专区”超链接文字返回

“删除缴费”系统的简易流程示意图如下。

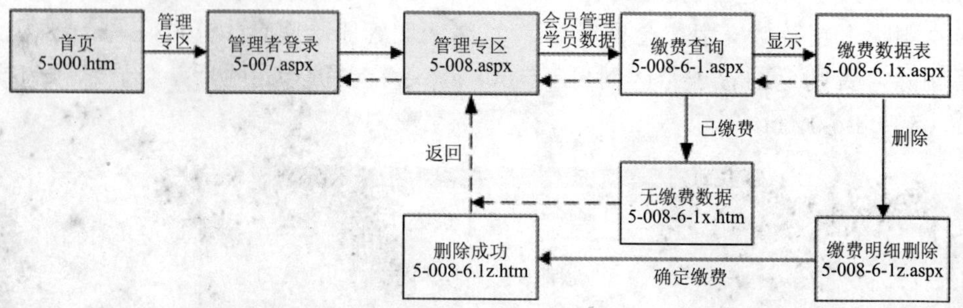

缴费明细删除网页的具体创建步骤如下。

步骤 1　在缴费数据表网页（5-008-6-1x.aspx）中选择“删除”文字，为其添加 Go to Detail Page DotNET 服务器行为，设置连接的详细信息页为缴费明细删除网页（5-008-6-1z.aspx），数据集为 dsPay02，主键栏为报名日期 csDate。目的是实际执行删除时，会连接至缴费明细删除网页，列出缴费明细用于确认删除。

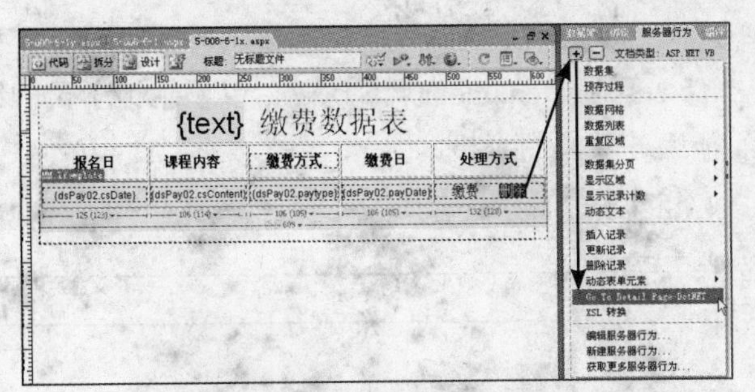

设置删除的“连接详细信息页”服务器行为

Go To Detail Page DotNET

Link: "删除"
Detail Page: 5-008-6-1z.aspx [Browse...]
DataSet: dsPay02
Column: csDate
[确定] [取消]
http://www.DengJie.com MADE IN CHINA

步骤 2 新建一空白网页（5-008-6-1z.aspx），在其中插入一表单 form1。在表单的 HTML 代码中插入“runat = "server"”语句，将其改为 HTMLForm 服务器表单组件。

步骤 3 在 form1 表单内插入缴费明细删除空表格，在空表格内输入各标题文字、插入各组件并以对应的字段名称命名。

缴费明细删除

1. E-Mail信箱	
2. 报名日期	
3. 课程内容	
4. 缴费方式	
5. 缴费日期	

[确定删除] << 回管理专区 >>

插入一空表格，输入各标题文字

步骤 4 在“绑定”面板中添加一新数据集，设置数据集名称为 dsPay03，连接为 Funde01，表格为 consume，全选字段，以报名日期筛选该缴费者的缴费明细数据，之后单击“确定”按钮。

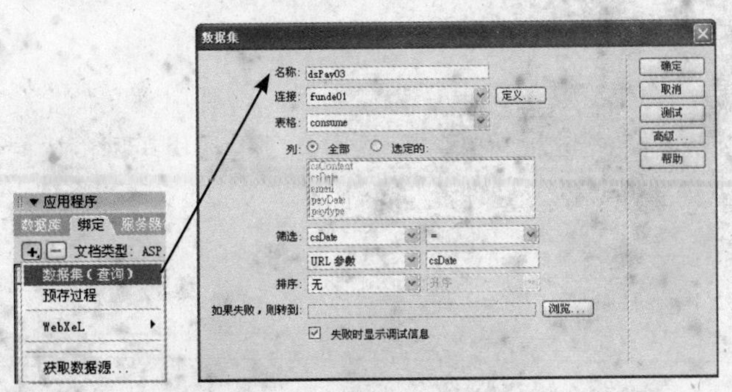

建立缴费明细数据的数据集 dsPay03

步骤 5　在标题“缴费明细删除”的前面，插入一个 Label 标签组件，并在组件内加入代表缴费者名称的 <%# session("ename") %> 代码，以显示该学员的缴费明细数据。然后展开 dsPay03 数据集，拖曳各字段到表格。

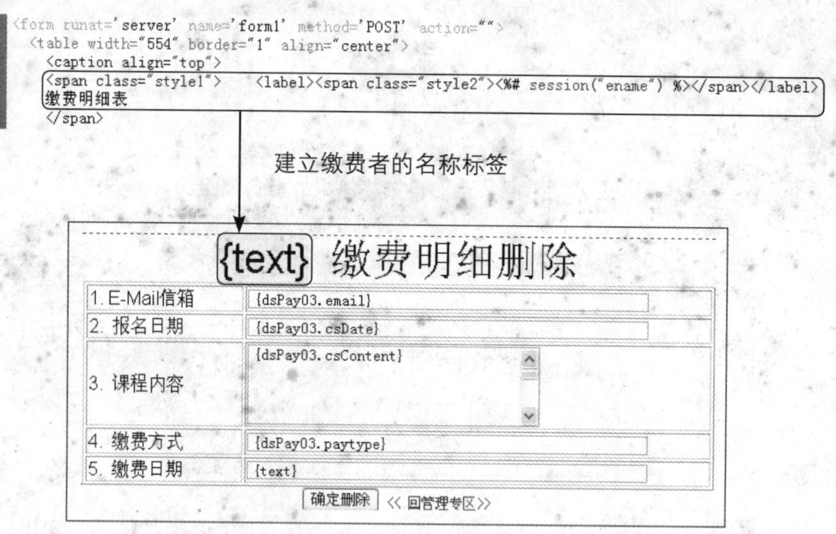

拖曳数据集各字段至对应组件

步骤 6　选中表单，在“服务器行为”中选择“删除记录”命令，在“删除记录”对话框设置连接为 Funde01，表格为 consume，主键列为 csDate，提交主键作为 date，想删除的数据是主键值等于 csDate 报名日期表单变量值的数据，以及如果删除成功请前往删除成功信息页面 5-008-6-1z.htm，之后单击“确定”按钮，完成缴费删除的设置。

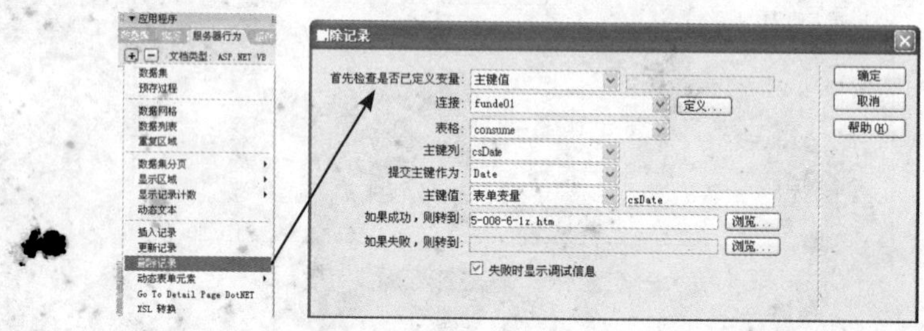

设置“删除记录”的服务器行为

6.5 我要投稿系统

如果网友有私房点心想分享给大家作为参考时，可利用“文件上传”功能，将所选择的文件上传到网站服务器的指定文件夹中存放。此处以在枫笛网的“我要投稿”为例，说明如何利用网页来上传文件数据。处理流程如下。

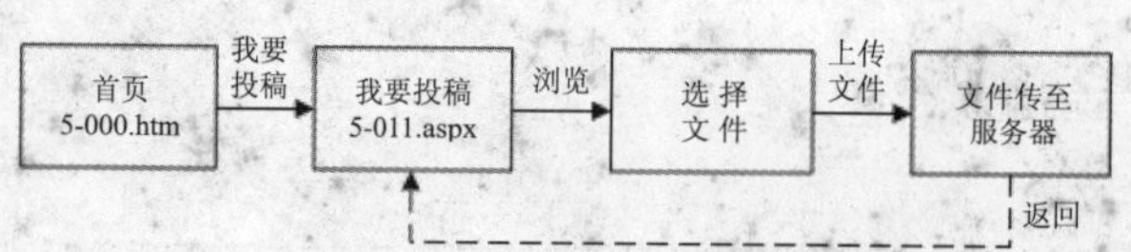

（1）在首页单击“我要投稿”超链接文字，转到“我要投稿”网页，在其中单击“浏览”按钮，选择上传文件。

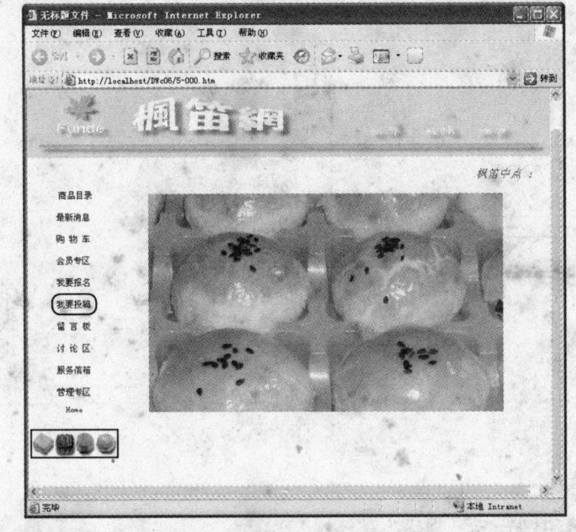

在首页（5-000.htm）单击“我要投稿”超链接文字

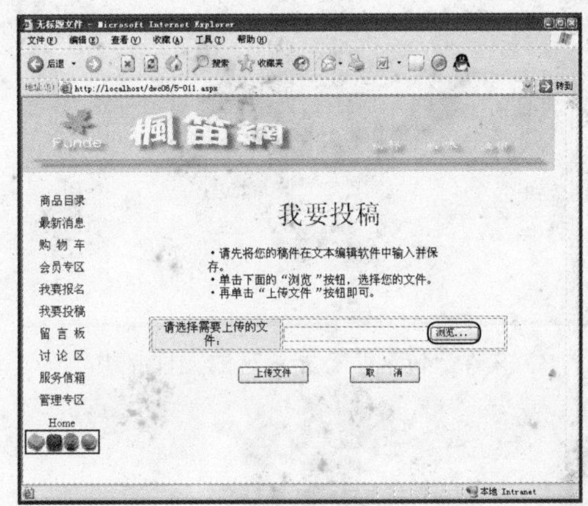

显示我要投稿网页（5-011.aspx），在其中单击“浏览”按钮

（2）在弹出的“选择文件”对话框中选择上传的文件，之后单击“打开”按钮。

（3）所选的文件会显示在文本框中，单击“上传文件”按钮，即可将文件存到网站服务器的默认文件夹的（如“D:\upload”）中，管理者可进一步作处理。

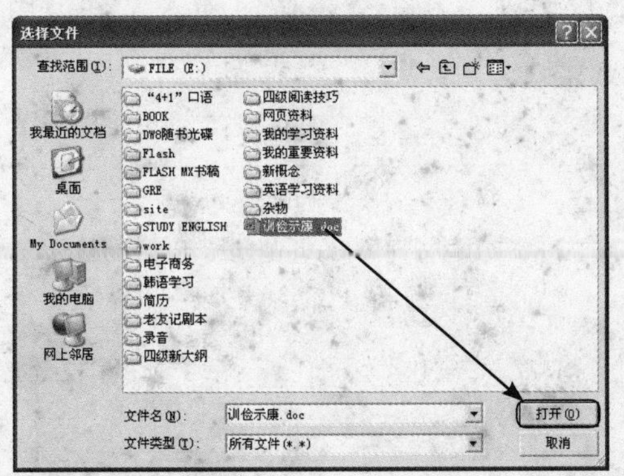

选择上传的文件

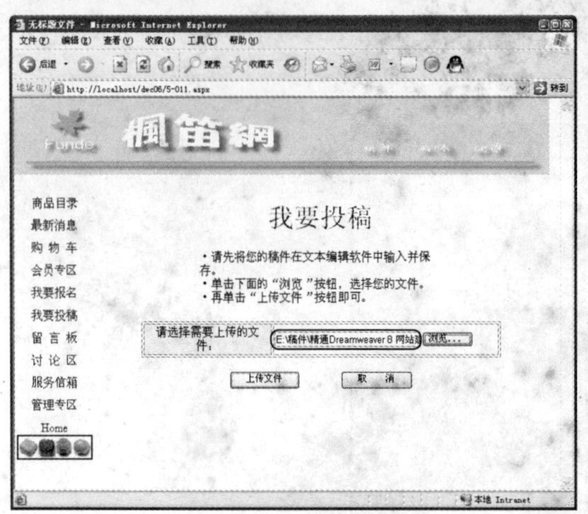

单击"上传文件"按钮

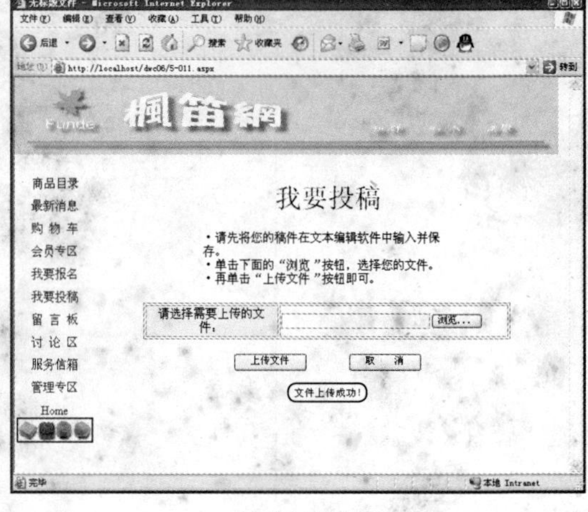

完成文件上传

文件上传至服务器指定的文件夹中

建立文件上传网页

现在需要建立我要投稿网页（5-011.aspx），选择上传文件后再将这些文件传送到服务器默认的文件夹中保存起来，具体创建步骤如下。

步骤 1 新建一空白网页（5-011aspx），插入一表单 fome1，在表单的 HTML 代码中插入"runat = "server""语句，将其改为 HTMLForm 服务器表单组件。

步骤 2 在表单内插入空表格，在空表格内插入文件域组件，表格下插入按钮组件，以及输入各说明、标题文字。各组件加入 id 名称及"runat="server""语句，使其成为 HTML 服务器控件。

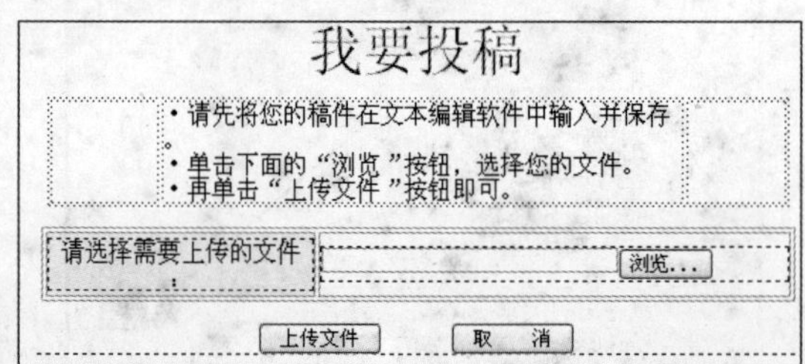

在新建的 5-011.aspx 网页中输入各标题文字，并插入文件域和按钮等组件

```
<form action="" method="post" enctype="multipart/form-data" name="form1" runat="server">
  <div align="center"><br>
    <span class="style1">我要投稿</span><br>
    <br>
    <table width="490" border="0">
      <tr>
        <td width="70"> </td>
        <td width="343"><p align="left" class="style2">·请先将您的稿件在文本编辑软件中输入并保存。<br>
          ·单击下面的“浏览”按钮，选择您的文件。<br>
          ·再单击“上传文件”按钮即可。
        </p>          </td>
        <td width="63"> </td>
      </tr>
    </table>
    <br>
    <table width="498" height="48" border="1" bordercolor="#999999">
      <tr>
        <td width="175" bgcolor="#CCFFFF"><div align="center" class="style2">请选择需要上传的文件：</div></td>
        <td width="307"><div align="left">
          <input name="file1" type="file"  id="file1" size="28" runat="server">
</div></td>
      </tr>
    </table>
    <br>
    <input type="submit" name="Submit1" value=" 上传文件 " runat="server" id="Submit1"
      onserverClick="Smt1Click">
    <input type="reset" name="Submit2" value=" 取    消 " runat="server" >
    <br><br>  <div id="div1" runat="server" /><br>
      <br>
  </div>
</form>
```

加入 id 及 runat 语句使其成 HTML 服务器控件

“上传文件”按钮要设为 onServerClick 事件

步骤 3 编写上传文件事件程序 Smt1Click 内容。

```
<script language="vb" runat="server">
Sub Smt1Click(sender as object, e as eventArgs)
  dim srcFile as string
  if File1.PostedFile.ContentLength > 0 then               '检查是否有选择后需要上传的文件
    srcFile = File1.PostedFile.FileName                    '若有则先将路径文件名存为变量
    srcFile = Mid(srcFile, srcFile.LastIndexOf("\") + 1)   '取得文件名
    File1.PostedFile.SaveAs("D:\upLoad\" & srcFile)        '储存上传文件到服务器指定的目录
    div1.Visible=true                                      '显现显示元件
    div1.innerText="文件上传成功！"                          '显示文件上传成功
  else
    div1.Visible=false                                     '若无文件则隐藏显示组件
  end if
End Sub
</script>
```

步骤 4 网页套用 model01.dwt 模板，然后在服务器的硬盘中新建一个文件夹，以保存上传的文件，到此已完成了所有设置。

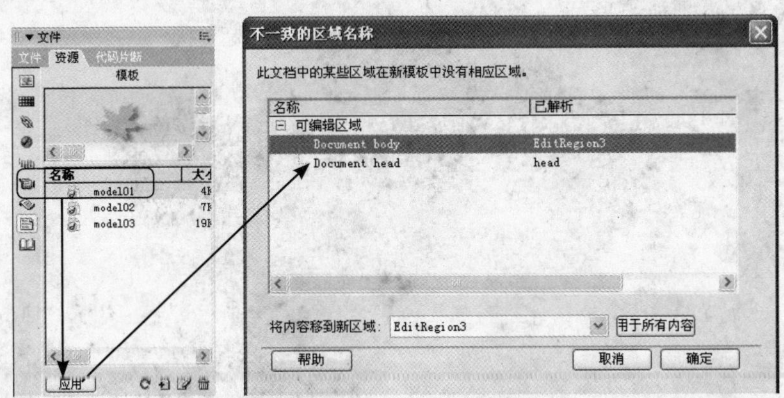

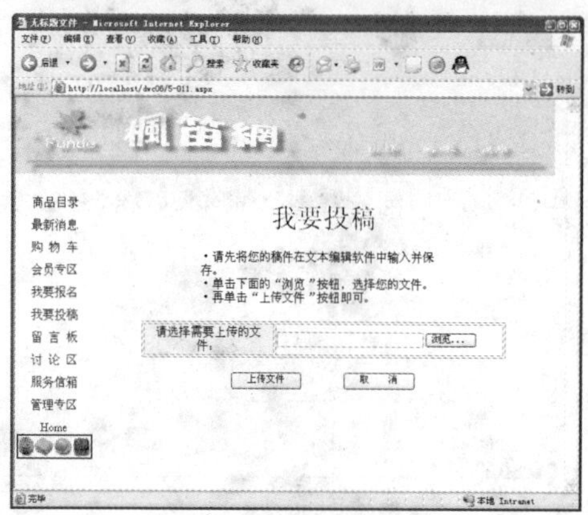

套用模板后之网页

6.6 Web服务器控件

ASP.NET 含有两种不同类型的控件，一种是前面第 6.2 节刚介绍过的 HTML 服务器控件；另一种则是本节要介绍的 Web 服务器控件。其实 Web 控件类似于 HTML 控件，但 Web 控件较多、功能较强，例如 Web 控件具有数据连接功能，能与数据库连接来存取并处理数据库中的数据等。Web 控件包含下面 5 种。

1. 内建控件（Intrinsic Control）

类似 HTML 控件，如按钮、文本框、表格及超链接控件等，如表 6-4 所示。

表 6-4　内建控件种类

控件名称	对应的传统 HTML 标签	功　能
asp:Button	<Button>	按钮，单击执行
asp:CheckBox	<Input Type=“CheckBox”>	复选框，可用来复选选项
asp:HyperLink	<A>	超链接。
asp:Image	<Img>	插入网页中的图像
asp:ImageButton	<Input Type=“Image”>	图片按钮，可传送文件
asp:Label	<Span>	显示文字信息
asp:LinkButton	<A>	超连结按钮
asp:Literal		显示文字信息
asp:Panel	<Div>	框架，可显示数据或插入控件
asp:PlaceHolder		保留空位供其他控件放置
asp:RadioButton	<Input Type=“Radio”>	单选按钮，用于单选选项
asp:Table	<Table>	以表格方式显示数据
asp:TableCell	<Td>	单元格（行）
asp:TableRow	<Tr>	单元格（列）
asp:TextBox	<Input Type=“Text”>	输入单行、多行及密码数据

2. 特殊控件（Rich Control）

含有某特殊功能的控件，如随机播放广告控件（asp:AdRotator），日历控件（asp:Calendar）等。

3. 数据验证控件（Validation Control）

即对网页中输入的数据进行类型、范围等方面的验证，使输入的数据正确且符合要求，如表 6-5 所示。

表 6-5　数据验证控件种类

数据验证控件	说　明
asp:RequiredFieldValidator	检查是否有输入的数据
asp:CompareValidator	比较与某常量或控件值的大小关系
asp:RangeValidator	检查输入的数据是否符合某范围
asp:RegularExpressionValidator	以特定规则运算式来检查输入的数据
asp:CustomValidator	以自定义的方法来验证输入的数据。
asp:ValidationSummary	显示各种验证信息

4. 数据连接控件（Data Control）

就是能与数据库、数据文件等产生连接，以便显示或存取其中的信息。如复选框列表（asp:CheckBoxList）、单选按钮列表（asp:RadioButton List）、下拉列表（asp: DropDownList）、列表框 asp:ListBox）、重复区域（asp:Repeater）、数据列表（asp:DataList）及文件集（asp:DataGrid）。

5. XML 控件（XML Control）

就是能浏览或处理有关 XML 文件的控件。

这些控件将在后面各章节范例中有详细说明。另外，如同 HTML 控件一样，Web 控件也含有一些公共的属性，如表 6-6 所示。

表 6-6　常用的 Web 控件的公共属性

属性名称	说　明
AccessKey	用来设置 Wed 控件的快捷键（可按“Alt+ 字母键”开启）
BackColor	用来设置 Web 控件的背景色
BorderColor	设置控件边框线颜色
BorerStyle	设置控件边框线样式
BorderWidth	设置控件边框线宽度
Enabled	开启或关闭控件的功能
Font	设置控件的字型属性
ForeColor	设置控件中文字的颜色
Height	设置控件高度
TabIndex	设置控件的 Tab 键定位顺序
ToolTip	设置光标所指控件提示文字

（续表）

属性名称	说　明
Visible	显示或隐藏 Web 控件
Width	设置控件高度

Web 控件在插入之前同样必须先插入一个 Form 表单（在插入各控件时 Dreamweaver 会自动添加表单），但要注意的是使用 Web 控件时，每一个网页只能插入一个表单。Web 控件在 Form 表单内以“<asp：控件种类”标签开始，并且以“/>”或“</asp：控件种类 >”标签结束，在标签内均要加入编号“Id = " 控件名称 "”和“Runat = "Server"”语句。

插入按钮控件 button1

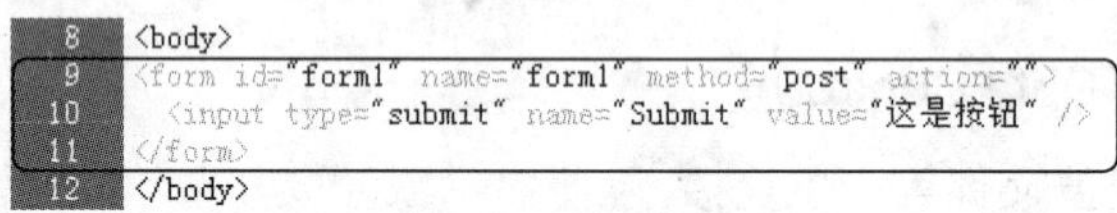

插入 Web 控件，可在 /ASP.NET 插入栏中进行选择即可，如按钮、复选框、下拉列表、图像按钮、标签、列表框、单选按钮、文本框等。如果要插入的控件在 ASP.NET 插入栏中没有，则单击“更多标签”按钮到“标签选择器”对话框中，再进一步选择。重复区域（asp:Repeater）、数据列表（asp:DataList）、文件集（asp:DataGrid）也可在“服务器行为”面板中进行设置。

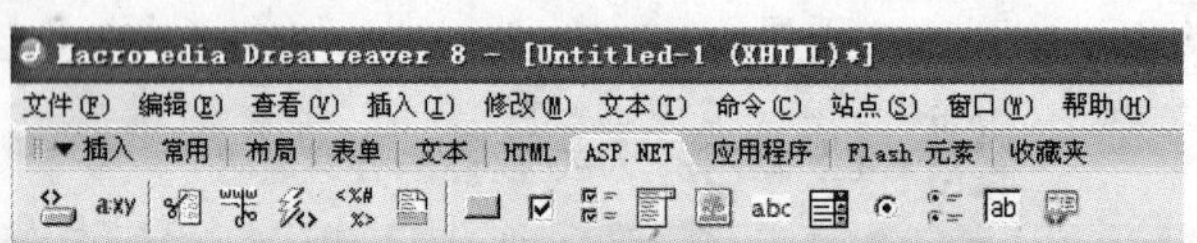

ASP.NET 插入栏

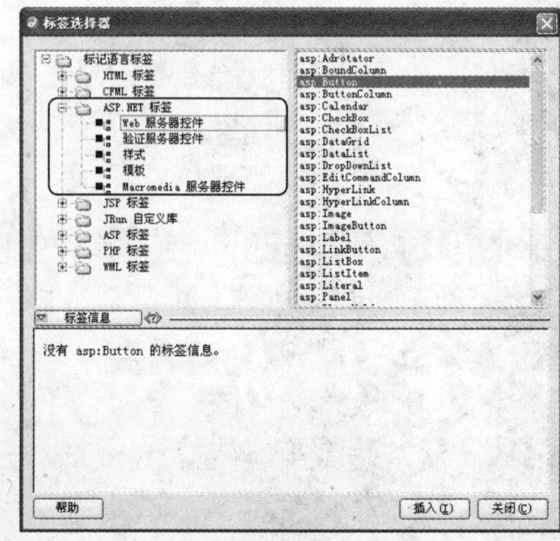

未列出的 ASP.NET 控件可在“标签选择器”对话框中选择

6.7 学员数据查询

下面是一个学员数据查询网页（6-001.aspx）的 Web 控件使用例子，目的是以县市名称来查询那些报名参加点心制作课程的学员，只要在文本框内输入县市名称，之后单击“查询”按钮，即可从 Funde.mdb 枫笛中点数据库的 Friend 学员数据表中，查出符合条件的数据，显示在数据网格 DataGrid 控件中。

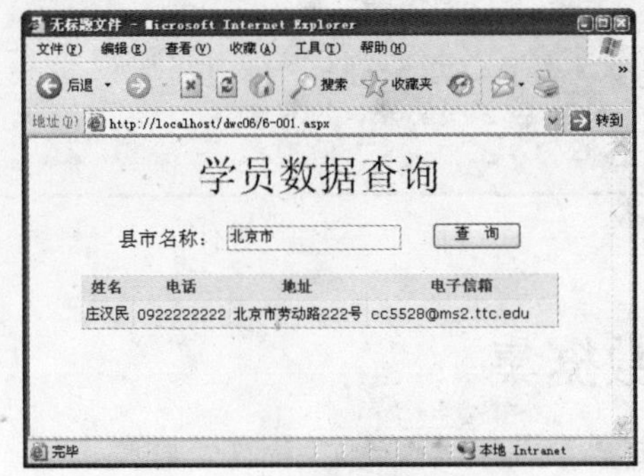

输入县市名称后单击“查询”按钮即可显示符合的数据

必须插入文本框、按钮、数据网格控件

6.7.1 插入文本框及按钮

要想制作如上的学员数据查询网页，可在 Dreamweaver 中先插入文本框及按钮控件，具体操作步骤如下。

步骤 1 在网页中插入 Form（添加“Runat="server"”语句），然后输入各标题，单击 ASP.NET 插入栏中的“文本框”按钮，会出现“asp: 文本框”对话框。在其中输入 ID（编号）为 textCity，“工具提示”为“请输入县市名，谢谢！”，之后单击“确定”按钮。

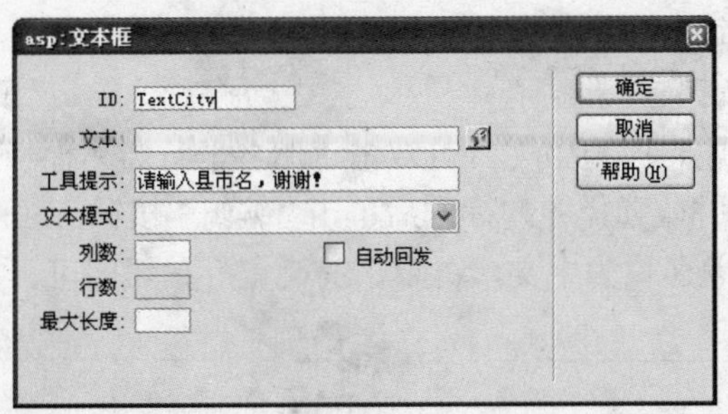

步骤 2 单击“ASP.NET”插入栏中的“按钮”按钮，会出现“asp: 按钮”对话框。在其中输入 ID（编号）为 Button1，“文本”为“查询”，“工具提示”为“请单击即可查询 ...”，“访问键”为 A 之后单击“确定”按钮。

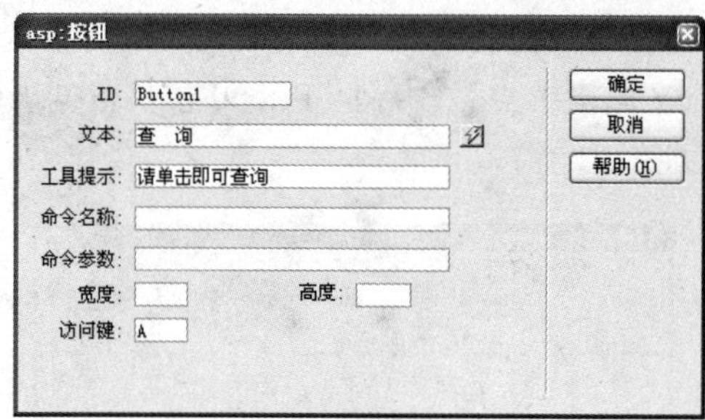

插入“按钮”控件

6.7.2 建立查询数据集

在“绑定”面板中选择“数据集（查询）”命令，在弹出的“数据集”对话框中设置数据集名称为 dsFriend01，连接为 Funde01，表格为 friend，选择 name，telephone，address，email 字段，以地址 address 筛选要查县市（text，City）数据，并以地址升序排序列出，之后单击“确定”按钮。

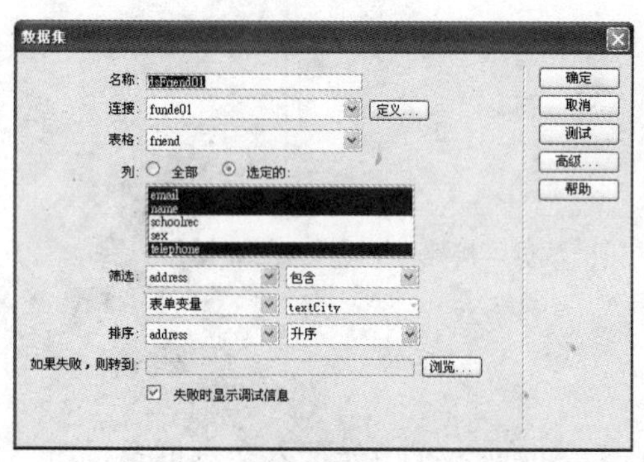

建查询县市数据集 dsFriend01

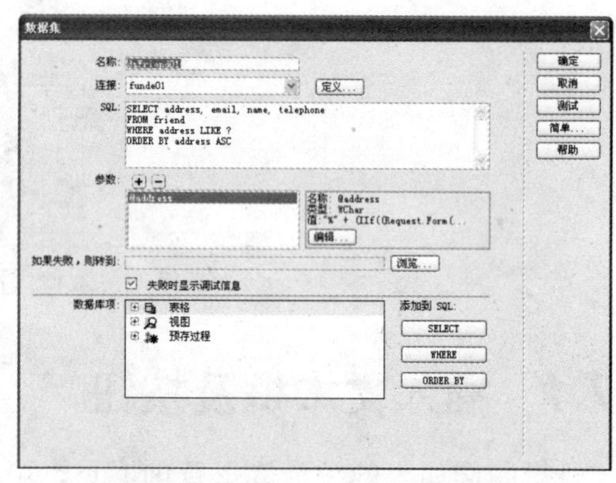

查询县市数据集 dsFriend01 的高级界面

6.7.3 插入数据网格

步骤 1 在“服务器行为”面板中选择“数据网格”命令，在弹出的“数据网格”对话框中设置编号为 dgFriend，数据集为 dsFunde01，显示所有记录，单击按钮调换各标题的位置，之后单击“确定”按钮。

步骤 2 若字段标题想改为中文，可双击“服务器行为”面板中的“数据网格”命令，再进入“数据网格”对话框，选择各列标题后单击“编辑”按钮，在弹出的“简单数据字段列”对话框中修改英文的标题名称为中文，再单击“确定”按钮即可。

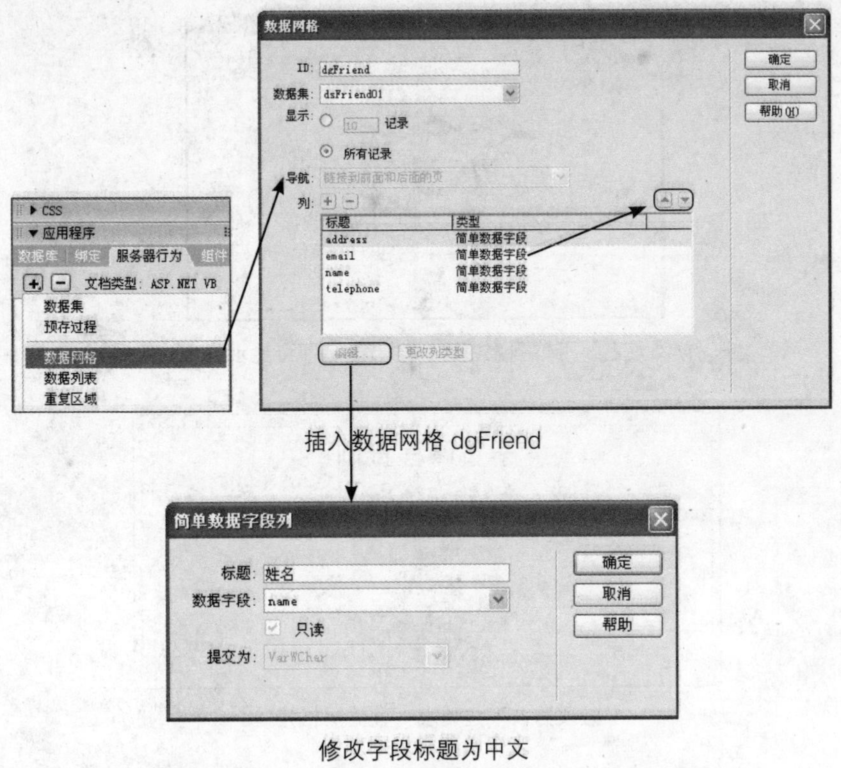

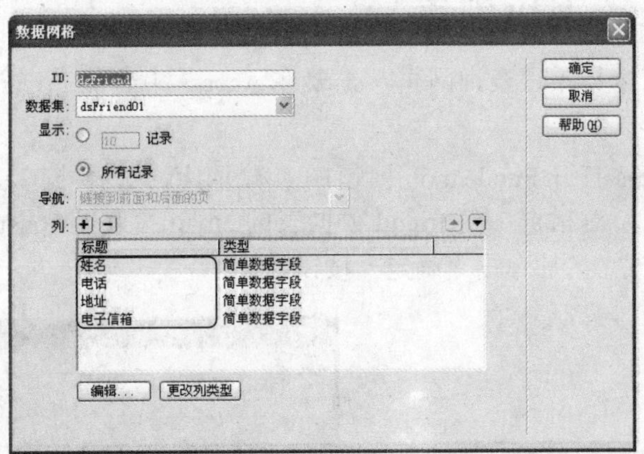

6.8 学员选课查询

下面是一个学员课程查询网页（6-002.aspx）的 Web 控件应用例子，目的是以学员姓名，来查询这个学员所报名参加的点心制作课程。只要在“学员姓名”下拉列表中选择学员姓名，即可从 Funde.mdb 枫笛中点数据库的 Friend 学员数据表的 Consume 选课付费数据表中，查出符合条件的数据，显示到数据网格 DataGrid 控件中。

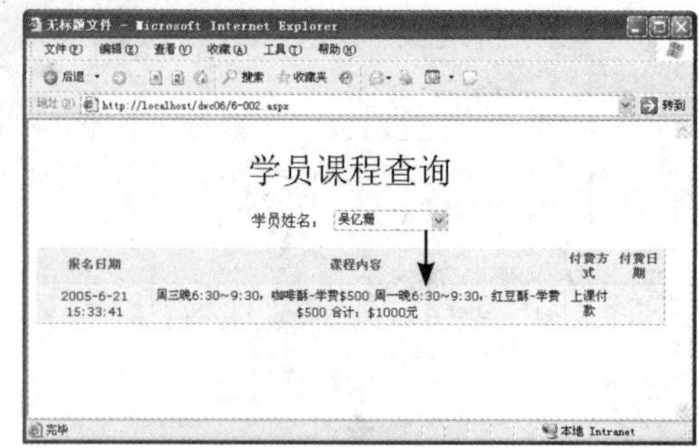

在“学员姓名”下拉列表中选择学员姓名即可显示符合的数据

必须插入下拉列表、数据网格控件

6.8.1 插入姓名下拉列表

要想制作如上的学员课程查询网页，先要在 Access 中建立 Friend 和 Consume 两数据表的关联，具体操作步骤如下。

步骤 1 用 Access 打开 Funde.mdb 枫笛中点数据库，选择“工具 > 数据库关联图”，在弹出的“编辑关系”对话框中将 friend 数据表的 email 关联至 consume 数据表的 email，关联类型是一对多方式，之后单击“确定”按钮。

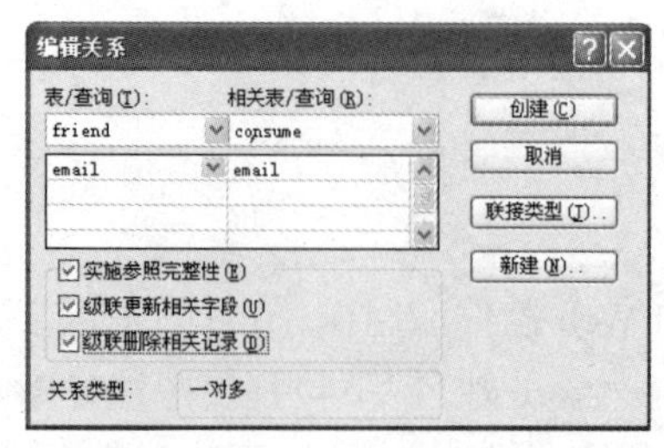

将 Friend 及 Consume 两数据表进行关联

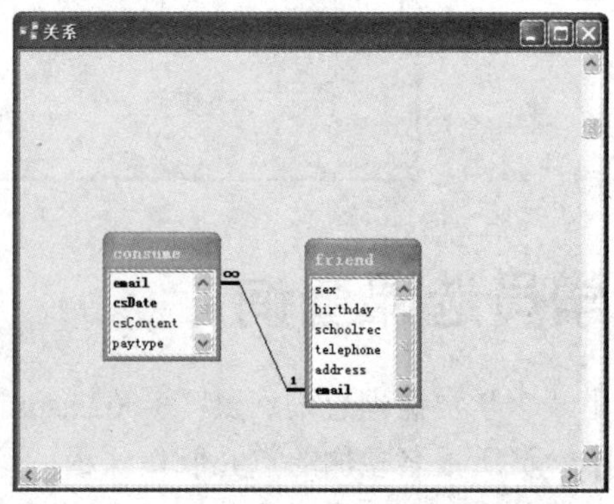

关联类型是一对多方式

步骤 2 新建一空网页（6-002.aspx），在网页中插入表单 Form（添加“Runat="server"”语句），然后输入各标题。接着在“绑定”面板中添加数据，设置数据集名称为 dsName01，连接为 Funde01，表格为 friend，选择 name，email 字段当列表数据，并以 email 列按升序排序显示，之后单击“确定”按钮，建立姓名列表数据集。

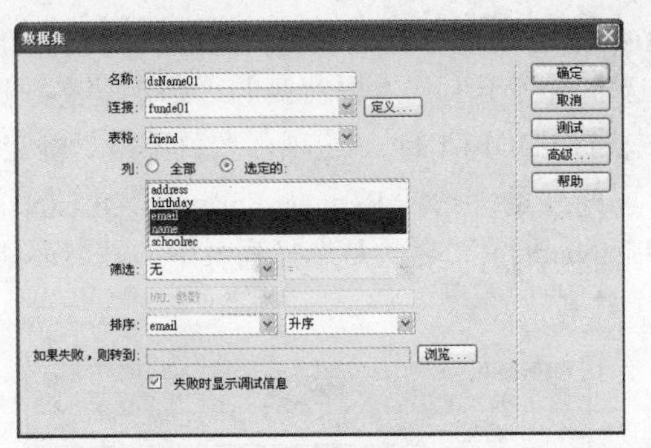

建立姓名列表数据集 dsName01

步骤 3 单击“ASP.NET”插入栏中的“下拉列表”按钮，会出现“asp: 下拉列表”对话框。在其中设置 ID（编号）为 DDListName，“数据集”为 dsName01，“获取标签自”为 name，“获取值自”为 email，并勾选“自动回发”复选框，以便选择“学员姓名”下拉列表中的选项时，能自动筛选该学员的选课数据，之后单击“确定”按钮。

设置姓名下拉列表控件

步骤 4 在“绑定”面板中选择 WebXeL>Server Object>Request Form 命令，会出现 Request Form 对话框。在其中输入表单变量的名称（即姓名下拉列表的名称），以便选择“学员姓名”下拉列表中的选项时，能根据该学员姓名查询出选课数据，之后单击“确定”按钮。

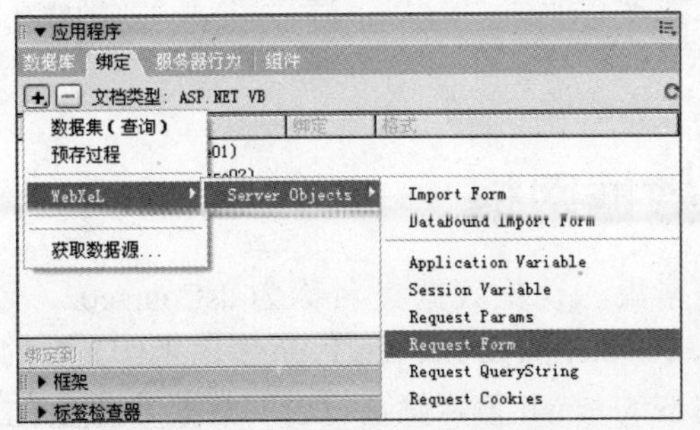

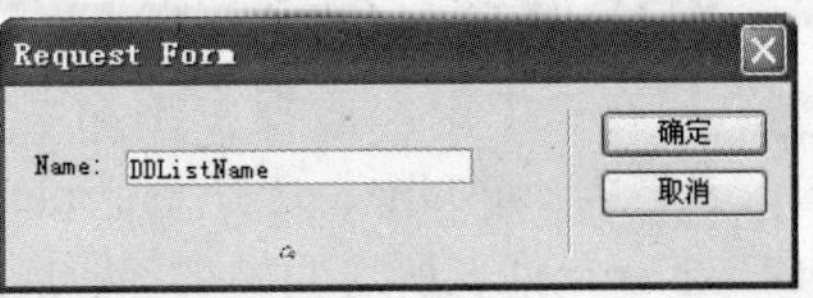

建立姓名列表控件表单变量 DDListName

步骤 5 选中 DDListName 姓名下拉列表，在“属性”面板中单击“列表项”按钮，进入“列表项”对话框。单击“选取值等于”文本框右侧的“绑定动态数据”按钮，会出现“动态数据”对话框。在其中选择 DDListName 选项，之后单击“确定”按钮。

步骤 6 将姓名下拉列表的“<% =Request.Form ("DDListName") %>”程序代码，改为“Request.Form ("DDListName")”，目的是选择列表中的姓名后能让该姓名停留在列表中，而不会移回列表的第一个姓名位置。

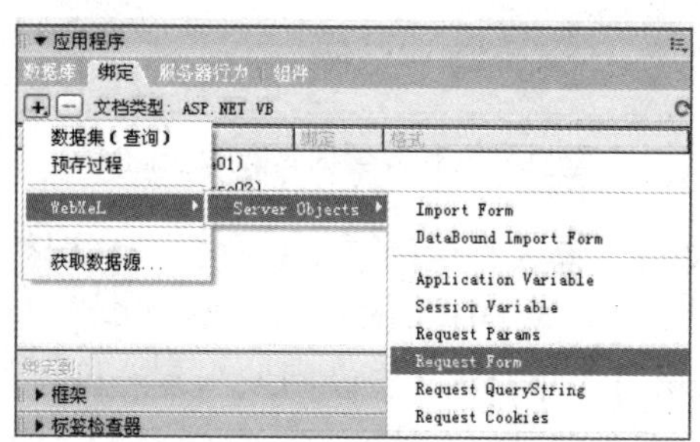

选择 Request Form 命令

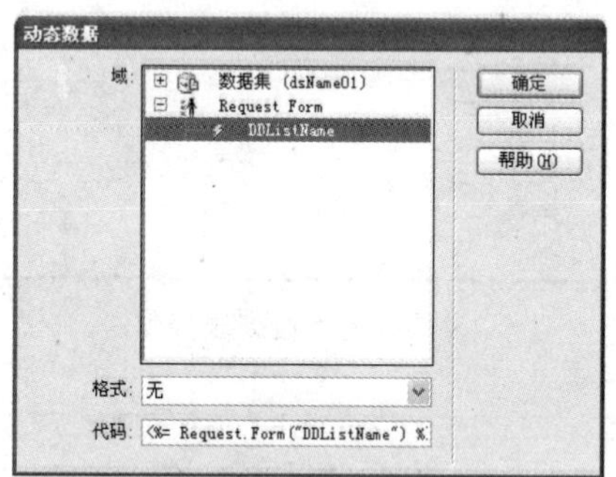

目的是让所选的姓名停留在列表中

```
    <span class="style2">学员姓名</span>
  <% DDListName.SelectedIndex = DDListName.Items.IndexOf(DDListName.Items.FindByValue("
<%=Request.Form(DDListName")%>")) %>
    <asp:DropDownList ID="DDListName" AccessKey="A" AutoPostBack="true" DataSource="<%# dsName01.DefaultView %>"
DataTextField="name" DataValueField="email" runat="server" Width="120"></asp:DropDownList>
  <br>
```

改为“Request.Form("DDListName")”让所选的姓名停留在列表中

```
    <span class="style2">学员姓名</span>
    <% DDListName.SelectedIndex = DDListName.Items.IndexOf(DDListName.Items.FindByValue(Request.Form(
"DDListName"))) %>
    <asp:DropDownList ID="DDListName" AccessKey="A" AutoPostBack="true" DataSource="<%# dsName01.
DefaultView %>" DataTextField="name" DataValueField="email" runat="server" Width="120"></asp:DropDownList
>
  <br>
```

6.8.2 插入显示选课内容的数据网格

步骤 1 在“绑定”面板中添加“数据集，设置数据集名称为 dsCourse02，连接为 Funde01，表格为 consume，选择 csContent, csDate, payDate, payType 字段当作显示的数据，并以 DDListName 列表所选的姓名字段所对应的 email 值，筛选符合的数据，接着单击“高级”按钮。

步骤 2 修改 SQL 文本框中的内容如下，单击"确定"按钮，建立学员的选课数据集。

```
SELECT csContent, csDate, payDate, paytype
FROM consume INNER JOIN friend ON consume.email = friend.email
WHERE consume.email LIKE ?
```

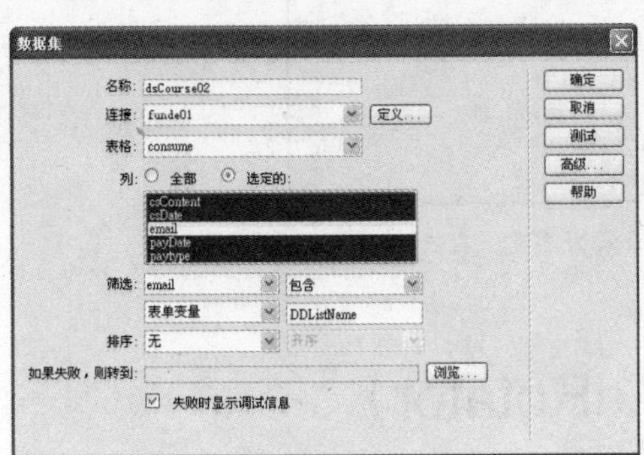

建立所选择学员的选课数据集 dsCourse02

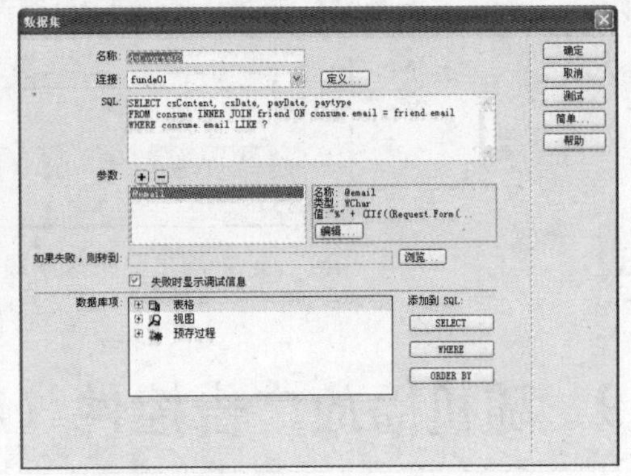

修改 SQL 语句以便查到学员的选课数据

步骤 3 在"服务器行为"面板中选择"数据网格"命令，在弹出的"数据网格"对话框中设置编号为 dgCouse，数据集为 dsCourse02，显示所有记录单击▲按钮调换标题位置，之后单击"确定"按钮。

步骤 4 若字段标题想改为中文，按 6.7.3 节步骤 2 介绍的方法即可。

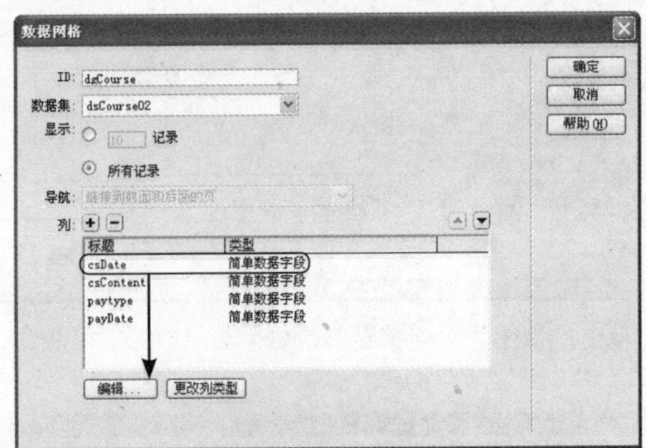

插入数据网格 dgCouse

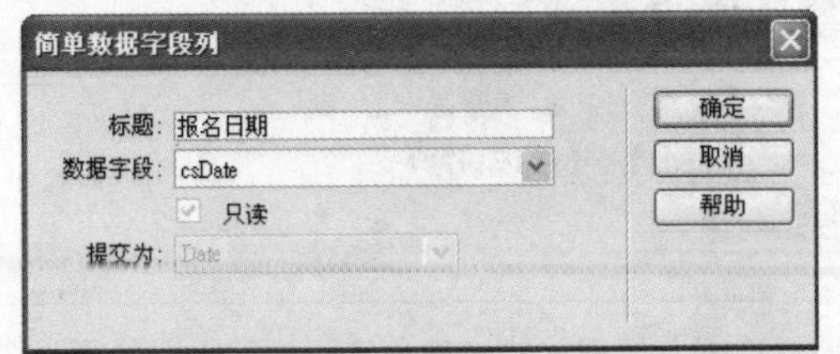

选择字段标题后单击"编辑"按钮修改为中文标题

数据网格
ID: dgCouse
数据集: dsCourse02
显示: 10 记录
所有记录
导航: 链接到前面和后面的页
列:
标题	类型
报名日期	简单数据字段
课程内容	简单数据字段
付费方式	简单数据字段
付费日期	简单数据字段

编辑... 更改列类型
确定 取消 帮助(H)

已修改字段标题为中文

6.9 随机播放广告控件（AdRotator）

在网站的网页刊登广告，能提高产品的知名度、促进产品的销量，但网页的版面有限，无法将所有的广告刊退出来，此时可以在网页插入 AdRotator 控件（例如下面的 6-003.aspx 网页），因为本控件可用来随机显示广告图片，当网友每次进入网站时，广告图片就会随之变换，而达到在有限的版面上轮番播放多幅广告的效果。

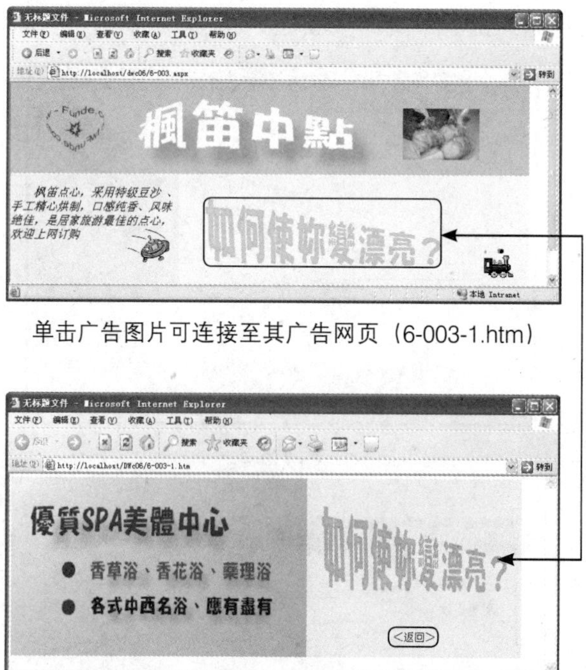

单击广告图片可连接至其广告网页（6-003-1.htm）

可单击“返回”超链接文字可返回上面的网页

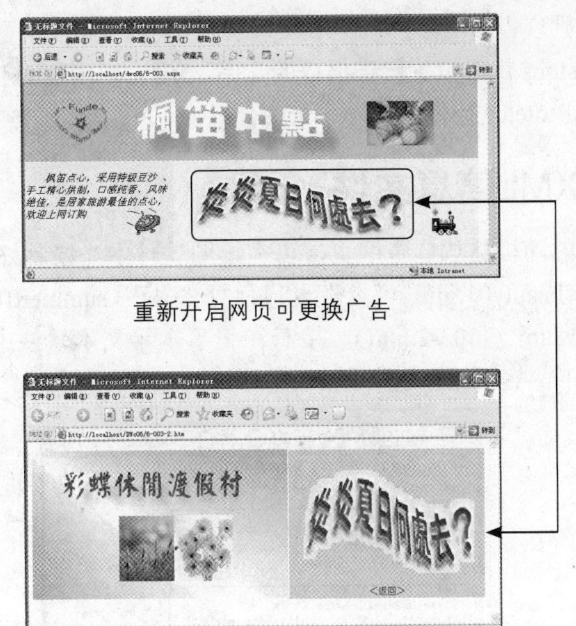

想在服务器端使用 AdRotator 控件来轮流播放广告时，可依照下面步骤完成。

（1）先考虑要播放哪些广告，图片是什么，存在哪个路径或网址下，用哪些广告文字，广告被单击时要连接至哪个网页，出现的几率等问题。

（2）可在记事本等文本软件中新建一个扩展名为 .xml 的随机播放广告的文件，内容如下，然后保存起来。

```
<? xml Version="1.0" Encoding="big5" ?>
<Advertisements>
  <Ad>
       <ImageUrl>图片文件路径名称</ ImageUrl>
       <NavigateUrl>欲链接的网页网址</ NavigateUrl>
       <AlternateText>广告文字</ AlternateText>
       <KeyWord>广告类别</ KeyWord>
       <Impressions>广告出现几率</ Impressions>
    </ Ad>
      .…
</ Advertisements>
```

在上面的格式中，AdvertisementFile 为 xml 的公布文件，其内容包含了要播放广告的全部信息，这个 xml 文件的设置格式如下。

①第一行的 <? xml ... ?> 设置为可显示中文。

② <Advertisements>...</ Advertisements> 为 xml 文件内容范围。

③<Ad>...</ Ad> 为一个广告的内容，可视需要重复设置多个广告内容，供随机播放。

④ ImageUrl 用来设置广告图片文件的路径名称或网址。

⑤ NavigateUrl 用来设置单击广告时连接网页网址。

⑥ AlternateText 的广告文字内容。

⑦ KeyWord 用来设置广告的类别，可与 KeyWordFilter 配合使用，只播放某

KeyWord 指定的类别广告。

⑧ Impressions 用来设置广告播放的几率，值愈大则播出机会愈多。

（3）再插入 AdRotetor 控件。

6.9.1 建立XML信息文件

要想制作如上的随机播放广告网页，可在绘图软件中先绘制好广告图片文件，如“如何使你变漂亮？”(beauty01.gif)、“炎炎夏日何处去？”(summer01.gif)，以及广告所连接的网页（如 6-003-1.htm. 6-003-2.htm），接着在记事本等文本软件中新建一个 Adver.xml 的公布文件，内容如下，然后保存起来。

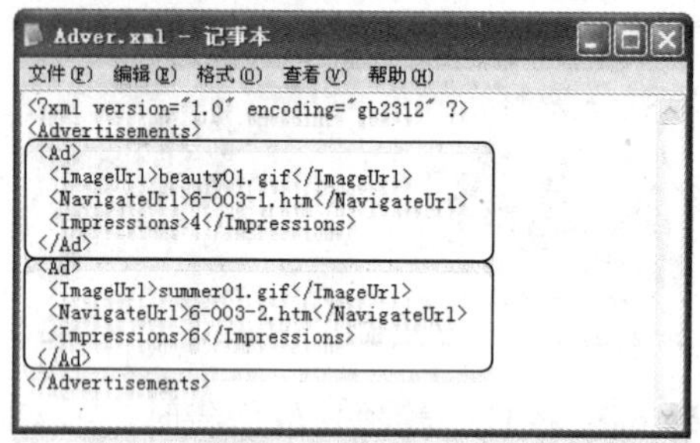


```
<?xml version="1.0" encoding="gb2312" ?>
<Advertisements>
 <Ad>
  <ImageUrl>beauty01.gif</ImageUrl>
  <NavigateUrl>6-003-1.htm</NavigateUrl>
  <Impressions>4</Impressions>
 </Ad>
 <Ad>
  <ImageUrl>summer01.gif</ImageUrl>
  <NavigateUrl>6-003-2.htm</NavigateUrl>
  <Impressions>6</Impressions>
 </Ad>
</Advertisements>
```

两广告图片播出几率为 4:6，单击后会各自连接至 6-003-1.htm 和 6-003-2.htm 网页

6.9.2 插入AdRotator控件

步骤 1 建好主网页 6-003.aspx，并将光标定位于右下方单元格中，单击“ASP.NET 拖入栏中的“更多标签”按钮，在弹出的“标签选择器”对话框中选择“ASP.NET 标签>asp：Adrotator”选项，之后单击“插入”按钮。

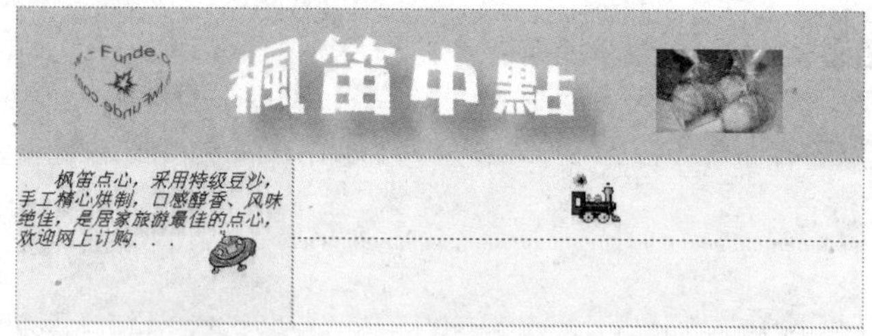

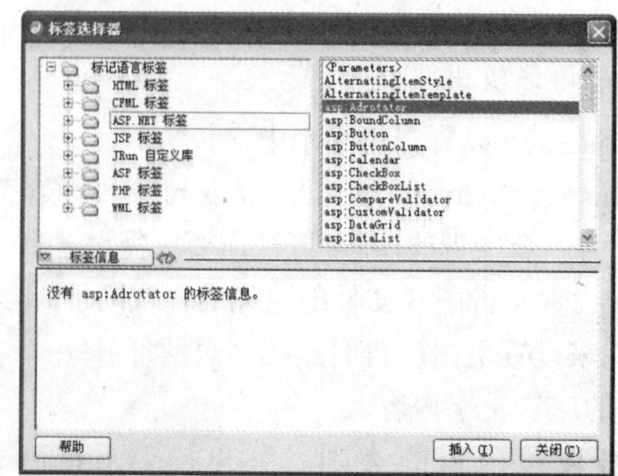

步骤 2 在弹出的“标签编辑器”对话框中如下图所示进行设置。之后即可完成插入控件操作。

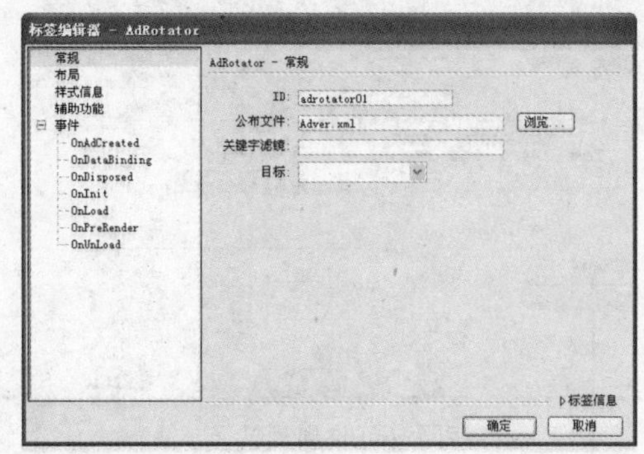

设置 AdRotator 的编号为 advertise01，公布文件为 Adver.xml

完成 AdRotator 控件的设置

6.10 电子邮件发送

网友在网站上购物或以会员身份注册登录时，网站一般会发送邮件向网友确认，另外，如果网友忘记会员账号密码等数据，网站也会有发送密码给会员的服务。如果要实现这些功能就要建立一个电子邮件的发送系统。在 ASP.NET 中提供了 MailMessage，SmtpMail 组件，来处理电子邮件的收发传送，例如，当网友在线报名点心制作课程，网站想发送一封确认函给网友时，可制作如下的电子邮件发送系统（6-004.aspx）。表现为有报过名的网友会以姓名列表列出，选择姓名后，该网友的选课内容及学费等数据会显示在邮件中，单击“发送邮件”按钮，邮件就会发送并显示邮件已成功发送信息。

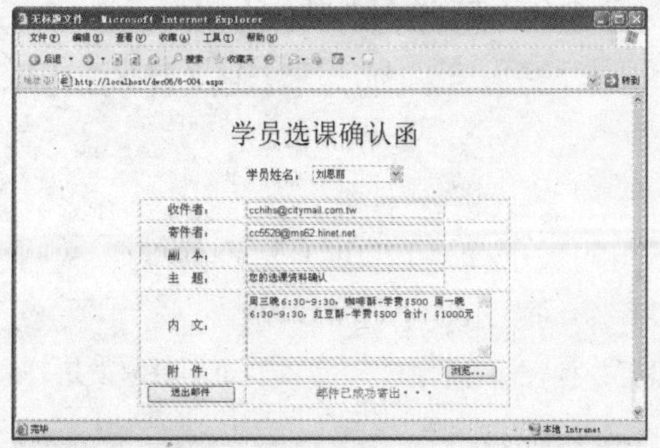

选择列表中的姓名，可在邮件正文中显示选课数据，单击“发送邮件”按钮，可发出确认函

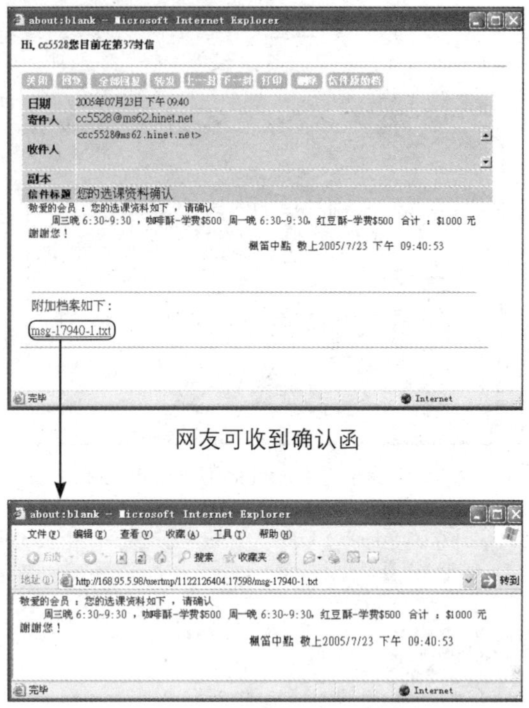

网友可收到确认函

确认附加文件内容

在使用 MailMessage，SmtpMail 电子邮件组件前，必须先在程序代码最前面引用命名空间 System.Web.Mail，以提供这些对象所使用的类别链接库名称及存放地址，格式如下。

```
<% @ Import NameSpace=" System.Web.Mail" %>
```

MailMessage 组件是用来设置电子邮件信息的，如邮件的主题、正文 、寄件者邮址、收件者邮址等，可利用下面各属性来设置，如表 6-7 所示。

表 6-7 常用的 MailMessage 组件

属性名称	说　明
Attachments	设置邮件的“附件”（用 Attachments.Add 方法）
Bcc	设置邮件的“密件副本”邮址（多人时可用分号或逗号分隔）
Body	设置邮件的正文（即信件内容）
BodyFormat	设置邮件为纯文本（Text）或 HTML 格式
Cc	设置邮件“副本”的邮址（多人时可用分号或逗号分隔）
From	设置邮件寄件者的邮址
Priority	设置邮件的优先顺序（High 或 Normal 或 Low）
Subject	设置邮件的主旨
To	设置邮件收件者的邮址（多人时可用分号或逗号分隔）

而 SmtpMail 组件是用来设置以哪种邮件服务器来传送邮件，有下面常用的属性及方法，如表 6-8 所示。

表 6-8 常用的 SmtpMail 组件属性及方法

属性或方法名称	说 明
SmtpSever	用来设置邮件服务器的名称，以传送所有邮件信息
Send 方法	传送电子邮件

另外 MailAttachment 组件是用来设置邮件附件的路径名称，如果要设计一个邮件程序来传送电子邮件，其做法大致如下。

（1）先在程序最前面引用 System.Web.Mail 命名空间，如：

```
<% @ Import NameSpace="System.Web.Mail" %>
```

（2）使用表格及输入组件来输入邮件的收件者、寄件者、副本收件者、主题、正文、附件等数据，以及插入按钮组件来执行邮件的传送。

（3）编写邮件信息的设置及传送。

6.10.1 建立学员选课确认函网页

若想制作如上的学员选课确认涵网页，可仿照第 6.8.1 节的方法，先新建一空网页（6-004.aspx），创建一个“学员姓名”下拉列表，之后的创建步骤如下。

步骤 1 插入一个 7 行 2 列表格，插入收件者 mail_To、寄件者 mail_From、副本 mail_Cc、主题 mail_Subject、正文 mail_Body 文本框、“浏览”按钮 AttachFile 文件域，“送邮件按钮 Bt1，以及寄送信息（Label1）标签。

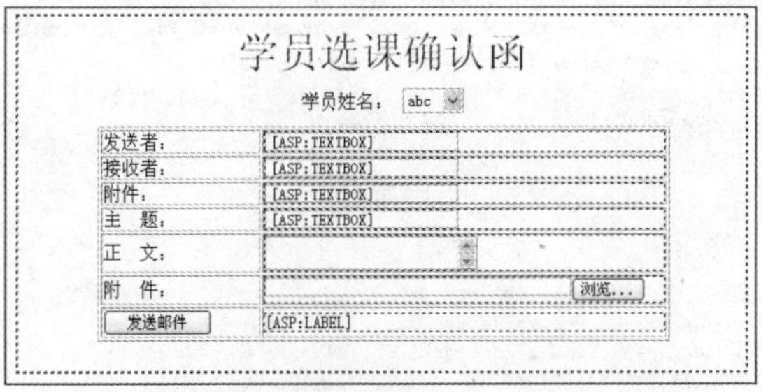

在网页中插入各组件

步骤 2 在“绑定”面板中新增一数据集，设置数据集名称为 dsCourse02，连接为 Funde01，表格为 consume、全选字段，并以 DDListName 表单所选择的姓名列所对应的 email 值，筛选符合的数据之后单击“确定”钮。

步骤 3 展开 dsCourse02 数据集，设置“接收者”文本框为学员电子邮箱 email 列，“正文”文本框为学员的选课数据 csContent 列，“发送者”文本框为“网站的邮箱号码”，“主题”文本框为“您的选课数据确认”，“发送邮件”按钮中添加“Onclick="Btl_Click"”属性以执行发送邮件功能。

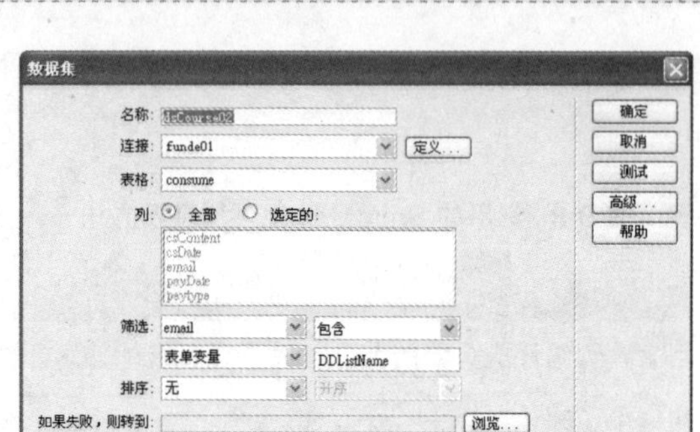

建立所选择学员的选课数据集 dsCourse02

设置各组件的值

6.10.2 电子邮件发送程序

步骤 1 在程序最前面引用 System.Web.Mail 命名空间。

步骤 2 在“发送邮件”按钮 Bt1_Click 的单击事件程序中输入邮件发送程序。

```
<%@ Page Language="VB" ContentType="text/html" ResponseEncoding="big5" %>
<%@ Register TagPrefix="MM" Namespace="DreamweaverCtrls" Assembly="DreamweaverCt
<%@ Import Namespace="System.Web.Mail" %>
<MM:DataSet
id="dsFriend01"
```

引用命名空间

```
<MM:PageBind runat="server" PostBackBind="true" />
<Script Language="VB" runat="server">
 Sub Bt1_Click(ByVal Sender As Object, ByVal e As EventArgs)
  Dim mymail As New MailMessage                   '建立新邮件信息
  mymail.To=mail_To.Text                          '取得接收者邮箱地址
  mymail.From=mail_From.Text                      '取得发送者邮箱地址
  mymail.Cc=mail_Cc.text                          '取得附件接收者邮箱地址
  mymail.Subject=mail_Subject.text                '取得邮件主题及下面的邮件正文
  mymail.Body= "敬爱的学员：您的选课资料如下，请确认" & vbcrlf & " " & mail_Body.Text
 & vbcrlf & "谢谢您！" & vbcrlf & "枫笛中点 敬上" & now
  If AttachFile.Value <> "" Then                  '声明并取得附件路径名称
    mymail.Attachments.add(New Mailattachment(AttachFile.Value))
  End If
  On Error Resume Next                            '若发送中有错误略过
  SmtpMail.SmtpServer="ms62.hinet.net"            '使用Hinet的ms62主机发送邮件
  SmtpMail.Send(mymail)                           '邮件发送出去
  IF Err.Number <>0 Then                          '若发送中有错误
    Label1.Text = Err.Description                 '则显示错误信息
  Else                                            '否则显示成功发送信息
    Label1.Text="<Font Color=red>邮件已成功发送…</Font>"
  End If
```

输入“发送邮件”按钮的单击事件程序内容以发送邮件

6.11 月历控件（Calendar）

月历控件（Calendar）主要是用来建立网页月历，让使用者能直接选择月历中的日期，而不必手工输入，以设置有关日期的数据。另外也可依需要来设置月历不同的外观功能。例如要查询某期间学员的选课数据（6-005.aspx 网页），单击“开始日期”按钮，即弹出一个月历组件让使用者选择截止日期，所选择的日期会显示在文本框中，最后单击“查询”按钮，就会从学员选课缴费数据表 consume 中，筛选并显示符合这段日期的选课数据。

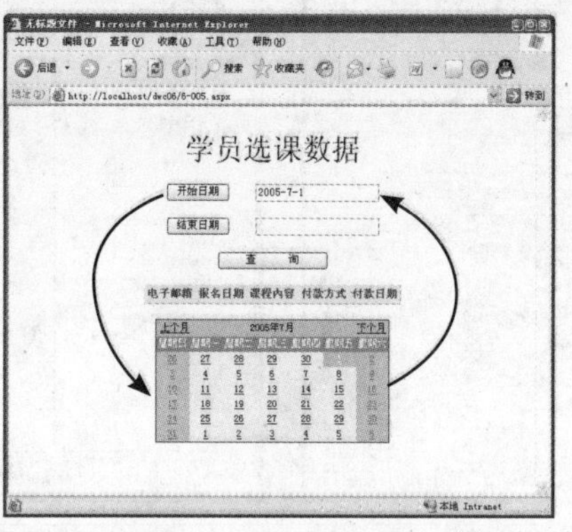

单击“开始日期”按钮，在弹出的月历组件中选择开始日期，日期显示在“开始日期”文本框中后关闭月历组件

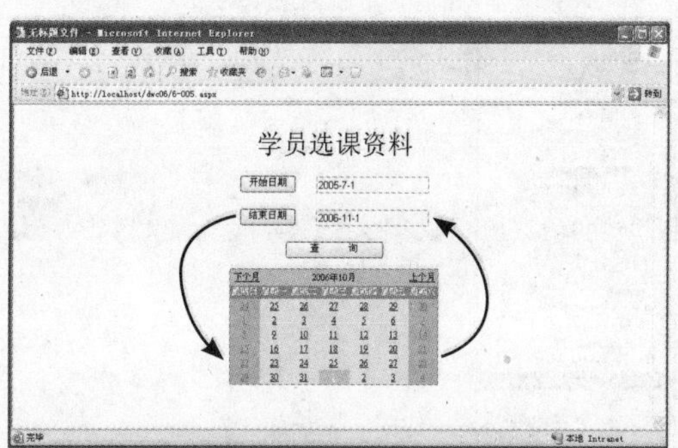

同样单击“结束日期”按钮，在弹出的月历组件中选择结束日期，日期显示在文本框中后关闭月历组件

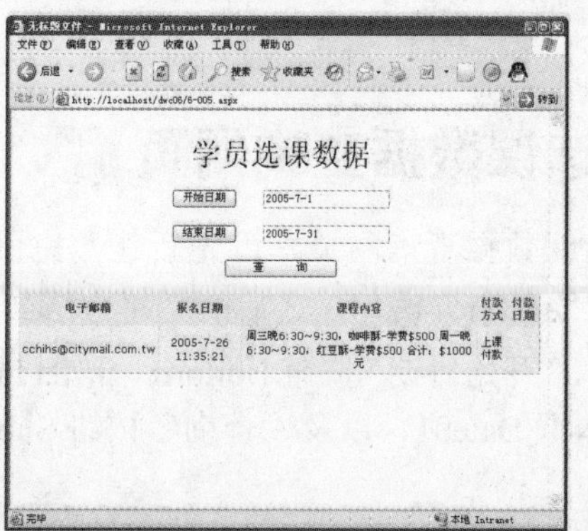

单击“查询”按钮，则显示出筛选符合日期的数据

月历控件的插入方法如下：单击 ASP.NET 插入栏中的“更多标签”按钮，会出现“标签选择器”对话框。在其中选择“ASP.NET 标签 >asp:Calendar”选项，单击“插入”按钮，会进入“标签编辑器 -Calendar”对话框。在其中设置该标签的常规、布局和日期样式等属性及事件。

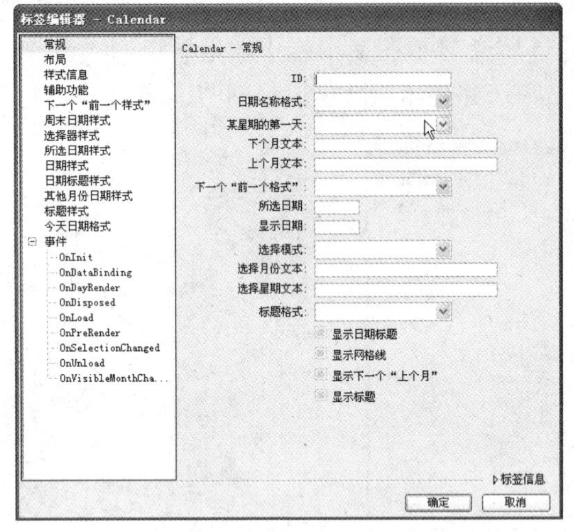

设置月历控件的常规属性

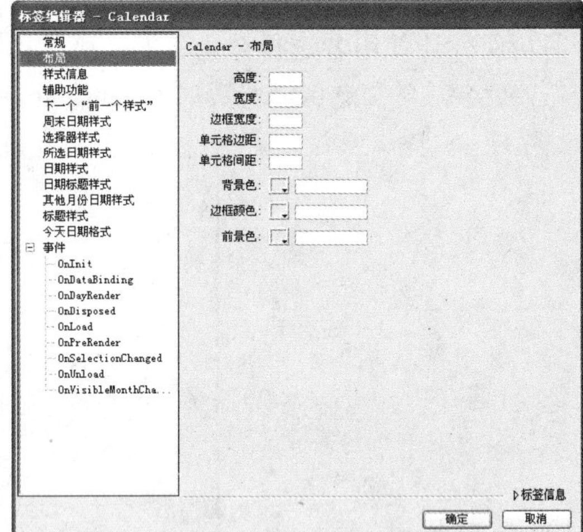

设置月历控件的布局属性

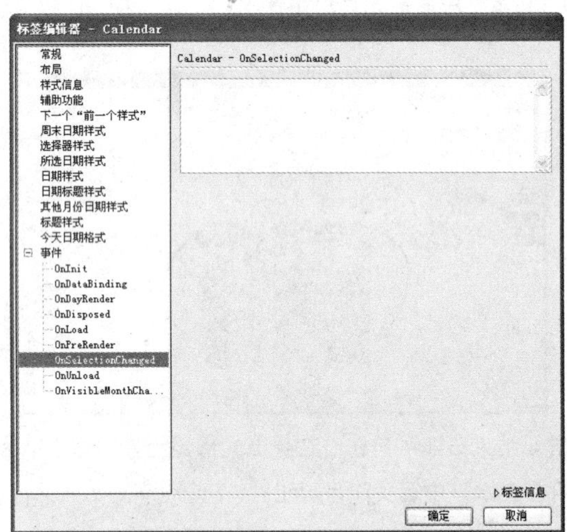

设置月历控件的事件名称

6.11.1 建立学员选课数据查询网页

若想制作如上的学员选课数据查询网页，可先新建一空网页（6-005.aspx），插入表单 Form1，在其中添中 Runat=“server”语句，之后的创建方法如下。

步骤 1 输入标题，插入“开始日期”按钮 Button1、开始日期文本框 Date02、“结束日期”按钮 Button2、结束日期文本框 Date01，以及“查询”按钮 Submit。

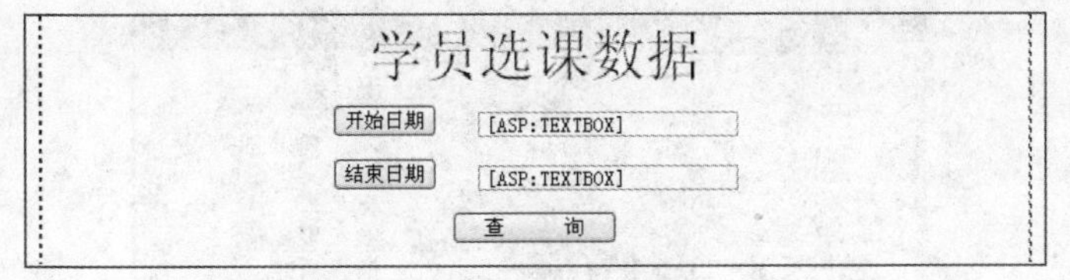

输入各标题，插入各控件

步骤 2 切换至“代码”视图，将两个日期按钮设成命令按钮格式，即在“开始日期”按钮 Button1 和“结束日期”按钮 Button2 中，输入“CommandName=" 命令名称 "”属性(如“开始日期或结束日期”或“onCommand="calendarShow"”命令事件属性)。以便将来单击日期按钮时，会发生 onCommand 所指定的事件程序，并由事件参数 e.CommandName 及 e.CommandArgument 属性，来取得命令的名称及参数值，以判断单击了哪个按钮，进一步编写单击该按钮后执行的程序（注意：事件参数 e 要声明为 CommandEventArgs 类型）。

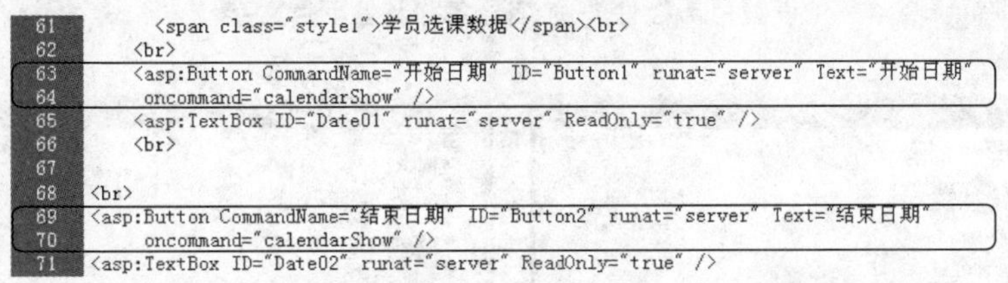

```
    <span class="style1">学员选课数据</span><br>
   <br>
   <asp:Button CommandName="开始日期" ID="Button1" runat="server" Text="开始日期"
   oncommand="calendarShow" />
   <asp:TextBox ID="Date01" runat="server" ReadOnly="true" />
   <br>

<br>
<asp:Button CommandName="结束日期" ID="Button2" runat="server" Text="结束日期"
    oncommand="calendarShow" />
<asp:TextBox ID="Date02" runat="server" ReadOnly="true" />
```

设置 CommandName 命令名称及 onCommand 命令事件属性

步骤 3 插入月历控件。单击“ASP.NET 插入栏中的“更多标签”按钮，在弹出的“标签选择器”对话框中选择“ASP.NET 标签 >asp:Calendar”选项，之后单击“插入”按钮。

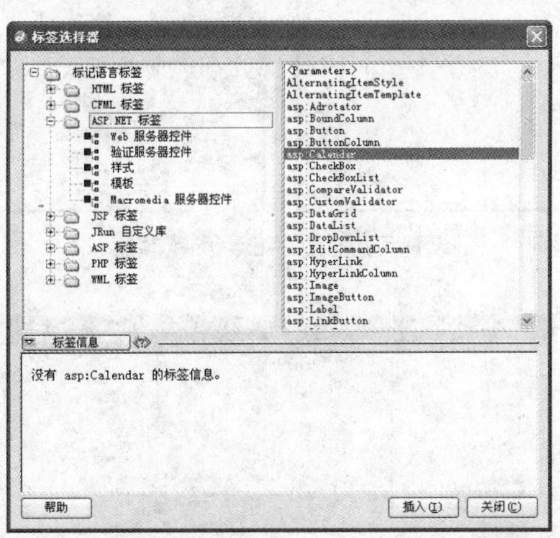

步骤 4 在“标签编辑器 -Calendar”对话框的“常规”类别下，开始设置“开始日期”月历控件的编号名称为 calen-dar01，上下个月文本属性；在“布局”类别下，设置月历控件的背景颜色及边框颜色属性。依此类推，在“周末日期样式”类别下，设置周末日期的前景颜色及背景颜色及背景颜色属性；在“事件 >OnSelectionChanged”类别下，设置当月历控件的选择日期有改变时，会触发的事件名称为 SetDate01，之后单击“确定”钮。“结束日期”的月历控件也是按照这个方式设置，OnSeletinChanged 的事件名称设为 SetDate02。还有，为了避免网友不用月历控件而在文本框中自行输入日期，可将文本框都设成只读属性。

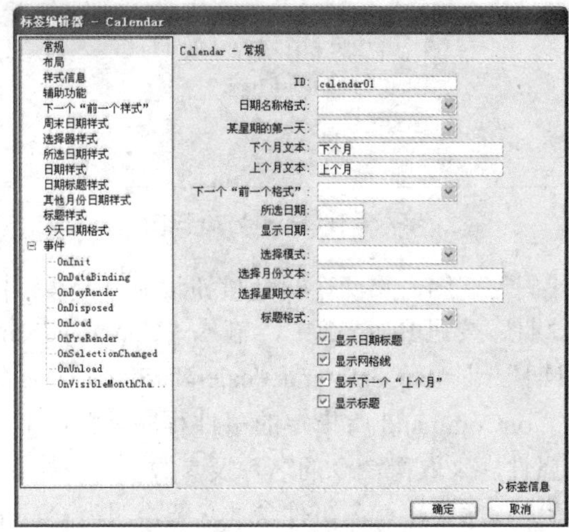

设置月历控件的 id 编号名称及上下月文字

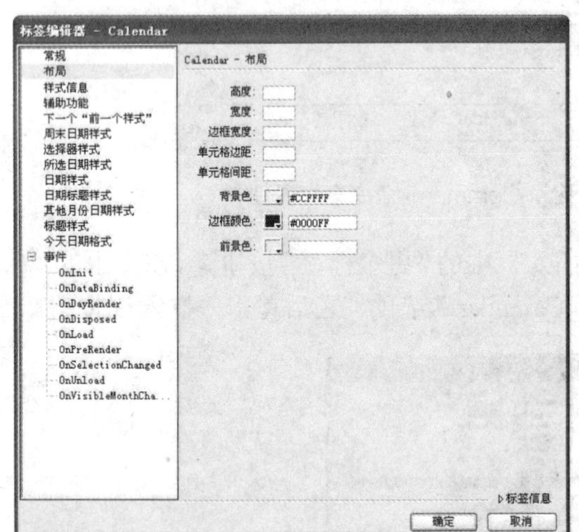

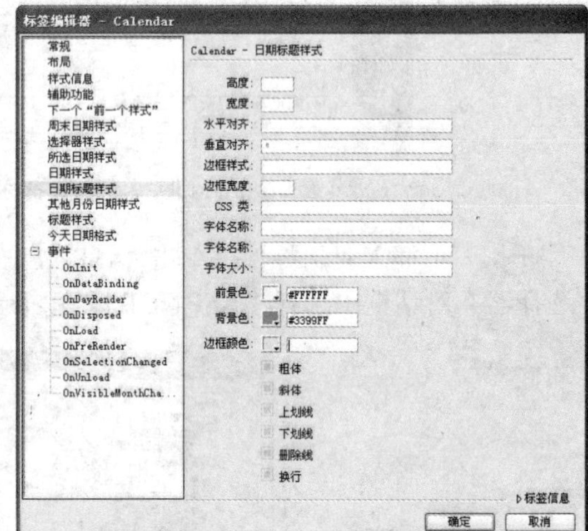

设置月历控件的日期标题颜色

标签编辑器 - Calendar
Calendar - OnSelectionChanged
SetDate01
标签信息
确定
取消

设置选择月历日期的 OnSelectionChanged 事件名称

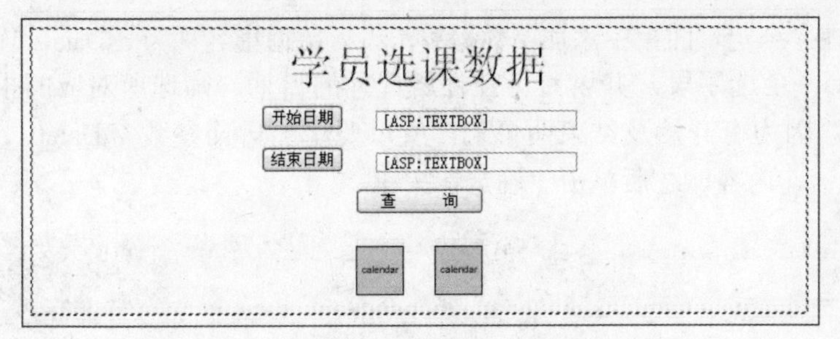

完成两个月历控件的设置

步骤 5 切换至“代码”视图，输入下面各事件的程序代码。

```
<MM:PageBind runat="server" PostBackBind="true" />
<script language="vb" runat="server">
'-------- 网页载入事件 ------------------------------------------------
Sub Page_Load(sender as object, e as EventArgs)
  calendar01.visible=false                          '先隐藏各月历控件
  calendar02.visible=false
End Sub
'-------- 显示月历控件 ------------------------------------------------
Sub calendarShow(sender as object, e as CommandEventArgs)
  If e.commandName ="开始日期" Then                 '如果单击“开始日期”按钮
     calendar01.visible=true                        '就显示Calendar01月历
  Else
    If e.commandName = "结束日期" Then              '如果单击“结束日期”按钮
      calendar02.visible=true                       '就显示Calendar02月历
    End If
  End If
End Sub
'-------- 设置开始日期 ------------------------------------------------
Sub setDate01(sender as object, e as EventArgs)
  Date01.text=calendar01.selectedDate               '将所选择的月历日期显示在开始日期文本框
  calendar01.visible=false                          '隐藏月历控件Calendar01
End Sub
'-------- 设置结束日期 ------------------------------------------------
Sub setDate02(sender as object, e as EventArgs)
  Date02.text=calendar02.selectedDate               '将所选择的月历日期显示在结束日期文本框
  calendar02.visible=false                          '隐藏月历控件Calendar02
End Sub
</script>
```

6.11.2 查询并显示选课数据

步骤 1 在“绑定”面板中选择 WebXeL>ServerObject>Request Form 命令，在弹出的 Request Form 对话框中输入表单变量的名称（如开始日期 Date01 的名称），以便能根据这些日期查询出选课数据，单击“确定”按钮。结束日期 Date02 设置方法与此相同。

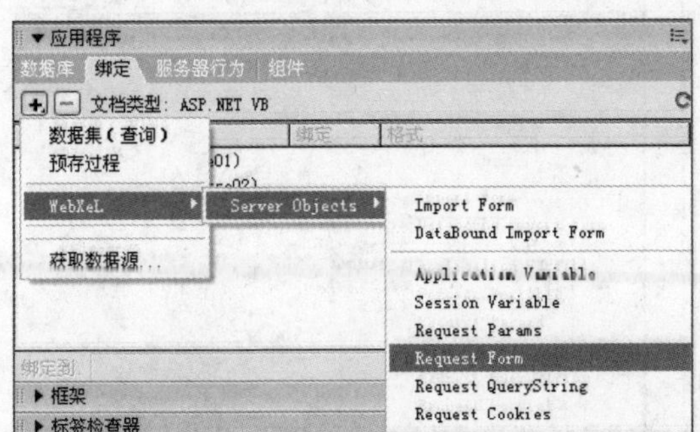

建立查询用的表单变量 Date01、Date02

步骤 2 在“绑定”面板中添加 _ 数据集，设置数据集名称为 dsData，连接为 Funde01，表格为 consume，全选字段，并以月历控件所选择的日期，筛选所对应的报名日期 csDate 列的符合数据。因为有开始及结束两日期，所以要添加日期参数 @Date01，@Date02。另外要修改 SQL 语句内容，之后单击“确定”按钮。

```
SELECT*FROM consume WHERE csDate>=? And csDate<=?ORDER BY csDate
ASC
```

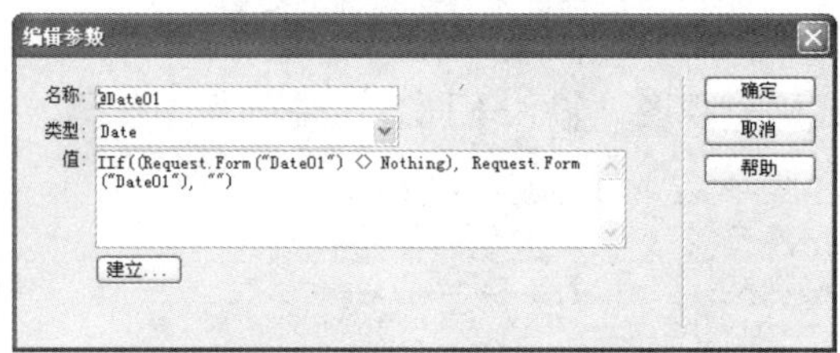

在数据集中设置开始日期参数 @Date01 和结束日期参数 @Date02

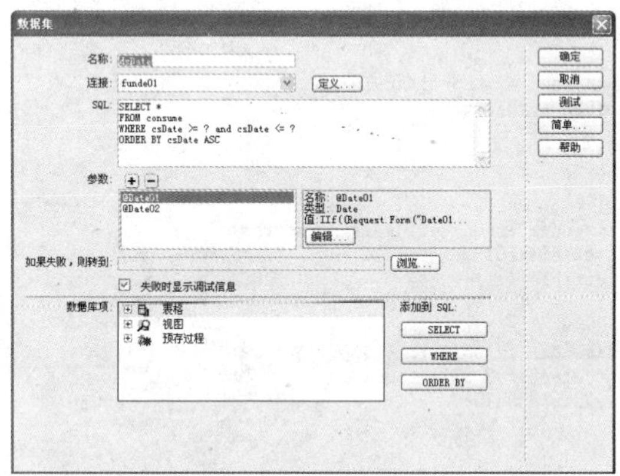

建立以日期查询学员选课数据的 dsDate 数据集

步骤 3 在“服务器行为”面板中选择“数据网格”命令，在弹出的“数据网格”对话框中设置编号为 dgDate01，数据集为 dsDate，显示所有记录，列标题改为中文显示，单击“确定”按钮。

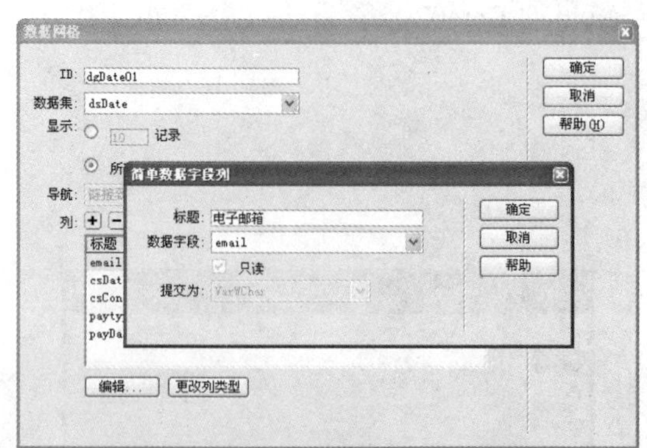

插入 dgDate01 数据网格显示选课数据

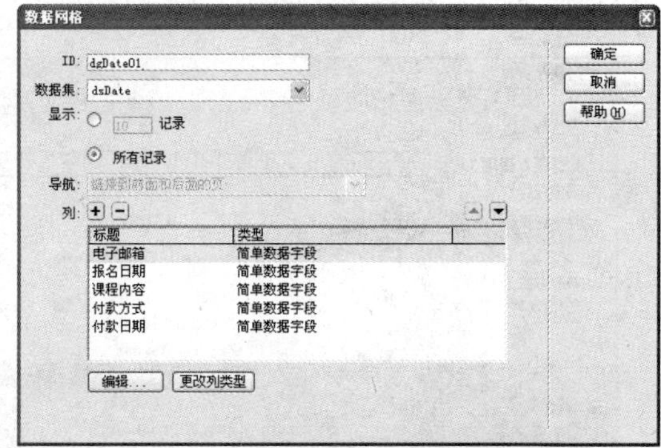

列标题改为中文显示

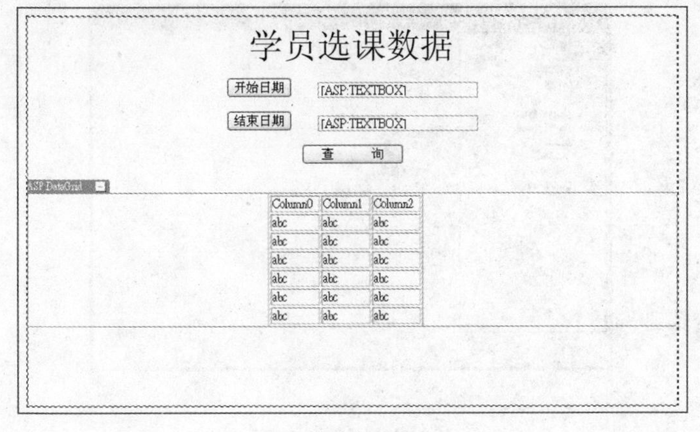

完成全部设置

6.12 数据验证控件

为了防止在网页中输入错误的数据或没有输入数据，ASP.Net 提供了下面几种数据验证的控件，如表 6-9 所示。

表 6-9 常用数据验证控件

数据验证控件	说　明
RequiredFieldValidator	检查是否有输入的数据。
ComPareValidator	比较与某常量或控件值的大小关系
RangeValidator	检查输入的数据是不符合于某范围
RegularExpressionValidator	以特定规则运算方式来检查输入的数据
CustomValidator	以自定义方式来验证输入的数据
ValidationSummary	显示各种验证信息

6.12.1 RequiredFieldValidator控件

这个控件是用来检查所对应的控件是否有输入数据，如果没有输入数据时就会发生验证错误，因此在数据必填的控件中经常采用。单击 ASP.NET 插入栏中的“更多标签”按钮，在弹出的“标签选择器”对话框中选择“ASP.NET 标签 > 验证服务器控件”选项，在右框内选择“asp:RequiredFieldValidator”选项，单击“插入”按钮，会出现“标签编辑器”对话框，再在其中设置该控件的相应属性。

6.12.2 CompareValidator控件

这个控件是用来与某个指定常量或某个控件的值进行比较，如果输入的值不在比较范围，则会显示错误信息，插入方法请参考上节。

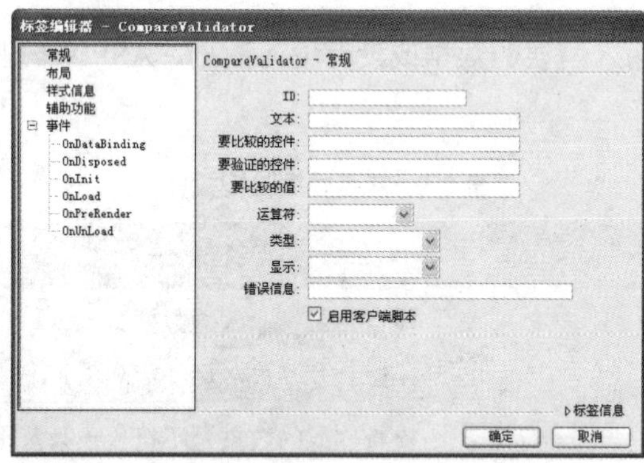

学员选课数据验证范例

例如上节的查询某期间学员的选课数据的例子，如果希望在单击“查询”按钮时，能检查是否有输入数据，并且检查结束日期是否大与等于开始日期，如果正确无误，才会从学员选课缴费数据表 consume 中，筛选符合这段日期的数据并显示出来，否则会显示错误信息，如下图所示（6-006.aspx 网页），具体操作步骤如下。

未选择日期时会显示不能为白信息

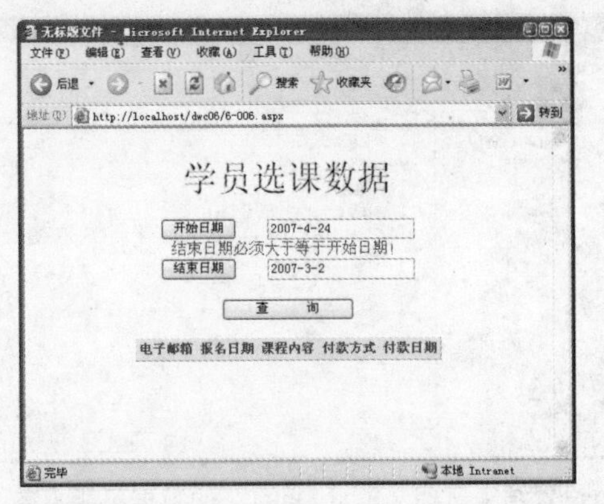

若结束日期小于开始日期，也会显示错误信息

步骤 1 将光标定位于“开始日期”按钮下面的空行中，按照之前介绍的方法插入 RequiredFieldValidator 控件。

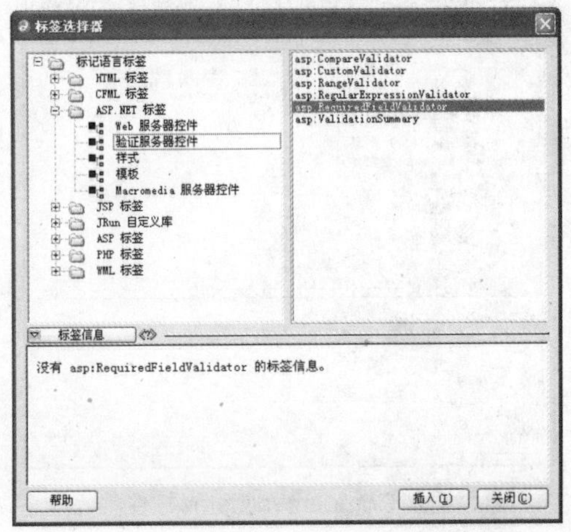

插入 RequireldFieldValidator 控件

步骤 2 在“标签编辑器 -RequiedFieldValidator”对话框的“常规”类别下，设置“开始日期”文本框的验证控件 ID（编号）为 rqDate01，“显示”为“动态”，“要验证的控件”为 Date01，“错误信息”为“开始日期不能为白！”。另外，取消勾选“启用客户端脚本”复选框，之后单击“确定”按钮。“结束日期”文本框 Date02 的验证也是按照这个方式设置。

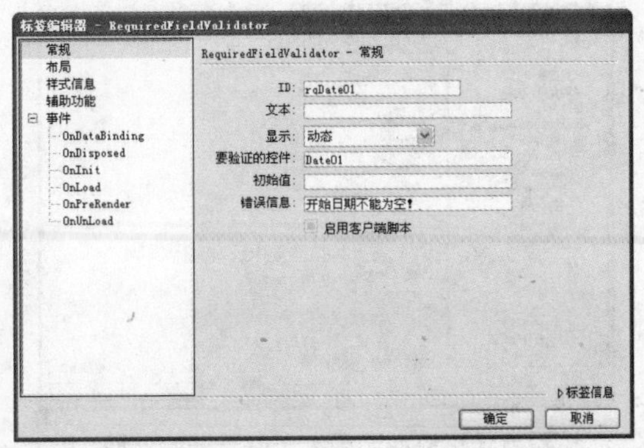

设置开始日期文本框 Date01 的数据不能为空

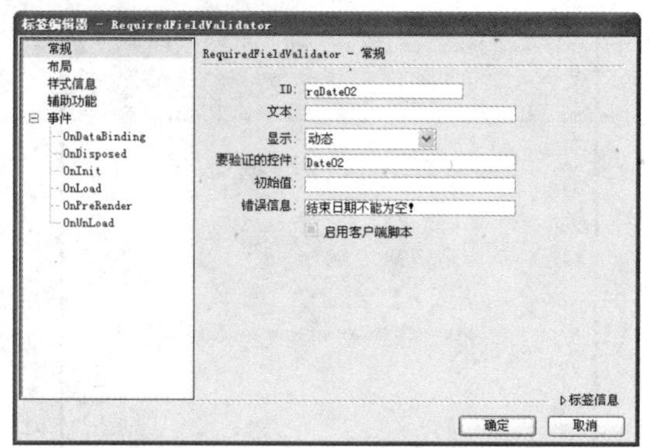

设置结束日期文本框 Date02 的数据不能为空

步骤 3 将光标定位于"开始日期"按钮下面的空行，按照前面介绍的方法插入 CompareValidator 控件。

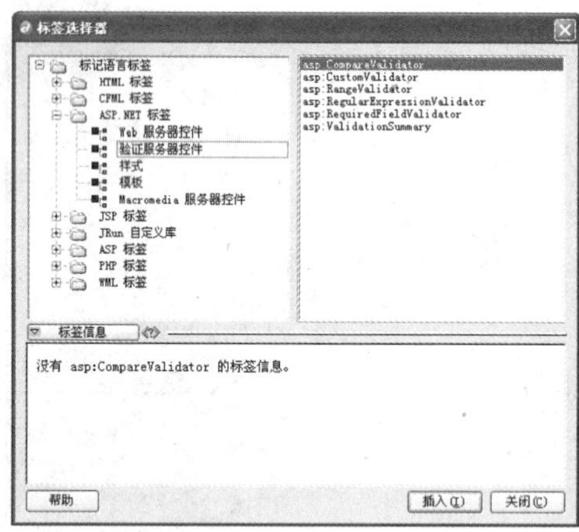

插入 CompareValidator 控件

步骤 4 在"标签编辑器 -CompareValidator"对话框的"常规"类别下，设置"结束日期"文本框的验证控件 ID（编号）为 cpDate，"要比较的控件"为 Dateo1，"要验证的控件"为 Date02，"运算符"为"大于等于"，"类型"为"日期"，"显示"为"动态"，"错误信息"为"结束日期必须大于等于开始日期！"。另外，取消勾选"启用客户端脚本"复选框，之后单击"确定"按钮。

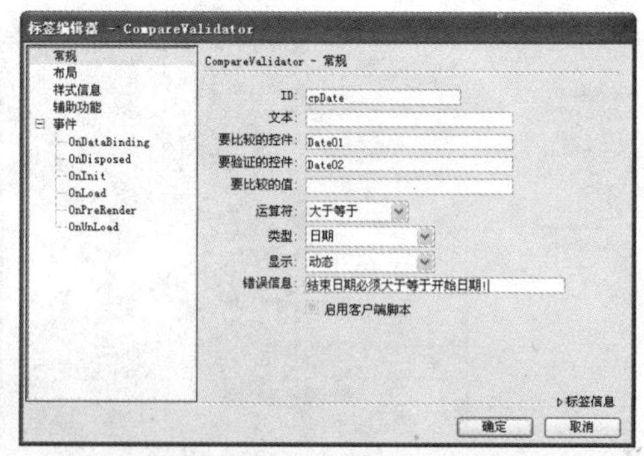

设置结束日期必须大于等于开始日期

6.12.3 RangeValidator控件

这个控件是用来检查所对应的输入数据控件的输入值是否介于某指定范围之间，如果不是则会显示错误信息，插入方法请参考上节。

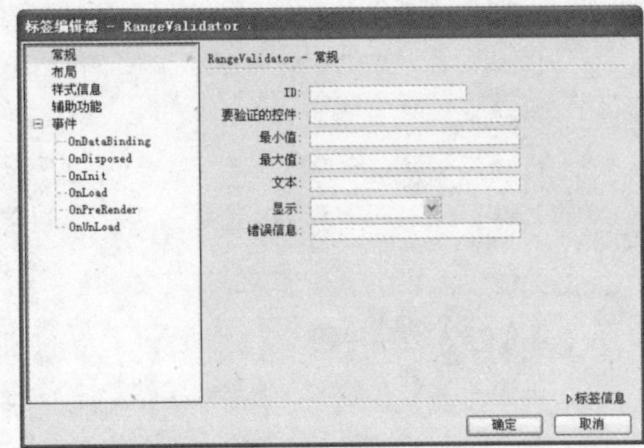

6.12.4 RegularExpressionValidator控件

这个控件是用来检查所对应的输入值是否合乎指定的规则，如果不符合则会显示错误信息，插入方法请参考上节。

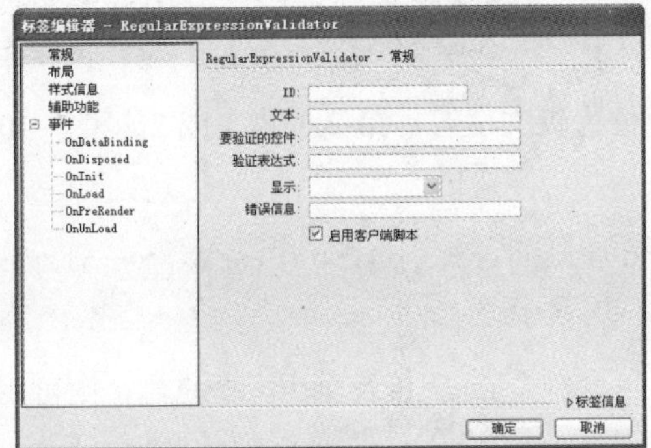

RegularExpressionValidator 控件的设置方法如下。

（1）本控件可与其他验证控件结合使用。

（2）验证运算式中经常使用的运算符号，这些运算符号如表 6-10 所示。

表 6-10 常用运算符号

符　号	说　明
\	要输入某字符
^	首字不要输入某字符
$	尾字不要输入某字符
*	可输入任意数目的字符，同 {0，}
+	至少要输入一字符，同 {1，}
?	可不输入或输入一个字符，同 {0，1}

（续表）

符　号	说　明
{n}	可输入 n 个字符，n ？ 0
{n,}	可输入至少 n 个字符，n ？ 0
{n,m}	可输入最少 n 个，最多 m 个字符，m ？ n ？ 0
.	可输入任何字符
xly	可输入 x 或 y 字符
[]	可输入这个范围内的某个字符
\d	只能输入数字字符
\D	不能输入数字字符
\w	可输入英文、数字、下划线字符
\W	不可输入任何英文、数字、下划线字符

例如：

（1）电话号码第 1 位为 0，第 2 位为 2~8 数字字符，连字符，剩下 7~8 位为数字字符，则可用下面规则验证。

```
ReqularExpressionValidator1l.ValidationExpression= "o [2-8] -\
d{7,8}"
```

（2）身份证号码第 1 位为英文字符，第 2 位为 1 或 2，第 3~10 位为数字字符，则可用下面规则验证。

```
RegularExprtessionValidator1.ValidationExpression=" [A a-z] [1-2] \
d{8}"
```

（3）电子邮箱号码要包含一个 @ 字符及至少一个点号，则可用下面规则验证。

```
RegularExpressionValidator1.ValidationExpression= ".+@.+[.].+"
```

6.12.5 CustomValidator控件

这个控件是自定义验证程序来检查所输入的数据，如果不符合自定义的验证程序时，也会显示错误信息，插入方法请参考上节。

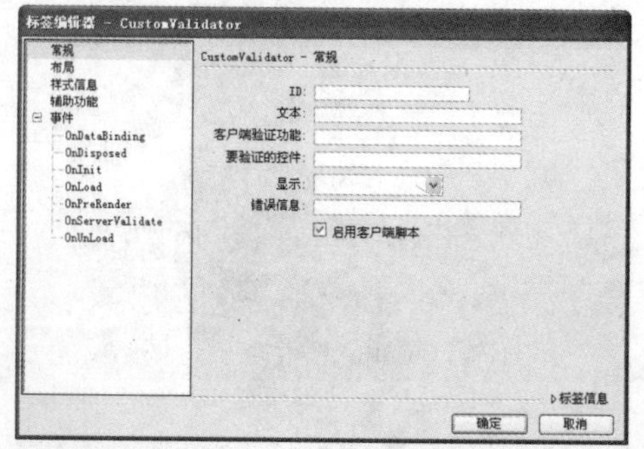

CustomValidator 插件的设置方法如下。

（1）本控件可与其他验证控件结合使用。

（2）OnServerValidator 属性是服务器端用来检查输入数据是否正确的验证程序，输入的数据会传送至程序参数 e(e 必须声明为 ServerValidatorEventArgs 对象类型)，可使用 e.Value 访问其值然后检查，若正确则 e.lsValid 存入 True 值，若错误则存入 False 值，当错误时会显示错误信息。

6.12.6 ValidationSummary控件

这个控件可以用来显示各验证错误的信息摘要，从而能够清楚地看到有哪些输入是错误的，拖入方法请参考上节。

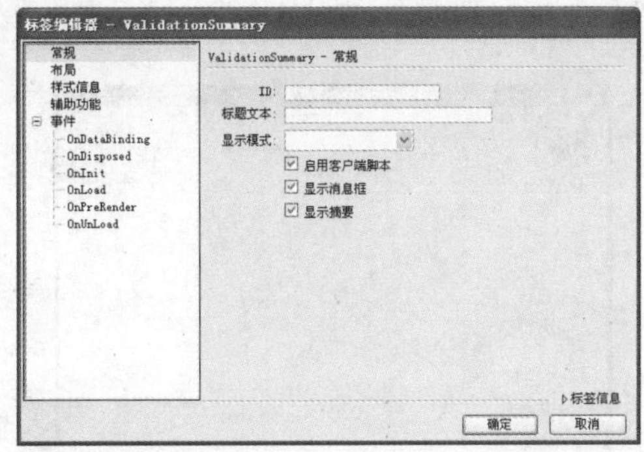

新建员工工作指示范例

这也是一个数据验证控件的例子。如果公司主管人员若在线输入员工工作指示，首先必须以主管的账号、密码登录（设主管权限 pms 为 s 或 a 级），之后会检查账号 acc、密码 pwd 是否介于4~10位数之间，如果没有达到4~10位数，则出现错误信息。若输入位数符合，且账号、密码及权限 pms 正确无误，则进入新建工作指示网页。接着开始输入员工编号 eno，单击“开始日期”按钮在日历控件中选择开始日期 startDate，输入工作内容 job，再单击“完成日期”按钮在日历控件中选择工作日期 endDate，输入工作完成时间 endTime，会检查是否没输入数据，是否完成日大于等于开始日，是否完成时间介于 24 小时内，若有不符合的也会显示错误信息。如果正确无误，则数据会存入 Jobs 工作指示数据表，并且显示新建成功信息。

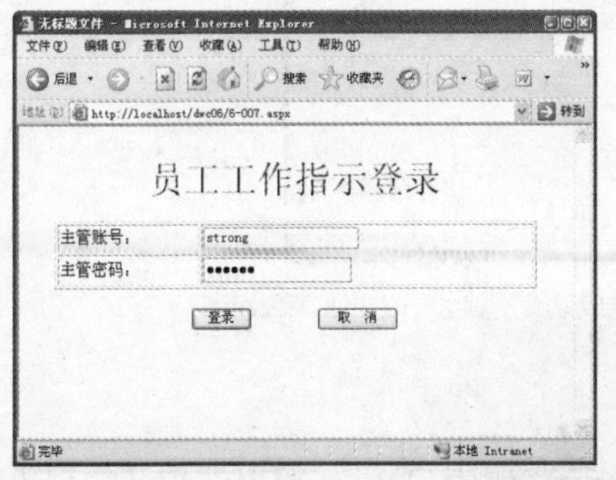

在员工工作指示登录网页（6-007.aspx）输入主管账号及密码

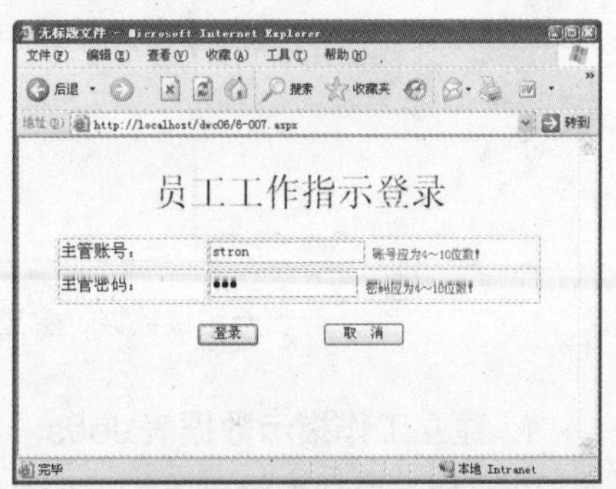

若账号密码不是 4~6 位，会显示错误信息

登录后会进入员工工作指示网页（6-007-1.aspx），在其中输入各项数据

若数据有漏打，或者完成日期小于开始日期，以及完成时间大于 24 小时，也会显示错误信息

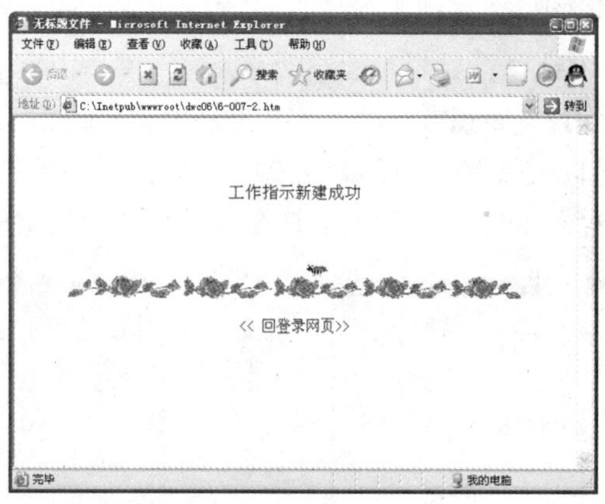

若无错误数据，会显示数据新建成功信息网页（6-007-2.htm）

1. 建立工作指示数据表 Jobs

在风笛中点数据库 Funde.mdb 内建立工作指示数据表 Jobs，数据结构及数据内容如下。

jobs : 表

字段名称	数据类型	说明
eno	文本	1. 员工编号(文字4位)
startDate	日期/时间	2. 开始日期及时间(日期时间)
job	文本	3. 工作内容(文字50位)
endDate	日期/时间	4. 完成日期(日期时间)
endTime	日期/时间	5. 完成时间(日期时间)
finish	是/否	6. 是否完成(布林数)

工作指示数据表结构

jobs : 表

eno	startDate	job	endDate	endTime	finish
e004	2005-8-9	web subject	2005-8-12	17:00:00	☐
e005	2005-8-11	create database	2005-8-18	12:00:00	☐
e003	2005-8-10	modify	2005-8-17	17:00:00	☐

记录: 1 共有记录数: 3

工作指示数据表数据

2. 建员工工作指示登录网页（6-007.aspx）

步骤 1 新建一空白网页（6-007.aspx），插入表单 Form1，输入“Runat="server"”语句，接着输入标题，插入主管账号文本字段 Acc、密码文本字段 Pwd、“登录”按钮 Submit1 和“取消”按钮 Submit2。

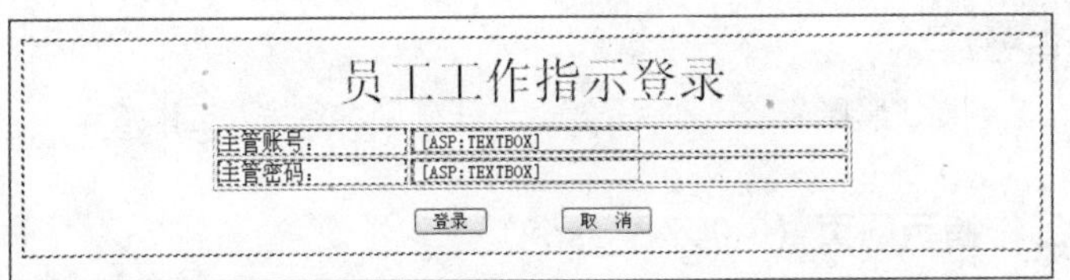

输入各标题并插入各组件

步骤 2 将光标各定位于账号文本字段的空白处，插入 RequiredFieldValidator 控件。在“标签编辑器”对话框的“常规”类别下，设置“账号”文本字段的验证组件 ID（编号）为 rqAcc，“显示”为“动态”，“要验证的控件”为 Acc，“错误信息”为“账号不能为空！”。另外，取消勾选“启用客户端脚本”复选框，之后单击“确定”按钮。

步骤 3 插入 RegularExpressionValidator 控件，设置“密码”文本字段的验证组件 ID（编号）为 rgAcc，“要验证的控件”为 Acc，“验证表达式”为“"{4,10}"”，表示输入位数介于 4 位～10 位，“显示”为“动态”，“错误信息”为“账号应为 4 ～ 10 位！”。另外，取消勾选“启用客户端脚本”复选框，之后单击“确定”按钮。

步骤 4 “密码”文本字段 Pwd 的验证，也是依照步骤 2 和步骤 3 的方法进行设置。

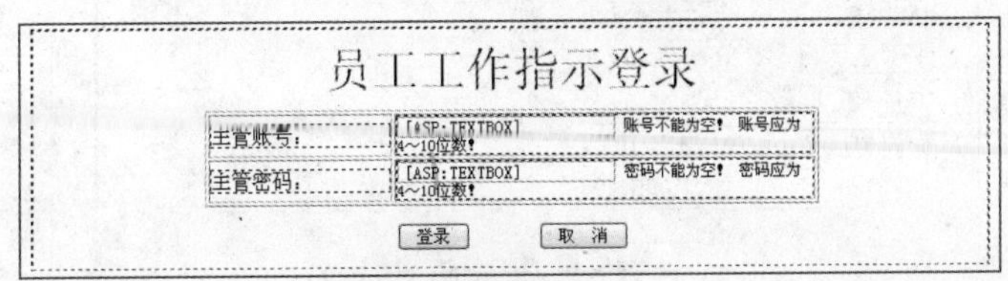

步骤 5 在“绑定”面板中增加一记录集，设置记录集名称为 dsJob，连接为 Funde01，表格为 safeT，全选字段，并以输入的账号 Acc、密码 Pwd，以及“s 或 a 级”的权限 Pms，查询输入的数据是否符合要求，之后单击“确定”按钮。

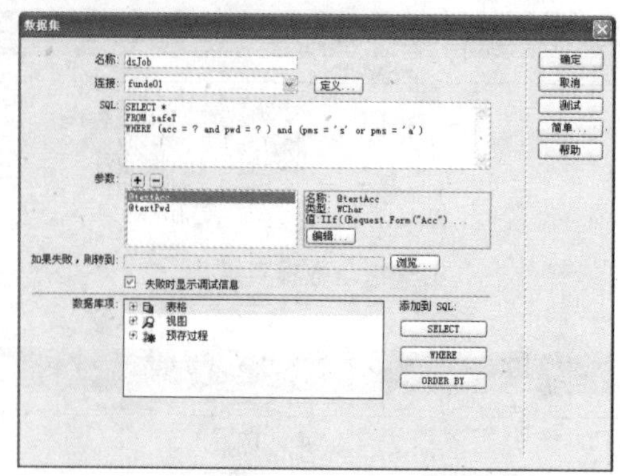

建立查讯主管账号密码的记录集 dsJob

步骤 6　切换至“代码”视图，在 MM_PageBind 代码中，输入下面程序代码用于判断是否输入的主管账号密码正确，如果正确则转向 6-007-1.aspx 网页，准备输入“员工的工作指示”内容。

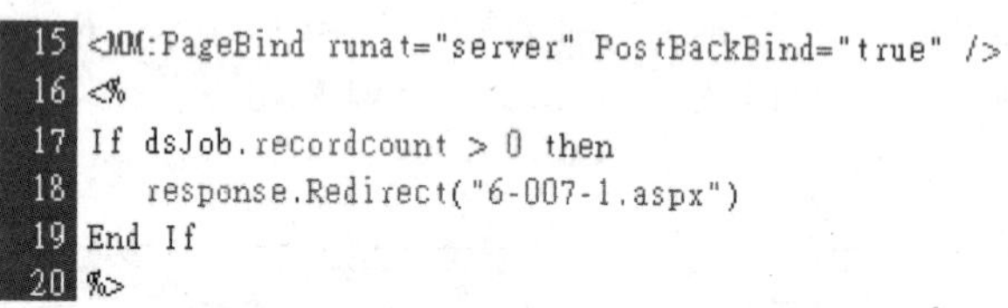

```
<MM:PageBind runat="server" PostBackBind="true" />
<%
If dsJob.recordcount > 0 then
   response.Redirect("6-007-1.aspx")
End If
%>
```

判断主管账号密码是否正确，若正确则准备输入工作指示

3. 新建员工工作指示网页（6-007-1.aspx）

步骤 1　新建一空白网页（6-007-1.aspx），插入表单 Form1，输入“Runat="server"”语句。接着输入标题，插入“员工编号”文本框 Eno，“开始日期”按钮 Button01，文本字段 StartDate，“工作内容”多行文本框 Job，“完成日期”按钮 Button02，文本字段 EndDate，“完成日期”文本字段 EndTime，“确定新建”按钮 Button03，“取消”按钮 Submit2，“回上页”超链接文字，插入开始日期日历控件和完成日期日历控件。

步骤 2　对开始日期按钮 Button01 和完成日期按钮 Button02 设置 CommandName 命令名称及 onCommand 事件属性，以便将来单击该按钮时会开启日历控件，从而在其中选择日期。对于开始日期日历控件 Calendar01 和完成日期日历控件 Calendar02，必须设置 onSelectionChanged 事件 insDate01, insDate02，以便将所选择的日期保存在文本字段中。

员工工作指示

员工编号:	[ASP:TEXTBOX]
开始日期 :	[ASP:TEXTBOX]
工作内容:	[ASP:TEXTBOX]
完成日期 :	[ASP:TEXTBOX]
完成时间:	[ASP:TEXTBOX]

确定　取消　《回上页》

calendar　calendar

输入标题并插入各组件

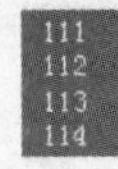

```
        <td><div align="center" class="style7">
    <asp:Button ID="Button01" Text="开始日期" CommandName="开始日期" runat="server"
            oncommand="calendarShow" />
: </div></td>
```

为日期按钮设置 CommandName 命令名称及 onCommand 事件属性

```
        <td><div align="center" class="style7">
        <asp:Button ID="Button02" Text="完成日期" CommandName="完成日期" runat="server"
            oncommand="calendarShow" />
: </div></td>
```

步骤 3 将光标定位于各文本字段的空白处，插入 RequiredFieldValidator 控件，取消勾选“启用客户端脚本”复选框，之后单击“确定”按钮。

步骤 4 插入完成日期的 CompareValidator 控件，设置“密码”文本字段的验证组件 ID（编号）为 cpEndDate，“要验证的控件”为 EndDate，“要比较的控件”为 StartDate，“运算符”为“大于等于”，“类型”为“日期”，“显示”为“动态”，“错误信息”为“完成日要大于等于开始日！”。另外，取消勾选“启用客户端脚本”复选框，之后单击“确定”按钮。

步骤 5 插入完成时间的 RangeValidator 控件，设置“完成时间”文本字段的验证组件 ID（编号）为 rgEndTime，“要验证的控件”为 EndTime，“最小值”为 0，“最大值”为 24，“显示”为“动态”，“错误信息”为“时间应为 0 ～ 24！”，之后单击“确定”按钮。

步骤 6 插入验证摘要的 ValidationSummary 控件，设置验证摘要组件 ID（编号）为 vdSummary，“标题文本”为“发生下面错误”，“显示模式”为“单段”，之后单击“确定”按钮。

步骤 7 在“服务器行为”面板中选择“插入记录”命令，在弹出的“插入记录”对话框中设置数据值来源为 Form1，连接为 funde01，插入到表格为 Jobs、各字段值取自各对应同名的组件，若插入新学员记录成功，则显示新建成功信息网页（6-007-2.htm）。

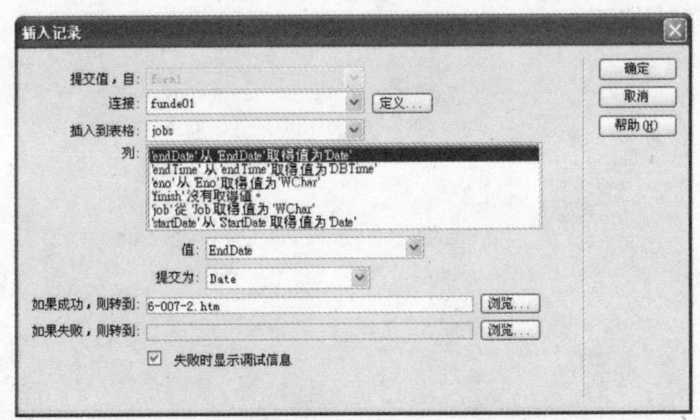

设置“插入记录”服务器行为，将工作指示数据存入数据表

步骤 8 切换至“代码”视图，在“MM:Insert”代码段中添加和修改下面程序代码。

（1）添加插入记录组件名称的语句“id="insJob"”。

（2）修改 Exprtssion 语句为“Expression='false'”。

```
<MM:PageBind runat="server" PostBackBind="true" />
<script language="vb" runat="server">
'---------- 网页载入事件 ----------------------------------------------
Sub Page_Load(sender as object, e as EventArgs)
  calendar01.visible=false                  '先隐藏各月历元件
  calendar02.visible=false
  '---------- 让按到确定新增钮时才新增记录 ----------------------
  If page.isPostBack Then                   '当网页有按到按钮产生回存时
    Page.Validate()                         '先做资料验证，若是按到确定新增钮时
    If Request.Form("Button03")="确定新增" Then
      insJob.expression=true                '才新增一笔工作指示记录
    End If
  End If
End Sub
'---------- 显示月历元件 ----------------------------------------------
Sub calendarShow(sender as object, e as CommandEventArgs)
  If e.commandName ="开始日期" Then         '如果按到【开始日期】钮
    calendar01.visible=true                 '就显现Calendar01月历
  Else
    If e.commandName = "完成日期" Then      '如果按到【结束日期】钮
      calendar02.visible=true               '就显现Calendar02月历
    End If
  End If
End Sub
```

步骤 9 切换至“代码”视图，在“MM：PageBind”代码段中输入下面的程序代码。

（1）网页载入事件程序 Page_Load 内容：先隐藏日历控件，并设置单击“确定新建”按钮 Button03 时才新建工作指示记录。

（2）“开始日期”按钮 Button01 和“完成日期”按钮 Button02 的 CalendarShow 事件程序内容：单击相应按钮会开启日历控件以供选择日期。

（3）开始日期日历控件 Caledar01 和完成日期日历控件 Caledar02 的 insDate01, insDate02 事件程序内容：将所选择的日期保存到文本字段中。

```
'---------- 设定开始日期 ----------------------------------------------
Sub insDate01(sender as object, e as EventArgs)
  StartDate.text=calendar01.selectedDate     '将所点的月历日期存入开始日期文字方块
  calendar01.visible=false                   '隐藏月历元件Calendar01
End Sub
'---------- 设定结束日期 ----------------------------------------------
Sub insDate02(sender as object, e as EventArgs)
  EndDate.text=calendar02.selectedDate       '将所点的月历日期存入结束日期文字方块
  calendar02.visible=false                   '隐藏月历元件Calendar02
End Sub
</script>
```

7 HTTP类别控件

HTTP 类别的控件，包括 Response 数据输出控件、Request 数据读取控件、Session 个人数据保存对象、Application 共享数据保存对象等，这些控件在前面章节范例中有些已实际介绍过，对于网页间数据的传送与处理是不可缺少的，现在就介绍一些常用的方法。

7.1 数据输出控件（Response）

Response 数据输出控件主要用来输出各种字符串、变量和标签数据，并可用于不同网页间的切换、网页的读取等方面。

7.1.1 数据输出方法（Response .Write）

Response.Write 就是将数据输出至用户浏览器浏览的方法，有下面几种格式。

```
Response.Write(" 字符串 ")
Response.Write( 变量 )
Response.Write("HTML 标签 ")
```

【格式说明】

（1）Response .Write 可输出字符串、变量及标签等数据。

（2）如输出的中文有乱码时，则在 Web.Config 配置文件的 Globalization 标签中，将 ResponseEncoding 的数值改为 big5 即可。

（3）Response .Write 只能将数据输出到网页上，但无法显示在所需的位置，因此现在多以 Label 控件替换。

7.1.2 网页转向方法（Response .Redirect）

若想动态连接不同的网页，除了在 <HEAD></HEAD> 标签中使用 <META> 标签来设计之外，也可用 Response. Redirect 方法来转向至其他网页执行，格式如下。

```
Response. Redirect(" 网址 ")
Response. Redirect("HTML 文件路径名称 ")
```

【格式说明】

此种方法多用在复杂网页的简化处理方面，可将复杂网页分解成数个子网页，再依处理需求，由父网页转向至子网页进行处理。

7.1.3 写入用户信息（Response .Cookies）

Web 站点为了能够确实掌握用户的个人信息，一般当用户浏览网页时，会顺便将用户的名称、账号、计算机类型、登录时间及购物数据等个人信息，存到用户计算机的“C:\Windows\Cookies”文件夹中，将来需用到这些数据时，再用 Request 读取这文件夹内所存的 Cookies 文件数据。但是因为 Cookies 是存在用户的计算机内的，所以，若用户删除或关闭 Cookies 时，Web 台点就没法取得或输入用户的相关数据了。写入 Cookies 的格式如下。

```
Response.CooKies(" 名称 ") = "Cookies 的值 "
或 Response.CooKies(" 名称 ")("Key 名称 ") = "Key 的值 "
```

【格式说明】

（1）第一个格式是在一个 Cookies 名称下，只存储一个 Cookies 值。

（2）第二个格式是允许在一个 Cookies 名称下，存储多个不同 Key 名称的 Cookies 值。

（3）Cookies 只能存储字符串或数值等简单数据，不可存储控件数据。

在存储 Cookies 值后，可以使用 Cookies 的 Expires 属性来设置 Cookies 保存在用户计算机中的期限，格式如下。

```
Response.Cookies(" 名称 ").Expires =保存期限
```

【格式说明】

（1）保存期限可使用 DateAdd 函数设置，如保留 2 天，可设为 DateAdd("d", 2, Today)。

（2）到期后 Cookies 就自动删除相关数据。

（3）Cookies 会保存在“C: 或 D:\Documents and settings\Administrator\ Cookies\”路径中。

7.2 数据读取控件（Request）

利用上一节介绍的 Response 控件，可以将数据从 Web 服务器端输出至用户端的浏览器上供用户浏览，而利用 Request 控件则可将用户端传送过来的数据读取出来，以作进一步的处理。一般来说 Request 的读取有以下几种方法，即读取表单数据、Cookies 数据、Header 头部信息及服务器端的环境数据等。

7.2.1 读取表单数据

为了要取得用户更多的信息，常在网页上建立表单，并在其中插入各种适当的控件，如文本域、复选框、单选按钮及菜单等，用户可在这些控件内输入数据或检查输入的数据，并在单击“发送”按钮后，将这些数据传送到 Web 服务器端。如果传送方法（Method）是 get 方式，则这些数据会随着 URL 网址后面（? 后面）传送过来，可用 Request.QueryString 在数据集合读取；如果是采用 post 方式来传送，则数据会以 HTTP 的头部（封包方式）传送到服务器端，可用 Request.Form 在数据集合读取，格式如下。

```
Request.QueryString ("表单控件名称")
Request.Form("表单控件名称")
```

【格式说明】

（1）Request.QueryString 用来读取以 get 方式传送的数据。

（2）Request.Form 用来读取以 post 方式传送的表单数据。

7.2.2 读取Cookies数据

当用户在网站中浏览时，尽可能地要保留一些用户的个人数据（例如，姓名、生日及喜好等记录），以便提供给用户更实用的服务，而 Cookies 就是这种建立在用户端机器内的用户相关信息。如果需用到这些信息时，可用 Request.Cookies 来读取及处理。而 Cookies 的建立是使用上节的 Response.Cookies 来完成的，读取 Cookies 的格式如下。

```
Request.Cookies ("数据名称")
Request.Cookies ("数据名称")("key名称")
```

【格式说明】

（1）Cookies 是以其名称或名称的 key 存在用户端机器内的“C:\Windows\ Cookies”文件夹中，不占用 Web 服务器端的保存空间。

（2）用户若删除或关闭 Cookies 时，Web 服务器端便无法用 Request 读取其 Cookies 信息。

7.2.3 读取服务器端环境信息

Request.ServerVariables 方法可用来读取服务器端的系统环境信息，如服务器软件名称版本、HTTP 版本、服务器计算机名称或 IP 地址，以及连接端口编号，目前网页的虚拟路径等，也可读取 HTTP 的头部（Header）信息，其中包括用户浏览器型式、版本、OS（操作系统）主机名称或 IP 等常用的环境信息，相关信息如表 7-1 所示。

表 7-1 常用环境变量

变量名称	说 明
All_HTTP	客户端返回的所有 HTTP 的 Header 头部信息
Appl_physical_Path	www 根目录实际路径
Auth_Password	客户端返回的用户密码

（续表）

变量名称	说　明
Auth_Type	服务器端认证方法
Auth_User	客户端返回的用户名称
Content_Length	客户端返回的文件长度
Content_Type	客户端文件传送类型
Gateway_Intrface	服务器端 CGI 版本
Local_Addr	服务器端 IP 地址
Logon_User	客户端登录账号
Path_Info	目前 ASP 的虚拟路径
Path_Translated	目前 ASP 程序的实际路径
Query_String	客户端采用 Get 方式传送的表单数据（？后所附加的数据）
Remote_Addr	客户端的 IP 地址
Remote_Host	客户端的主机名称
Request_Method	客户端传送表单数据的方法
Script_Name	目前 ASP 程序的文件名及虚拟路径
Server_Name	服务器端网域名称或 IP 地址
Server_Port	服务器端端口号
Server_Protocol	服务器端 HTTP 通讯协议版本
Server_Software	服务器端服务器软件名称及版本
URL	目前网页文件所在的虚拟路径

7.2.4 读取客户端浏览器信息

Request.Browser 属性可用来读取客户端的浏览器相关信息，如浏览器名称、版本、操作系统，以及支持哪种浏览器软件、控件等，这样能够进一步了解客户端的浏览器功能，如果要取得这些信息，则必须先声明一个 HttpBrowserCapabilities 类型的对象，然后就可以以 Request 对象的 Browser 属性来读取了，格式如下。

```
Dim 浏览器读取对象 As HttpBrowserCapabilities = Request.Browser
```

这些常用的 Browser 属性如表 7-2 所示。

表 7-2　常用 Browser 属性

属性名称	说　明
ActiveXControls	客户端浏览器是否支持 ActiveX 插件
BackGroundSounds	客户端浏览器是否支持背景音乐
Browser	取得 User-agent 头部中传输的浏览器名称
ClrVersion	取得客户端上安装的 .NET Common Language Runtime 的版本号码
Cookies	客户端浏览器是否支持 Cookie
Frames	客户端浏览器是否支持 HTML 框架

（续表）

属性名称	说　明
JavaApplets	客户端浏览器是否支持 Java Applet
JavaScript	客户端浏览器是否支持 JavaScript
MajorVersion	客户端浏览器的主要版本号码（整数部分号码）
MinorVersion	客户端浏览器的次要版本号码（小数部分号码）
PlatForm	客户端所使用操作系统平台的名称
Table	客户端浏览器是否支持 HTML 表格
Type	取得客户端浏览器的名称和主要版本号码（整数部分号码）
VBScript	客户端浏览器是否支持 VBScript
Version	取得客户端浏览器的完整版本号码
Win16	客户端是否为 Win16 结构的计算机
Win32	客户端是否为 Win32 结构的计算机

7.3　在线问卷调查系统

如果想在网上对网站功能结构或所销售的产品等信息做问卷调查，以了解多数网友的意见，作为网站改进的参考，可首先将问卷主题规划好并显示在在线问卷调查网页（7-001.aspx）上，网友单击该网页的相应主题，会前往对应的绑定页面（7-002.aspx），显示该主题的各选项内容。选完后如果单击“发送”按钮，则该选项单击数累加 1，返回继续做完问卷。

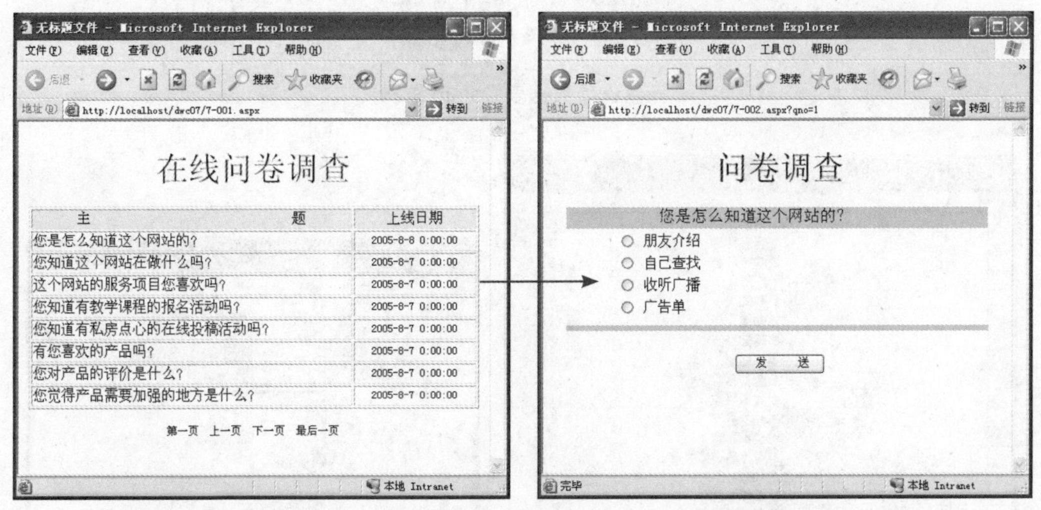

问卷主题网页（7-001.aspx）　　问卷选项网页（7-002.aspx）

“在线问卷调查”系统的简易流程示意图如下。

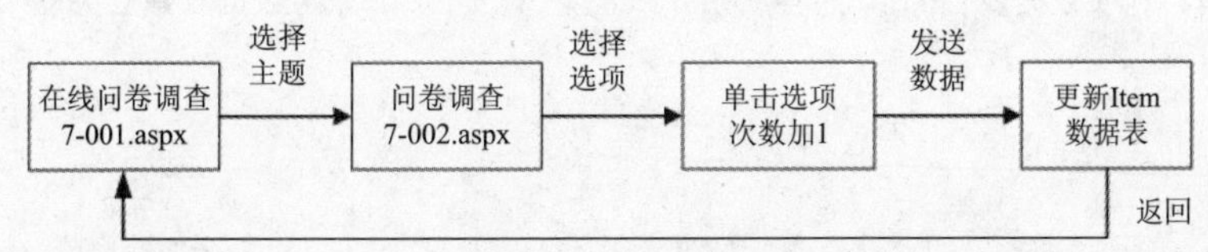

7.3.1 建立问卷主题及选项数据表

在数据库 Funde.mdb 内建立问卷主题数据表 QtNaire 及选项数据表 QtItem，数据结构及数据内容如下。另外，两数据表以主题题号 qno 字段建立相关联。

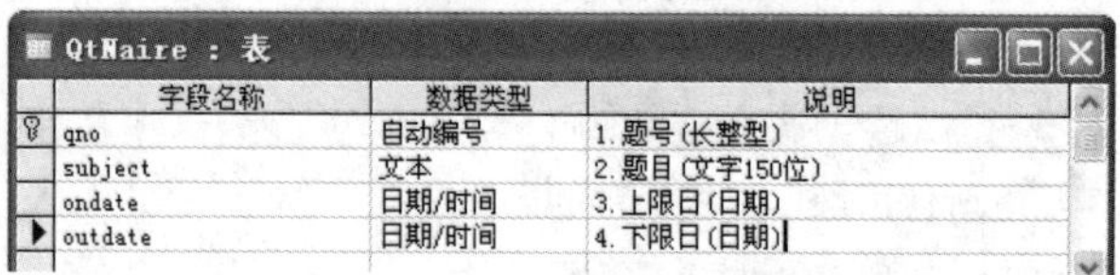

QtNaire : 表

字段名称	数据类型	说明
qno	自动编号	1.题号(长整型)
subject	文本	2.题目(文字150位)
ondate	日期/时间	3.上限日(日期)
outdate	日期/时间	4.下限日(日期)

问卷主题数据表 QtNaire 结构

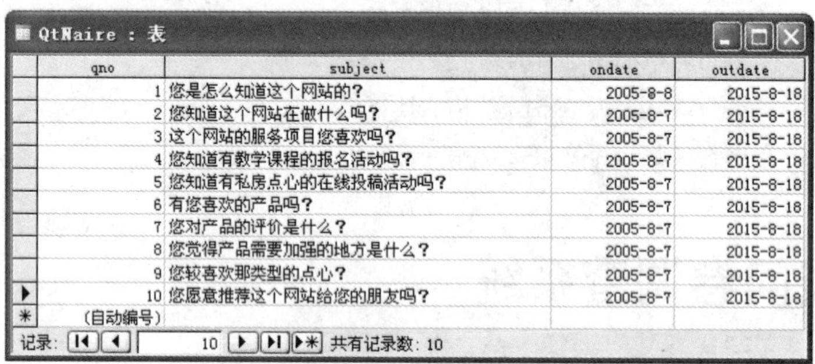

QtNaire : 表

qno	subject	ondate	outdate
1	您是怎么知道这个网站的?	2005-8-8	2015-8-18
2	您知道这个网站在做什么吗?	2005-8-7	2015-8-18
3	这个网站的服务项目您喜欢吗?	2005-8-7	2015-8-18
4	您知道有教学课程的报名活动吗?	2005-8-7	2015-8-18
5	您知道有私房点心的在线投稿活动吗?	2005-8-7	2015-8-18
6	有您喜欢的产品吗?	2005-8-7	2015-8-18
7	您对产品的评价是什么?	2005-8-7	2015-8-18
8	您觉得产品需要加强的地方是什么?	2005-8-7	2015-8-18
9	您较喜欢那类型的点心?	2005-8-7	2015-8-18
10	您愿意推荐这个网站给您的朋友吗?	2005-8-7	2015-8-18
(自动编号)			

记录: 10 共有记录数: 10

问卷主题数据表 QtNaire 内容

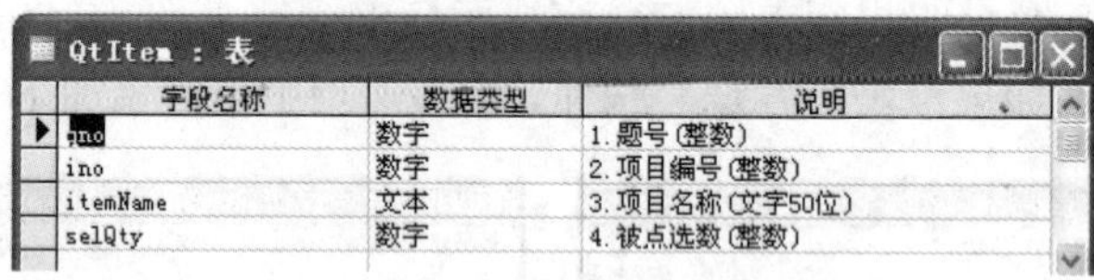

QtItem : 表

字段名称	数据类型	说明
qno	数字	1.题号(整数)
ino	数字	2.项目编号(整数)
itemName	文本	3.项目名称(文字50位)
selQty	数字	4.被点选数(整数)

问卷选项数据表 QtItem 结构

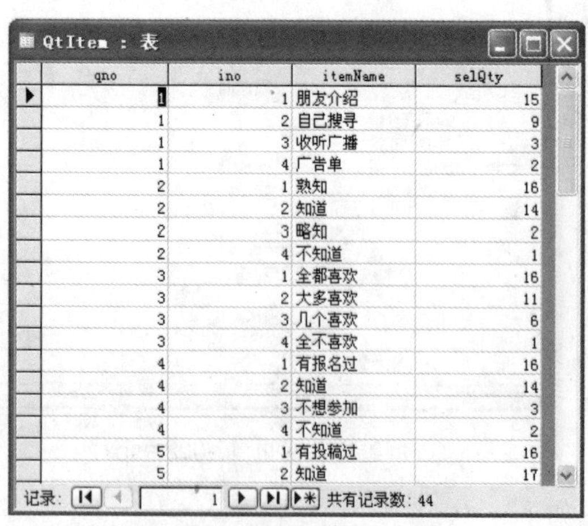

QtItem : 表

qno	ino	itemName	selQty
1	1	朋友介绍	15
1	2	自己搜寻	9
1	3	收听广播	3
1	4	广告单	2
2	1	熟知	16
2	2	知道	14
2	3	略知	2
2	4	不知道	1
3	1	全都喜欢	16
3	2	大多喜欢	11
3	3	几个喜欢	6
3	4	全不喜欢	1
4	1	有报名过	16
4	2	知道	14
4	3	不想参加	3
4	4	不知道	2
5	1	有投稿过	16
5	2	知道	17

记录: 1 共有记录数: 44

问卷选项数据表 QtItem 内容

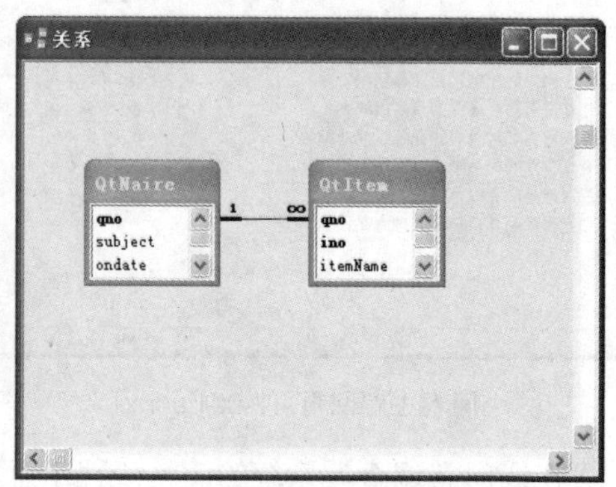

两数据表建立关联

7.3.2 建立问卷调查网页及主题数据集

步骤 1 新建一空网页（7-001.aspx），插入表单 Form1，输入“Runat="server"”语句，之后输入标题。

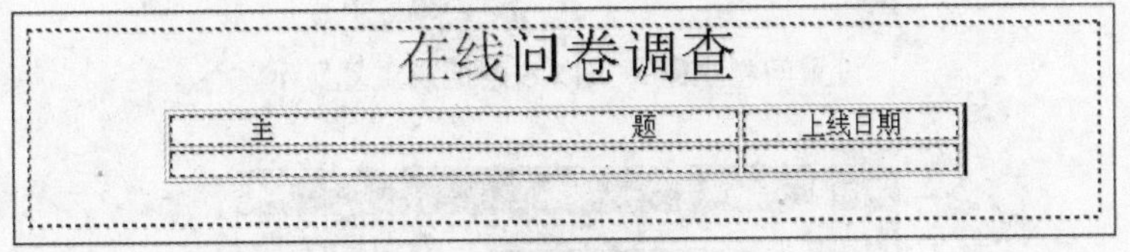

输入各标题

步骤 2 在“绑定”面板中选择“数据集（查询）”命令，在弹出的“数据集”对话框中设置问卷主题数据集名称为 dsQuestion 01，连接为 Funde01，表格为 QtNaire，全选字段。之后单击“高级”按钮，修改 SQL 语句，查询符合上、下线日期的主题数据，最后单击“确定”按钮。

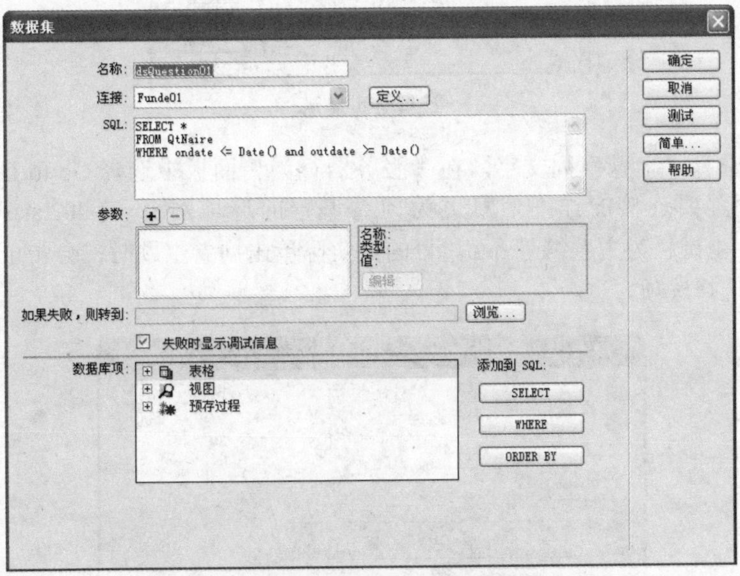

建立查询问卷调查主题的数据集 dsQuestion01

修改 SQL 语句如下（ondate 是上线日、outdate 是下线日、Date() 是系统当天日期）。

```
SELECT  *  FROM  QtNaire
WHERE  ondate <= Date()  and  outdate >= Date()
```

7.3.3 显示问卷调查网页并绑定页面

步骤 1 展开 dsQuestion01 数据集，拖曳主题题目列 subject、上线日列 onDate 到表格。然后选择表格第二行，在“服务器行为”面板中选择“重复区域”命令以显示问卷的所有主题数据（设每页显示 8 条记录）。再选择“显示区域 > 数据集不为空显示”命令以显示所有数据。接着选择“数据集分页”子菜单中的命令，从而以分页方式来显示所有数据。

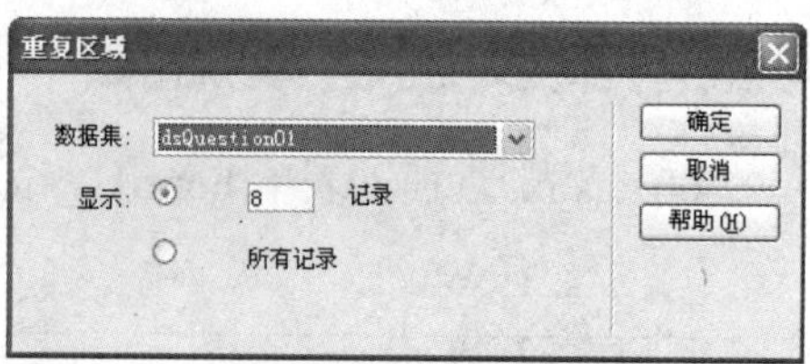

设置问卷主题每页以 8 条记录重复显示

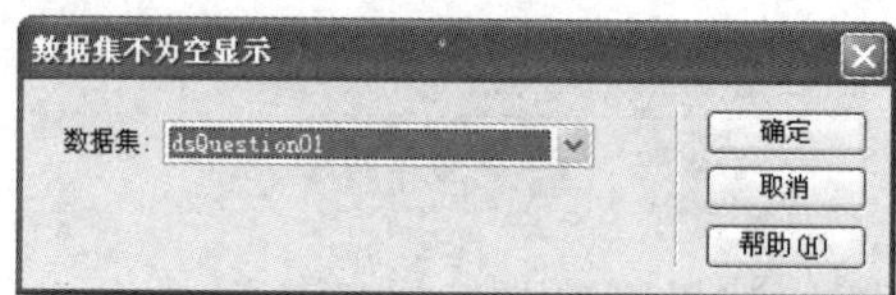

设置有问卷主题数据时显示

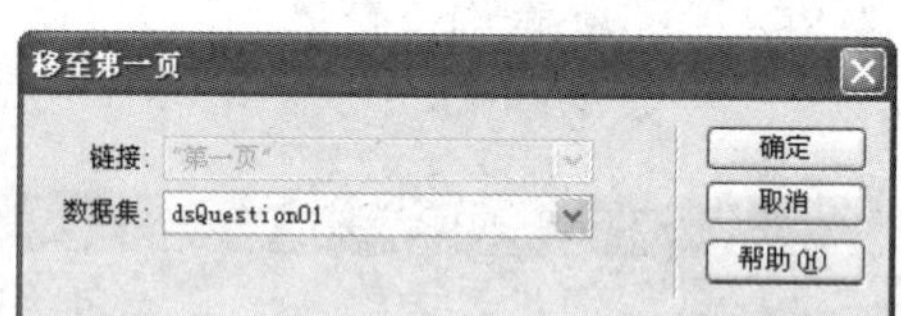

设置分页显示

步骤 2 选择“主题”列文字，在“服务器行为”面板中选择 Go to Detail Page DotNET 命令，设置要连接的详细信息页为问卷调查的选项网页（7-002.aspx），数据集为 dsQuestion01，主键栏为主题编号 qno。目的是实际单击问卷主题时，会转至该主题的选项网页，供网友选择选项。

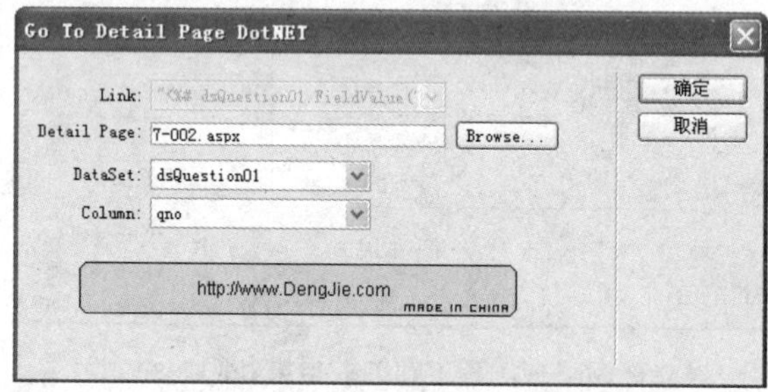

设置问卷主题的“连接详细信息页”服务器行为

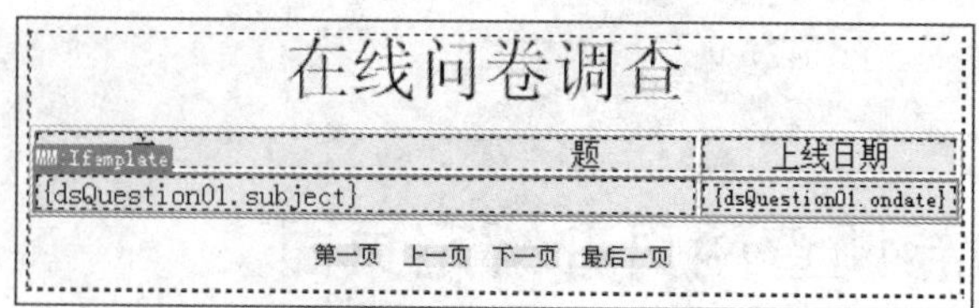

7.3.4 建立问卷选项网页

步骤 1 新建一空网页（7-002.aspx），插入表单 Form1，输入“Runat="server"”语句。接着输入标题，再插入单选按钮 ino 和“发送”按钮 submit，为第一行单元格添加背景色，并且表格下插入一同色同宽的水平线，目的是建立一个可供选择选项的网页。

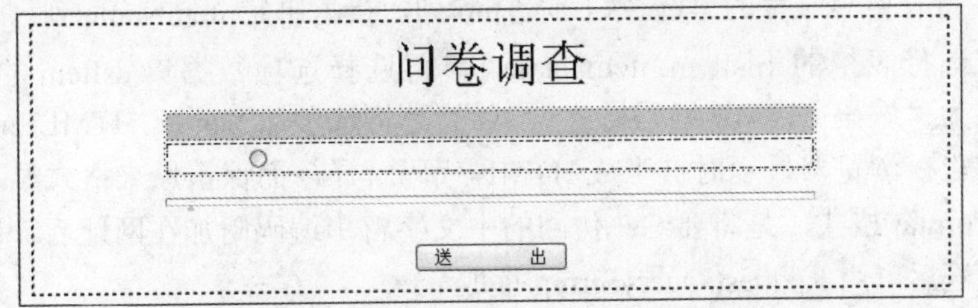

输入标题，插入单选项按钮、“发送”按钮和水平线

步骤 2 在“绑定”面板中选择“数据（查询）”命令，在弹出的“数据集”对话框中设置问卷主题数据集名称为 dsQuestion02，连接为 Funde01，表格为 QtNaire，全选字段，筛选中选择“数据集（查询）”命令，在弹出的“数据集”对话框中设置符合上面网页所选择的问卷主题以便显示，之后单击“确定”按钮。

筛选所选择的问卷主题数据集 dsQuestion02

步骤 3 在“绑定”面板中再添加一个问卷选项数据集，设置数据集名称为 dsItem，连接为 Funde01，表格为 QtNaire，全选字段，筛选该主题所对应的所有选项内容以供选择，之后单击“确定”按钮。

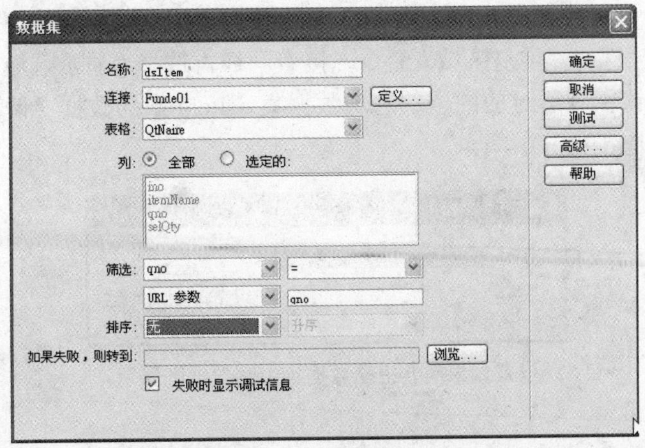

建立问卷主题所对应的选项数据集 dsItem

步骤 4 展开问卷主题数据集 dsQuestion02，将表格第一行绑定 Subject 列。展开选项数据集 dsItem 将表格第二行的单选按钮绑定 ino 列，接着绑定 itemName 列。

步骤 5 选择表格的 {dsItem. itemName }，再选择选项数据集 dsItem 的 itemName 选项列，设格式为"编码 -HTML 编码格式"，目的是将选项以 Server. HTMLEncode() 方式进行编码，以防止在浏览器显示时被当成 HTML 代码解译，而保留原来格式显示出来（至于 URLEncodedFormat 格式，是将要 Get 传回的中文字符串编码附加在网址后，以避免传送时发生错误，传送后可用 Request.QueryString 读取）。

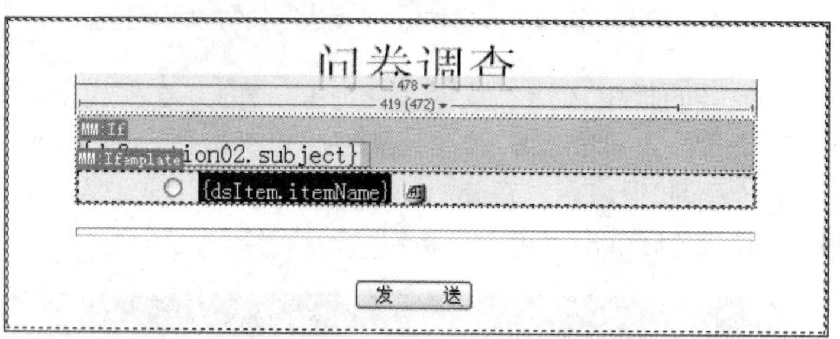

选择 {dsItem.itemName} 字段

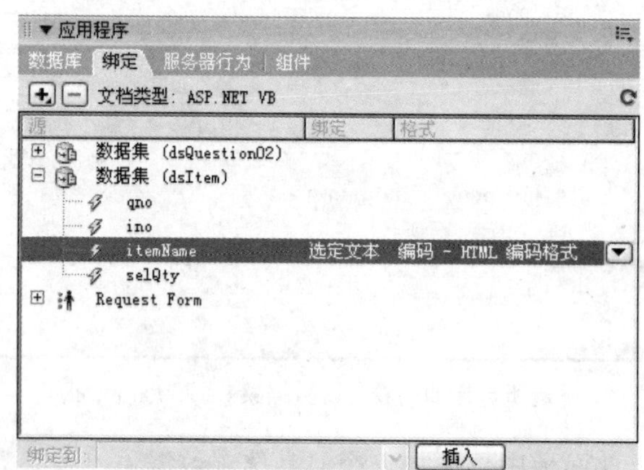

设置 HTML 编码格式以防止被解译

步骤 6 选择表格第一行，在"服务器行为"面板中选择"显示区域 > 数据集不为空显示"命令以显示主题数据集 dsQuestion02 中的数据。然后选择表格第二行，同样在"服务器行为"面板数据选择"重复区域"命令。接着同样再选择"显示区域 > 数据集不为空显示"命令，以显示该主题所对应的全部选项数据集 dsltem 中的数据（请注意这里有两个数据集，选项数据集是 dsltem）。

设置如果问卷主题数据集中有数据则显示

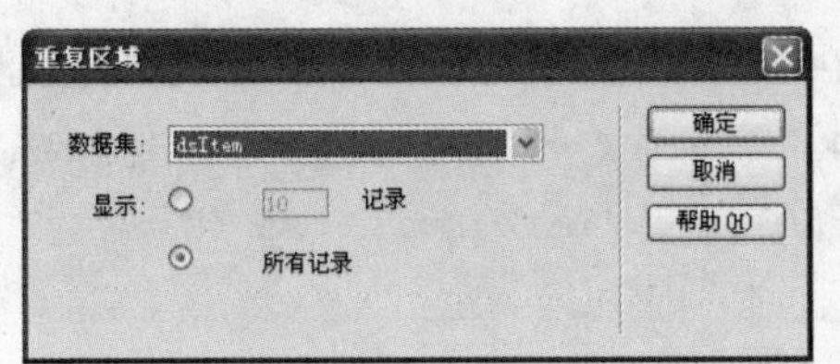

设置选项数据集中有数据时会全部显示

设置选项数据集中有数据时显示

步骤 7 因为要在选择问卷中的选项后，让该选项的单击数值累加 1，所以要使用“更新记录”服务器行为。选中表单，之后在“服务器行为”面板中选择“更新记录”命令，在弹出的“更新记录”对话框中设置连接为 Funde01，更新表格为 QtItem 数据表，ino（项目编号）列对应 ino（单选按钮），selQty（选项单击数）列对应 selQty 隐藏域组件，如果更新成功请前往 7-001.aspx 网页继续做问卷，设置完毕后单击“确定”按钮。此时系统会自动添加一个名为 MM_update 且传送值为 form1 的隐藏域组件，目的是用来确认当单击“发送”按钮时，才会真正更新 QtItem 数据表内的数据。

设置“更新记录”服务器行为

步骤 8 切换至“代码”视图下，将“<MM: update”代码段中的 UPDATE 语句进行如下修改。这样在选项数据表 QtItem 中，找到当前所选择的问卷主题的选项后，会将其单击总数累加 1，再存回数据表。

```
"UPDATE QtItcm  SET selQty=selQty + 1  WHERE qno="&
Request.QueryString("qno") & "AND ino=" & Req"t.Form("ino")
```

```
<MM:Update
runat="server"
CommandText='<%# "UPDATE QtItem SET selQty=? WHERE ino=?" %>'
```

将 UPDATE 语句修改如下

```
<MM:Update
runat="server"
CommandText='<%# "UPDATE QtItem SET selQty=selQty + 1 WHERE qno=" & Request.QueryString("qno") & " AND ino=" & Request.Form("ino") %>'
```

步骤 9 将“<MM: update”代码段中的 selQty 参数语句（如下）删除。

```
<Parameter  Name="@selQty" Value='<%# IIf((Request.Form
("selQty") <>Nothing), Request.Form("selQty"),"") %>'
Type="Integer"/>
```

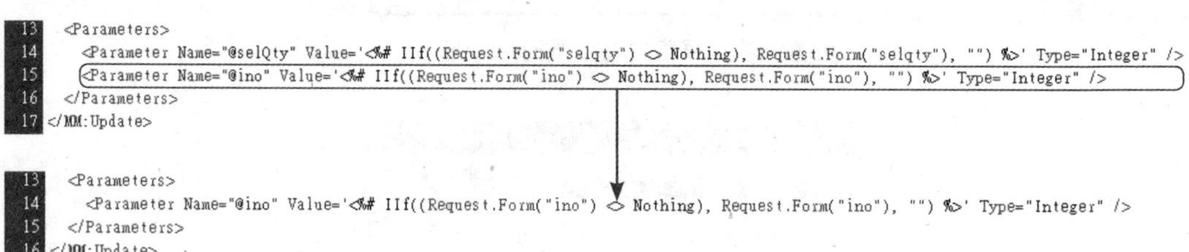

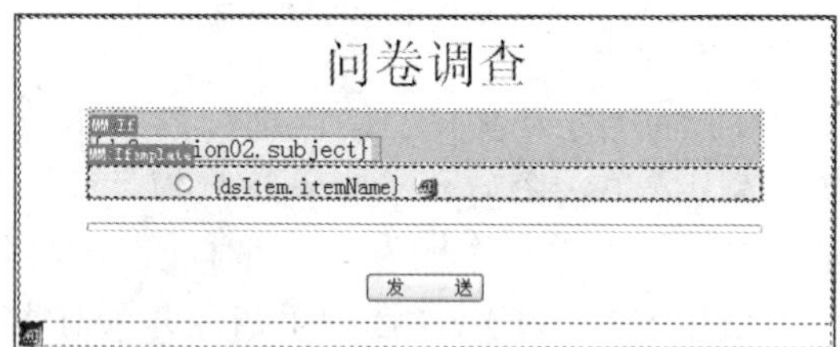

设置选择选项后要增加单击次数

7.4 浏览问卷调查结果

进行完问卷调查后，如果想要了解问卷结果时，可按照上面在线问卷调查网页（7-001.aspx）的格式，设计一个在线问卷结果浏览网页（7-003.aspx），这样管理者只要在这网页中单击相关主题的选项，会前往对应的绑定页面（7-004.aspx），以横条图显示该主题的各选项选择结果。

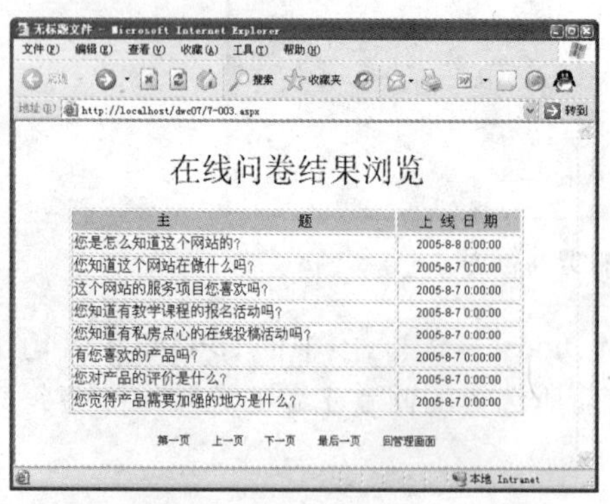

在线问卷结果浏览网页（7-003.aspx）

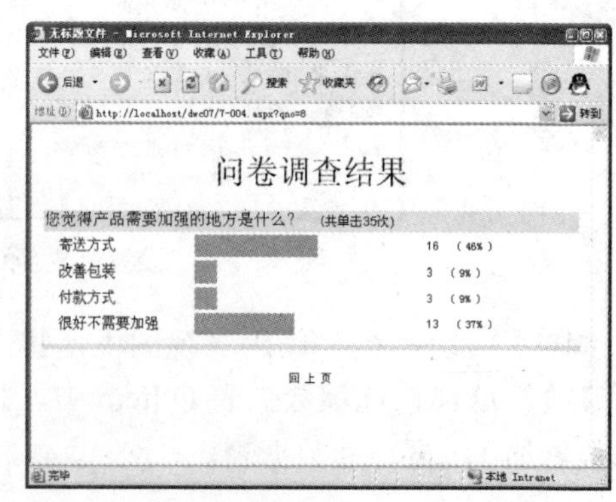

问卷调查结果网页（7-004.aspx）

“在线问卷结果浏览”系统的简易流程示意图如下。

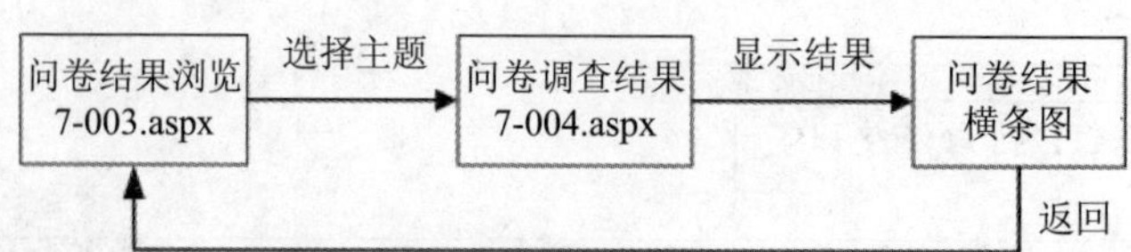

7.4.1 建立问卷结果浏览网页

新建一空网页（7-003.aspx），插入表单 Form1，输入“Runat="server"”语句，再输入标题，然后按照上面的 7-001. aspx 网页一样的制作方法，完成在线问卷结果浏览网页的设计。当单击相关主题时，会前往所绑定的 7-004.aspx 页面，显示各选项被单击次数的横条图。

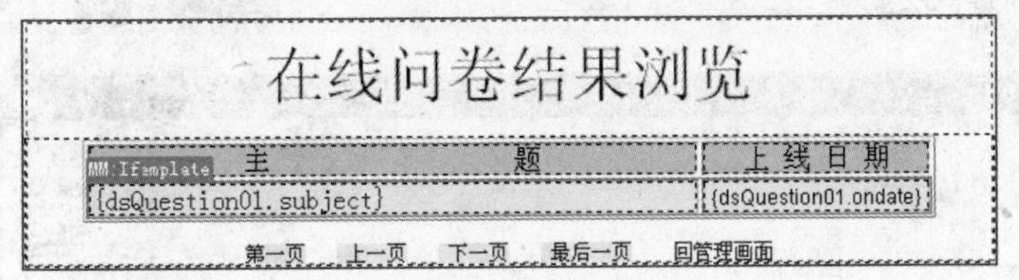

7.4.2 建立问卷调查结果的显示网页

步骤 1 新建一空网页（7-004.aspx），插入表单 Form1，输入“Runat="server"”语句，接着输入标题，再插入一空表格，为第一行单元格加背景色，插入“回上页”超链接文字，在表格下插入一同色同宽的水平线，目的是建立一个显示选项单击次数的横条图网页。

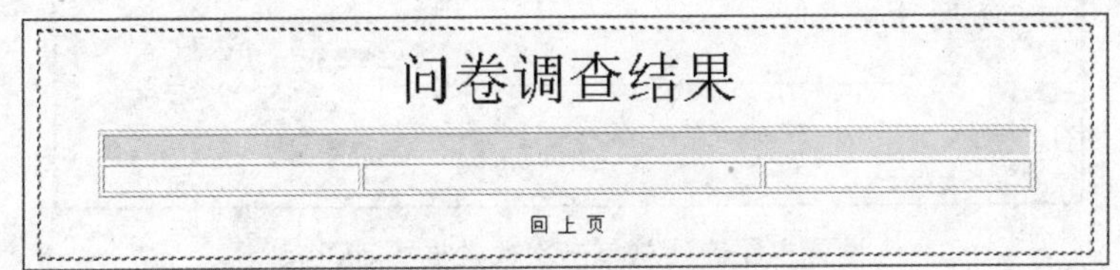

输入标题，插入超链接文字及水平线

步骤 2 在“绑定”面板中添加问卷主题数据集，设置数据集名称为 dsQuestion02，连接为 Funde01，表格为 QtNaire，全选字段，筛选符合上面网页所选择的问卷主题以便显示，之后单击“确定”按钮。

步骤 3 在“绑定”面板中添加问卷选项数据集，设置数据集名称为 dsItem，连接为 Funde01，表格为 QtItem，全选字段，筛选该主题所对应的所有选项内容以供显示，之后单击“确定”按钮。

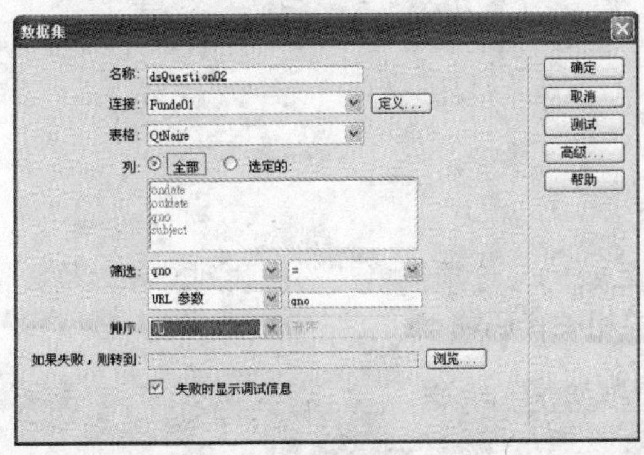

设置问卷主题数据集 dsQuestion02

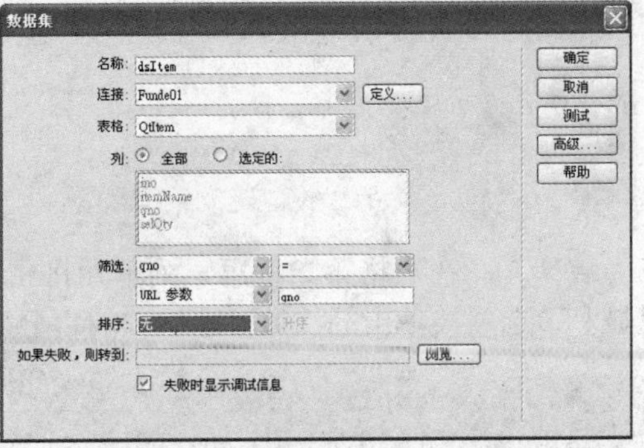

设置问卷选项数据集 dsItem

步骤 4 在“绑定”面板中添加选项总单击次数数据集，设置数据集名称为 dsTotal，连接为 Funde01，表格为 QtItem，全选字段，筛选该主题所对应的所有选项内容以供显示，然后单击“高级”按钮，修改 SQL 语句为如下形式，目的是统计该主题的各选项总共被单击的次数，最后单击“确定”按钮。

```
SELECT SUM(selQty) AS selTotal FROM QtItem WHERE qno = ?
```

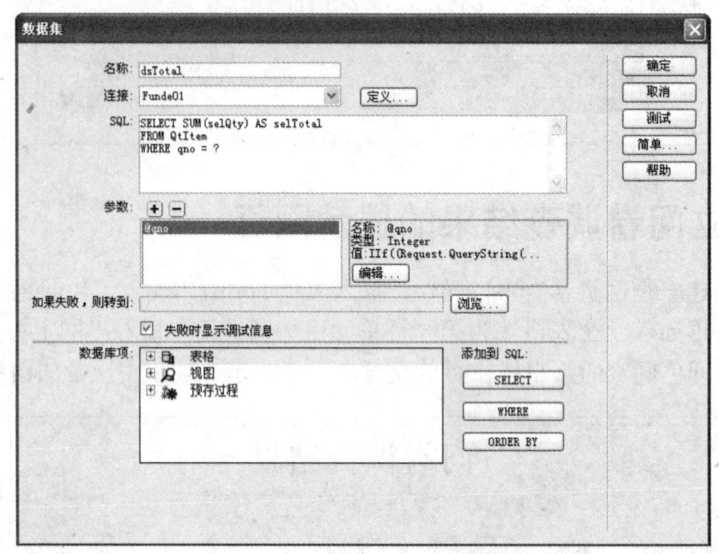

设置主题选项总单击次数数据集 dsTotal

步骤 5 展开问卷主题数据集 dsQuestion02，在表格第一行插入 Subject 问卷主题列。展开选项总单击次数数据集 dsTotal，在 Subject 列后面插入 selTotal 单击总次数数据。展开选项数据集 dsItem，在表格第二行第一列单元格插入 itemName 列。接着选中表格第二行第二列单元格，插入空表格，取消边框并设背景色为紫红，用来当作横条图。然后修改表格宽度值如下，目的是要让横条图宽度随该选项被单击的次数占总次数的比率大小来调整长短，为了方便浏览，我们将长度放大约 300 倍。

```
width="<%# dsItem.FieldValue("selQty", Container) /
dsTotal.FieldValue ("selTotal", Container) * 300 %>"
```

```
<table width="<%# dsItem.FieldValue("selQty", Container)/dsTotal.FieldValue("selTotal", Container) * 300 %>"
  border="0" bgcolor="#FF6699">
  <tr>
    <td width="8"> </td>
  </tr>
</table>
```

步骤 6 在表格第二行第三列单元格中插入 selQty 选项被单击的次数列，并以整数格式显示该选项被单击的次数占总次数的百分率，相关代码如下。

```
<%# FormatNumber(dsItem.FieldValue("selQty", Container) /
dsTotal.FieldValue("selTotal", Container) * 100, 0) %>
```

```
<td width="169"><div align="left" class="style3"><span class="style10"><%# dsItem.FieldValue("selQty", Container) %></span>
  ( <%# FormatNumber(dsItem.FieldValue("selQty", Container)/dsTotal.FieldValue("selTotal", Container) * 100, 0) %>% )</div></td>
```

步骤 7 选择表格第二列，在“服务器行为”面板中选择“重复区域”命令，接着同样再选择“显示区域 > 数据集不为空显示”命令以显示该主题所对应的全部选项单击次数数据（注意：数据集均要选择 dsItem）。

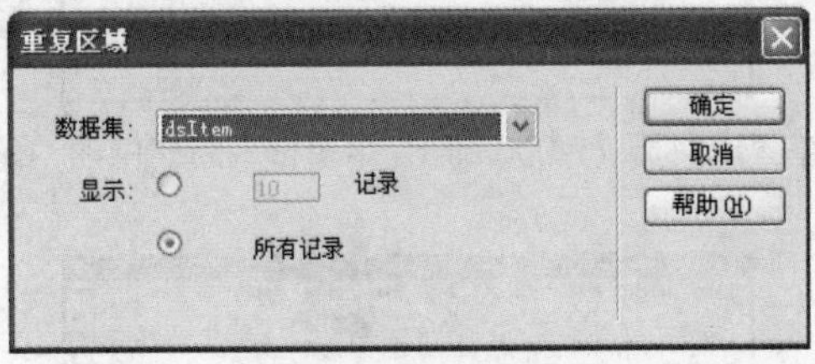

设置选项数据集中有数据时会全部显示出来

设置选项数据集中有数据时显示

7.5 新建问卷调查主题及选项

为了管理方便，先设计一个问卷调查管理网页（7-000.htm），来连接前面的问卷调查结果浏览网页（7-003.aspx），以及下面要介绍的新建问卷主题网页（7-005.aspx）和后面将说明的编辑问卷网页（7-006.aspx）。如果想要新建问卷主题及其选项时，可单击“新建问卷”超链接文字，会前往对应的新建问卷调查主题网页（7-005.aspx）。在其中输入新主题名称，单击“上线日”文本框右侧的...按钮，在弹出的日历控件中选择上线日期；同样单击“离线日”文本框右侧的...按钮，在弹出的日历控件中选择离线日期，之后单击“确定新建”按钮，即可新建一条问卷主题，并前往新建问卷调查选项网页（7-005x.aspx）。在该页面中会绑定刚新建的主题编号，以用来辨识将新建的选项是哪个主题的选项，接着输入选项编号及名称，单击“确定新建”按钮后会新建一条问卷选项，并前往新建问卷选项成功网页（7-005y.htm）。在此可选择继续新建选项或回至问卷调查管理网页作其他处理。

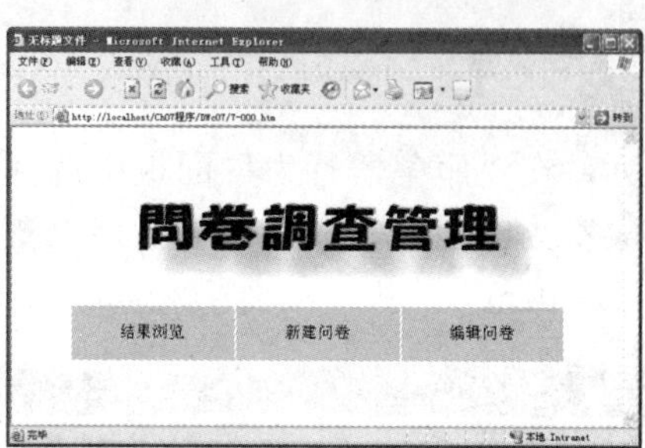

在问卷调查管理网页（7-000.htm）中单击“新建问卷”超链接文字

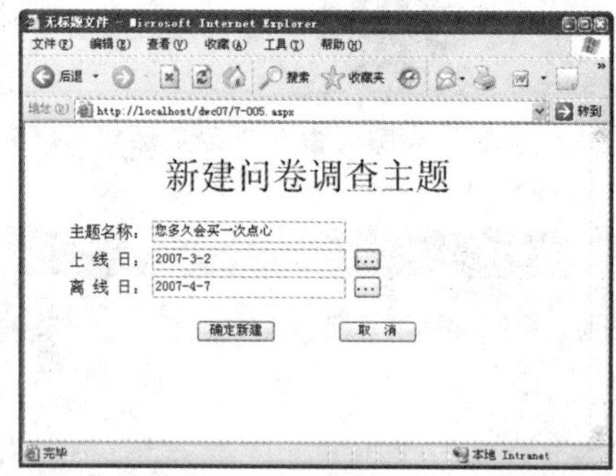

进入新建问卷调查主题网页（7-005.aspx），在其中输入主题名称、上线日和离线日，之后单击“确定新建”按钮，新建一主题

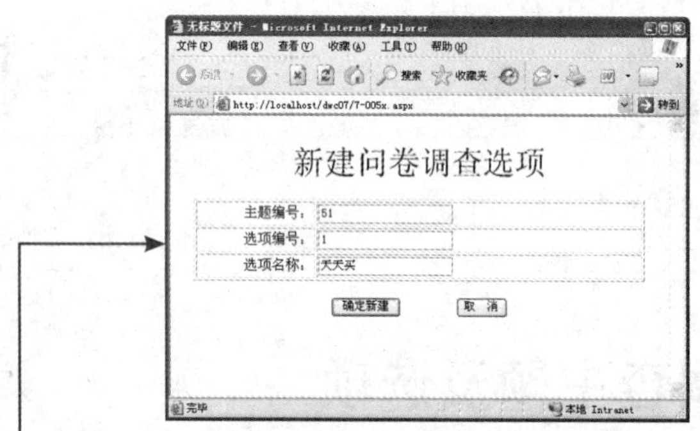

会进入新建问卷调查选项网页（7-005x.aspx），在其中输入选项编号、名称，之后单击“确定新建”按钮，新建一选项

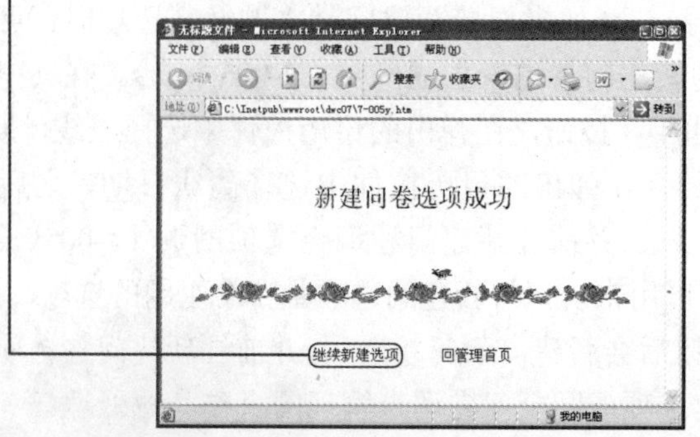

会显示新建问卷选项成功网页（7-005y.htm），在其中可单击“继续新建选项”或“回管理首页”超链接文字，从而进行不同的操作

新建问卷调查主题及选项网页的简易流程示意图如下。

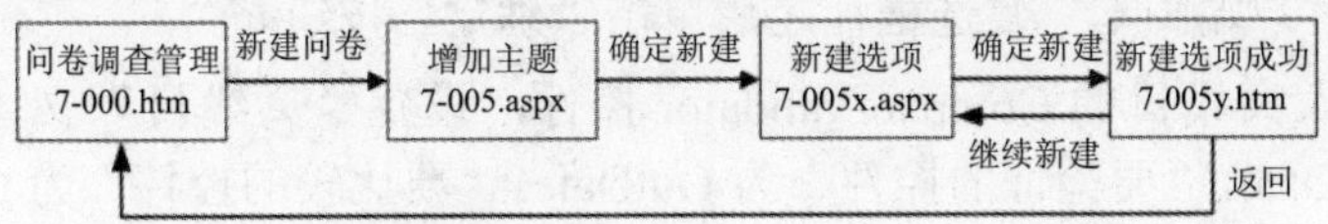

7.5.1 建立新建问卷主题网页

步骤 1 新建一空网页（7-005.aspx），插入表单 Form1，输入“Runat="server"”语句。接着输入各标题，插入主题名称文本框 Subject，“上线日”文本框 OnDate 和按钮 Button1，“离线日”文本框 OutDate 和按钮（Button2），“确定新建”按钮 Button3，“取消”按钮 Button4，以及上线日日历组件 Calendar01 和离线日日历控件 Calendar02。

步骤 2 为了在单击“上线日”按钮 Button1 及“下线日”按钮 Button2 时，会打开日历组件来选择日期，必须要对其设置 CommandName 命令名称及 onCommand 事件属性。将“取消”按钮 Button4 设置 OnClick 事件（名称为 Bt3Click），以便可通过单击该按钮清除输入错误的数据，进而重新输入。另外，对于上线日日历控件 Calendar01 和离线日日历控件 Calendar02，必须为其设置 onSelectionChanged 事件（名称为 SetDate01 和 SetDate02），以便将所选择的日期保存到文本框中。

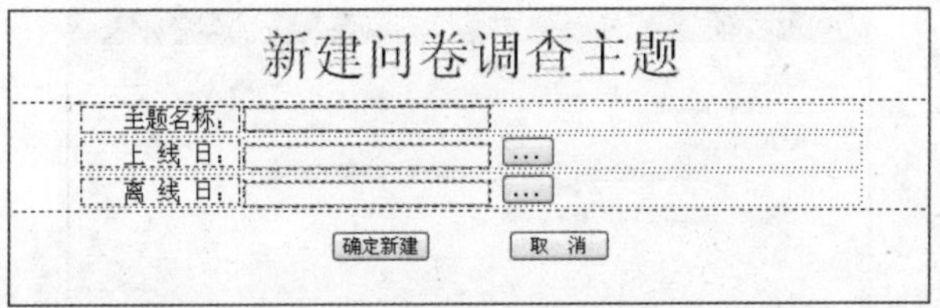

输入各标题并插入各控件

```
<asp:Button CommandName="上线日" ID="Button1" runat="server" Text="..."
     onCommand="calendarShow" Width="28" />

<asp:Button CommandName="离线日" ID="Button2" runat="server" Text="..."
     onCommand="calendarShow" Width="28" />
```

为日期按钮设置 CommandName 命令及 onCommand 事件属性

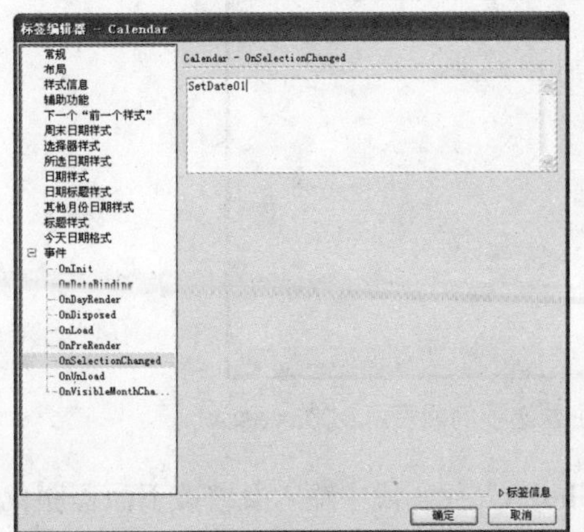

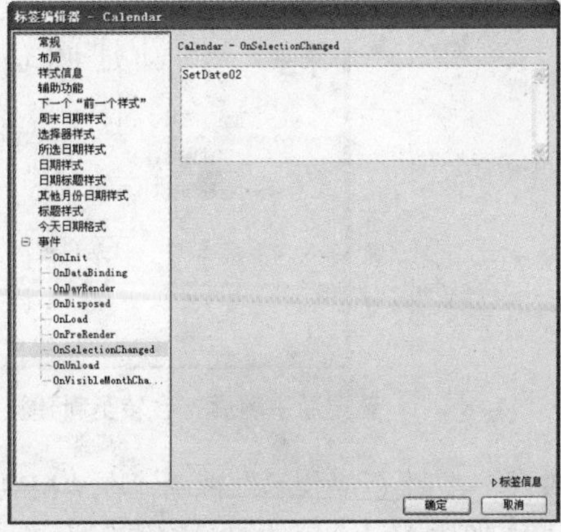

为日历控件设置 onSelectionChanged 事件

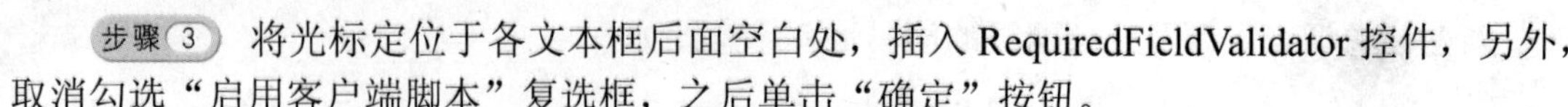

步骤 3 将光标定位于各文本框后面空白处，插入 RequiredFieldValidator 控件，另外，取消勾选“启用客户端脚本”复选框，之后单击“确定”按钮。

步骤 4 插入离线日的 CompareValidator 控件，设置“离线日”文本框的验证组件，设置 ID 为 cpOutDate，“要验证的控件”为 OutDate，“要比较的控件”为 OnDate，“运算符号”为“大于等于”，“类型”为“日期”，“显示”为“动态”，“错误信息”为“离线日要大于等于上线日！”。另外，同样取消勾选“启用客户端脚本”复选框，之后单击“确定”按钮。

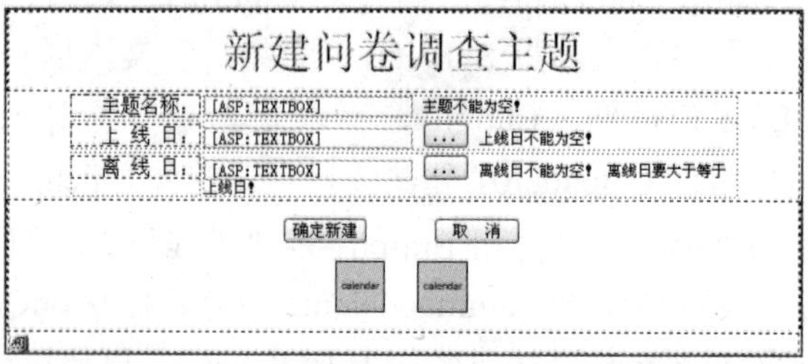

步骤 5 在“服务器行为”面板中选择“插入记录”命令，在弹出的“插入记录”对话框中设置数据值来源为 Form1，连接为 Funde01，插入到表格为 QtNaire，各列值取自各对应同名的组件，并且若插入新主题记录成功，则转到 7-005x.aspx 网页。

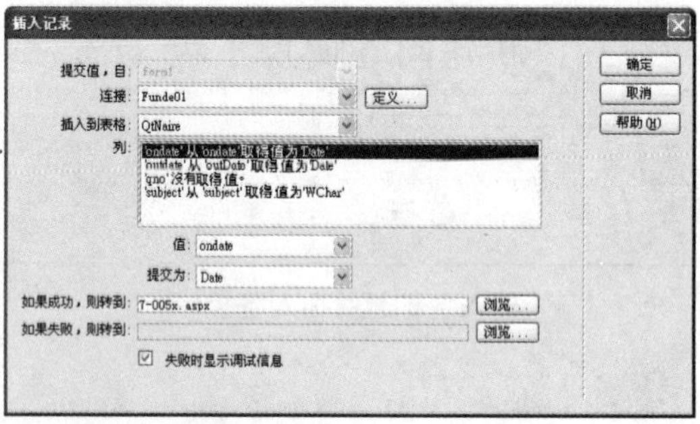

设置“插入记录”服务器行为，将新主题存入数据表

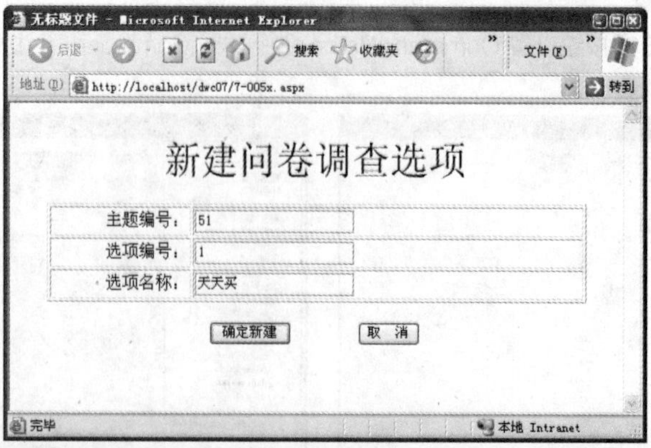

新建新主题后，会转至新建该主题选项的网页（7-005x.aspx）

步骤 6 切换至“代码”视图，在“MM: Insert”代码段中输入及修改下面程序代码。

（1）添加插入记录控件的名称语句为“id="insQtNaire"”。

（2）修改 Expression 语句为“Expression='false'”。

```
<MM:Insert
id="insQtNaire"
runat="server"
CommandText='<%# "INSERT INTO QtNaire (ondate, outdate, subject) VALUES (?, ?, ?)" %>'
ConnectionString='<%# System.Configuration.ConfigurationSettings.AppSettings("MM_CONNECTION_STRING_Funde01") %>'
DatabaseType='<%# System.Configuration.ConfigurationSettings.AppSettings("MM_CONNECTION_DATABASETYPE_Funde01") %>'
Expression='false'
CreateDataSet="false"
SuccessURL='<%# "7-005x.aspx" %>'
Debug="true"
>
  <Parameters>
    <Parameter Name="@ondate" Value='<%# IIf((Request.Form("ondate") <> Nothing), Request.Form("ondate"), "") %>' Type="Date" />
    <Parameter Name="@outdate" Value='<%# IIf((Request.Form("outDate") <> Nothing), Request.Form("outDate"), "") %>' Type="Date" />
    <Parameter Name="@subject" Value='<%# IIf((Request.Form("subject") <> Nothing), Request.Form("subject"), "") %>' Type="WChar" />
  </Parameters>
</MM:Insert>
```

步骤 7 在“MM: PageBind”代码段中输入下面程序代码。

（1）网页加载 Page_Load 事件程序内容，先隐藏日历控件，从而在单击“确定新建”按钮 Button3 后才新建问卷主题记录。

（2）“上线日”按钮 Button1 及“离线日”按钮 Button2 的 CalendarShow 事件程序内容，以便将来单击相应按钮会开启日历控件来选择日期。

（3）上线日日历控件 Calendar01 及离线日日历控件 Calendar02 的 SetDate01、SetDate02 事件程序内容，以便将所选的日期存入文本框中。

（4）“取消”按钮 Button4 的 Bt3Click 事件程序内容，以便将来单击该按钮会清除各文本框中的内容，重新输入数据。

```
<MM:PageBind runat="server" PostBackBind="true" />
<script language="vb" runat="server">
'-------- 网页載入事件 ------------------------------------------
Sub Page_Load(sender as object, e as EventArgs)
  calendar01.visible=false                      '先隐藏各月历控件
  calendar02.visible=false
  '-------- 让单击“确定新建”单击钮时才新建记录 --------------------
  If page.isPostBack Then                       '当网页有单击到按钮产生保存时
    Page.Validate()                             '先做资料验证，若是单击到“确定新建”按钮时
    If Request.Form("Button3")="确定新建" Then
      insQtNaire.expression=true                  '才新建一条问卷主题记录
    End If
  End If
End Sub
'-------- 显示月历控件 ------------------------------------------
Sub calendarShow(sender as object, e as CommandEventArgs)
  If e.commandName ="上线日" Then             '如果单击到“上线日”的【...】按钮
    calendar01.visible=true                     '就显现Calendar01月历
  Else
    If e.commandName = "离线日" Then          '如果单击到“离线日”的【...】按钮
      calendar02.visible=true                   '就显现Calendar02月历
    End If
  End If
End Sub
'-------- 设置上线日期 ------------------------------------------
Sub setDate01(sender as object, e as EventArgs)
  onDate.text=calendar01.selectedDate           '将所选择的月历日期保存到上线日的文本框
  calendar01.visible=false                      '隐藏月历元件Calendar01
End Sub
'-------- 设置离线日期 ------------------------------------------
Sub setDate02(sender as object, e as EventArgs)
  outDate.text=calendar02.selectedDate          '将所点的月历日期存入下线日的文本框中
  calendar02.visible=false                      '隐藏月历控件Calendar02
End Sub
'-------- 单击“取消”按钮事件 ------------------------------------
sub Bt3Click(sender as object, e as EventArgs)
  subject.text=""                               '将所有文本框的内容清空
  ondate.text=""
  outdate.text=""
end sub
</script>
```

7.5.2 建立新建问卷选项网页

步骤 1 新建一空网页（7-005x.aspx），插入表单 Form1，输入“Runat="server"”语句，接着输入各标题，插入“主题编号”文本框 Qno，“选项编号”文本框 Ino，“选项名称”文

本框 ItemName，“确定新建”按钮 Button1，“取消”按钮 Button2。

步骤 2 为“取消”按钮 Button2 设置 OnClick 事件，名称为 Bt2Click，以便单击该按钮后会清除错误输入的数据，重新输入正确数据。

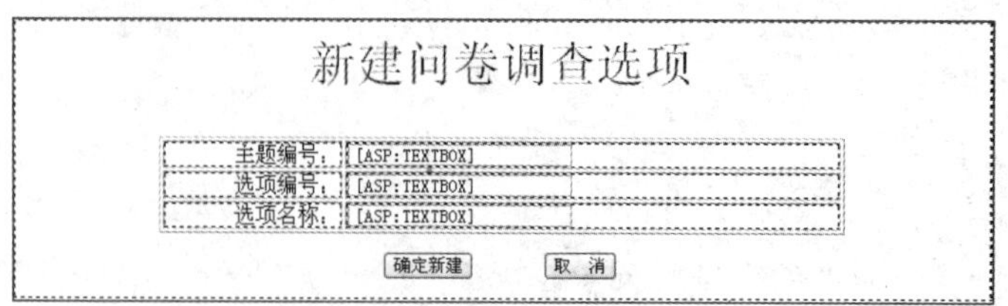

输入各标题并插入各控件

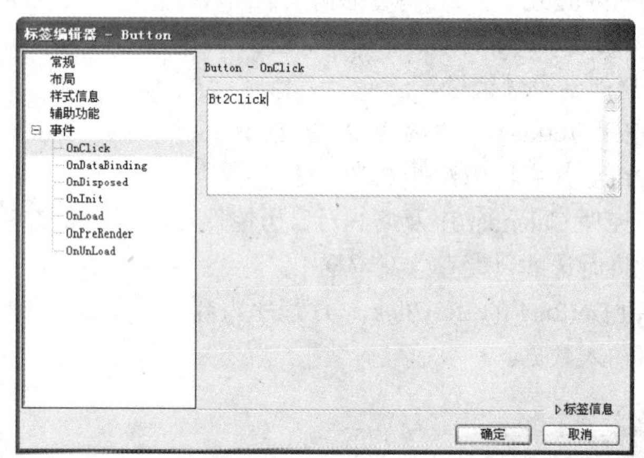

为“取消”按钮设置 OnClick 事件，名称为 Bt2Click

步骤 3 在“绑定”面板中新建问卷主题数据集，设置名称为 dsQt Naire02，连接为 Funde01，表格为 QtNaire，全选字段，并以主题编号 qno 降序排序，目的是将刚新建的主题排在第一位，以便取得其编号，之后单击“确定”按钮。

步骤 4 每个主题新建完后，接着需新建其选项，为了辨别是哪个主题的选项，必须将刚新建的主题编号存入（绑定到）主题编号文本框 Qno 中，而且在“属性”中将其面板设为只读，以防止被更改。

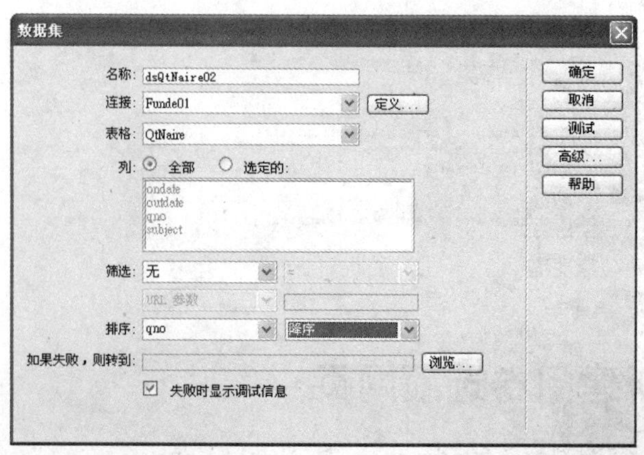

建立问卷主题数据集 dsQtNaire02

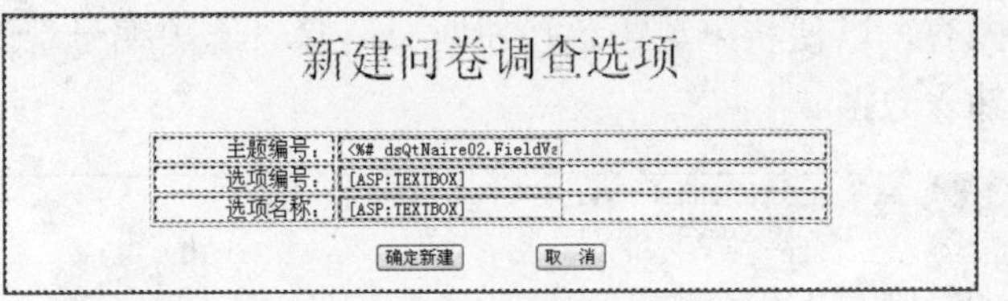

为主题编号文本框绑定数据集 dsQtNaire02 的 qno 字段

步骤 5 将光标定位于各文本框后面的空处，插入 RequiredFieldValidator 控件。另外，取消勾选“启用客户端脚本”复选框，之后单击“确定”按钮。

步骤 6 在“服务器行为”面板中选择“插入记录”命令，在弹出的“插入记录”对话框中设置数据值来源为 Form1，连接为 Funde01，插入到表格为 QtItem，各列值取自各对应同名的组件，并且若插入新选项成功，则转到 7-005y.htm 网页显示成功信息。在其中可选择回到上页继续新建选项，或者回到问卷调查管理网页（7-000.htm）。

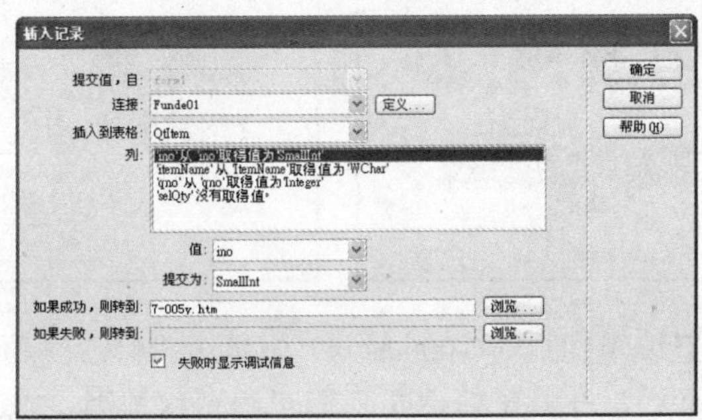

设置“插入记录”服务器行为，将输入的选项数据存入数据表

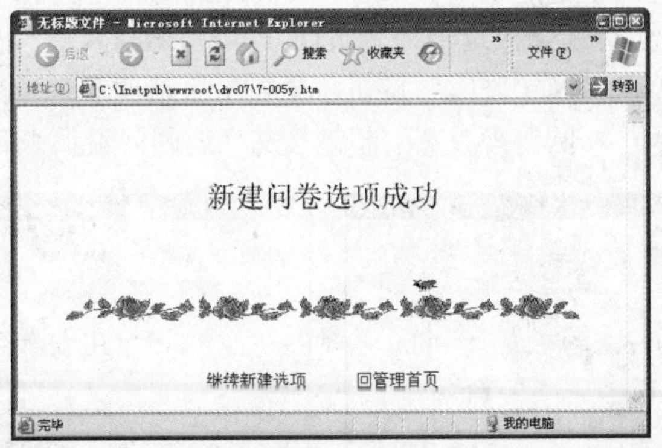

若无错误，会显示数据新建成功信息，可单击“继续新建选项”或“回管理首页”超链接文字

步骤 7 在“MM: PageBind”代码段中输入下面程序代码：即取消按钮 Button2 的

Bt2Click 事件程序内容，以便将来单击该按钮时会清除“选项编号”及“选项名称”文本框中的内容，重新输入数据。

```
<MM:PageBind runat="server" PostBackBind="true" />
<script language="vb" runat="server">
'--------- 单击“取消”按钮事件 ----------------------------------------
sub Bt2Click(sender as object, e as EventArgs)
  ino.text=""                    '将选项编号及名称文本框内容清空
  ItemName.text=""
end sub
</script>
```

7.6 编辑问卷调查主题及选项

前面已介绍过问卷主题及选项的新建方法，如果新建的主题或选项数据有错误，想要进一步修改或删除时，具体操作步骤如下。

步骤 1 在问卷调查管理首页（7-000.htm），单击“编辑问卷”超链接文字，会转至问卷调查编辑网页（7-006.aspx）。

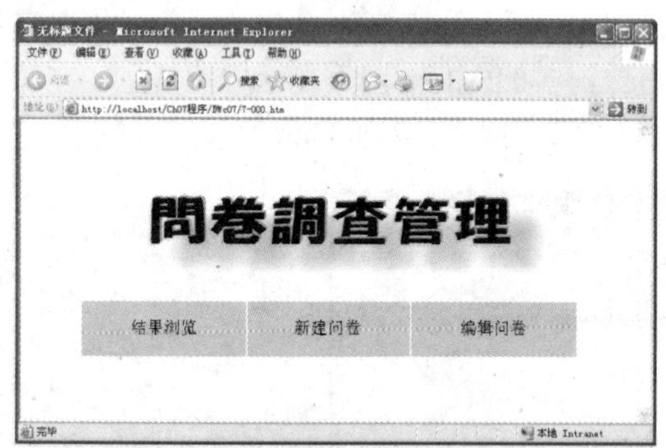

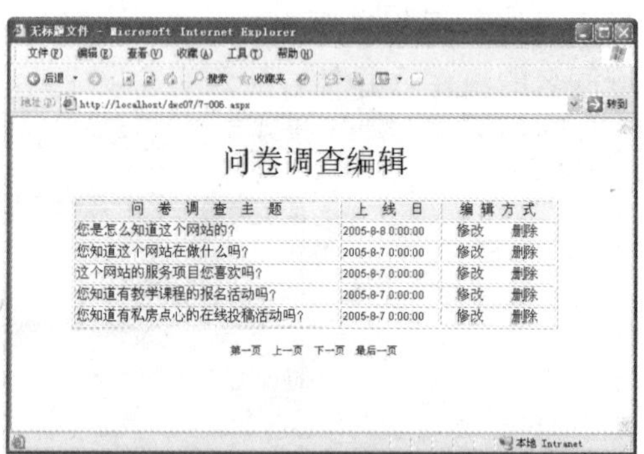

步骤 2 在问卷调查编辑网页（7-006.aspx）中单击“修改”超链接文字，会进入修改问卷主题页面（7-007.aspx），在其中修改错误的主题字段数据，改完后如正确无误，单击“确定修改”按钮。

步骤 3 此时会进入主题选项修改页面（7-008.aspx），在想修改的选项字段后面单击“修改”超链接文字，会转到修改选项内容页面（7-009.aspx），开始修改错误的选项数据，改完后如正确无误，单击“确定修改”按钮，会显示更新问卷选项成功网页（7-010.htm），表示数据更新成功，单击“ 回管理首页”超链接文字返回问卷调查管理网页（7-000.htm）。

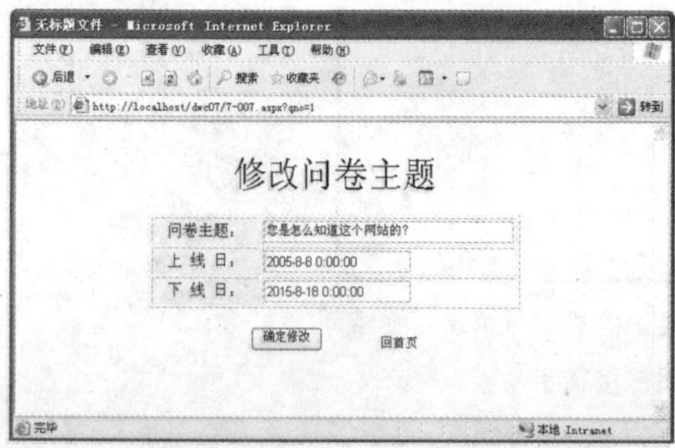

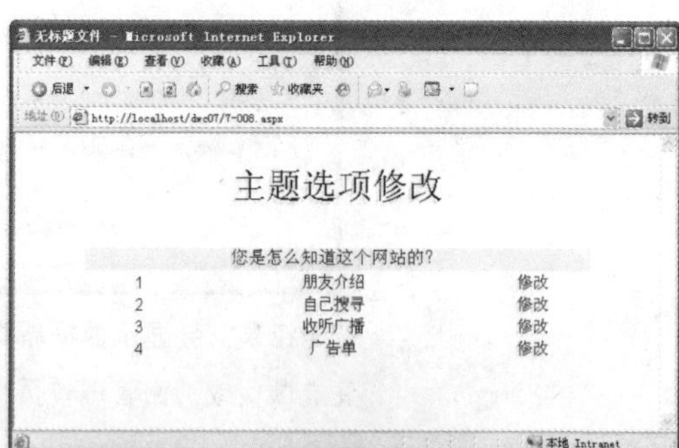

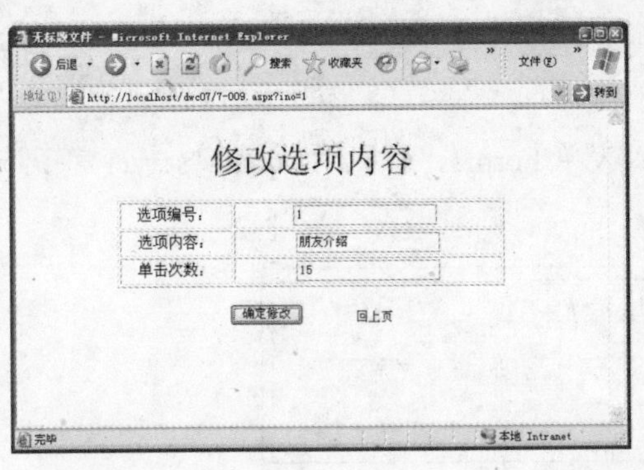

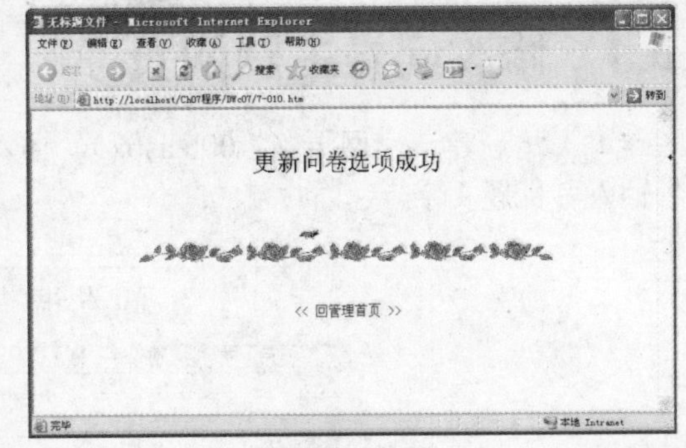

步骤 4 若在问卷调查编辑网页（7-006.aspx）中单击“删除”超链接文字，会进入删除问卷调查主题页面（7-011.aspx），显示只要删除的主题及选项数据，选择需要删除的主题及选项，单击“确定删除”按钮，此时会显示删除问卷主题成功网页（7-012.htm），表示数据成功删除，单击“回管理首页”超链接文字返回问卷调查管理网页（7-000.htm）。

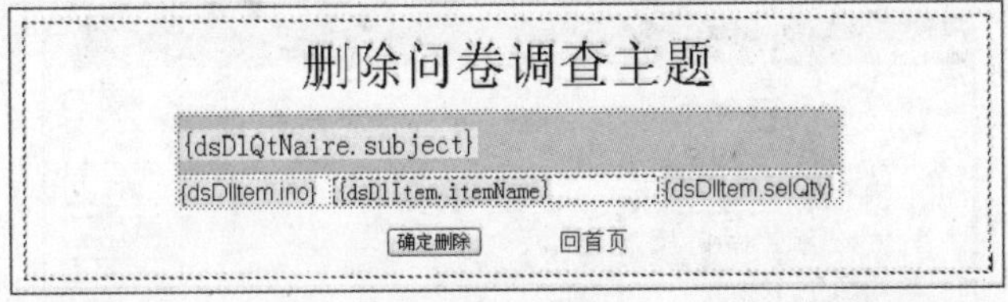

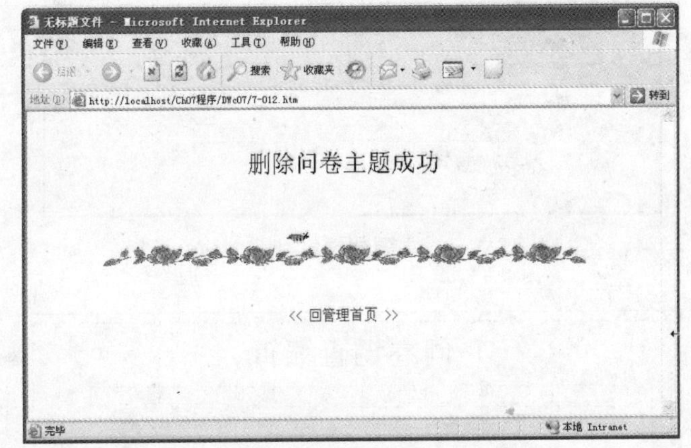

“编辑问卷调查主题及选项”系统的简易流程示意图如下。

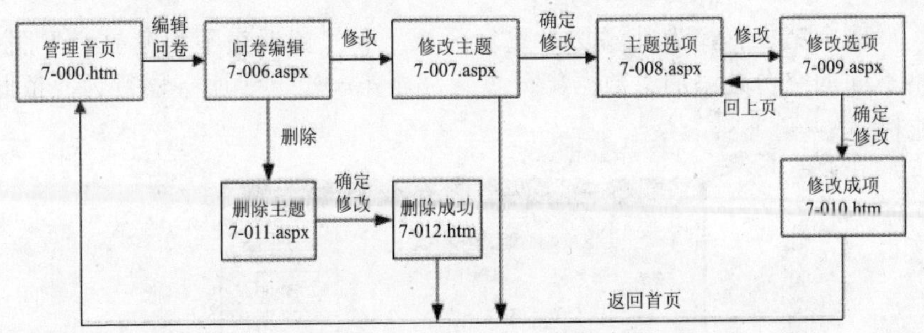

7.6.1 修改问卷主题网页

步骤 1 新建一空网页（7-006.aspx），插入表单 Form1，输入“Runat="server"”语句，接着输入各标题文字。

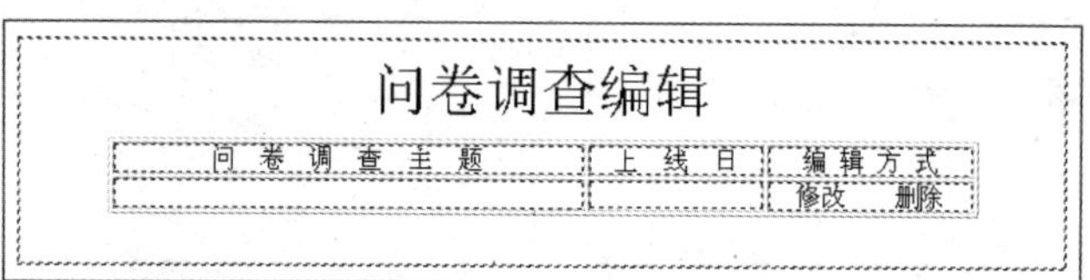

插入表单并输入各标题

步骤 2 在“绑定”面板中建立问卷主题数据集，设置名称为 dsQtNaire，连接为 Funde01，表格为 QtNaire，全选字段，之后单击“确定”按钮，然后插入主题列及上线日列至表格。

建立问卷主题数据集 dsQtNaire

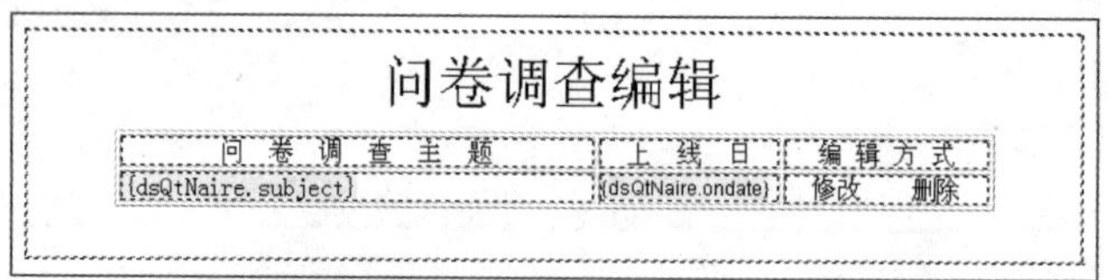

将数据集的主题列及上线日列插入表格

步骤 3 选中第二行，为其添加“重复区域”和“数据集不为空显示”服务器行为。然后在表格下面的空白处添加“数据集分页 > 移至第一页”等服务器行为，依此类推，建立分页导航栏。

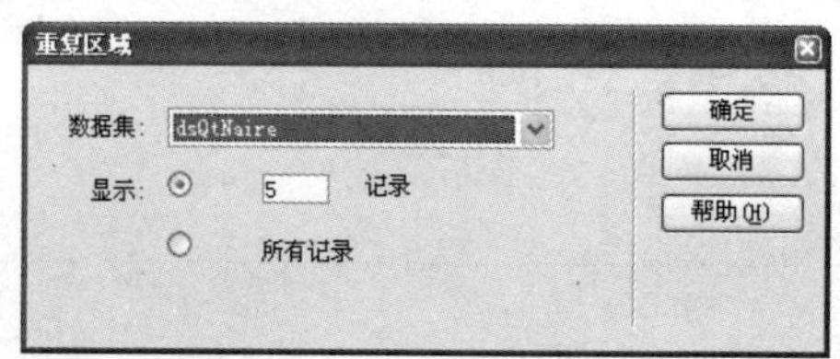

将重复区域设为每页只显示 5 条记录

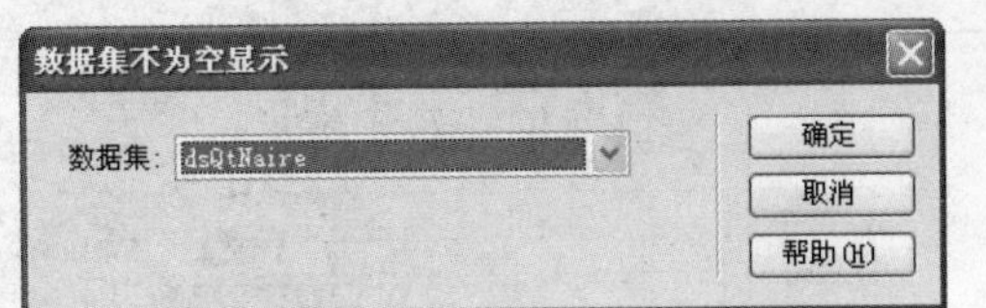

设置 dsQtNaire 数据集不为空时显示

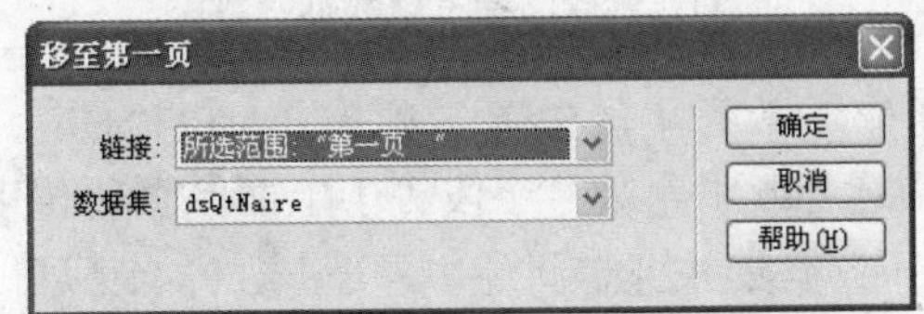

设置数据集分页显示

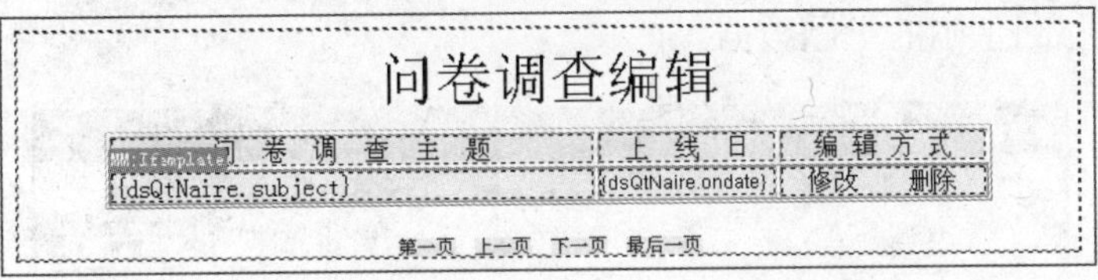

步骤 4 选择"修改"文字，为其添加 Go To Detail Page DotNET 服务器行为，设置绑定页面至修改数据的网页（7-007.aspx），数据集为 dsQtNaire，绑定字段为 qno。

步骤 5 选择"删除"文字，为其添加 Go To Detail Page DotNET 服务器行为，设置绑定页面至删除数据的网页（7-011.aspx），数据集为 dsQtNaire，绑定字段为 qno。

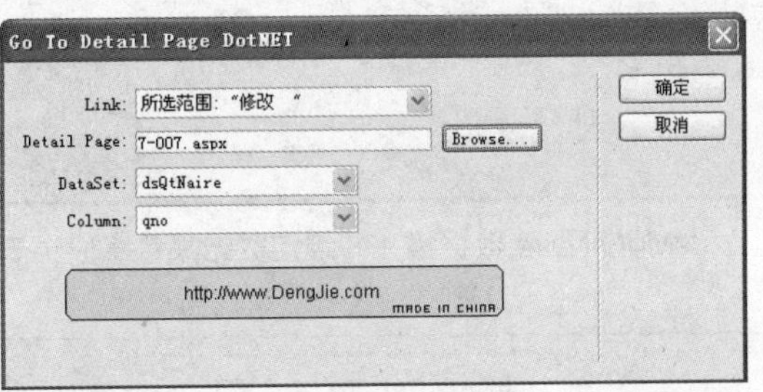

将"修改"文字绑定至 7-007.aspx 页面

将"删除"文字绑定至 7-011.aspx 页面

步骤 6 制作修改问卷主题网页（7-007.aspx）。新建一空网页，插入表单 Form1，输入"Runat="server""语句，再插入 3 行 2 列的一个表格，输入各标题文字并插入相应文本框和按钮，以及设置"回首页"超链接文字（连接首页 7-000.htm）。

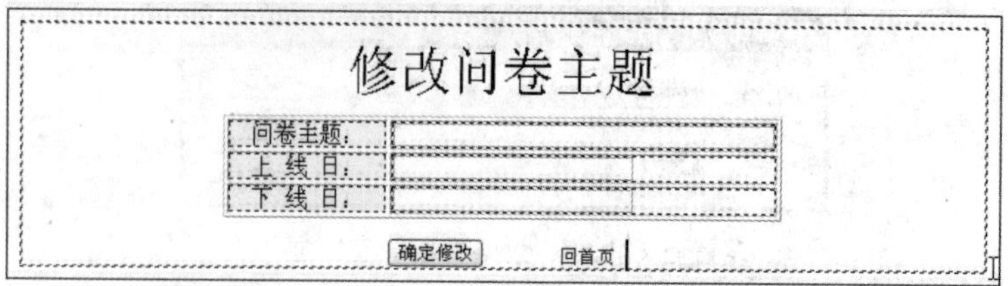

制作修改问卷主题数据网页

步骤 7 在网页中新建一数据集，设置名称为 dsMdQtNaire，连接为 Funde01，表格为 QtNaire，全选数据，筛选 qno 主题编号字段等于上面网页所传来的想修改的 qno 编号的 dsMdQtNaire 数据集。展开数据集并绑定问卷主题 subject、上线日 onDate、下线日 outDate 字段至表格，目的是将该主题原来的数据先显示出来，再清除错误的字段重新输入正确的数据。另外，还必须插入隐藏区域 qno，并且绑定到主题编号列（qno），以便将来"更新记录"时，能顺利存回正确的主题数据。

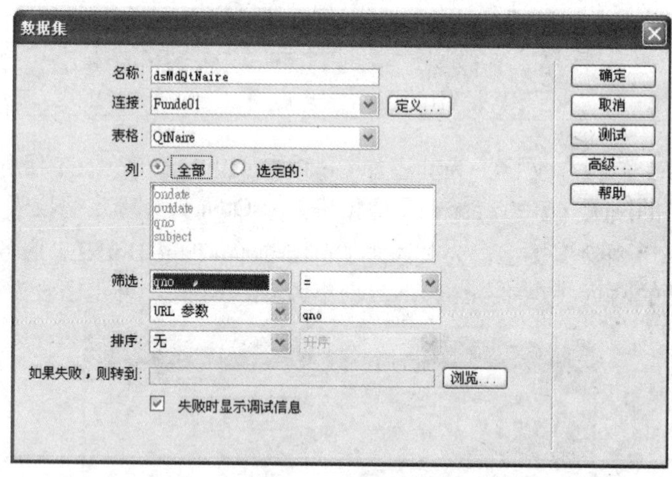

建立 dsMdQtNaire 数据集，并绑定数据集各字段至表格

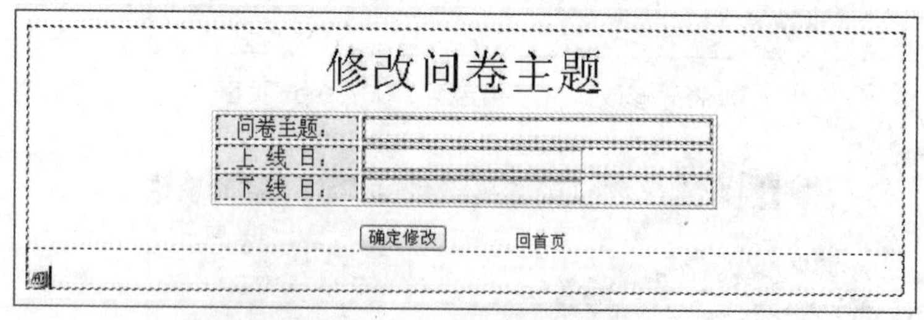

隐藏区域 qno 绑定到数据集的主题编号字段

步骤 8 选中表单，在"服务器行为"面板中选择"更新记录"命令，在"更新记录"对话框设置连接为 Funde01，更新表格为 QtNaire，各列对应至各修改值，以及如果更新成功请前往 7-008.aspx 页面修改其选项内容，之后单击"确定"按钮。此时系统会自动加入一个名为 MM_update 且传送值为 form1 的隐藏域区域，目的是用来确认只有单击"确定修改"按钮后，才会真正更新 QtNaire 数据表内的数据，完成数据修改设置。

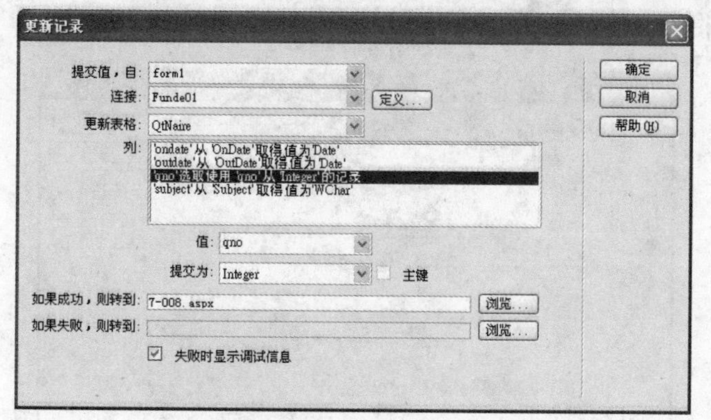

设置“更新记录”服务器行为

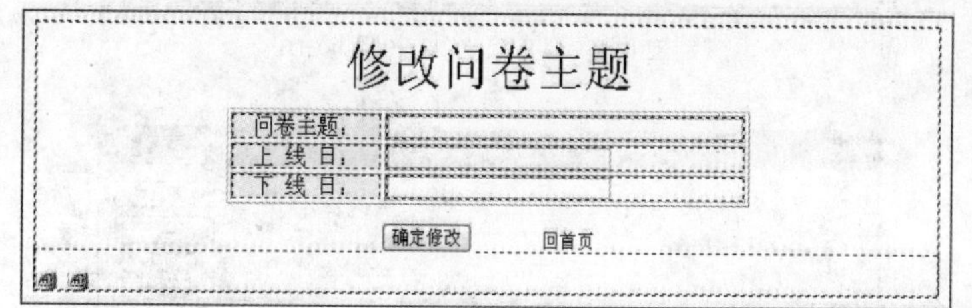

步骤 9 在“MM: PageBind”代码段中输入下面程序代码，这样可以将上一网页传来的主题编号 qno 存成 Session 变量，以便将来对筛选出的该主题的选项进行修改。

```
<MM:PageBind runat="server" PostBackBind="true" />
<%
  session("qno")=request.QueryString("qno")
%>
```

7.6.2 修改主题选项网页

如果希望改完主题内容（7-007.aspx）后，能接着修改该主题的选项，就要先将该主题所属的各选项显示出来（7-008.aspx），再选择需要修改的选项，进一步修改选项内容（7-009.aspx）。

步骤 1 新建一空网页（7-008.aspx），插入表单 Form1，输入“Runat="server"”语句，接着输入标题文字。之后在其中插入一 2 行 3 列的表格。

插入表单并输入各标题

步骤 2 在“绑定”面板中新建主题选项数据集，设置名称为 dsMdItem，连接为 Funde01，表格为 QtItem，全选字段，筛选主题编号 qno 等于所选的主题编号 Session("qno")的选项，之后单击“确定”按钮。按照同样方法建立问卷主题数据集 dsQtNaire01，然后插入主题名称列 Subject、选项编号列 ino 及选项名称列 ItemName 至表格。

建立问卷选项数据集 dsMdItem

建立问卷主题数据集 dsQtNaire01

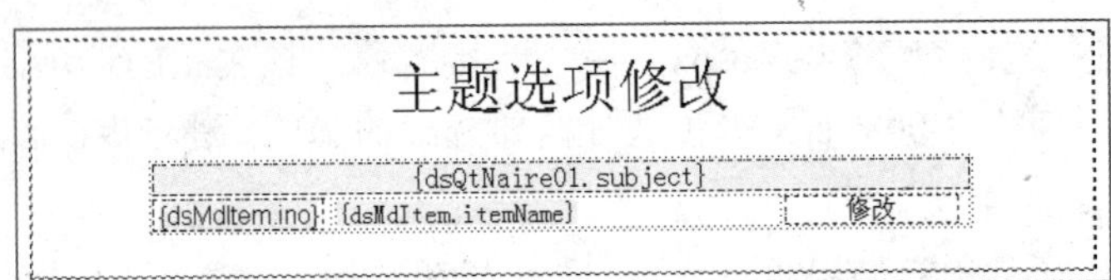

将主题名称、选项编号及选项名称列插入表格

步骤 3 选中表格第 2 行，为其添加“重复区域”和“数据集不为空显示”服务器行为。

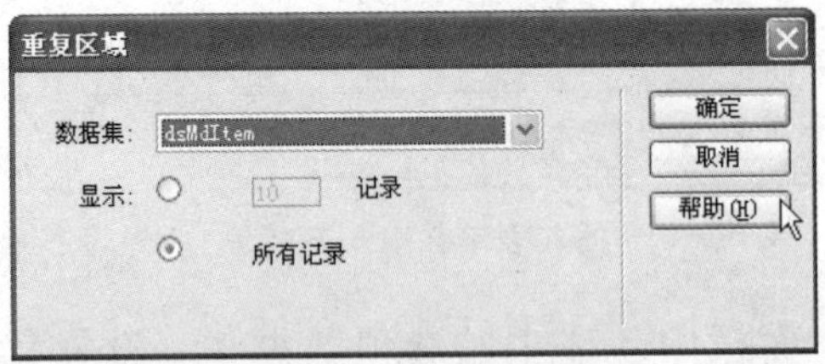

设置重复区域为显示所有记录

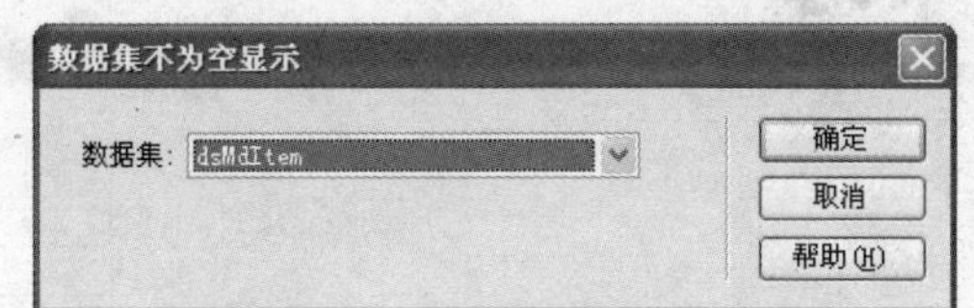

设置 dsMdItem 数据集不为空时显示

主题选项修改

{dsQtNaire01.subject}

{dsMdItem.ino} {dsMdItem.itemName} 修改

步骤 4 选择“修改”文字，为其添加 Go To Detail Page DotNET 服务器行为，设置绑定页面至 7-009.aspx 网页，数据集为 dsMdItem，绑定字段为 ino。

Go To Detail Page DotNET

Link: 所选范围：“修改”

Detail Page: 7-009.aspx Browse...

DataSet: dsMdItem

Column: ino

确定 取消

http://www.DengJie.com

将“修改”文字绑定至 7-009.aspx 页面

步骤 5 制作修改选项内容网页（7-009.aspx）。新建一空网页，插入表单 Form1，输入“Runat="server"”语句，再插入一 3 行 2 列的表格，输入各标题文字并插入相应文本框、按钮，以及“回上页”超链接文字（用于连接 7-008.aspx 网页）。

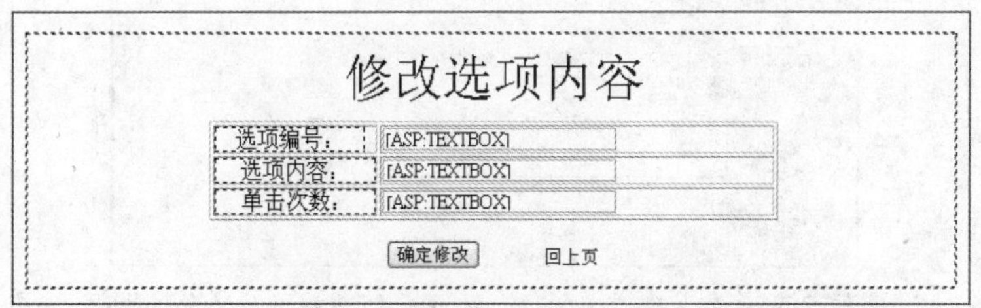

制作修改问卷主题数据的网页

步骤 6 在网页中新建一数据集，设置名称为 dsMdItem01，连接为 Funde01，表格为 QtItem，全选数据、筛选 ino 主题编号字段等于上面网页所传来的想修改的 ino 编号，并且 qno 主题编号列等于所选主题编号 Session ("qno") 的 dsMdItem01 数据集。展开数据集并绑定选项编号 ino、选项名称 ItemName、单击次数 selQty 字段至表格，目的是将该主题原来的选项数据先显示出来，再在错误的字段处输入正确的数据。另外，必须插入隐藏区域 qno，并且将其绑定到主题编号列 qno，以便将来更新记录时，能顺利存回正确的主题数据。

建立数据集 dsMdQtItem01，并筛选与 ino 相符的数据，之后单击“高级”按钮

新建 @qno 参数且设值为所选择的主题 session("qno")

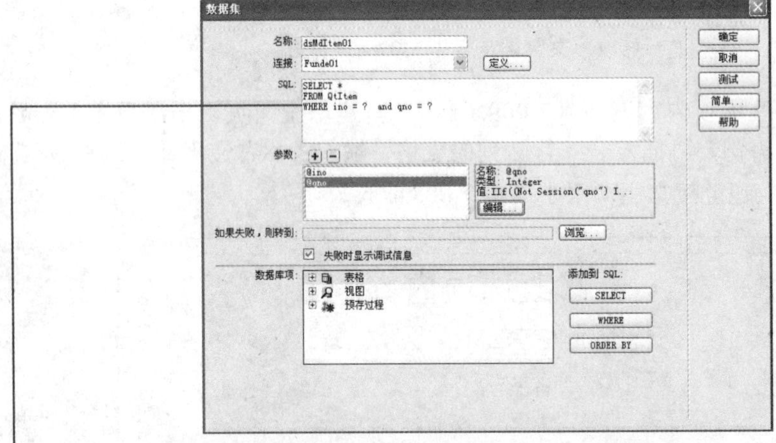

修改 SQL 语句，筛选 qno 及 ino 符合所选主题及选项的数据

```
SELECT*FROM QtItem WHERE ino=?  and qno=?
```

绑定数据集各列到表格，将隐藏区域 qno 绑定到数据集的主题编号字段

步骤 7 选中表单，为其添加“更新记录”服务器行为，在“更新记录”对话框中设置连接为 Funde01 更新表格为 QtItem，各列对应至各修改值，勾选 ino 及 qno 列的“主键”复选框，以及如果更新成功请前往 7-010.htm 页面显示修改成功页面，之后单击“确定”按钮。此时系统会自动加入一个名为 MM_update 且传送值为 form1 的隐藏区域，目的是用来确认只有在单击“确定修改”按钮时，才会真正更新 QtItem 数据表内的数据，完成数据修改设置。

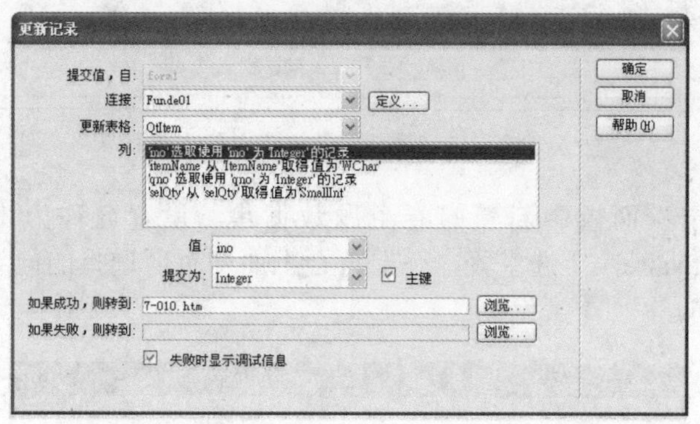

设置“更新记录”服务器行为，选择 ino 为主键

同时要设 qno 为主键

完成“更新记录”服务器行为的设置

7.6.3 删除主题选项网页

如果在问卷调查编辑网页（7-006.aspx）的编辑方式中单击“删除”超链接文字，则会进入删除问卷调查主题网页（7-011.aspx），在其中会将该主题及所属的各选项显示出来，再确认是否删除，若是则显示删除成功信息网页（7-012.htm），否则返回首页（7-000.htm）

做其他处理。

步骤 1 新建一空网页（7-011.aspx），插入表单 Form1，输入“Runat="server"”语句，接着输入标题文字，插入按钮及超链接文字。

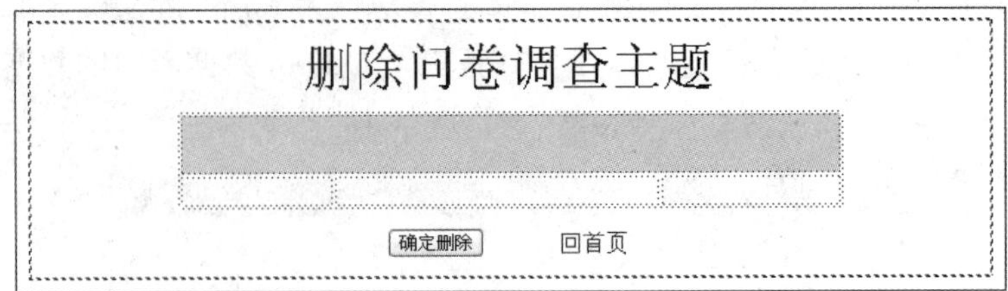

插入表单、按钮及超链接文字并输入各标题

步骤 2 在绑定”面板中新建问卷主题数据集，设置名称为 dsDlQtNaire，连接为 Funde01，表格为 QtNaire，全选字段，筛选符合上面网页所选择的问卷主题以便显示，之后单击“确定”按钮。

设置问卷主题数据集 dsDlQtNaire

步骤 3 同样在“绑定”面板中新建问卷选项数据集，设置名称为 dsDlItem，连接为 Funde01，表格为 QtItem，全选字段，筛选该主题所对应的所有选项内容以供选择，之后单击“确定”按钮。

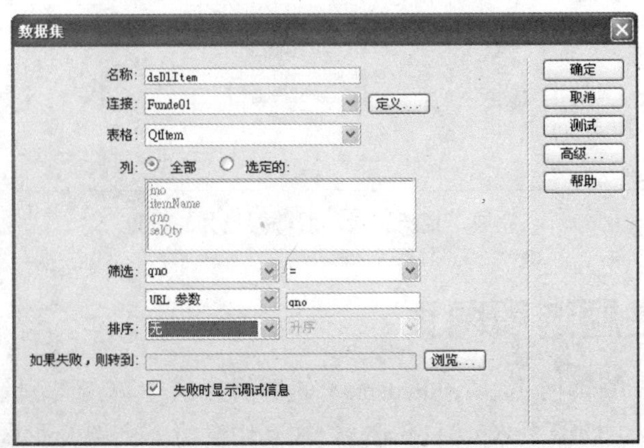

建立与问卷主题所对应的选项数据集 dsDlItem

步骤 4 展开问卷主题数据集 dsDlQtNaire，将表格第一行绑定 Subject 问卷主题列。另外，插入一个隐藏区域 qno，将其绑定 qno 主题编号列，用于防止未经确认就直接删除数据。展开选项数据集 dsDlItem，将表格第二行的单选按钮绑定 ino 选项编号列，接着绑定 itemName 选项列以及 selQty 列。

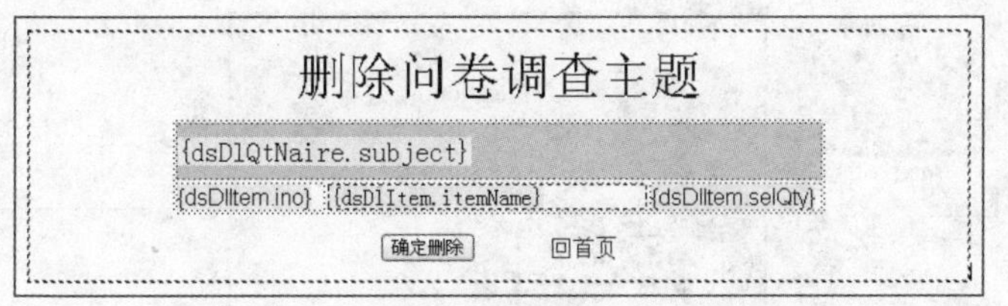

绑定数据集为列

步骤 5 选中表格第一列，在“服务器行为”面板中为其添加“数据集不为空显示”服务器行为，以显示主题数据集 dsDlQtNaire 中的数据。然后选中表格第二行，为其添加“重复区域”服务器行为。选中表单，为其添加“删除记录”服务器行为，在“删除记录”对话框中设置连接为 Funde01，表格为 QtNaire，主键列为 qno，主键值为表单变量 qno，以及如果删除成功请前往 7-012.htm 页面显示删除成功信息，之后单击“确定”按钮。请注意主键值选择表单变量 qno（即隐藏区域）的目的，是为了防止未经确认就直接删除数据。

设置“删除记录”服务器行为，选择 qno 为主键

完成“删除记录”服务器行为的设置

7.7 共享数据存储对象（Application）

网站所处理的用户数据，有用户共享的数据（如访客计数、在线投票数等），以及用户个人的数据（如姓名、电话、地址等）两种，这些数据必须先保存起来才能进一步处理，可使用 Application 对象来存储用户共享的数据，而使用 Session 对象来存储用户个人数据。

在同一个网站下，任何一个登录该网站的用户，在任何网页下都可共同使用 Application 对象内的数据，除非网站关闭或在 20 分钟以上无用户登录网站。一个网站只有一个 Application 对象，因此登录的用户都有权共享它，但 Session 对象就不同了，每一个用户可使用一个 Session 对象来存放用户个人的数据，下面介绍 Application 对象的用法。

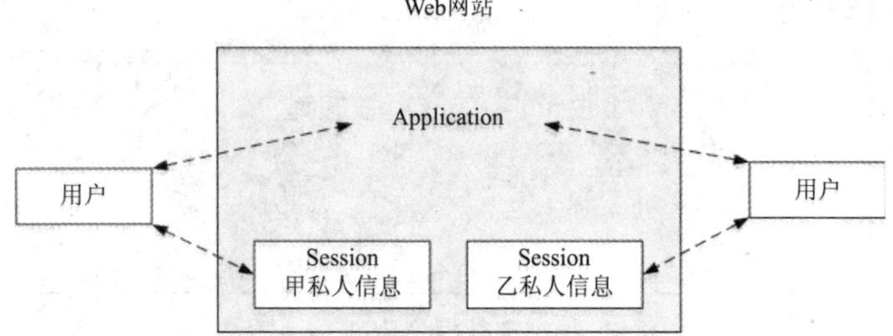

7.7.1 Application的Lock及UnLock方法

因为 Application 对象可供每个用户来存取共享的数据，所以经常会发生相同的数据被两个或两个以上的用户同时存取的情况，此时的 Application 对象数据就会产生错误。相应的解决方法如下：在某一位用户存取该数据前，要先使用 Application.Lock 将 Application 对象暂时锁住，不让其他用户访问，等这位用户存取完毕后，使用 Application.UnLock 解除锁定，再让其他用户进来存取，就可解决同时存取的问题，两种方法的格式如下。

```
Application.Lock
Application.UnLock
```

【格式说明】

（1）Lock 方法为禁止存取 Application 对象数据。

（2）UnLock 方法为允许存取 Application 对象数据。

7.7.2 Application对象的生命周期

Application 对象在每个网站中只有惟一的一个，其生命周期开始于 Web 网站执行时，终止于网站关闭后，或者无任何在线用户的时间超出 20 分钟时，在终止后其所存的数据会跟着消失，如果将数据保存下来，则下次开启网站时能继续使用。

7.8 个人数据存储对象（Session）

Session 对象用来保存用户个人数据，每个用户登录 Web 网站，都会给予一个 Session ID 编号以作区别，因此每个用户有自己专用的 Session 对象，别人无法使用，不像前节介绍的 Application 对象那样可以多人共享，却有同样的生命周期。 Session 对象开始于用户登录网站时，终止于用户离开网站，或者是超过 20 分钟以上没有存取网页时。

7.8.1 用户编号属性（Session .SessionID）

每个用户登录 Web 网站，都会获得一个 SessionID 编号，以跟别的用户进行区分。因为每个人都有自己的 Session，所以存取数据时，不会发生 Application 同时存取的问题。每个用户可用下面语句取得自己的 SessionID。

```
Session.SessionID
```

7.8.2 Session 对象的生命周期

Session 对象同 Application 对象一样有相同的生命周期，因为 Session 对象所存储的数据是个人专用，没有人能更改，并且在未离开该网页前不会关闭消失（除非超过 20 分钟没在网页中进行任何存取操作），所以常用于访客计数方面，不会由于单击“重新整理”按钮而增加数值。

7.8.3 删除对象方法（Session .Abandon）

Session 对象会由于登录网站的用户人数增加而增加，因此很消耗内存，一般来说，如果已不使用 Session 对象了，可用 Abandon 方法删除其 Session 对象，以释放所占用的内存，格式如下。

```
Session.Abandon
```

当然如果不删除无用的 Session 对象，在超过 20 分钟后也会自动删除。

7.8.4 存在时间属性（Session .Timeout）

如果用户不在网页中进行存取操作超 20 分钟， Session 对象会自动消失，这 20 分钟就称为 Session 对象的 Timeout 时间，可使用 Timeout 方法来调整时间长短。格式如下。

```
Session.Timeout = 分钟数
```

7.8.5 Session的Remove及RemoveAll方法

将数据存至 Session 对象内，等于存放在了 Sessions.Contents 中，可使用 Session.Contents.Remove 来移除某个数据，也可使用 Session.Contents.RemoveAll 来清除 Session 对象内所有保存的数据。另外，还可用 Contents 的 Count 来检查 Session 对象中存放的数据个数，格式如下。

```
Session.Contents.Remove(" 变量或索引 ")
Session.Contents.RemoveAll()
Session.Contents.Count
```

7.9 Global.asax文件

Application 对象及 Session 对象中的变量初始值，一般都是在 Global .asax 文件中进行设置的，在 Global .asax 文件中可用 Application 对象及 Session 对象的 Start 和 End 事件，

来编写对象开始时的变量初始值，以及对象关闭时释放对象变量所占用的资源等。

Global .asax 文件的格式如下，程序代码编写在 <SCRIPT LANGVAGE="VB" RUNAT="Server"> 及 </SCRIPT> 之间的各对象程序内。

```
<SCRIPT  LANGVAGE="VB"  RUNAT="Server">

  Sub  Application_Start
       …
  End  Sub
  Sub  Session_Start
       …
  End  Sub
  Sub  Session_End
       …
  End  Sub
  Sub  Application_End
       …
  End  Sub
</SCRIPT>
```

【格式说明】

（1）一个 Web 网站如果需用 Global .asax 文件，则只能有一个 Global .asax 文件，并且必须放在 IIS 根目录下（或虚拟目录下）保存。

（2）当使用到 Application 对象及 Session 对象时，在网站开启或关闭及用户上线或离线过程中，如果有 Global .asax 文件就会读取 Global .asax 文件，执行 Start 或 End 事件内的程序。

（3）其处理程序一般是：启动 IIS 后，建立 Application 对象，并触发其 Start 事件，执行其事件程序（如 Application 对象变量的初值设置等）。

①当有用户上线时，IIS 会建立一个新的 Session 对象，并触发 Session_Start 事件执行其事件程序（如设置 Session 变量初值）。

②当不使用 Session 对象，超过 Timeout 时间或执行 Abandon 方法，以及删除 Session 对象时，会触发 Session_End 事件执行其事件程序（如释放 Session 对象占用的资源）。

③当在 20 分钟以上无用户登录或关闭网站时，会触发 Application_End 事件执行其事件程序（如释放 Application 对象占用的资源）。

④不一定要设置 Global .asax，如果有 Global .asax 文件，其中的 Start 或 End 事件也是根据实际需要而设置或可省略。

7.10 访客计数器

如果想了解有多少人登录到我们的网站，可以在网页上设计一个“访客计数器”，这样当每次有网友登录时，可从数据库读取原访客数并加 1，再存回数据库。当然这要先判断该网友是否第一次登录，可用 Session(visited) 变量来控制。若是初次登录其值为 Nothing，访客数才会累加 1，若是已登录了则设 Session(visited) 变量值为 True，不再加 1，实际效果请参考如下内容。

访客计数器页面（7-013.aspx）

7.10.1 建立访客计数数据表

在枫笛中点数据库 Funde.mdb 内建立访客计数数据表 Counters，数据结构及数据内容如下。

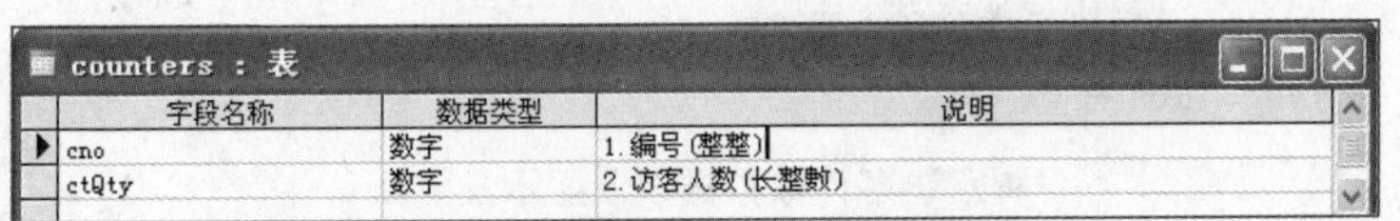
counters : 表

字段名称	数据类型	说明
cno	数字	1. 编号 (整整)
ctQty	数字	2. 访客人数 (长整數)

访客计数数据表 Counters 结构

counters : 表

	cno	ctQty
▶	1	1099
*	0	0

记录: 1 共有记录数: 1

访客计数数据表数据

7.10.2 建立访客计数网页

步骤 1 新建一空网页（7-013.aspx），插入表单 Form1，输入“Runat="server"”语句，接着输入标题文字及插入两个隐藏区域 cno 编号、ctQty 访客数。

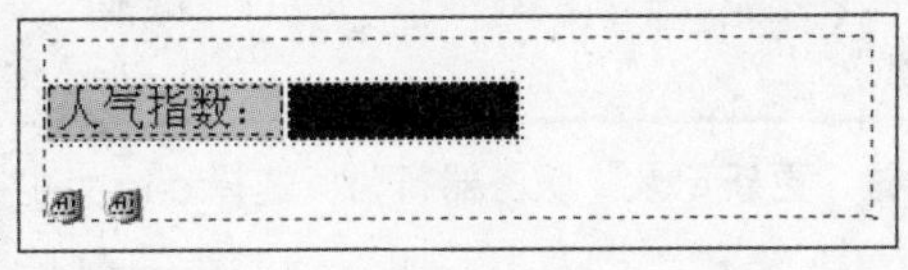

插入表单、隐藏区域并输入标题

步骤 2 在“绑定”面板中新建访客计数数据集，设置名称为 dsCounter，连接为 Funde01，表格为 counters，全选字段，取得访客数 ctQty 用于显示，之后单击“确定”按钮。

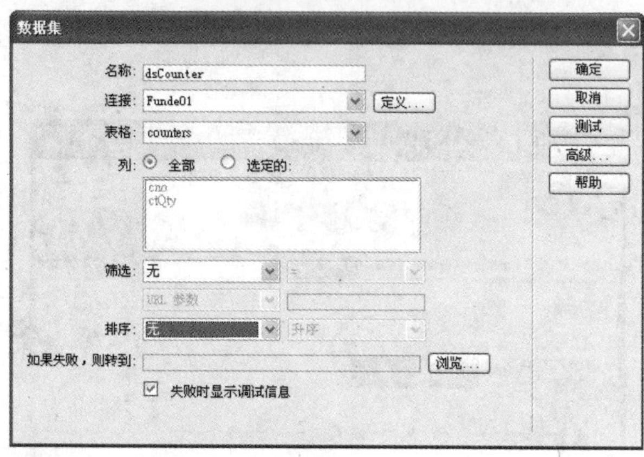

访客计数数据集 dsCounter

步骤 3 展开访客计数数据集 dsCounter，将右单元格绑定 ctQty（访客计数）列，以显示访客数。另外，将两个隐藏区域 cno、ctQty 分别绑定 cno 编号列及 ctQty 访客计数列，以用于更新访客数数据。

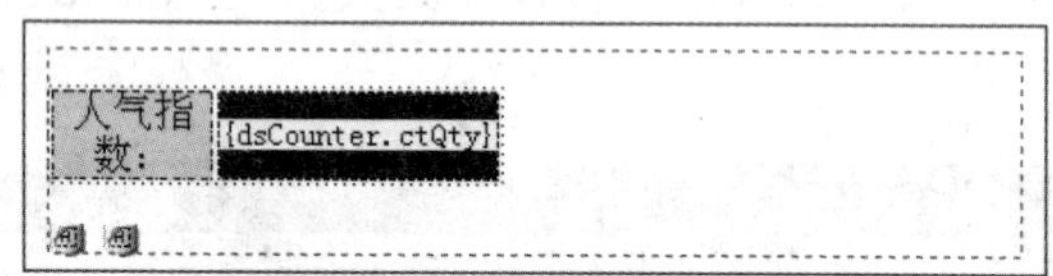

绑定访客计数数据以便显示及更新

步骤 4 选中表单，为其添加“更新记录”服务器行为，在“更新记录”对话框中设置连接为 Funde01，更新表格为 counters，各列对应至各修改值，勾选 cno 列的“主键”复选框，之后单击“确定”按钮。

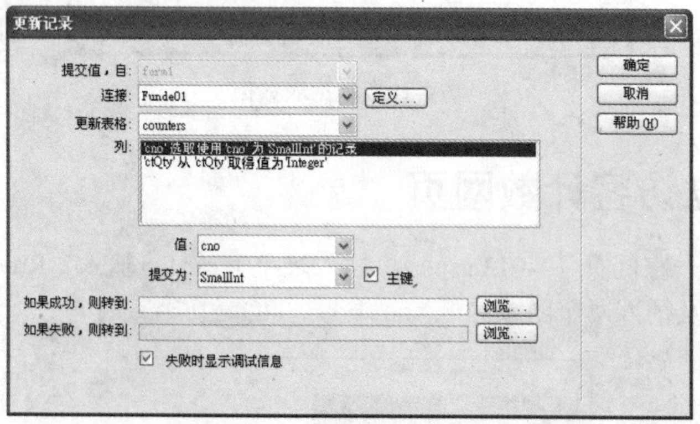

设置“更新记录”服务器行为，选择 cno 为主键

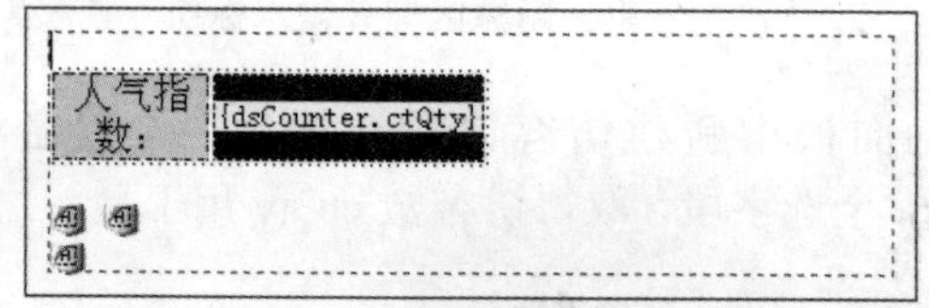

完成“更新记录”服务器行为的设置

步骤 5 切换至“代码”视图，将“<MM: update”代码段中的 UPDATE 语句修改为：在访客计数数据表 Counters 中，将其访客计数 ctQty 累加 1，再存回数据表。因为数据表只有一条数据，所以不需要有 WHERE 条件句。

```
"UPDATE  counters  SET ctQty=ctQty + 1"
```

```
<MM:Update
runat="server"
CommandText='<%# "UPDATE counters SET ctQty=? WHERE cno=?" %>'
```

将 UPDATE 语句修改如下

```
<MM:Update
runat="server"
CommandText='<%# "UPDATE counters SET ctQty=ctQty + 1" %>'
```

步骤 6 因为数据表只有一条数据而无需参数，所以将“<MM: update”代码段中的参数语句（如下）全删除。

```
<Parameters>
  <Parameter Name="@ctQty" Value='<%# IIf((Request.Form("ctQty") <> Nothing), Request.Form("ctQty"), "") %>' Type="Integer" />
  <Parameter Name="@cno" Value='<%# IIf((Request.Form("cno") <> Nothing), Request.Form("cno"), "") %>' Type="SmallInt" />
</Parameters>
```

步骤 7 将“<MM: update”代码段中的 Expression 语句修改为：在访客初次登录时，才会让访客计数累加 1，再存回数据表 Counters 中。

```
Expression='<%# Request.Form("MM_update") = "form1" %>'
```

将 UPDATE 语句修改如下

```
Expression='<%# session("visited") = Nothing %>'
```

步骤 8 在“<MM: PageBind”代码段的下面加入“Session("visited")=True”语句，目的是标示此访客已登录，访客计数器已不需再累加，以防止多余计数。

```
<MM:PageBind runat="server" PostBackBind="true" />
<%
Session("visited") = True
%>
```

步骤 9 在“<MM: PageBind”代码段的下面加入访客计数转为数字图片显示的 ChFig 函数，这样当访客计数累加 1 后，会通过启动该函数产生计数的数字图。

```
<script language="vb" runat="server">
'-------- 访客计数转成数字图显示函数 ------------------------------
Function Chfig(ctQty as long) As String
  dim no1, no2, fig(9) as string
  dim i, n as integer
  '-------- 0至9的数字图文件存于fig()阵列 ------------------------
  fig(0)="0.gif" : fig(1)="1.gif" : fig(2)="2.gif" :fig(3)="3.gif"
  fig(4)="4.gif" : fig(5)="5.gif" : fig(6)="6.gif" :fig(7)="7.gif"
  fig(8)="8.gif" : fig(9)="9.gif"
  '-------- 访客计数转成文字开始换为图文件 ------------------------
  no1=CStr(ctQty)                       '访客计数转成文字型态
  no2=""                                '数字图内容先清白
  n=len(no1)                            '计算访客计数位数
  '-------- 数字开始换成图形 --------------------------------------
  for i=1 to n
    no2 &= "<IMG SRC='" & fig(Mid(no1, i, 1)) & "'>"
  next
 '-------- 传回访客计数数字图形 -----------------------------------
  Return no2
End Function
</script>
```

步骤10 访客计数转为数字图形后，会传回绑定 ctQty 计数数据的单元格处显示。请注意绑定 ctQty 计数数据的外部要添加 ChFig 函数。

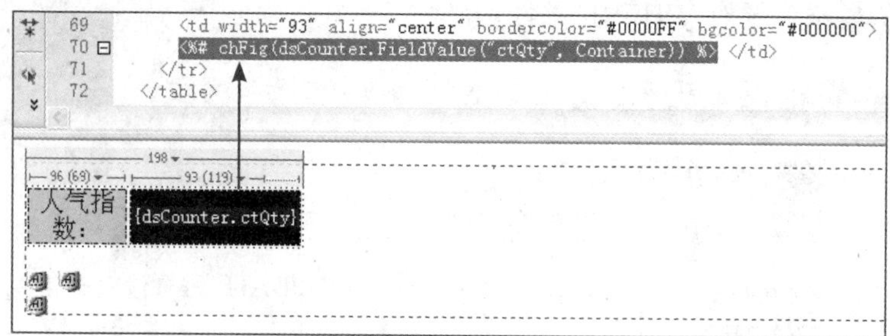

访客计数转成数字图形方式显示

会员管理系统

一个网站能否成功运营，往往要看网站是否拥有众多的忠实会员，会员可以说是网站的宝贵财富，因此如何广招会员、重视会员、服务会员，都是网站工作者需要面对的首要课题，如新产品信息的提供、新产品的试吃试用、购物折扣、购物积点优惠、生日贺卡等。当然在服务或回馈会员之前，先要掌握一定的会员数据，如提供新会员的加入、旧会员的数据调整等，我们将以下面的“会员管理系统”为例，说明简易的会员管理方法。

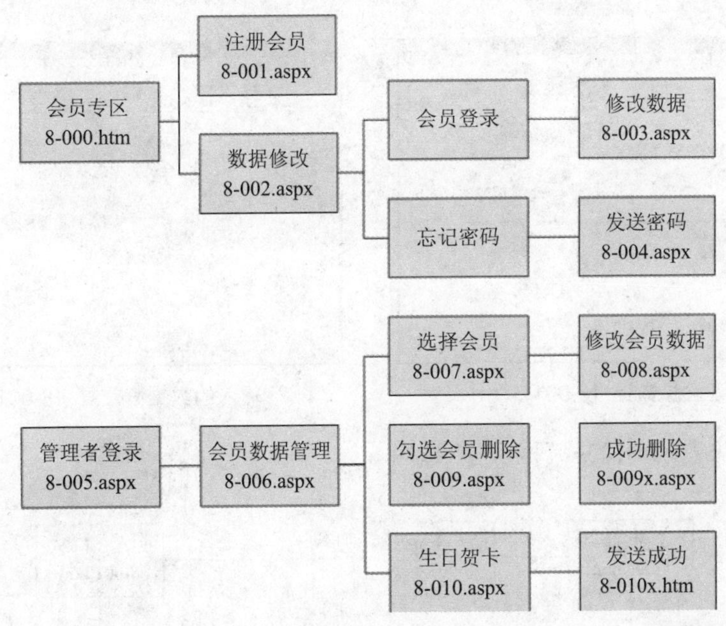

8.1 会员专区

会员专区主要提供了新会员的注册及旧会员的数据调整功能。新会员可在会员专区首页（8-000.htm），单击“注册会员”超链接文字，进入输入会员数据网页（8-001.aspx）；而旧会员可单击“数据修改”超链接文字，进入会员数据修改登录网页（8-002.aspx）。

8.1.1 注册会员

进入输入会员数据网页（8-001.aspx）后，输入各项数据，系统会验证其中的数据。如果数据漏打或格式不对，则出现错误信息。如果数据正确无误，会将数据存到 member 数据表，并显示会员数据新建成功网页（8-001y.htm），可单击“回首页”超链接文字返回；如果数据有重复（Email 列重复），则显示会员数据重复网页（8-001x.htm），单击“回首页”超链接文字返回重新输入。

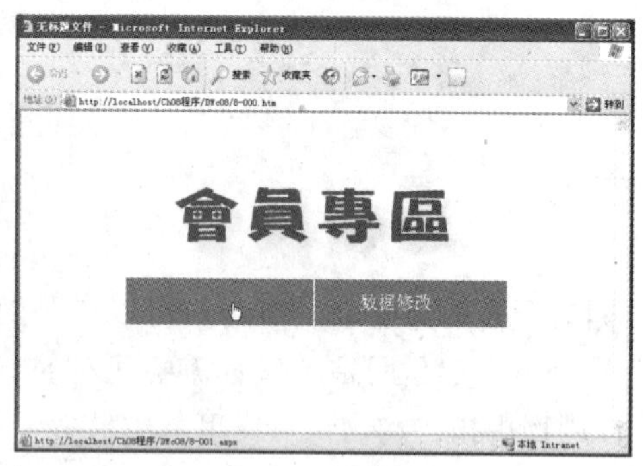

在会员专区首页（8-000.htm）单击“注册会员”超链接文字

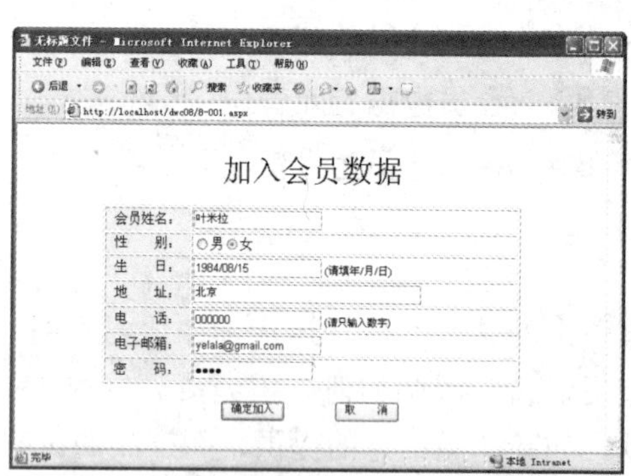

输入会员数据网页（8-001.aspx）

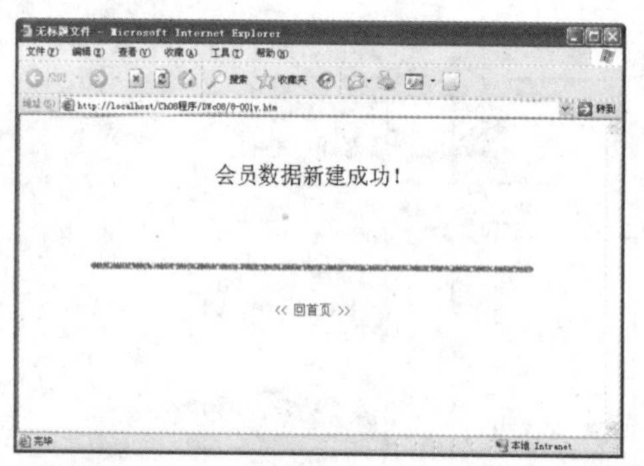

成功新建会员数据（8-001y.htm）

输入的数据有重复（8-001x.htm）

“会员专区”系统的简易流程示意图如下。

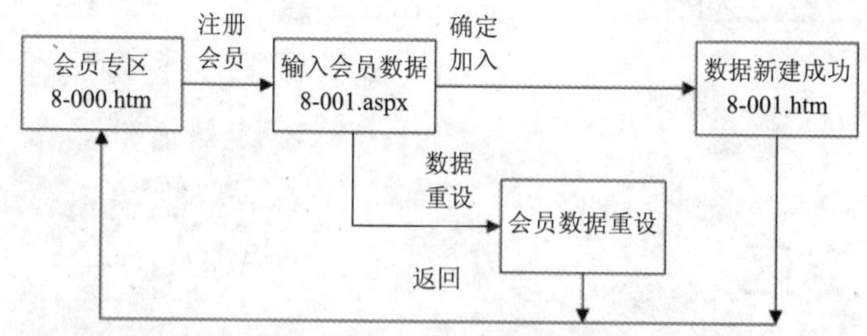

注册会员网页的具体创建步骤如下。

1. 建立会员数据表 member

在枫笛中点数据库 Funde.mdb 内建立会员数据表 member，数据结构及数据内容如下。

member : 表

字段名称	数据类型	说明
mno	自动编号	会员编号 (长整数)
name	文本	会员姓名 (文字15位)
sex	文本	性别 (文字2位)
birthday	日期/时间	生日 (日期)
address	文本	地址 (文字40位)
telephone	文本	电话 (文字15位)
email	文本	电子信箱 (文字40位)
pwd	文本	密码 (文字10位)

会员数据表 Member 结构

member : 表

mno	name	sex	birthday	address	telephone	emai
1	李东华	男	1985-11-16	台中市文桦路100	0911111111	1111@1111
3	黃月芸	女	1985-3-5	嘉义市尚海路300	0933333333	3333@3333
4	侯全渊	男	1978-8-8	台中市符兴路400	0948888888	cc5528@x
5	李迎振	男	1986-5-15	高雄市山多路500	0955555555	cc. s5528
10	陈小其	女	1976-8-22	台北市中效路600	0966666666	cc5528@m
(自动编号)						

记录: 1 共有记录数: 5

会员数据表数据

2. 建立会员专区首页（8-000.htm）

新建一空网页（8-000.htm），插入图片 m01.jpg，输入“注册会员”超链接文字并将其连接输入会员数据网页（8-001.aspx），再输入“数据修改”超链接文字并将其连接会员数据修改登录网页（8-002.aspx）。

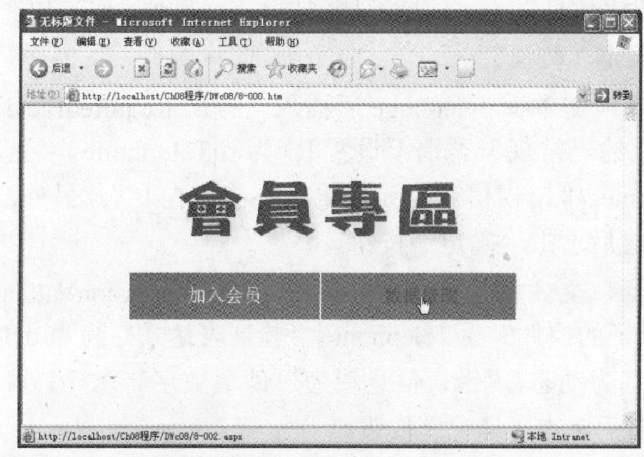

建立会员专区首页（8-000.htm）

3. 建立输入会员数据网页（8-001.aspx）

步骤 1 新建一空网页（8-001.aspx），插入表单 Form1，输入“Runat="server"”语句，接着输入标题并插入各组件。

加入会员数据

会员姓名:	[ASP:TEXTBOX]	姓名不能空白！
性　别:	○ abc ○ abc ○ abc	
生　日:	[ASP:TEXTBOX]	(请填年/月/日)
地　址:	[ASP:TEXTBOX]	
电　话:	[ASP:TEXTBOX]	(请只输入数字)
电子邮箱:	[ASP:TEXTBOX]	
密　码:	[ASP:TEXTBOX]	

确定修改　取　消

输入各标题并插入各组件

步骤 2 将光标定位于“会员姓名”文本框 Name 后的空白处，单击 ASP.NET 插入栏中的“更多标签”按钮，在弹出的“标签选择器”对话框中选择“ASP.NET 标签 > 验证服务器控件”中的“asp：RequiredFieldValidator”控件。之后单击“插入”按钮，在弹出的“标签编辑器”对话框的“常规”类别下设置 ID 为 rqName，“显示”为动态，“要验证的控件”为 Name，“错误信息”为“姓名不能空白！”。另外，取消勾选“启用客户端脚本”复选框，之后单击“确定”按钮。

步骤 3 按照步骤 2 的方法，在“生日”文本框 Birthday 后插入“asp：RequiredField-Validator”控件，在“标签编辑器”对话框的“一般”类别下设置 ID 为 rqBirthday，“显示”为动态，“要验证的控件”为“Birthday”，“错误信息”为“生日不能空白！”。另外，取消勾选“启用客户端脚本”复选框，之后单击“确定”按钮。

步骤 4 在“生日”文本框中插入“asp：RegularExpressionValidator”控件，设置 ID 为 reBirthday，“要验证的控件”为 Birthday，“验证表达式”为“[1-2][0-9][0-9][0-9]/[0-1][0-9]/[0-3][0-9]”的公元年月日数据，“显示”为动态，“错误信息”为“请输入年 / 月 / 日”。另外，取消勾选“启用客户端脚本”复选框，之后单击“确定”按钮。

步骤 5 在“地址”文本框 Address 后插入“asp：RequiredFieldValidator”控件，在“标签编辑器”对话框的“常规”类别下设置 ID 为 rqAddress，“显示”为动态，“要验证的控件”为 Address，“错误信息”为“地址不能空白！”。另外，取消勾选“启用客户端脚本”复选框，之后单击“确定”按钮。

步骤 6 在“电话”文本框 Telephone 后插入“asp：RequiredFieldValidator”控件，在“标签编辑器”对话框的“常规”类别下设置 ID 为 rqTelephone，“显示”为动态，“要验证的控件”为 Telephone，“错误信息”为“电话不能空白！”。另外，取消勾选“启用客户端脚本”复选框，之后单击“确定”按钮。

步骤 7 在“电话”文本框中插入“asp：RegularExpressionValidator”控件，设置 ID 为 reTelephone，“要验证的控件”为 Telephone，“验证表达式”为“\d{9,15}”（代表 9 ～ 15 位数字数据），“显示”为动态，“错误信息”为“请填数字！”。另外，取消勾选“启用客户端脚本”复选框，之后单击“确定”按钮。

步骤 8 在“电子邮箱”文本框 Email 后插入“asp：RequiredFieldValidator”控件，设置 ID 为 rqEmail，“显示”为动态，“要验证的控件”为 Email，“错误信息”为“邮箱不能空白！”。另外，取消勾选“启用客户端脚本”复选框，之后单击“确定”按钮。

步骤 9 在“电子邮箱”文本框中插入“asp：RegularExpressionValidator”控件，设置 ID 为 reEmail，“要验证的控件”为 Email，“验证表达式”为“.+@.+[.].+[.].+”（代表 E-Mail 格式数据），“显示”为动态，“错误信息”为“信箱格式错误！”。另外，取消勾选“启用客户端脚本”复选框，之后单击“确定”按钮。

步骤 10 在“密码”文本框 Pwd 后插入“asp：RequiredFieldValidator”控件，设置 ID 为 rqPwd，“显示”为动态，“要验证的控件”为 Pwd，“错误信息”为“密码不能空白！”。另外，取消勾选“启用客户端脚本”复选框，之后单击“确定”按钮。

步骤 11 在“密码”文本框中插入“asp：RegularExpressionValidator”控件，设置 ID 为 rePwd，“要验证的控件”为 Pwd，“验证表达式”为“.{4,10}”（代表 4 ～ 10 位数据），“显

示”为动态，“错误信息”为“密码邮箱格式错误！”。另外，取消勾选“启用客户端脚本”复选框，之后单击“确定”按钮。

加入会员数据

会员姓名:	[ASP:TEXTBOX]	姓名不能空白!
性　别:	○ abc ○ abc ○ abc	
生　日:	[ASP:TEXTBOX]	(请填 年/月/日) 生日不能空白! 请输入西元年/月/日格式!
地　址:	[ASP:TEXTBOX]	地址不能空白!
电　话:	[ASP:TEXTBOX]	(请只输入数字) 电话不能空白! 请填数字!
电子邮箱:	[ASP:TEXTBOX]	邮箱不能空白! 邮箱格式错!
密　码:	[ASP:TEXTBOX]	密码不能空白! 密码4到10位!

确定加入　取　消

插入各组件、数据验证控件后的输入会员数据网页

步骤12 在“绑定”面板中新建会员数据集，设置名称为dsMember，连接为Funde01，表格为Member，全选字段，并以Email电子邮箱号码筛选输入的数据有否重复，之后单击“确定”按钮。

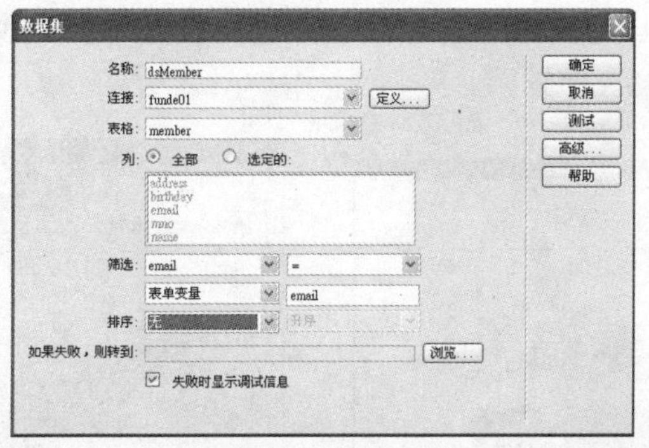

建立查询会员输入的数据是否有重复的数据集dsMember

步骤13 切换至“代码”视图，在<MM: PageBind>代码段中，输入检查会员数据是否重复的程序代码，若有重复，则转到8-001x.htm网页，显示数据重复信息。

```
<MM:PageBind runat="server" PostBackBind="true" />
<%
If dsMember.recordcount>0 then
 response.Redirect("8-001x.htm")
End If
%>
```

判断会员输入的数据是否有重复

步骤14 在“服务器行为”面板中选择“插入记录”命令，在弹出的“插入记录”对话框中设置数据值来源为Form1，连接为Funde01，更新表格为Member，各列值取自各对应同名的组件，以及若插入新选项成功，则转到8-001y.htm网页显示成功信息，之后可回至首页继续处理。

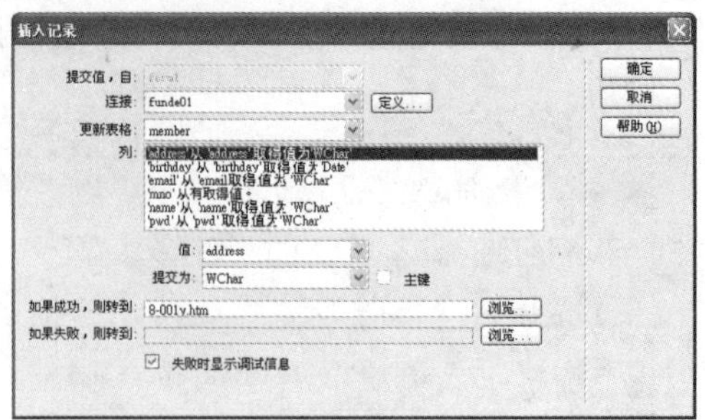

设置“插入记录”服务器行为，将输入的会员数据存入数据表

8.1.2　会员数据修改

要修改会员数据时，可在会员专区首页（8-000.htm）中单击“数据修改”超链接文字，进入会员登录网页（8-002.aspx），在其中输入会员的电子邮箱号码及密码数据，单击“登录”按钮，则会查询这个人是否为会员。如果确是会员，会进入会员数据修改网页（8-003.aspx），可到错误数据处修改。如果数据漏打或格式不对，则出现错误信息；如数据正确无误，会将数据重新存回 member 数据表，并显示会员数据修改成功信息网页（8-003x.htm），可单击“回首页”超链接文字返回。

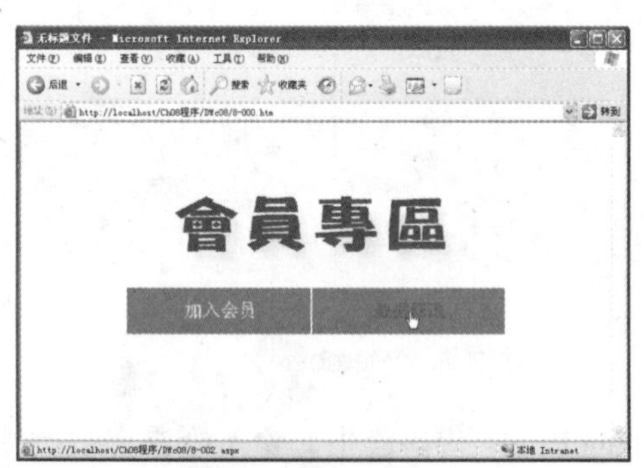

在会员专区首页（8-000.htm）中单击“数据修改”超链接文字

进入会员登录网页（8-002.aspx），输入邮箱号码及密码后单击“登录”按钮

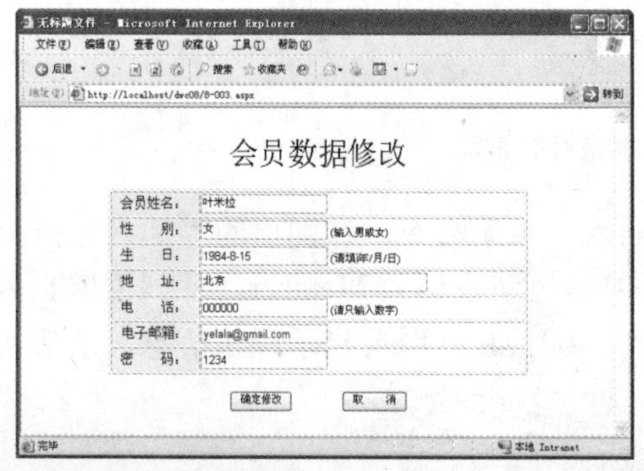

进入会员数据修改网页（8-003.aspx），在其中修改错误数据后单击“确定修改”按钮

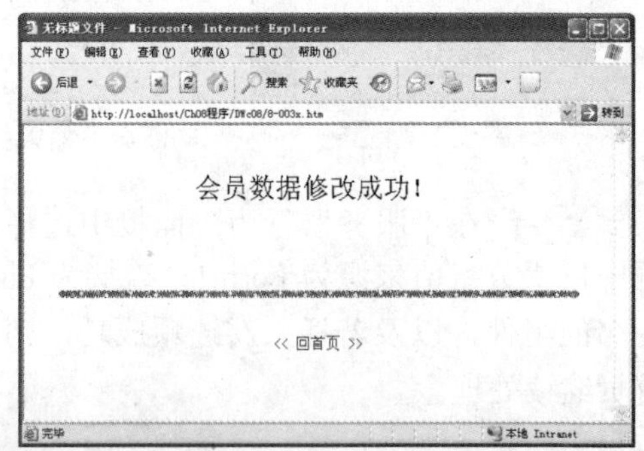

最终进入成功修改会员数据网页（8-003x.htm）

“会员数据修改”系统的简易流程示意图如下。

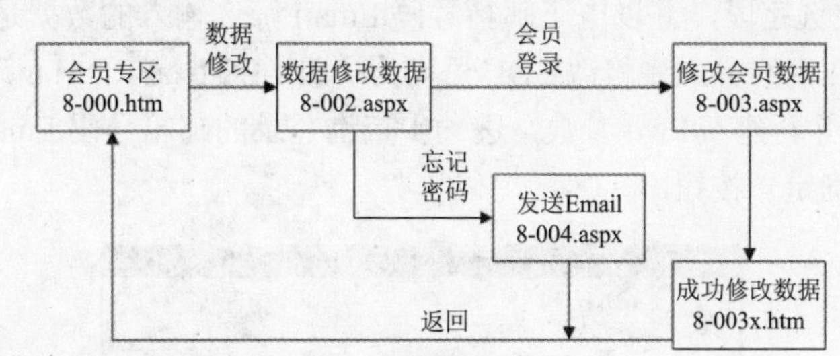

会员数据修改网页的具体创建步骤如下。

1. 建立会员登录网页（8-002.aspx）

步骤 1 新建一空网页（8-002.aspx），插入表单 Form1，输入“Runat="server"”语句，之后输入标题和插入各组件。

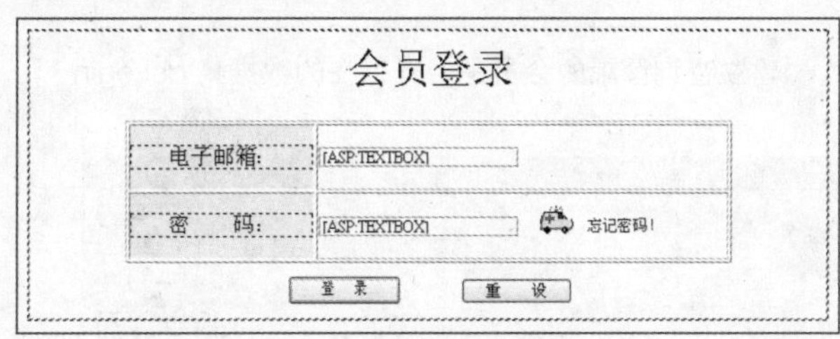

输入各标题和插入各组件

步骤 2 按照前面介绍的方法，在“电子邮箱”文本框 Name 后插入“asp：Required-FieldValidator”控件，设置 ID 为 rqEmail，“显示”为动态，“要验证的控件”为 Email，“错误信息”为“信箱不能空白！”。另外，取消勾选“启用客户端脚本”复选框，之后单击“确定”按钮。

步骤 3 在“电子邮箱”文本框中插入“asp：RegularExpressionValidator”控件，设置 ID 为 reEmail，“要验证的控件”为 Email，“验证表达式”为“.+@.+[.].+[.].+”（代表 E-Mail 格式数据），“显示”为动态，“错误信息”为“邮箱格式错误！”。另外，取消勾选“启用客户端脚本”复选框，之后单击“确定”按钮。

步骤 4 在“密码”文本框 Pwd 后插入“asp：Required FieldValidator”控件，设置 ID 为 rqPwd，“显示”为动态，“要验证的控件”为 Pwd，“错误信息”为“密码不能空白！”。另外，取消勾选“启用客户端脚本”复选框，之后单击“确定”按钮。

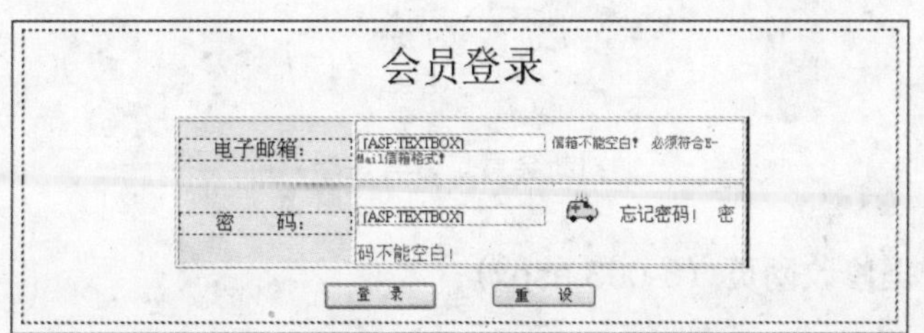

插入各组件，数据验证控件后的“会员登录”网页

步骤 5 在“绑定”面板中新增会员记录集，设置名称为 dsLogin，连接为 Funde01，表格为 Member，全选字段，并以电子邮箱号码 Email 筛选输入的数据是否有存在。之后单击“高级”按钮，在高级界面中修改 SQL 语句为“SELECT * FROM member WHERE email = ? and pwd = ?”，并新建 @Pwd 参数，进一步查询登录的邮箱号码 Email 及密码 Pwd 是否正确，之后单击“确定”按钮。

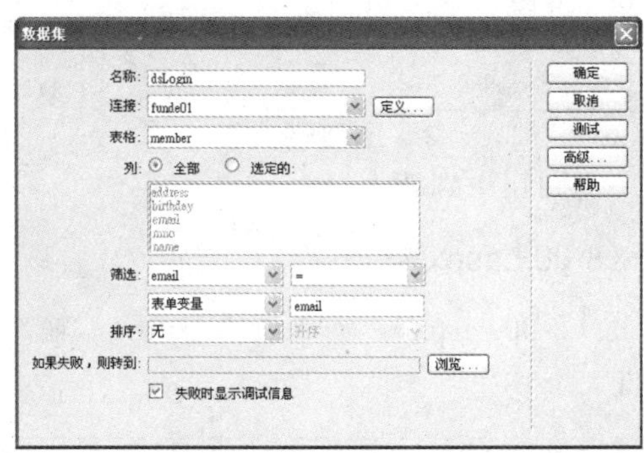

建立查询登录的会员是否有存在的数据集 dsLogin

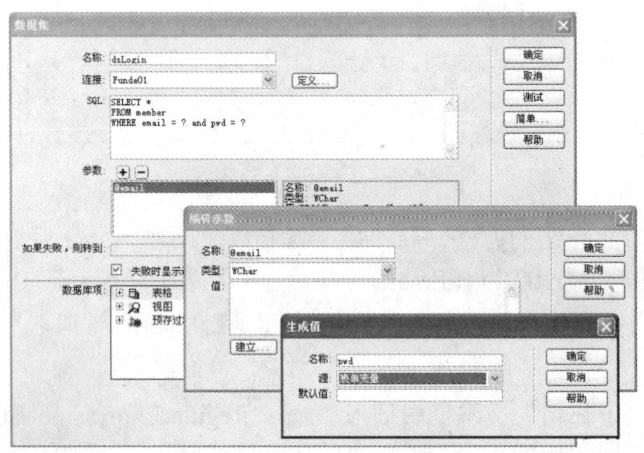

步骤 6 切换至“代码”视图，在 <MM: PageBind> 代码段中输入检查会员数据是否存在的程序代码，若会员已有注册，则保存 Email 数据到 Session 变量，并且转到 8-003.aspx 网页，进行会员数据修改。

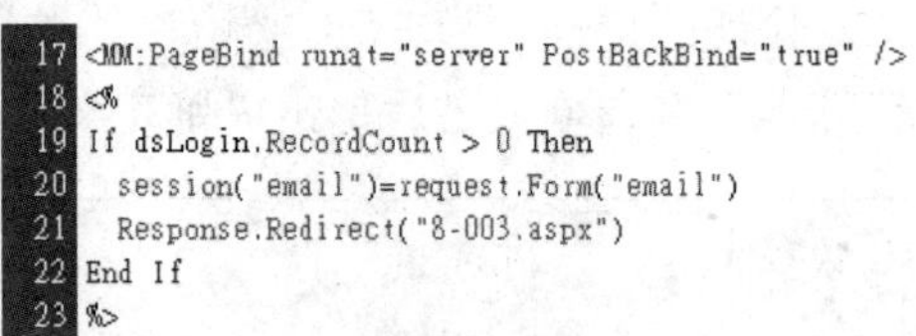

判断会员是否有注册

2. 建立会员数据修改网页（8-003.aspx）

步骤 1 新建一空网页（8-003.aspx），插入表单 Form1，输入“Runat="server"”语句，之后输入标题，并插入各组件。

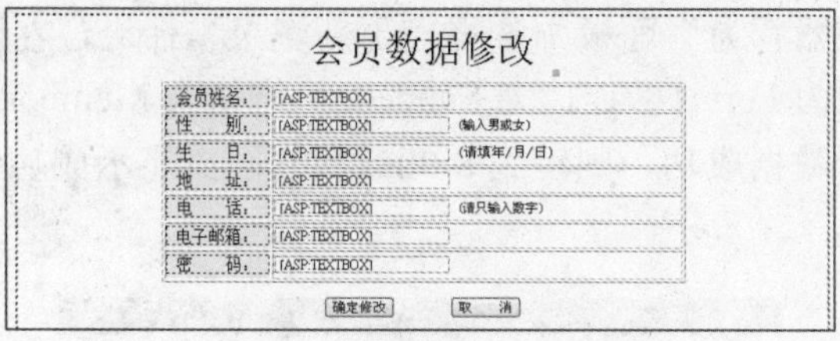

输入各标题并插入各组件

步骤 2 设置各文本框的验证控件。另外，取消勾选“启用客户端脚本”复选框，之后单击“确定”按钮。

设置各组件的验证控件

步骤 3 在“绑定”面板中新增会员数据修改数据集，设置名称为 dsModify，连接为 Funde01，表格为 Member，全选字段，并以 Session("Email") 电子邮箱号码筛选想修改的会员数据，之后单击“确定”按钮。

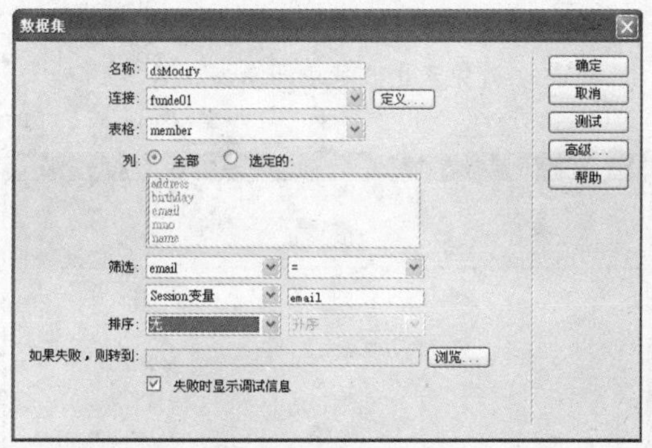

查询登录的会员数据集 dsModify，以便修改数据

步骤 4 展开会员数据修改数据集 dsModify，将各字段绑定至各文本框，并设置生日数据以短日期格式显示，如“<%# FormatDateTime(dsModify.FieldValue("birthday", Container), DateFormat.ShortDate) %>”，目的使“时间”部分的数据不显示出来。

查询登录的会员数据集 dsModify，以便修改数据

步骤 5 在“服务器行为”面板中选择“更新记录”命令，在弹出的“更新记录”对话框中设置数据值来源为 Form1，连接为 Funde01，表格为 Member，各列值取自各对应同名的组件，以及若更新数据成功，则转到 8-003x.htm 网页显示成功信息，之后可选择回至首页继续处理。

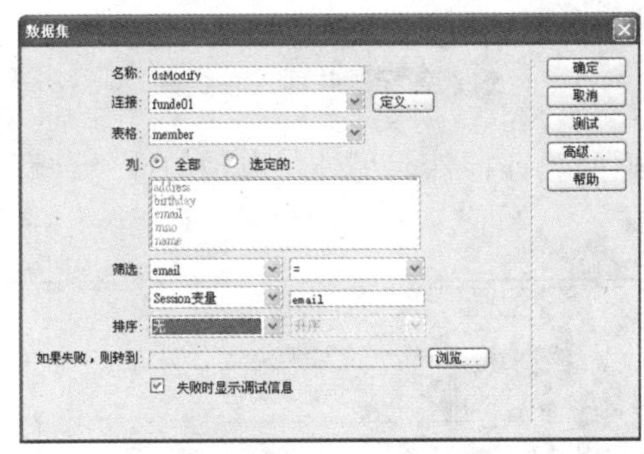

设置“更新记录”服务器行为，将修改的会员数据存入数据表

步骤 6 切换至“代码”视图，在 <MM: PageBind> 代码的 Page_load 事件中输入避免未正式登录即修改数据的程序代码，若非法登录，则显示警告信息网页（8-003y.htm）。

```
<MM:PageBind runat="server" PostBackBind="true" />
<script language="vb" runat="server">
sub page_load(sender as object, e as eventargs)
 '--------- 限制只有正常登录会员才能修改数据 ----------
 If session("email") = Nothing then      '如果非正式登录
   response.Redirect("8-003y.htm")       '则拒绝登录并显示警告信息
 End If
end sub
</script>
```

避免未正式登录即修改数据

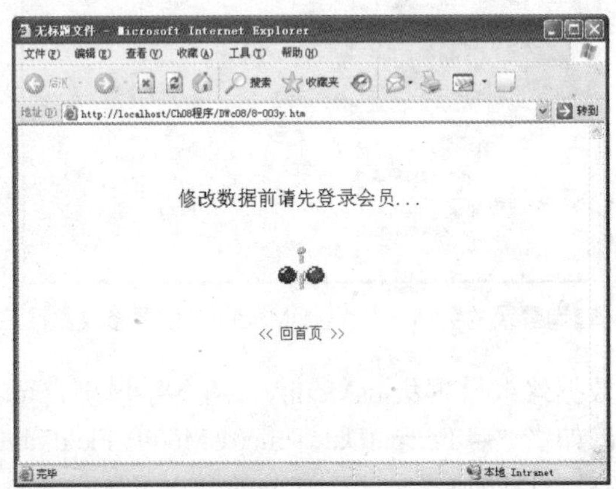

非法登录的警告信息

8.1.3 忘记密码

要修改会员数据时，可依前面介绍的方法进入“会员登录”网页（8-002.aspx），在其中输入会员的电子邮箱号码及密码数据，之后单击“登录”按钮，即可进入“会员数据修改”网页（8-003.aspx），到错误数据处进行修改即可。但如果会员忘记密码，则可在“会员登录”网页（8-002.aspx）中单击“忘记密码”超链接文字，会进入“忘记密码”网页

（8-004.aspx），在其中输入信箱号码后，单击"发送"按钮，会取得会员的姓名及密码寄到会员的信箱中，若成功时会显示"邮件已成功发送"信息，否则显示错误信息。

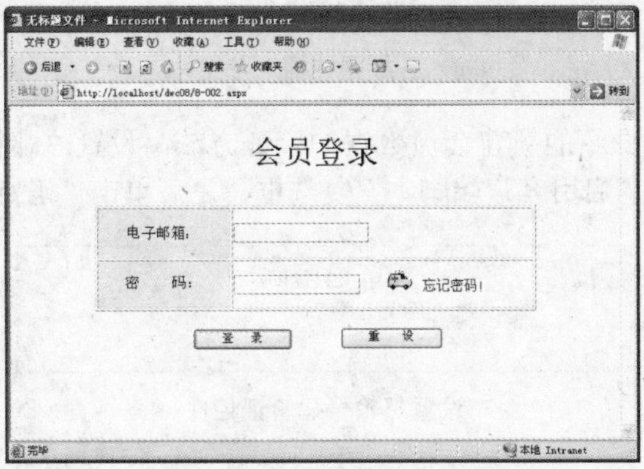

进入会员登录网页（8-002.aspx），单击"忘记密码"超链接文字

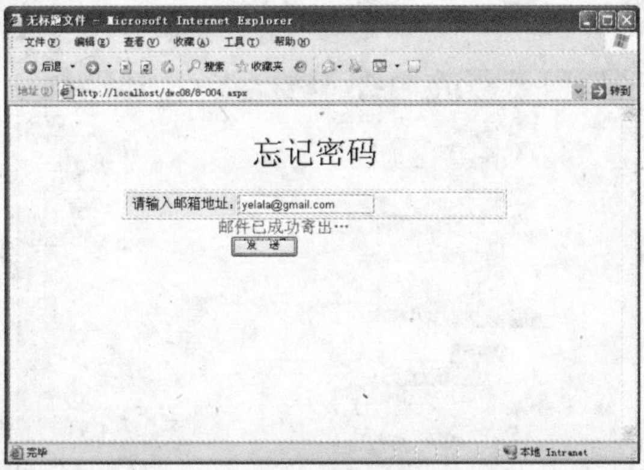

进入忘记密码网页（8-004.aspx），输入邮箱号码后单击"发送"按钮发送密码

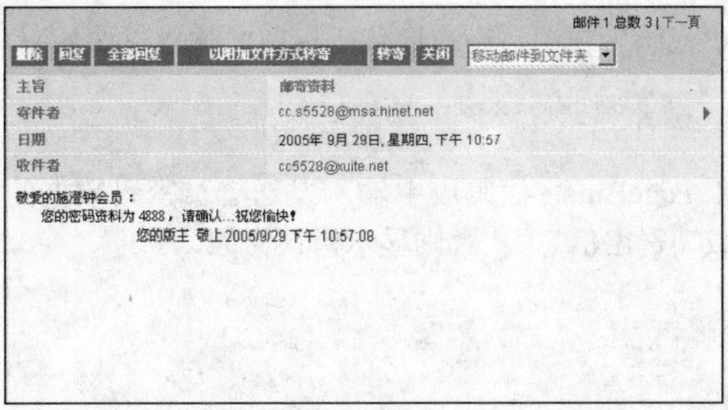

忘记密码网页的具体创建步骤如下。

1. 建立忘记密码网页（8-004.aspx）

步骤 1　新建一空网页（8-004.aspx），插入表单 Form1，输入"Runat="server""语句，之后输入标题并插入各组件（Label1 控件是显示邮寄信息用的）。在"发送"按钮上单击鼠标右键，在弹出的快捷菜单中单击"编辑标签"命令，设置名称为 Bt1Click 的 onClick 事件，以便单击时发送邮件。

输入各标题并插入各组件

步骤 2　按照前节介绍的新建会员数据的验证方法，设置“邮箱号码”文本框的验证控件。另外，取消勾选“启用客户端脚本”复选框，之后单击“确定”按钮。

设置邮箱号码验证控件

步骤 3　在“绑定”面板中新增会员邮寄数据集，设置名称为 dsForget，连接为 Funde01，表格为 Member，全选字段，并以电子邮箱号码表单变量 Email 筛选想发送的会员数据，之后单击“确定”按钮。

建立想发送的会员数据集 dsForget，以便得到忘记的密码数据

步骤 4　切换至“代码”视图，在程序代码最前面输入下面代码，以提供发送功能。

```
<%@ Import Namespace="System.Web.Mail" %>
```

步骤 5　在 <MM: PageBind> 代码段中输入发送会员密码数据的程序代码，若邮寄成功，则显示“邮件已成功寄出信息”，否则显示错误原因。

```
<MM:PageBind runat="server" PostBackBind="true" />
<Script Language="VB" runat="server">
 Sub Bt1Click(ByVal Sender As Object, ByVal e As EventArgs)
  Dim mymail As New MailMessage                 '建立新邮件讯息物件
  mymail.To=Email.Text                          '取得收件者邮址
  mymail.From="cc.s5528@msa.hinet.net"          '取得寄件者邮址
  mymail.Subject="邮寄资料"            '取得邮件主旨及下面的邮件内文
  mymail.Body= "敬爱的" & dsForget.FieldValue("Name", Nothing) & "会员：" & vbcrlf & _
             "     您的密码资料为" & dsForget.FieldValue("Pwd", Nothing) & _
             "，请确认..." & "祝您  愉快！" & vbcrlf & _
             "                    您的版主 敬上" & now
  On Error Resume Next                          '若传送中有错误略过
  SmtpMail.SmtpServer="msa.hinet.net"           '使用Hinet的msa主机传送邮件
  SmtpMail.Send(mymail)                         '邮件传送出去
  IF Err.Number <>0 Then                        '若传送中有错误
    Label1.Text = Err.Description               '则显示错误讯息
  Else                                          '否则显示成功寄出讯息
    Label1.Text="<Font Color=red>邮件已成功寄出---</Font>"
  End If
 End Sub
</script>
```

发送会员密码数据

8.2 修改会员数据

“会员管理”主要是提供管理者修改错误的会员数据，删除无用的会员数据，或者寄送会员生日贺卡等功能。可先在管理者登录网页（8-005.aspx）中输入管理者账号及密码，之后单击“登录”按钮，则数据会做验证。如果数据漏输入则出现错误信息；如数据有输入且为合法的管理者，会进入会员数据管理网页（8-006.htm），可单击“数据修改”超链接文字进一步处理。

管理员登录

管理员账号：strong

管理员密码：

登 录　重 设

在管理者登录网页（8-005.aspx）中输入账号及密码，之后单击“登录”按钮

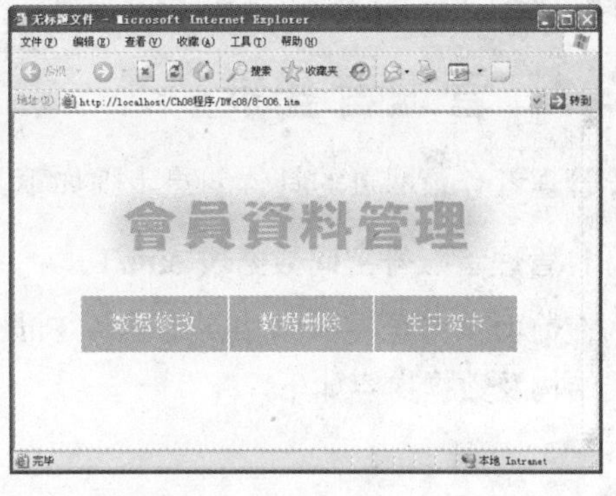

进入会员数据管理网页（8-006.htm），然后单击“数据修改”超链接文字

会员数据修改管理

会员姓名　性别　电子邮箱

在会员数据修改管理网页（8-007.aspx）中单击会员姓名

管理员修改会员数据

确定修改　取 消

进入管理者修改会员数据网页（8-008.aspx），在其中修改错误数据后单击“确定修改”按钮

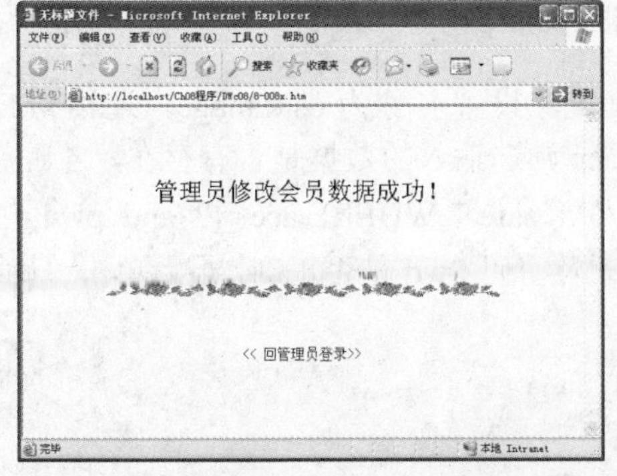

修改成功信息

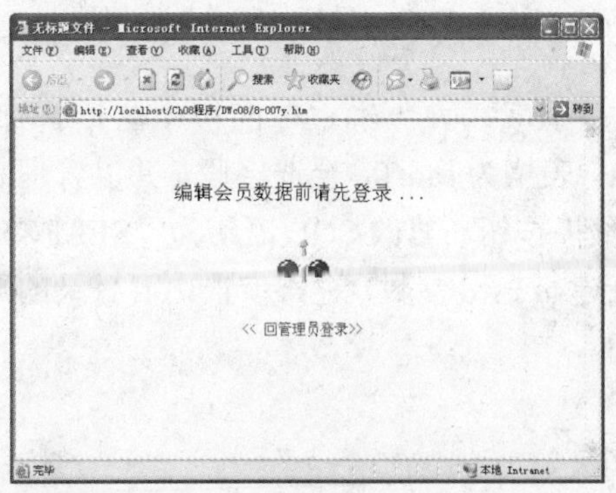

非法登录的警告信息

"会员数据管理"系统的简易流程示意图如下。

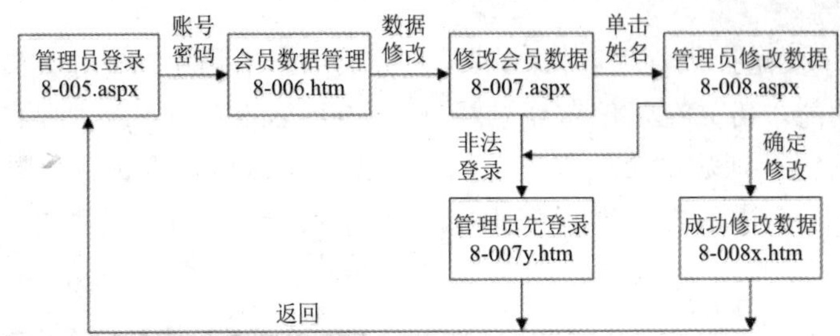

8.2.1 管理者登录

管理者登录网页的具体创建步骤如下。

1. 管理者账号密码数据表 safeT

在前面章节已在枫笛中点数据库 Funde.mdb 中建立了管理者的账号密码数据表 safeT，数据结构及数据内容如下。

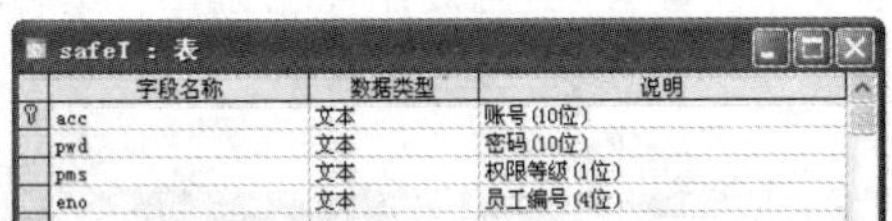

字段名称	数据类型	说明
acc	文本	账号(10位)
pwd	文本	密码(10位)
pms	文本	权限等级(1位)
eno	文本	员工编号(4位)

管理者账号密码数据表 safeT 结构

acc	pwd	pms	eno
flower	beauty	c	E004
gentle	kindness	b	E003
music	happy	c	E005
stream	htwoo	a	E002
strong	monnew	s	E001

记录: 5 共有记录数: 5

管理者账号密码数据表数据

2. 建立管理者登录首页（8-005.aspx）

步骤 1 新建一空网页（8-005.aspx），插入表单 Form1，输入"Runat= "server""语句，之后输入标题并插入文本框、按钮及验证等组件。

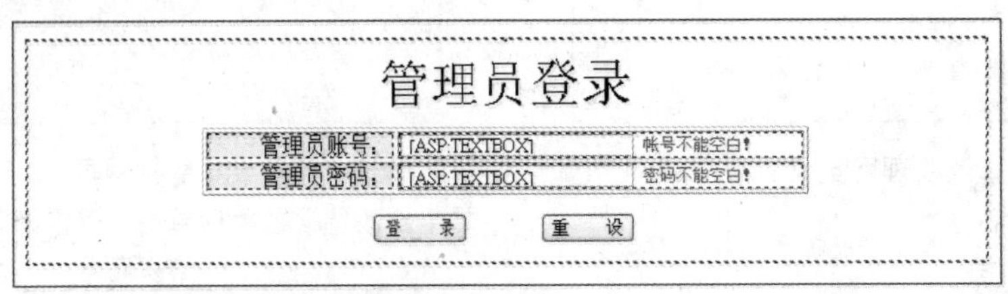

建管理者登录首页（8-005.aspx）

步骤 2 在"绑定"面板中新增管理者数据集，设置名称为 dsManage，连接为 Funde01，表格为 safeT，全选字段，并以管理者账号 acc 筛选输入的数据是否有存在，之后单击"高级"按钮。修改 SQL 语句为"SELECT * FROM safeT WHERE acc = ? and pwd = ?"，并新建 @Pwd 参数，进一步查询要登录的账号 Acc 及密码 Pwd 是否正确，最后单击"确定"按钮。

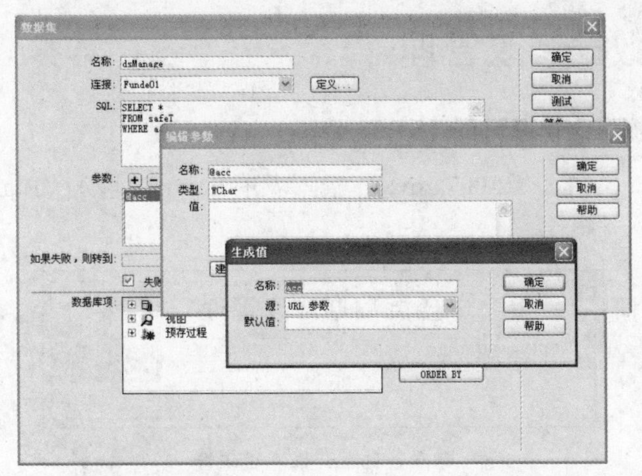

查询登录的管理者是否为合法的数据集 dsManage

步骤 3 切换至“代码”视图，在 <MM: PageBind> 代码段中输入检查管理者账号密码数据是否存在的程序代码。若管理者已有登录，则保存 Acc 数据到 Session 变量，并且转到 8-006.htm 网页，进行会员数据管理。

```
<MM:PageBind runat="server" PostBackBind="true" />
<%
If dsManage.recordcount > 0 then
  session("acc")=request.Form("acc")
  response.Redirect("8-006.htm")
end If
%>
```

判断管理者是否有登录

步骤 4 新建一空网页（8-006.htm），插入图像 m02.jpg，输入“数据修改”超链接文字用于连接会员数据修改管理网页（8-007.aspx），“数据删除”超链接文字用于连接会员数据删除管理网页（8-009.aspx），以及“生日贺卡”超链接文字用于连接会员生日贺卡寄送网页（8-010.aspx）。

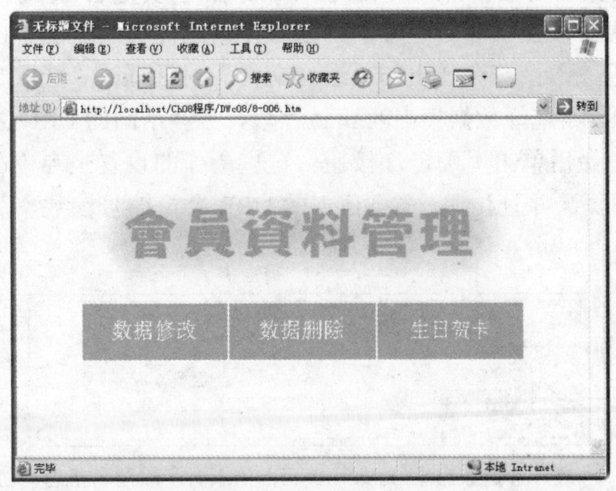

新建会员数据管理网页（8-006.htm）

8.2.2 会员数据修改管理

1. 建立会员数据修改管理网页（8-007.aspx）

步骤 1 新建一空网页（8-007.aspx），插入表单 Form1，输入“Runat="server"”语句，之后输入标题并插入各组件。

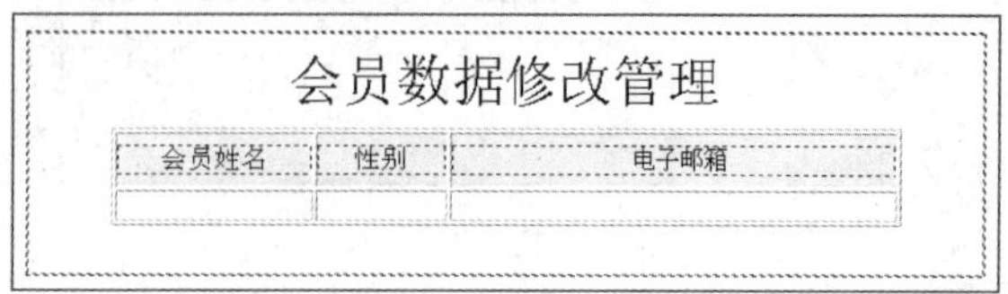

输入各标题并插入各组件

步骤 2 在“绑定”面板中新建会员数据集，设置名称为 dsMembers，连接为 Funde01，表格为 member，全选字段，之后单击“确定”按钮。

查询想修改的会员数据的数据集 dsMembers

步骤 3 展开修改会员数据记录集 dsMembers，将会员姓名、性别、邮箱号码各字段插入相应单元格内。选择“会员姓名”文本，之后在“属性”面板的“链接”文本框右侧单击“浏览文件”按钮，接着在弹出的“选择文件”对话框的“选取文件名自”选项区中选择“数据源”选项，再选择数据集中的 mno 字段，并在下面的 URL 文本框中输入“8-008.aspx? mnos=”语句，最后单击“确定”按钮。这里所作的设置是当单击“会员姓名”时能连接到 8-008.aspx 网页，并且传递一个 mnos 的 URL 会员编号参数，从而找到想要修改的会员数据。

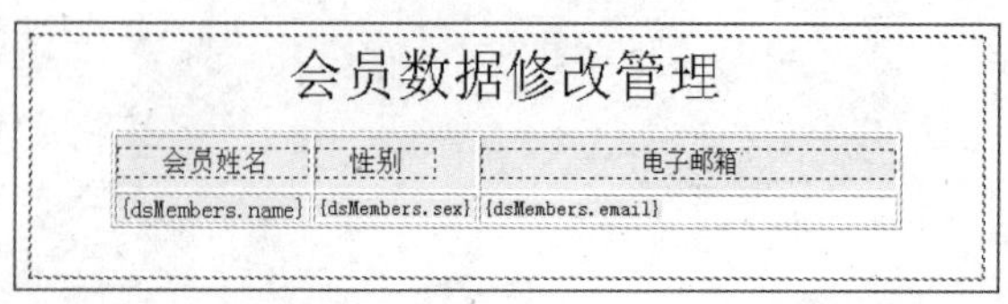

展开会员数据集 dsMembers，插入各字段至表格内

在“选择文件”对话框中进行相应设置

```
<a href="8-008.aspx?mnos=<%# dsMembers.FieldValue("mno", Container) %>">
<%# dsMembers.FieldValue("name", Container) %></a>
```

步骤 4 选择表格第二行，在“服务器行为”面板中选择“重复区域”命令，设置一次显示3条记录。接着选择“显示区域>数据集不为空显示”命令以显示会员记录集dsMembers中的数据。然后将光标定位于表格下面，在“服务器行为”面板的“数据集分页”菜单中选择“移至第一页”和“移至最后一页”等命令，从而设置分页显示会员数据。

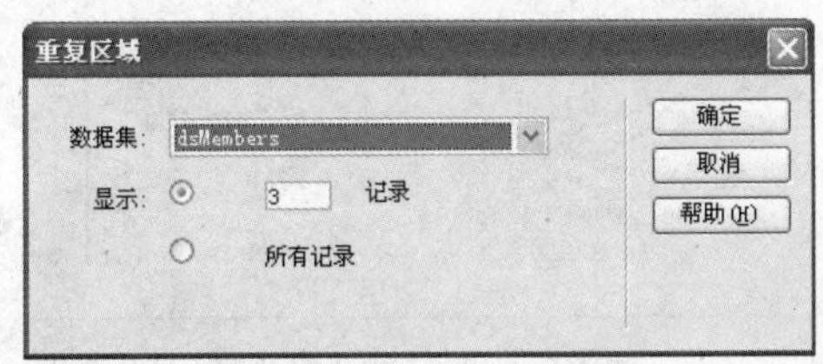
设置显示会员数据集 dsMembers 中的会员数据

设置如果 dsMembers 数据集中有数据则显示出来

分页显示 dsMembers 数据集中的数据

步骤 5 切换至“代码”视图，在 <MM: PageBind> 代码段中，输入检查管理者账号密码数据是否存在的程序代码。若管理者是合法登录，则转到 8-008.aspx 网页修改该会员数据；否则会显示编辑会员数据前请先登录信息网页（8-007y.htm）。

```
<MM:PageBind runat="server" PostBackBind="true" />
<script language="vb" runat="server">
sub page_load(sender as object, e as eventargs)
 '-------- 限制只有正常登入管理者才能编辑资料 ----------
 If session("acc") = Nothing then           '如果非正式登入
   response.Redirect("8-007y.htm")          '则拒绝登入并显示警告讯息
 End If
end sub
</script>
```

判断管理者是否为合法登录

2. 建立管理者修改会员数据网页（8-008.aspx）

步骤 1 新建一空网页 8-008.aspx，插入表单 Form1，输入“Runat="server"”语句，之后输入标题并插入各文本框、单选按钮及按钮。

输入各标题并插入各组件

步骤 2 在“绑定”面板中新建修改会员数据的数据集，设置名称为 dsManager 连接为 Funde01，表格为 Member，全选字段，并以 URL 参数会员编号 mnos 筛选想修改的会员数据，之后单击“确定”按钮。

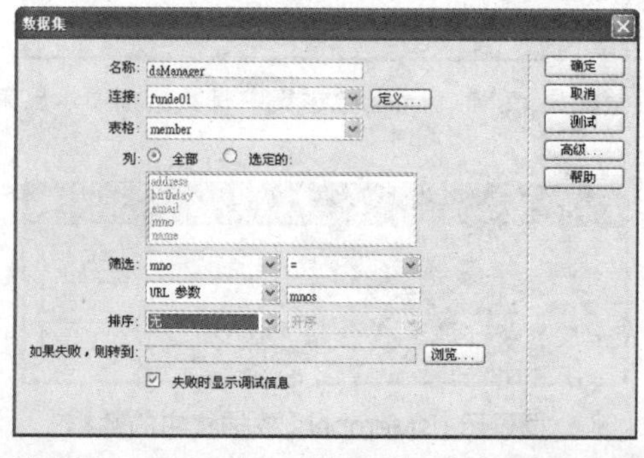

查询想修改的会员数据集 dsManager，以便修改该会员数据

步骤 3 展开修改会员数据的数据集 dsManager，将各字段绑定至相应文本框，并设置生日数据以短日期格式显示，如 <%# FormatDateTime(dsModify.FieldValue("birthday", Container), DateFormat.ShortDate) %>。选择“性别”单选按钮 sexs，单击“属性”面板中的“列表项目”，绑定数据集 dsManager 的 sex 列。

查询想修改的会员数据集 dsManager，以便修改数据

步骤 4 在“服务器行为”面板中选择“更新记录”命令，在弹出的“更新记录”对话框中设置数据值来源为 Form1，连接为 Funde01，表格为 Member，各列值取自各对应同名的组件，并且若更新数据成功，则转到 8-008x.htm 页面显示成功信息，可回至管理者登录网继续处理。

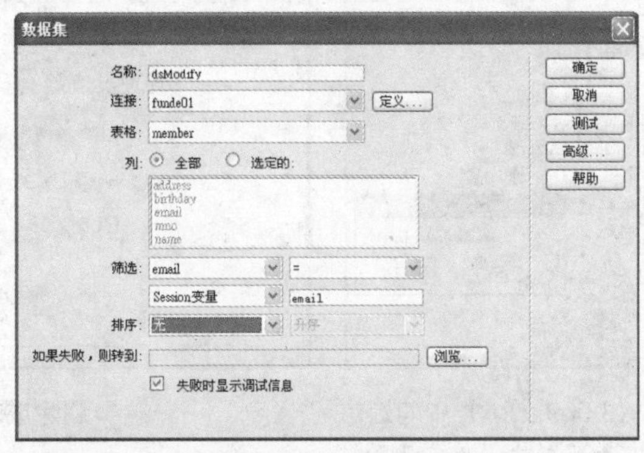

设置“更新记录”服务器行为，将修改后的会员数据存入数据表

步骤 5 切换至“代码”视图，在 <MM: PageBind> 代码段的 Page_load 事件中输入避免管理者未正式登录就修改数据的程序代码。这样一来，若非法登录，则进入 8-007y.htm 网页，显示警告信息。

```
<MM:PageBind runat="server" PostBackBind="true" />
<script language="vb" runat="server">
sub page_load(sender as object, e as eventargs)
 '--------- 限制只有正常登入管理者才能编辑资料 ----------
 If session("acc") = Nothing then          '如果非正式登入
   response.Redirect("8-007y.htm")         '则拒绝登入并显示警告讯息
 End If
end sub
</script>
```

避免未正式登录就修改数据

8.3 会员数据删除管理

“会员数据删除管理”主要是提供管理者删除无用的会员数据，可先在管理者登录网页（8-005.aspx）中输入管理者账号及密码，之后单击“登录”按钮，会进入会员数据管理网页（8-006.htm），在其中单击“数据删除”超链接文字作进一步处理。

在管理者登录页（8-005.aspx）中输入账号及密码，之后单击“登录”按钮

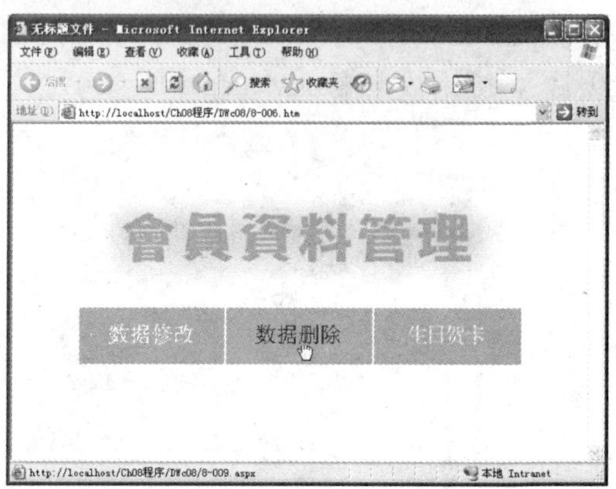

进入会员数据管理网页（8-006.htm），在其中单击“数据删除”超链接文字

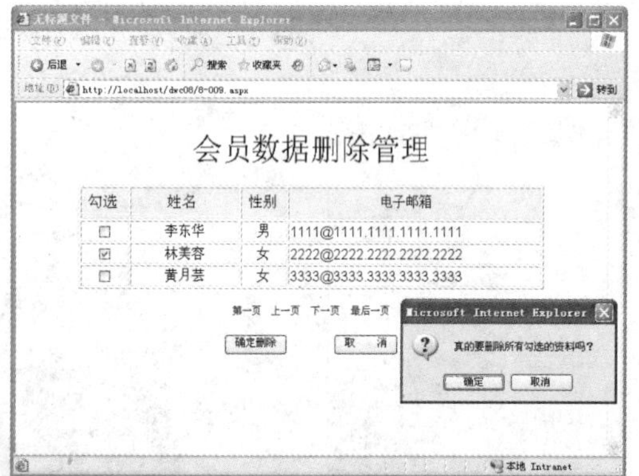

在会员数据删除管理网页（8-009.aspx）中勾选想删除会员所对应的复选框，之后单击“确定删除”按钮，确认后再删除

删除成功信息

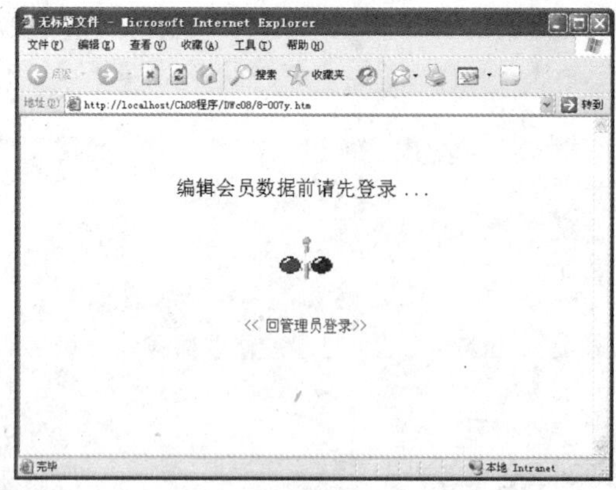

非法登录的警告信息

“会员数据删除管理”系统的简易流程示意图如下。

管理员登录 8-005.aspx → 账号密码 → 会员数据管理 8-006.htm → 数据修改 → 删除会员数据 8-007.aspx → 勾选删除 → 是否真的要删除数据?

是否真的要删除数据? → 取消 → 删除会员数据 8-007.aspx

删除会员数据 8-007.aspx → 非法登录 → 管理员登录 8-007y.htm → 返回

是否真的要删除数据? → 确定修改 → 成功删除数据 8-009x.htm → 返回

会员数据删除管理网页的具体创建步骤如下。

步骤 1　新建一空网页（8-009.aspx），插入表单 Form1，输入“Runat="server"”语句，之后输入标题，插入表单复选框 cbMno 及表单按钮 submit, reset。

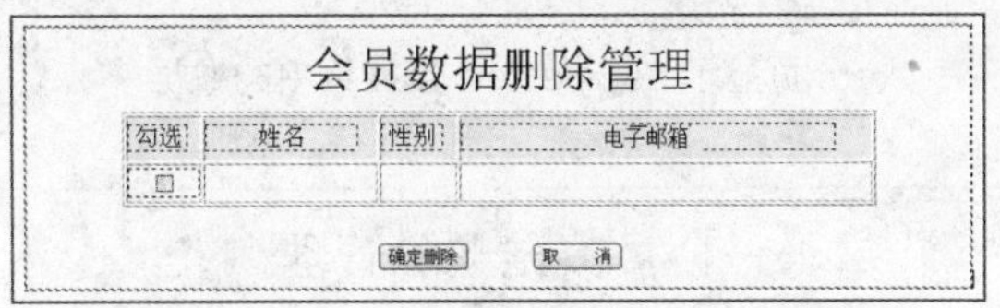

创建会员数据删除管理网页（8-009.aspx）

步骤 2　在“绑定”面板中新建会员数据数据集，设置名称为 dsSelected，连接为 Funde01，表格为 Member，全选字段之后单击“确定”按钮。

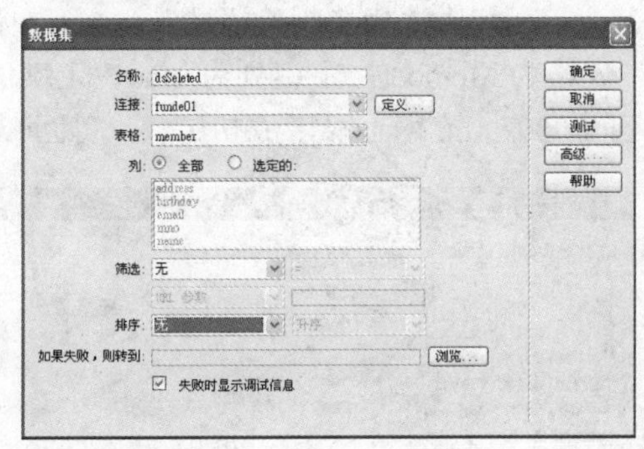

建立会员数据集 dsSelected，以便选择会员数据删除

步骤 3　展开会员数据集 dsSelected，绑定会员编号列 mno 至复选框 cbMno，其他字段则插入到其余单元格内。

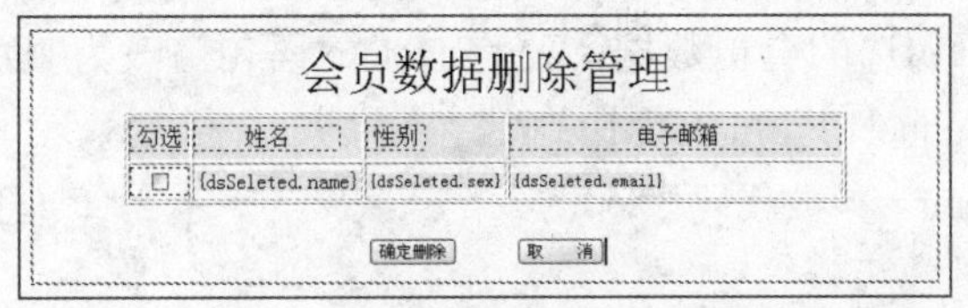

绑定及插入各数据字段至表格

步骤 4　选择表格第二行，在“服务器行为”面板中选择“重复区域”命令，设置一次显示 3 条记录。接着选择“显示区域 > 数据集不为空显示”命令以显示会员记录集 dsSelected 中的数据。然后将光标定位于表格下面，在“服务器行为”面板的“数据集分页”菜单中选择“移至第一页”和“移至最后一页”等命令，从而设置分页显示会员数据。

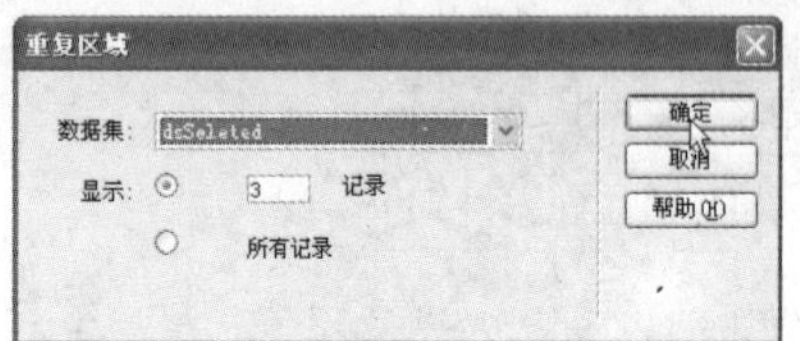

设置显示会员数据集 dsSelected 中的会员数据

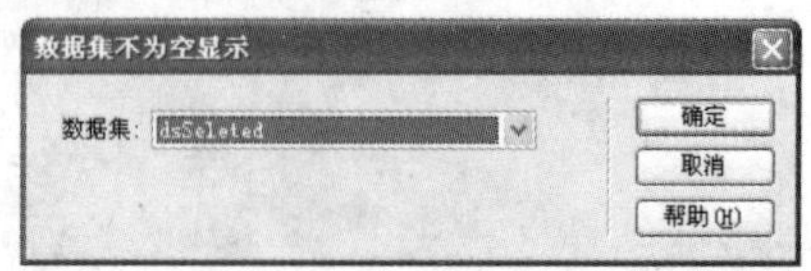

如果 dsSelected 数据集中有数据则显示出来

分页显示 dsSelected 数据集中的数据

会员数据删除管理

勾选	姓名	性别	电子信箱
□	{dsSeleted.name}	{dsSeleted.sex}	{dsSeleted.email}

第一页 上一页 下一页 最后一页

确定删除 取 消

步骤 5 在“服务器行为”面板中选择“删除记录”命令，在弹出的“删除记录”对话框中设置连接为 Funde01，表格为 Member，主键列为 mno，主键值为表单变量 cbMno，并且若删除数据成功，则转到 8-009x.htm 网页显示成功信息，可回管理者登录网页继续处理。

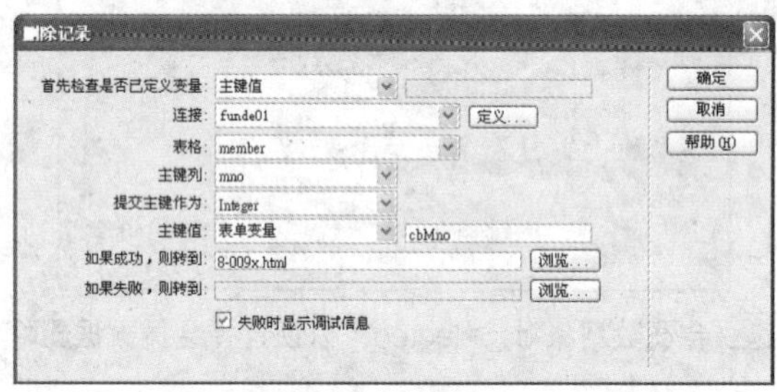

设置“删除记录”服务器行为

步骤 6 切换至“代码”视图，修改 <MM: Delete> 代码段中的内容，如下所述。

（1）为了能删除所勾选的会员数据，要将 Delete 语句修改为 "DELETE FROM member WHERE mno IN (" & Request.Form("cbMno") & ")" 。

（2）删除 <Parameter> 参数代码段。

```
<MM:Delete
runat="server"
CommandText='<%# "DELETE FROM member WHERE mno IN (" & Request.Form("cbMno") & ")" %>'
ConnectionString='<%# System.Configuration.ConfigurationSettings.AppSettings("MM_CONNECTION_STRING_Funde01") %>'
DatabaseType='<%# System.Configuration.ConfigurationSettings.AppSettings("MM_CONNECTION_DATABASETYPE_Funde01") %>'
Expression='<%# (Request.Form("cbMno") <> Nothing) %>'
CreateDataSet="false"
SuccessURL='<%# "8-009x.htm" %>'
Debug="true"
></MM:Delete>
```

修改程序代码

步骤 7 为了在删除数据前先作确认，以预防误删除，希望在单击“确定删除”按钮时，能弹出一个对话框，询问是否真的要删除，要实现该功能则先切换至“代码”视图，在“确定删除”按钮输入下面 class 属性，onClick 事件名称，以及在 HTML 文件的 <head> 标签内输入调用 Java 对话框函数 Del_ConfimMsg。

```
<input name="Submit" type="submit" value="确定删除" class="mainoption"
      onClick="Del_ConfirmMsg('真的要删除所有勾选的资料吗？');return document.MM_returnValue">
```

```
<script language="JavaScript" type="text/JavaScript">
<!--
function Del_ConfirmMsg(msg) { //v1.0
  document.MM_returnValue = confirm(msg);
}
//-->
</script>
```

设置 Java 对话框函数

步骤 8 在 <MM: PageBind> 代码段的 Page_load 事件中输入避免管理者未正式登录就修改数据的程序代码。若非法登录，则进入 8-007y.htm 网页，显示警告信息。

```
<MM:PageBind runat="server" PostBackBind="true" />
<script language="vb" runat="server">
sub page_load(sender as object, e as eventargs)
 '---------- 限制只有正常登入会员才能修改资料 ----------
 If session("email") = Nothing then        '如果非正式登入
   response.Redirect("8-003y.htm")          '则拒绝登入并显示警告讯息
 End If
end sub
</script>
```

避免未正式登录即修改数据

8.4 寄送会员生日贺卡

“寄送会员生日贺卡”主要是提供管理者能在每月初给会员寄送生日贺卡，先在管理者登录网页（8-005.aspx）中输入管理者账号及密码，之后单击“登录”按钮，则会进入会员数据管理网页（8-006.htm），在其中单击“生日贺卡”超链接文字作进一步处理。

在管理者登录网页（8-005.aspx）中输入账号及密码，之后单击“登录”按钮

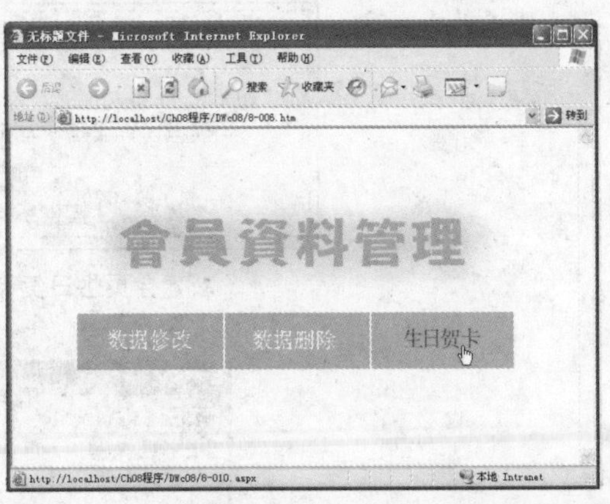

进入会员数据管理网页（8-006.htm），在其中单击“生日贺卡”超链接文字

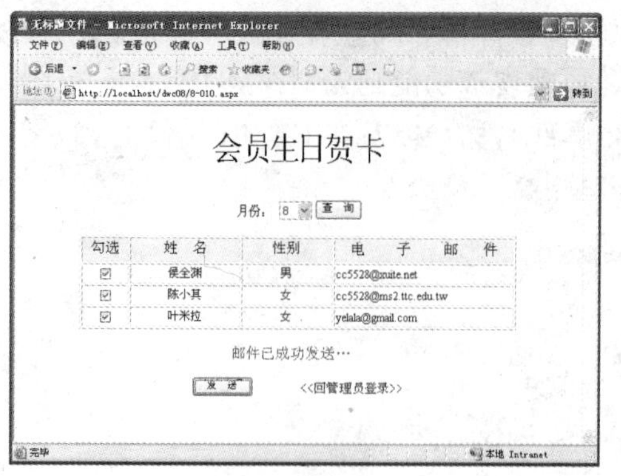

进入会员生日贺卡网页（8-010.aspx），在其中的“月份”下拉列表中查询该月寿星名单，寄出贺卡

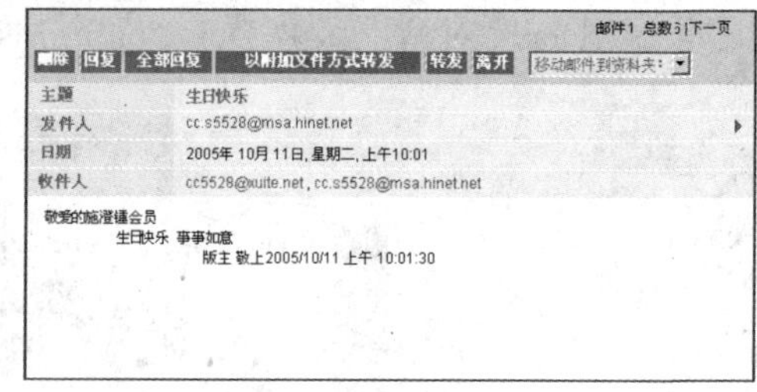

收到寄来的“会员生日贺卡”

“寄送会员生日贺卡”系统的简易流程示意图如下。

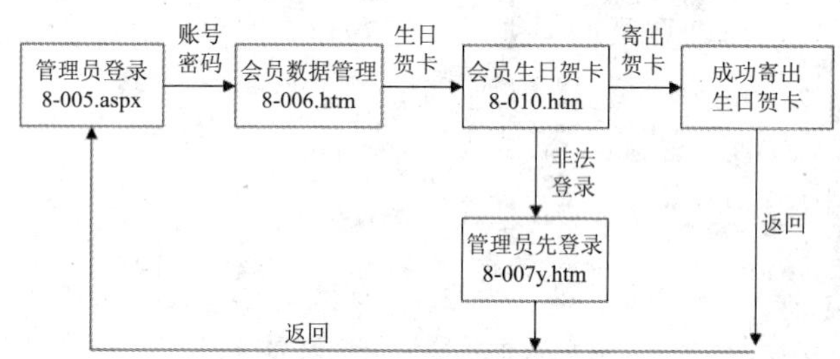

“寄送会员生日贺卡”网页的具体创建步骤如下。

步骤 1 新建空网页（8-010.aspx），插入表单 Form1，输入“Runat="server"”语句，之后输入标题，以及插入“月份”列表 selMonth、“查询”按钮 Submit、“勾选”想寄贺卡的复选框 cbMail、ASP.NET 插入栏中的“邮寄信息”标签 Label1、“寄出贺卡”按钮 Button1。其中设置“月份”列表值由 1 月 ~12 月，“寄出贺卡”按钮 onClick 事件名称为 Bt1Click。

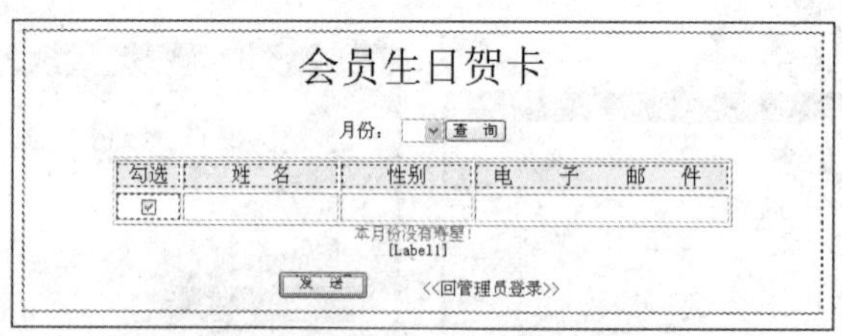

新建会员生日贺卡网页（8-009.aspx）

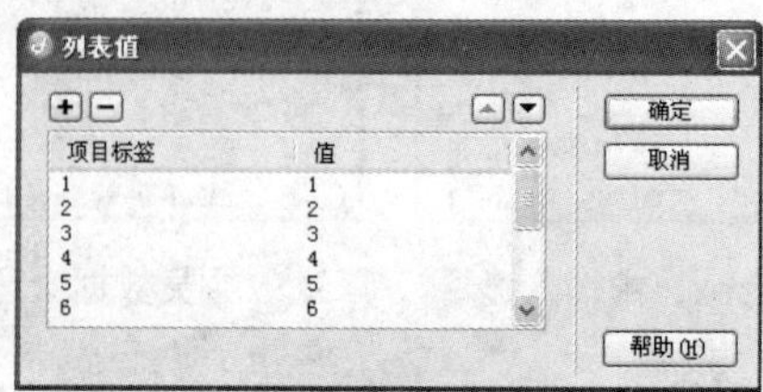

“月份”列表值由 1 月 ~12 月

步骤 2 在“绑定”面板中新建会员数据集，设置名称为 dsBirthday，连接为 Funde01，表格为 Member，全选字段，并修改 SQL 语句内容为“SELECT * FROM member WHERE month(birthday) = "& selMonth.value &""”，目的是以月份列表所选择的月份，来筛选出寿星会员数据。之后在“代码”视图的会员数据集 dsBirthday 代码段中删除 Parameter 参数内容。

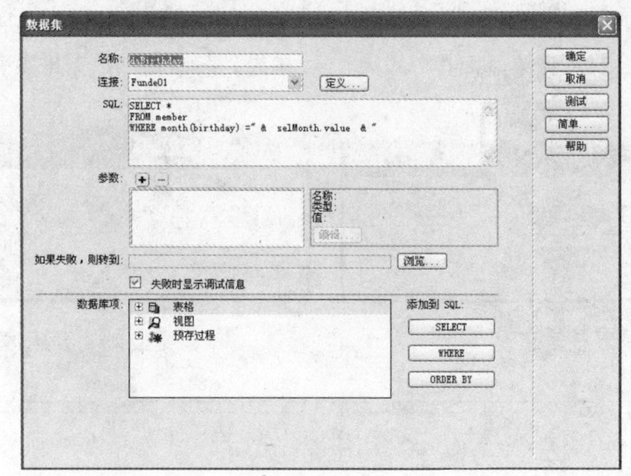

筛选该月份是寿星的会员数据集 dsBirthday，以便寄出贺卡

```
<MM:DataSet
id="dsBirthday"
runat="Server"
IsStoredProcedure="false"
ConnectionString='<%# System.Configuration.ConfigurationSettings.AppSettings("MM_CONNECTION_STRING_Funde01") %>'
DatabaseType='<%# System.Configuration.ConfigurationSettings.AppSettings("MM_CONNECTION_DATABASETYPE_Funde01") %>'
CommandText='<%# "SELECT * FROM member WHERE month(birthday) =" & selMonth.value & "" %>'
Debug="true"
></MM:DataSet>
```

在会员数据集 dsBirthday 中删除 Parameter 代码段

步骤 3 展开寿星会员数据集 dsBirthday，绑定电子邮箱列 email 至复选框 cbMail，目的是给勾选的会员寄给生日贺卡，其他字段则插入到其余单元格内。

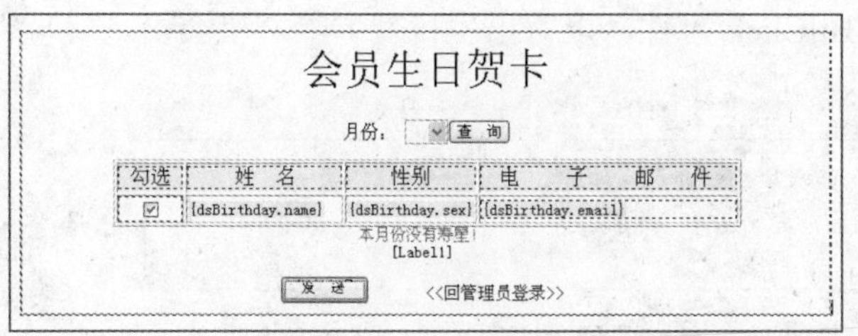

绑定及插入各数据列至表格

步骤 4 选择表格第二行，在“服务器行为”面板中选择“重复区域”命令，设置显示全部记录。接着选择“显示区域 > 数据集不为空显示”命令以显示会员记录集 dsBirthday 中的数据。然在表格下面选择“本月份没有寿星！”文字，接着选择“显示区域 > 数据集为空时显示”命令进行设置。另外，在“绑定”面板中选择“WebXeL>Server Objects>Request Form”命令，以建立“邮寄贺卡”复选框的表单变量 cbMail。

设置显示寿星会员数据集 dsBirthday

如果 dsBirthday 数据集中有数据则显示出来

无本月寿星信息

建立邮寄贺卡表单变量

步骤 5 切换至“代码”视图，在程序代码最前面输入下面命名语句，以提供邮寄功能。

```
<%@ Import Namespace="System.Web.Mail" %>
```

步骤 6 在 <MM: PageBind> 代码段的 Page_load 事件中输入避免管理者未正式登录就修改数据的程序代码。若非法登录，则进入 8-007y.htm 网页，显示警告信息。另外，输入“寄出贺卡”按钮的 BtlClick 事件，以寄出生日贺卡给寿星会员。

```
<MM:PageBind runat="server" PostBackBind="true" />
<Script Language="VB" runat="server">
'--------- 限制只有正常登入管理者才能编辑资料 ---------------------
sub page_load(sender as object, e as eventargs)
If session("acc") = Nothing then              '如果非正式登入
  response.Redirect("8-007y.htm")              '则拒绝登入并显示警告讯息
End If
end sub
'--------- 寄出生日贺函 ----------------------------------------
Sub Bt1Click(ByVal Sender As Object, ByVal e As EventArgs)
 Dim mymail As New MailMessage               '建立新邮件讯息物件
 mymail.To=request.Form("cbMail")            '取得收件者邮址
 mymail.From="cc.s5528@msa.hinet.net"        '取得寄件者邮址
 mymail.Subject="生日快乐"                    '取得邮件主旨及下面的邮件内文
 mymail.Body= "敬爱的" & dsBirthday.FieldValue("Name", Nothing) & "会员： " & vbcrlf & _
              "     祝您  生日快乐  事事如意！" & vbcrlf & _
              "                         版主 敬上" & now
 On Error Resume Next                        '若传送中有错误略过
 SmtpMail.SmtpServer="msa.hinet.net"         '使用Hinet的msa主机传送邮件
 SmtpMail.Send(mymail)                       '邮件传送出去
 IF Err.Number <>0 Then                      '若传送中有错误
   Label1.Text = Err.Description             '则显示错误讯息
 Else                                        '否则显示成功寄出讯息
   Label1.Text="<Font Color=red>邮件已成功寄出…</Font>"
 End If
End Sub
</script>
```

非法登录警告信息。

邮寄生日贺函。

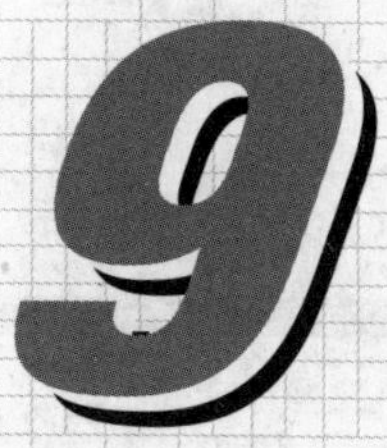

购物管理系统

在一个商业网站中一定会发生商品的买卖行为，如果要将商品顺利销售出去，就必须具备购物系统，要让网友知道该网站在卖什么，以便网友能选购他所需的东西，然后列出他的购物列表，修改或增减所购买的东西，然后结账，接着管理者再根据网友的订单去装货、寄货、收款，若库存太少就要补货等，我们将以下面的“购物管理系统”为例，说明简易的网友在线购物系统的搭建方法。

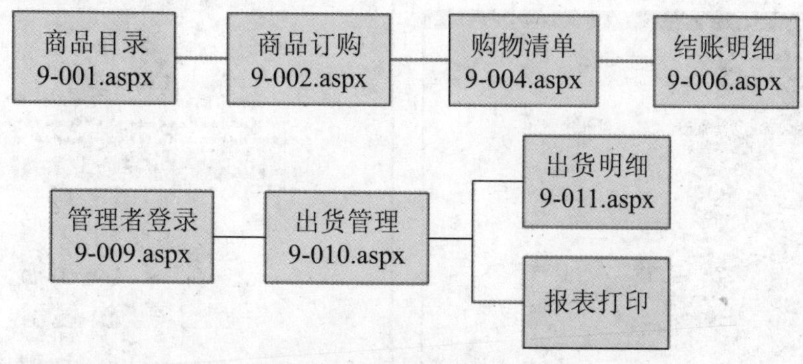

9.1 商品订购

“商品订购”主要提供给网友订购网站商品所用，首先会出现商品目录网页（9-001.aspx），网友可在其中选择需要购买的商品品名，进入该商品的订购网页（9-002.aspx），在其中输入订购量后单击“加入购物车”按钮，所选择的商品暂时存入购物车数据表 car 中，可返回继续购物或显示购物列表网页（9-003.aspx）。如显示购物列表网页（9-004.aspx），可修改购物量或删去不要的商品，重算货款；如全都不买，可清空购物车返回；或者进一步结账。为管理方便起见，结账前先要进入会员登录网页（9-005.aspx），如果是新客户，先连接到第 8 章的会员管理页面注册为新会员；否则会转到结账明细网页（9-006.aspx），检查邮寄数据及选择付款方式、送货备忘录，如无误则发送数据，完成购物过程。

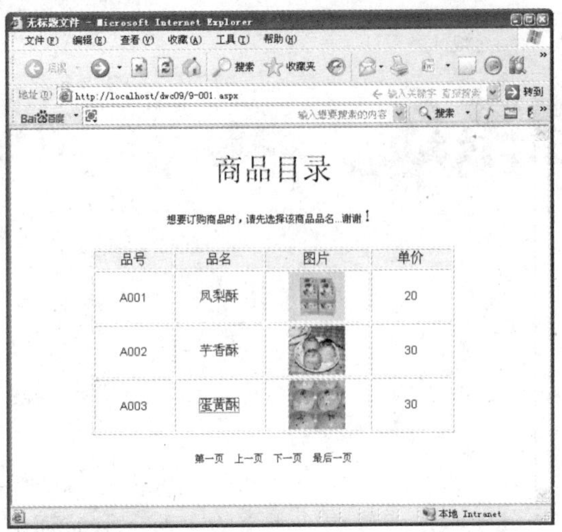

在商品目录网页（9-001.aspx）中单击“品名”超链接文字

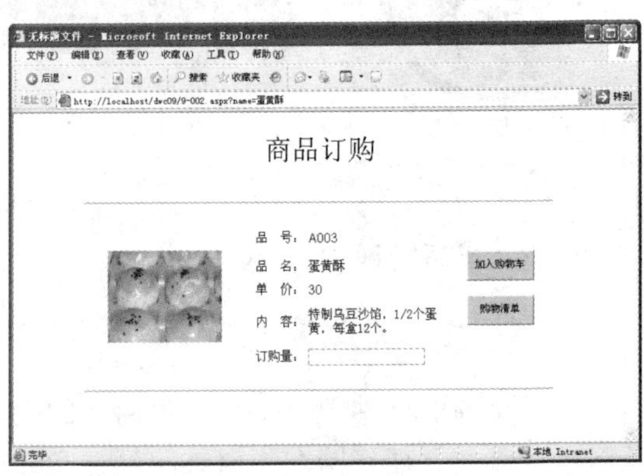

输入该商品订购量并加入购物车中（9-002.aspx）

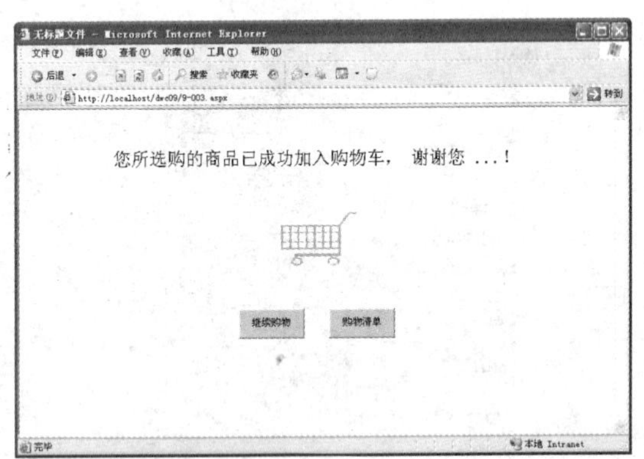

成功加入购物车，单击“购物清单”按钮（9-003.aspx）

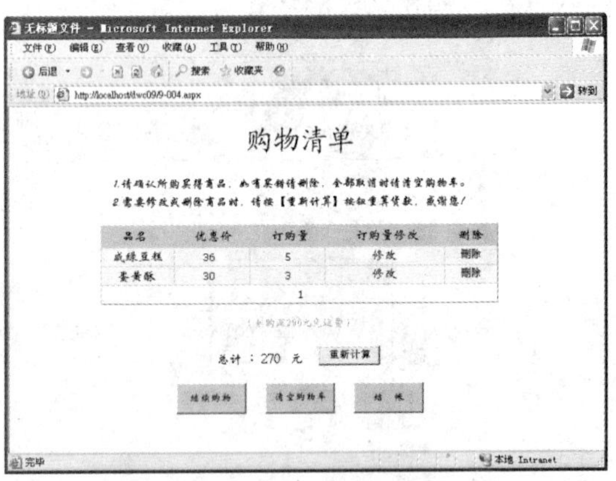

修改购物数据并重算货款后单击“结账”按钮（9-004.aspx0）

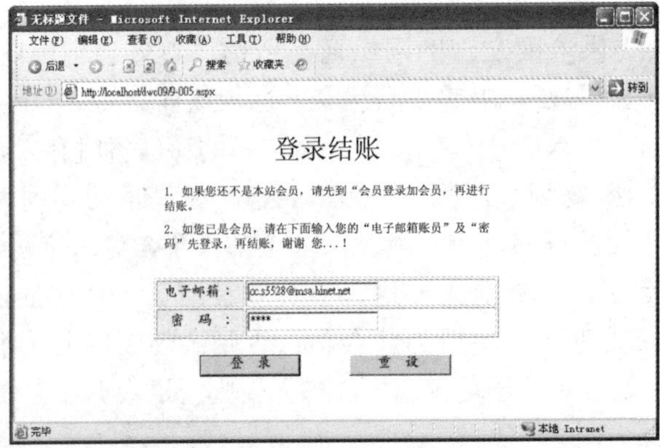

需要请先登录（或注册）为会员，会员则输入电子邮箱和密码登录结账（9-005.aspx）

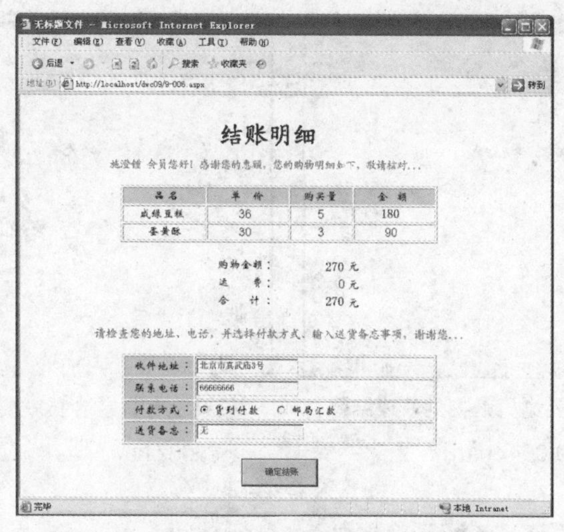

检查送货地址、电话，选择付款方式，输入送货备忘后单击“确定结账”按钮（9-006.aspx）

无标题文件 - Microsoft Internet Explorer

http://localhost/dwc09/9-007.aspx

收件人数据确认

订单编号：	88
收件人姓名：	李迎振
电子邮箱：	cc.s5528@msa.hinet.net
收件地址：	高雄市山多路500号
联络电话：	0955555555
付款方式：	货到付款
送货备忘：	请速送

资料已成功寄出……

发送数据　完成购物

确认收件人寄送数据，单击“发送数据”按钮会以email方式通知会员，单击“完成购物”按钮将订单数据进行保存（9-007.aspx）

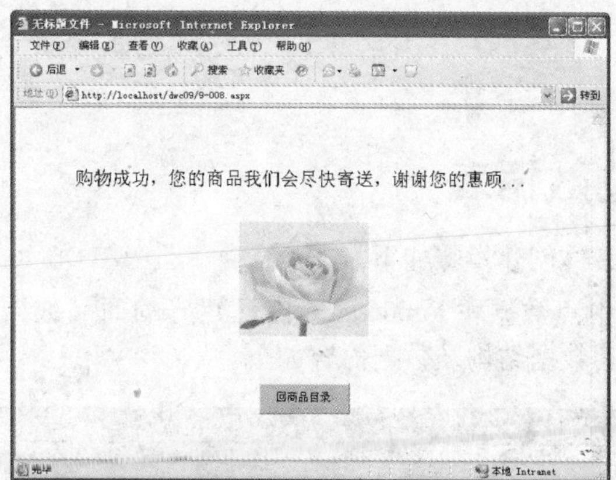

购物成功信息（9-008.aspx）

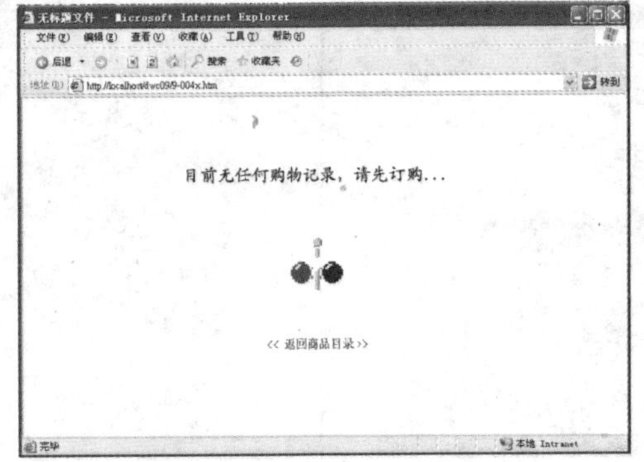

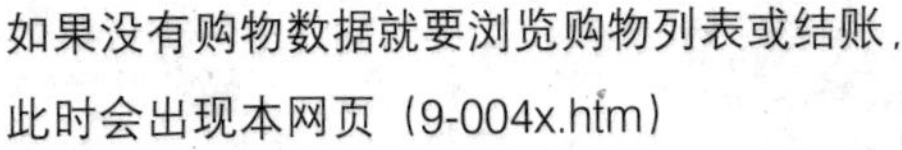
如果没有购物数据就要浏览购物列表或结账，此时会出现本网页（9-004x.htm）

如果没有登录会员就要结账会出现本网页（9-006x.htm）

“商品订购”系统的简易流程示意图如下。

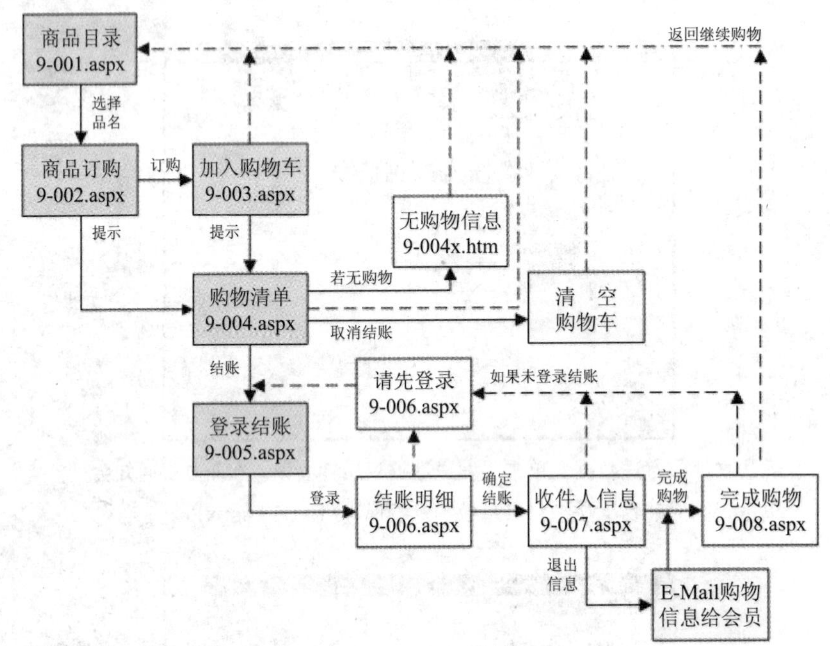

9.1.1 建立购物数据表

商品订购数据表的具体创建步骤如下。

步骤 1 使用枫笛中点数据库 Funde.mdb 内已建好的商品数据表 Goods，目的是显示商品目录数据供选购，其数据结构及数据内容如下。

goods : 表

字段名称	数据类型	说明
pno	文本	品号（文字4位）
name	文本	品名（文字20位）
price	数字	每盒定价（整数）
stock	数字	库存量（整数）
safe	数字	安全存量（整数）
picture	文本	图片（文字20位）
content	文本	商品说明（文字50位）

商品数据表 Goods 结构

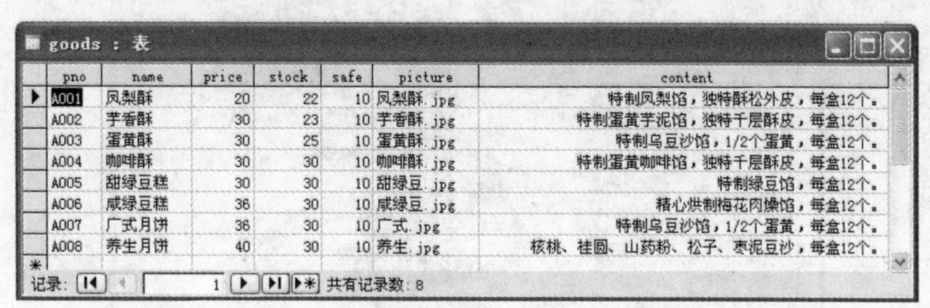

goods : 表

pno	name	price	stock	safe	picture	content
A001	凤梨酥	20	22	10	凤梨酥.jpg	特制凤梨馅，独特酥松外皮，每盒12个。
A002	芋香酥	30	23	10	芋香酥.jpg	特制蛋黄芋泥馅，独特千层酥皮，每盒12个。
A003	蛋黄酥	30	25	10	蛋黄酥.jpg	特制乌豆沙馅，1/2个蛋黄，每盒12个。
A004	咖啡酥	30	30	10	咖啡酥.jpg	特制蛋黄咖啡馅，独特千层酥皮，每盒12个。
A005	甜绿豆糕	30	30	10	甜绿豆.jpg	特制绿豆馅，每盒12个。
A006	咸绿豆糕	36	30	10	咸绿豆.jpg	精心烘制梅花肉燥馅，每盒12个。
A007	广式月饼	36	30	10	广式.jpg	特制乌豆沙馅，1/2个蛋黄，每盒12个。
A008	养生月饼	40	30	10	养生.jpg	核桃、桂圆、山药粉、松子、枣泥豆沙，每盒12个。

记录：1 共有记录数：8

商品数据表数据

步骤 2 在枫笛中点数据库Funde.mdb内新建购物车数据表Car，目的是暂存网友所选购的商品数据。其中的数据会增加或删除，直到结账后才清除，其数据结构及数据内容如下。

car : 表

字段名称	数据类型	说明
cno	自动编号	1. 编号（长整型）
name	文本	2. 品名（文字20位）
price	数字	3. 单价（整数）
qty	数字	4. 订单量（整数）

购物车数据表Car结构

car : 表

cno	name	price	qty
161	芋香酥	30	3
(自动编号)		0	0

购物车数据表数据

步骤 3 使用枫笛中点数据库Funde.mdb内的已建会员数据表Member，目的是用来先确认客户是否会员。若不是则先到会员系统进行注册；若是则结账时用作订单及寄货时的参考数据，其数据结构及数据内容如下。

member : 表

字段名称	数据类型	说明
mno	自动编号	1. 会员编号（长整型）
name	文本	2. 会员姓名（文字15位）
sex	文本	3. 性别（文字2位）
birthday	日期/时间	4. 生日（日期）
address	文本	5. 地址（文字40位）
telephone	文本	6. 电话（文字15位）
email	文本	7. 电子邮箱（文字40位）
pwd	文本	8. 密码（文字10位）

会员数据表Member结构

member : 表

mno	name	sex	birthday	address	telephone	email	pwd
1	李东华	男	1985-11-16	台中市文桦路100	0911111111	1111@1111.1111.	1111
2	林美容	女	1986-10-18	台北市忠华路200	0922222222	2222@2222.2222.	2222
(自动编号)							

记录：1 共有记录数：6

会员数据表数据

步骤 4 在枫笛中点数据库Funde.mdb内建立订单数据表Orders，目的是保存顾客的订货金额、付款方式及送货等数据，将来用来作为结账及送货的参考，其数据结构及数据内容如下。

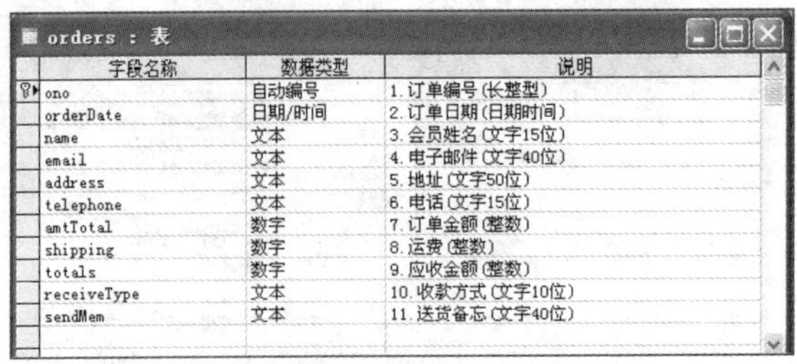

orders : 表

字段名称	数据类型	说明
ono	自动编号	1. 订单编号 (长整型)
orderDate	日期/时间	2. 订单日期 (日期时间)
name	文本	3. 会员姓名 (文字15位)
email	文本	4. 电子邮件 (文字40位)
address	文本	5. 地址 (文字50位)
telephone	文本	6. 电话 (文字15位)
amtTotal	数字	7. 订单金额 (整数)
shipping	数字	8. 运费 (整数)
totals	数字	9. 应收金额 (整数)
receiveType	文本	10. 收款方式 (文字10位)
sendMem	文本	11. 送货备忘 (文字40位)

订单数据表 Orders 结构

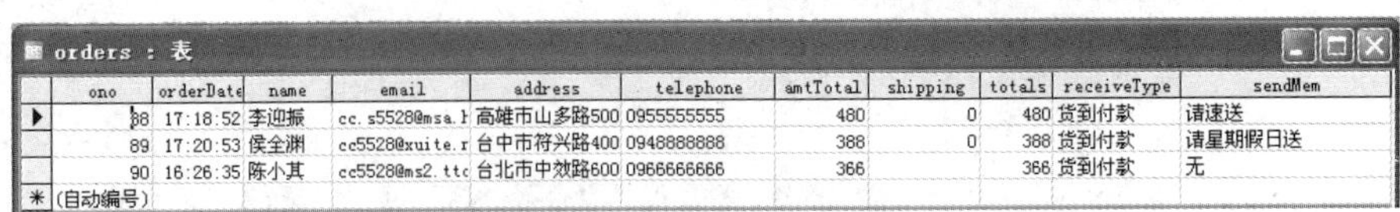

orders : 表

ono	orderDate	name	email	address	telephone	amtTotal	shipping	totals	receiveType	sendMem
88	17:18:52	李迎振	cc.s5528@msa.h	高雄市山多路500	0955555555	480	0	480	货到付款	请速送
89	17:20:53	侯全渊	cc5528@xuite.r	台中市符兴路400	0948888888	388	0	388	货到付款	请星期假日送
90	16:26:35	陈小其	cc5528@ms2.ttc	台北市中效路600	0966666666	366		366	货到付款	无
(自动编号)										

订单数据表数据

步骤 5 在枫笛中点数据库 Funde.mdb 内建立订单明细数据表 OrderList，目的是保存订单明细数据，和上面的订单数据相关联，用于结账或备货参考，其数据结构及数据内容如下。

orderList : 表

字段名称	数据类型	说明
ono	数字	1. 订单编号 (长整型)
name	文本	2. 品名 (文字20位)
price	数字	3. 单价 (整数)
qty	数字	4. 订购量 (整数)

订单明细数据表 OrderList 结构

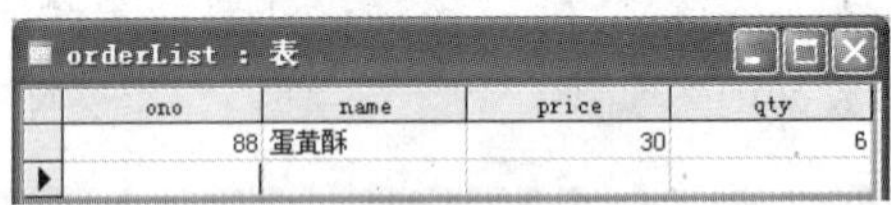

orderList : 表

ono	name	price	qty
88	蛋黄酥	30	6

订单明细数据表数据

步骤 6 建立订单数据表 Orders，将其与订单明细数据表 OrderList 相关联，关联字段为订单编号 ono，关联方式如下。

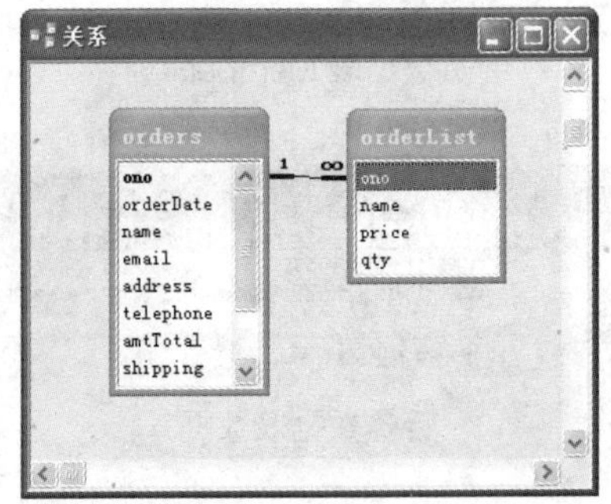

订单数据表 Orders 与订单明细数据表 OrderList 以订单编号相关联

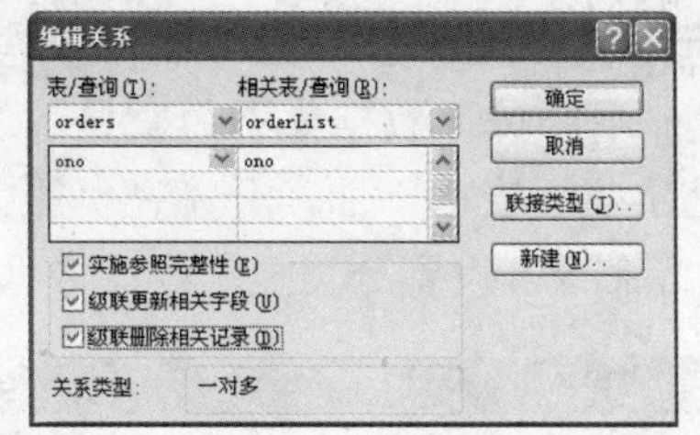

9.1.2 显示商品目录

步骤 1 新建一空网页（9-001.aspx），插入表单 Form1，输入“Runat="server"”语句，之后输入标题。

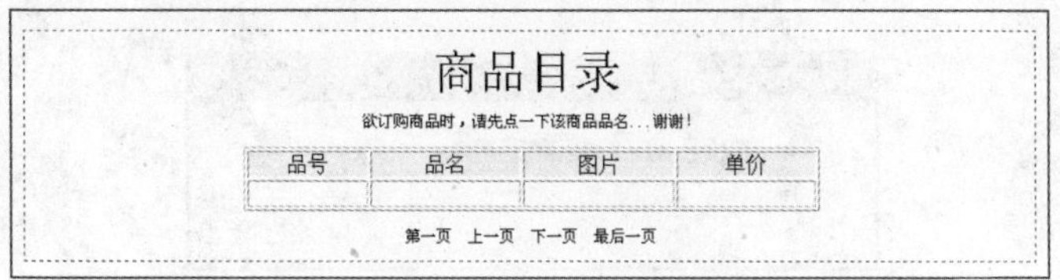

输入各标题并插入各控件

步骤 2 在“绑定”面板中新建商品数据集，设置名称为 dsCatalog，连接为 Funde01，表格为 Goods，选择品号 pno、品名 name、图片 picture、单价 price 字段来显示，以供网友选择购买，之后单击“确定”按钮。

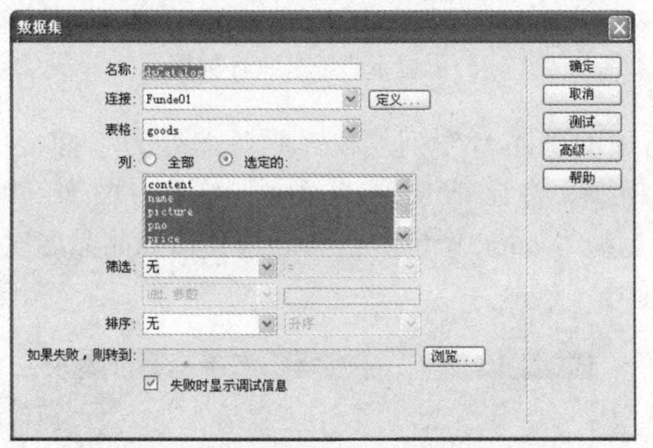

建立供选购的商品目录数据集 dsCatalog

步骤 3 展开商品目录数据集 dsCatalog，将各字段插入至各单元格，绑定图片列至图像控件，目的是显示需要销售的商品数据。

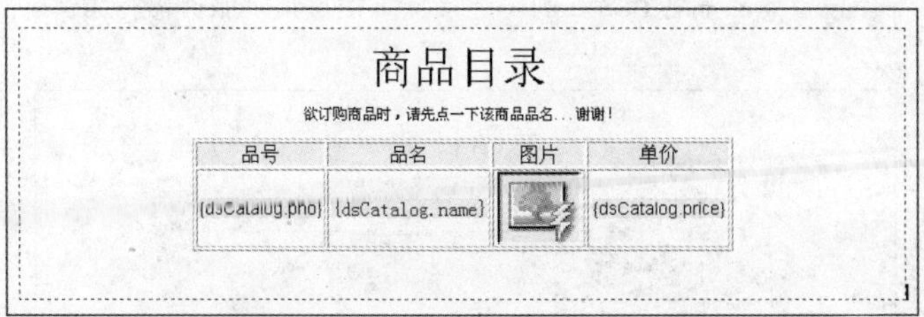

插入及绑定商品目录数据集 dsCatalog 的字段数据

步骤 4 选择表格第二行，在“服务器行为”面板中选择“重复区域”命令，设一次显示 3 条记录。接着选择“显示区域 > 数据集不为空显示”命令以显示商品目录数据集 dsCatalog 的数据。然后将光标定位于表格下面，分别在“服务器行为”面板中选择“移至第一页”和“移至最后一页”等命令，设置分页显示商品数据。

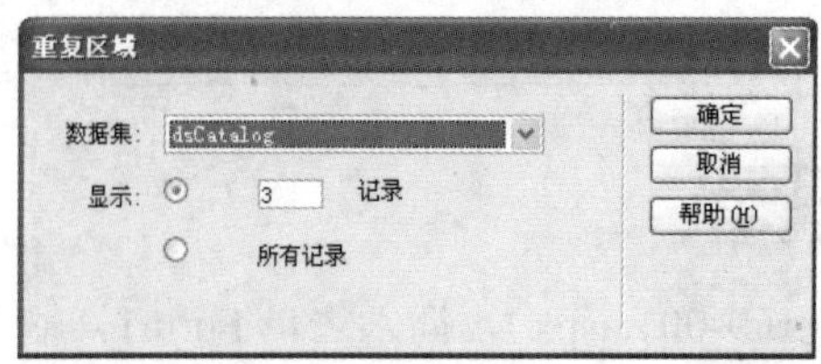

设置显示商品目录数据集 dsCatalog 中的商品数据

如果 dsCatalog 数据集中有数据则显示出来

分页显示 dsCatalog 数据

步骤 5 选择表格中的“品名”列，在“服务器行为”面板中选择 Go to Detail Page DotNET 命令，设置要连接的详细信息页为商品订购网页（9-002.aspx），数据集为 dsCatalog，主键栏为主题编号 name。目的是实际选择该商品品名时，会连接至这商品的订购网页，供网友输入购物量。

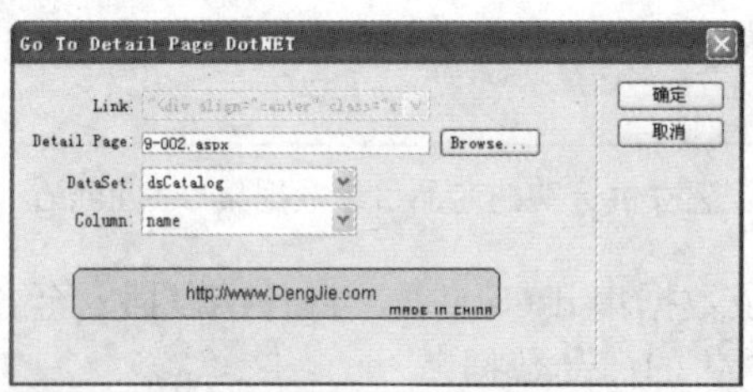

设置商品品名 name 的“连接详细信息页”服务器行为

步骤 6 在“服务器行为”面板中选择“删除记录”命令，在弹出的“删除记录”对话框中设置连接为 Funde01，表格为 Car、主键列为 cno，主键值为 URL 参数 cno，之后单击“确定”按钮。目的是在正式购物前先清除购物车中残留的错误数据。

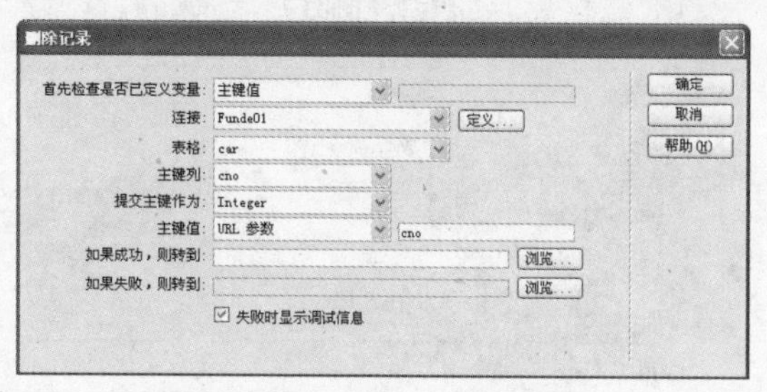

设置“删除记录”服务器行为

步骤 7 切换至“代码”视图，修改 <MM: Delete> 代码段中的相关内容。

（1）插入删除服务器行为的名称为 id="delCar"。

（2）为了能删除购物车内所有的残留的错误数据，将 Delete 语句修正为 "DELETE FROM Car" 。

（3）为了不误删除正常购物的购物车数据，需先将删除行为改为经确认后才能启动，因此修改 Expression 句为 false。

（4）因为没用到参数，所以删除 <Parameter> 参数段。

```
<MM:Delete
id="delCar"
runat="server"
CommandText='<%# "DELETE FROM car" %>'
ConnectionString='<%# System.Configuration.ConfigurationSettings.AppSettings("MM_CONNECTION_STRING_Funde01") %>'
DatabaseType='<%# System.Configuration.ConfigurationSettings.AppSettings("MM_CONNECTION_DATABASETYPE_Funde01") %>'
Expression='false'
CreateDataSet="false"
Debug="true"
>
</MM:Delete>
```

修改“删除记录”服务器行为程序

步骤 8 在 <MM:PageBind> 代码段中插入在初次开启购物系统时，才删除购物车内的残留错误数据的程序代码（进行后面的购物行为将商品加入购物车时其 addCar 的 Session 变量值才会存入 True）。

```
<MM:PageBind runat="server" PostBackBind="true" />
<script language="vb" runat="server">
'--------- 网页初始化事件 -----------------------------------------------
Sub Page_init(sender as object, e as EventArgs)
  '--------- 在第一次进入系统时先清除购物车资料让购物重新开始 ---------------------
  if not session("addCar") then
      delCar.expression=true      '尚未购物前先将上次不当跳出购物系统的
  end if                          '购物车残留资料清除
End Sub
</script>
```

9.1.3 订购数据加入购物车

步骤 1 新建一空网页（9-002.aspx），插入表单 Form1，输入“Runat="server"”语句，之后输入标题，插入“订购量”文本框 qty、“加入购物车”按钮 Button1、“购物清单”按钮 Button2 等各控件。设置“购物清单”按钮的 onClick 事件名称为 Bt2Click，目的是将来单击此按钮时显示网友的购物车内容。

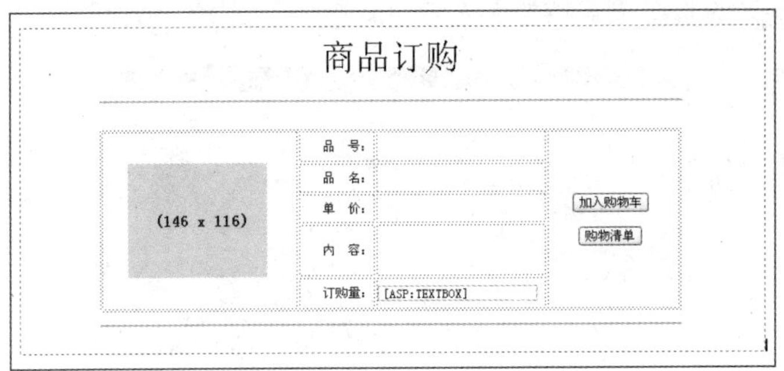

输入各标题并插入各组件

步骤 2 在“绑定”面板中新建商品数据集，设置名称为 dsSale，连接为 Funde01，表格为 Goods，全选字段，并以品名 name 筛选刚才选择的商品数据出来显示，以供网友输入订购量，之后单击“确定”按钮。

设置商品数据集 dsSale

步骤 3 展开选择的商品数据集 dsSale，将各字段插入至各单元格，绑定图片列至图片控件，并插入两个隐藏区域 name 及 price（控件标签要添加“runat="server"”语句），并且分别绑定至商品品名 name、单价 price 字段，以便将输入的要选购商品的名称、单价及订购量，加入购物车中。

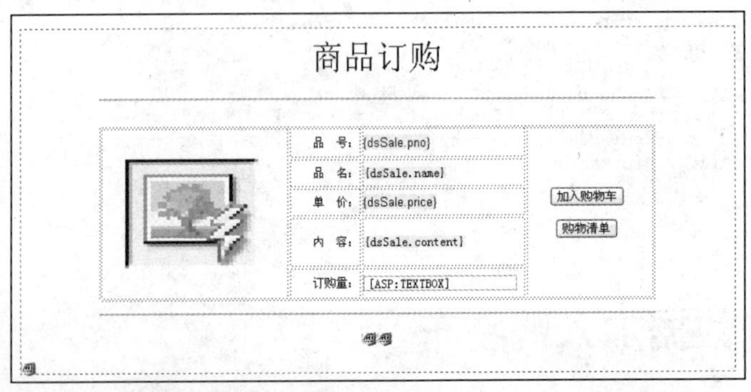

插入及绑定商品数据集 dsSale 中的字段数据

步骤 4　在“服务器行为”面板中选择“插入记录”命令，在弹出的“插入记录”对话框中设置连接为 Funde01，表格为 Car，各列取得各对应控件值，若插入成功则前往 9-003.aspx 网页，显示成功插入购物车数据信息，之后单击“确定”按钮。

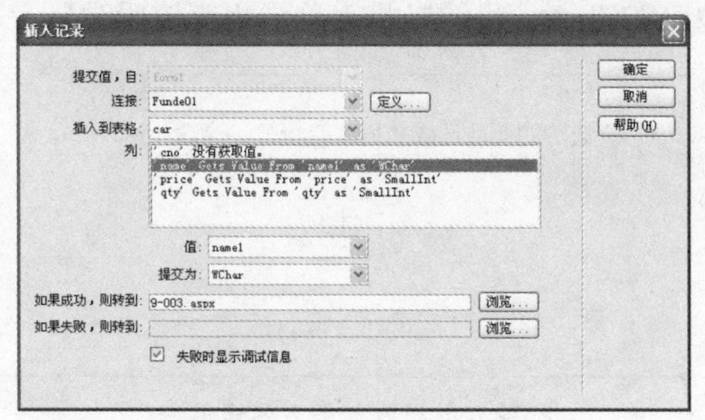

设置“插入记录”服务器行为

步骤 5　切换至“代码”视图，修改 <MM:Insert> 代码段中的内容如下。

（1）设插入记录服务器行为的名称为：id="insCar"。

（2）为了控制在单击“加入购物车”按钮时，才会将购物数据放入购物车，因此先将插入记录行为的 Expression 语句改为 false。

```
<MM:Insert
id="insCar"
runat="server"
CommandText='<%# "INSERT INTO car(name, price, qty) VALUES (?, ?, ?)" %>'
ConnectionString='<%# System.Configuration.ConfigurationSettings.AppSettings("MM_CONNECTION_STRING_Funde01") %>'
DatabaseType='<%# System.Configuration.ConfigurationSettings.AppSettings("MM_CONNECTION_DATABASETYPE_Funde01") %>'
Expression='false'
CreateDataSet="false"
SuccessURL='<%# "9-003.aspx" %>'
Debug="true"
><Parameters>
  <Parameter Name="@name" Value='<%# IIf((Request.Form("name") <> Nothing), Request.Form("name"), "") %>' Type="WChar" />
  <Parameter Name="@price" Value='<%# IIf((Request.Form("price") <> Nothing), Request.Form("price"), "") %>' Type="SmallInt" />
  <Parameter Name="@qty" Value='<%# IIf((Request.Form("qty") <> Nothing), Request.Form("qty"), "") %>' Type="SmallInt" />
</Parameters>
</MM:Insert>
```

修改“插入记录”服务器行为程序

步骤 6　在 <MM:PageBind> 代码段中输入 Page_Load 网页加载事件程序代码，控制在单击“加入购物车”按钮且有输入订购量时，才会将购物数据放入购物车，并转到 9-003.aspx 网页，显示成功加入购物车信息。另外编写单击“购物清单”按钮的 onClick 事件程序 Bt2Click，控制能转到 9-004.aspx 网页，以显示该网友的购物清单。

```
<MM:PageBind runat="server" PostBackBind="true" />
<script language="vb" runat="server">
'-------- 网页载入事件 ----------------------------------------------------
Sub Page_Load(sender as object, e as EventArgs)
  '-------- 当单击"加入购物车"按钮时才新建记录 ------------------------------
  If page.isPostBack Then                              '当网页有单击"加入购物车"按钮产生回存时
    If Request.Form("Button1")="加入购物车" and qty.text <> nothing Then
      session("addCar")=true                          '如输入订购量则设addCar变量为真
      insCar.expression=true                          '并且会新建一条购物记录至购物车中
    End If
  End If
End Sub
'-------- 单击"购物清单"按钮事件 ------------------------------------------
sub Bt2Click(sender as object, e as EventArgs)
  qty.text=""
  response.Redirect("9-004.aspx")                     '转往显示购物清单内容
end sub
</script>
```

步骤 7　新建一空网页“9-003.aspx”，插入表单 Form1，输入“Runat="server"”语句，以及成功加入购物车的消息正文，插入“继续购物”按钮 Button1、“购物清单”按钮 Button2 等各控件。设置“继续购物”按钮的 onClick 事件名称为 Bt1Click，“购物清单”按钮的 onClick 事件名称为 Bt2Click，目的是将来单击相应按钮时显示网友的购物车内容。

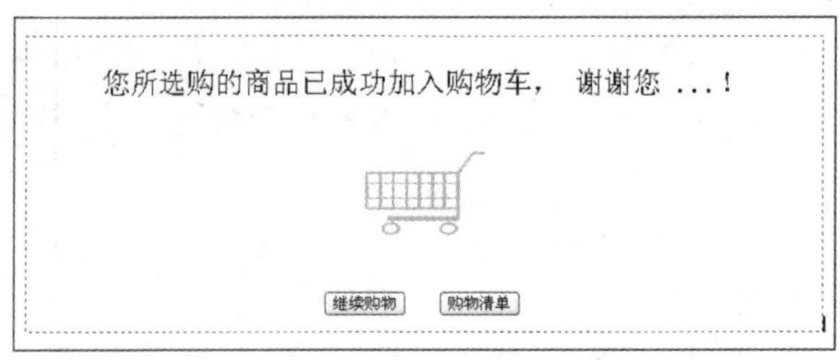

输入各标题并插入各组件

步骤 8　切换至“代码”视图，输入 Bt1Click 单击“继续购物”按钮事件程序代码，控制在单击“继续购物”按钮时，转到 9-001.aspx 网页，显示商品目录继续购物。另外，编写单击“购物清单”按钮的 onClick 事件程序 Bt2Click，控制单击该按钮后转到 9-004.aspx 网页，以显示该网友的购物清单。

```
<script language="vb" runat="server">
'--------- 单击“继续购物”按钮事件 ---------------------------------------------
sub Bt1Click(sender as object, e as EventArgs)
  response.Redirect("9-001.aspx")         '转到商品目录网页继续购物
end sub
'--------- 单击“购物清单”按钮事件 ---------------------------------------------
sub Bt2Click(sender as object, e as EventArgs)
  response.Redirect("9-004.aspx")         '转到购物清单网页显示购物车购物数据
end sub
</script>
```

9.1.4　显示购物清单

步骤 1　新建一空网页（9-004.aspx），插入表单 Form1，输入“Runat="server"”语句，之后输入标题，插入合计标签 Label1，“继续购物”按钮 Button1、“结账”按钮 Button2、“清空购物车”按钮 Button3、“重新计算”按钮 Button4，并进行如下修改。

（1）“继续购物”按钮的 onClick 事件名称为 Bt1Click，若单击此按钮时返回商品目录继续购物。

（2）“结账”按钮的 onClick 事件名称为 Bt2Click，将来单击此按钮时准备登录会员然后结账。

（3）“清空购物车”按钮的 onClick 事件名称为 Bt3Click，若单击此按钮时清空购物车返回商品目录。

（4）“重新计算”按钮的 onClick 事件名称为 Bt4Click，若单击此按钮时重算购物合计。

输入各标题并插入各控件

步骤 2 在“服务器行为”面板中选择“数据网格”命令，在弹出的“数据网格”对话框中设置要显示的数据集为dsCar，每页显示10条记录，将导航编号连接到每一页，删除品号列cno，并且进行如下修改。

（1）选择各字段，之后单击“编辑”按钮，在弹出的对话框中输入中文字段标题，取得各对应控件值。

（2）单击加号按钮新建“订购量修改”字段，含编辑、更新、取消功能按钮，以及新建“删除”按钮字段。

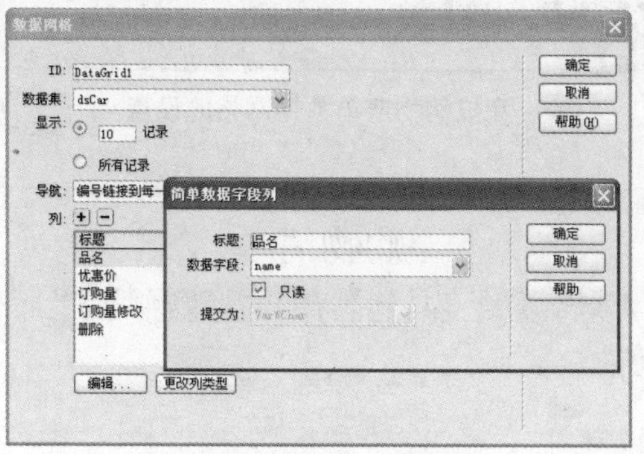

将英文名称改为中文

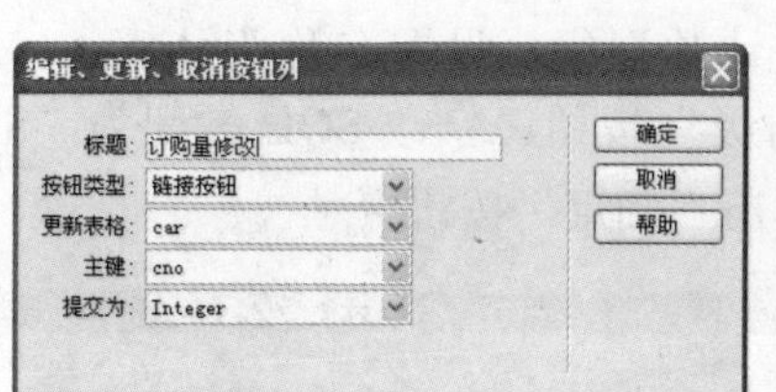

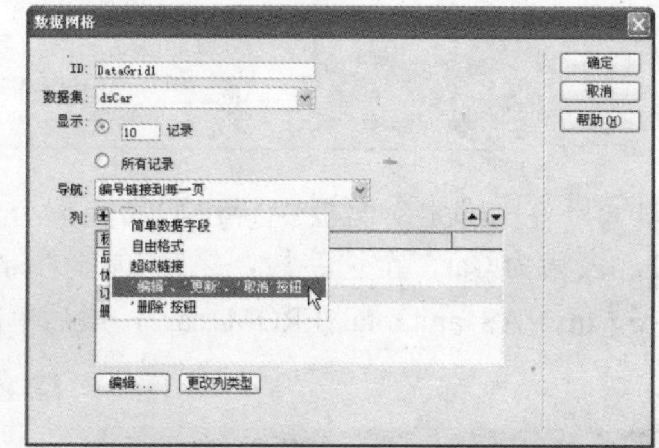

新建订购量修改字段

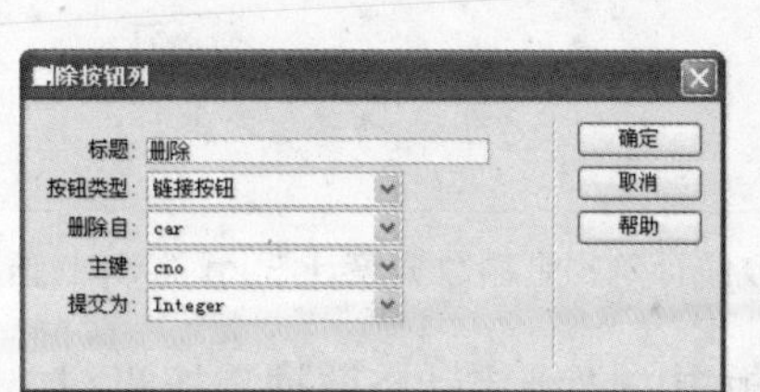

新建删除按钮

完成购物清单数据网格的设置

步骤 3 在"绑定"面板中新建购物金额合计数据集，设置名称为 dsSum、连接为 Funde01，表格为 Car，全选字段，之后单击"高级"按钮，修改 SQL 语句为"SELECT sum(price * qty) AS amtTotal FROM car"，最后单击"确定"按钮。

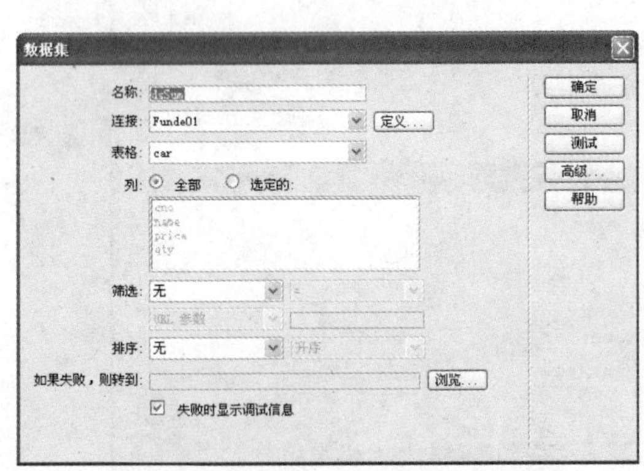

新建统计购物金额数据集 dsSum

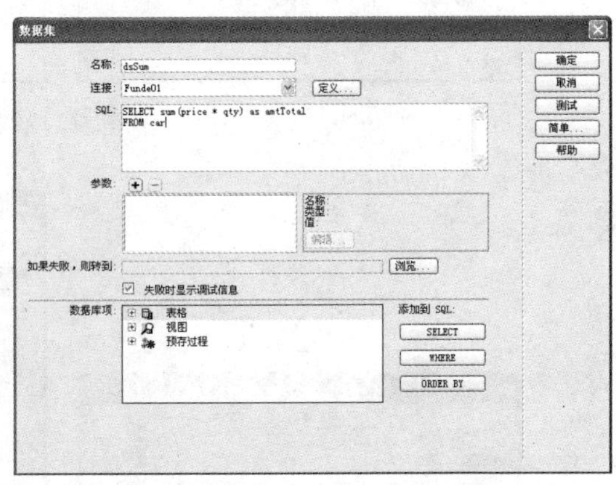

修改统计购物金额数据集 dsSum 的 SQL 语句

步骤 4 选择 Label1 标签，单击"属性"面板中的"绑定动态数据"按钮，选择购物金额合计数据集 dsSum 的金额合计列 amtTotal，之后单击"确定"按钮，以显示购物清单的合计金额。

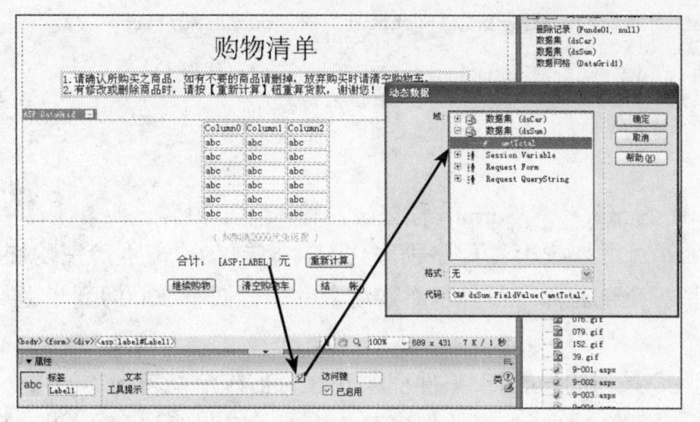

显示金额合计列 amtTotal

步骤 5 在“服务器行为”面板中选择“删除记录”命令，在弹出的“删除记录”对话框中设置连接为 Funde01，表格为 Car，并且如果成功清空购物车数据，则前往商品目录网页（9-001.aspx）。

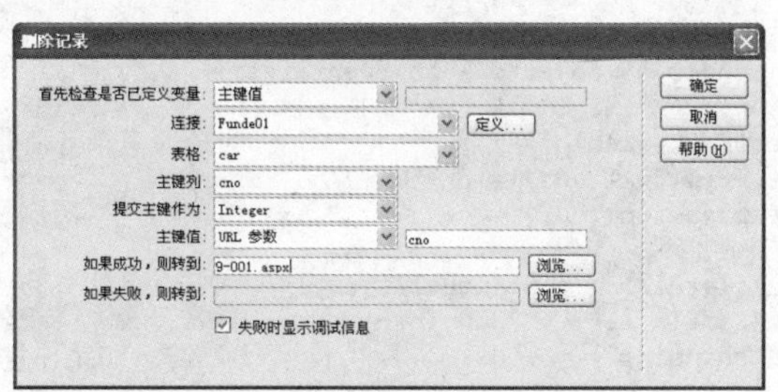

新建“删除记录”服务器行为

步骤 6 切换至“代码”视图，修改 <MM:Delete> 代码段中的内容。

（1）插入删除服务器行为的名称为 id="delCar"

（2）为了能删除购物车内所有的残留错误数据，要将 Delete 语句修改为 "DELETE FROM Car" 。

（3）为了不误删除正常购物的购物车数据，需先将删除行为改为经确认后才能启动，因此要修改 Expression 句为 false。

（4）因为没用到参数，所以删除 <Parameter> 参数代码段。

```
<MM:Delete
id="delCar"
runat="server"
CommandText='<%# "DELETE FROM car " %>'
ConnectionString='<%# System.Configuration.ConfigurationSettings.AppSettings("MM_CONNECTION_STRING_Funde01") %>'
DatabaseType='<%# System.Configuration.ConfigurationSettings.AppSettings("MM_CONNECTION_DATABASETYPE_Funde01") %>'
Expression='false'
CreateDataSet="false"
SuccessURL='<%# "9-001.aspx" %>'
Debug="true"
>
</MM:Delete>
```

步骤 7 在 <MM:PageBind> 代码段中插入在开启购物列表网页时，若无任何购物数据，则前往 9-004x.htm 网页显示请先购物信息。

```
<MM:PageBind runat="server" PostBackBind="true" />
<%
If dsCar.RecordCount < 1 Then          '如无任何购物数据
  Response.Redirect("9-004x.htm")      '则显示请先订购信息
End If
%>
```

步骤 8 插入 <Script>…</Script> 程序段，输入如下内容。

（1）Page_Load 网页加载事件程序程序代码，控制在单击“清空购物车”按钮时，才会将购物车中的数据全部删除。另外判断购物金额是否低于 2000 元，若是则要运费 150 元，若否则免运费。

（2）“继续购物”按钮的 onClick 事件程序 Bt1Click，控制能转到 9-001.aspx 网页继续购物。

（3）“结账”按钮的 onClick 事件程序 Bt2Click，控制能转到 9-005.aspx 网页，准备登录为会员后结账。

（4）“清空购物车”按钮的 onClick 事件程序 Bt3Click，控制在删除所有购物数据后，能转到 9-001.aspx 网页继续购物。

```
<script language="vb" runat="server">
'--------- 网页载入事件 ---------------------------------------------------
Sub Page_Load(sender as object, e as EventArgs)
  '--------- 当单击“清空购物车”按钮时才删除记录 ----------------------------
  If page.isPostBack Then                   '当网页有单击到按钮产生回存时
    If Request.Form("Button3")="清空购物车"  Then
      delCar.expression=true                '才删除所有的购物车数据记录
    End If
    session("amtTotal") = cint(label1.text)  '将购物合计存到session变量备用
    If session("amtTotal") < 2000 Then       '若购物合计少于2000元要运费
      session("shipping") = 150              '将运费150元存到session变量备用
    Else
      session("shipping") = 0                '若购物合计超过2000元要免运费
    End If
  End If
End Sub
'--------- 单击“继续购物”按钮事件 ---------------------------------------
sub Bt1Click(sender as object, e as EventArgs)
  response.Redirect("9-001.aspx")          '返回商品目录网页
end sub
'--------- 单击“结账”按钮事件 -------------------------------------------
sub Bt2Click(sender as object, e as EventArgs)
  response.Redirect("9-005.aspx")          '准备登录为会员后结账
end sub
'--------- 单击“清空购物车”按钮事件 -------------------------------------
sub Bt3Click(sender as object, e as EventArgs)
  response.Redirect("9-001.aspx")          '清空购物车返回商品目录
end sub
</script>
```

9.1.5 登录为会员后结账

步骤 1 新建一空网页（9-005.aspx），插入表单 Form1，输入“Runat="server"”语句和标题，插入电子邮箱文本框 email、密码文本框 pwd、数据不能空白的数据验证控件、“登录”按钮 Submit1、“重设”按钮 Reset1，并且设置：若是非会员时，能连接到前一章所介绍的登录会员网页，先登录为会员再结账。

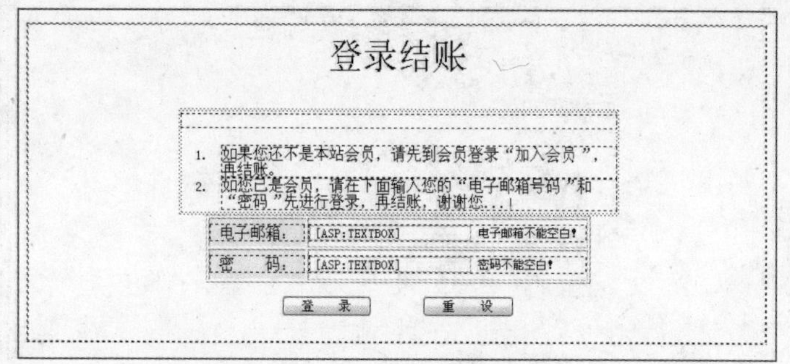

输入各标题并插入各组件

步骤 2 在“绑定”面板中新建会员登录数据集，设置名称为dsLogin，连接为Funde01，表格为member，全选字段，并以输入的会员电子邮箱号码email及会员密码pwd筛选数据库中该会员的数据，以便确认是否为真正的会员，之后单击“确定”按钮。

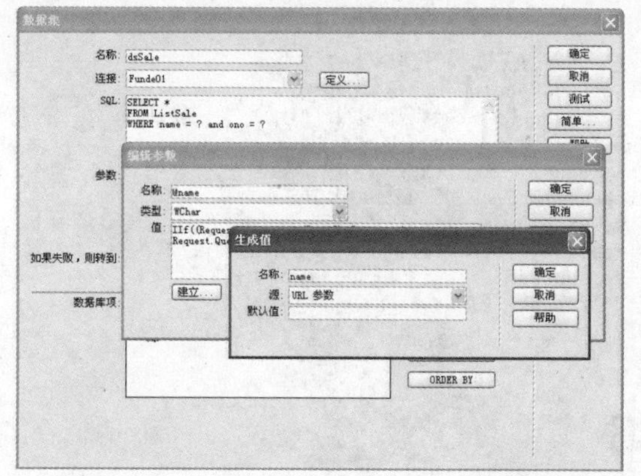

筛选输入的邮箱号码及密码是否存在的会员登录数据集dsLogin

步骤 3 在“绑定”面板中新建购物车数据集，设置名称为dsCar，连接为Funde01，表格为Car，全选字段，以检查是否有购物数据，如果没有购物会显示相应信息，之后单击“确定”按钮。

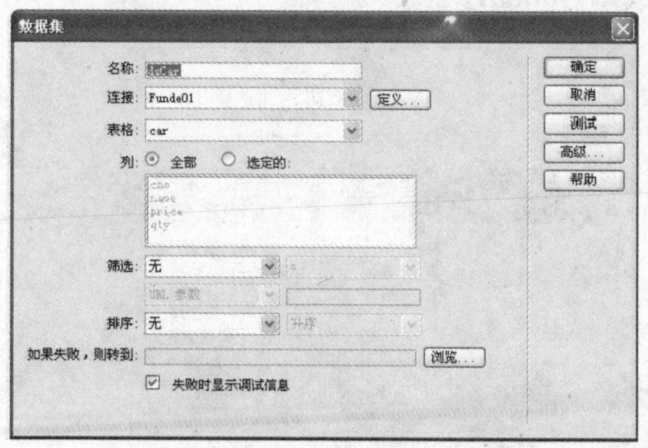

建立数据集dsCar

步骤 4 插入隐藏区域name，并展开会员登录数据集dsLogin，将姓名字段绑定至隐藏区域，目的是将会员姓名存入Session变量中。

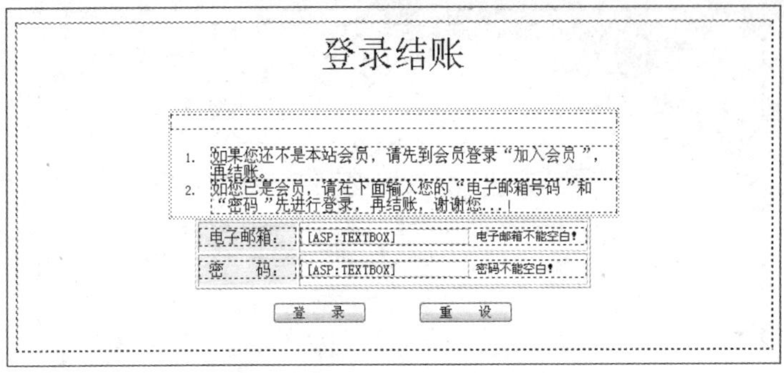

绑定会员登录数据集 dsLogin 的 name 字段数据至隐藏区域

步骤 5　在 <MM:PageBind> 代码段中插入在开启会员登录网页时，若无任何购物数据，则前往 9-004x.htm 网页显示请先购物信息。另外，若在会员登录无误时，则保存会员姓名及 Email 数据，转至结账明细网页中备用并确认结账。

```
<%
'-------- 若无购物数据则不许结账 ------------------------------
If dsCar.RecordCount < 1 Then
  Response.Redirect("9-004x.htm")      '转往显示请先购物信息
End If
'--------- 若为会员则转往结账 ---------------------------------
If dsLogin.RecordCount > 0 Then
  session("name")=name.value                '存储会员姓名备用
  session("email")=request.Form("email")    '存储邮箱号码备用
  Response.Redirect("9-006.aspx")           '转往结账明细结账
End If
%>
```

9.1.6　结账明细

步骤 1　新建一空网页（9-006.aspx），插入表单 Form1，输入“Runat="server"”语句和标题，插入购物金额标签 amtTotal、运费标签 shipping、购物合计标签 totals，地址文本框 address1、电话文本框 telephone1、送货备忘文本框 SendMem，付款方式单选按钮 receiveType（HTML 标签要添加 id 及“runat="server"”语句）、数据不能空白的数据验证控件，以及“确定结账”按钮 Button1。

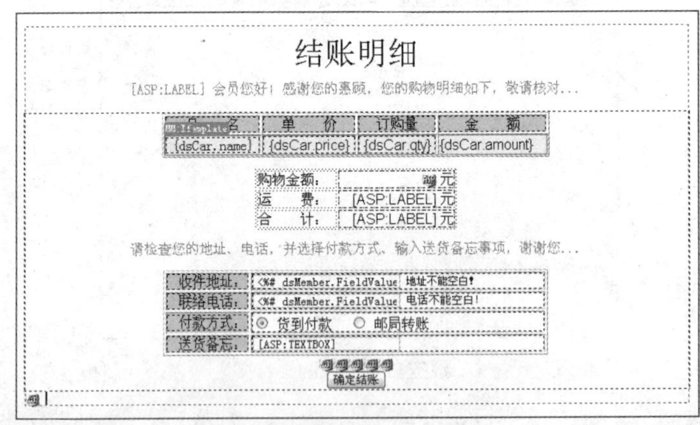

输入各标题并插入各控件

步骤 2 在“绑定”面板中新建购物车数据集，设置名称为 dsCar，连接为 Funde01，表格为 Car，全选字段，之后单击“高级”按钮，修改 SQL 语句为“SELECT name, price, qty, (price * qty) as amount FROM car”，目的是显示购物数据及计算购物金额，之后单击“确定”按钮。

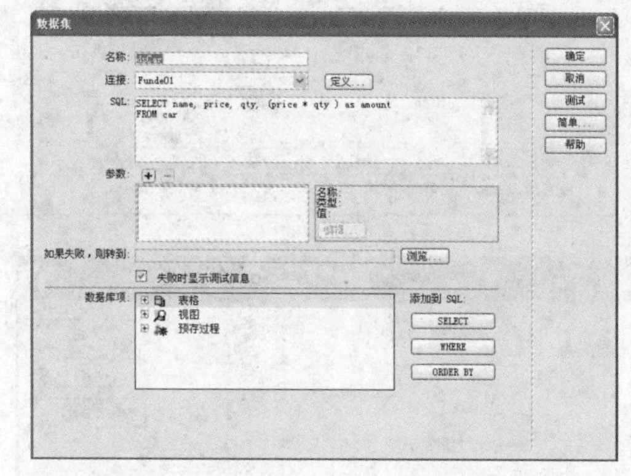

显示购物数据及计算购物金额的购物车数据集 dsCar

步骤 3 在“绑定”面板中新建会员数据集，设置名称为 dsMember，连接 Funde01，表格为 Member，全选字段，以登录的会员邮箱号码查询出该会员数据，之后单击“确定”按钮。

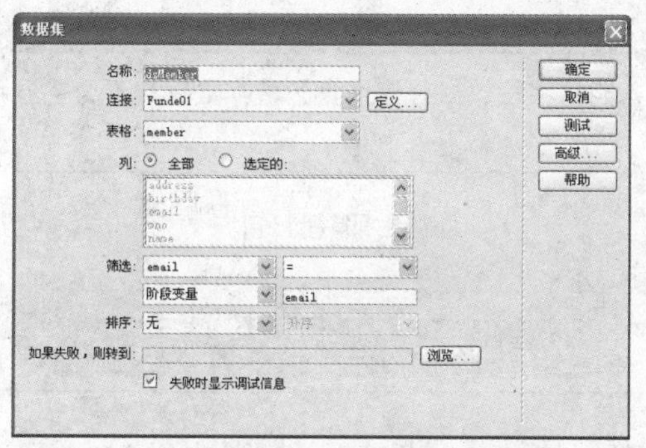

查询登录的会员数据集 dsMember

步骤 4 在“绑定”面板中选择“WebXel>Server Objects>Session Variable 命令，在弹出的对话框中输入会员姓名 name 从而建立 Session("name") 变量，并依此类推建立其他的 Shipping, amtTotal, email 的 Session 变量。

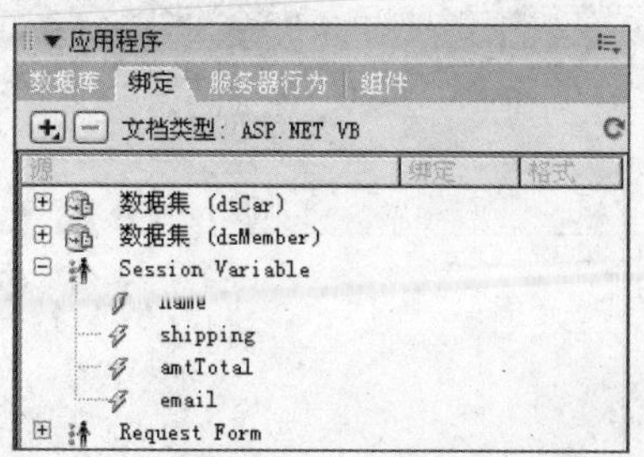

建立 Session 变量

步骤 5 展开购物车数据集 dsCar，将购物品名、单价、订购量、购物金额字段插入表格。选择表格第二行，在“服务器行为”面板中选择“重复区域”命令，在弹出的“重复区域”对话框中设置数据集为 dsCar，一次显示 10 条记录，之后单击“确定”按钮。同样加入服务器行为“数据集不为空显示”数据集 dsCar，之后单击“确定”按钮。

插入购物字段数据并设重复区域、数据集不为空显示

步骤 6 选择购物金额标签，在“属性”面板中单击“绑定动态数据”按钮，在弹出的“动态数据”对话框中选择 amtTotal 显示购物金额数据，之后单击“确定”按钮。

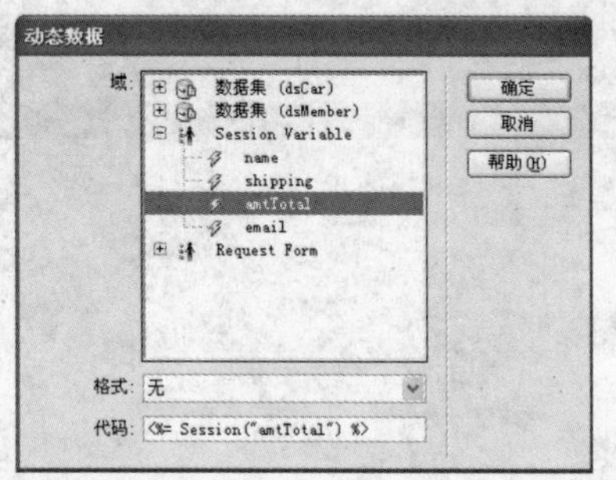

将购物金额标签绑定 amtTotal 的 Session 变量以显示购物金额数据

步骤 7 展开会员数据集 dsMember，将地址、电话字段绑定至对应的文本框进行显示。

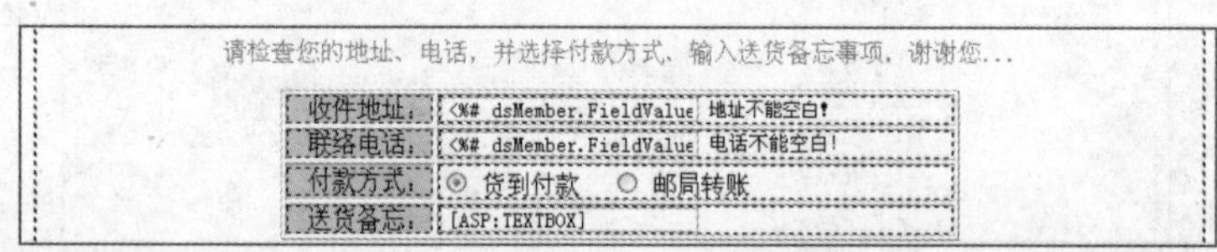

步骤 8 插入隐藏区域 name1, email1, amtTotal1, shipping1, totals1，并依次单击“属性”面板中的“绑定动态数据”按钮，在“动态数据”对话框中选择姓名 name、邮箱 email、购物金额 amtTotal、运费 shipping 变量绑定至隐藏区域。在隐藏区域 totals1 的“代码”文本框中输入 <%= Session ("amtTotal") + Session("shipping") %>，将运费加上购物金额得到总货款，以上目的是为了将这些数据连同收件地址、电话、付款方式、送货备忘及订购当天日期保存到订单数据表 Orders 中。

请检查您的地址、电话，并选择付款方式，输入送货备忘事项，谢谢您...
收件地址: <%# dsMember.FieldValue 地址不能空白!
联络电话: <%# dsMember.FieldValue 电话不能空白!
付款方式: 货到付款 邮局转账
送货备忘: [ASP:TEXTBOX]

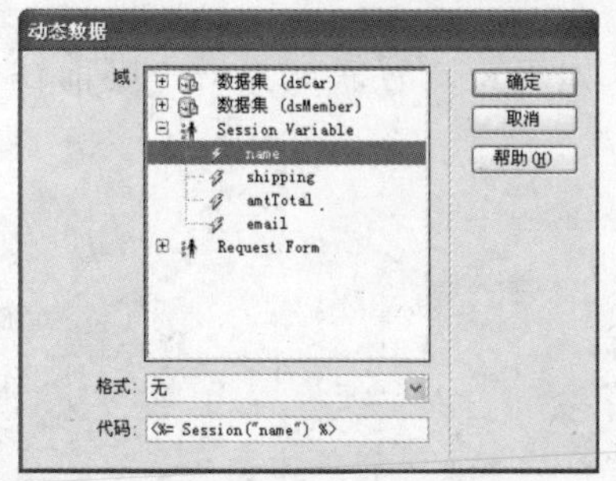

各隐藏区域依序绑定至各对应的 Session 变量以便存到订单数据表中

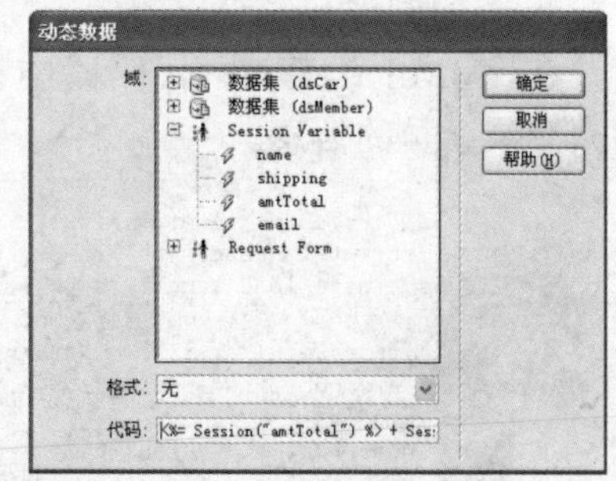

将隐藏区域 Totals1 绑定至对应的购物金额及运费 Session 变量中

步骤 9 在“服务器行为”面板中选择“插入记录”命令，在弹出的“插入记录”对话框中设置连接为 Funde01，插入到表格为 Orders，并且如果成功插入订单数据，则前往收件人数据确认网页（9-007.aspx）。

步骤 10 切换至“代码”视图，在 <MM:Insert> 代码段的 INSERT INTO 语句中加入订购日期列数据为 "INSERT INTO orders (address, amtTotal, email, name, receiveType, sendMem, shipping, telephone, totals, orderdate) VALUES (?, ?, ?, ?, ?, ?, ?, ?, ?, date())"。

插入记录
提交值，自: form1
连接: Funde01
插入到表格: orders
列: 'orderDate' 没有获取值。
'receiveType' Gets Value From 'receiveType' as 'WChar'
'sendMem' Gets Value From 'sendMem' as 'WChar'
'shipping' 没有获取值。
'telephone' Gets Value From 'telephone1' as 'WChar'
'totals' Gets Value From 'totals1' as 'SmallInt'
值: totals1
提交为: SmallInt
如果成功，则转到: 9-007.aspx
如果失败，则转到:
失败时显示调试信息
确定 取消 帮助(H) 定义... 浏览...

插入订单数据

```
<MM:Insert
runat="server"
CommandText='<%# "INSERT INTO orders (address, amtTotal, email, name, receiveType, sendMem, shipping, telephone, totals, orderdate)
                 VALUES (?, ?, ?, ?, ?, ?, ?, ?, ?, date())" %>'
```

加入订购日期列数据

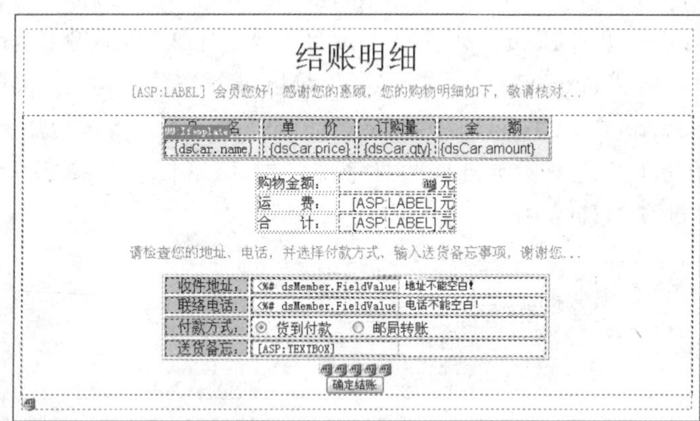

步骤 11 在 <MM:PageBind> 代码段中插入如未正式登录网页时，则前往 9-006x.htm 网页显示请先登录会员的信息。

```
<MM:PageBind runat="server" PostBackBind="true" />
<script language="vb" runat="server">
sub page_load(sender as object, e as eventargs)
 '--------- 限制只有正常登录才能显示结账数据 -----------
 If session("email") = Nothing then      '如果非正常登录
   response.Redirect("9-006x.htm")       '则拒绝登录并显示警告信息
 End If
 name.text = session("name")
 shipping.text = session("shipping")
 totals.text = session("amtTotal") + session("shipping")
end sub
</script>
```

9.1.7 收件人数据确认

步骤 1 新建一空网页（9-007.aspx），插入表单 Form1，输入“Runat="server"”语句和标题，插入发送数据标签 Label1、“发送数据”按钮 Button1（在 HTML 标签中要添加 onClick="Bt1Click" 事件），以及“完成购物”按钮 Button2（在 HTML 标签中同样要添加 onClick="Bt2Click" 事件）。

输入各标题并插入各控件

步骤 2 在“绑定”面板中新建购物车数据集，设置名称为 dsCar，连接为 Funde01，表格为 Car，全选字段，之后单击“确定”按钮。

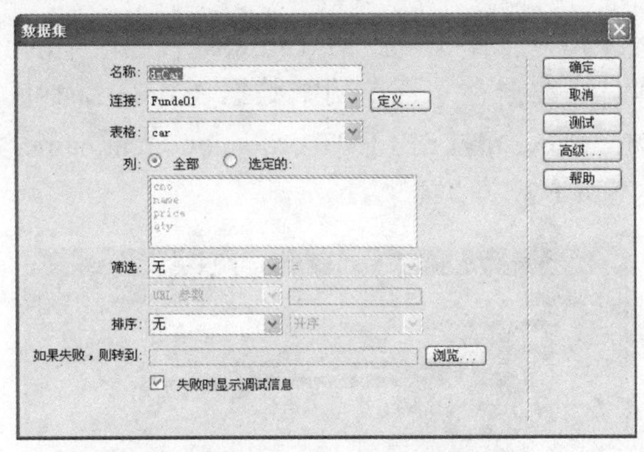

显示购物数据的购物车数据集 dsCar

步骤 3 在“绑定”面板中新建要邮寄的订单数据集，设置名称为 dsPost，连接为 Funde01，表格为 Orders，全选字段，以登录的会员邮箱号码查询出该会员订单数据，并依订单编号降序排序以找出最近的订单，之后单击“确定”按钮。

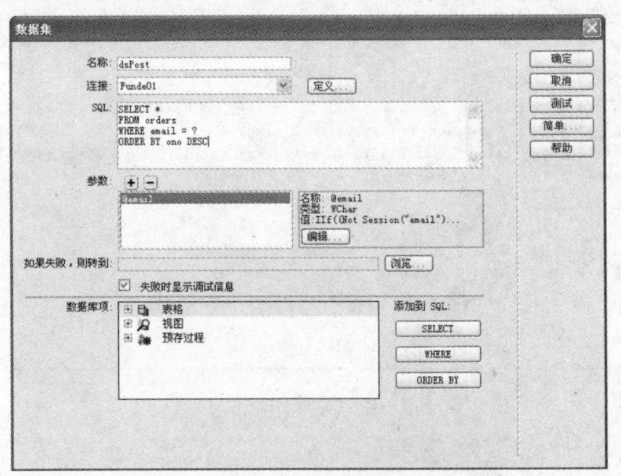

数据集 dsPost

步骤 4 展开邮寄数据集 dsPost，将各字段插入至各单元格，并插入隐藏区域 ono，将其绑定订单编号，以便将该会员的订单数据存入订单明细数据表 orderList 中。

插入及绑定订单数据集 dsPost 中的字段数据

步骤 5　在“服务器行为”面板中选择“插入记录”命令，在弹出的“插入记录”对话框中设置连接为 Funde01，插入到表格为 orderList，并且订单编号字段从表单变量 ono 中所取得。

步骤 6　切换至“代码”视图，修改 <MM:Insert> 代码段中的 INSERT INTO 语句，让订单编号所对应的订单明细数据存入订单明细数据表 orderList 中，语句修改为 "INSERT INTO orderList(ono, name, price, qty) SELECT orders.ono, car.name, car.price, car.qty FROM orders,car WHERE orders.ono = ?;"。

插入订单明细记录

```
<MM:Insert
runat="server"
CommandText='<%# "INSERT INTO orderList(ono, name, price, qty)
                 SELECT orders.ono, car.name, car.price, car.qty FROM orders,car WHERE orders.ono = ?;" %>'
ConnectionString='<%# System.Configuration.ConfigurationSettings.AppSettings("MM_CONNECTION_STRING_Funde01") %>'
DatabaseType='<%# System.Configuration.ConfigurationSettings.AppSettings("MM_CONNECTION_DATABASETYPE_Funde01") %>'
Expression='<%# Request.Form("MM_insert") = "form1" %>'
CreateDataSet="false"
Debug="true"
>
```

插入该订单的订购明细数据

步骤 7　在 <MM:PageBind> 代码段中插入如未正式登录网页时，则前往 9-006x.htm 网页显示请先登录会员的信息。

```
<MM:PageBind runat="server" PostBackBind="true" />
<Script Language="VB" runat="server">
'-------- 限制只有正常登录才能显示结帐信息 ----------------------------
 sub page_load(sender as object, e as eventargs)
  If session("email") = Nothing then           '如果非正常登录
    response.Redirect("9-006x.htm")            '则拒绝登录并显示警告信息
  End If
 end sub
```

步骤 8 在 <MM:PageBind> 代码段中插入单击“发送数据”按钮的 Bt1Click 事件程序，以送出订购的确认数据邮件，以及单击“完成购物”按钮的 Bt2Click 事件程序，以保存该订单的所有订购明细数据，并前往 9-008.aspx 网页显示购物成功的信息。

```
'--------- 邮寄购物成功确认资料 --------------------------------------
Sub Bt1Click(ByVal Sender As Object, ByVal e As EventArgs)
 Dim mymail As New MailMessage                         '建立新邮件信息对象
 mymail.To=dsPost.FieldValue("email", Nothing)         '取得收件人邮件地址
 mymail.From="cc.s5528@msa.hinet.net"                  '取得发件人邮件地址
 mymail.Subject="邮寄资料"                              '取得邮件主题及下面的邮件正文
 mymail.Body= "敬爱的" & dsPost.FieldValue("Name", Nothing) & "会员：" & vbcrlf & _
     "    感谢您的惠顾，您所订购的商品会尽快的发送给您，" & vbcrlf & _
     "您的地址是" & dsPost.FieldValue("address", Nothing) & _
     "，电话是" & dsPost.FieldValue("telephone", Nothing) & "，请再确认..." & vbcrlf & _
     "如有任何疑问欢迎来信，并敬请继续给予支持与帮助，" & vbcrlf & _
     "谢谢您！祝您  愉快如意！" & vbcrlf & _
     "                                  版主 敬上" & now
 On Error Resume Next                          '若传送中有错误略过
 SmtpMail.SmtpServer="msa.hinet.net"           '使用Hinet的msa主机发送邮件
 SmtpMail.Send(mymail)                         '邮件传送出去
 IF Err.Number <> 0 Then                       '若传送中有错误
   Label1.Text = Err.Description               '则显示错误信息
 Else                                          '否则显示成功寄出信息
   Label1.Text="<Font Color=red>资料已成功寄出---</Font>"
 End If
End Sub
'-------- 显示购物成功画面 --------------------------------------------
Sub Bt2Click(ByVal Sender As Object, ByVal e As EventArgs)
  response.Redirect("9-008.aspx")
end sub
</script>
```

发出订购确认邮件

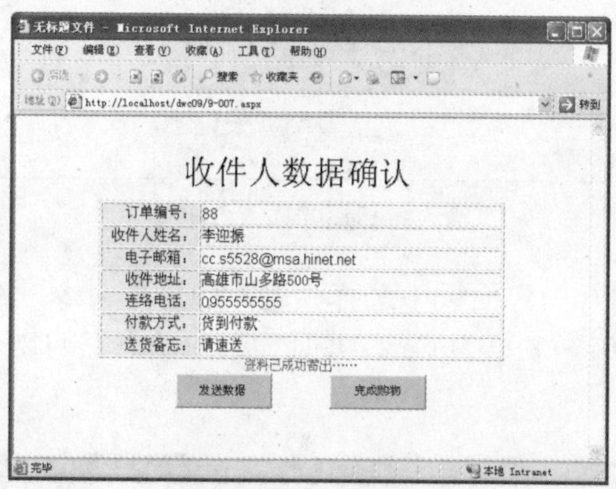

邮寄订购确认邮件

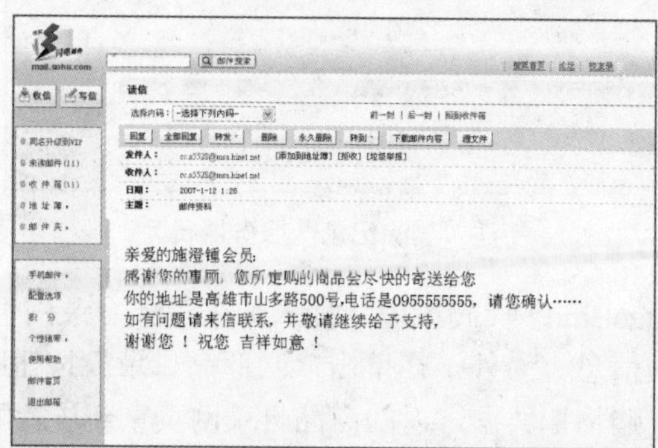

订购确认邮件

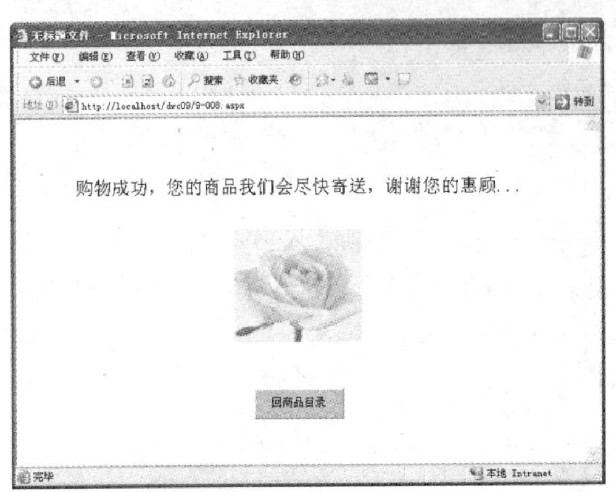

完成购物信息

9.1.8 购物成功清空购物车中的数据

步骤 1 新建一空网页（9-008.aspx），插入表单 Form1，输入“Runat= "server"”语句和标题，之后插入图片及“回商品目录”按钮 Button1。

输入各标题并插入各组件

步骤 2 在“服务器行为”面板中选择“删除记录”命令，在弹出的“删除记录”对话框中设置连接为 Funde01，表格为 Car，并且如果成功清空购物车中的数据，则前往商品目录网页（9-001.aspx）。

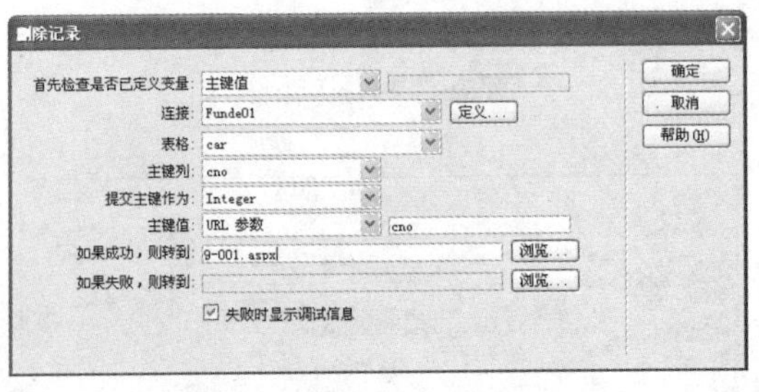

新建“删除记录”服务器行为

步骤 3 在 <MM:PageBind> 代码段中，插入如未正式登录网页时，则前往 9-006x.htm 网页显示请先登录会员的信息。另外，在单击“回商品目录”按钮时，清除所有 Session 变量中的信息，并删除所有购物车数据，返回商品目录网页重新进行购物。

```
<MM:PageBind runat="server" PostBackBind="true" />
<script language="vb" runat="server">
'--------- 网页载入事件 ------------------------------------------------------------
Sub Page_Load(sender as object, e as EventArgs)
  If session("email") = Nothing then        '如果非正式登录
    response.Redirect("9-006x.htm")         '则拒绝登录并显示警告信息
  End If
  '--------- 让按到回商品目录钮时才删除记录 ------------------------------------
  If page.isPostBack Then                   '当网页有按到按钮产生回存时
    If Request.Form("Button1")="回商品目录"  Then
      session.Abandon()
      delCar.expression=true                '才删除所有购物车记录并清除session变量
    End If
  End If
  end sub
</script>
```

9.2 出货管理

当网友订购商品后，管理者必须核对网友所购买的商品，确认无误后对商口进行包装再寄送到网友手中，“出货管理”就是管理者对网友订单做出货控制管理，其处理流程大致为：首先会出现管理者登录网页（9-009.aspx），管理者输入账号密码后，会出现出货管理网页（9-010 .aspx），可单击“出货”超链接文字做出货管理，或者单击“销售报表”、“收入报表”超链接文字打印月销售及月收入数据，以及单击“退出”超链接文字离开出货管理系统，下面将先从“出货”功能开始介绍。

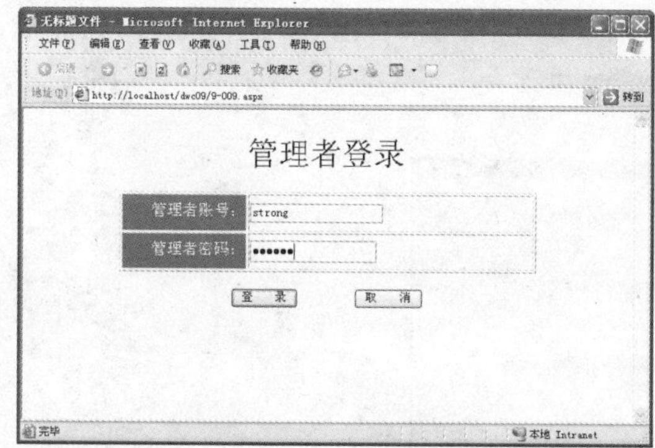

在管理者登录网页（9-009.aspx）中输入账号、密码

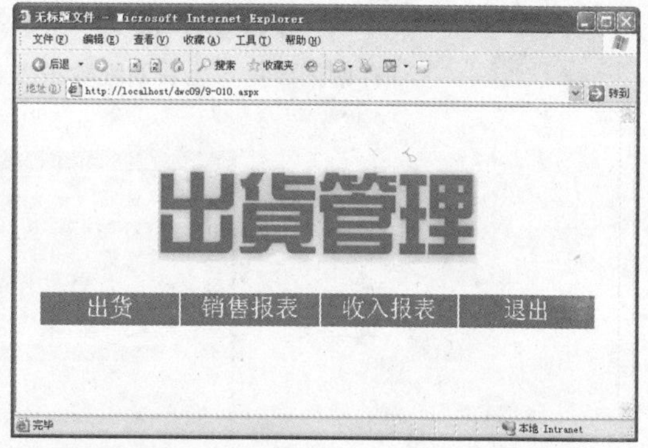

在出货管理网页（9-010.aspx）中选择“出货”

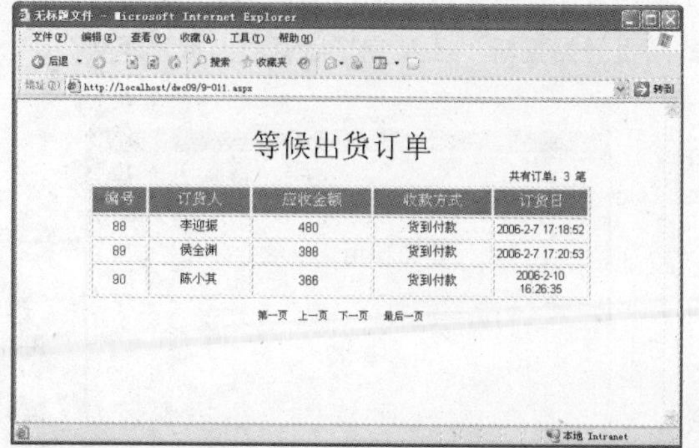

在显示等候要出货的订单网页（9-011.aspx）中选择订单编号

出 货 单

出货日：2006-11-7 0:31:29

订单编号	90	订购日期	2006-2-10 16:26:35
收件人	陈小其 台北市中效路600号 0966666666	货款	3660
		运费	
		总金额	3660
寄件人	枫笛中点 600嘉义市方安路107号 05-2331637	收款方式	货到付款
		出货备忘	无

出货明细

共有商品：2 项

品名	单价	订购量	金额
蛋黄酥	300	5	1500
咸绿豆糕	360	6	2160

(1).列印出货单　(2).确定出货

在显示订单的出货明细数据网页（9-011x.aspx）中可打印出货单，单击“确定出货”按钮，将订单数据保存到出货数据表 orderSale 中

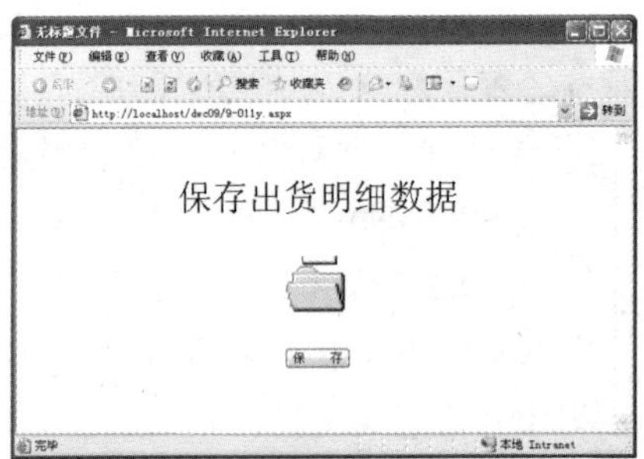

在显示保存出货明细数据网页（9-011y.aspx）中单击“保存”按钮，保存明细数据至出货明细数据表 ListSale 中

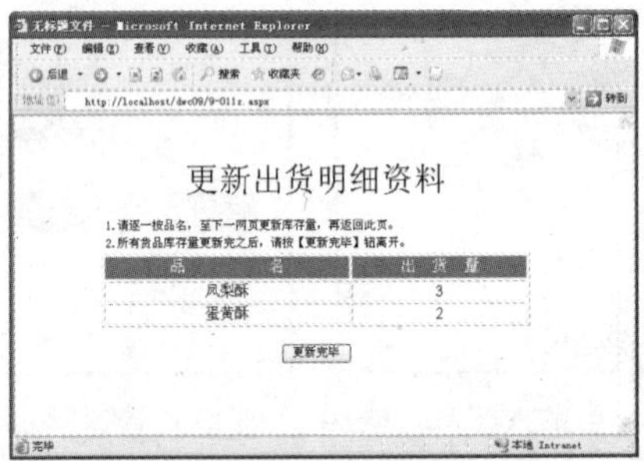

在显示更新出货明细数据网页（9-011z.aspx）中单击相应品名转至所设置的网页开始更新，更新完毕后返回出货管理网页

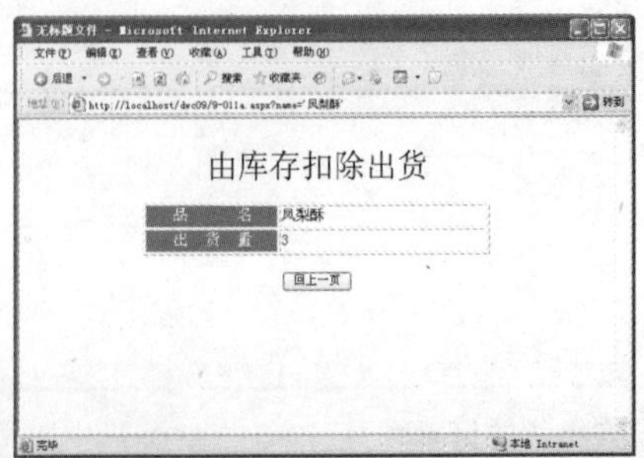

在显示由库存扣除出货量网页（9-011a.aspx）中将出货量由库存量中扣除，之后回上页继续更新

“出货管理”系统的简易流程示意图如下。

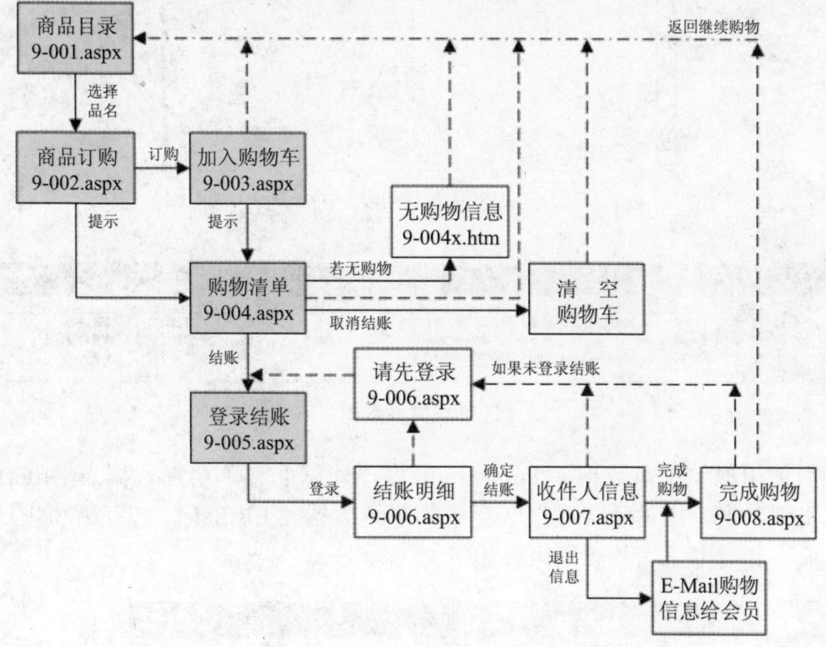

9.2.1 建立出货数据表

步骤 1 使用枫笛中点数据库 Funde.mdb 内已建好的商品数据表 Goods，目的是出货后要从库存量中扣除出货量，其数据结构及数据内容如下。

goods : 表

字段名称	数据类型	说明
pno	文本	品号 (文字4位)
name	文本	品名 (文字20位)
price	数字	每盒定价 (整数)
stock	数字	库存量 (整数)
safe	数字	安全存量 (整数)
picture	文本	图片 (文字20位)
content	文本	商品说明 (文字50位)

商品数据表 Goods 结构

goods : 表

pno	name	price	stock	safe	picture	content
A001	凤梨酥	20	22	10	凤梨酥.jpg	特制凤梨馅，独特酥松外皮，每盒12个。
A002	芋香酥	30	23	10	芋香酥.jpg	特制蛋黄芋泥馅，独特千层酥皮，每盒12个。
A003	蛋黄酥	30	25	10	蛋黄酥.jpg	特制乌豆沙馅，1/2个蛋黄，每盒12个。
A004	咖啡酥	30	30	10	咖啡酥.jpg	特制蛋黄咖啡馅，独特千层酥皮，每盒12个。
A005	甜绿豆糕	30	30	10	甜绿豆.jpg	特制绿豆馅，每盒12个。
A006	咸绿豆糕	36	30	10	咸绿豆.jpg	精心烘制梅花肉燥馅，每盒12个。
A007	广式月饼	36	30	10	广式.jpg	特制乌豆沙馅，1/2个蛋黄，每盒12个。
A008	养生月饼	40	30	10	养生.jpg	核桃、桂圆、山药粉、松子、枣泥豆沙，每盒12个。

记录: 1 共有记录数: 8

商品数据表数据

步骤 2 使用枫笛中点数据库 Funde.mdb 内已建好的订单数据表 Orders，目的是显示订单数据以出货，出货后订单数据转存出货数据表 ordersSale，转存后将出过货的订单数据删除，其数据结构及数据内容如下。

orders : 表

字段名称	数据类型	说明
ono	自动编号	1. 订单编号 (长整型)
orderDate	日期/时间	2. 订单日期 (日期时间)
name	文本	3. 会员姓名 (文字15位)
email	文本	4. 电子邮件 (文字40位)
address	文本	5. 地址 (文字50位)
telephone	文本	6. 电话 (文字15位)
amtTotal	数字	7. 订单金额 (整数)
shipping	数字	8. 运费 (整数)
totals	数字	9. 应收金额 (整数)
receiveType	文本	10. 收款方式 (文字10位)
sendMem	文本	11. 送货备忘 (文字40位)

订单数据表 Orders 结构

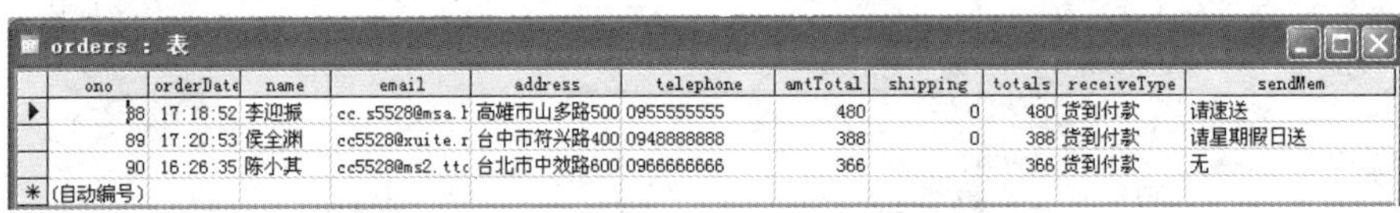

orders : 表

ono	orderDate	name	email	address	telephone	amtTotal	shipping	totals	receiveType	sendMem
88	17:18:52	李迎振	cc.s5528@msa.h	高雄市山多路500	0955555555	480	0	480	货到付款	请速送
89	17:20:53	侯全渊	cc5528@xuite.r	台中市符兴路400	0948888888	388	0	388	货到付款	请星期假日送
90	16:26:35	陈小其	cc5528@ms2.ttc	台北市中效路600	0966666666	366		366	货到付款	无
(自动编号)										

订单数据表数据

步骤 3　使用枫笛中点数据库 Funde.mdb 内已建好的订单明细数据表 OrderList，目的是显示出货明细数据，出货后将数据转存出货明细数据表 ListSale，转存后将出过货的出货明细数据删除，其数据结构及数据内容如下。

orderList : 表

字段名称	数据类型	说明
ono	数字	1. 订单编号 (长整型)
name	文本	2. 品名 (文字20位)
price	数字	3. 单价 (整数)
qty	数字	4. 订购量 (整数)

订单明细数据表 OrderList 结构

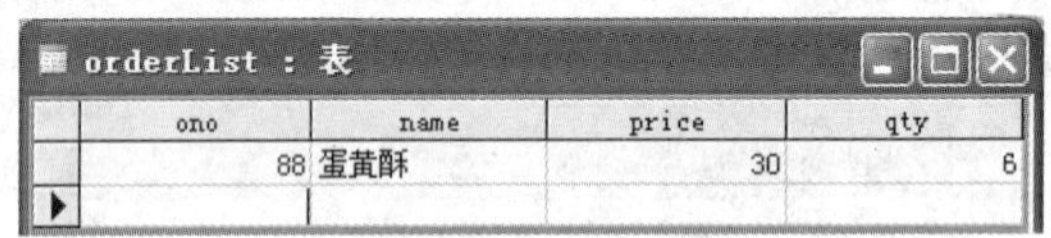

orderList : 表

ono	name	price	qty
88	蛋黄酥	30	6

订单明细数据表数据

步骤 4　设置订单数据表 Orders 与订单明细数据表 OrderList 间相关联，关联字段为订单编号 ono，关联内容如下。

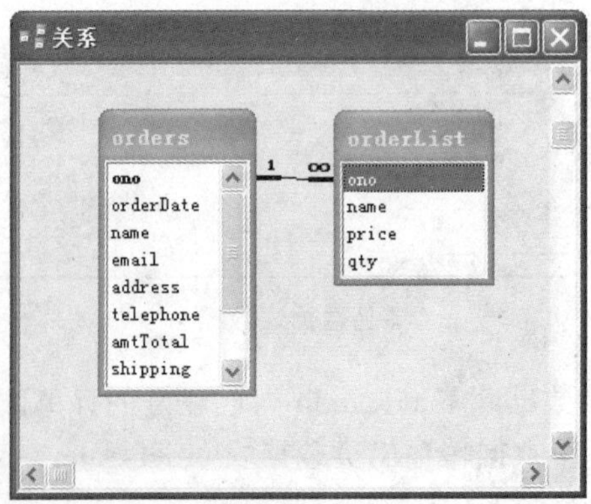

将订单数据表 Orders 与订单明细数据表 OrderList 以订单编号相关联

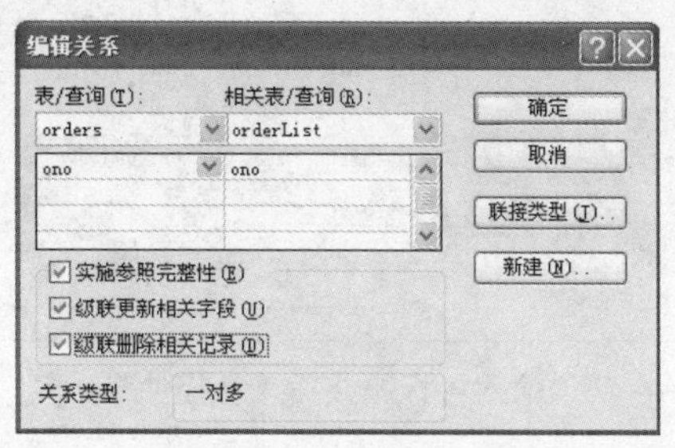

步骤 5 因为只是转存订单数据，所以将订单数据表 Orders 的数据表结构另存至新的出货数据表 ordersSale，其数据结构及数据内容如下。

orders : 表

字段名称	数据类型	说明
ono	自动编号	1. 订单编号 (长整型)
orderDate	日期/时间	2. 订单日期 (日期时间)
name	文本	3. 会员姓名 (文字15位)
email	文本	4. 电子邮件 (文字40位)
address	文本	5. 地址 (文字50位)
telephone	文本	6. 电话 (文字15位)
amtTotal	数字	7. 订单金额 (整数)
shipping	数字	8. 运费 (整数)
totals	数字	9. 应收金额 (整数)
receiveType	文本	10. 收款方式 (文字10位)
sendMem	文本	11. 送货备忘 (文字40位)

出货数据表 Orders 结构

orders : 表

ono	orderDate	name	email	address	telephone	amtTotal	shipping	totals	receiveType	sendMem
88	17:18:52	李迎振	cc.s5528@msa.h	高雄市山多路500	0955555555	480	0	480	货到付款	请速送
89	17:20:53	侯全渊	cc5528@xuite.r	台中市符兴路400	0948888888	388	0	388	货到付款	请星期假日送
90	16:26:35	陈小其	cc5528@ms2.ttc	台北市中效路600	0966666666	366		366	货到付款	无
(自动编号)										

出货数据表数据

步骤 6 因为只是转存订单明细数据，所以将订单明细数据表 orderList 的数据表结构另存至新的出货明细数据表 OrderList，其数据结构及数据内容如下。

orderList : 表

字段名称	数据类型	说明
ono	数字	1. 订单编号 (长整型)
name	文本	2. 品名 (文字20位)
price	数字	3. 单价 (整数)
qty	数字	4. 订购量 (整数)

出货明细数据表 OrderList 结构

orderList : 表

ono	name	price	qty
88	蛋黄酥	30	6

出货明细数据表数据

9.2.2 管理者登录

步骤 1 新建一空网页（9-009.aspx），插入表单 Form1，输入“Runat="server"”语句和标题，之后插入管理者账号文本框 acc、密码文本框 pwd（设“文本模式”为“密码”）、数据不能空白的验证控件 rqAcc 和 rqPwd，以及“登录”按钮 Submit1 和“取消”按钮 Reset1。

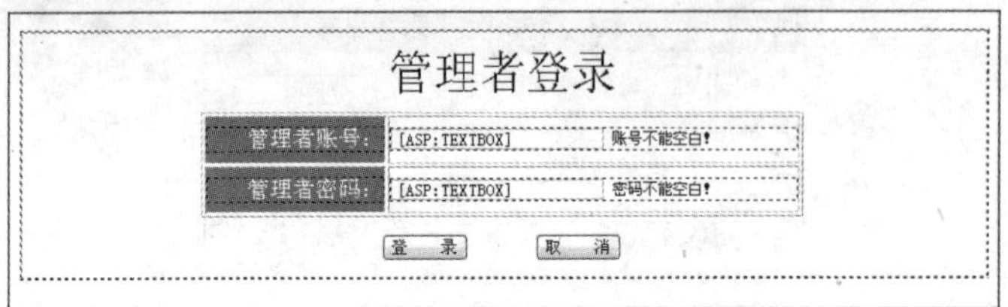

输入各标题并插入各控件

步骤 2 在“绑定”面板中新建管理者数据集，设置名称为 dsManage，连接为 Funde01，表格为 safeT，全选字段，并以 acc 管理者账号筛选输入的数据是否存在，之后单击“高级”按钮，修改 SQL 语句为“SELECT * FROM safeT WHERE acc = ? and pwd = ?”，并新建 @Pwd 参数，进一步查询要登录的 Acc 账号及 Pwd 密码是否正确，最后单击“确定”按钮。

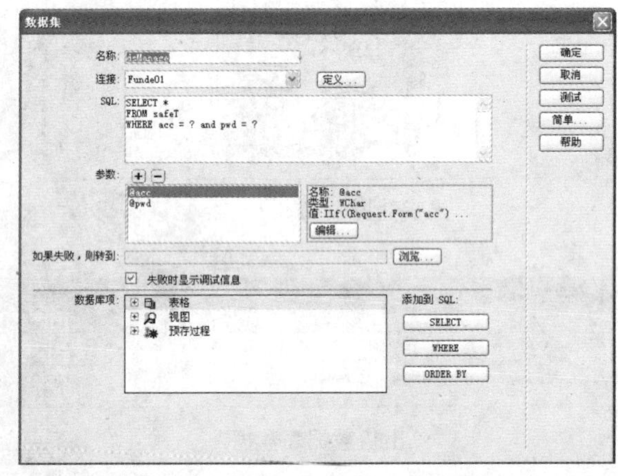

筛选输入的账号及密码是否存在的管理者登录数据集 dsManage

步骤 3 切换至“代码”视图，在 <MM:PageBind> 代码段中，输入检查管理者数据是否存在的程序代码，若已存在，则保存管理者账号 Acc 数据到 Session 变量，以便将来用来检查是否为合法登录，并且转到出货管理网页（9-010.aspx），选择所需项目进行管理。

```
<MM:PageBind runat="server" PostBackBind="true" />
<%
If dsManage.RecordCount > 0 Then
  session("acc")=request.Form("acc")
  Response.Redirect("9-010.aspx")
End If
%>
```

判断管理者是否已登录

9.2.3 建立出货管理网页

步骤 1 新建一空网页（9-010.aspx），插入图片 manage0.jpg”，输入“出货”超链接文字用于连接 9-011.aspx 网页，“销售报表”超链接文字用于连接 9-012.aspx 网页，“收入报表”超链接文字用于连接 9-013.aspx 网页，以及“退出”超链接文字用于连接 9-015.aspx 网页，并返回管理者登录网页（9-009.aspx）。

出货管理

出货 | 销售报表 | 收入报表 | 退出

输入各标题，插入各控件，以及设置超链接

步骤 2 切换至“代码”视图，在 <HTML> 代码段前，输入检查管理者账号数据是否存在的程序代码，若管理者不是合法登录，则转到请先登录管理者信息网页（9-010x.htm）。

```
<%@ Page Language="VB" ContentType="text/html" ResponseEncoding="gb2312" %>
<script language="vb" runat="server">
 '--------- 限制只有正常登录才能显示消息管理网页 --------------------
 sub page_load(sender as object, e as eventargs)
  If session("acc") = Nothing then         '如果非正式登录
    response.Redirect("9-010x.htm")        '则拒绝登录并显示警告信息
  End If
 end sub
</script>
```

判断管理者是否已登录

9.2.4 等候出货订单

步骤 1 新建一空网页（9-011.aspx），插入表单 Form1，输入“Runat="server"”句，之后插入表格并输入各标题。

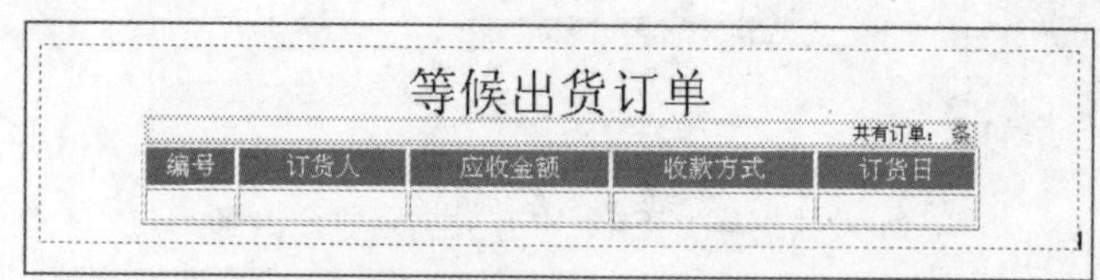

输入各标题并插入各控件

步骤 2 在“绑定”面板中新建出货数据集，设置名称为 dsSale，连接为 Funde01，表格为 Orders，全选字段，之后单击“确定”按钮，建立出货数据集。展开出货数据集，将各字段插至各单元格中。

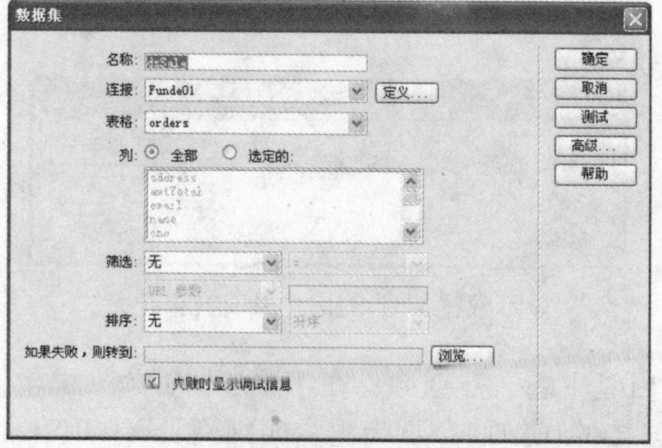

建立出货数据集 dsSale

等候出货订单

共有订单： 条

编号	订货人	应收金额	收款方式	订货日

插入出货数据集 dsSale 的字段数据

步骤 3 选择表格第二行，在“服务器行为”面板中选择“重复区域”命令，设置一次显示 3 条数据。接着选择“显示区域 > 数据集不为空显示”命令以显示出货数据集 dsSale 中的数据。然后在表格下面，分别选择“移至第一页”、“移至最后一页”等命令，设置分页显示出货的订单数据。另外，将光标定位于表格右上方，选择“显示记录计数 > 显示总记录数”服务器行为，设置共有几条记录。

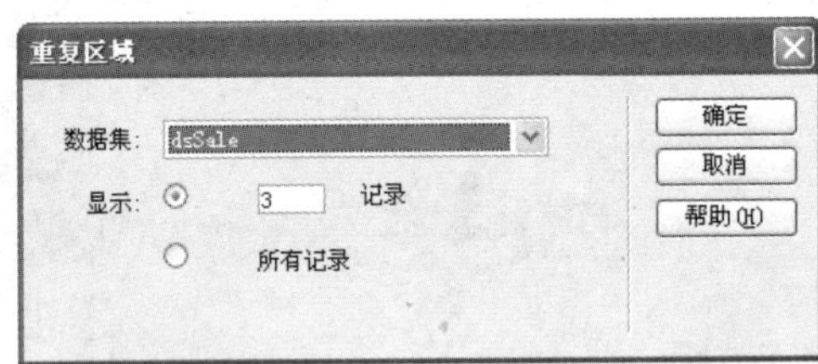

设置重复显示出货数据集 dsSale 中的数据

如果数据集 dsSale 中有数据则显示出来

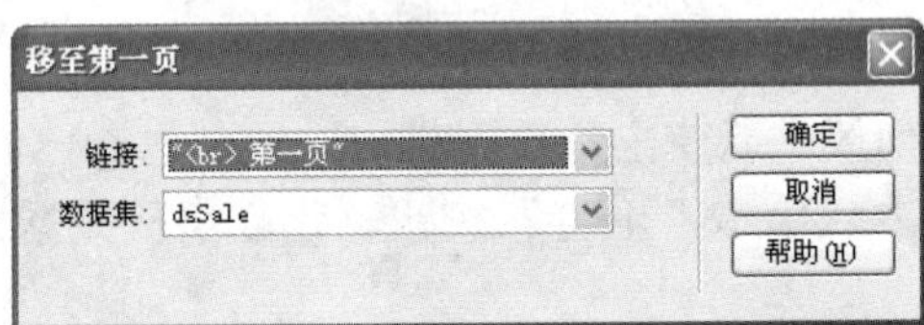

分页显示数据集 dsSale 中的数据

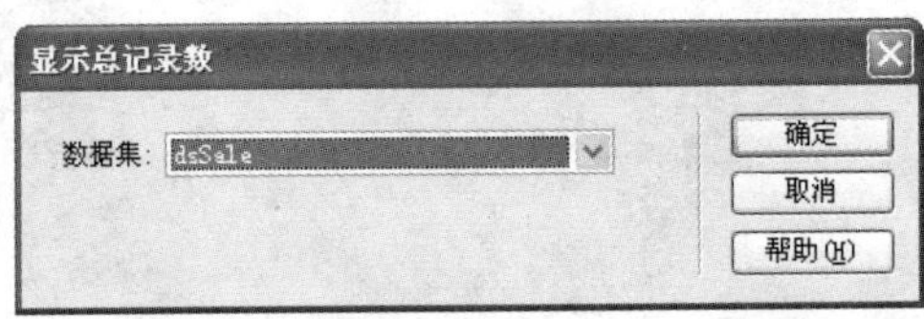

显示数据集 dsSale 中共有几条记录

步骤 4 选择表格内“主题”数据域，在“服务器行为”面板中选择 Go to Detail Page DotNET 命令，设置要连接的详细信息页为出货明细网页（9-011x.aspx），数据集为 dsSale，主键列为订单编号 ono 列。目的是实际单击要出货的订单时，会连接至该订单的出货明细网页，以供打印出货单数据。

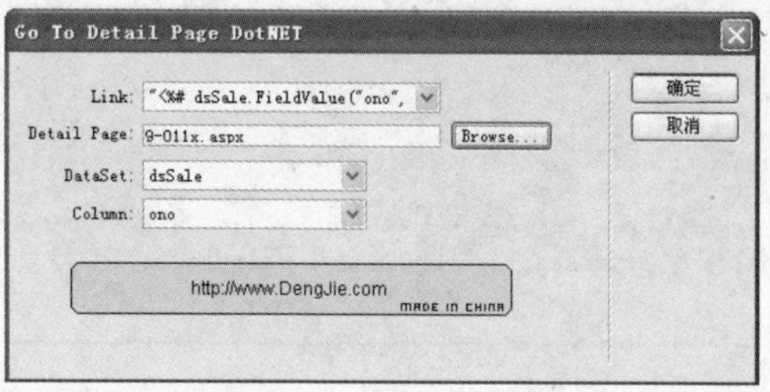

设置出货订单编号 ono 的连接详细信息页服务器行为

步骤 5 切换至"代码"视图，在 <MM:PageBind> 代码段中，同样输入检查管理者账号数据是否存在的程序代码，若管理者不是合法登录，则转到请先登录管理者信息网页（9-010x.htm）。

```
<%@ Page Language="VB" ContentType="text/html" ResponseEncoding="gb2312" %>
<script language="vb" runat="server">
 '-------- 限制只有正常登录才能显示消息管理网页 ---------------------
 sub page_load(sender as object, e as eventargs)
  If session("acc") = Nothing then           '如果非正式登录
    response.Redirect("9-010x.htm")          '则拒绝登录并显示警告信息
  End If
 end sub
</script>
```

判断管理者是否已登录

9.2.5 出货单及明细

步骤 1 新建一空网页（9-011x.aspx），插入表单 Form1，输入"Runat="server""语句，插入表格并输入各标题，之后插入"(2). 确定出货"按钮 Button2，在 Button2 按钮前添加"(1). 打印出货单"按钮的 Java 程序代码，以便将来可打印出货单及出货明细数据作为选货、包装及寄送的依据。

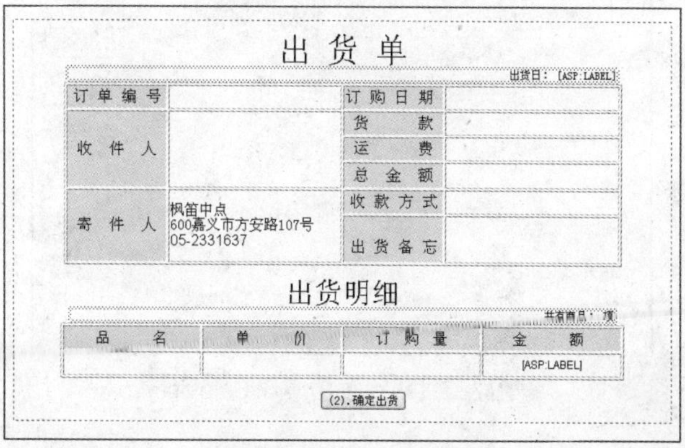

输入各标题并插入各控件

```
<script language="Javascript1.2">
<!--
var message = "(1).列印出货单";
 function printpage() {
window.print();
}
document.write("<input type=button "
+"value=\""+message+"\" onClick=\"printpage()\">");
//-->
</script>

<asp:Button ID="Button2" Text="(2).确定出货" runat="server" />
```

输入打印出货单程序代码

步骤 2 在“绑定”面板中新建出货数据集，设置名称为 dsSale，连接为 Funde01，表格为 Orders，全选字段，以前面网页传来的订单编号 ono，筛选出货的订单数据，之后单击“确定”按钮建立出货数据集。然后展开出货数据集，将各字段插至各单元格中。

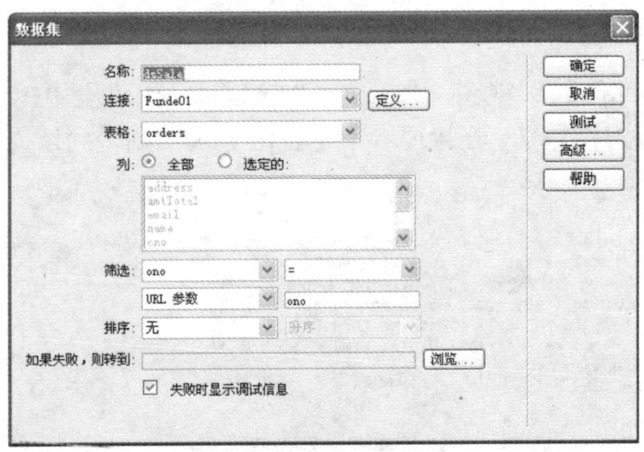

建立出货数据集 dsSale

步骤 3 在“绑定”面板中新建出货明细数据集，设置名称为 dsSaleList，连接为 Funde01，表格为 OrderList，全选字段，以前面网页传来的订单编号 ono，筛选出货的订单明细数据，之后单击“确定”按钮建立出货明细数据集。然后展开出货明细数据集，将各字段插至各单元格中。

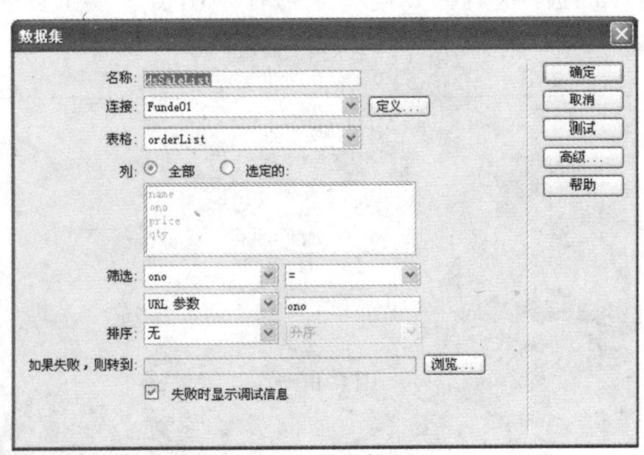

建立出货明细数据集 dsSaleList

出货单

出货日：

订单编号	{dsSale.ono}	订购日期	{dsSale.orderDate}
收件人	{dsSale.name} {dsSale.address} {dsSale.telephone}	货款	{dsSale.amtTotal}
		运费	{dsSale.shipping}
		总金额	{dsSale.totals}
寄件人	枫笛中点 600嘉义市方安路107号 05-2331637	收款方式	{dsSale.receiveType}
		出货备忘	{dsSale.sendMem}

出货明细

共有商品：{dsSaleList.RecordCount} 项

品名	单价	订购量	金额
{dsSaleList.name}	{dsSaleList.price}	{dsSaleList.qty}	

(2).确定出货

步骤 4　在出货单右上角的"出货日"标题右侧插入 Label1 标签，设置"文本"为 <%# now %> 以显示出货的日期时间。之后选择出货明细表右上角"共有商品：条"标题，在"服务器行为"面板中选择"显示记录计数 > 显示总记录数"命令，设置显示要出货的明细记录共有几条数据。

asp:标签

ID: Label1

文本: <% now %>

工具提示:

访问键:

确定　取消　帮助(H)

插入 Label1 标签，显示出货日期时间数据

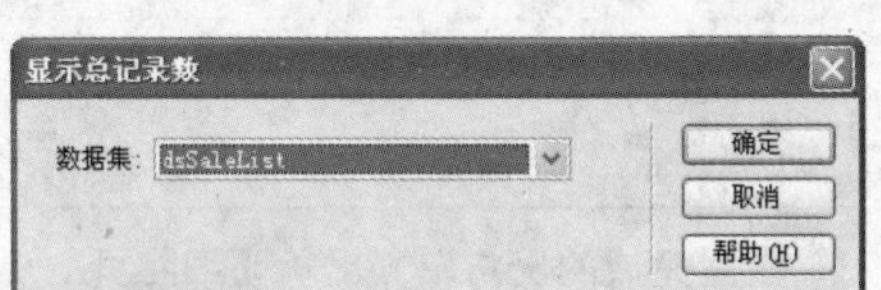

设显示要出货的明细数据条数

步骤 5　选择出货明细表格第二行，在"服务器行为"面板中选择"重复区域"命令，设置一次显示所有数据。接着选择"显示区域 > 数据集不为空显示"命令，用于显示出货明细数据集 dsSaleList 中的数据。然后在表格右下角金额单元格内，插入显示商品订购金额的标签 Label2，设置显示"单价 * 订购量"的值，即"<%# dsSaleList.FieldValue("price", Container) * dsSaleList.FieldValue("qty", Container) %>"。另外，在出货单表格订单编号列后，插入一订单编号隐藏区域，以存入前面网页传来的订单编号数据。

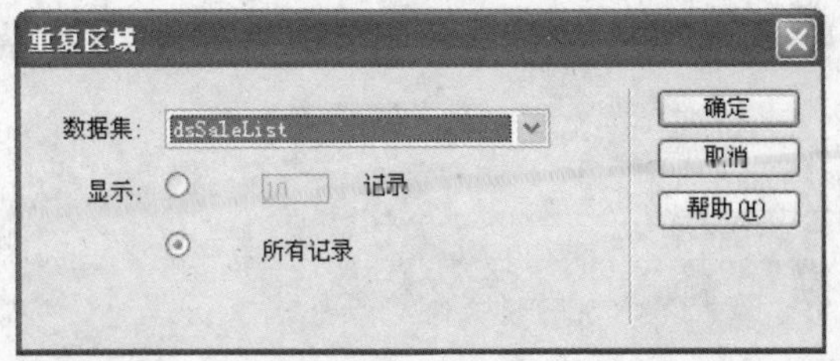

设置重复显示出货明细数据集 dsSaleList 中的数据

数据集不为空显示

数据集：dsSaleList

确定
取消
帮助(H)

如果数据集 dsSaleList 中有数据则显示出来

asp:标签

ID：Label2
文本：<%={dsSaleList.price}*{dsSaleList
工具提示：
访问键：

确定
取消
帮助(H)

显示订购金额数据

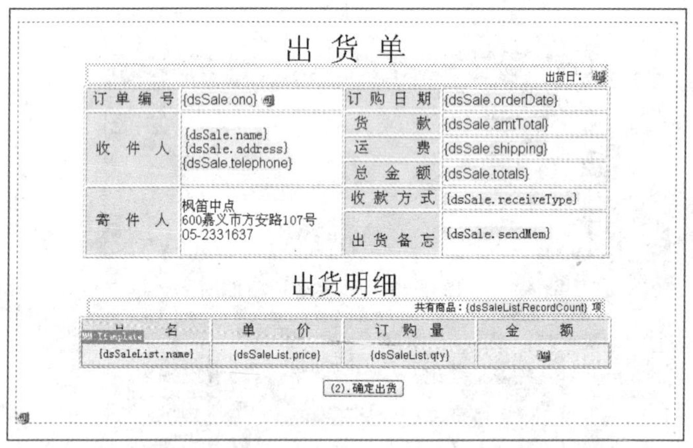

设置完成的出货单、出货明细网页

步骤 6　在“服务器行为”面板中选择“插入记录”命令，在弹出的“插入记录”对话框中设置连接为 Funde01，插入到表格为 Orders，并且如果成功插入出货数据，则前往保存出货明细数据网页（9-011y.aspx）。

步骤 7　切换至“代码”视图，在 <MM:Insert> 代码段中添加名称为“id="insSale"”，并设 Expression 的值为 false。

插入记录

提交值，自：
连接：Funde01　定义...
插入到表格：orders
列：'address' 没有获取值。
'amtTotal' 没有获取值。
'email' 没有获取值。
'name' 没有获取值。
'ono' Gets Value From 'ono' as 'Integer'
'orderDate' 没有获取值。
值：ono
提交为：Integer
如果成功，则转到：9-011y.aspx　浏览...
如果失败，则转到：　浏览...
失败时显示调试信息

确定
取消
帮助(H)

插入出货数据

```
<%@ Register TagPrefix="MM" Namespace="DreamweaverCtrls" Assembly="DreamweaverCtrls,version=1.0.0.0,publicKeyToken=836f606ede05
<MM:Insert
id="insSale"
runat="server"
CommandText='<%# "INSERT INTO ordersSale SELECT * From orders WHERE orders.ono=? " %>'
ConnectionString='<%# System.Configuration.ConfigurationSettings.AppSettings("MM_CONNECTION_STRING_Funde01") %>'
DatabaseType='<%# System.Configuration.ConfigurationSettings.AppSettings("MM_CONNECTION_DATABASETYPE_Funde01") %>'
Expression='false'
CreateDataSet="false"
SuccessURL='<%# "9-011y.aspx" %>'
Debug="true"
>
  <Parameters>
    <Parameter Name="@ono" Value='<%# IIf((Request.Form("ono") <> Nothing), Request.Form("ono"), "") %>' Type="Integer" />
  </Parameters>
</MM:Insert>
```

步骤 8 在 <MM:PageBind> 代码段中的网页载入 Page_Load 事件下，插入如未正式登录网页时，则前往 9-010x.htm 网页显示请先登录管理者的信息。另外，输入只有在单击“确定出货”按钮时，才真正插入一条出货数据到 OrdersSale 数据表的程序代码。

```
<MM:PageBind runat="server" PostBackBind="true" />
<script language="vb" runat="server">
'-------- 网页载入事件 ------------------------------------------------
Sub Page_Load(sender as object, e as EventArgs)
  '-------- 限制只有正常登录才能显示消息管理网页 ------------------
  If session("acc") = Nothing then          '如果非正常登录
    response.Redirect("9-010x.htm")         '则拒绝登录并显示警告信息
  End If
  '-------- 让单击(2).“确定出货”按钮时才新建记录 ----------------------------
  If page.isPostBack Then                   '当网页有单击“确定出货”按钮产生回存时
    session("ono")=Request.QueryString("ono")     '将订单编号先储存备用
    If Request.Form("Button2")="(2).确定出货"  Then
      insSale.expression=true               '且才新建一条出货记录至出货数据表中
    End If
  End If
End Sub
</script>
```

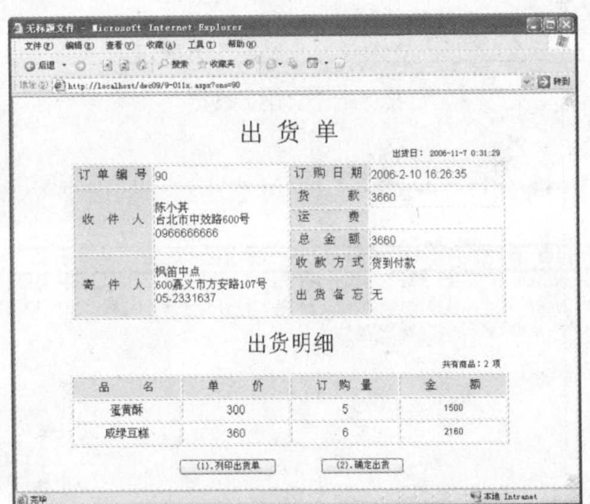

在出货单、出货明细网页（9-011x.aspx）中的执行结果

9.2.6 保存出货明细

步骤 1 新建一空网页（9-011y.aspx），插入表单 Form1，输入“Runat="server"”语句和标题，之后插入图片、订单编号隐藏区域 ono，以及“保存”按钮 Submit。

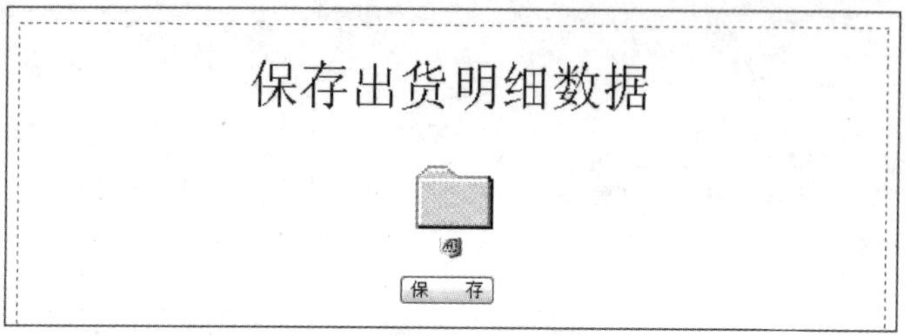

输入标题并插入各控件

步骤 2　在“服务器行为”面板中选择“插入记录”命令，在弹出的“插入记录”对话框中设置连接为 Funde01，插入到表格为 ListSale，并且如果成功插入出货明细数据，则前往更新出货明细数据网页（9-011z.aspx）。

步骤 3　切换至“代码”视图，在 <MM:Insert> 代码段中修改 INSERT INTO 语句为如下形式：“INSERT INTO ListSale SELECT * From orderList WHERE orderList.ono=?”，将原来订单明细数据表 orderList 中该订单所订购的商品出货，转插入到出货明细数据表 ListSale 中保存。

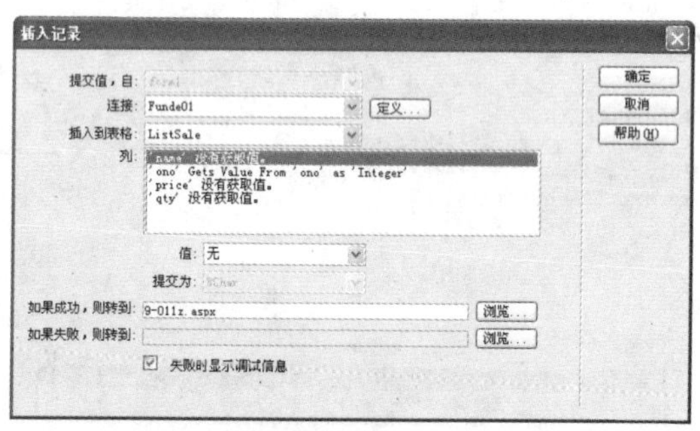

插入出货明细数据

```
<%@ Register TagPrefix="MM" Namespace="DreamweaverCtrls" Assembly="DreamweaverCtrls,version=1.0.0.0,publicKeyToken=836f606ede
<MM:Insert
runat="server"
CommandText='<%# "INSERT INTO ListSale SELECT * From orderList WHERE orderList.ono=? " %>'
ConnectionString='<%# System.Configuration.ConfigurationSettings.AppSettings("MM_CONNECTION_STRING_Funde01") %>'
DatabaseType='<%# System.Configuration.ConfigurationSettings.AppSettings("MM_CONNECTION_DATABASETYPE_Funde01") %>'
Expression='<%# Request.Form("MM_insert") = "form1" %>'
CreateDataSet="false"
SuccessURL='<%# "9-011z.aspx" %>'
Debug="true"
>
  <Parameters>
    <Parameter Name="@ono" Value='<%# IIf((Request.Form("ono") <> Nothing), Request.Form("ono"), "") %>' Type="Integer" />
  </Parameters>
</MM:Insert>
```

9.2.7 更新出货明细

步骤 1　新建一空网页（9-011z.aspx），插入表单 Form1，输入“Runat="server"”语句和标题、说明文字，之后插入“更新完毕”按钮 Button1。此网页的目的主要用于在订购的商品出货后，处理从库存中扣除出货量，因此先选择哪项商品要更新，转到（9-011a.aspx）网页确认后，再更新其库存。

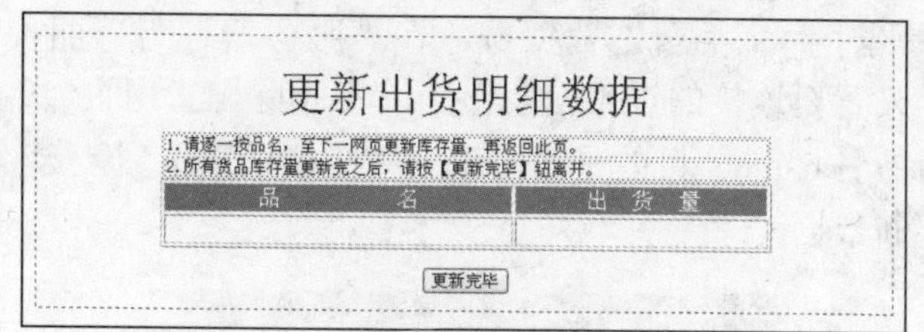

输入标题并插入各控件

步骤 2 在“绑定”面板中新建要更新的出货明细数据集，设置名称为 dsSale，连接为 Funde01，表格为 ListSale，全选字段，以要出货的订单编号 Session("ono")，筛选出该订单明细数据，之后单击“确定”按钮，建立要更新的出货明细数据集。然后展开该数据集，将各字段插至各单元格中。

建立出货明细数据集 dsSale

步骤 3 选择更新出货明细表格第二行，在“服务器行为”面板中，选择“重复区域”命令，设置一次显示所有数据。接着选择“显示区域 > 数据集不为空显示”命令以显示出货明细数据集 dsSale 中的数据。

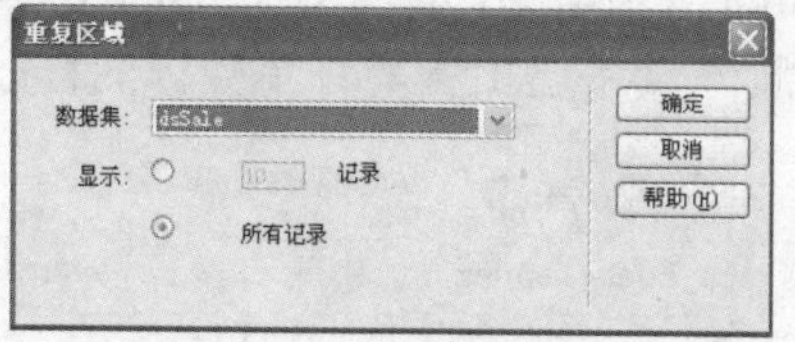

设置重复显示要更新的出货明细数据集 dsSale 中的数据

如果数据集 dsSale 中有数据则显示出来

步骤 4 选择表格中的“主题”数据域，在“服务器行为”面板中选择 Go to Detail Page DotNET 命令，设置要连接的详细信息页为库存扣除出货网页（9-011a.aspx），数据集为 dsSale，主键列为品名 name。目的是实际选择要更新的商品时，会连接至该商品的由库存扣除出货网页，更新数据。

设置要更新的出货品名 name 的连接详细信息页服务器行为

步骤 5 在“服务器行为”面板中选择“删除记录”命令，在弹出的“删除记录”对话框中设置连接为 Funde01，表格为 Orders，并且如果成功删除订单数据，则返回出货管理网页（9-010.aspx）。目的是当所有要出货的商品的库存量已更新完毕后，在原来的订单数据表中要删除该条订单数据，表示完成出货手续。

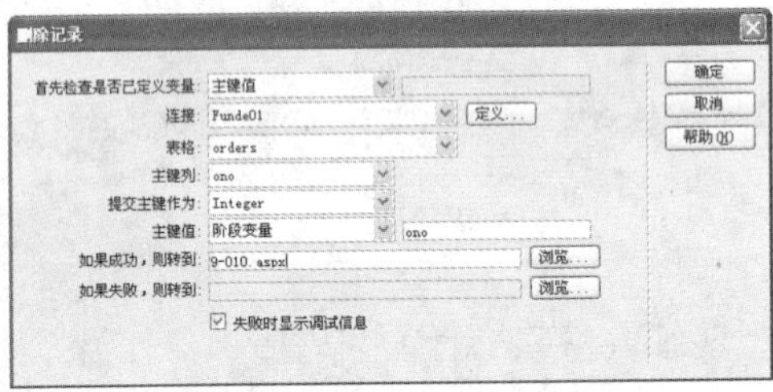

删除已出货的订单数据

步骤 6 在 <MM:PageBind> 代码段中的网页加载 Page_Load 事件下，插入只有在单击“更新完毕”按钮时，才真正删除一条已出货的订单数据的程序代码。

```
<MM:PageBind runat="server" PostBackBind="true" />
<script language="vb" runat="server">
sub Page_Load(sender as object, e as eventargs)
 If Page.isPostBack Then
   If Request.Form("Button1")="更新完毕" Then
     delSale.expression=true
   end If
 end If
end sub
</script>
```

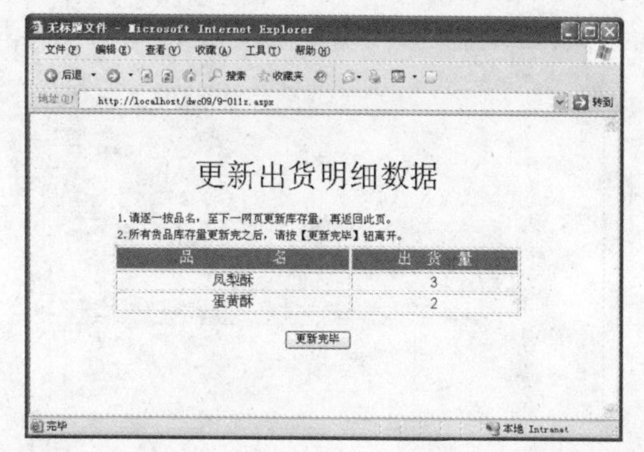

在更新出货明细数据网页（9-011z.aspx）中的执行结果

9.2.8 由库存扣除出货

步骤 1 新建一空网页（9-011a.aspx），插入表单 Form1，输入“Runat="server"”语句和标题，之后插入“回上一页”按钮 Submit（要输入“onServerClick="Bt1Click" 及 runat="server"”语句），此网页的目的主要是在出货时从库存中扣除出货量。

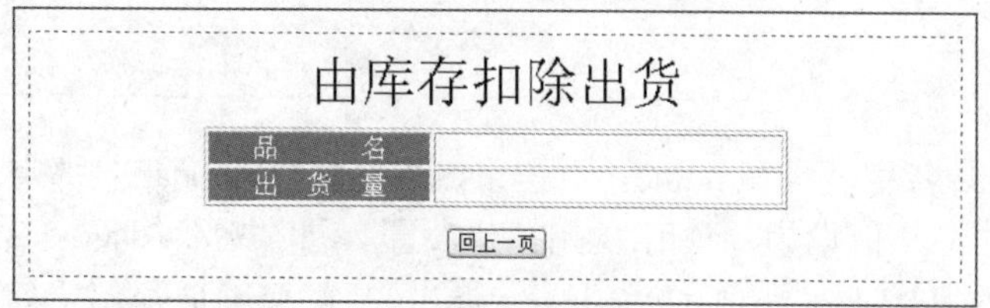

输入标题并插入各控件

步骤 2 在“绑定”面板中新建要更新的商品数据集，设置名称为 dsGoods，连接为 Funde01，表格为 Goods，全选字段，以传来的商品名称 name，筛选出要更新的商品数据，之后单击“确定”按钮，建立要更新的商品数据集。

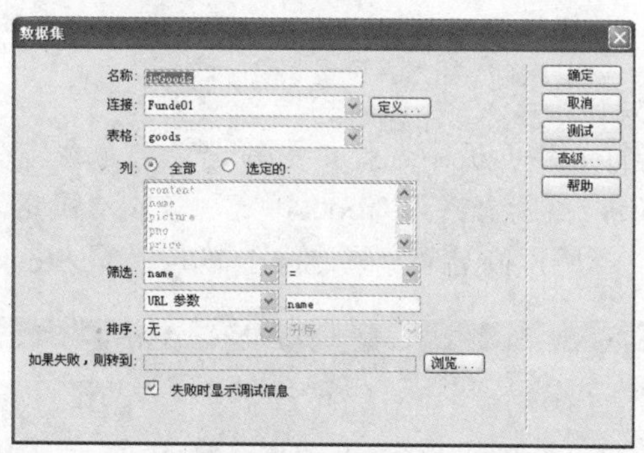
建立要更新的商品数据集 dsGoods

步骤 3 在“绑定”面板中新建要更新的出货明细数据集，设置名称为 dsSale，连接为 Funde01，表格为 ListSale，全选字段，以传来的要出货的品名 name，筛选出该商品要更新的订单明细数据。由于筛选条件必须包括订单编号，才能真正找到数据，因此，单击“高级”按钮，修改 SQL 语句为“SELECT * FROM ListSale WHERE name = ? and ono = ?”，然后

增加 @ono 参数（值设为 Session 类型），展开此数据集，将各字段插至各单元格中。

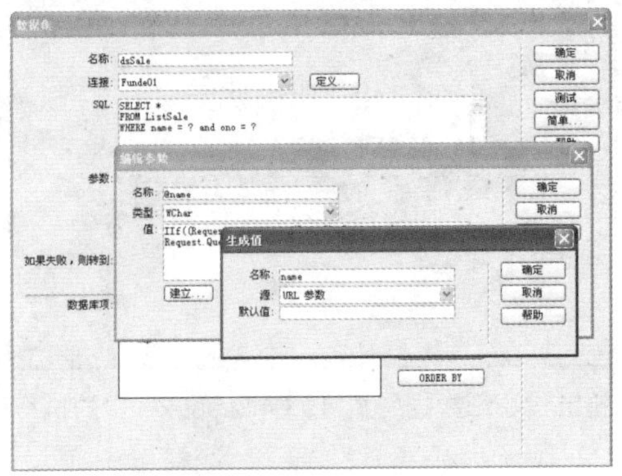

建立出货明细数据集 dsSale

由库存扣除出货

品 名 {dsSale.name}

出 货 量 {dsSale.qty}

回上一页

步骤 4　插入品名隐藏区域 name，并与 dsSale 数据集的 name 绑定。另外，插入出货量隐藏区域 stock，将其值设为原库存量扣掉出货量，即“<%# dsGoods.FieldValue("stock", Containcr) - dsSale.FieldValue("qty", Container) %>”，目的是要取得出货后的最新库存量。

插入并设置隐藏区域

步骤 5　在“服务器行为”面板中选择“更新记录”命令，在弹出的“更新记录”对话框中设置连接为 Funde01，更新表格为 Goods，之后单击“确定”按钮。目的是将上面出货后的最新库存量 Stock，存回原商品数据表 Goods 的库存量 Stock 中。

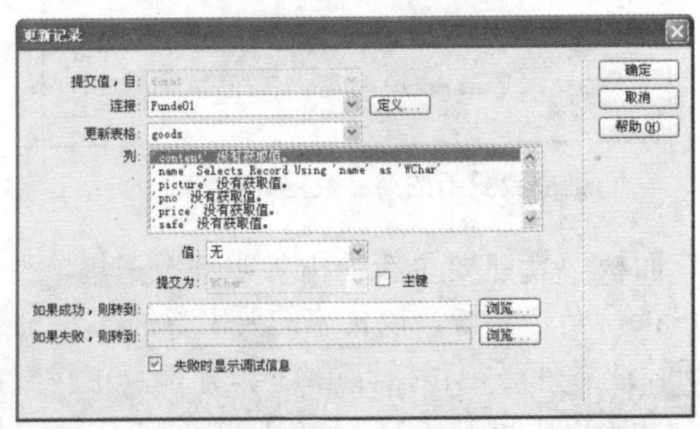

更新商品数据表的库存量

步骤 6 在 <MM:PageBind> 代码段中单击【回上一页】按钮的 Bt1Click 事件下，插入转回“更新出货明细数据”网页的程序代码，以便继续更新出货，或单击【更新完毕】按钮返回“出货管理”网页。

```
<MM:PageBind runat="server" PostBackBind="true" />
<script language="vb" runat="server">
sub Bt1Click(sender as object, e as eventargs)
  response.Redirect("9-011z.aspx")
end sub
</script>
```

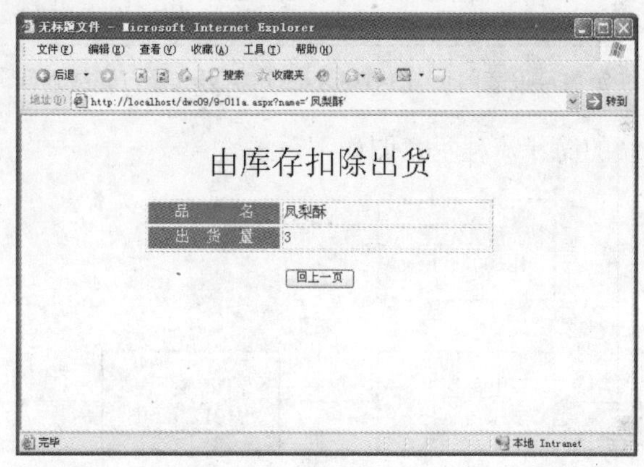

在由库存扣除出货量网页（9-011a.aspx）中的执行结果

9.2.9 销售月报表

当在出货管理网页（9-010.aspx）中单击“销售报表”超链接文字时，会出现销售月报表网页（9-012.aspx），管理者可在其中查询相应月份内的销售数量及销售金额等销售数据。如果想打印月报表，可单击“(1). 打印月报表”按钮；如果想看其他月份的销售数据，可重新选择年及月份即可；如果想退出，可单击“(2). 回出货管理”按钮返回。

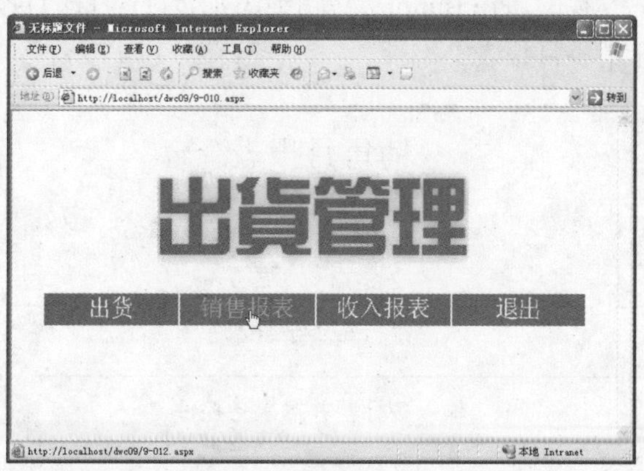

在出货管理网页（9-010.aspx）中单击“销售报表”超链接文字

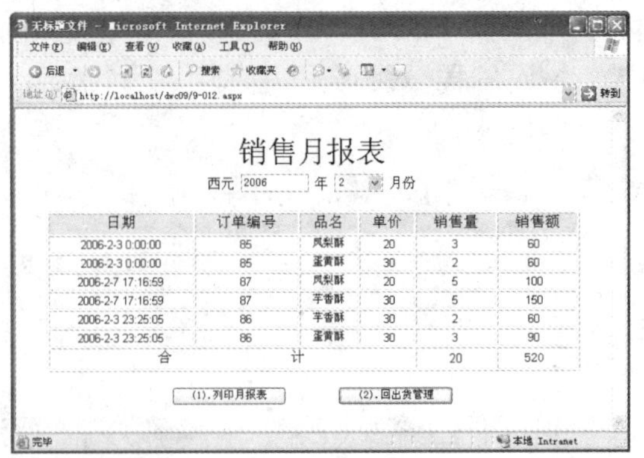

日期	订单编号	品名	单价	销售量	销售额
2006-2-3 0:00:00	85	凤梨酥	20	3	60
2006-2-3 0:00:00	85	蛋黄酥	30	2	60
2006-2-7 17:16:59	87	凤梨酥	20	5	100
2006-2-7 17:16:59	87	芋香酥	30	5	150
2006-2-3 23:25:05	86	芋香酥	30	2	60
2006-2-3 23:25:05	86	蛋黄酥	30	3	90
合 计				20	520

在销售月报表网页（9-012.aspx）中可选择打印或返回

“销售月报表”系统的简易流程示意图如下。

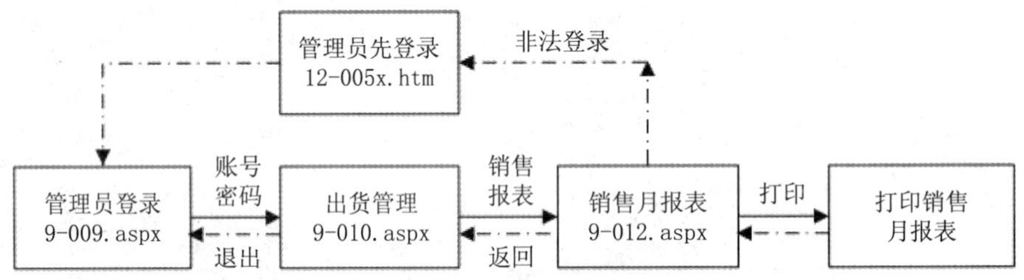

销售月报表，网页的具体设计步骤如下。

步骤 1 新建一空网页（9-012.aspx），插入表单 Form1，输入“Runat="server"”语句，并且进行如下修改。

（1）输入各标题，插入文本框 ddYear（设自动回发）。

（2）插入月份下拉列表 ddMonth，单击“列表项目”按钮（如没显示请单击“属性”面板右下角的▼按钮即可出现），设置 1~12 月选项及值（设自动回发）。

（3）插入“(2). 回出货管理”按钮 Button2，标签内输入“onClick="Bt2Click"”事件属性。

（4）切换至“代码”视图，在 Button2 按钮前添加“(1). 打印月报表”按钮的 Java 程序代码，以便将来可打印销售月报表。

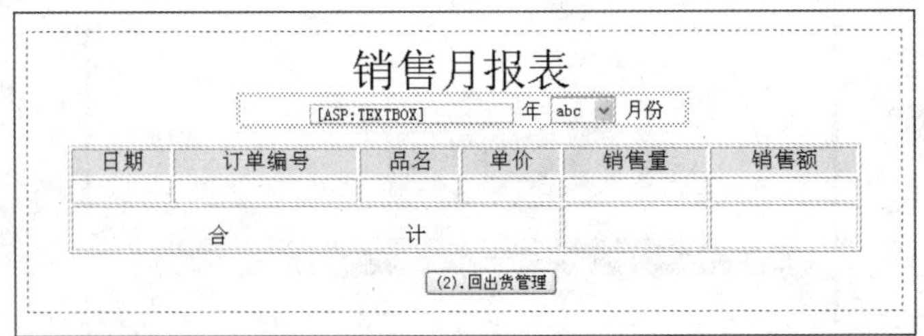

输入各标题并插入各控件

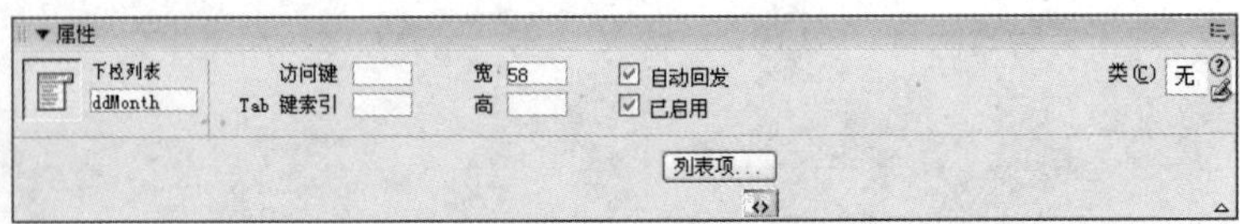

设置月份下拉列表中的选项

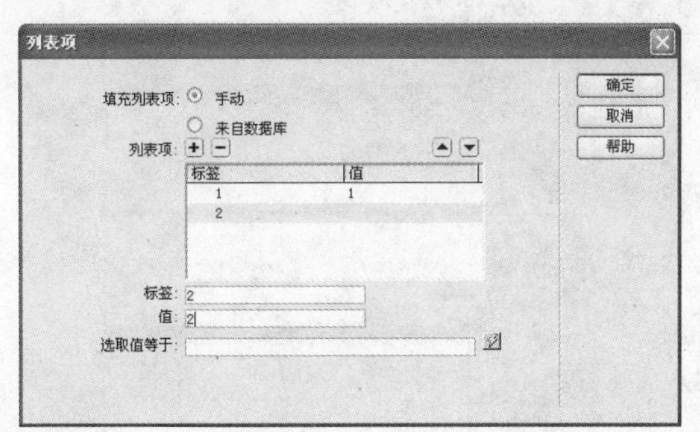


```
<script language="Javascript1.2">
<!--
var message = "(1).打印月报表";
 function printpage() {
window.print();
}
document.write("<input type=button "
+"value=\""+message+"\" onClick=\"printpage()\">");
//-->
</script>
<asp:Button ID="Button2" Text="(2).回出货管理" runat='
```

输入打印出货单程序代码

步骤 2 在“绑定”面板中选择“数据集”命令，在弹出的“数据集”对话框中单击“高级”按钮，设置销售报表数据集名称为 DataSet1，连接为 Funde01，输入如下 SQL 语句（其中 ordersSale 为出货数据表、ListSale 为出货明细数据表）。

```
SELECT ordersSale.orderDate, ordersSale.ono, ListSale.name,
ListSale.price, ListSale.qty, ListSale.price * ListSale.qty AS
amount
FROM  ListSale  INNER JOIN ordersSale  ON  ListSale.ono =
ordersSale.ono
WHERE  year(ordersSale.orderDate) = ? and  Month
(ordersSale.orderDate) = ?
```

添加 @ddYear 参数（值设为在年文本框中所输入的 ddYear 表单变量值，数据类型为 WChar）和 @ddMonth 参数（值设为在月份列表中所选择的 ddMonth 表单变量值，数据类型为 WChar）。之后展开此数据集(注意要选择 DataSet1 数据集)，将各字段插至各单元格中。

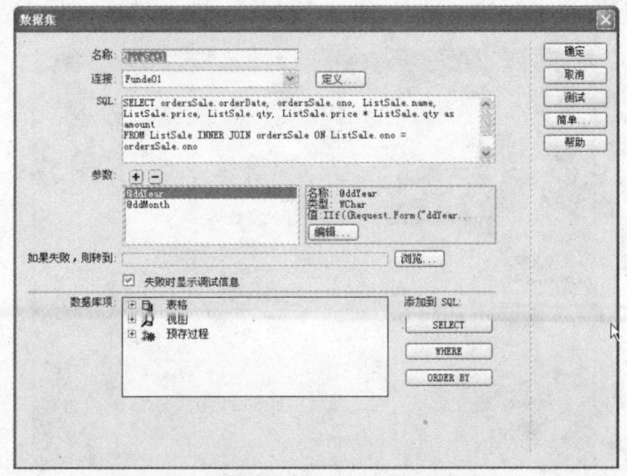

建立销售报表数据集 DataSet1

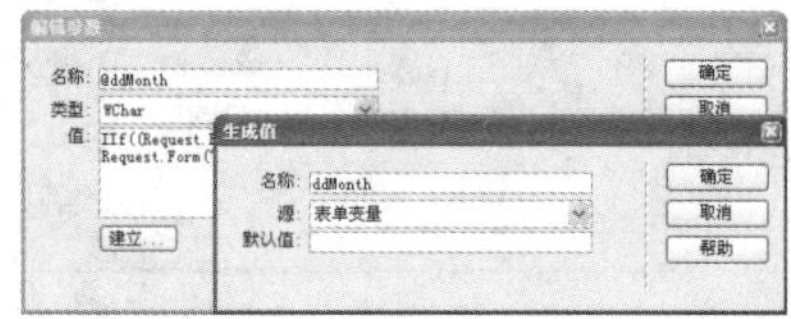

新建参数 @ddYear 及 @ddMonth

将 DataSet1 数据集中的字段插入报表中

步骤 3 在“绑定”面板中新建销售报表合计数据集，设置名称 dsQtys，连接为 Funde01。之后单击“高级”按钮输入如下 SQL 语句（其中 ordersSale 为出货数据表、ListSale 为出货明细数据表）。

```
SELECT  SUM(ListSale.qty) AS qtySum,  SUM(ListSale.price *
ListSale.qty) AS amtSum
FROM  ListSale  INNER JOIN ordersSale  ON ListSale.ono =
ordersSale.ono
WHERE year(ordersSale.orderDate) = ? and Month
(ordersSale.orderDate) = ?
```

添加 @ddYear 参数（值设为在年文本框中所输入的 ddYear 表单变量值，数据类型为 WChar）和 @ddMonth 参数（值设为在月份列表中选择的 ddMonth 表单变量值，数据类型为 WChar）。之后展开此数据集（注意要选择 dsQtys 数据集），将各字段插至各单元格中。

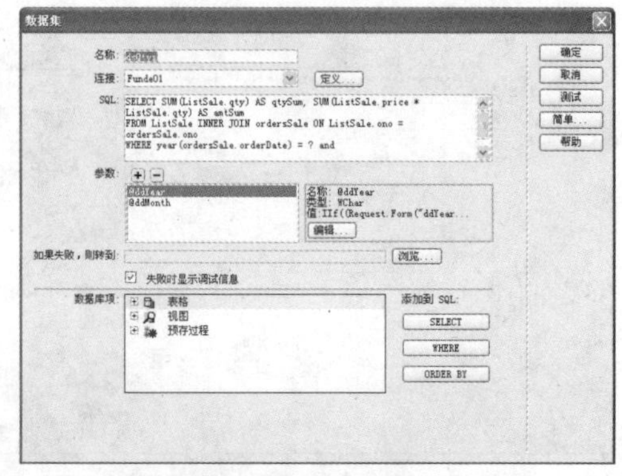

建立销售报表合计数据集 dsQtys

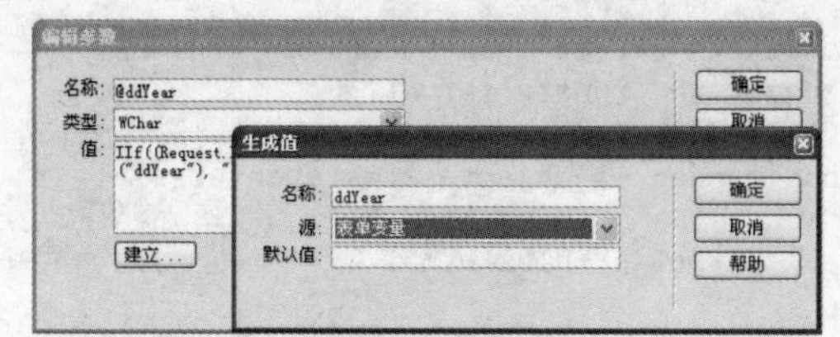

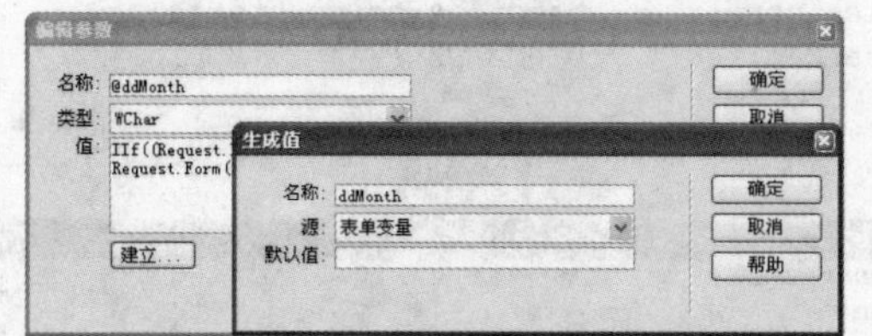

新建参数 @ddYear 及 @ddMonth

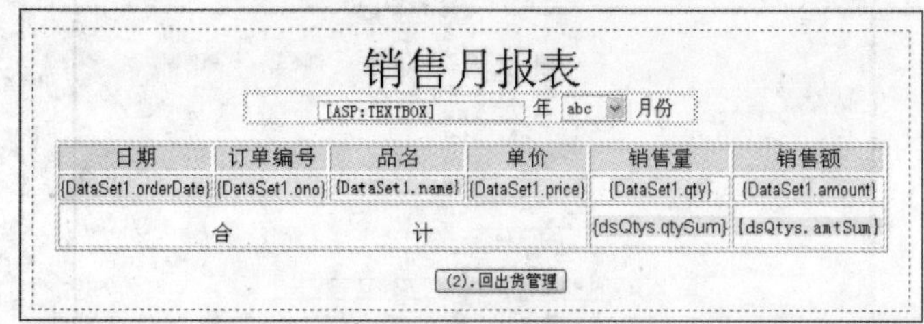

将 dsQtys 数据集中的字段插入报表中

步骤 4 选择销售月报表第二行，在“服务器行为”面板中选择“重复区域”命令，设置一次显示所有数据。接着选择“显示区域 > 数据集不为空显示”命令，设置显示销售报表数据集 DataSet1 中的数据（注意都要选择 DataSet1 数据集）。

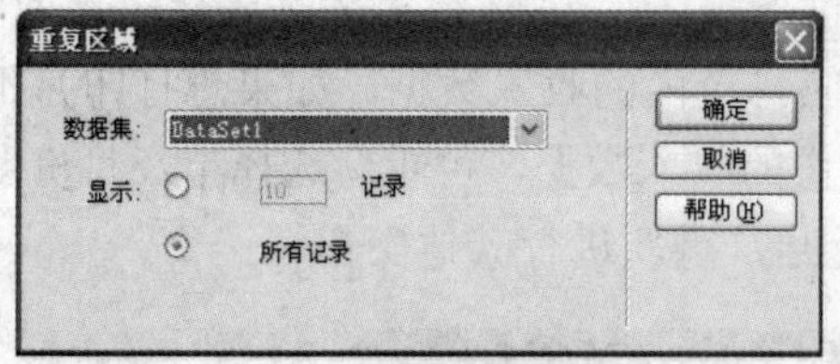

设置重复显示销售报表数据集 DataSet1 中的数据

如果数据集 DataSet1 中有数据则显示出来

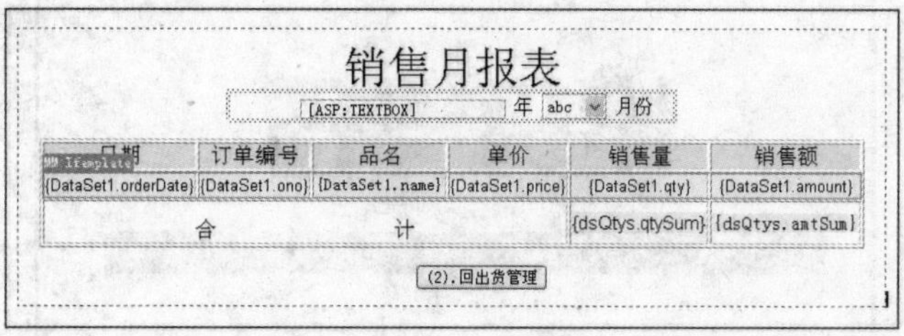

步骤 5 在 <MM:PageBind> 代码段中输入防止非正式登录的程序代码，以及单击“(2).回出货管理”按钮的 Bt12Click 事件程序（即连接出货管理”网页的程序代码），以便继续进行其他处理。

```
<MM:PageBind runat="server" PostBackBind="true" />
<script language="vb" runat="server">
 '--------- 限制只有正常登录才能显示消息管理网页 ------------------------
 sub page_load(sender as object, e as eventargs)
  If session("acc") = Nothing then          '如果非正式登录
    response.Redirect("9-010x.htm")          '则拒绝登录并显示警告讯息
  End If
 end sub
 sub Bt2Click(sender as object, e as eventargs)
    response.Redirect("9-010.aspx")          '返回出货管理网页做其他处理
 end sub
</script>
```

日期	订单编号	品名	单价	销售量	销售额
2006-2-3 0:00:00	85	凤梨酥	20	3	60
2006-2-3 0:00:00	85	蛋黄酥	30	2	60
2006-2-7 17:16:59	87	凤梨酥	20	5	100
2006-2-7 17:16:59	87	芋香酥	30	5	150
2006-2-3 23:25:05	86	芋香酥	30	2	60
2006-2-3 23:25:05	86	蛋黄酥	30	3	90
合	计			20	520

在销售月报表网页（9-012.aspx）中的执行结果

9.2.10 收入月报表

当在出货管理网页（9-010.aspx）中单击“收入报表”超链接文字时，会出现收入月报表网页（9-013.aspx），管理者可在其中查询相应月份内的收入数据。如果想打印月报表，可单击“（1）. 打印月报表”按钮；若想看其他月份的收入数据，可重新选择年及月份即可；如果想退出，可单击“（2）. 回出货管理”按钮返回，重新进行其他操作。

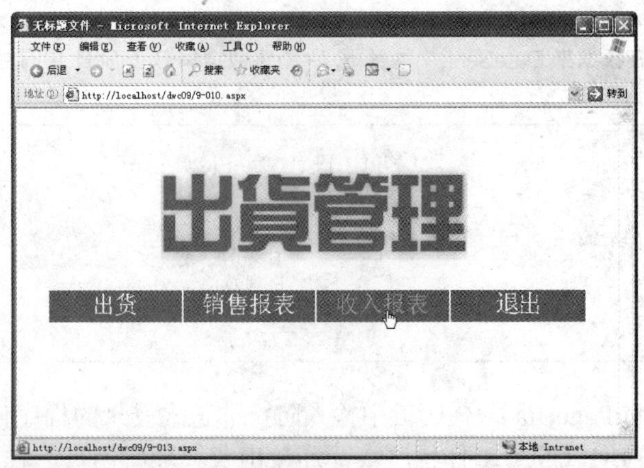

在出货管理网页（9-010.aspx）中单击“收入报表”超链接文字

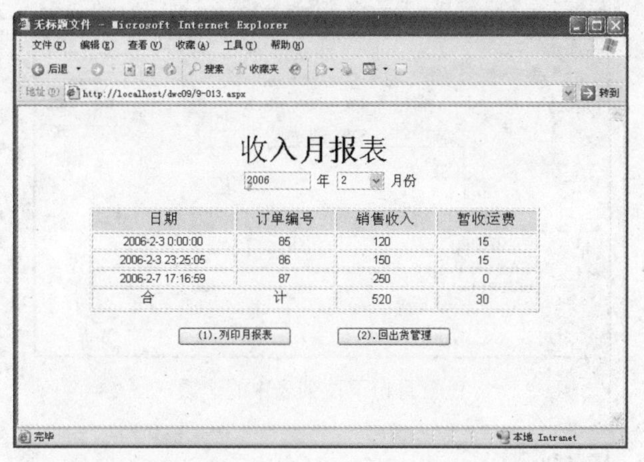

在收入月报表网页（9-013.aspx）中可选择打印或返回

“收入月报表”系统的简易流程示意图如下。

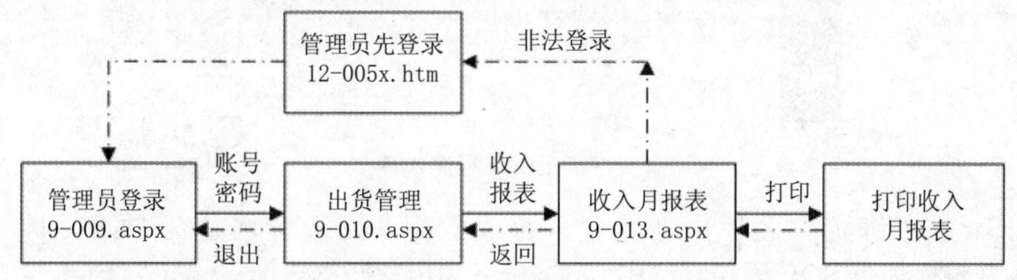

“收入月报表”系统的具体设计步骤如下。

步骤 1 新建一空网页（9-013.aspx），插入表单 Form1，输入“Runat="server"”语句，并且进行以下设置。

（1）输入各标题，插入年文本框 ddYear（设自动回发）。

（2）插入月份下拉列表 ddMonth，设置 1~12 月选项及值（设自动回发）。

（3）插入“(2). 回出货管理”按钮 Button2，在标签中输入 onClick="Bt2Clidk" 事件属性。

（4）切换至“代码”视图，在 Button2 按钮前加入“(1). 打印月报表”按钮的 Java 程序代码，以便将来可打印销售月报表。

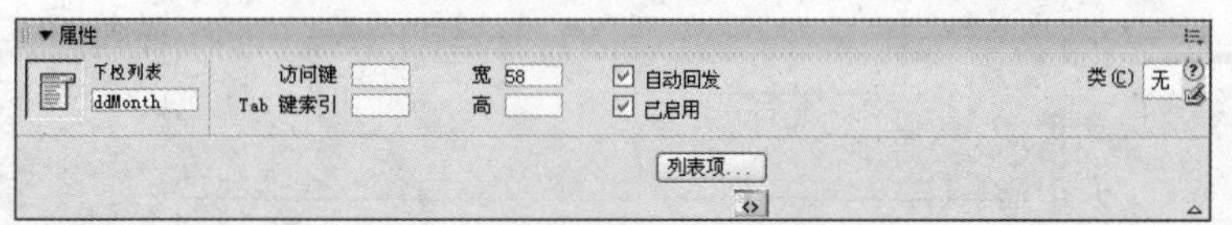

输入各标题并插入相关控件

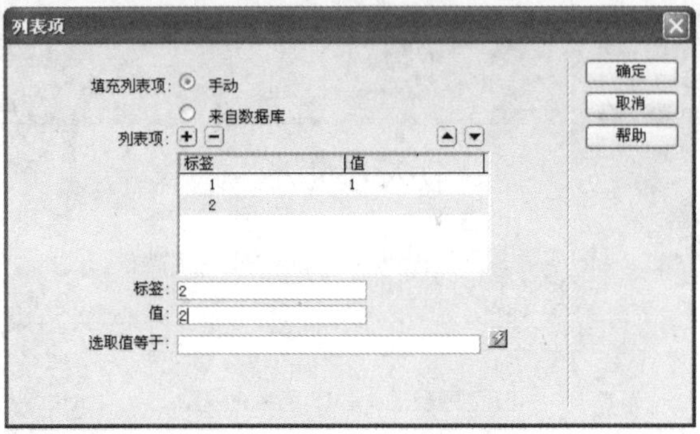

设置月份下拉列表中的选项

```
<script language="Javascript1.2">
<!--
var message = "(1).列印月报表";
 function printpage() {
window.print();
}
document.write("<input type=button "
+"value=\""+message+"\" onClick=\"printpage()\">");
//-->
</script>
```

输入打印出货单程序代码

步骤 2　在“绑定”面板中新建收入报表数据集，设置名称为 DataSet1，连接为 Fundeo1，并输入如下 SQL 语句（其中 ordersSale 为出货数据表）。

```
SELECT orderDate,ono,amtTotal,shipping
FROM ordersSale
WHERE Year(orderDate)=?and Month(orderDate)=?
ORDER BY orderDate ASC
```

添加 @ddYear 参数（值设为在年文本框中所输入的 ddYear 表单变量值，数据类型为 WChar）和 @ddMonth 参数（值设为在月份列表中所选择的 ddMonth 表单变量值、数据类型为 WChar）。之后展开此数据集(注意要选择 DataSet1 数据集)，将各字段插至各单元格中。

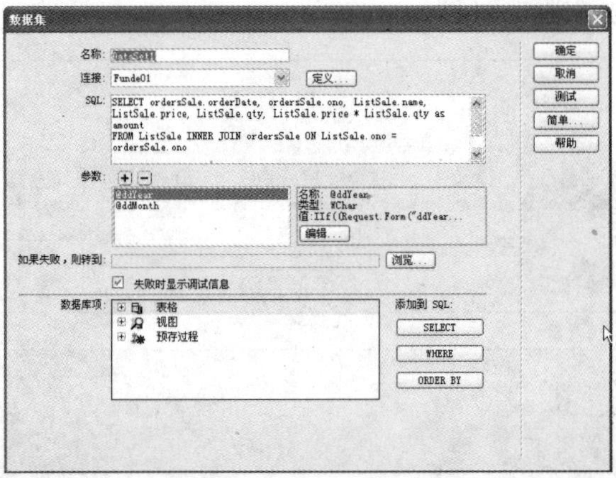

建立销售报表数据集 DataSet1

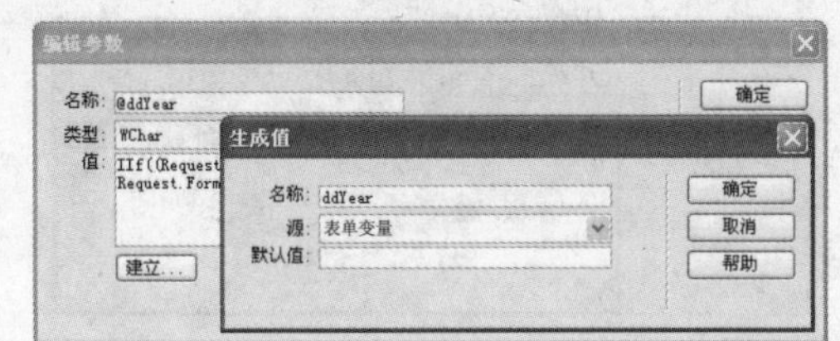

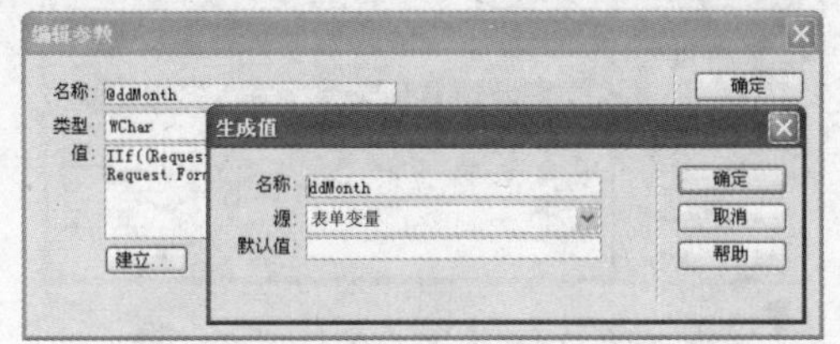

新建参数 @ddYear 及 @ddMonth

收入月报表

[ASP:TEXTBOX] 年 abc 月份

日期	订单编号	销售收入	暂收运费
{DataSet1.orderDate}	{DataSet1.ono}	{DataSet1.amtTotal}	{DataSet1.shipping}
合	计		

(2).回出货管理

将 DataSet1 数据集中的字段插入报表中

步骤 3 在“绑定”面板中新建收入报表合计数据集，设置名称为 dsAmt，连接为 Funde01，并输入如下 SQL 语句（其中 ordersSale 为出货数据表）。

```
SELECT SUM(amtTotal)AS amtSum, SUM(shipping)AS shipSum
FROMordersSale
WHERE Year(orderDate)=?and Month(orderDate)=?
```

添加 @ddYear 参数（值设为在年文本框中所输入的 ddYear 表单变量值，数据类型为 WChar）和 @ddMonth 参数（值设为在月份列表中所选择的 ddMonth 表单变量值，数据类型为 WChar）。之后展开此数据集（注意要选择 dsAmt 数据集），将各字段插至各单元格中。

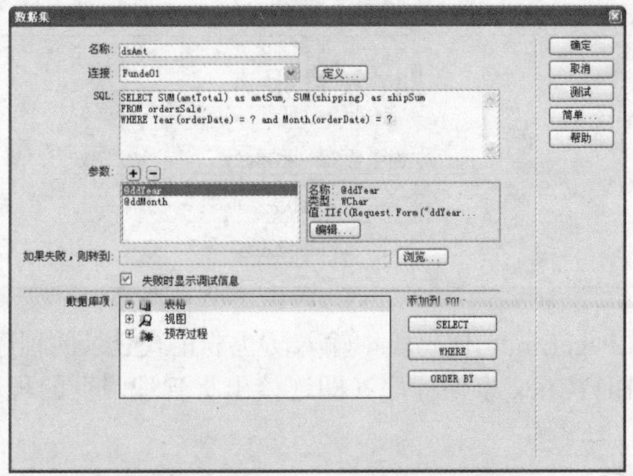

建立收入报表合计数据集 dsAmt

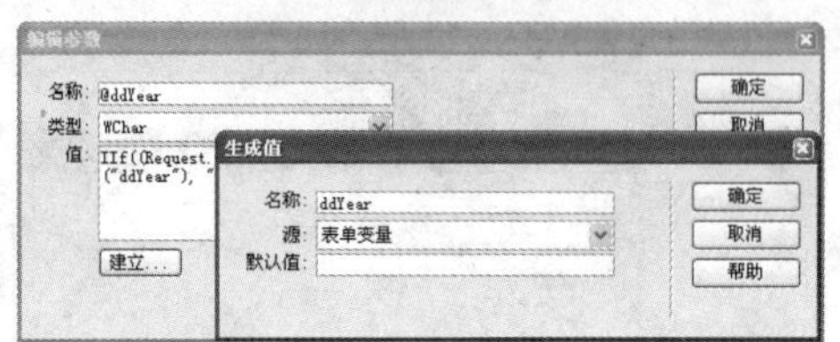

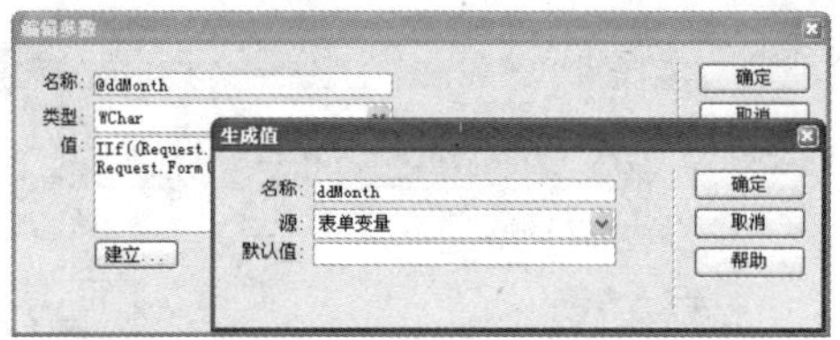

新建参数 @ddYear 及 @ddMonth

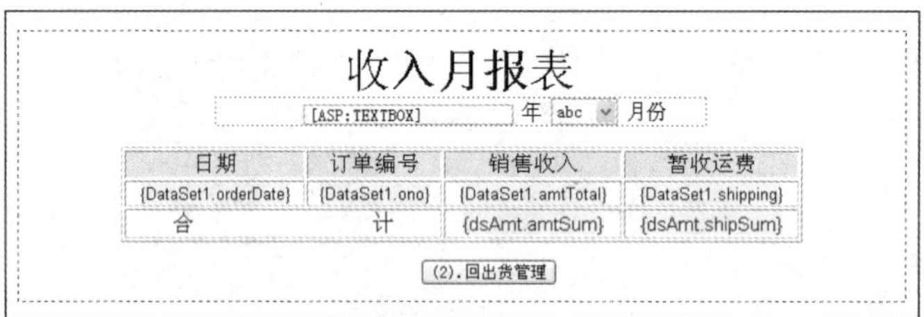

将 DsAmt 数据集中的字段插入报表中

步骤 4 选择收入月报表第二行，在“服务器行为”面板中选择“重复区域”命令，设一次显示所有数据。接着选择“显示区域 > 数据不为空显示”命令，设置显示收入报表数据集 DataSet1 中的数据（注意都要选择 DataSet1 数据集）。

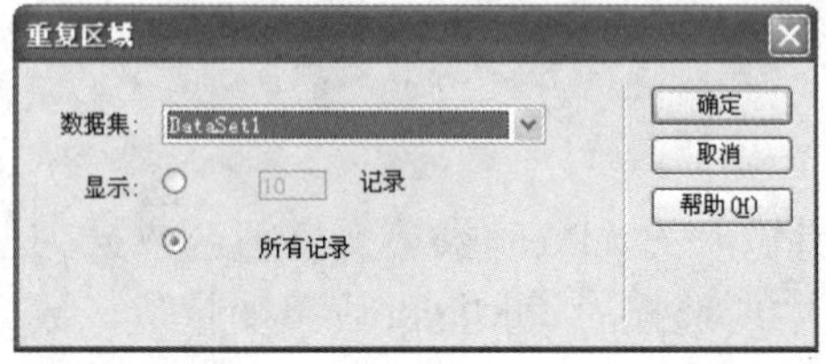

设置重复显示收入报表数据集 DataSet1 中的数据

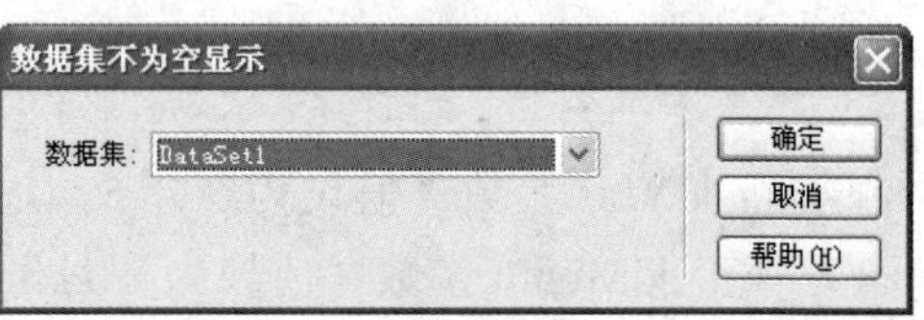

如果数据集 DataSet1 中有数据则显示出来

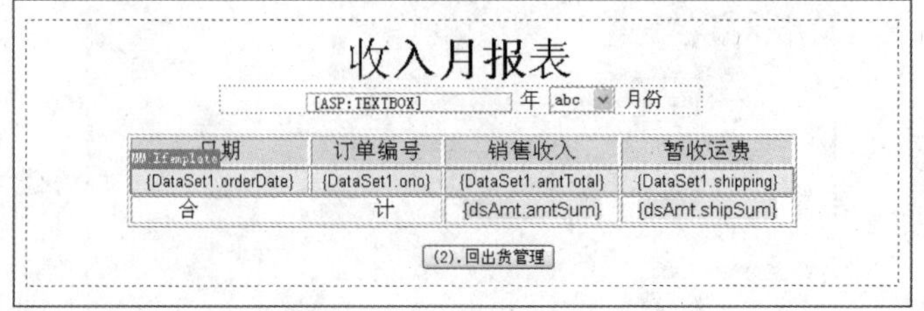

步骤 5 在 <MM:PageBind> 代码段中输入防止非正式登录的程序代码，以及单击“(2).回出货管理”按钮的 Bt12Click 事件程序（即连接出货管理网页的程序代码），以便继续进行其他处理。

```
<script language="vb" runat="server">
'-------- 限制只有正常登入才能显示消息管理网页 ----------------------
sub page_load(sender as object, e as eventargs)
  If session("acc") = Nothing then              '如果非正式登入
    response.Redirect("9-010x.htm")            '则拒绝登入并显示警告讯息
  End If
end sub
sub Bt2Click(sender as object, e as eventargs)
    response.Redirect("9-010.aspx")            '返回出货管理网页做其他处理
end sub
</script>
<!DOCTYPE HTML PUBLIC "-//W3C//DTD HTML 4.01 Transitional//EN"
```

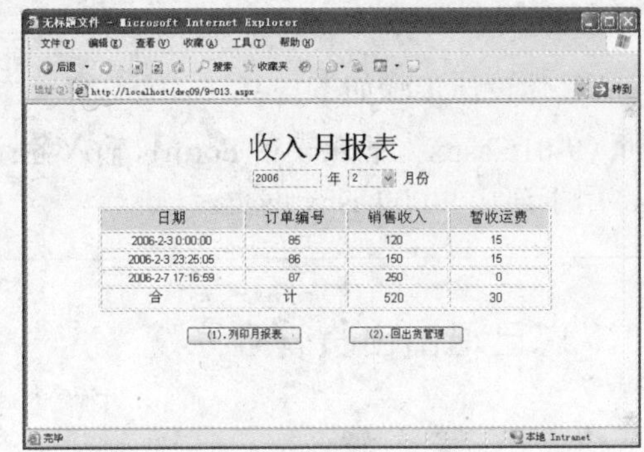

收入月报表网页 9-013.aspx 执行结果

9.2.11 退出出货管理

当进行完出货管理后，在出货管理网页（9-010.aspx）中可单击“退出”超链接文字离开出货管理系统，返回管理者登录网页（9-009.aspx）。

在出货管理网页（9-010.aspx）中单击“退出”超链接文字

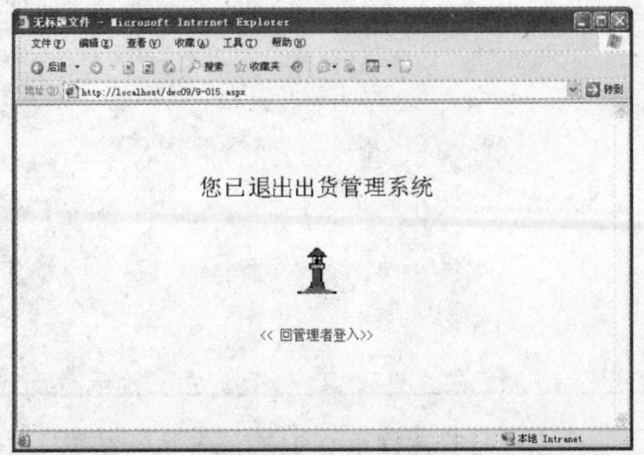

在已退出出货管理系统网页（9-015.aspx）中单击“回管理者登录”超链接文字

“退出出货管理系统”的简易流程示意图如下。

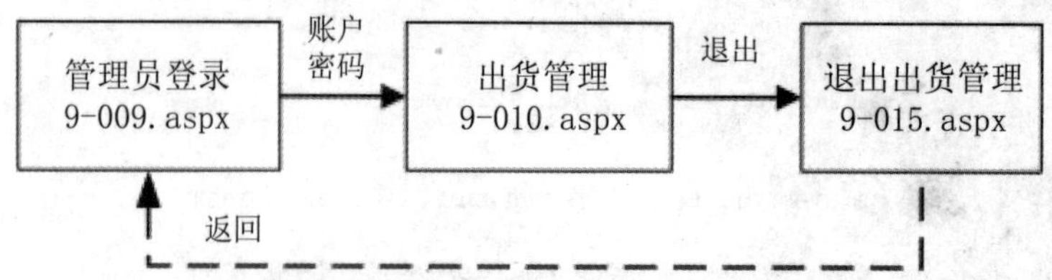

“退出出货管理系统”的具体设计步骤如下。

步骤 1 新建一空网页（9-015.aspx），插入表单 Form1，输入各标题，之后插入图片及“回管理者登录”超链接文字，用于连接 9-009.aspx 网页。

输入各标题并插入各控件

步骤 2 切换至“代码”视图，在 <MM:PageBind> 代码段中输入释放 Session 变量的程序代码，从而清除所占用的存储空间。

```
<script language="vb" runat="server">
 '--------- 限制只有正常登入才能显示消息管理网页 ----------------------
 sub page_load(sender as object, e as eventargs)
  If session("acc") = Nothing then          '如果非正式登入
    response.Redirect("9-010x.htm")         '则拒绝登入并显示警告讯息
  End If
 end sub
 sub Bt2Click(sender as object, e as eventargs)
    response.Redirect("9-010.aspx")        '返回出货管理网页做其他处理
 end sub
</script>
<!DOCTYPE HTML PUBLIC "-//W3C//DTD HTML 4.01 Transitional//EN"
```

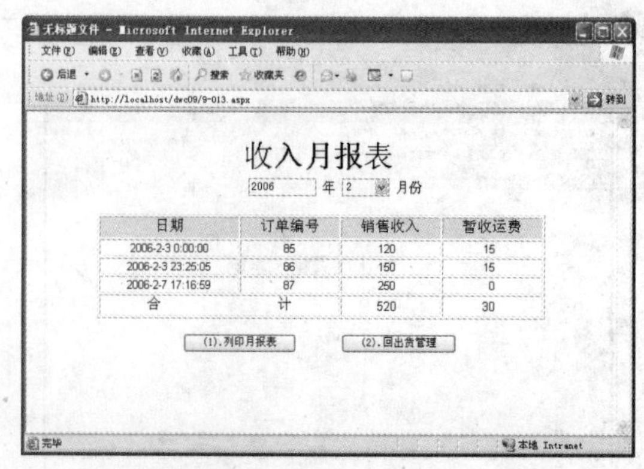

日期	订单编号	销售收入	暂收运费
2006-2-3 0:00:00	85	120	15
2006-2-3 23:25:05	86	150	15
2006-2-7 17:16:59	87	250	0
合	计	520	30

退出出货管理网页 9-015.aspx 执行结果

10 最新消息管理系统

为了要促销商品或提供商品的最新动态，一个商业网站经常会发布商品的最新消息，例如周年庆典的打折优惠、新产品的发布会，以及试吃、免费的活动等，我们将以下面的最新消息管理系统为例进一步说明。

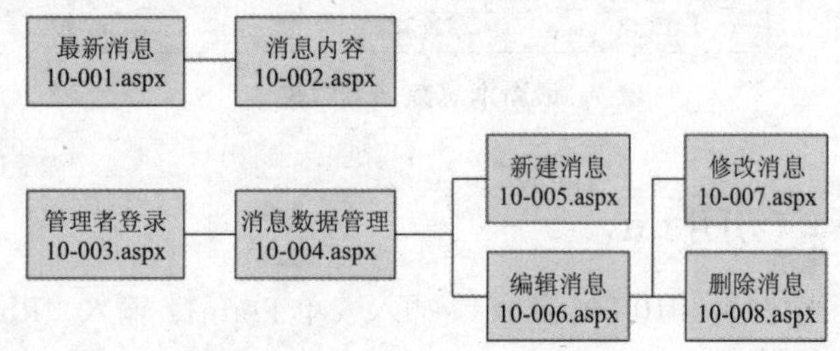

10.1 最新消息浏览

“最新消息”主要用于公布网站的商品消息或销售活动，其流程大致上是先出现商品目录网页（10-001.aspx）供网友浏览，网友可在其中选择感兴趣的消息，进入该项消息的细节网页（10-002.aspx），进一步去阅读更详细的消息内容，看完后可单击“回最新消息”超链接文字，返回最新消息网页，继续浏览其他消息（显示 New ！图标的为今天刊出或期间未到的最新消息）。

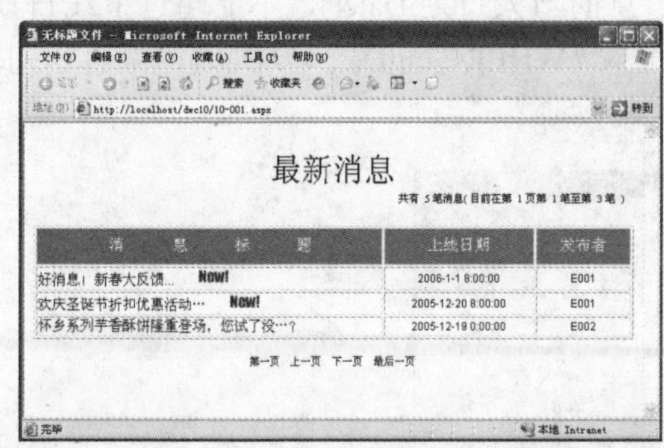

在最新消息网页（10-001.aspx）中选择喜爱的消息标题

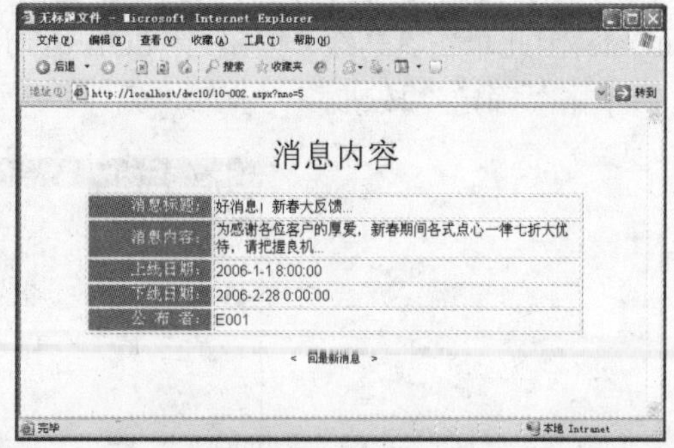

会连接到该消息的详细内容网页（10-002.aspx）

“最新消息”系统的简易流程示意图如下。

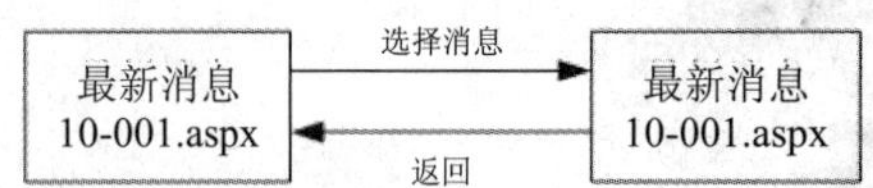

10.1.1 建立消息数据表

在枫笛中点数据库 Funde.mdb 内建好消息数据表 News，目的是显示最新消息数据以供网友浏览，其数据结构及数据内容如下。

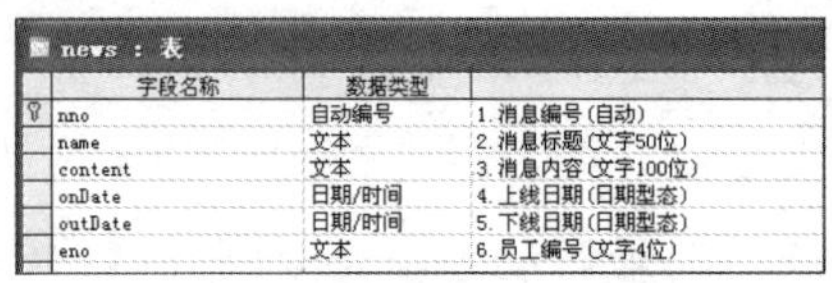

news : 表

字段名称	数据类型	
nno	自动编号	1. 消息编号 (自动)
name	文本	2. 消息标题 (文字50位)
content	文本	3. 消息内容 (文字100位)
onDate	日期/时间	4. 上线日期 (日期型态)
outDate	日期/时间	5. 下线日期 (日期型态)
eno	文本	6. 员工编号 (文字4位)

最新消息数据表 News 结构

news : 表

nno	name	content	onDate	outDate	eno
1	新产品咖啡酥出炉了！	使用上等咖啡豆烘制，香味浓醇、酥软好吃，入口难忘…	2005-12-17	2006-1-18	E001
2	水果系列派饼近日推出，敬请期待！	纯天然新鲜水果精制，独特口味，营养健康…	2005-12-18	2006-2-28	E003
3	怀乡系列芋香酥饼隆重登场，您试了没…？	Q～Q～Q～难忘的故乡情味，让人勾起对故乡丫爸丫母的思念…	2005-12-19	2006-2-28	E002

最新消息数据表数据

10.1.2 显示最新消息

步骤 1 新建一空网页（10-001.aspx），插入表单 Form1，输入“Runat="server"”语句，之后输入标题，插入各组件。

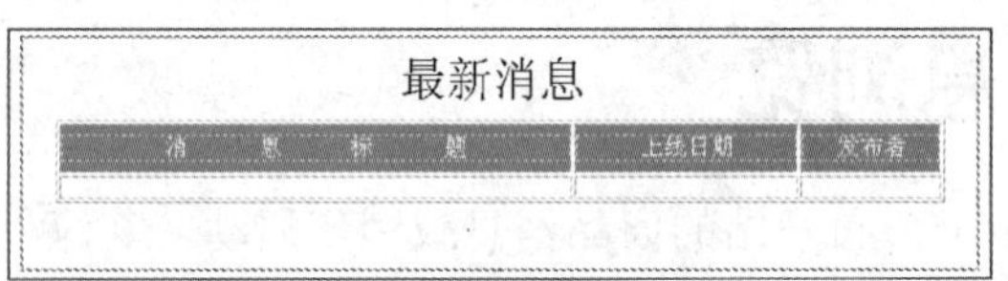

输入各标题并插入各组件

步骤 2 在“绑定”面板中新建消息数据集，设置名称为 dsNews，连接为 Funde01，表格为 News，全选字段，以上线日 nno 降序排序，目的是将最近的消息排在最上方，以方便网友选择浏览。另外，要考虑的是显示消息的当天日期 Date()，不能超过下线日期 outDate，因此单击“高级”按钮，在 SQL 语句中加入“WHERE outDate >= Date()”条件语句，之后单击“确定”按钮。

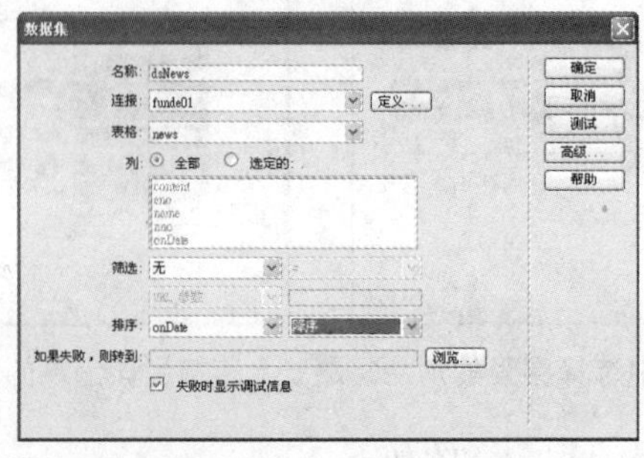

建立供显示的最新消息数据集 dsCatalog

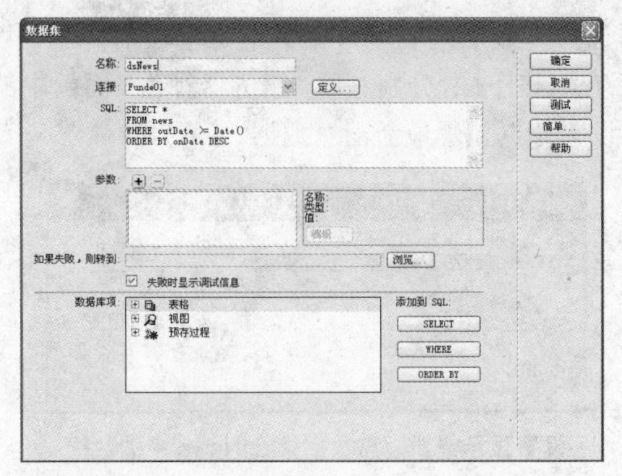

显示最新消息当天的日期要小于下线日，如超过下线日就不显示

步骤 3　展开最新消息数据集 dsNews，将各字段插入至各单元格。为了能突显当天新发布的最新消息，需要在消息标题后面加入一个“New！”图片，这里在标题后插入该图片即可。然后转至“代码”视图，在图片标签前后输入下面代码（注意中间的 <img src=....> 图片标签语句不用输入），目的是判断上线日是今天时，才显示“New！”图片。

```
<MM:if Runat="server" Expression='<%# dsNews.FieldValue
("onDate", Container)>=datetime.today %>'>
   <contentstemplate>
        <img src="file:///F|/&#22294;&#29255;/17.gif" width="43"
         height="18"></span></span>
   </contentstemplate>
</MM:if>
```

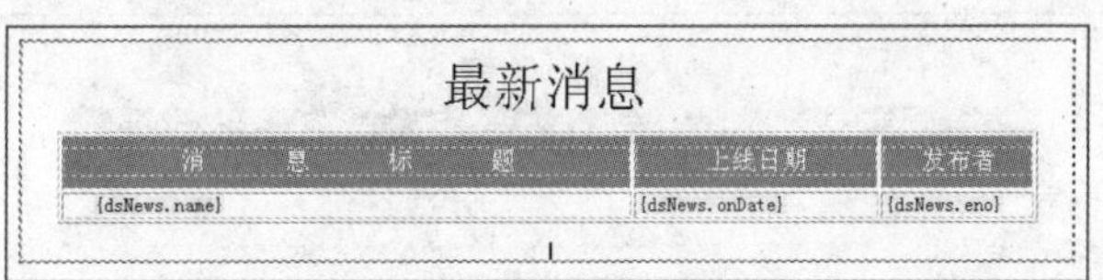

插入及绑定最新消息数据集 dsNews 的字段数据

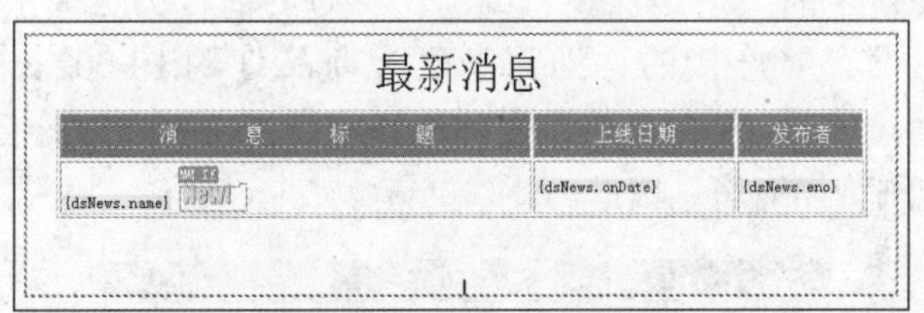

在标题后插入“New！”图片，并输入下面虚线内的程序代码

```
<a href="10-002.aspx?nno=<%# dsNews.FieldValue("nno", Container) %>"><%# dsNews.FieldValue("name", Container) %></a>
<MM:if runat="server" expression='<%# dsNews.FieldValue("onDate", Container)>=datetime.today %>'>
  <contentstemplate>
    <img src="file:///F|/&#22294;&#29255;/17.gif" width="43" height="18"></span></span>
  </contentstemplate>
</MM:if>
```

步骤 4　选择表格第二行，在“服务器行为”面板中选择“重复区域”命令，设置一

次显示 3 条记录。接着选择“显示区域 > 数据集不为空显示”命令以显示最新消息数据集 dsNews 中的数据。然后在表格下面，分别利用“服务器行为”面板中的“移至第一页”和“移至最后一页”等命令，设置分页显示最新消息数据。

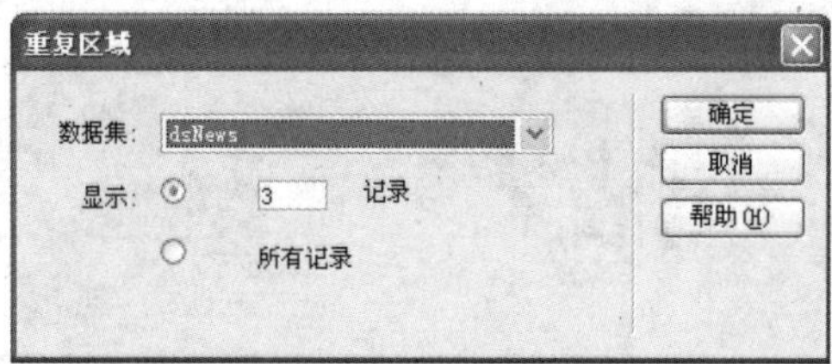

设置显示最新消息数据集 dsNews 中的数据

数据集不为空显示

数据集：dsNews

确定 取消 帮助(H)

如果 dsNews 数据集中有数据则显示出来

移至第一页

链接：创建新链接："第一页"

数据集：dsNews

确定 取消 帮助(H)

分页显示 dsNews 数据集中的数据

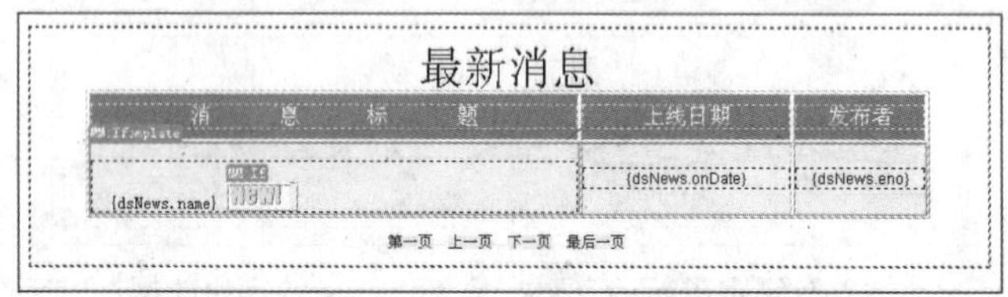

步骤 5 选择表格中的“消息标题”列，在“服务器行为”面板中选择 Go to Detail Page DotNET 命令，设置要连接的详细消息页为商品订购 10-002.aspx 网页，数据集为 dsNews，主键栏为消息编号 nno。目的是实际选择相应消息标题时，会连接至该标题的消息内容网页，供网友浏览详细消息数据。

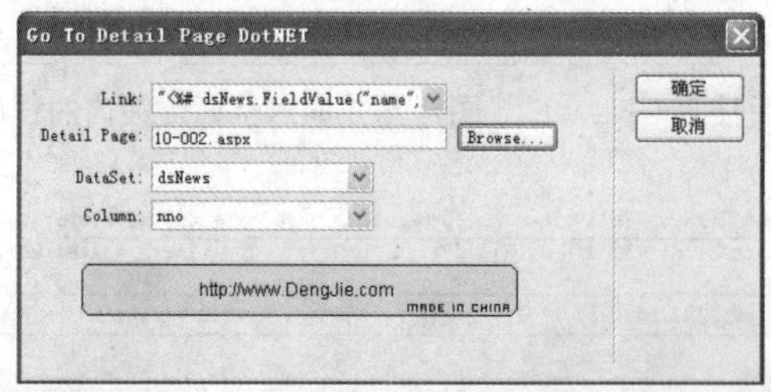

设置消息标题 name 的“连接详细消息页”服务器行为

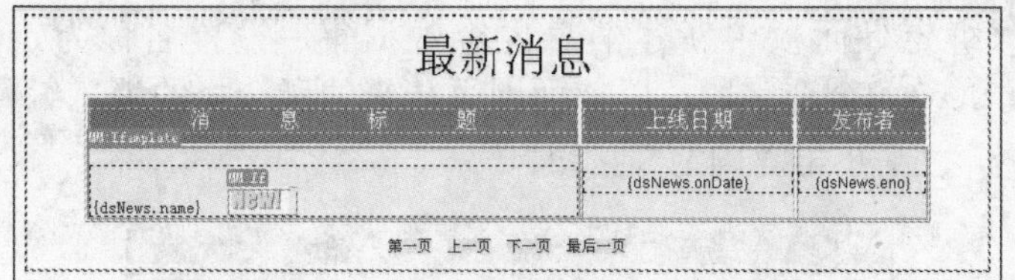

步骤 6 在网页标题“最新消息”文字下插入一行一列的空表格，靠左对齐输入“共有 条消息 (目前在第 页第 条至第 条)”。将光标定位于“共有 条消息”中，在“服务器行为”面板中选择“显示记录计数 > 显示总记录数”命令，设数据集为 dsNews，之后单击“确定”按钮。依此类推，分别选择“显示目前页号”、“显示起始记录编号”、“显示结束记录编号”命令，设置目前在第几页显示哪几条消息数据。

设置显示最新消息数据集 dsNews 中的消息总数

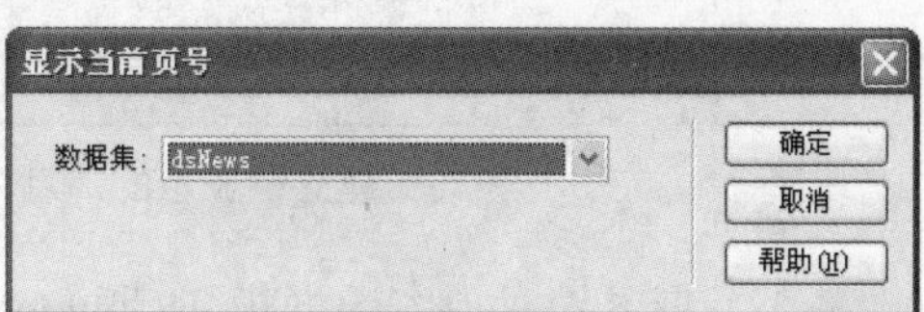

显示目前在第几页

显示目前从第几条开始

显示目前列第几条

10.1.3 显示消息内容

步骤 1 新建一空网页（10-002.aspx），插入表单 Form1，输入“Runat="server"”语句，之后输入标题，以及“ 回最新消息 ”超链接文字（连接 10-001.aspx 网页）。

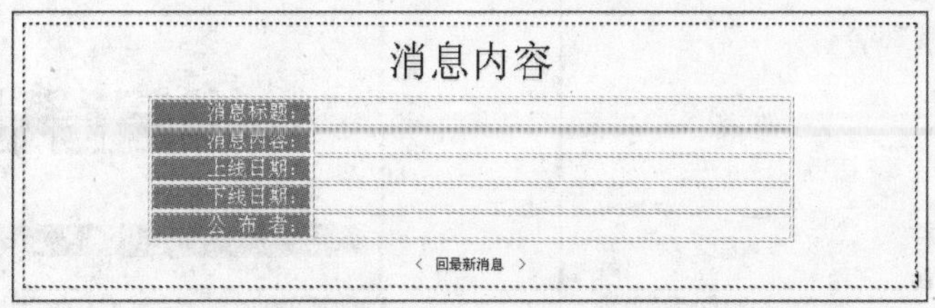

输入各标题并插入各组件

步骤 2 在“绑定”面板中新建消息内容数据集，设置名称为 dsContent，连接为 Funde01，表格为 News，全选字段，以前面网页传来的所选择的消息编号 nno，筛选出符合的消息内容数据，之后单击“确定”按钮。

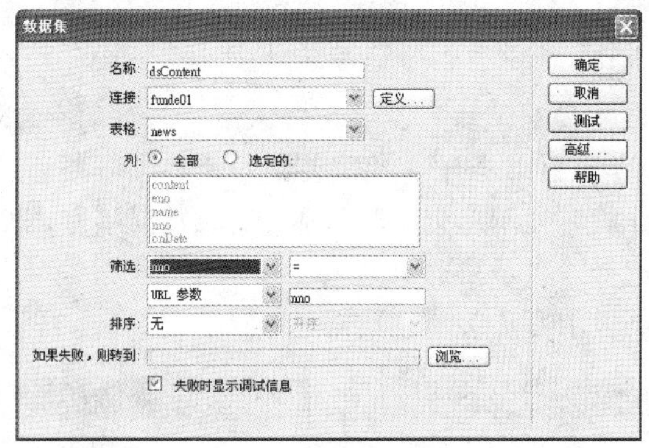

建立供显示的消息内容数据集 dsContent

步骤 3 展开消息内容数据集 dsContent，将各字段插入至各单元格，完成最新消息内容网页制作。

插入消息内容数据集 dsContent 的字段数据

10.2 最新消息管理

由于要不断新建或维护“最新消息”内容，因此网站要具备消息管理功能，其流程大致上是先会出现管理者登录网页（10-003.aspx）供管理者以账号密码方式进行登录，然后显示消息管理网页（10-004.aspx），让管理者选择“新建消息”或“编辑消息”功能，进一步去处理消息内容，最后再返回管理者登录网页，继续维护其他消息。

先在管理者登录网页（10-003.aspx）中登录

进入消息管理网页（10-004.aspx），然后选择所需的功能，如“新建消息”

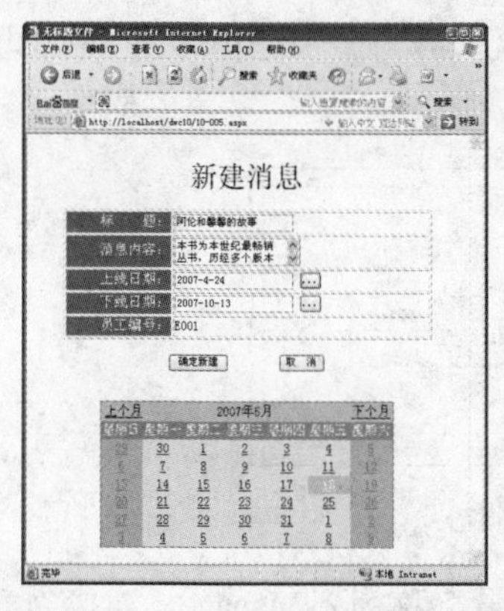
在新建消息网页（10-005.aspx）中新建消息数据

新建成功信息

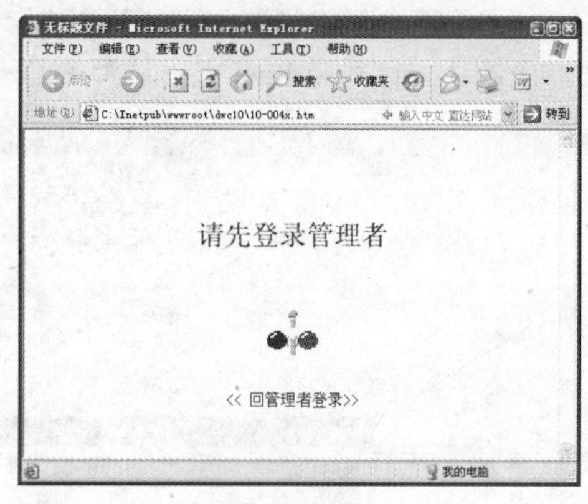

非法登录的警告信息

“最新消息管理”系统的简易流程示意图如下。

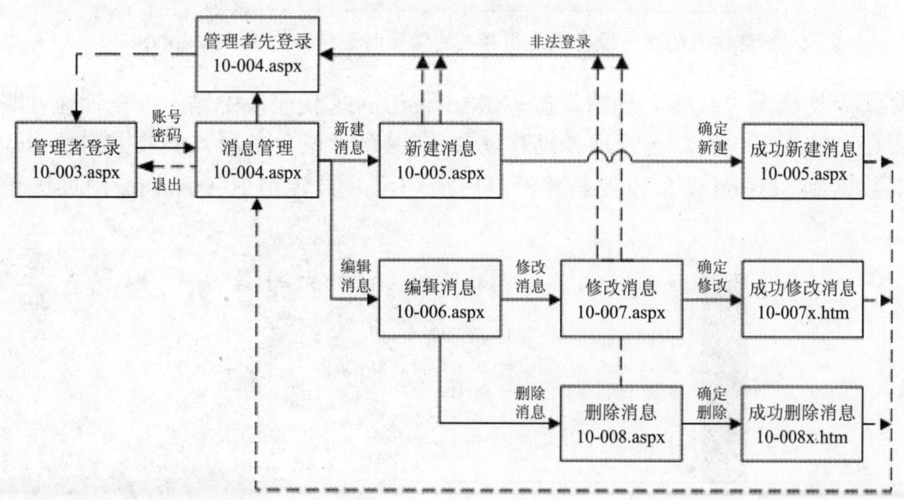

10.2.1 管理者登录

步骤 1 新建一空网页（10-003.aspx），插入表单 Form1，输入“Runat="server"”语句，之后输入标题，插入管理者账号文本框 acc、密码文本框 pwd、员工编号隐藏区域 eno（标

签要添加“Runat="server"”语句），以及数据不能空白的验证控件 rqAcc 和 rqPwd。另外，插入“登录”按钮 Submit1 和“取消”按钮 Reset1。

输入各标题并插入各组件

步骤 2 在“绑定”面板中新建管理者数据集，设置名称为 dsManage，连接为 Funde01，表格为 safeT，全选字段，并以 acc 管理者账号筛选输入的数据是否有存在。之后单击“高级”按钮，修改 SQL 语句为“SELECT * FROM safeT WHERE acc = ? and pwd = ?”，并新建 @Pwd 参数，进一步查询要登录的 Acc 账号及 Pwd 密码是否正确，之后单击“确定”按钮。

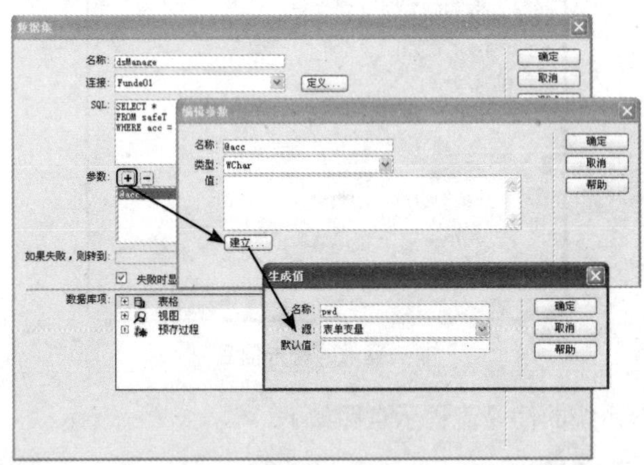

筛选输入的账号及密码是否存在的管理者登录数据集 dsManage

步骤 3 切换至“代码”视图，在 <MM:PageBind> 代码段中输入检查管理者账号密码数据是否存在的程序代码。若管理者已有登录，则保存管理者账号 Acc 数据到 Session 变量，编号 eno 数据到 Session 变量以便新建消息时所用，并且转到 10-004.aspx 网页进行消息数据管理。

```
<MM:PageBind runat="server" PostBackBind="true" />
<%
If dsManage.RecordCount > 0 Then
  session("acc")=request.Form("acc")
  session("eno")=eno.value
  Response.Redirect("10-004.aspx")
End If
%>
```

判断管理者是否有登录

10.2.2 消息管理网页

步骤 1 新建一空网页（10-004.aspx），插入图片“消息管理.jpg”，输入“新建消息”

文字用于连接新建消息网页（10-005.aspx），“编辑消息”文字用于连接编辑消息网页（10-006.aspx），以及“注销”文字用于连接管理者登录网页（10-003.aspx）。

输入各标题，插入各组件，设置相应的超链接

步骤 2 切换至“代码”视图，在 <html> 标签前输入检查管理者账号数据是否存在的程序代码。若管理者是不是合法登录，则转到请先登录管理者信息网页（10-004x.htm）。

```
<script language="vb" runat="server">
'---------- 限制只有正常登录才能显示消息管理网页 ----------------------
 sub page_load(sender as object, e as eventargs)
  If session("acc") = Nothing then          '如果非正常登录
    response.Redirect("10-004x.htm")        '则拒绝登录并显示警告信息
  End If
 end sub
</script>
```

判断管理者是否有登录

10.2.3 新建消息

步骤 1 新建一空白网页（10-005.aspx），插入表单 Form1，输入“Runat="server"”语句，之后输入各标题，插入消息标题 name、消息内容 content、上线日期 onDate、下线日期 outDate 等文本框，以及员工编号标签 eno、隐藏区域 eno（要绑定 Session 的 eno 变量），然后插入标题不能空白 rqName、消息内容不能空白 rqContent、上下线日期不能空白 rqOnDate 和 rqOutDate，以及上线日期要小于下线日期 cpDate 等验证控件（请关闭所有的客户端脚本），再插入“确定新建”按钮 Button1、“取消”按钮 Button2、上下线日期按钮 ... Button3 和 Button4，以及上线日期日历控件 Calendar01、下线日期日历控件 Calendar02。

步骤 2 为了要在单击上线日期按钮 ... Button3 及下线日期按钮 ... Button4 时，会打开日历控件来选择日期，必须要设置其 CommandName 名称为“上线日”、“下线日”，以及 onCommand 事件为 calendarShow 属性。另外，为了在输入错误数据时，可通过单击“取消”按钮 Button2 清除错误数据以便重新输入，因此需要设置 Button2 的 OnClick 事件为 Bt2Click。另外，上线日期日历控件 Calendar01 及下线日期日历控件 Calendar02，必须设置 onSelectionChanged 事件名称为 SetDate01、SetDate02，以便将所选择的日期存入文本框中。

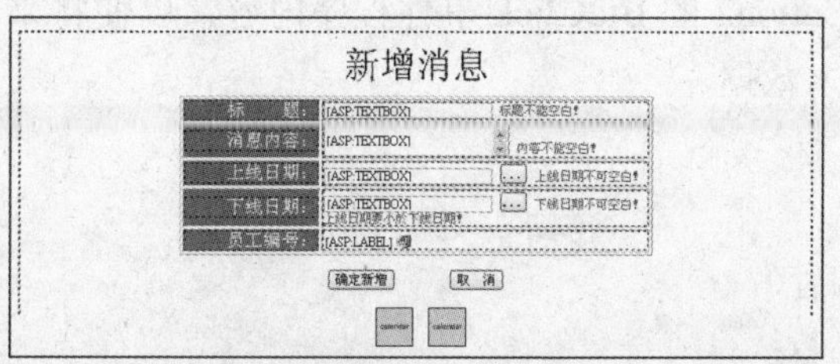

输入各标题并插入各组件，设置各组件的属性

步骤 3 在“服务器行为”面板中选择“插入记录”命令，在弹出的“插入记录”对话框中设置数据值来源为 Form1，连接为 Funde01，更新表格为 News，各字列值取自各对应同名的组件，并且若插入新消息记录成功，则转到 10-005x.htm 网页显示新建成功信息。

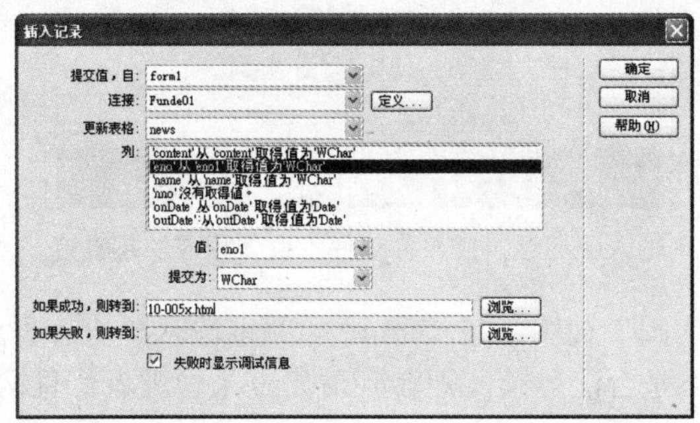

设置“插入记录”服务器行为，将新消息存入数据表

步骤 4 切换至“代码”视图，在“MM:Insert”代码段中输入及修改下面程序代码。

（1）添加插入记录组件名称语句“id="insNews"”。

（2）修改 Expression 语句为“Expression='false'”。

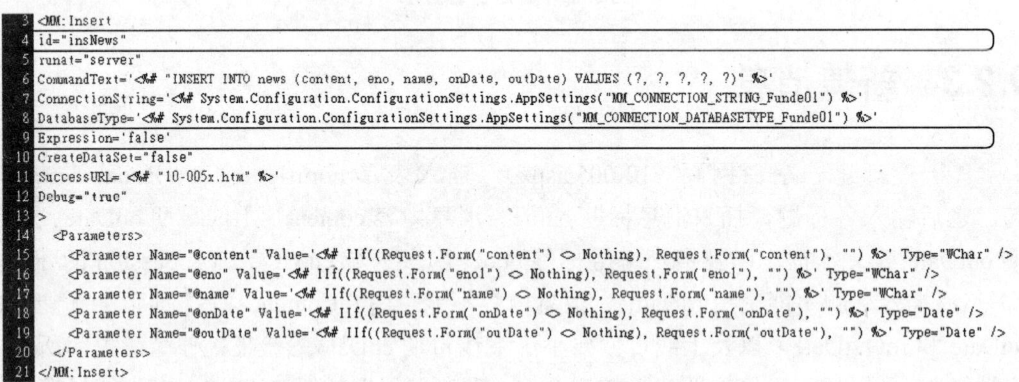

```
<MM:Insert
id="insNews"
runat="server"
CommandText='<%# "INSERT INTO news (content, eno, name, onDate, outDate) VALUES (?, ?, ?, ?, ?)" %>'
ConnectionString='<%# System.Configuration.ConfigurationSettings.AppSettings("MM_CONNECTION_STRING_Funde01") %>'
DatabaseType='<%# System.Configuration.ConfigurationSettings.AppSettings("MM_CONNECTION_DATABASETYPE_Funde01") %>'
Expression='false'
CreateDataSet="false"
SuccessURL='<%# "10-005x.htm" %>'
Debug="true"
>
  <Parameters>
    <Parameter Name="@content" Value='<%# IIf((Request.Form("content") <> Nothing), Request.Form("content"), "") %>' Type="WChar" />
    <Parameter Name="@eno" Value='<%# IIf((Request.Form("eno1") <> Nothing), Request.Form("eno1"), "") %>' Type="WChar" />
    <Parameter Name="@name" Value='<%# IIf((Request.Form("name") <> Nothing), Request.Form("name"), "") %>' Type="WChar" />
    <Parameter Name="@onDate" Value='<%# IIf((Request.Form("onDate") <> Nothing), Request.Form("onDate"), "") %>' Type="Date" />
    <Parameter Name="@outDate" Value='<%# IIf((Request.Form("outDate") <> Nothing), Request.Form("outDate"), "") %>' Type="Date" />
  </Parameters>
</MM:Insert>
```

步骤 5 在“MM:PageBind”代码段中，输入下面程序代码。

（1）网页加载 Page_Load 事件程序内容，先隐藏日历控件，并设置只有单击“确定新建”按钮 Button1 时才新建最新消息记录。

（2）上线日按钮 Button3 及下线日按钮 Button4 的 CalendarShow 事件程序内容，以便将来单击相应按钮会开启日历控件来选择日期。

（3）上线日日历控件 Calendar01 及下线日日历控件 Calendar02 的 SetDate01, SetDate02 事件程序内容，以便将所选择的日期存入文本框。

（4）“取消”按钮 Button2 的 Bt2Click 事件程序内容，以便将来单击该按钮会清除各文本框中的内容，重新输入数据。

```
<MM:PageBind runat="server" PostBackBind="true" />
<script language="vb" runat="server">
'--------- 网页载入事件 -----------------------------------------------------------
Sub Page_Load(sender as object, e as EventArgs)
  '--------- 限制只有正常登录才能显示消息管理网页 ---------------------
  If session("acc") = Nothing then               '如果非正常登录
    response.Redirect("10-004x.htm")             '则拒绝登录并显示警告信息
  End If
  eno.text=session("eno")
  '--------- 先隐藏各月历控件 ------------------------------------------------
  calendar01.visible=false
  calendar02.visible=false
  '--------- 当单击"确定新建"按钮时才新建记录 ----------------------------
  If page.isPostBack Then                        '当网页有单击按钮产生回存时
    Page.Validate()                              '先做数据验证，在单击"确定新建"按钮时
    If Request.Form("Button1")="确定新建" Then
      insNews.expression=true                    '才新建一条最新消息记录
    End If
  End If
End Sub
'--------- 显示月历控件-----------------------------------------------------------
Sub calendarShow(sender as object, e as CommandEventArgs)
  If e.commandName ="上线日" Then               '如果单击上线日的【...】按钮
     calendar01.visible=true                     '就显示Calendar01
  Else
    If e.commandName = "下线日" Then            '如果单击下线日的【...】按钮
      calendar02.visible=true                    '就显示Calendar02
    End If
  End If
End Sub
'--------- 设置上线日期 -----------------------------------------------------------
Sub setDate01(sender as object, e as EventArgs)
  onDate.text=calendar01.selectedDate            '将选择的月历日期保存到上线日的文本框
  calendar01.visible=false                       '隐藏月历控件Calendar01
End Sub
'--------- 设置下线日期 -----------------------------------------------------------
Sub setDate02(sender as object, e as EventArgs)
  outDate.text=calendar02.selectedDate           '将选择的月历日期保存到下线日的文本框
  calendar02.visible=false                       '隐藏月历控件Calendar02
End Sub
'--------- 按一下取消按钮事件 -----------------------------------------------------
sub Bt2Click(sender as object, e as EventArgs)
  name.text=""                                   '将所有文本框内容清空
  content.text=""
  ondate.text=""
  outdate.text=""
end sub
</script>
```

10.2.4 编辑消息

为了维护"最新消息"内容，因此网站要具备消息管理功能。实际过程为先出现管理者登录网页（10-003.aspx）供管理者以账号密码方式进行登录，然后显示消息管理网页（10-004.aspx），管理者可在其中选择"编辑消息"功能，进一步去修改或删除消息内容，最后再返回管理者登录网页，继续处理其他消息。

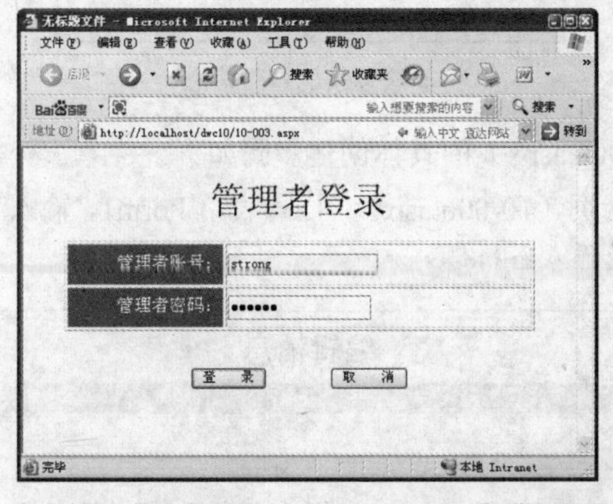

先在管理者登录网页（10-003.aspx）中进行登录

进入消息管理网页（10-004.aspx），然后选择所需的功能，如选择“编辑消息”

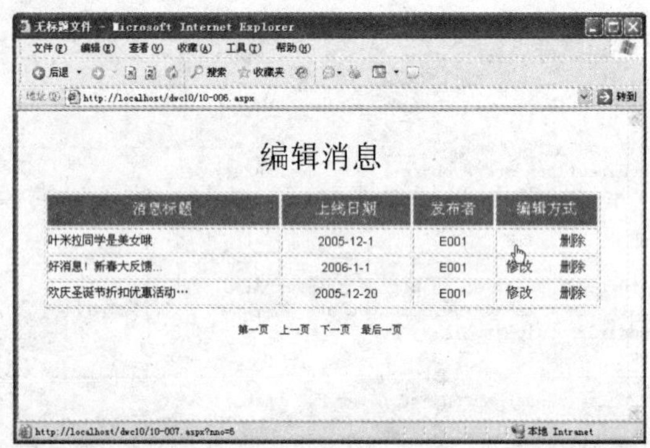

在编辑消息网页（10-006.aspx）中可修改或删除消息数据

非法登录的警告信息

编辑消息网页（10-006.aspx）的具体创建步骤如下。

步骤 1 新建一空网页（10-006.aspx），插入表单 Form1，输入“Runat="server"”语句，之后插入一空表格，以及输入各标题。

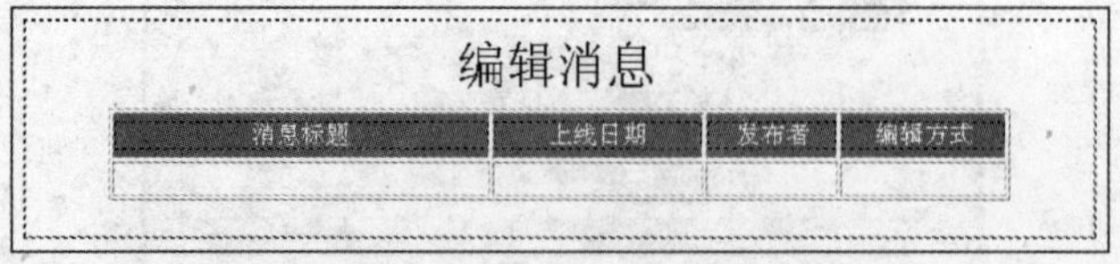

输入各标题并设置超链接文字

步骤 2 在“绑定”面板中新建编辑消息的数据集，设置名称为dsEdit，连接为Funde01，表格为news，全选字段，并以nno消息编号递减排序，目的是让最新的消息排在最前面，之后单击“确定”按钮。接着展开编辑消息的数据集dsEdit，将标题、上线日期、发布者字段依次插入表格第二行。

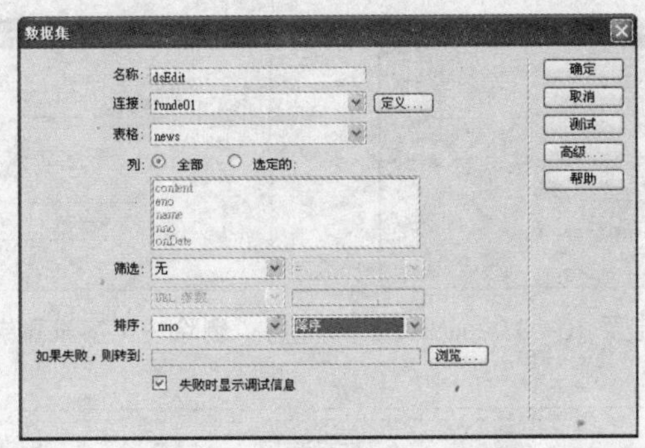

建立消息数据集 dsEdit

编辑消息

消息标题	上线日期	发布者	编辑方式
{dsEdit.name}	{dsEdit.onDate}	{dsEdit.eno}	修改 删除

步骤 3 选择表格第二行，在“服务器行为”面板中选择“重复区域”和”数据集不为空显示”服务器行为。然后在表格下面通过选择“数据集分页”菜单中的相应命令，插入分页导航栏。

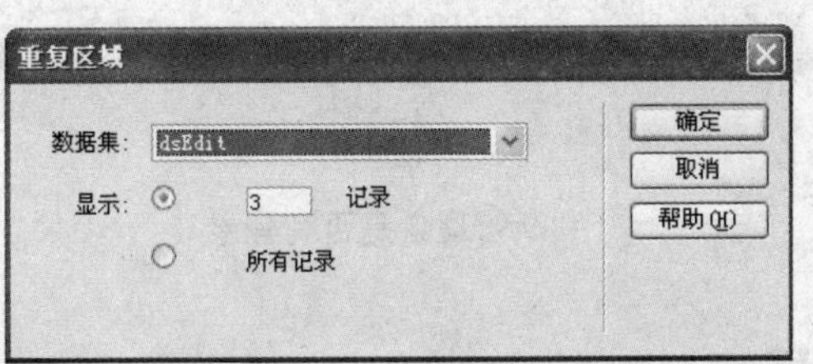

设置每页显示 3 条记录

如果 dsEdit 数据集不为空时显示

设置数据集分页导航栏

步骤 4 为“修改”文字添加 Go To Detail Page DotNET 服务器行为，设置绑定页面至修改数据网页（10-007.aspx），数据集为 dsEdit，主键栏为 nno。

步骤 5 为“删除”文字添加 Go To Detail Page DotNET 服务器行为，设置绑定页面至删除数据网页（10-008. aspx），数据集为 dsEdit，主键栏为 nno。

将“修改”文字设置绑定至 10-007.aspx 页面

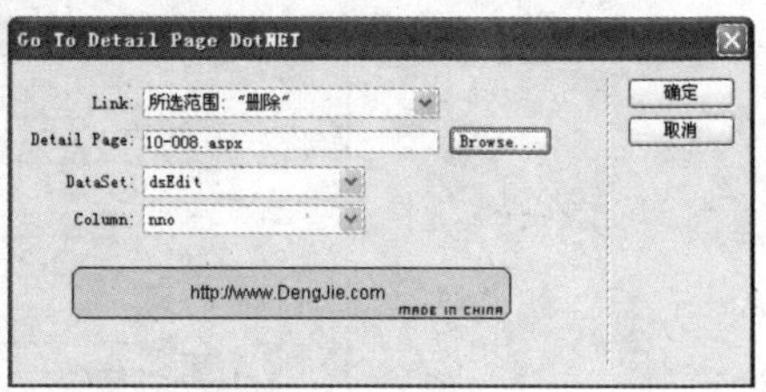

将“删除”文字设置绑定至 10-008.aspx 页面

步骤 6 切换至“代码”视图，在 <MM:PageBind> 代码段中输入检查管理者账号数据是否存在的程序代码。若管理者没有登录，则转到 10-004x.htm 网页，显示先要登录管理者信息。

```
<MM:PageBind runat="server" PostBackBind="true" />
<script language="vb" runat="server">
 '--------- 限制只有正常登录才能显示编辑消息网页 ----------------------
 sub page_load(sender as object, e as eventargs)
  If session("acc") = Nothing then          '如果非正常登录
    response.Redirect("10-004x.htm")        '则拒绝登录并显示警告信息
  End If
 end sub
</script>
```

判断管理者是否有登录

10.2.5 修改消息

当管理者在编辑消息网页（10-006.aspx）中单击“修改”超链接文字，会前往修改消息详细消息网页（10-007.aspx），在其中修改消息数据，如修改成功，会显示成功修改消息网页（10-007x.htm），最后再返回消息管理网页（10-004.aspx），继续处理其他消息。

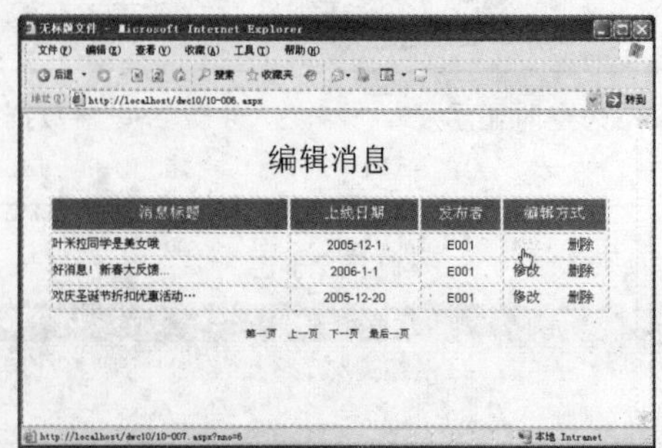

在编辑消息网页（10-006.aspx）中选择修改消息数据

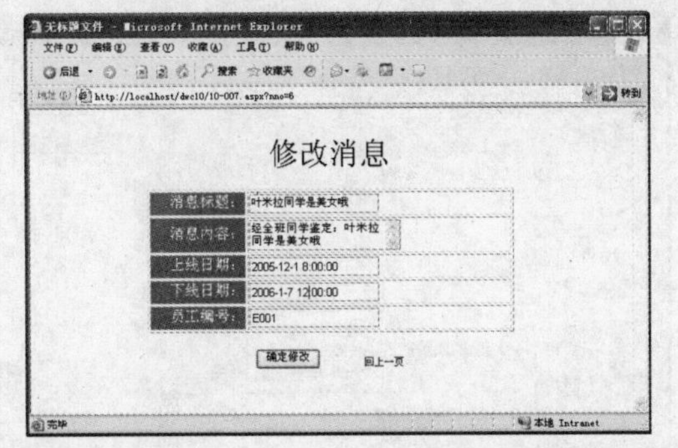

在修改消息网页（10-007.aspx）中修改错误字段数据

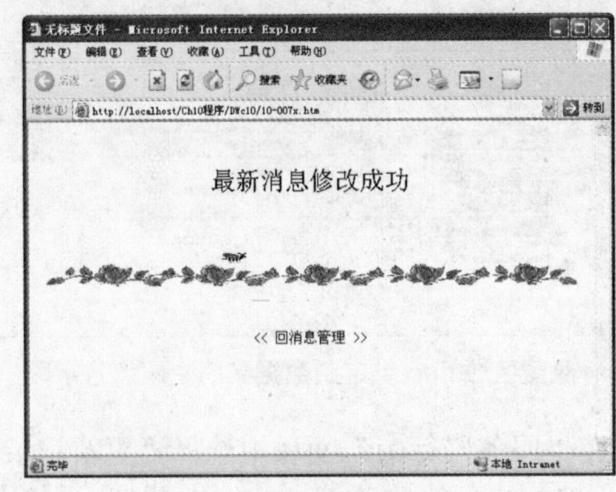

修改消息数据成功信息

修改消息网页（10-007.aspx）的具体创建步骤如下。

步骤 1 新建一空网页（10-007.aspx），插入表单 Form1，输入“Runat="server"”语句，之后插入一空表格，输入各标题，插入 name、content、onDate、outDate、eno 等文本框，然后插入“确定修改”按钮，以及“回上一页”超链接文字，将其连接编辑数据网页（10-006.aspx）。

输入各标题，安装各组件及设置超级链接

步骤 2 在网页中新建连接为 Funde01，表格为 News，全选字段，筛选 nno 消息编号字段等于上面网页所传来的欲修改的 nno 编号的 dsModify 数据集。展开数据集并绑定消息标题 name、消息内容 content、上线日 onDate、下线日 outDate、员工编号 eno 字段至表格，目的是将该消息标题的原数据先显示出来，再清除错误的字段重新输入正确的数据。另外，必须插入隐藏区域 nno，并且将其绑定到消息编号列 nno，以便将来“更新记录”时，能顺利保存正确的消息数据。

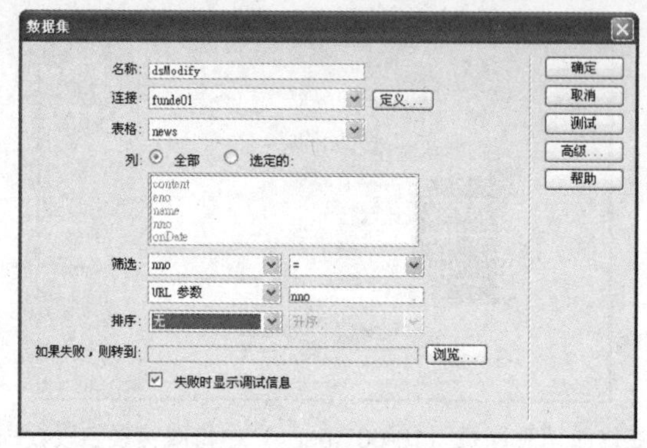

建立 dsModify 数据集，并绑定数据集中各字段至表格

修改消息

消息标题:	<%# dsModify.FieldValue("name
消息内容:	<%# dsModify.FieldValue("conte
上线日期:	<%# dsModify.FieldValue("onDa
下线日期:	<%# dsModify.FieldValue("outD
员工编号:	<%# dsModify.FieldValue("eno",

确定修改　回上一页

将隐藏区域 nno 绑定到数据集的主题编号字段

步骤 3　选中表单，在“服务器行为”面板中选择“更新记录”命令，在“更新记录”对话框中设置连接为 Funde01，更新表格为 News，各列对应至各修改值，以及如果更新成功请前往 10-007x.htm 网页显示修改成功信息，之后单击“确定”按钮。此时系统会自动插入一个名为 MM_update 且传送值为 form1 的隐藏区域，目的是用来确认只有单击“确定修改”按钮时，才会真正更新 News 数据表内的数据，完成数据修改。

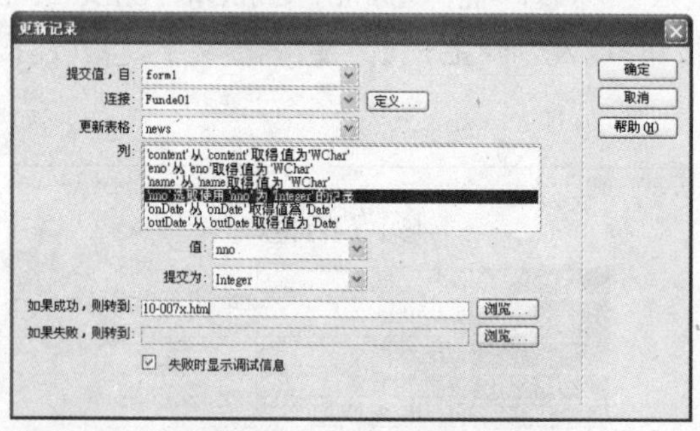

设置“更新记录”服务器行为

修改消息

消息标题:	<%# dsModify.FieldValue("name
消息内容:	<%# dsModify.FieldValue("conte
上线日期:	<%# dsModify.FieldValue("onDa
下线日期:	<%# dsModify.FieldValue("outD
员工编号:	<%# dsModify.FieldValue("eno",

确定修改　回上一页

步骤 4 切换至“代码”视图，在 <MM:PageBind> 代码段中输入检查管理者账号数据是否存在的程序代码。若管理者没有登录，则转到 10-004x.htm 网页，在其中显示先要正常登录管理者信息。

```
<MM:PageBind runat="server" PostBackBind="true" />
<script language="vb" runat="server">
 '--------- 限制只有正常登录才能显示消息管理网页 ---------------------
 sub page_load(sender as object, e as eventargs)
  If session("acc") = Nothing then             '如果非正常登录
    response.Redirect("10-004x.htm")           '则拒绝登录并显示警告信息
  End If
 end sub
</script>
```

判断管理者是否有登录

10.2.6 删除消息

如有过期无用的消息数据，管理者可在编辑消息网页（10-006.aspx）中单击“删除”超链接文字，会前往删除消息详细消息网页（10-008.aspx），在其中删除消息数据。如删除成功，会显示成功删除消息网页（10-008x.htm），最后再返回消息管理网页（10-004.aspx），继续处理其他消息。

在编辑消息网页（10-006.aspx）中选择需要删除的消息数据

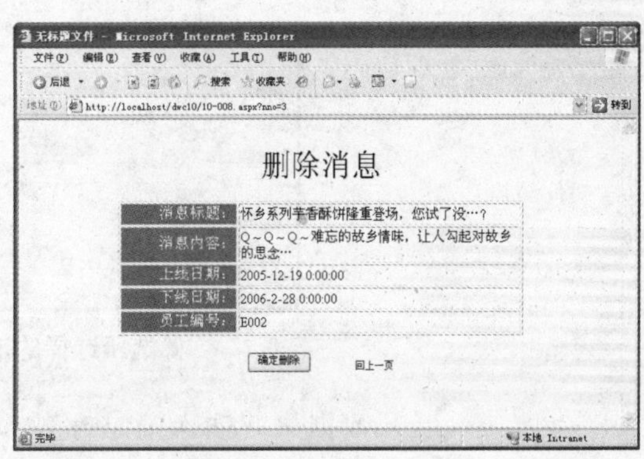

在删除消息网页（10-008.aspx）中确认要删除的数据

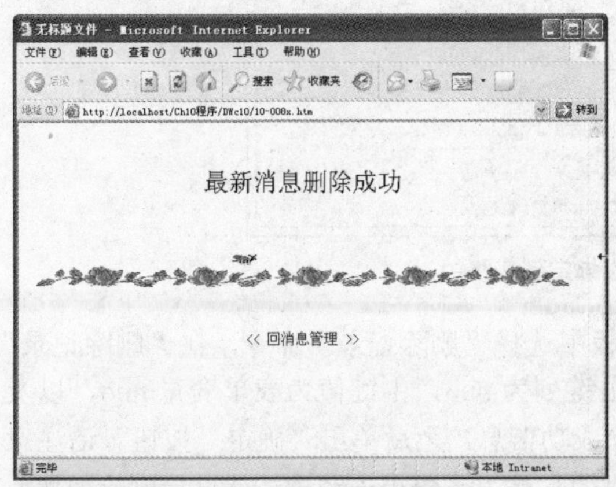

删除消息数据成功信息

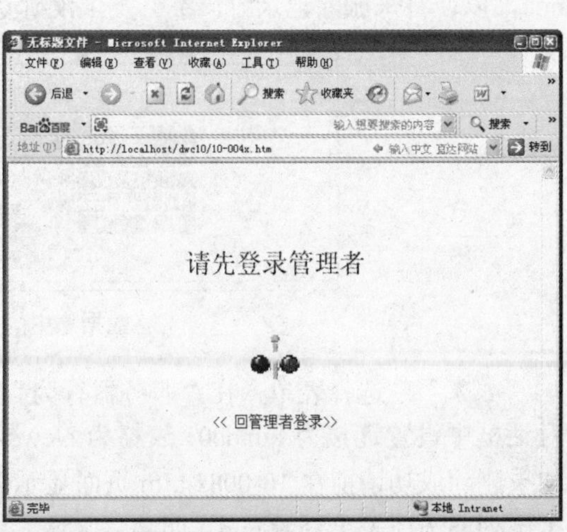

非法登录的警告信息

删除消息详细消息网页（10-008.aspx）的具体创建步骤如下。

步骤 1　新建一空网页（10-008.aspx），插入表单 Form1，输入“Runat="server"”语句，接着输入标题文字，插入按钮及超链接文字。

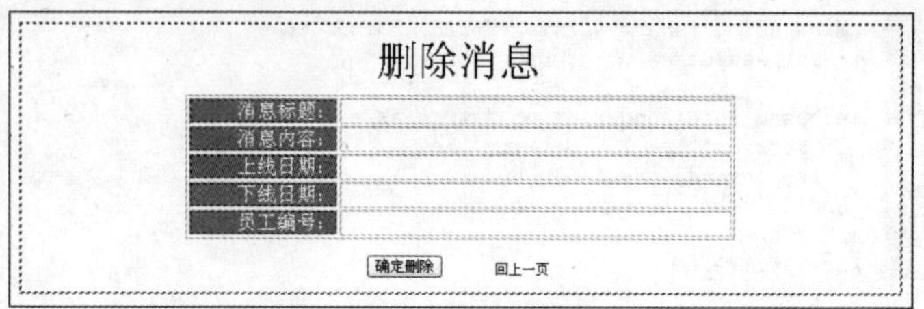

插入表单、按钮，超链接文字并输入各标题

步骤 2　在“绑定”面板中新建要删除消息的数据集，设置名称为 dsDelete，连接为 Funde01，表格为 News，全选字段，筛选符合上面编辑网页所选择的消息内容用于显示，之后单击“确定”按钮。

筛选所选择的消息数据集 Delete

步骤 3　展开数据集并插入消息标题 name、消息内容 content、上线日 onDate、下线日 outDate、员工编号 eno 字段至表格，目的是将该消息标题的原数据先显示出来，让管理者确认是否是要删除的数据。另外，必须插入隐藏区域 nno，并且将其绑定到消息编号列 nno，以便将来删除记录时，不会发生没确认就立即删除消息数据的情况。

将数据集中的字段绑定到表格中

步骤 4　选择表单，在“服务器行为”面板中选择“删除记录”命令，在“删除记录”对话框中设置连接为 Funde01 表格为 News，主键列为 nno，主键值为表单变量 nno，以及如果删除成功请前往 10-008x.htm 页面显示删除成功信息，之后单击“确定”按钮。请注意主键列要选择表单变量 nno（即隐藏区域）的目的，是为了防止未经确认就直接删除数据。

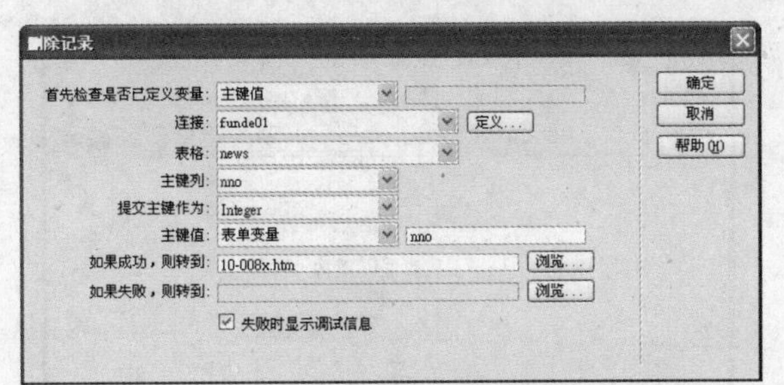

设置“删除记录”服务器行为

步骤 5 切换至“代码”视图，在 <MM:PageBind> 代码段中，输入检查管理者账号数据是否存在的程序代码。若管理者没有登录，则转到 10-004x.htm 网页，显示先要正式登录管理者信息。

```
<MM:PageBind runat="server" PostBackBind="true" />
<script language="vb" runat="server">
'-------- 网页载入事件 ------------------------------------------
Sub Page_Load(sender as object, e as EventArgs)
  '--------- 限制只有正常登录才能显示消息管理网页 ----------------
  If session("acc") = Nothing then              '如果非正常登录
    response.Redirect("10-004x.htm")            '则拒绝登录并显示警告信息
  End If
End Sub
</script>
```

判断管理者是否有登录

10.2.7 退出消息管理系统

如处理完消息数据，管理者可在编辑消息网页（10-004.aspx）中单击“退出”超链接文字，会前往您已注销消息管理系统页面（10-009.aspx），在其中会释放管理者 Session 中的数据，最后再返回管理者登录网页（10-003.aspx）。

在消息管理网页（10-004.aspx）中单击“退出”超链接文字可退出消息管理系统

此时显示您已退出消息管理系统网页（10-009.aspx），之后可返回管理者登录网页

您已退出消息管理系统页面（10-009.aspx）的具体创建步骤如下。

新建一空网页（10-009.aspx），插入图片，接着输入“您已退出消息管理系统”标题文字及“回管理者登录”超链接文字，并释放Session变量所占用的内存。

插入超链接文字并输入各标题

```
<!DOCTYPE HTML PUBLIC "-//W3C//DTD HTML 4.01 Transitiona
<script language="vb" runat="server">
 sub page_load(sender as object, e as eventargs)
  session.Abandon()
 end sub
</script>
<html>
```

释放 Session 变量所占用的内存

11 电子贺卡管理系统

为了可以让网友在特别的日子收到贺卡，可在网站中加入电子贺卡发送功能，一般应包含贺卡类别及图片的挑选，邮寄数据的填写，贺卡内容的预览，寄出与修改，自制图片的上传等功能。另外管理者也可对陈旧的贺卡内容进行删除管理，我们将以下面的电子贺卡管理系统为例进行说明。

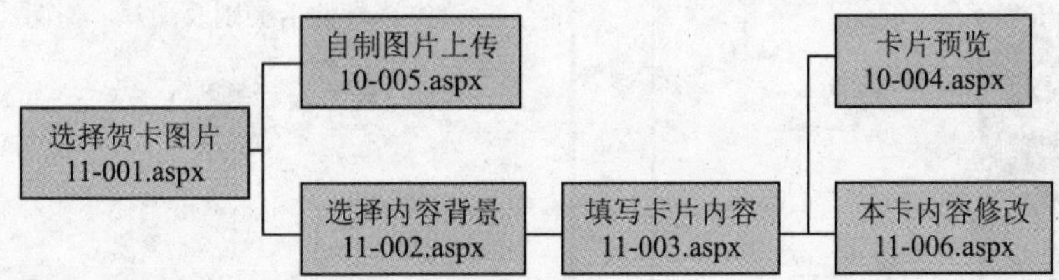

11.1 电子贺卡制作及发送

电子贺卡服务主要是在网站开放一个空间，让网友在其中选择图片，填写贺词，制作喜爱的贺卡，然后寄送给他的亲人或朋友。如果对方收到贺卡通知，可依指示网址、贺卡编号去领取阅览。其流程大致上是先会出现贺卡图片和内容背景网页（11-001.aspx, 11-002.aspx），在其中供网友进行贺卡的选择；接着进入贺卡内容网页（11-003.aspx），在其中输入贺词内容，然后可在 11-003x.aspx 网页中单击“浏览贺卡”超链接，前往贺卡预览网页（11-004.aspx）去浏览贺卡；若满意则寄出贺卡通知信，或者返回修改贺卡内容网页（11-006.aspx）。

在贺卡类别图片网页（11-001.aspx）中选择

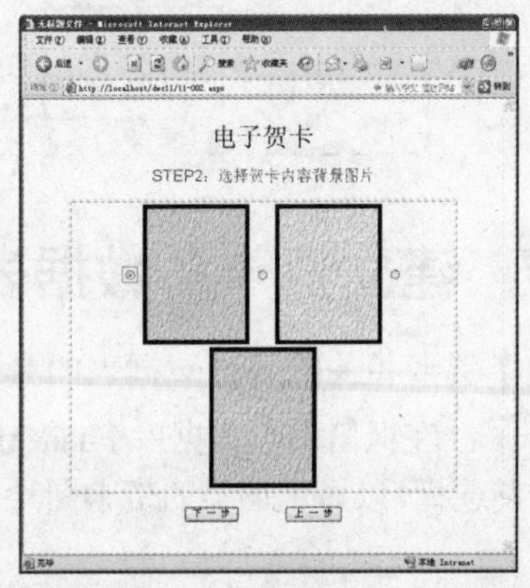

在背景图片网页（11-002.aspx）中进行选择

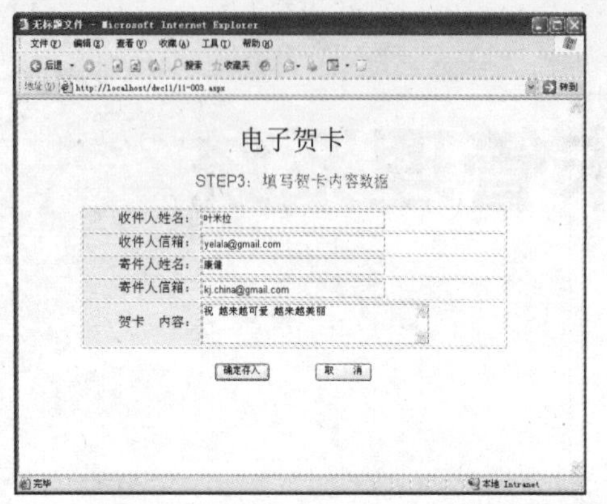

在贺卡内容网页（11-003.aspx）中填写寄送内容数据

显示成功新建贺卡内容信息网页（11-003x.aspx）

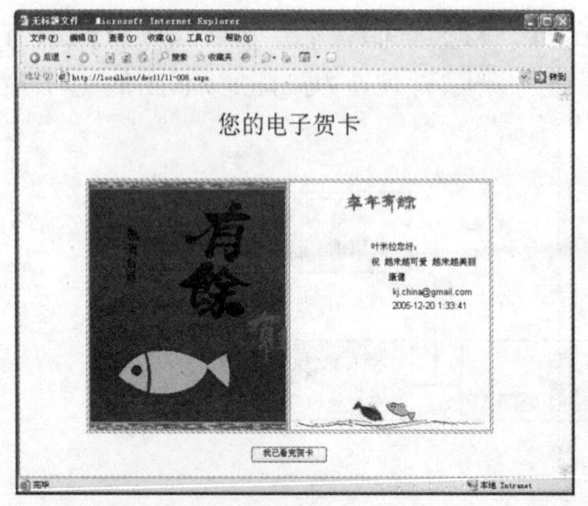

浏览电子贺卡网页（11-004.aspx）

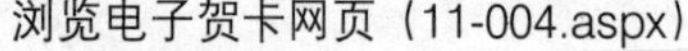

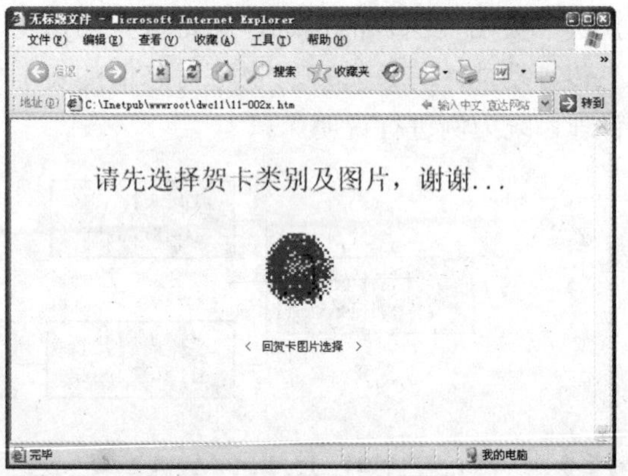

未选择贺卡类别时会弹出显示错误信息网页（11-002x.htm）

"电子贺卡制作"系统的简易流程示意图如下。

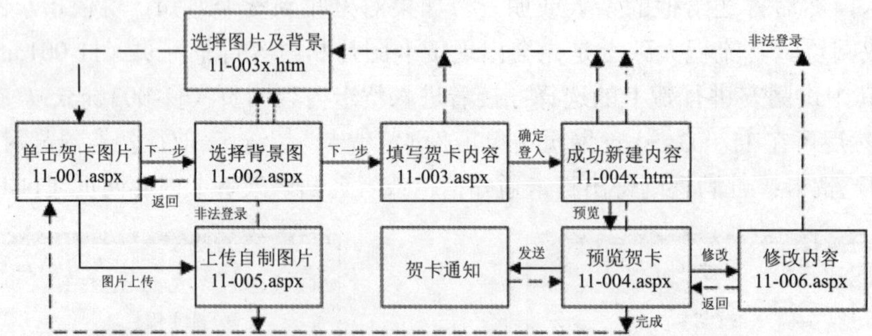

11.1.1 建立贺卡各数据表

与电子贺卡相关的各种数据表的具体创建步骤如下。

步骤 1 在枫笛中点数据库 Funde.mdb 内建贺卡类别数据表 Types，目的是显示贺卡类别数据供网友选择，以显示该类的贺卡图片，其数据结构及数据内容如下（型态编号 tno 为主键）。

types : 表

字段名称	数据类型	说明
tno	自动编号	形态编号 (长整数)
tType	文本	卡片形态 (文字10位)

贺卡类别数据表 Types 结构

types : 表

tno	tType
1	贺年卡
2	情人卡
3	母亲卡
4	父亲卡
5	教师卡
6	耶稣卡
7	生日卡
8	邀请卡
9	自制卡

贺卡类别数据表数据

步骤 2 在枫笛中点数据库 Funde.mdb 内建立贺卡图片数据表 Cards，目的是显示贺卡的图片供网友选择，其数据结构及数据内容如下（贺卡编号 cno 为主键，图片文件放在 Card 文件夹下）。

cards : 表

字段名称	数据类型	说明
cno	自动编号	1. 贺卡编号 (自动编号)
tno	数字	2. 类别编号 (长整数)
cPicture	文本	3. 图片 (文字30位)

贺卡图片数据表 Cards 结构

cards : 表

cno	tno	cPicture
1	1	card/year01.jpg
2	1	card/year02.jpg
3	1	card/year03.jpg
4	1	card/year04.jpg
5	1	card/year05.jpg
6	1	card/year06.jpg
7	2	card/love01.jpg
8	2	card/love02.jpg
9	2	card/love03.jpg

贺卡图片数据表数据

步骤 3 在枫笛中点数据库 Funde.mdb 内建立贺卡内容背景图片数据表 bgCards，目的是显示贺卡内容的背景图片供网友选择，其数据结构及数据内容如下（背景图编号 bno 为主键，图片文件同样放在 Card 文件夹下）。

bgCards : 表

字段名称	数据类型	
bno	自动编号	1. 背景图编号 (自动编号)
tno	数字	2. 类别编号 (长整数)
bPicture	文本	3. 背景图 (文字30位)

内容背景图片数据表 bgCards 结构

bgCards : 表

bno	tno	bPicture
1	1	card/bg01.jpg
2	1	card/bg02.jpg
3	1	card/bg03.jpg
4	2	card/bg04.jpg
5	2	card/bg05.jpg
6	2	card/bg06.jpg
7	3	card/bg07.jpg
8	3	card/bg08.jpg
9	3	card/bg09.jpg
10	4	card/bg10.jpg

内容背景图片数据表数据

步骤 4 建立贺卡类别数据表 Types，之后将其与贺卡图片数据表 Cards、内容背景图数据表 bgCards 间相关联，关联字段为 tno，关联内容如下。

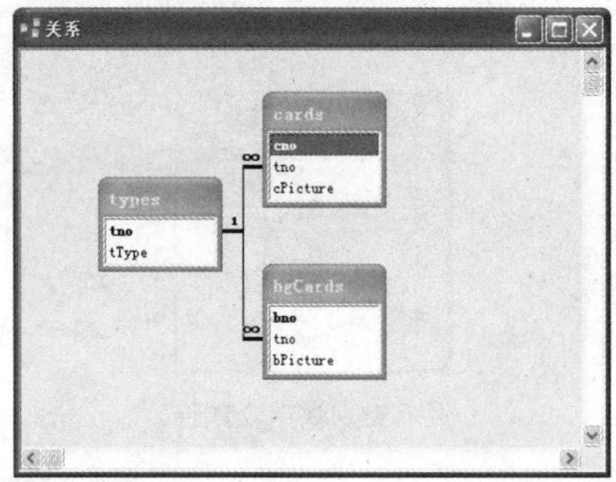

将贺卡类别数据表 Types 与贺卡图片数据表 Cards、内容背景图数据表 bgCards 以 tno 相关联

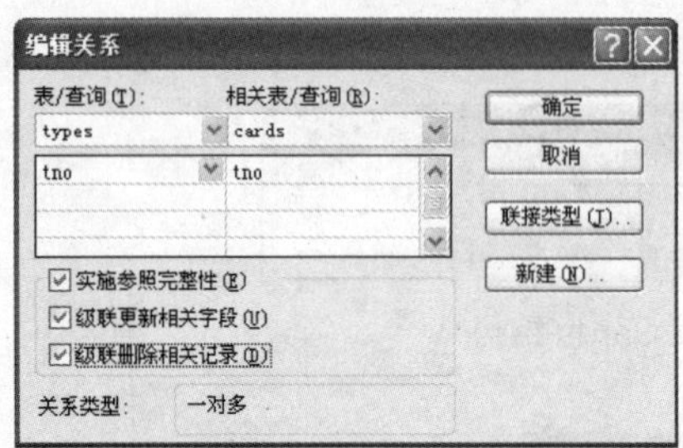

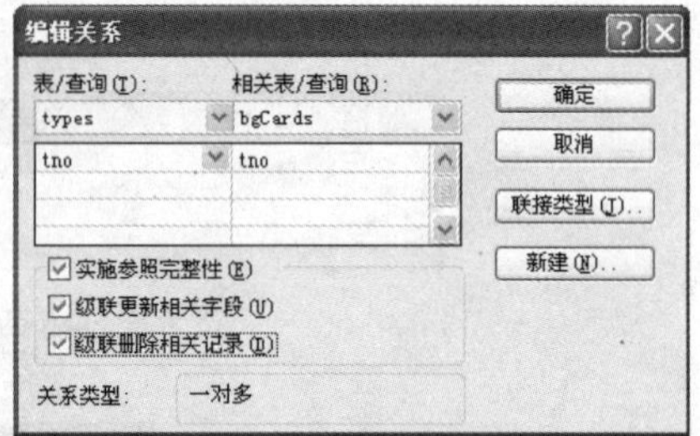

步骤 5 在枫笛中点数据库 Funde.mdb 内建立贺卡邮寄数据表 mailDatas，目的是保存该贺卡的邮寄数据，将来供收件人浏览贺卡所用，其数据结构及数据内容如下（邮寄数据编号 dno 为主键）。

mailDatas : 表

字段名称	数据类型	说明
dno	自动编号	1. 邮寄资料编号（自动编号）
cno	数字	2. 贺卡编号（长整数）
bno	数字	3. 背景编号（长整数）
receiver	文本	4. 收件人（文字20位）
receiveBox	文本	5. 收件人信箱（文字40位）
sender	文本	6. 寄件人（文字20位）
sendBox	文本	7. 寄件人信箱（文字40位）
content	文本	8. 贺卡内容（文字230位）
sendDate	日期/时间	9. 寄件日期（日期时间）

邮寄数据表 mailDatas 结构

mailDatas : 表

cno	bno	receiver	receiveBox	sender	sendBox	content	sen
1	1	丫海	cc5528@ms2.ttc.edu.	strong	cc.s5528@msa.hinet.n	祝您新年平安、健康、快乐…	
2	2	美莉	cc5528@xuite.com	stream	cc.s5528@msa.hinet.n	又一年了，让幸福、美丽永伴着你	

邮寄数据表数据

11.1.2 选择贺卡类别及图片

步骤 1 新建一空网页（11-001.aspx），插入表单 Form1，输入“Runat="server"”语句和标题。然后在“绑定”面板中新建数据集，设置名称为 dsType，连接为 Funde01，表格为 types，选择 tno, tType 字段作为列表数据，接着单击“确定”按钮，建立贺卡类别列表数据集。

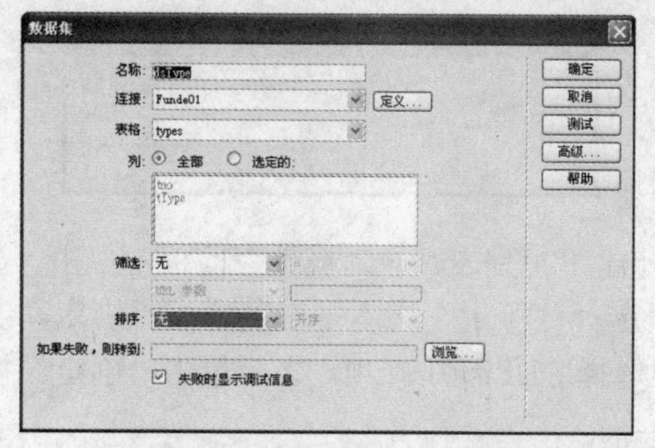

新建贺卡类别列表数据集 dsType

步骤 2 在 ASP.NET 插入栏中单击“ASP: 下拉列表”按钮，在弹出的“asp: 下拉列表”对话框中设置 ID 为 DDList01，“数据集”为 dsType，“获取标签自”为 type，“获取值自”为 tno，并勾选“自动回发”复选框，以便选择贺卡类别列表时，能自动筛选该贺卡的同类图片数据，之后单击“确定”按钮。

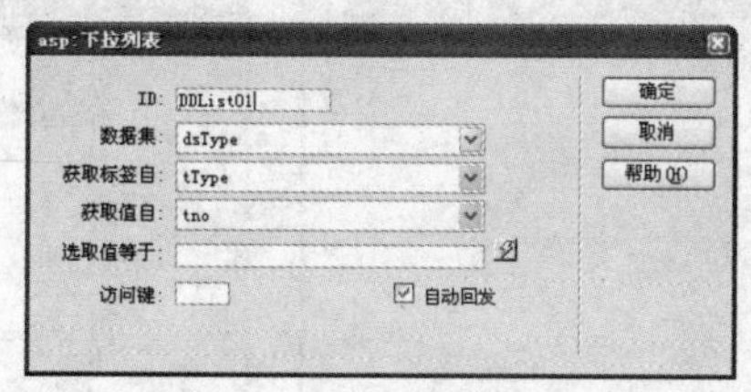

插入下拉列表控件

电子贺卡

STEP1：选择贺卡类别及图片

请选贺卡类别: abc

步骤 3 在“绑定”面板中选择 WebXeL>Server Objects>Request Form 命令，在弹出的 Request Form 对话框中输入表单变量的名称为 DDList01（即下拉式贺卡类别列表的名称），以便选择贺卡类别列表时，能根据该类别查询出贺卡图片，之后单击“确定”按钮。

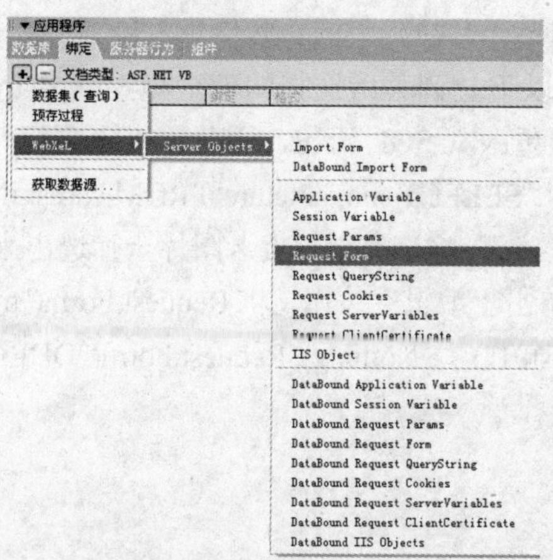

建立类别列表控件表单变量 DDList01

步骤 4 选择 DDList01 下拉列表，在“属性”面板中单击“列表项目”按钮，在弹出的“列表项”对话框的“选择值等于”文本框右侧单击“绑定动态数据”按钮，在弹出的“动态数据”对话框中选择 DDList01 择项，之后单击“确定”按钮。

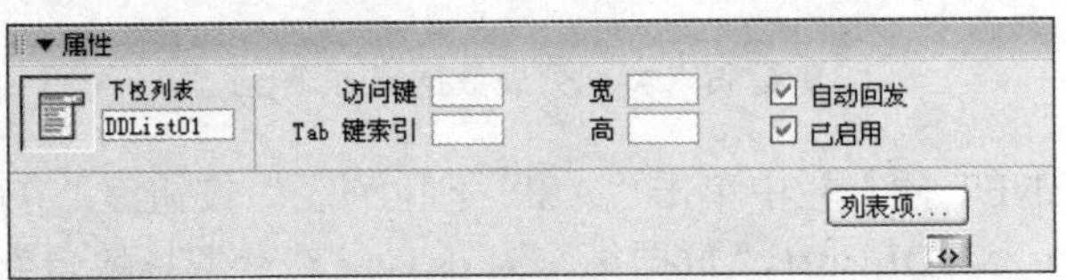

单击"列表项"按钮

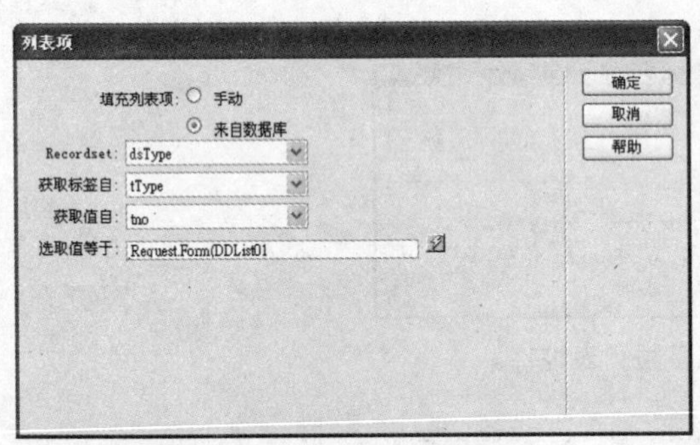

设置下拉列表控件的选择值

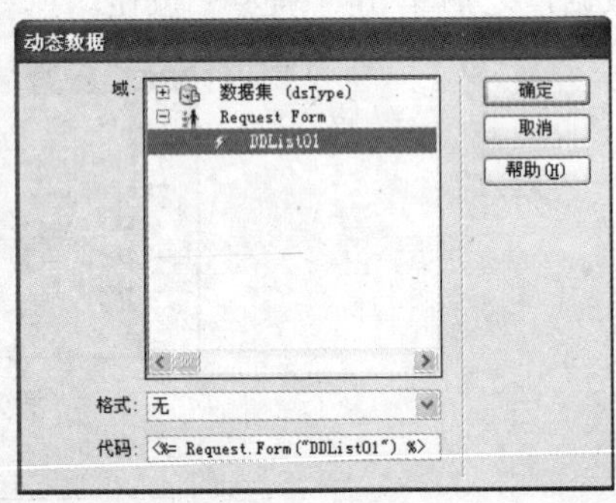

目的是让所选择的类别停留在列表内

步骤 5 切换至“代码”视图，将下拉列表的“"<% =Request.Form ("DDList01") %>"”程序代码，改为“Request.Form ("DDList01")”，目的是可以让所选择的选项停留在列表内，而不会移回下拉列表的第一个选项位置。

```
</span class="style2">请选贺卡类别：</span>
<% DDList01.SelectedIndex = DDList01.Items.IndexOf(DDList01.Items.FindByValue(Request.Form("DDList01"))) %>
<asp:DropDownList ID="DDList01" AutoPostBack="true" DataSource="<%# dsType.DefaultView %>" DataTextField="tType"
 DataValueField="tno" runat="server" Width="80"></asp:DropDownList>
<br>
```

步骤 6 在“绑定”面板中新建贺卡图片数据集，设置名称为 dsCard，连接为 Funde01，表格为 Cards，全选字段，以下拉列表所选择的贺卡型态编号 tno，筛选出该类型的贺卡图片供网友选择。同时，必须更改其 SQL 语句，因此单击“高级”按钮。

（1）修改 SQL 语句为：“SELECT cno, cPicture FROM cards INNER JOIN typesONcards.tno = types.tno WHERE cards.tno = ?”，将该类别的贺卡图片全筛选出来。

（2）选择参数 @tno，单击“编辑”按钮，将 Request.Form("tno") 内的 tno 改为 DDList01，如“IIf((Request.Form ("DDList01") <> Nothing), Request.Form("DDList01"), "")”，之后单击“确定”按钮。

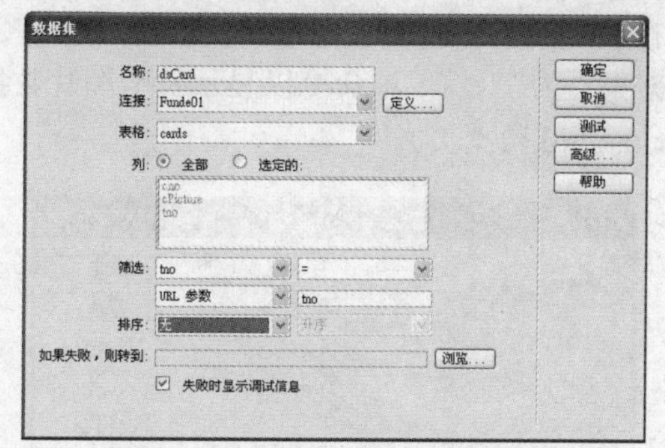

新建贺卡数据集 dsCard

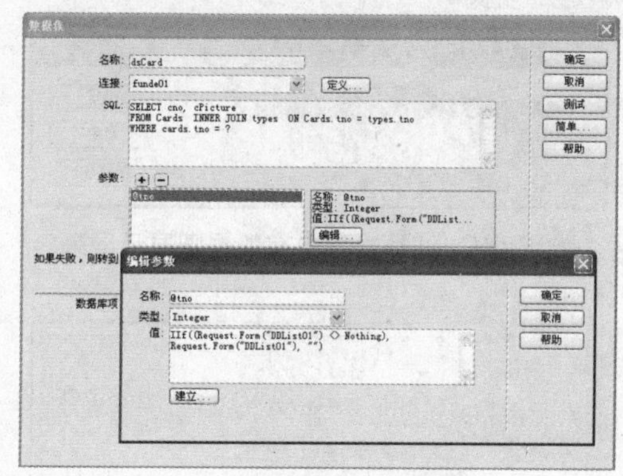

步骤 7 在贺卡网页中插入一行一列的无边框表格，进行如下设置。

（1）插入单选按钮 cno 在“属性”面板中选中“已勾选”单选按钮，与上面图片数据集 dsCard 的图片编号 cno 绑定。

（2）插入图像 cPicture，与图片 cPicture 绑定，调好大小，设图边框为 3，垂直边距为 2，绝对居中对齐。

（3）插入隐藏区域 cno，与数据集 dsCard 图片编号 cno 绑定，将其存至 Session 变量备用（要添加“Runat="server"”语句）。

（4）插入“下一步”按钮 Button1 和“图片上传”按钮 Button2，设置各按钮的 onClick 事件名称为 Bt1Click, Bt2Click。

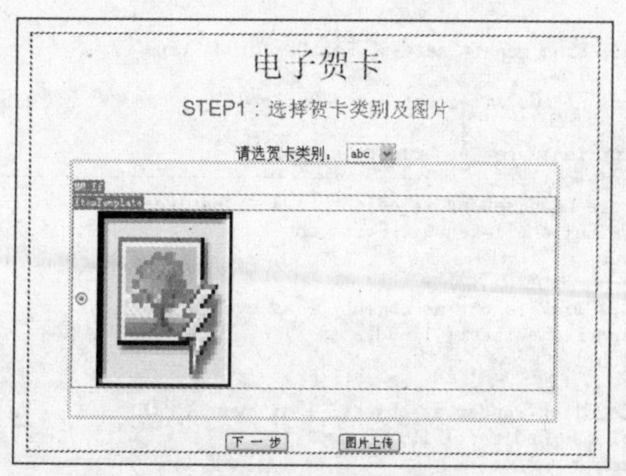

输入各标题并插入各组件

步骤 8　选择表格，在“服务器行为”面板中选择“重复区域”命令，设显示全部图片数据。接着选择“显示区域 > 数据集不为空显示”项命令以显示贺卡图片数据集 dsCard 中的数据(请注意两个数据集都要选择 dsCard 数据集)。

设置重复显示贺卡图片数据集 dsCard 中的数据

如果 dsCard 数据集中有数据则显示出来

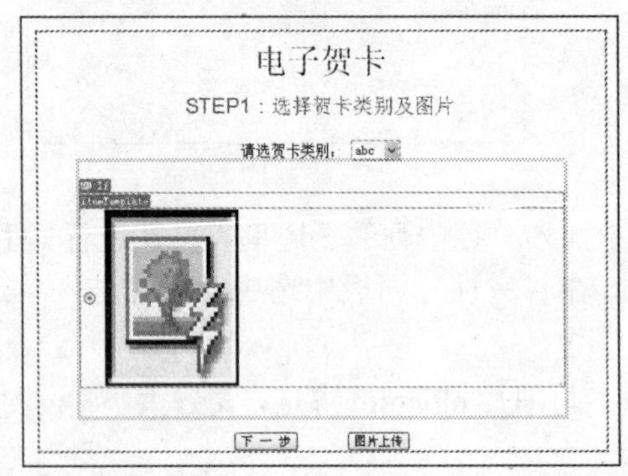

步骤 9　切换至“代码”视图，在 <MM:PageBind> 代码段中输入下面程序代码，目的是保存贺卡图片编号及类型编号至 Session，以作为后续拒绝中途进入及邮寄数据等处理所用。另加，插入“下一步”、“图片上传”按钮的 BT1Click, Bt2Click 事件程序，这样在浏览时单击相应按钮时，会转到连接的网页进行处理。

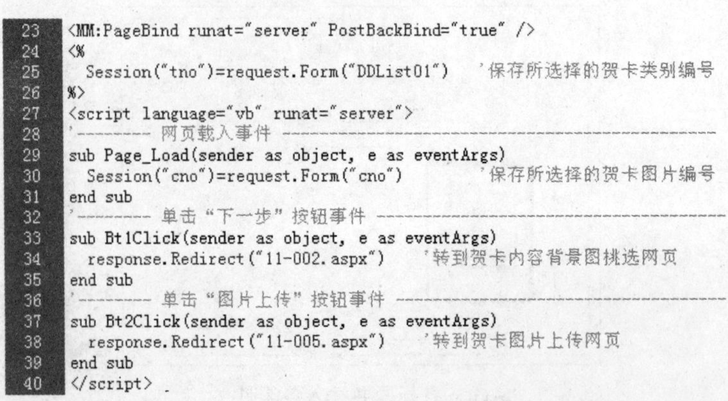

```
<MM:PageBind runat="server" PostBackBind="true" />
<%
  Session("tno")=request.Form("DDList01")    '保存所选择的贺卡类别编号
%>
<script language="vb" runat="server">
'--------- 网页载入事件 ------------------------------------------
sub Page_Load(sender as object, e as eventArgs)
  Session("cno")=request.Form("cno")          '保存所选择的贺卡图片编号
end sub
'--------- 单击“下一步”按钮事件 ------------------------------------
sub Bt1Click(sender as object, e as eventArgs)
  response.Redirect("11-002.aspx")       '转到贺卡内容背景图挑选网页
end sub
'--------- 单击“图片上传”按钮事件 ----------------------------------
sub Bt2Click(sender as object, e as eventArgs)
  response.Redirect("11-005.aspx")       '转到贺卡图片上传网页
end sub
</script>
```

选择母亲卡后的显示结果

11.1.3 选择贺卡背景图片

步骤 1 新建一空网页（11-002.aspx），插入表单 Form1，输入“Runat="server"”语句。之后插入一个无边框表格用于显示主内容背景图，以及“下一步”按钮 Button1、“上一步”按钮 Button2（标签内各添加 onClick="Bt1Click" 和 "Bt2Click" 事件）。

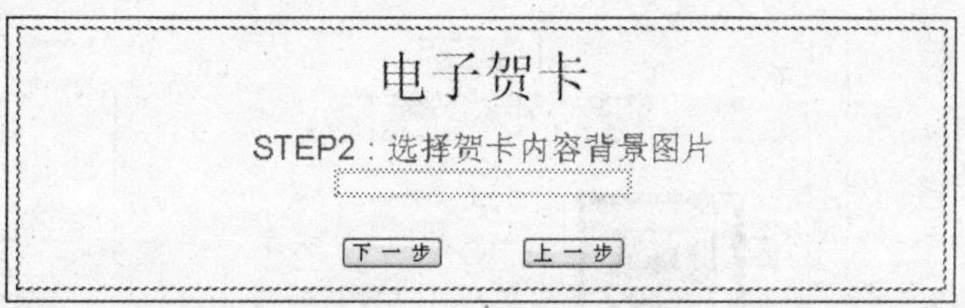

输入各标题，插入按钮和无边框表格

步骤 2 在“绑定”面板中新建内容背景图数据集，设置名称为 dsBGCard，连接为 Funde01，表格为 bgCards，全选字段，以前面网页所选择的贺卡类型编号 Session("tno")，筛选出符合该类的内容背景图数据。同时必须更改其 SQL 语句，因此单击“高级”按钮。

（1）修改 SQL 语句为“SELECT bno, bPicture FROM bgCards INNER JOIN types ON bgCards.tno = types.tno WHERE bgCards.tno = ?”，将该类型的背景图全筛选出来。

（2）单击“确定”按钮。

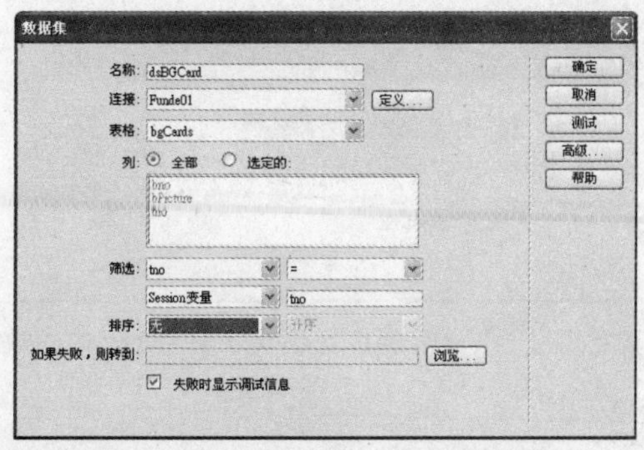

建立供选择的内容背景图数据集 dsBGCard

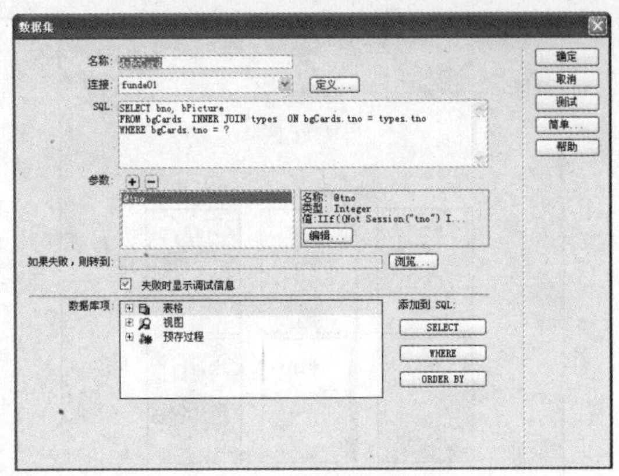

步骤 3 在贺卡网页中插入下面各组件并进行相应设置。

（1）插入单选按钮 bno，在“属性”面板中选中“已勾选”单选按钮与图片数据集 dsBGCard 的背景图编号列 bno 绑定。

（2）插入图像 bPicture，与背景图列 bPicture 绑定，调好大小，设图边框为 6，垂直边距为 2，绝对居中对齐。

（3）插入“下一步”按钮 Button1 和“上一步”按钮 Button2，设置各按钮的 onClick 事件名称为 Bt1Click, Bt2Click。

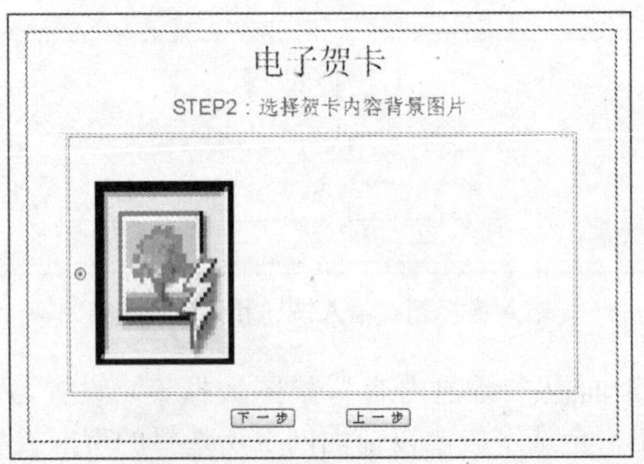

输入各标题并插入各组件

步骤 4 选择表格，在“服务器行为”面板中选择“重复区域”命令，设置显示全部背景图数据。接着选择“显示区域 > 数据集不为空显示”命令以显示贺卡背景图数据集 dsBGCard 中的数据（请注意两个数据集都要选择 dsBGCard 数据集）

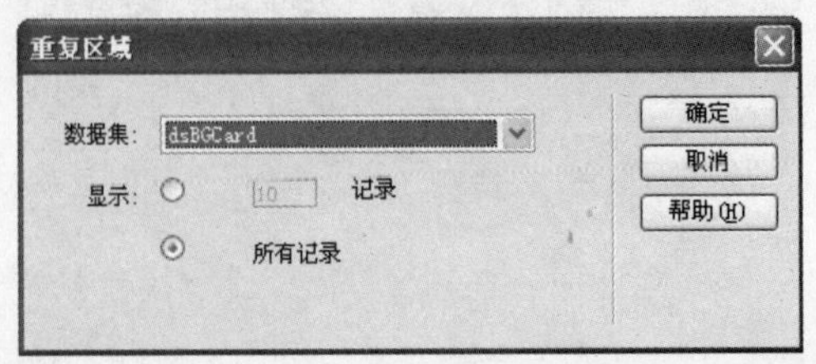

设置重复显示贺卡背景图数据集 dsBGCard 中的数据

数据集不为空显示

数据集：dsBGCard

确定

取消

帮助(H)

如果 dsBGCard 数据集中有数据则显示出来

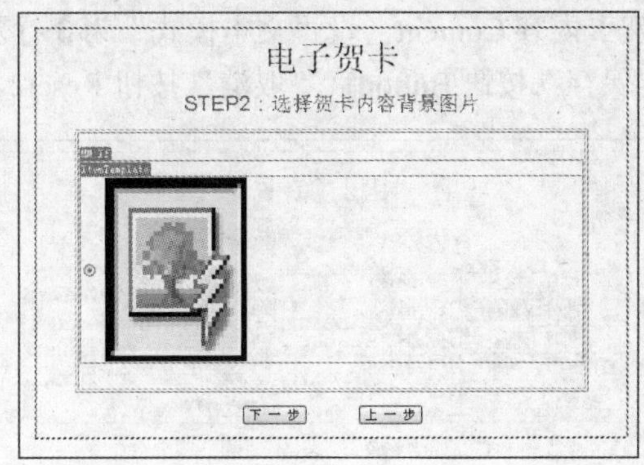

步骤 5 切换至“代码”视图，在 <MM:PageBind> 代码段中输入下面程序代码，目的是保存内容背景图编号，并检查是否已经选择了贺卡类别及图片，如果没有会提示。另外，添加单击“下一步”、“上一步”按钮的 Bt1Click, Bt2Click 事件程序，这样在浏览网页时单击不同按钮，会转到相应所连接的网页中。

```
<MM:PageBind runat="server" PostBackBind="true" />
<%
if session("tno") = Nothing then          '如果没有选择贺卡类别及选择图
  Response.Redirect("11-002x.htm")       '则显示错误信息
end if
%>
<script language="vb" runat="server">
'---------- 网页载入事件 ------------------------------------------
sub Page_Load(sender as object, e as eventArgs)
 Session("bno")=request.Form("bno")    '保存所选择的内容背景图编号
end sub
'---------- 单击“下一步”按钮事件 ----------------------------------
sub Bt1Click(sender as object, e as eventArgs)
 response.Redirect("11-003.aspx")        '转到填写贺卡内容网页
end sub
'---------- 单击“上一步”按钮事件 ----------------------------------
sub Bt2Click(sender as object, e as eventArgs)
 response.Redirect("11-001.aspx")         '转到选择贺卡图片网页
end sub
</script>
```

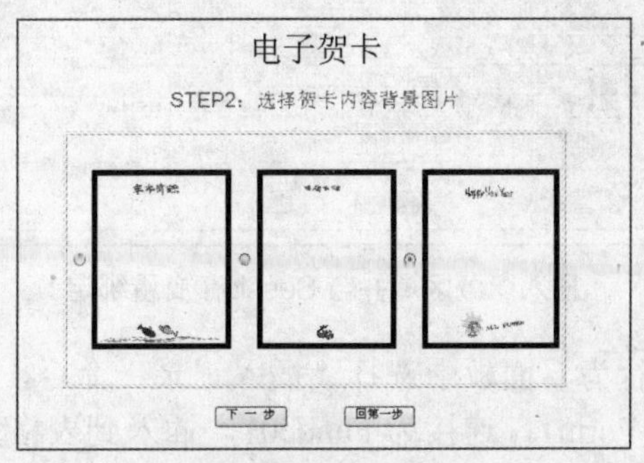

选择母亲卡后的执行结果

11.1.4 填写贺卡内容数据

步骤 1 新建一空网页（11-003.aspx），插入表单 Form1，输入“Runat="server"”语句，之后输入标题，插入文本框、数据验证及按钮，详细内容如下。

（1）文本框：有收件人姓名 Receiver（设不能空白验证）、收件人邮箱 ReceiveBox（设不能空白及格式验证）、寄件人姓名 Sender（设不能空白验证）、寄件人邮箱 SendBox（设不能空白及格式验证）、贺卡内容 Content（设“文本模式”为 3 行及不能空白）。

（2）按钮：有“确定保存”按钮 Button1、“取消”按钮 Reset2。

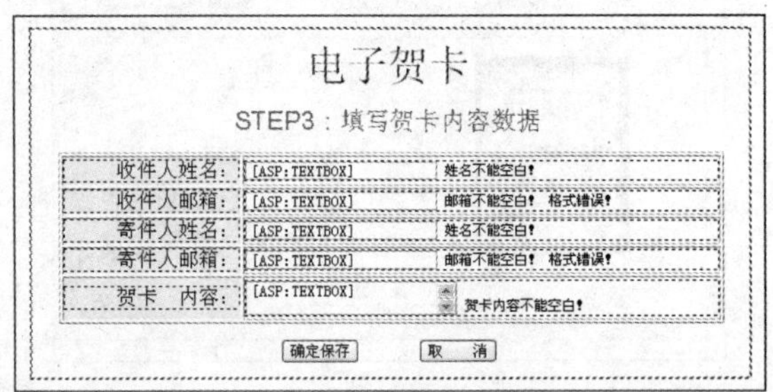

输入各标题，插入表格、文本框、数据验证组件和按钮

步骤 2 在“绑定”面板中选择 Web Xel>Server Objects>Session Variable 命令，在弹出的对话框中设置 Session 变量名称为 cno，之后单击“确定”按钮，建立代表贺卡图片编号的 Session 变量。按照相同方法建立背景图片 bno 的 Session 变量。接着插入隐藏区域 cno, bno（要添加“Runat="server"”语句），并与前面的 Session 变量 cno、bno 绑定。再插入一个发送日期隐藏区域 sendDate，设其值为贺卡填写日期 <%=now %>。

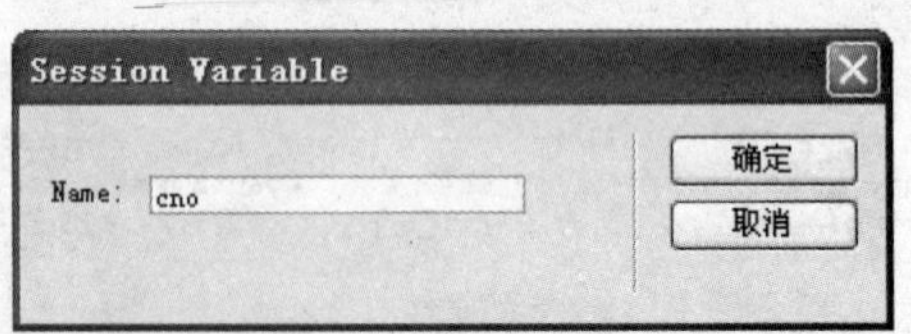

建立名称为 cno 的 Session 变量

插入隐藏区域并与 Session 变量绑定

步骤 3 在“服务器行为”面板中选择“插入记录”命令，在弹出的“插入记录”对话框中设置数据值来源为 Form1，连接为 Funde01，插入到表格为 mailDatas，各列值取自各对应同名的组件，并且若插入贺卡内容成功，则转到 11-003x.aspx 网页显示新建贺卡内容成功信息。

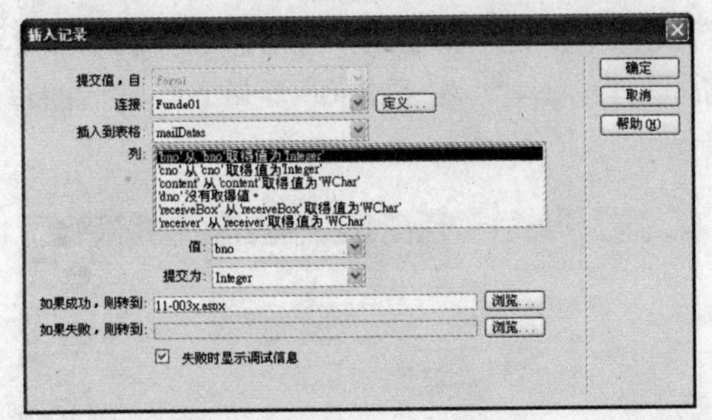

设置“插入记录”服务器行为，将贺卡内容存入数据表

执行填写贺卡的结果

步骤 4 切换至“代码”视图，在 <MM:PageBind> 代码段中，输入检查 Session("tno") 数据是否存在的程序代码。若不存在，则转到 11-002x.htm 网页显示错误信息，再回贺卡类别及图片网页重新选。

```
<MM:PageBind runat="server" PostBackBind="true" />
<%
if session("tno") = Nothing then          '如果没有选择贺卡类别及图片
   Response.Redirect("11-002x.htm")       '则显示错误信息
end if
```

判断是否已经选择贺卡类别、图片

11.1.5 预览贺卡内容并寄出

步骤 1 新建一空网页（11-004.aspx），插入表单 Form1，输入“Runat="server"”语句，之后输入标题，插入表格、“确定发送”按钮 Button1 及“修改内容”按钮 Button2（各添加 onClick 事件 Bt1Click, Bt2Click）。

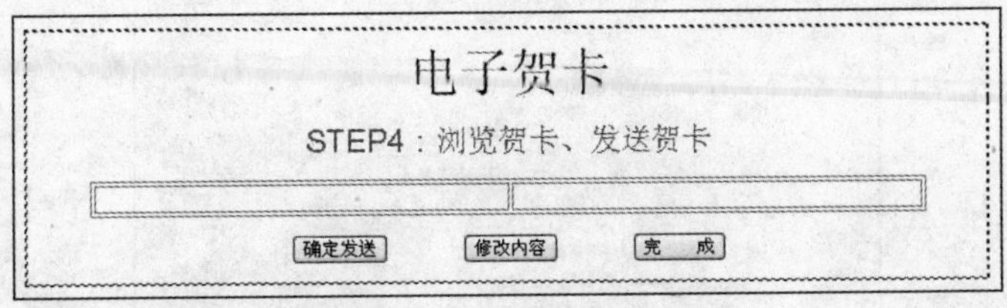

输入标题，插入表格和按钮组件

步骤 2 在“绑定”面板中新建一数据集，设置名称为 dsCard，连接为 Funde01，表格为 Cards，全选字段，以所选择的图片编号 Session 变量 cno 筛选图片数据，之后单击“确定”按钮，建立贺卡所选图片数据集。

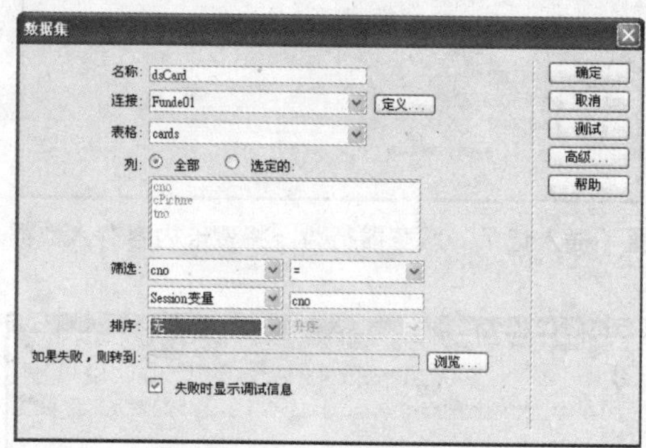

建立贺卡所选图片数据集 dsCard

步骤 3 在“绑定”面板中新建一数据集，设置名称为 dsBGCard，连接为 Funde01，表格为 bgCards，全选字段，以所选择的背景图编号 Session 变量 bno 筛选图片数据，之后单击“确定”按钮，建立贺卡所选背景图数据集。

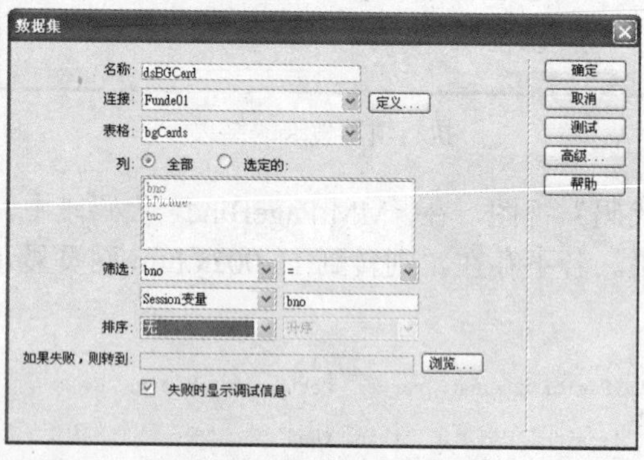

建立贺卡所选背景图数据集 dsBGCard

步骤 4 在“绑定”面板中新建数据集，设置名称为 dsMail，连接为 Funde01，表格为 mailDatas，全选字段，以所填写的贺卡内容编号 dno 降序排序筛选内容数据，之后单击“确定”按钮，建立贺卡内容数据集。

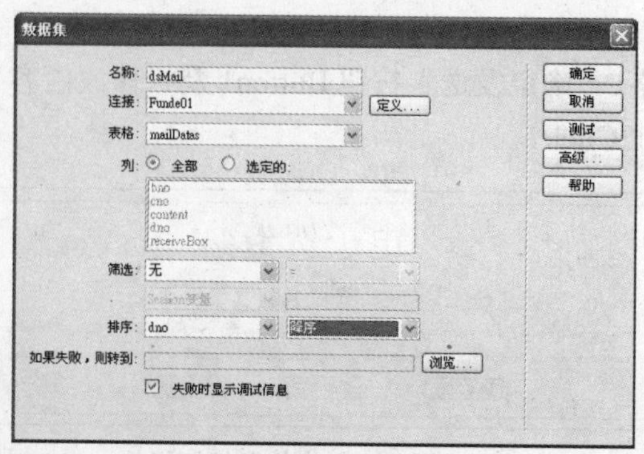

建立贺卡内容数据集 dsMail

步骤 5 在浏览贺卡网页（11-004.aspx）中插入下面各组件并且进行相应设置。

（1）插入图像组件，与所选择的图片数据集 dsCard 的贺卡图片列 cPicture 绑定。

（2）插入图像组件，与所选择背景图数据集 dsBGCard 的背景图列 bPicture 绑定。

（3）设置表格边框线为 1，边框颜色为青色，并插入标签组件 Label1，以显示发送成功与否信息。

输入各标题并插入各组件

步骤 6 选择表格，单击“布局”插入栏中的“绘制层”按钮，插入一图层。在图层内插入 7 行 1 列的无边框表格，展开 dsMail 记录集，插入收件人姓名 receiver、贺卡内容 content、发件人姓名 sender、发件人邮箱 sendBox、发件日期 sendDate 的数据，并将图层拖曳至适当位置。另外，为了能在显示贺卡内容时和原发送人所输入的内容格式一样，因此将原发送人所输入的 Enter 键改为 HTML 换行标签
，即贺卡内容 content 列改成“<%# replace(dsMail.FieldValue("content", Container), chr(13),"<br>")%>”。

步骤 7 在浏览贺卡网页（11-004.aspx）中再插入下面各组件并进行相应设置。

（1）插入隐藏区域 dno，与贺卡记录集 dsMail 的贺卡编号列 dno 绑定，目的是将目前的贺卡编号存入 Session，用于修改数据。

（2）插入“完成”按钮 Button3，添加 onClick 事件 Bt3Click，目的是释放 Session 变量中保存的数据，并且返回最初的电子贺卡网页。

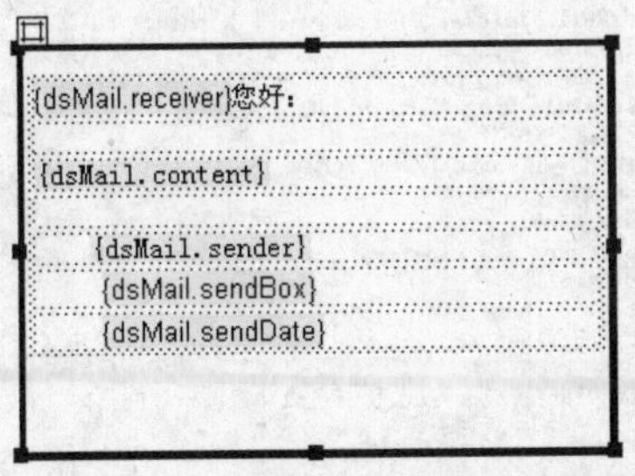

插入图层、表格及 dsMail 数据集数据

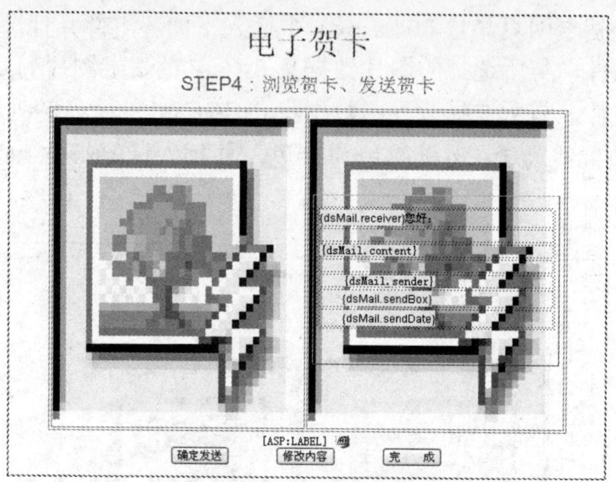

拖曳内容图层至适当位置

步骤 8　切换至“代码”视图，在 <MM:PageBind> 代码段中输入下面程序代码。

（1）在 Page_Load 事件中输入检查 Session("tno") 数据是否存在的程序代码。若不存在，则转到 11-002x.htm 网页显示错误信息，再回贺卡类别及图片网页重新进行选择。另外，将目前的贺卡编号存入 Session 变量，用于修改数据。

（2）在 Bt1Click 事件中设置单击“确定发送”按钮时，将会自动发送一封“领取贺卡通知信”，收件人可依指示单击“领取贺卡”等链接读取该贺卡的程序代码（请注意要将邮件修改为用 HTML 代码传送，即邮件信息对象的 BodyFormat 属性要设置为 MailFormat.HTML 格式，这主要是由于默认为纯文本）。

（3）在 Bt2Click 事件中输入单击“修改内容”按钮时，转往 11-006.aspx 网页修改贺卡内容的程序代码。

```
<MM:PageBind runat="server" PostBackBind="true" />
<Script Language="VB" runat="server">
 '--------- 限制只有正常登录才能显示浏览数据 ----------------------------------------
 sub page_load(sender as object, e as eventargs)
  If session("tno") = Nothing then          '如果非正常登录
    response.Redirect("11-002x.htm")        '则显示警告信息
  End If
  session("dno")=request.form("dno")
 end sub
 '--------- 发送贺卡成功确认数据 ----------------------------------------------------
 Sub Bt1Click(ByVal Sender As Object, ByVal e As EventArgs)
  Dim mymail As New MailMessage                                '建立新邮件信息控件
  mymail.To=dsMail.FieldValue("receiveBox", Nothing)    '取得收件者邮址
  mymail.From=dsMail.FieldValue("sendBox", Nothing)     '取得寄件者邮址
  mymail.Subject="祝贺您"                              '取得邮件主旨及下面的邮件正文
  mymail.BodyFormat=MailFormat.HTML                    '改用HTML格式传送
  mymail.Body=dsMail.FieldValue("receiver", Nothing) & "您好: <BR>" & _
    dsMail.FieldValue("sender", Nothing) & "寄了一张贺卡给您，"  & _
    "请单击: <A HREF='http://127.0.0.1/DWc11/11-007.aspx?dno=" & _
    dsMail.FieldValue("dno", Nothing) & "'>领取贺卡</a>阅读内容，谢谢您...<BR>" & _
    "祝您  愉快如意! <BR>" & _
    "       枫笛数位科技 http://www.funde.com.tw 敬上<BR>" & _
    "       " & now
  On Error Resume Next                        '若发送中有错误略过
  SmtpMail.SmtpServer="msa.hinet.net"         '使用Hinet的msa主机发送邮件
  SmtpMail.Send(mymail)                       '邮件发送出去
  IF Err.Number <> 0 Then                     '若发送中有错误
    Label1.Text = Err.Description             '则显示错误信息
  Else                                        '否则显示成功发送信息
    Label1.Text="<Font Color=red>贺卡已成功寄出…</Font>"
  End If
 End Sub
 '--------- 修改贺卡内容 ------------------------------------------------------------
 Sub Bt2Click(ByVal Sender As Object, ByVal e As EventArgs)
   response.Redirect("11-006.aspx")
 end sub
 '--------- 完成电子贺卡制作 --------------------------------------------------------
 Sub Bt3Click(ByVal Sender As Object, ByVal e As EventArgs)
   session.Abandon()
   response.Redirect("11-001.aspx")
 end sub
</script>
```

若发送贺卡成功会显示相应信息

cc.s5528：收件箱

寄件人：cc5525@zuite.com 加入通讯录 举报垃圾信

收信人：cc.s5528@msa.hinet.net

日期：Wed, 25 Jan 2006 00:03:56 +0800

主题 祝贺您

[字体]

小鲁您好：
藤仁寄给您一张贺卡,请按 领取贺卡 阅读内容,谢谢您……
祝您 快乐如意！
枫笛数码科技 http://www.funde.com.tw 敬上
2006/1/25

发送领取贺卡通知信，可单击“领取贺卡”超链接文字阅读贺卡

11.1.6 修改贺卡内容

步骤 1 由于修改贺卡内容网页类似于填写贺卡内容网页，因此将填写贺卡内容网页（11-003.aspx）复制为一新网页（11-006.aspx）。删除 Step 标题、3 个隐藏区域以及“确定修改”按钮 Button1 的 onClick 事件，实际效果如下。

修改贺卡内容

收件人姓名：	[ASP:TEXTBOX]	姓名不能空白！
收件人邮箱：	[ASP:TEXTBOX]	邮箱不能空白！ 格式错误！
寄件人姓名：	[ASP:TEXTBOX]	姓名不能空白！
寄件人邮箱：	[ASP:TEXTBOX]	邮箱不能空白！ 格式错误！
贺卡 内容：	[ASP:TEXTBOX]	贺卡内容不能空白！

确定修改　取 消

复制填写贺卡内容网页改为修改贺卡内容网页

步骤 2 在“绑定”面板中新建数据集，设置名称为 dsModify，连接为 Funde01，表格为 mailDatas，全选字段，以贺卡内容编号 Session("dno") 变量，筛选出要修改的贺卡内容数据，之后单击“确定”按钮。

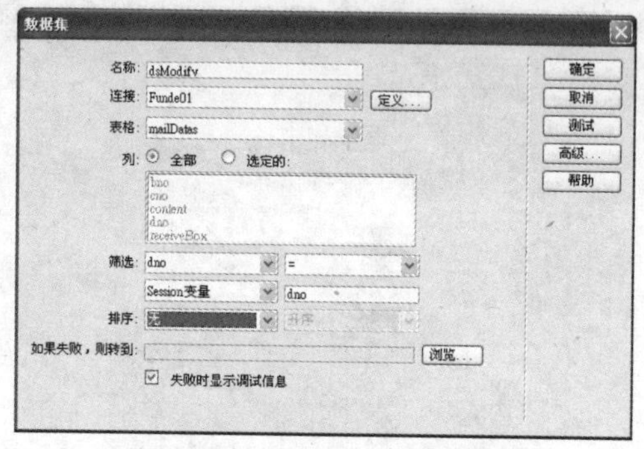

建修改贺卡内容数据集 dsModify

步骤 3 在“绑定”面板中选择 WebXel>Server Objects>Session Variable 命令，在弹出的对话框中输入 Session 变量名称为 dno，之后单击“确定”按钮，即可建立贺卡内容编号的 Session 变量。接着插入隐藏区域 dno，并与前面的 Session 变量 dno 进行绑定。另外，展开 dsModify 数据集，将各字段与对应的各文本框绑定。

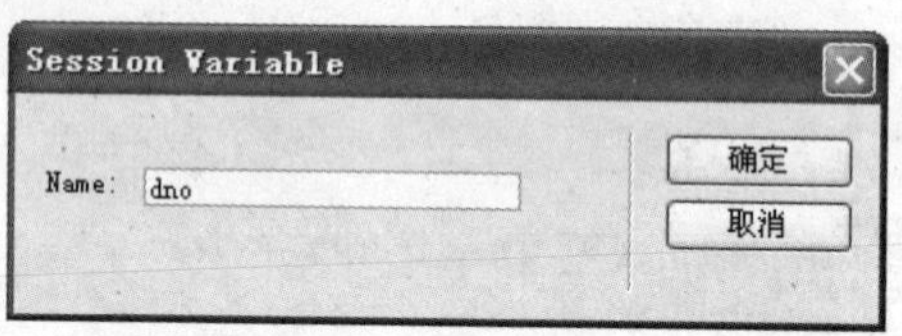

建立名称为 dno 的 Session 变量

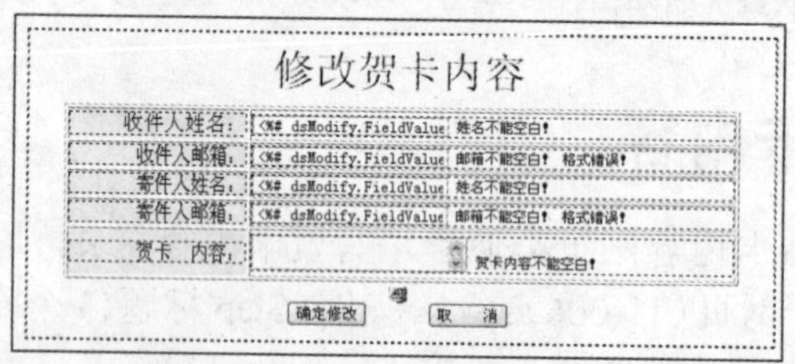

将隐藏区域与 Session 变量绑定，其他各文本框也与 dsModify 数据集对应字段绑定

步骤 4 在“服务器行为”面板中选择“更新记录”命令，在弹出的“更新记录”对话框中设置数据值来源为 Form1，连接为 Funde01，更新表格为 mailDatas，各列值取自各对应同名的组件，并且若更新贺卡内容成功，则转回到 11-004.aspx 网页显示更新贺卡内容结果。

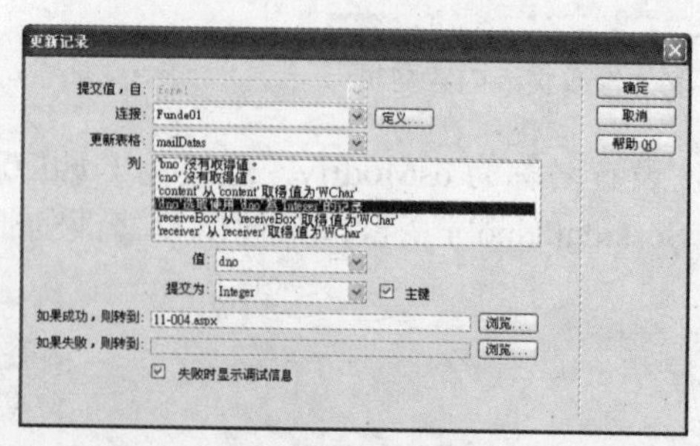

设置更新贺卡内容

要更新贺卡内容时，单击“修改内容”按钮

开始修改贺卡内容数据，之后单击“确定修改”按钮

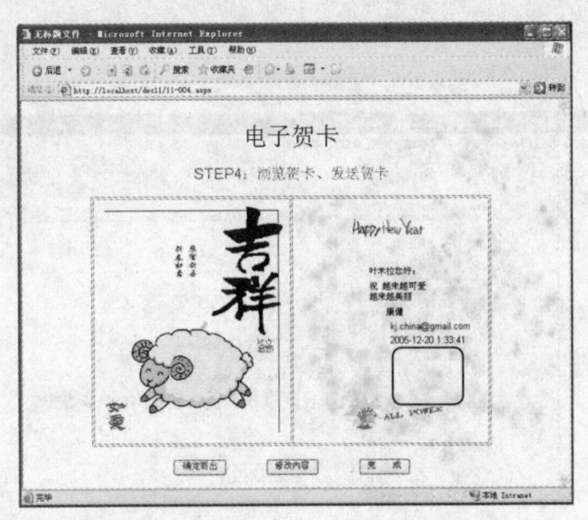

显示更正后的贺卡内容数据

步骤 5　切换至“代码”视图，在 <MM:PageBind> 代码段中，输入检查 Session("tno") 数据是否存在的程序代码。若不存在，则转到 11-002x.htm 网页显示错误信息，再回贺卡类别及图片网页重新选择。

```
<MM:PageBind runat="server" PostBackBind="true" />
<%
  If session("tno") = Nothing then          '如果非正常登录
    response.Redirect("11-002x.htm")         '则显示警告信息
  End If
```

判断是否已经选择了贺卡类别、图片

11.1.7 自制贺卡图片上传

如果有自制的含有特殊意义的贺卡，也可利用图片上传方式，先存到服务器指定的文件夹中，再依照上面电子贺卡制作步骤制作出具有个人特色的贺卡。其流程大致上是先出现贺卡图片网页（11-001.aspx），在其中单击“图片上传”按钮，进入自制图片上传网页（11-005.aspx），在其中单击“浏览”按钮选择要上传的图片文件，选完后单击“确定上传”按钮将图片上传。上传成功后，单击“上传图片归类”按钮，转到图片成功归类信息网页（11-005x.aspx），将所上传的图片以“自制卡”类别保存到贺卡图片数据表 Cards 中，再返回贺卡图片网页。

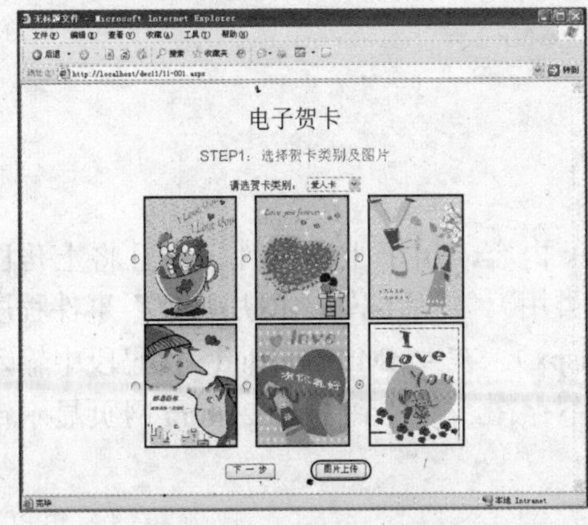

单击“图片上传”按钮

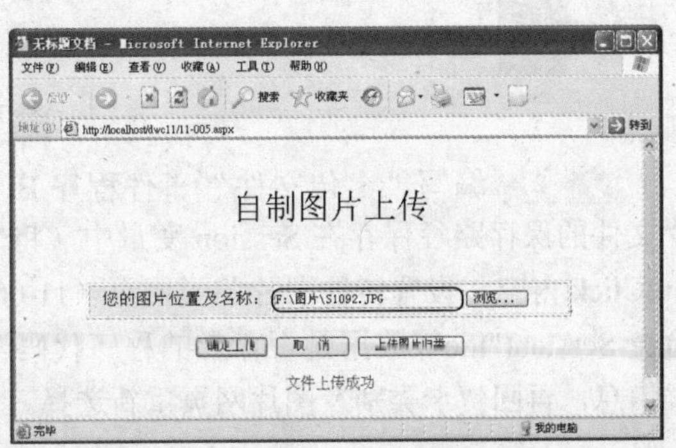

单击“浏览”按钮选择要上传的图片，之后单击“确定上传“按钮，成功后单击“图片归类”按钮

图片归类后单击“上一步”按钮

选择“自制卡”类别，即可显示刚上传的图片

步骤 1 新建一空网页（11-005.aspx），插入表单 Form1，输入“Runat="server"”语句，之后输入标题，插入表格和以下组件。

（1）文件域 File1，在其中输入“Runat="server"”语句。

（2）“确定上传”按钮 Button1、“上传图片归类”按钮 Button2（添加 onClick 事件 Bt1Click, Bt2Click）及“取消”按钮 Reset2。

（3）在按钮下方插入 div1 标签，即 <div id="div1" runat="server"/>，目的得用来显示上传图片是否成功的信息。

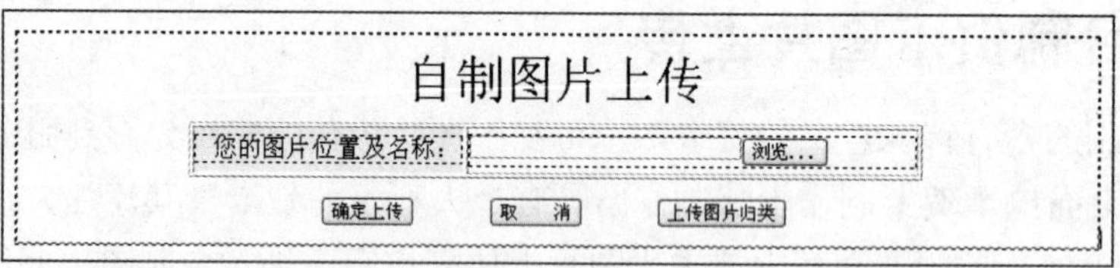

新建 11-005.aspx 网页，在其中输入各标题文字，并插入各组件

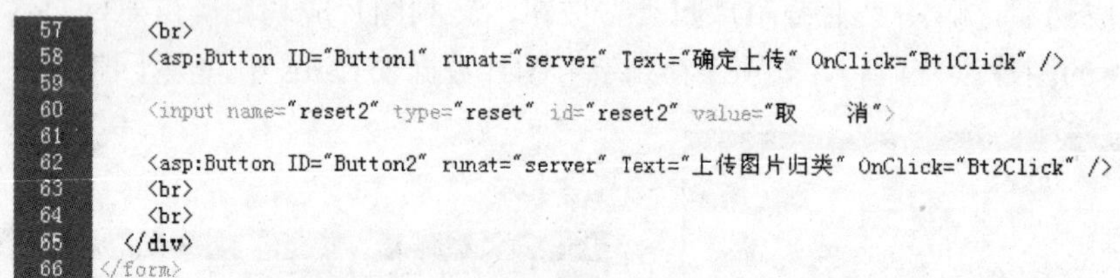

```
    <br>
    <asp:Button ID="Button1" runat="server" Text="确定上传" OnClick="Bt1Click" />

    <input name="reset2" type="reset" id="reset2" value="取    消">

    <asp:Button ID="Button2" runat="server" Text="上传图片归类" OnClick="Bt2Click" />
    <br>
    <br>
  </div>
</form>
```

插入标签 div1

步骤 2 编写“上传文件”事件程序 Bt1Click 内容，用于上传文件，并且将上传图片文件的保存路径保存在 Session 变量中（将来分类用）。然后编写“图片归类”事件程序 Bt2Click 内容，设置转往图片归类网页（11-005x.aspx）。在 <MM:PageBind> 代码段中输入检查 Session("tno") 数据是否存在的程序代码。若不存在，则转到 11-002x.htm 网页显示错误信息，再回贺卡类别及图片网页重新选择。

```
<%@ Page Language="VB" ContentType="text/html" ResponseEncoding="gb2312" %>
<%
if session("tno") = Nothing then          '如果没有选择贺卡类别及图片
  Response.Redirect("11-002x.htm")        '则显示错误信息
end if
%>
<script language="vb" runat="server">
'-------- 图片确定上传 ----------------------------------------------------------
Sub Bt1Click(sender as object, e as eventArgs)
  dim srcFile as string
  if File1.PostedFile.ContentLength > 0 then                          '检查是否有需要上传的文件
    srcFile = File1.PostedFile.FileName                               '若有则先将文件路径存为变量
    srcFile = Mid(srcFile, srcFile.LastIndexOf("\") + 2)              '取得文件名(索引从0编号故要加2)
    File1.PostedFile.SaveAs("C:\Inetpub\wwwroot\DWc11\card\" & srcFile )  '保存后上传文件
    div1.Visible=true                                                 '显现显示控件
    div1.innerhtml="<Font color='red'>档案上传成功！</Font>"           '显示文件上传成功
    session("cPicture")="card/" & srcFile                             '图像文件的储存路径存入session备用
  else
    div1.Visible=false                                                '若无文件则隐藏显示控件
  end if
End Sub
'-------- 图片上传后分类 --------------------------------------------------------
Sub Bt2Click(sender as object, e as eventArgs)
   response.Redirect("11-005x.aspx")                                  '转往分类图片文件
end sub
</script>
```

步骤 3 在“绑定”面板中选择 WebXeL>Server Object>Session Variable 命令，在弹出的 Session Variable 对话框中输入变量名称 cPicture，以便能将上传图文件的保存路径存到贺卡图片数据表 Cards 中，之后单击“确定”按钮。

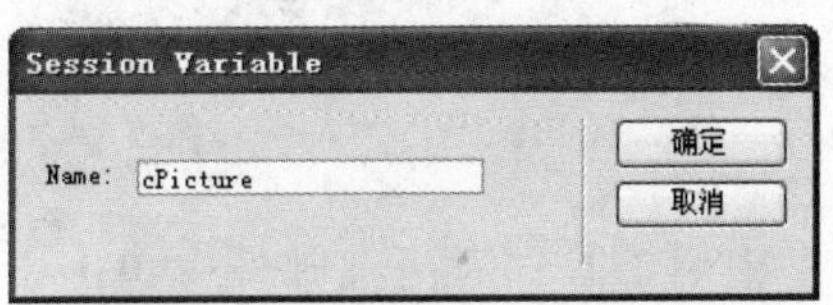

建立自制图片文件路径的 Session 变量

步骤 4 新建一空网页（11-005x.aspx)，插入表单 Form1，输入“Runat="server"”语句，之后输入标题，插入图片和以下组件。

（1）两个隐藏区域 tno 及 cPicture，设置贺卡类别编号 tno 的 Value 值为 9（即自制卡），而将图文件路径 cPicture 绑定 Session("cPicture")。

（2）“上一步”按钮 Button1，单击该按钮时会保存一条自制贺卡数据。

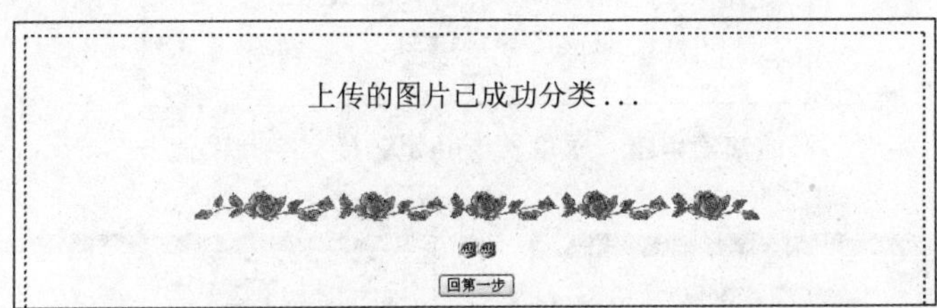

新建 11-005x.aspx 网页，输入各标题文字，并插入各组件

步骤 5 在“服务器行为”面板中选择“插入记录”命令，在弹出的“插入记录”对话框中设置数据值来源为 Form1，连接为Funde01，插入到表格为 Cards，各列值取自各对应同名的组件，并且若插入自制贺卡分类成功，则转回 11-001x.aspx 网页。

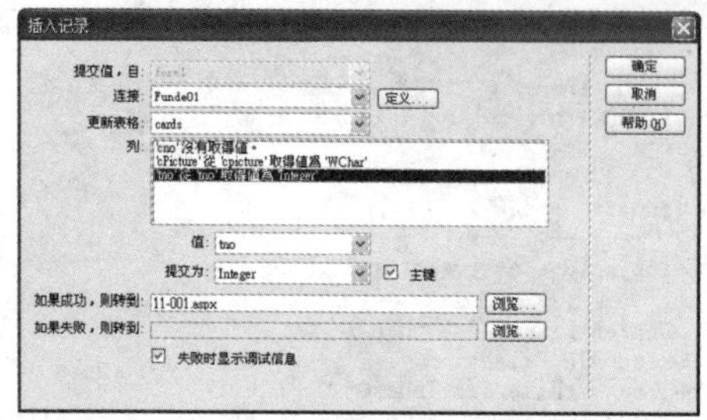

设置“插入记录”服务器行为将自制贺卡类别存入数据表

步骤 6 切换至“代码”视图，在 <MM:PageBind> 代码段中，输入检查 Session("tno") 数据是否存在的程序代码。若不存在，则转到 11-002x.htm 网页显示错误信息，再回贺卡类别及图片网页重新选择。

```
<MM:PageBind runat="server" PostBackBind="true" />
<%
if session("tno") = Nothing then          '如果没有选择贺卡类别及图片
   Response.Redirect("11-002x.htm")        '则显示错误信息
end if
%>
```

判断是否已经选择选了贺卡类别、图片

11.2 接收电子贺卡

当电子贺卡寄到收件者手中后，收件者可在邮件中单击“领取贺卡”超链接文字，即可连接领取电子贺卡网页（11-007.aspx），在其中单击“请按此领取贺卡”按钮，在弹出的您的电子贺卡网页（11-008.aspx）中浏览发送过来的贺卡，浏览完毕后单击“我已看完贺卡”按钮，会删除该贺卡，并转往寄送电子贺卡网页（11-001.aspx）回寄贺卡。

在通知信单击“领取贺卡”超链接文字阅读贺卡

单击“请按此领取贺卡”按钮

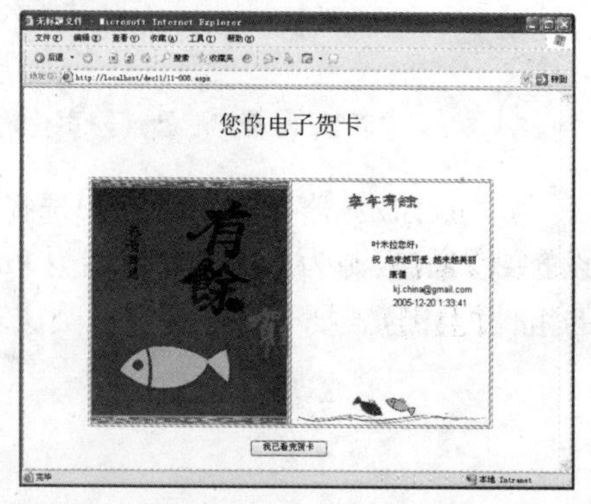

浏览贺卡，看完后单击“我已看完贺卡”按钮

选择回寄贺卡给对方

“领取贺卡”系统的简易流程示意图如下。

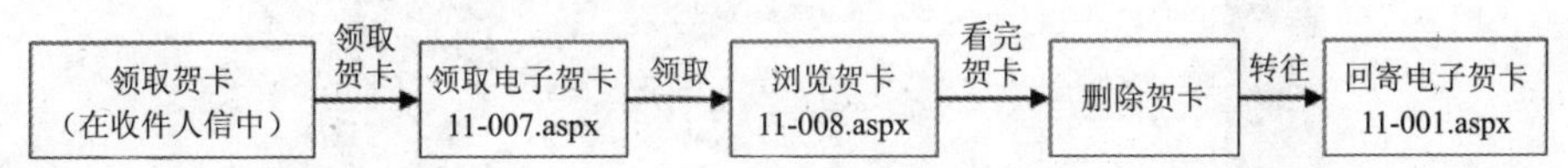

11.2.1 领取电子贺卡

步骤 1 新建一空网页(11-007.aspx)，插入表单Form1组件，输入“Runat="server"”语句，之后输入标题，插入贺卡图片编号隐藏区域cno、背景图片编号隐藏区域bno（各添加“Runat="server"”语句)，“请按此领取贺卡”按钮Button1（添加onClick事件Bt1Click)。

输入标题并插入各组件

步骤 2 在“绑定”面板中新建领取贺卡数据集，设置名称为dsMail，连接为Funde01，表格为mailDatas，选择领取贺卡编号字段dno、贺卡及背景图片编号字段bno，并以收件者的领取贺卡编号dno筛选要领取的贺卡数据，之后单击“确定”按钮。然后将贺卡图片编号隐藏区域cno、背景图片编号隐藏区域bno分别与数据集的cno, bno字段绑定。

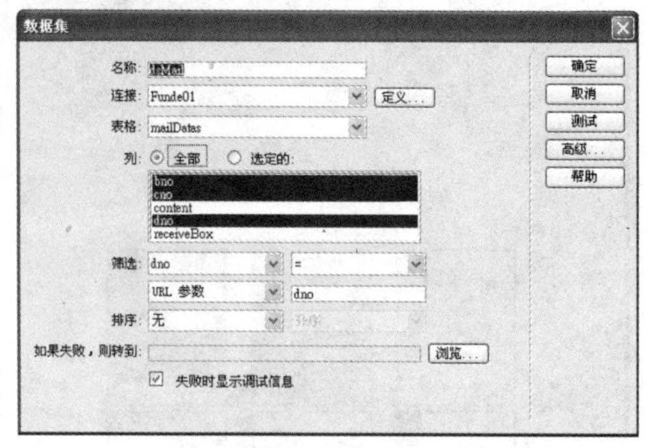

以收件者的领取贺卡编号筛选贺卡数据集 dsMail 中的贺卡数据

步骤 3　切换至“代码”视图，在 <MM:PageBind> 代码段中设置，将收件者的领取贺卡编号 dno、贺卡图片编号 cno、背景图片编号 bno 先存至 Session 备用，并输入“请按此领取贺卡”按钮的单击事件程序的程序代码，从而在单击该按钮后可以转到贺卡显示网页（11-008.aspx）浏览贺卡。

```
<MM:PageBind runat="server" PostBackBind="true" />
<script language="vb" runat="server">
'--------- 网页载入事件 ------------------------------------------------
sub Page_Load(sender as object, e as eventArgs)
  Session("dno")=Request.QueryString("dno")
  Session("cno")=request.Form("cno")
  Session("bno")=request.Form("bno")
end sub
'--------- 单击“下一步”按钮事件 ----------------------------------------
sub Bt1Click(sender as object, e as eventArgs)
  response.Redirect("11-008.aspx")          '转到贺卡显示网页
end sub
</script>
```

11.2.2　浏览电子贺卡

步骤 1　因为收件者要浏览的贺卡画面，类似前面的浏览贺卡网页（11-004.aspx），所以将 11-004.aspx 网页复制为新网页（11-008aspx），并作如下修改。

（1）删除网页中的大标题和 Label1 标签。

（2）删除“修改内容”、“完成”两个按钮（含 Bt2Click, Bt3Click 事件程序代码）。

（3）修改 Button1 按钮标题为“我已看完贺卡”，删除 Bt1Click 事件程序代码。

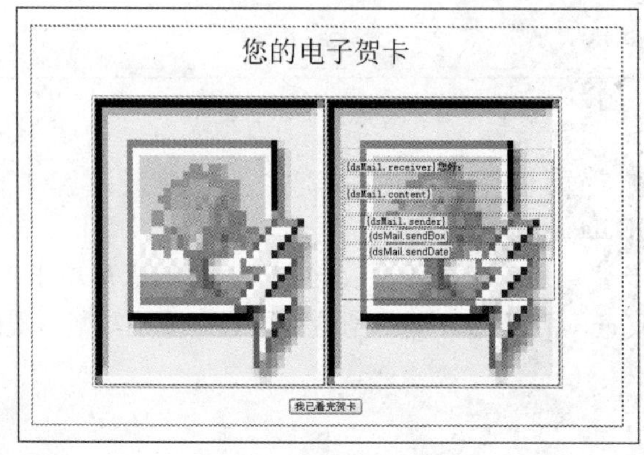

输入标题并插入各组件

步骤 2 在“绑定”面板中新建贺卡数据集，设置名称为 dsMail，连接为 Funde01，表格为 mailDatas，全选字段，并以贺卡编号 Session("dno") 变量筛选要浏览的贺卡数据，之后单击“确定”按钮。

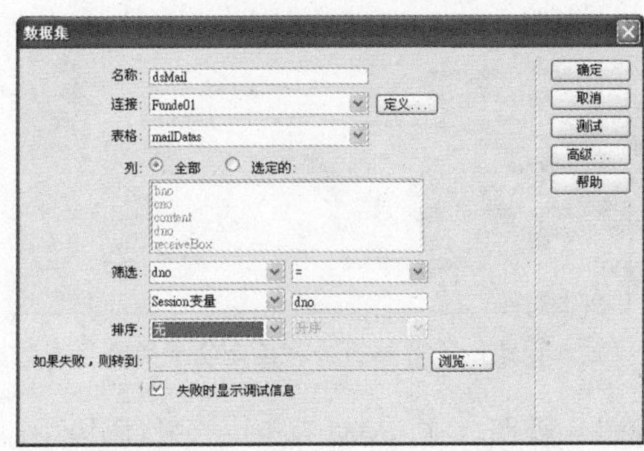

建立以收件者的领取贺卡编号筛选贺卡数据的数据集 dsMail

步骤 3 在“绑定”面板中新建贺卡图片数据集，设置名称为 dsCard，连接为 Funde01，表格为 Cards，全选字段，并以贺卡图片编号 Session("cno") 变数筛选要浏览的贺卡图片数据，之后单击“确定”按钮。

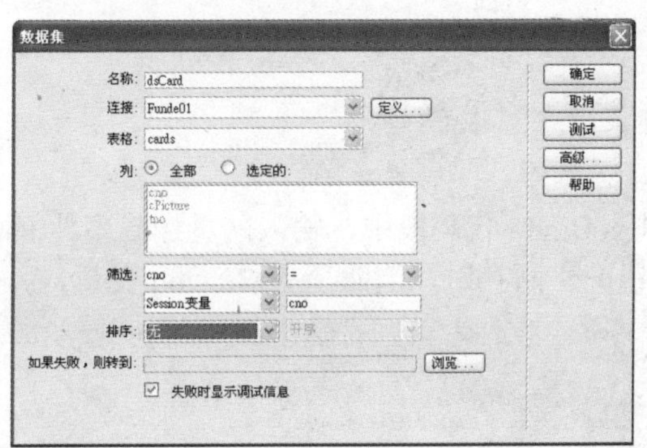

建立以贺卡图片编号筛选贺卡图片的数据集 dsCard

步骤 4 在“绑定”面板中新建贺卡图片数据集，设置名称为 dsBGCard，连接为 Funde01，表格为 BGCards，全选字段，并以背景图片编号 Session("bno") 变数筛选要浏览的贺卡背景图片数据，之后单击“确定”按钮。

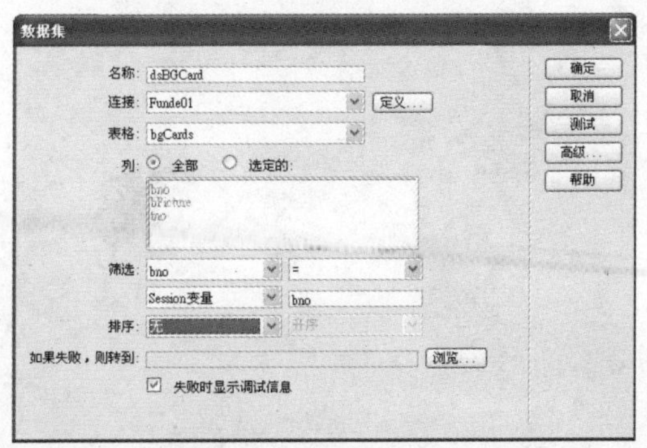

建立以背景图片编号筛选贺卡背景图片的数据集 dsBGCard

步骤 5　在“服务器行为”面板中选择“删除记录”命令，在弹出的“删除记录”对话框中设置连接为 Funde01，表格为 mailDatas，主键列为 dno，主键值取自 Session("dno") 变量，并且若成功删除阅读过的贺卡，则转至 11-001x.aspx 网页回寄贺卡或作其他处理。

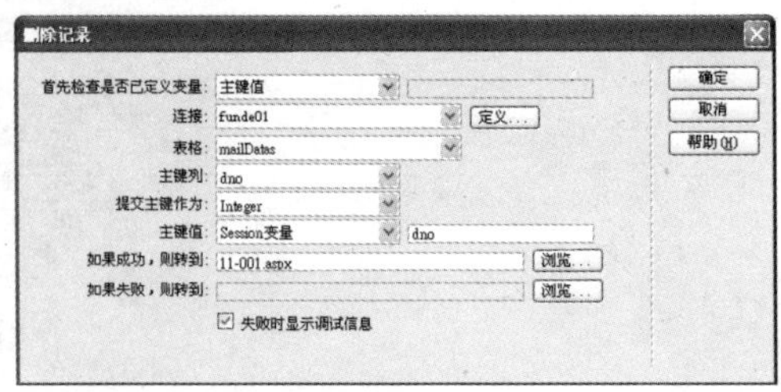

设置“插入记录”服务器行为将自制贺卡类别存入数据表

步骤 6　切换至“代码”视图，在 <MM:Delete...> 代码段中添加语句“id="delData"”，并将 Expression 语句改为 false。

```
<%@ Register TagPrefix="MM" Namespace="DreamweaverCtrls" Assembly="DreamweaverCtrls,version=1.0.0.0,publicKeyToken=836
<MM:Delete
id="delData"
runat="server"
CommandText='<%# "DELETE FROM mailDatas WHERE dno=?" %>'
ConnectionString='<%# System.Configuration.ConfigurationSettings.AppSettings("MM_CONNECTION_STRING_funde01") %>'
DatabaseType='<%# System.Configuration.ConfigurationSettings.AppSettings("MM_CONNECTION_DATABASETYPE_funde01") %>'
Expression='false'
CreateDataSet="false"
SuccessURL='<%# "11-001.aspx" %>'
Debug="true"
><Parameters>
  <Parameter Name="@dno" Value='<%# IIf((Not Session("dno") Is Nothing), Session("dno"), "") %>' Type="Integer" />
</Parameters>
</MM:Delete>
```

步骤 7　在 <MM:PageBind> 代码段中，输入网页加载事件 Page_Load 程序代码。当单击“我已看完贺卡”按钮产生回存时，清除所有 Session 变量，并删除已读过的贺卡数据，然后会回到 11-001.aspx 网页，收件者可回寄贺卡或作其他处理。

```
<MM:PageBind runat="server" PostBackBind="true" />
<script language="vb" runat="server">
'--------- 网页载入事件 ------------------------------------------------
sub Page_Load(sender as object, e as eventArgs)
  if Page.IsPostBack then                  '当单击“我已看完贺卡”按钮产生回存时
    if Request.Form("Button1")="" then
      session.Abandon()                    '释放所有Session变量所占用的空间
      delData.Expression=True              '真正删除该贺卡数据
    end if
  end if
end sub
</script>
```

12 讨论区管理系统

为了要提供给网友一个发表言论或互相讨论、交换意见的地方，可在网站中加入“讨论区”功能，一般应包含讨论主题的浏览，主题内容的阅读，回复该主题，或者发表新的主题。另外管理者也可以删除不合适的主题，我们将以下面的讨论区管理系统为例进行说明。

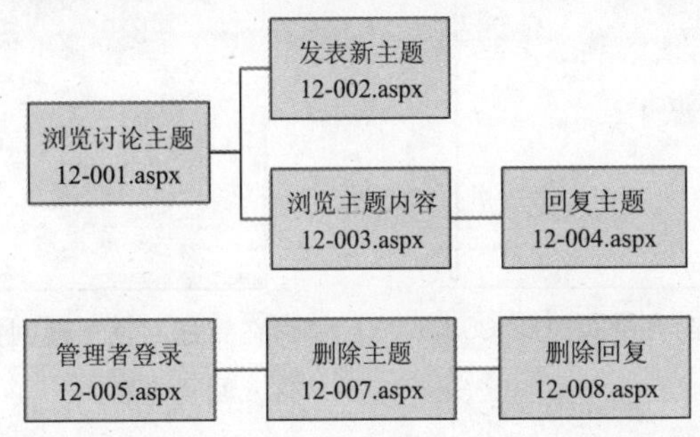

12.1 浏览讨论主题

“讨论区”同样是在网站中开放一个空间，让网友能去发表自己的论点或提出自己的问题请教别人等。如果其他的网友对这问题有兴趣，可选择浏览或回复意见。其流程大致上是先会出现讨论区网页（12-001.aspx），在其中供网友浏览讨论的主题信息，网友可选择感兴趣的主题，进入该项主题的细节网页（12-003.aspx），进一步去阅读更详细的主题内容。看完后若想回复意见，可单击“回复主题”按钮，前往新建回复主题网页（12-004.aspx）输入意见。也可以单击“回讨论区”按钮，返回讨论区网页，继续浏览其他消息。还可以单击“发表新主题”按钮，转至新建主题网页（12-002.aspx），在其中输入新的主题（显示有 New！的图片的主题为今天刊出的最新消息，显示有 HOT 的图片的主题为多人阅览过的热门话题）。

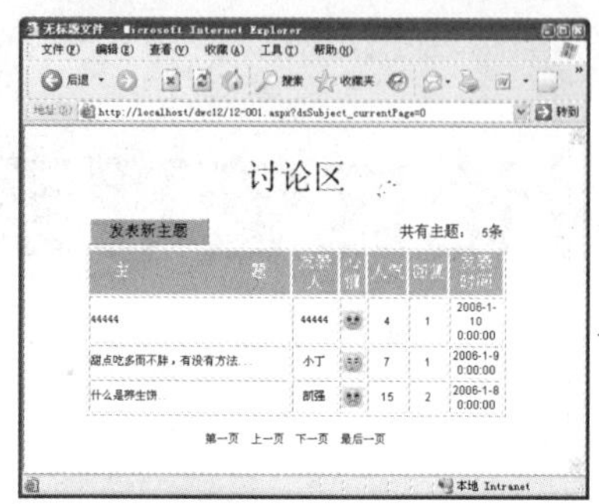

在讨网区网页（12-001.aspx）中选择喜爱的主题

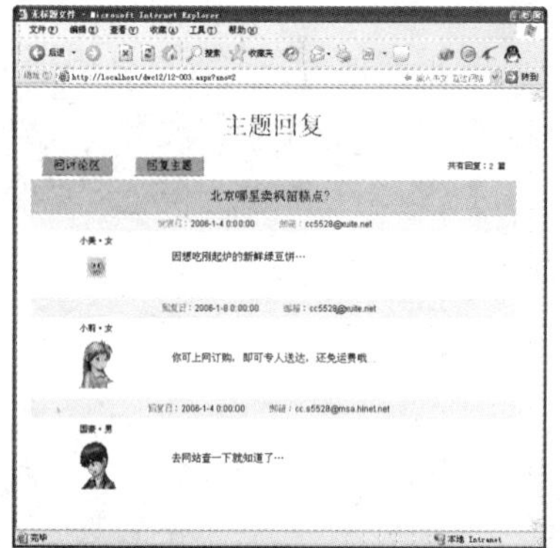

会连接到该主题相应的详细内容网页（12-003.aspx）

可在新建回复主题网页（12-004.aspx）中输入回复内容

若新建回复主题成功会显示成功信息网页（12-004x.aspx）

未正式登录主题及相应的详细内容网页时会显示错误信息网页（12-003x.htm）

“浏览讨论主题”系统的简易流程示意图如下。

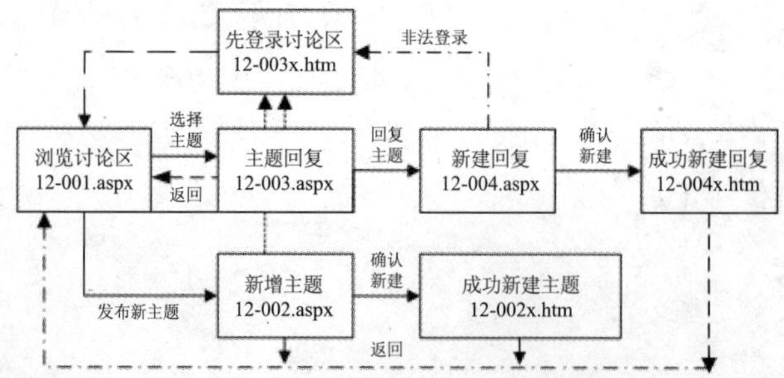

12.1.1 建立讨论及回复主题的数据表

浏览讨论主题网页（12-001aspx）的具体创建步骤如下。

步骤 1 在枫笛中点数据库 Funde.mdb 内建讨论主题数据表 Subjects，目的是显示主题数据供浏览讨论，其数据结构及数据内容如下（主题编号 sno 为主键）。

subjects : 表

字段名称	数据类型	说明
name	文本	2. 主题 (文字30位)
content	文本	3. 内容 (文字220位)
poDate	日期/时间	4. 发表日期 (日期时间)
putOut	文本	5. 发表人 (文字15位)
poSex	文本	6. 发表人性别 (文字2位)
poMood	文本	7. 发表人心情 (文字10位)
poEmail	文本	8. 发表人信箱 (文字40位)
clickTimes	数字	9. 人气值 (整数)
replyTimes	数字	10. 回复次数 (整数)

讨论主题数据表 Subjects 结构

subjects : 表

sno	name	content	poDate	putOut	poSex	poMood	poEmail	clickTimes	replyTimes
1	请推荐好的ASP.NET书籍…	请问各位大大，坊间有关网页设计较佳的ASP	2006-1-3	小志	男	f01.png	cc5528@xuite.	16	1
2	嘉义那里卖枫笛中点？	因想吃刚起炉的新鲜绿豆凸…	2006-1-4	小美	女	f02.png	cc5528@xuite.	70	2
3	什么是养生饼..	养生饼是什么东东，各位大大介绍一下吧..	2006-1-8	凯强	男	f03.png	cc5528@xuite.	15	2
11	甜点吃多而不胖，有没有方法.	各位哥大姊大，偶很喜欢吃甜食，有没有吃了	2006-1-9	小丁	男	f05.png	cc5528@xuite.	6	1
15	44444	44444	306-1-10	44444	男	f03.png	cc5528@xuite.	4	1
(号)									

讨论主题数据表数据

步骤 2 在枫笛中点数据库 Funde.mdb 内建立回复主题数据表 Replys，目的是显示该主题的回复数据供网友浏览参考，其数据结构及数据内容如下（回复编号 rno 为主键）。

Replys : 表

字段名称	数据类型	说明
rno	自动编号	1. 回复编号 (长整型)
sno	数字	2. 主题编号 (长整型)
rpContent	文本	3. 回复内容 (字符220位)
rpDate	日期/时间	4. 回复日期 (日期时间)
replyer	文本	5. 回复人 (字符15位)
rpSex	文本	6. 回复人性别 (字符2位)
rpEmail	文本	7. 回复人信箱 (字符40位)
picture	文本	8. 图片 (字符15位)

回复主题数据表 Replys 结构

Replys : 表

rno	sno	rpContent	rpDate	replyer	rpSex	rpEmail	picture
1	1	崧钢出版的「ASP.NET实用网页程.	2006-1-3	惠林	女	cc.s5528@msa.hine	b01.gif
2	2	问嘉义市农会家政部门就知道了，	2006-1-4	国豪	男	cc.s5528@msa.hine	b08.gif
3	3	就是低糖低油健康的饼，加有山药	2006-1-6	小娟	女	cc.s5528@msa.hine	b03.gif

回复主题数据表数据

步骤 3 建立讨论主题数据表 Subjects 并与回复主题数据表 Replys 相关联，关联字段为主题编号 sno，关联内容如下。

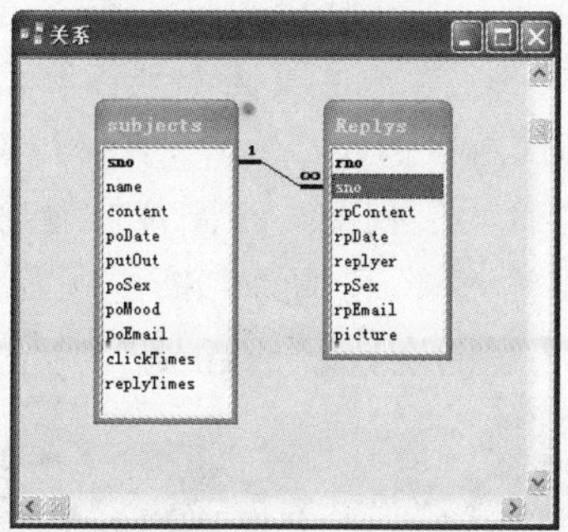

将主题数据表 Subjects 与回复数据表 Replys 以主题编号相关联

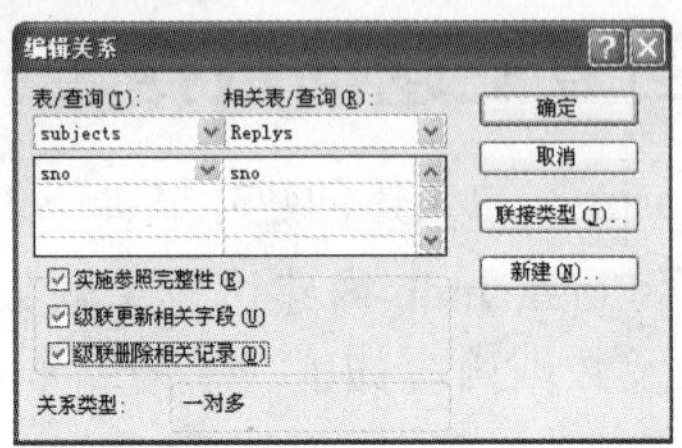

12.1.2 显示讨论区主题数据

步骤 1 新建一空网页（12-001.aspx），插入表单 Form1，输入“Runat="server"”语句，之后输入标题，插入“发表新主题”按钮（标签内添加单击 onClick="Bt1Click" 事件），以及图片，目的是连接至发表新主题网页（12-002.aspx）。

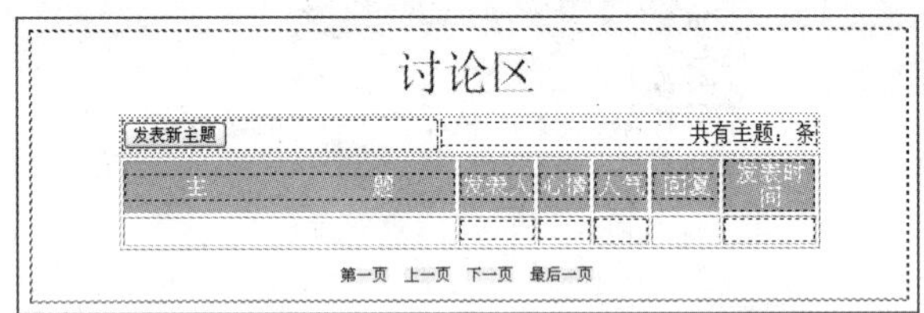

输入各标题插入各组件，超链接文字和图片

步骤 2 在“绑定”面板中新建讨论主题数据集，设置名称为 dsSubject，连接为 Funde01，表格为 Subjects，全选字段，以主题编号 sno 降序排序，目的是将最新发表的讨论主题排在最上方以方便网友选择浏览，之后单击“确定”按钮。

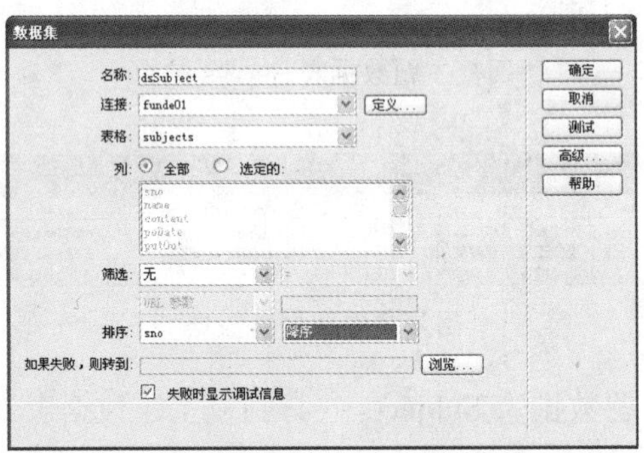

建立供显示的最新主题数据集 dsSubject

步骤 3 展开数据集 dsSubject，将各字段插入至各单元格，为了能突显当天新发布的最新主题，需要在主题标题后面插入显示为“New ！”和 HOT 图片。这里将光标定位于标题后，插入该图片。然后转至“代码”视图，在图片标签前后输入下面语句（注意中间的 <img src=....> 图片标签语句不用输入），目的是判断主题发表日 poDate 是今天或以后，相应显示“New ！”图片，而选择主题的次数 clickTimes 若超过 20 人次时，才显示 HOT 图片。

```
<MM:if runat="server" expression='<%# dsSubject.FieldValue
("poDate", Container)>=datetime.today %>'>
 <contentstemplate>
<img src="17.gif" width="37" height="15" align="absmiddle">
```

```
</span></span>
 </contentstemplate>
</MM:if>
<MM:if runat="server" expression='<%# dsSubject.FieldValue
("clickTimes", Container)>=20 %>'>
 <contentstemplate>
  <img src="17_02.gif" width="38" height="34" align="absmiddle">
 </contentstemplate>
</MM:if>
```

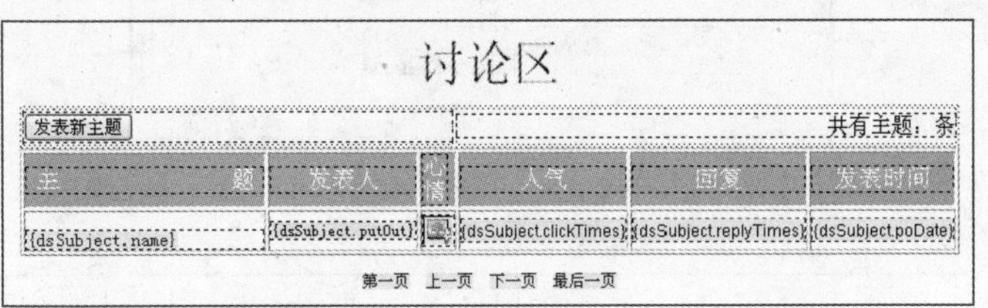

插入及绑定讨论主题数据集 dsSubject 的字段数据

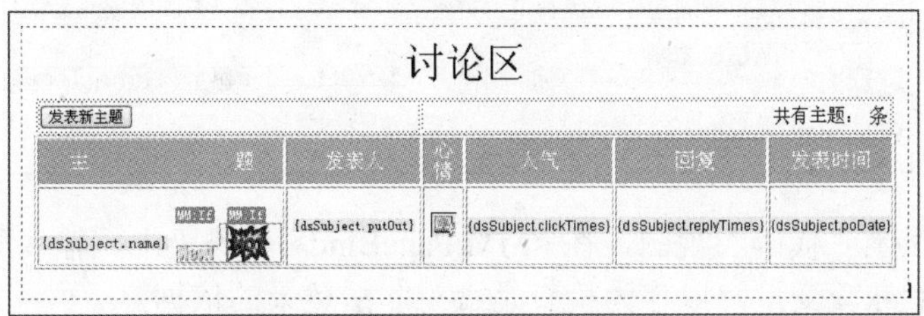

在标题后插入"New"及 HOT 图片

步骤 4 选择表格第二行，在"服务器行为"面板中选择"重复区域"命令，设置一次显示 3 条记录。接着选择"显示区域 > 数据集不为空显示"命令以显示讨论主题数据集 dsSubject 中的数据。然后将光标定位于表格下方，选择"移至第一页"和"移至最后一页"等命令，设置分页显示最新消息数据。另外，在表格右上方，选择"显示记录计数 > 显示总记录数"服务器行为，设置共显示几条记录。

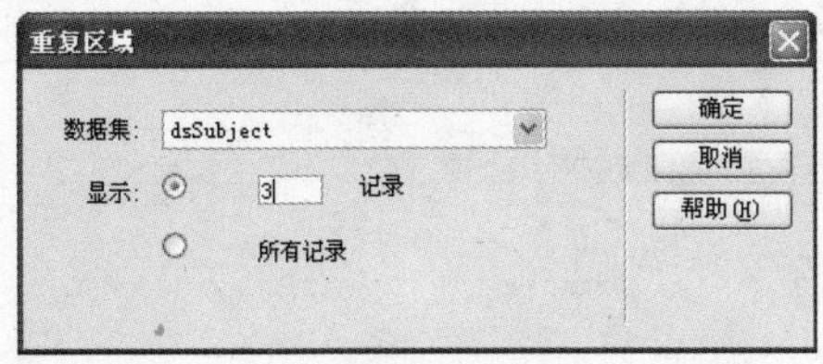

设置重复显示讨论主题数据集 dsSubject 中的数据

如果在 dsSubject 数据集中有数据则显示出来

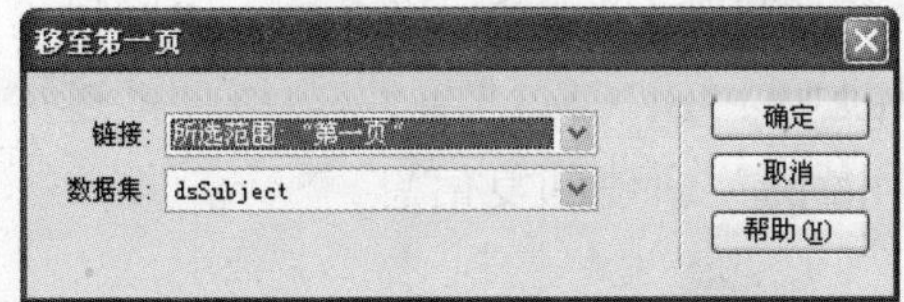

分页显示 dsSubject 数据集中的数据

显示 dsSubject 数据集中共有几条记录

步骤 5 选择表格内“主题”数据域，在“服务器行为”面板中选择 Go to Detail Page DotNET 命令，设置要连接的详细信息页为主题回复网页（12-003.aspx），数据集为 dsSubject，主键栏为主题编号 sno。目的是实际选择喜欢的主题时，会连接至该主题的回复内容网页，供网友浏览详细主题及回复数据。

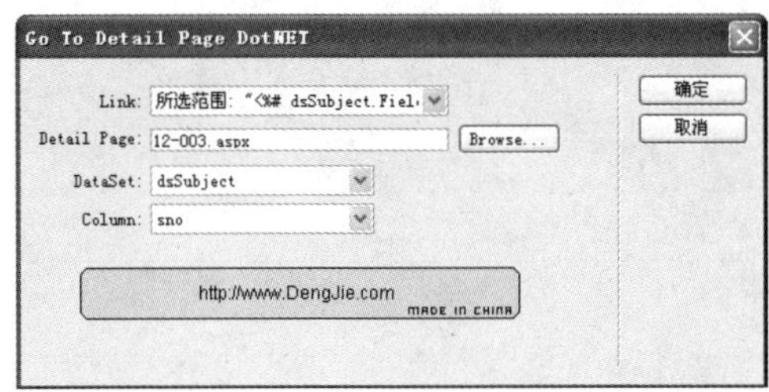

设置讨论主题 name 的“连接详细信息页”服务器行为

步骤 6 切换至“代码”视图，在 <MM:PageBind> 代码段中，输入下面程序代码，目的是保存 Session("ok") 变量，以作为检查是否为非法登录的依据。

```
<MM:PageBind runat="server" PostBackBind="true" />
<%
session("ok")=true
%>
```

步骤 7 输入下面程序代码，目的是单击“发表新主题”按钮时，能转至新建主题网页（12-002.aspx）去新建主题信息。

```
<script language="vb" runat="server">
sub Bt1Click(sender as object, e as eventargs)
  response.Redirect("12-002.aspx")
end sub
</script>
```

单击“发表新主题”按钮转新建主题网页

12.1.3 显示回复主题数据

步骤 1 新建一空网页（12-003.aspx），插入表单 Form1，输入“Runat="server"”语句，之后输入标题，插入上下两个无边框表格用于显示主题与回复内容，以及插入“回讨论区”、“回复主题”按钮（标签内各添加 onClick="Bt1Click" 与 "Bt2Click" 事件），以便能连接回讨论区网页（12-001.aspx）或回复主题网页（12-004.aspx）新建回复信息。

输入各标题，插入按钮和无边框表格

步骤 2 在“绑定”面板中新建主题内容数据集，设置名称为dsSubject，连接为Funde01，表格为Subjects，全选字段，以前面网页传来的所选择的主题编号sno，筛选出符合的主题内容数据，之后单击“确定”按钮。

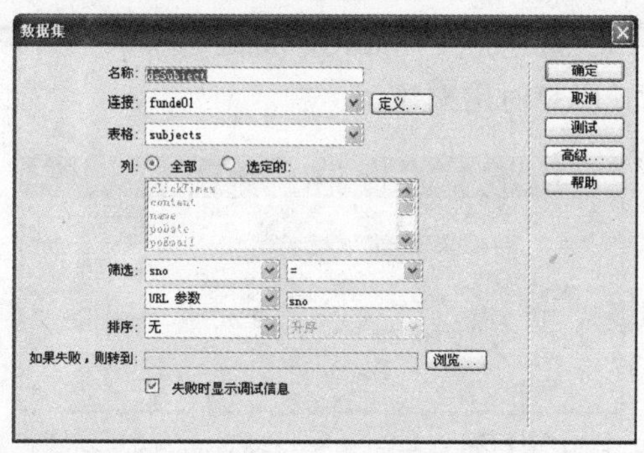

建立供显示的主题内容数据集 dsSubject

步骤 3 在“绑定”面板中新建回复内容数据集，设置名称为dsReply，连接为Funde01，表格为Replys，全选字段，以前面网页传来的所选择的主题编号sno，筛选出对应的回复内容数据，以回复编号rno递减排序，之后单击“确定”按钮。

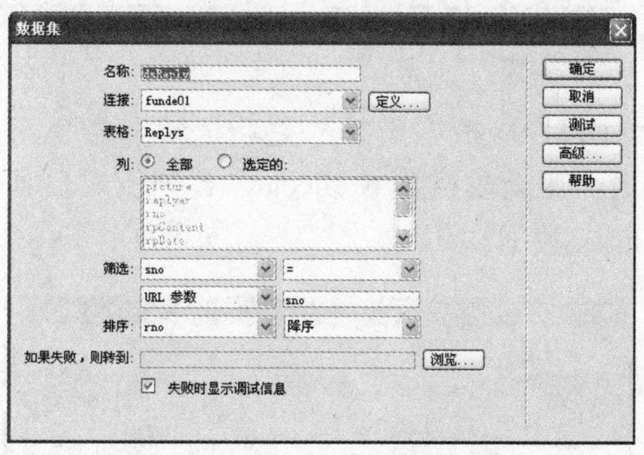

建立供显示的回复内容数据集 dsReply

步骤 4 展开主题内容数据集dsSubject和回复数据集dsReply，将各字段插入或绑定至相应单元格，从而完成主题回复网页的初步制作。

插入及绑定各数据集的字段数据

步骤 5　全选第二个表格，在“服务器行为”面板中选择“重复区域”命令，设置一次显示全部 dsReply 数据集中的回复数据（注意要选择 dsReply 数据集）。接着选择“显示区域 > 数据集不为空显示”命令以显示回复主题数据集 dsReply 中的数据。另外，在表格内插入 3 个隐藏区域，将其命名为 sno, clickTimes, name（均要添加“Runat="server"”语句），并绑定 dsSubject 数据集中的 sno, clickTimes 及 name 字段，用于更新阅读主题、回复内容的人气值的次数，以及新建回复时用来显示主题。

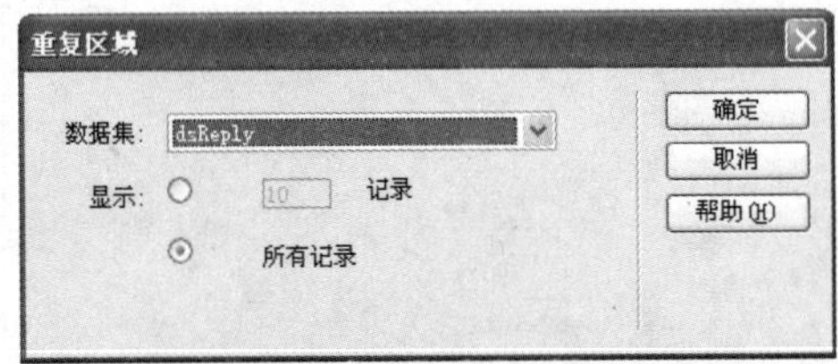

设置重复显示回复主题数据集 dsReply

如果 dsReply 数据集中有数据则显示出来

分页显示 dsReply 数据集中的数据

步骤 6　在“服务器行为”面板中选择“更新记录”命令，在弹出的“更新记录”对话框中设置连接为 Funde01，更新表格为 Subjects，各列值取自各对应同名的组件，以更新主题记录的人气值 clickTimes 数据。

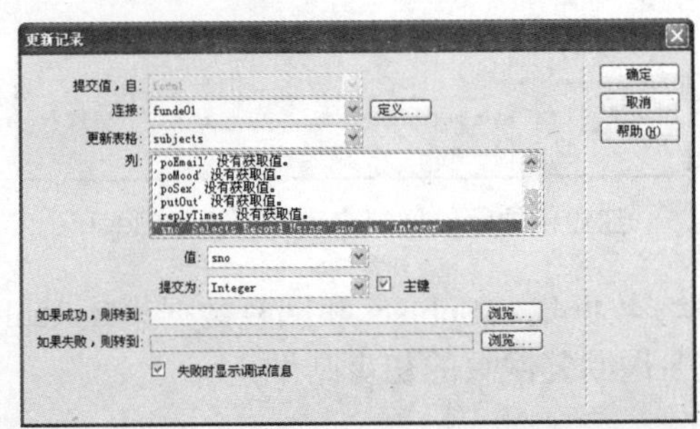

设置“更新记录”服务器行为，更新主题人气值数据

步骤 7 切换至“代码”视图，将“<MM:update”代码段中的 UPDATE 语句修改为：在主题数据表 Subjects 中，找到当前所选择的主题，将其人气值（即选择总数）累加 1，再存回数据表。

```
"UPDATE subjects  SET clickTimes=clickTimes + 1  WHERE sno=?"
```

步骤 8 将“<MM:update”代码段中的 clickTimes 语句（如下）删除。

```
<Parameter  Name="@clickTimes"  Value='<%# IIf((Request.Form
("clickTimes ") <> Nothing), Request.Form("clickTimes "), "") %>'
Type="Integer" />
```

```
<MM:Update
runat="server"
CommandText='<%# "UPDATE subjects SET clickTimes=clickTimes + 1 WHERE sno=?" %>'
ConnectionString='<%# System.Configuration.ConfigurationSettings.AppSettings("MM_CONNECTION_STRING_funde01") %>'
DatabaseType='<%# System.Configuration.ConfigurationSettings.AppSettings("MM_CONNECTION_DATABASETYPE_funde01") %>'
Expression='<%# Request.Form("MM_update") = "form1" %>'
CreateDataSet="false"
Debug="true"
>
  <Parameters>
    <Parameter Name="@sno" Value='<%# IIf((Request.Form("sno") <> Nothing), Request.Form("sno"), "") %>' Type="Integer" />
  </Parameters>
</MM:Update>
```

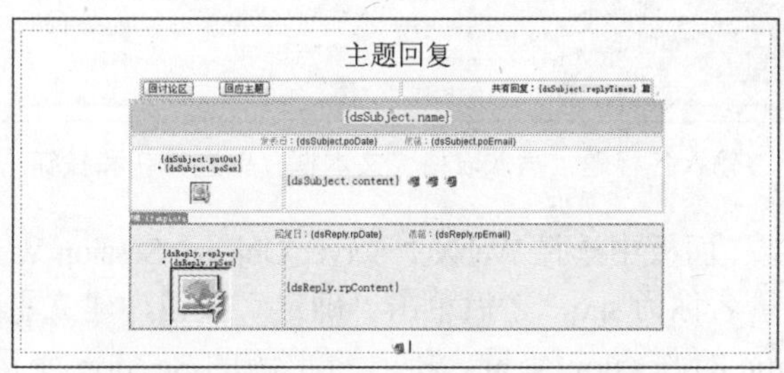

选择主题后会累加该主题的人气值一次

步骤 9 在 <MM:PageBind> 代码段中，输入检查 Session("ok") 数据是否为真（True）的程序代码，目的是检查有否先在讨论区网页中选择了相应主题，若没有选择则转到 12-003x.htm 网页显示错误信息，再回讨论区重新选择。另外，将主题编号 sno 及主题名称 name 保存到 Session 变量中。

```
<MM:PageBind runat="server" PostBackBind="true" />
<%
if session("ok") = Nothing then
  response.Redirect("12-003x.htm")
end if
session("sno")=sno.value
session("name")=name.value
%>
```

判断是否有先在讨论区选择过主题

步骤 10 在上面程序代码中继续添加单击“回讨论区”按钮 Bt1Click 和“回复主题”按钮 Bt2Click 的程序代码，以便能返回讨论区网页（12-001.aspx），在其中重新选择所需的主题，或者前往 12-004.aspx 网页新建回复信息。

```
session("name")=name.value
%>
<script language="vb" runat="server">
sub Bt1Click(sender as object, e as eventargs)
  response.Redirect("12-001.aspx")              '回讨论区
end sub
sub Bt2Click(sender as object, e as eventargs)
  response.Redirect("12-004.aspx")              '回应主题
```

设置回讨论区或往新建回复信息

12.1.4 新建回复主题数据

步骤 1 新建一空网页（12-004.aspx），插入表单 Form1，输入“Runat="server"”语句，之后输入标题，插入文本框、单选按钮、图片及按钮，如下所述。

（1）文本框包括主题 name（设只读）、姓名 Replyer（设不能空白验证）、邮箱 rpEmail（设不能空白及格式验证）、留言 rpContent（设“文本模式”为多行及不能空白）。

（2）单选按钮包括性别 rpSex（在各标签内设 Value 值为男、女）、图示 Picture（图片分为男 b06.gif~b10.gif，女 b01.gif~b05.gif，在各标签内设 Value 值为各对应图片）。

（3）按钮包括“确定新建”按钮 Button1 和“取消”按钮 Reset。

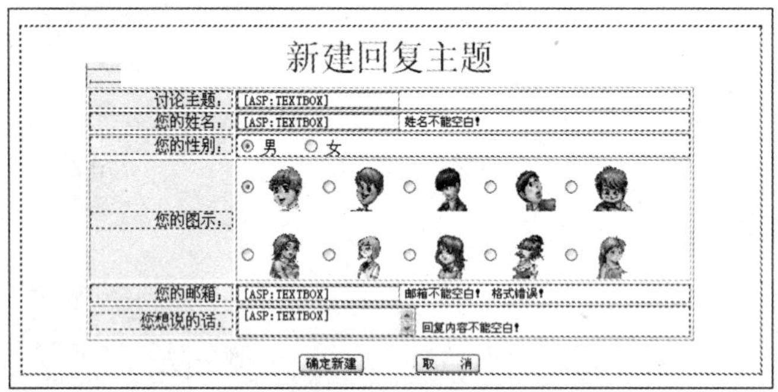

输入各标题，插入表格、文本框、单选按钮和按钮

步骤 2 在“绑定”面板中选择 WebXel>Server Objects>Session Variable 命令，在弹出的对话框中设置 Session 变量名称为 sno，之后单击“确定”按钮，建立主题编号的 Session 变量。之后新建讨论主题 name 的 Session 变量。接着将主题的 Session 变量，绑定至主题文本框 name，并插入一个回复日期隐藏区域 rpDate，设其值为回复当天日期 <%=DateTime.Today %>。另外，插入主题编号隐藏区域 sno，并且与 Session("sno") 绑定，以便能保存到数据表中。

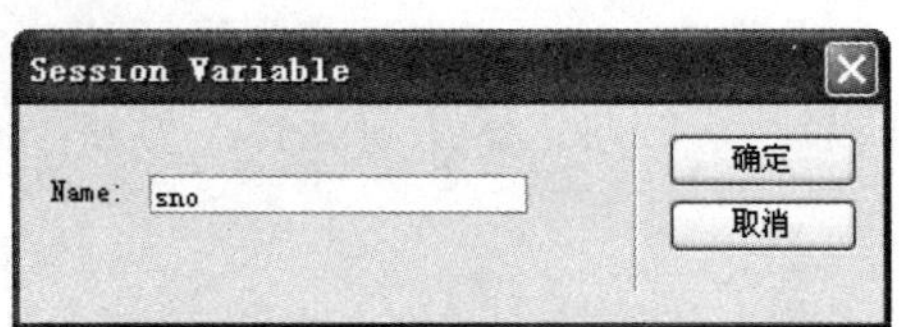

建立主题编号的 Session 变量

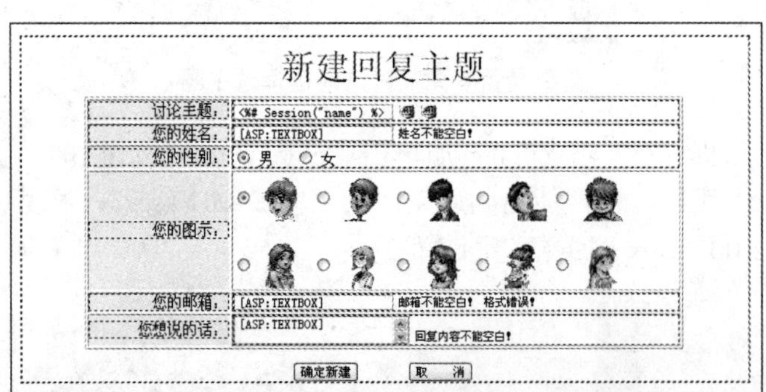

步骤 3　在“服务器行为”面板中选择“插入记录”命令，在弹出的“插入记录”对话框中设置数据值来源为 Form1 连接为 Funde01，插入表格为 Replys，各列值取自各对应同名的组件，并且若插入回复信息成功，则转到 12-004x.aspx 网页显示新建成功信息。

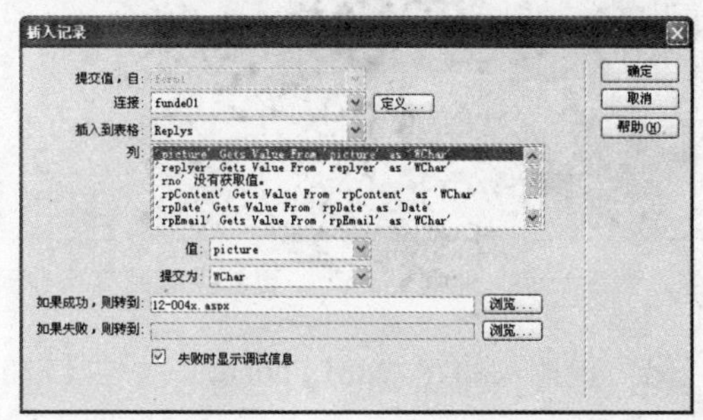

设置“插入记录”服务器行为，将建的回复信息保存到数据表

步骤 4　切换至“代码”视图，在 <MM:PageBind> 代码段中，输入检查 Session("ok") 数据是否 为真（True）的程序代码，若有错误则转到 12-003x.htm 网页显示错误信息，再回讨论区重新选择。

```
<MM:PageBind runat="server" PostBackBind="true" />
<%
if session("ok") = Nothing then
  response.Redirect("12-003x.htm")
end if
session("sno")=sno.value
session("name")=name.value
%>
```

判断是否已在讨论区中选择了主题

12.1.5　回复次数递增

步骤 1　新建一空网页（12-004.aspx），插入表单 Form1，输入“Runat="server"”语句，之后输入信息标题，插入图片、“回讨论区”按钮 Button1，以及隐藏区域 sno、name。

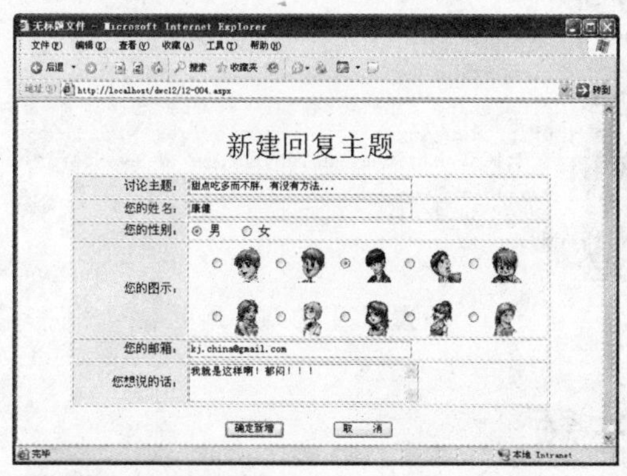

输入信息标题，插入按钮、图片、隐藏区域

步骤 2　在“服务器行为”面板中选择“更新记录”命令，在弹出的“更新记录”对话框中设置连接为 Funde01，更新表格为 Subjects，各列值取自各对应同名的组件，以便更新回复记录 replyTimes 中的数据值。

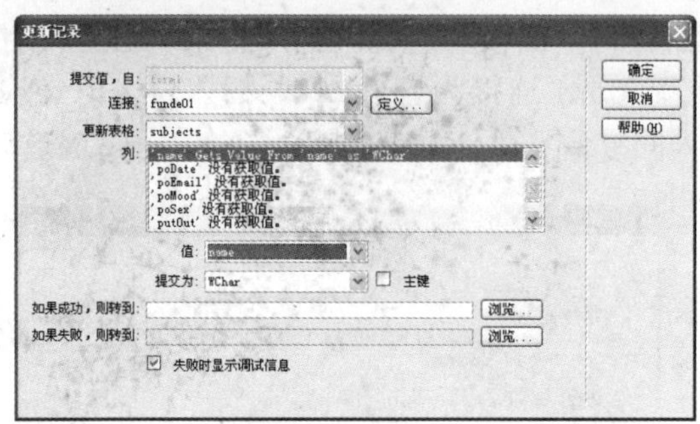

设置"更新记录"服务器行为，更新主题回复次数数据

步骤 3 切换至"代码"视图，将"<MM:update"代码段中的 UPDATE 语句修改为：在主题数据表 Subjects 中，找到所需的主题，将其回复值（即主题回复总数）累加 1，再存回数据表。

```
"UPDATE subjects  SET replyTimes=replyTimes + 1  WHERE sno=?"
```

步骤 4 将"<MM:update"代码段中的 replyTimes 语句（如下）删除。

```
<Parameter  Name="@replyTimes"  Value='<%# IIf((Request.Form
("replyTimes ") <> Nothing), Request.Form("replyTimes "), "") %>'
Type="Integer" />
```

```
<MM:Update
runat="server"
CommandText='<%# "UPDATE subjects SET replyTimes=replyTimes + 1 WHERE sno=?" %>'
ConnectionString='<%# System.Configuration.ConfigurationSettings.AppSettings("MM_CONNECTION_STRING_funde01") %>'
DatabaseType='<%# System.Configuration.ConfigurationSettings.AppSettings("MM_CONNECTION_DATABASETYPE_funde01") %>'
Expression='<%# Request.Form("MM_update") = "form1" %>'
CreateDataSet="false"
Debug="true"
>
  <Parameters>
    <Parameter Name="@sno" Value='<%# IIf((Request.Form("sno") <> Nothing), Request.Form("sno"), "") %>' Type="Integer" />
  </Parameters>
</MM:Update>
```

步骤 5 在"MM:PageBind"代码段中输入下面程序代码，这样在单击"回讨论区"按钮时，会清除所有 Session 变量内容，并返回讨论区重新操作。

```
<MM:PageBind runat="server" PostBackBind="true" />
<script language="vb" runat="server">
sub Bt1Click(sender as object, e as eventargs)
  session.Abandon()
  response.Redirect("12-001.aspx")
end sub
</script>
```

设置返回 12-001 网页

12.1.6 发表新主题

若网友想发表自己的论点或提出自己的问题请教别人时，可单击"发表新主题"按钮，转至新建新主题网页（12-002.aspx），在其中输入新的主题。

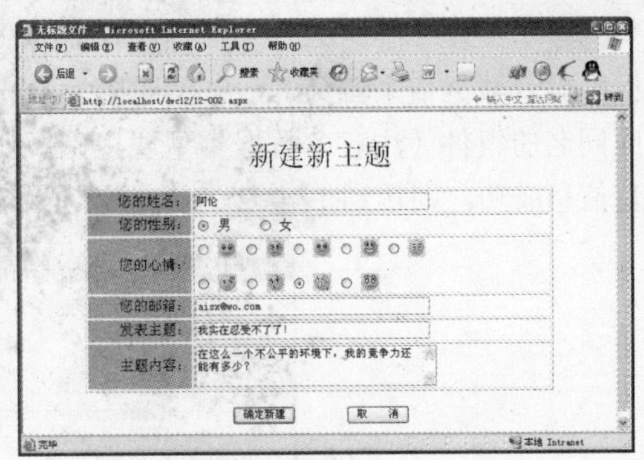

在讨论区网页（12-001.aspx）中单击“发表新主题”按钮

会连接到新建新主题网页（12-002.aspx）

若新建主题成功会显示成功信息网页（12-002x.htm）

未正式登录主题及回复的详细内容网页时会显示错误信息网页（12-003x.htm）

新建新主题网页的具体创建步骤如下。

步骤 1 新建一空网页（12-002.aspx），插入表单 Form1，输入“Runat="server"”语句，之后输入标题，插入文本框、单选按钮、图片及按钮，如下所述。

（1）文本框包括姓名 Putout（设不能空白验证）、邮箱 poEmail（设不能空白及格式验证）、主题 name（设不能空白验证）、主题内容 Content（设“文本模式”为多行及不能空白）。

（2）单选按钮包括性别 poSex（在各标签内设 Value 值为男、女）、图示 poMood（图片有 f01.gif~f09.png，在各标签内设 Value 值为各对应图片名）。

（3）按钮包括“确定新建”按钮 Button1 和“取消”按钮 Reset1。

（4）隐藏区域包括“发表日期”poDate，值设为当天日期 <%=DateTime.Today %>。

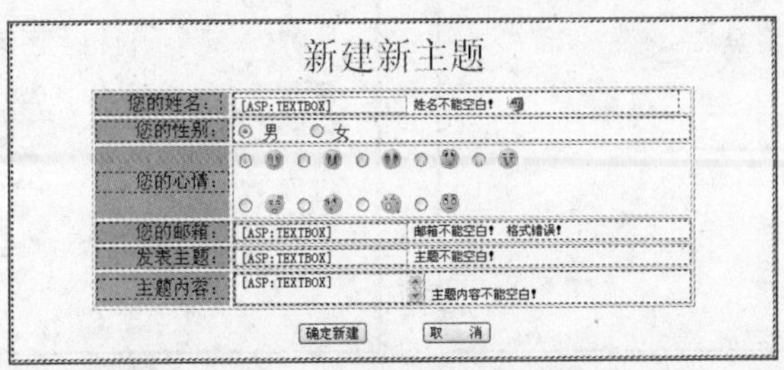

输入各标题，插入表格、文本框、单选按钮和按钮

步骤 2　在“服务器行为”面板中选择“插入记录”命令，在弹出的“插入记录”对话框中设置数据值来源为Form1，连接为Funde01，插入到表格为Subjects，各列值取自各对应同名的组件（注意各数据类型要正确，如发表日期poDate为Date类型），并且若插入回复信息成功，则转到12-002x.htm网页显示新建成功信息。

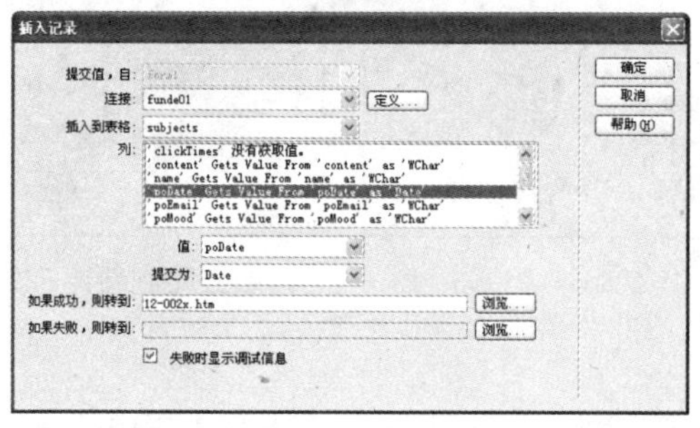

设置“插入记录”服务器行为，将新的数据保存到数据表

步骤 3　切换至“代码”视图，在<MM:PageBind>代码段中，输入检查Session("ok")数据是否为真（True）的程序代码，若有错误则转到12-003x.htm网页显示错误信息，再回讨论区重新选择。

```
<MM:PageBind runat="server" PostBackBind="true" />
<%
if session("ok") = Nothing then
  response.Redirect("12-003x.htm")
end if
%>
```

判断是否有先在讨论区选发表新主题

12.2　讨论区管理

由于要防止不合适的讨论主题或回复信息出现，因此网站要具备讨论区管理功能，其流程大致上是先会出现管理者登录网页（12-005.aspx）在其中可以让管理者以账号密码方式进行登录，然后显示讨论主题管理网页（12-006.aspx），让管理者在其中选择相应“主题”，显示该主题内容及所有回复信息的网页（12-007.aspx），可删除此主题（其所包含的回复信息也会随之全部删除），或者进一步选择某一回复信息，去该回复信息网页（12-008.aspx）删除该回复，最后返回讨论主题管理网页，继续维护其他讨论主题或退出该系统。

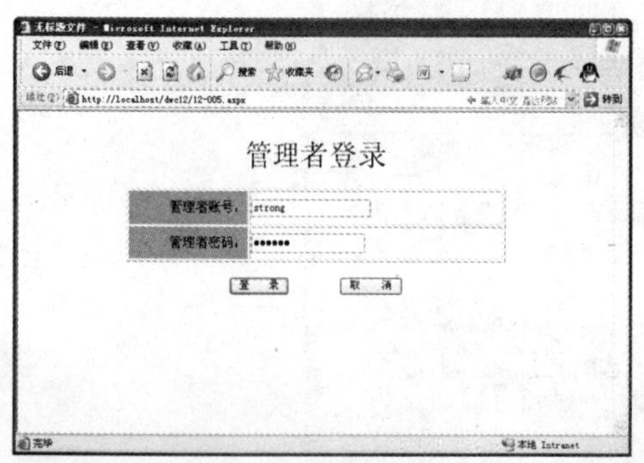

先在管理者登录网页（12-005.aspx）中登录

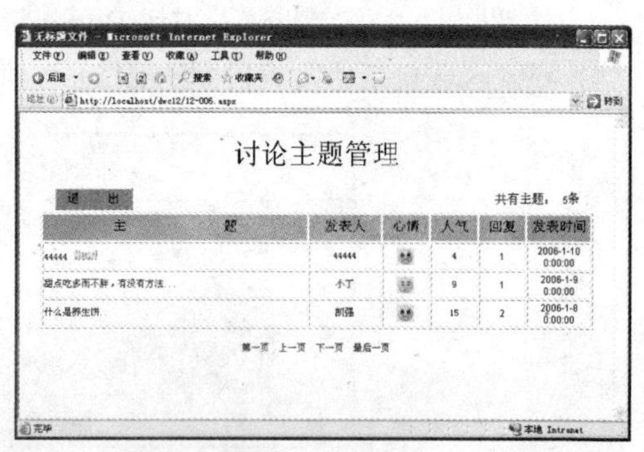

进入主题管理网页（12-006.aspx），然后选择所需的主题

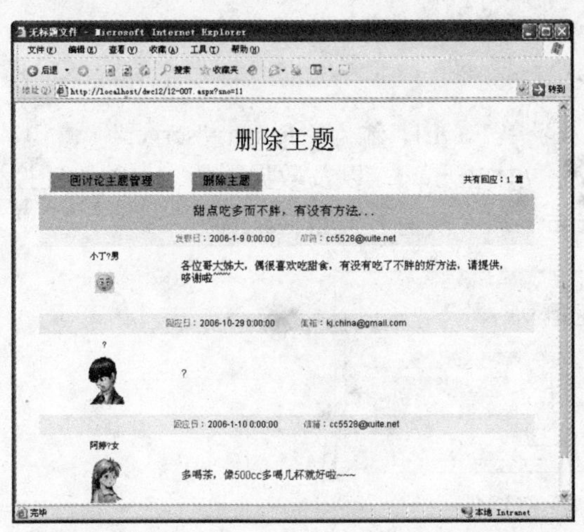

在删除主题网页（12-007.aspx）中单击"删除主题"按钮删除主题，或者选择删除回复内容数据

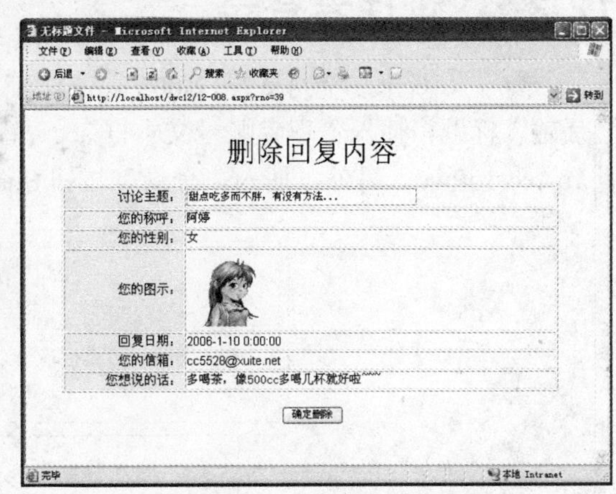

在删除回复内容网页（12-008.aspx）中单击"确定删除"按钮删除所选择的回复内容数据

显示删除成功信息，回复数扣除 1

"讨论区管理"系统的简易流程示意图如下。

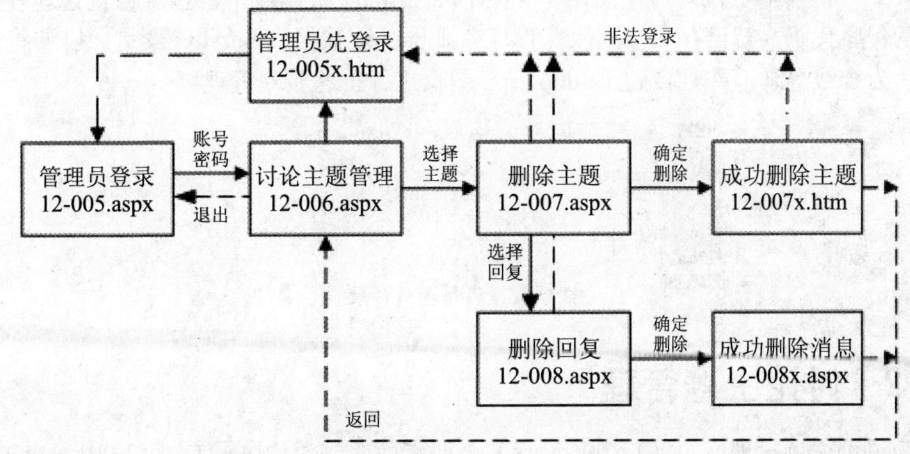

12.2.1 管理者登录

步骤 1 新建一空网页（12-005.aspx），插入表单 Form1，输入“Runat="server"”语句，之后输入标题，插入管理者账号文本框 acc、密码文本框 pwd，以及数据不能空白的验证控件 rqAcc, rqPwd。另外，插入“登录”按钮 Submit1 和“取消”按钮 Reset1。

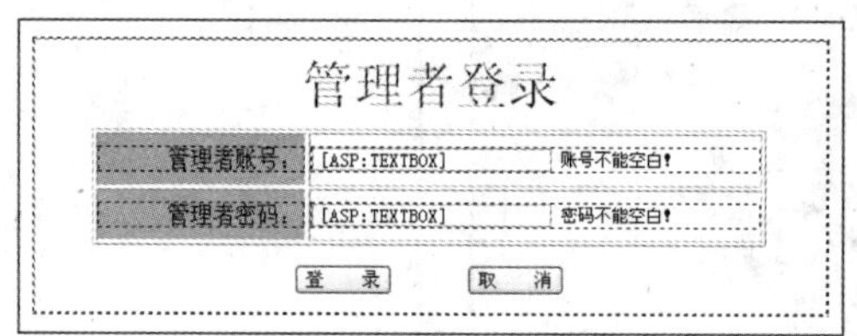

输入各标题，插入各组件

步骤 2 在“绑定”面板中新建管理者数据集，设置名称为 dsManage，连接为 Funde01，表格为 safeT，全选字段，并以 acc 管理者账号筛选输入的数据是否有存在。之后单击“高级”按钮，然后修改 SQL 语句为：“SELECT * FROM safeT WHERE acc = ? and pwd = ?”，并新建 @Pwd 参数，进一步查询要登录的 Acc 账号及 Pwd 密码是否正确，最后单击“确定”按钮。

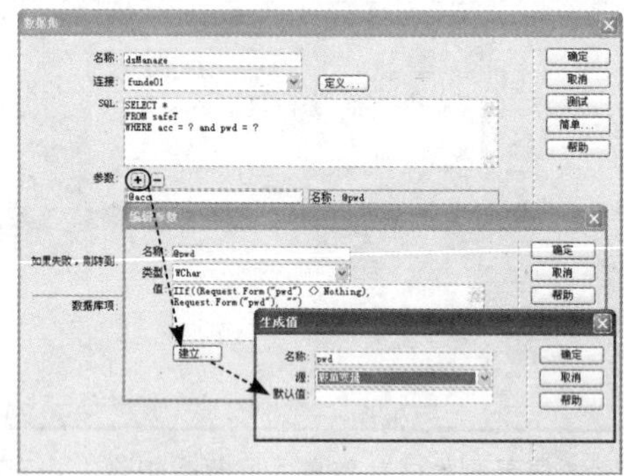

筛选输入的账号及密码是否存在的管理者登录数据集 dsManage

步骤 3 切换至“代码”视图，在 <MM:PageBind> 代码段中，输入检查管理者数据是否存在的程序代码，若已存在，则保存管理者账号 Acc 数据到 Session 变量，以便将来用来检查是否为合法登录，并且转到 12-006.aspx 网页进行主题删除管理。

```
<MM:PageBind runat="server" PostBackBind="true" />
<%
If dsManage.RecordCount > 0 Then
  session("acc")=request.Form("acc")
  Response.Redirect("12-006.aspx")
End If
%>
```

判断管理者是否有登录

12.2.2 讨论主题管理

因为讨论主题管理网页（12-006.aspx）类似于前面的讨论区网页（12-001.aspx），所以需要复制讨论区网页，将其修改为讨论主题管理网页，具体操作步骤如下。

步骤 1 新建一空网页（12-006.aspx），在前面的讨论区网页（12-001.aspx）中按“Ctrl

+ A”键全选该网页，之后将其复制粘贴到新建的空网页中将网页大标题改为“讨论主题管理”，并将原按钮修改标题为“退出”，以及修改按钮背景色。

步骤 2 在讨论区网页（12-001.aspx）的“绑定”面板中选择数据集 dsSubject，将其复制粘贴至讨论主题管理网页的“绑定”面板内。

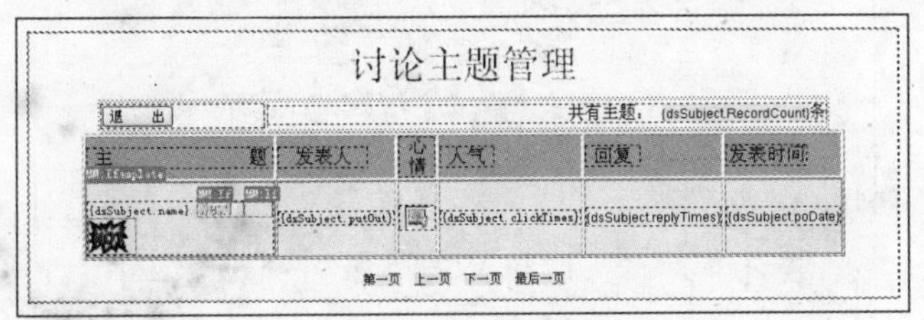

修改网页标题和按钮标题

步骤 3 切换至“代码”视图，在 <MM:PageBind> 代码段中，输入检查管理者账号数据是否存在的程序代码，若管理者不是合法登录，则转到请先登录管理者信息网页（12-005x.htm）。另外，输入“退出”按钮 Button1 的 Bt1Click 事件程序代码（当然 Button1 的标签内要有“onClick="Bt1Click"”语句），以便在退出时会清除 Session 所占的空间，转回管理者登录网页重登录。

```
<MM:PageBind runat="server" PostBackBind="true" />
<%
'-------- 检查是否非法登录 ----------------------
if session("acc") = Nothing then          '若非正常登录
  response.Redirect("12-005x.htm")        '则显示错误信息
end if
%>
<script language="vb" runat="server">
'-------- 单击“退出”按钮时重回管理者登录网页 ----------
sub Bt1Click(sender as object, e as eventargs)
  Session.Abandon()                        '释放Session变量
  response.Redirect("12-005.aspx")         '返回管理者登录网页
end sub
</script>
```

步骤 4 在“服务器行为”面板中选择 Go to Detail Page DotNET 命令，在弹出的对话框中设置连接的详细信息页为删除主题网页（12-007.aspx）。

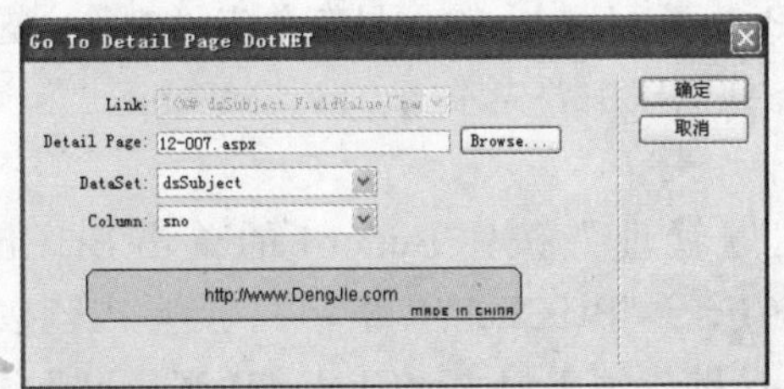

修改前往详细信息页为 12-007.aspx 网页

12.2.3 删除主题

因为删除主题网页 12-007.aspx 类似于前面的主题回复网页（12 003.aspx），所以需要复制主题回复网页，将其修改为删除主题网页，具体操作步骤如下。

步骤 1 新建一空网页（12-007.aspx），将主题回复网页（12-003.aspx）粘贴到其中。将网页大标题改为“删除主题”，并将原按钮修改标题为“回讨论主题管理”、“删除主题”，以及修改按钮背景色。另外，因为不用累计人气值，所以删除 ClickTimes 隐藏区域。

步骤 2 在主题回复网页（12-003.aspx）的“绑定”面板中将数据集 dsSubject、数据集 dsReply 复制粘贴至删除主题网页的“绑定”面板内。

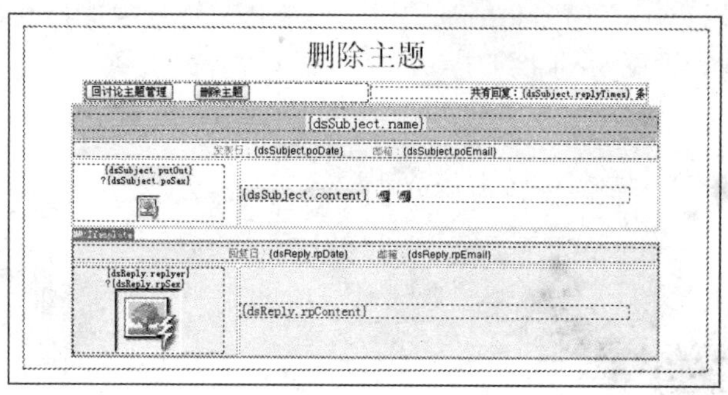

修改网页标题和按钮标题

步骤 3 在“服务器行为”面板中选择“删除记录”命令，在弹出的“删除记录”对话框中设置连接为 Funde01，表格为 Subjects，主键列为 sno，主键值取自 Session("sno") 变量，若删除主题成功，则转到 12-007x.htm 网页显示删除成功信息。

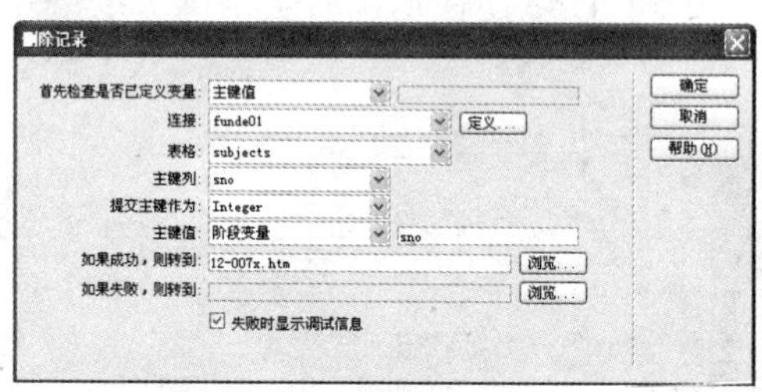

设置“删除记录”服务器行为

步骤 4 切换至“代码”视图，在 <MM:PageBind> 代码段中输入下面程序代码。

（1）检查管理者账号数据是否存在的程序代码，若管理者不是合法登录，则转到请先登录管理者信息网页（12-005x.htm）。

（2）在网页加载事件 Page_Load 中，输入只有单击“删除主题”按钮时才真正删除主题数据。当然在 <MM:Delete> 代码段中要先添加“Id="delSubject"”，并且设“Expression='false'”表示先不删除。

（3）输入“回讨论主题管理”按钮 Button1 的单击 Bt1Click 事件程序代码（当然 Button1 的标签内要有“onClick= "Bt1Click"”语句），当单击该按钮时会转回主题管理网页重新处理。另外，在 Button2 的标签中将“onClick="Bt2Click"”语句删除。

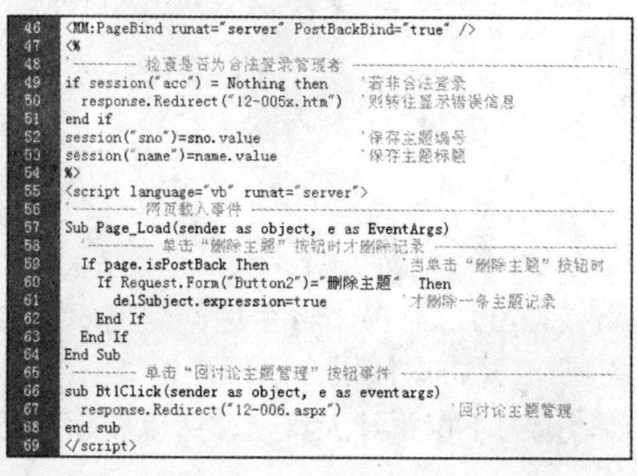

```
<MM:PageBind runat="server" PostBackBind="true" />
<%
'---------- 检查是否为合法登录管理者 ----------------------------------
if session("acc") = Nothing then        '若非合法登录
  response.Redirect("12-005x.htm")       '则转往显示错误信息
end if
session("sno")=sno.value                '保存主题编号
session("name")=name.value              '保存主题标题
%>
<script language="vb" runat="server">
'---------- 网页载入事件 ------------------------------------------------
Sub Page_Load(sender as object, e as EventArgs)
  '---------- 单击“删除主题”按钮时才删除记录 ---------------------------
  If page.isPostBack Then                        '当单击“删除主题”按钮时
    If Request.Form("Button2")="删除主题"  Then
      delSubject.expression=true                 '才删除一条主题记录
    End If
  End If
End Sub
'---------- 单击“回讨论主题管理”按钮事件 ------------------------------
sub Bt1Click(sender as object, e as eventargs)
  response.Redirect("12-006.aspx")                     '回讨论主题管理
end sub
</script>
```

步骤 5 在表格中选择回复内容数据 {dsReply.rpContent}，在“服务器行为”面板中选择 Go to Detail Page DotNET 命令，在弹出的对话框中设置当选择回复内容时，将前往删除回复内容详细信息网页（12-008.aspx），在其中可删除不适当的回复内容。

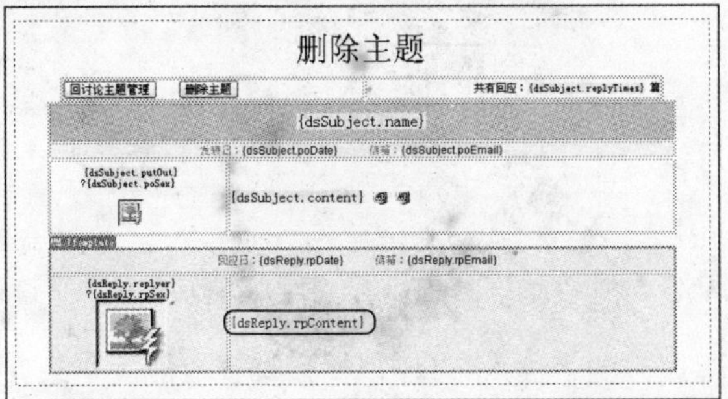

选择回复内容，为其设置前往的详细信息页

设置前往的详细信息页为 12-008.aspx

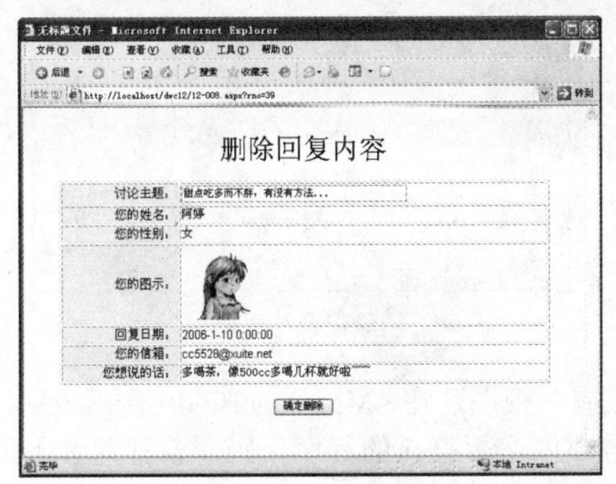

在删除回复内容网页（12-008.aspx）中单击“确定删除”按钮删除所选择的回复内容

12.2.4 删除回复内容

因为删除回复内容网页（12-008.aspx）类似于前面的新建回复主题网页（12-004.aspx），所以需要复制新建回复主题网页，将其修改为删除回复内容网页，具体操作步骤如下。

步骤 1 新建一个空网页（12-008.aspx），将新建回复主题网页（12-004.aspx）复制其中。之后将网页大标题改为“删除回复内容”，并将原按钮标题修改为“确定删除”，去掉原来的“取消”按钮。另外，由于不用添加回复日期，因此删除 rpDate 隐藏区域。

步骤 2 在新建回复主题网页（12-004.aspx）的“绑定”面板中将 dsNewRP 复制粘贴至删除回复内容网页的“绑定”面板内，并修改为以传来的回复编号 rno 筛选出要删除的回复数据。

步骤 3 插入一个回复编号 rno 隐藏区域，并与数据集中的 rno 绑定（要添加“runat="server"”语句），以便将来可删除选择的回复数据。另外，删除原来的文本框、单选按钮及图片，展开回复数据集 dsNewRP，将各字段插入对应的单元格中，而“您的图示”要先插入一图片再绑定 picture。

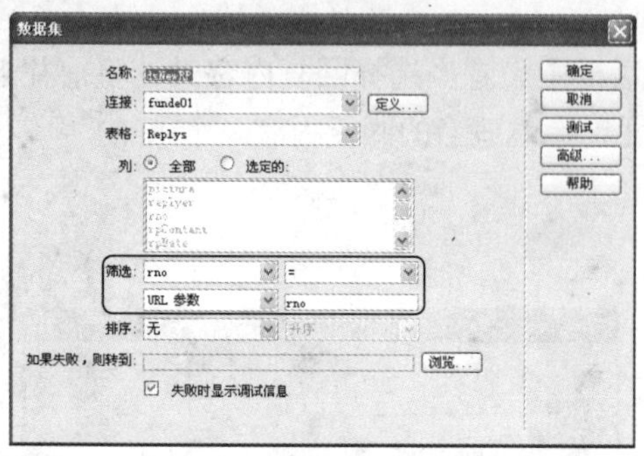

修改为以传来的主题编号 rno 筛选出要删除的数据 修改网页标题、按钮标题，插入及绑定数据集各字段

步骤 4 在"服务器行为"面板中删除原来的"插入记录"，然后选择"删除记录"命令，在弹出的"删除记录"对话框中设置连接为 Funde01，表格为 Replys，主键列为 rno 字段，主键值取自表单变量 rno，若删除成功，则转到 12-008x. aspx 网页显示删除成功信息。

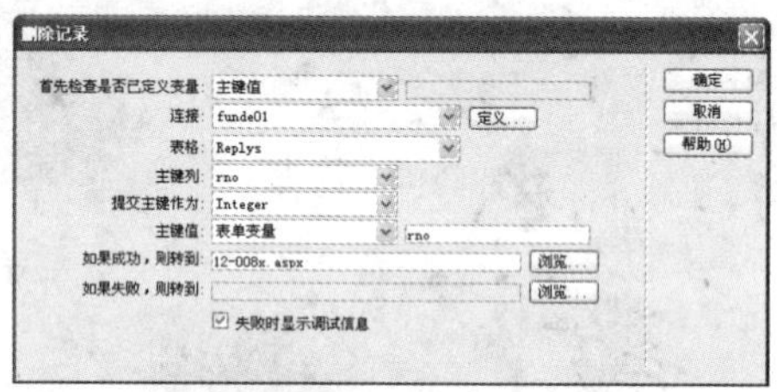

设置"删除记录"服务器行为

步骤 5 切换至"代码"视图，在<MM:PageBind>代码段中，输入下面程序代码。

（1）检查管理者账号数据是否存在的程序代码，若管理者不是合法登录，则转到请先登录管理者信息网页（12-005x.htm）。

（2）在网页加载事件 Page_Load 中输入只有单击"确定删除"按钮时才真正删除回复数据，当然在<MM:Delete>代码段中要先添加"Id="delReply""，并且设"Expression='false'"表示先不删除。

```
<MM:PageBind runat="server" PostBackBind="true" />
<%
'--------- 检查是否为合法登录管理者 ---------------------------
if session("acc") = Nothing then      '若非合法登录
  response.Redirect("12-005x.htm")    '则转往显示错误信息
end if
session("rno")=rno.value              '保存回复编号
%>
<script language="vb" runat="server">
'--------- 网页载入事件 ---------------------------------------
Sub Page_Load(sender as object, e as EventArgs)
  '--------- 当单击"删除回复"按钮时才删除记录 -----------------
  If page.isPostBack Then                  '当单击"删除回复"按钮时
    If Request.Form("Button1")="确定删除"  Then
      delReply.expression=true             '才删除一条回复记录
    End If
  End If
End Sub
</script>
```

12.2.5 回复次数递减

因为成功删除回复数据网页（12-008x.aspx）类似前面的成功新建回复数据网页（12-004x.aspx），所以需要复制成功新建回复数据网页，将其修改为成功删除回复数据网页，具体操作步骤如下。

步骤 1 新建一空网页（12-008x.aspx），将前面的成功新建回复数据网页（12-004x.

aspx）复制其中。之后将网页大标题改为“您已成功删除一条回复记录”，并将原按钮标题修改为“回主题管理”。

修改信息标题和按钮标题

步骤 2　在“服务器行为”面板中选择“更新记录”命令，在弹出的“更新记录”对话框中设置连接为Funde01，更新表格为Subjects，各列值取自各对应同名的组件，以便更新回复记录replyTimes数据值。

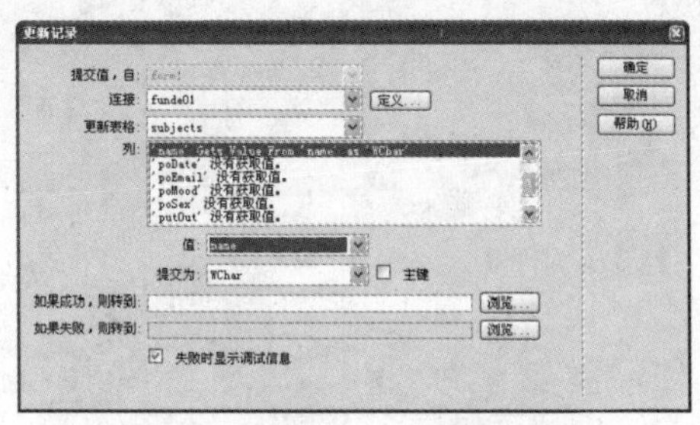

设置“更新记录”服务器行为

步骤 3　切换至“代码”视图，将“<MM:update”代码段中的UPDATE语句修改为：在主题数据表Subjects中，找到所选择的主题，将其回复值（即主题回复总数）累减1，再存回数据表。

```
"UPDATE subjects  SET replyTimes=replyTimes - 1  WHERE sno=?"
```

步骤 4　将“<MM:update”代码段内的replyTimes语句（如下）删除。

```
<Parameter  Name="@replyTimes"  Value='<%# IIf((Request.Form
("replyTimes ") <> Nothing), Request.Form("replyTimes "), "") %>'
Type="Integer" />
```

```
<MM:Update
runat="server"
CommandText='<%# "UPDATE subjects SET replyTimes=replyTimes - 1 WHERE sno=?" %>'
ConnectionString='<%# System.Configuration.ConfigurationSettings.AppSettings("MM_CONNECTION_STRING_funde01") %>'
DatabaseType='<%# System.Configuration.ConfigurationSettings.AppSettings("MM_CONNECTION_DATABASETYPE_funde01") %>'
Expression='<%# Request.Form("MM_update") = "form1" %>'
CreateDataSet="false"
Debug="true"
>
  <Parameters>
    <Parameter Name="@sno" Value='<%# IIf((Request.Form("sno") <> Nothing), Request.Form("sno"), "") %>' Type="Integer" />
  </Parameters>
</MM:Update>
```

步骤 5　在“MM :PageBind”代码段中输入下面程序代码，以便在单击“回主题管理”按钮时，可以返回讨论主题管理重新处理。

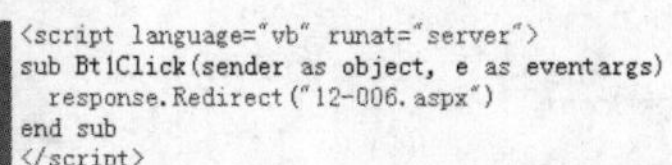

```
<script language="vb" runat="server">
sub BtlClick(sender as object, e as eventargs)
  response.Redirect("12-006.aspx")
end sub
</script>
```

律师声明

北京市邦信阳律师事务所谢青律师代表中国青年出版社郑重声明：本书由著作权人授权中国青年出版社独家出版发行。未经版权所有人和中国青年出版社书面许可，任何组织机构、个人不得以任何形式擅自复制、改编或传播本书全部或部分内容。凡有侵权行为，必须承担法律责任。中国青年出版社将配合版权执法机关大力打击盗印、盗版等任何形式的侵权行为。敬请广大读者协助举报，对经查实的侵权案件给予举报人重奖。

侵权举报电话：

全国“扫黄打非”工作小组办公室
010-65233456 65212870
http://www.shdf.gov.cn

中国青年出版社
010-59521255
E-mail: law@cypmedia.com MSN: chen_wenshi@hotmail.com

图书在版编目(CIP)数据

精通Dreamweaver 8 网站建设. ASP.NET篇/ 施澄钟编著. —北京：中国青年出版社，2007.6
ISBN 978-7-5006-7458-0
I. 精... II. 施... III. ①主页制作—应用软件，Dreamweaver 8②主页制作—程序设计 IV. TP393.092
中国版本图书馆CIP数据核字（2007）第064709号

精通Dreamweaver 8 网站建设 —— ASP.NET篇

施澄钟 编著

出版发行：中国青年出版社
地　　址：北京市东四十二条21号
邮政编码：100708
电　　话：（010）59521188 / 59521189
传　　真：（010）59521111
企　　划：中青雄狮数码传媒科技有限公司

责任编辑：肖 辉 丁 伦
封面设计：唐 棣

印　　刷：北京新丰印刷厂
开　　本：787 × 1092 1/16
印　　张：27.75
版　　次：2009年4月北京第2版
印　　次：2009年4月第1次印刷
书　　号：ISBN 978-7-5006-7458-0
定　　价：29.00元（附赠1CD）

本书如有印装质量等问题，请与本社联系 电话：(010) 59521188 / 59521189
读者来信: reader@cypmedia.com
如有其他问题请访问我们的网站：www.21books.com